LES VOIES DE LA LUMIÈRE

Du même auteur

La Mélodie secrète, Fayard, 1988 ; édition de poche : Gallimard, collection « Folio/Essais », n° 160, 1991.

Un astrophysicien, Beauchesne-Fayard, 1992 ; édition de poche : Flammarion, collection « Champs », 1995.

Le Destin de l'univers, Gallimard, collection « Découvertes », 1992.

Le Chaos et l'Harmonie, Fayard 1998 ; édition de poche : Gallimard, collection « Folio/Essais », n° 366, 2000.

L'Infini dans la paume de la main, avec Matthieu Ricard, Nil éditions/ Fayard, 2000 ; édition de poche : Pocket, n° 11171, 2002.

L'Arpenteur du cosmos : entretiens avec Edmond Blattchen, Alice Éditions, 2002.

Origines, la nostalgie des commencements, Fayard, 2003 ; édition de poche : Gallimard, collection « Folio/ Essais », n° 468, 2006.

Trinh Xuan Thuan

LES VOIES DE LA LUMIÈRE

Physique et métaphysique du clair-obscur

Fayard

ISBN : 978-2-213-62647-5

C'est un trou de verdure, où chante une rivière
Accrochant follement aux herbes des haillons
D'argent ; où le soleil, de la montagne fière,
Luit : c'est un petit val qui mousse de rayons.

Arthur Rimbaud
Le Dormeur du val

À ma famille, et à tous les êtres de lumière.

Avant-propos

La lumière est ma compagne. Dans mon travail d'astrophysicien, j'ai constamment affaire avec elle. C'est elle qui constitue mon moyen privilégié pour dialoguer avec le cosmos. Les particules énergétiques provenant d'agonies explosives d'étoiles massives, ce qu'on appelle les « rayons cosmiques », ou les ondes gravitationnelles, ces vagues de courbure de l'espace créées par l'effondrement du cœur d'une étoile massive pour devenir cette prison de lumière qu'est un trou noir, ou résultant du mouvement endiablé d'une paire de trous noirs valsant l'un autour de l'autre, nous apportent bien des nouvelles de l'espace lointain. Mais ni les rayons cosmiques ni les ondes gravitationnelles ne sont les messagers principaux de l'univers. C'est la lumière qui tient ce rôle. Il ne fait aucun doute que c'est grâce aux bons et loyaux services de la lumière que la plus grande partie de l'information nous parvient de l'univers. C'est le messager du cosmos par excellence. C'est elle qui nous permet de communiquer avec lui et de nous connecter à l'univers. C'est elle qui véhicule les fragments de musique et les notes éparses de la mélodie secrète de l'univers que l'homme tente avec tant d'efforts de reconstituer dans toute sa glorieuse beauté.

La lumière joue son rôle de messager cosmique grâce à trois propriétés fondamentales dont les fées l'ont dotée à sa naissance : 1) elle ne se propage pas instantanément, et met un certain temps pour nous parvenir ; 2) elle interagit avec la matière ; et 3) elle change de couleur lorsqu'elle est émise par une source lumineuse qui est en mouvement par rapport à l'observateur.

Parce que la propagation de la lumière n'est pas instantanée, nous voyons l'univers avec toujours un certain retard, et c'est ce retard qui nous permet de remonter dans le temps, d'explorer le passé de l'univers et de reconstituer la magnifique et merveilleuse épopée cosmique de quelque 14 milliards d'années qui a débouché sur nous. Même si la lumière se déplace à la plus grande vitesse possible dans l'univers : 300 000 kilomètres par seconde – un tic, et la lumière a déjà fait sept fois le tour de la Terre ! –, elle le fait à pas de tortue, à l'échelle du cosmos. Parce que voir loin, c'est voir tôt – nous voyons la Lune avec un peu plus d'une seconde de retard, le Soleil après huit minutes, la plus proche étoile après un peu plus de quatre années, la plus proche galaxie semblable à la Voie lactée, Andromède, après 2,3 millions d'années, les plus lointains quasars après une douzaine de milliards d'années –, les télescopes, ces cathédrales des temps modernes qui recueillent la lumière du cosmos, sont de véritables machines à remonter le temps. Les astronomes sont déjà en train de s'activer pour construire les successeurs géants des télescopes actuels pour voir plus faible, donc plus loin et plus tôt, et remonter ainsi le temps de quelque 13 milliards d'années, jusqu'à environ 1 milliard d'années après le big bang, dans l'espoir de contempler en direct la naissance des premières étoiles et galaxies. En explorant le passé de l'univers, les astrophysiciens pourront comprendre son présent et prédire son futur.

Si la lumière nous permet de remonter dans le passé du fait qu'elle met du temps à nous parvenir, elle porte aussi en elle un code cosmique qui, une fois déchiffré, nous permet d'accéder au mystère de la composition chimique des étoiles et des galaxies, ainsi qu'au secret de leurs mouvements. Et cela, parce que la lumière interagit avec les atomes qui composent la matière visible de l'univers. La lumière n'est en effet perceptible que si elle interagit avec un objet. Par elle-même, elle est invisible. Pour qu'elle se manifeste, il faut que son trajet soit intercepté par un objet matériel, que ce soient les pétales d'une rose, les pigments colorés sur la palette d'un peintre, le miroir d'un télescope ou la rétine de notre œil. Selon la structure atomique de la matière avec laquelle elle entre en contact, la lumière est absorbée dans certaines énergies très précises. Si bien que si nous obtenons le spectre de la lumière d'une étoile ou d'une galaxie – en d'autres termes, si nous la décomposons à l'aide d'un prisme en ses différentes composantes d'énergie ou de couleur –, nous découvrirons que ce spectre n'est pas continu, mais haché en nombreuses raies d'absorption verticales correspondant aux énergies qui ont été absorbées par les atomes. La disposition de ces raies n'est pas aléatoire, mais le fidèle reflet de l'arrangement des orbites des électrons dans les atomes de matière. Cet arrangement est unique pour chaque élément. Il constitue une sorte d'empreinte digitale, de carte d'identité de l'élément chimique qui permet à l'astrophysicien de le reconnaître sans équivoque. C'est ainsi que la lumière nous dévoile la composition chimique de l'univers.

La lumière permet aussi à l'astronome d'étudier les mouvements des astres. Car rien n'est immobile dans le ciel. La gravité fait que toutes les structures de l'univers – étoiles, galaxies, amas de galaxies... – s'attirent et « tombent » les unes vers les autres. Ces mouvements de chute s'ajoutent au mouvement général de l'expansion de l'univers. La Terre participe en effet à un fantastique ballet cosmique. Elle nous entraîne d'abord à travers l'espace à quelque trente kilomètres par seconde dans son voyage annuel autour du Soleil. Celui-ci emmène à son tour la Terre, et nous avec, dans son périple autour du centre de la Voie lactée, à deux cent trente kilomètres par seconde. Et ce n'est pas fini : la Voie lactée tombe à quatre-vingt-dix kilomètres par seconde vers sa compagne Andromède. Le groupe local qui contient notre galaxie et Andromède tombe à son tour à quelque six cents kilomètres par seconde vers l'amas de la Vierge, ce dernier tombant lui-même vers une grande agglomération de galaxies appelée le « Grand Attracteur ». Le ciel statique et immuable d'Aristote est bien mort ! Tout, dans l'univers, n'est qu'impermanence, changement et transformation. Nous ne percevons pas cette agitation frénétique parce que les astres sont trop distants, et notre vie humaine trop brève. C'est de nouveau la lumière qui nous révèle cette impermanence du cosmos. Elle change de couleur quand la source lumineuse bouge par rapport à l'observateur. Elle est décalée vers le rouge (les raies d'absorption verticales sont déplacées vers de moindres énergies) si l'objet s'éloigne, et vers le bleu (les raies d'absorption verticales sont déplacées vers des énergies plus élevées) si l'objet s'approche. En mesurant ces décalages vers le rouge ou le bleu, l'astronome parvient à reconstituer les mouvements cosmiques.

La lumière nous lie donc au cosmos. Mais elle n'est pas seulement essentielle à l'astronome. Nous sommes tous ses enfants. Celle qui vient du Soleil est source de vie. Qu'elle soit naturelle ou artificielle, la lumière nous permet non seulement de contempler le monde, mais aussi d'interagir avec lui et d'y évoluer. Elle ne donne pas seulement à voir, elle donne aussi à penser. Des temps les plus reculés jusqu'à nos jours, la lumière a toujours fasciné l'esprit des hommes, qu'ils soient scientifiques, philosophes, artistes ou religieux. J'ai voulu retracer ici l'histoire épique des efforts que l'homme a fournis pour pénétrer au cœur du royaume de la lumière et percer ses secrets. J'ai désiré explorer non seulement les dimensions scientifiques et technologiques de la lumière, mais aussi ses dimensions esthétiques, artistiques et spirituelles. J'ai souhaité étudier non seulement la physique de la lumière, mais aussi sa métaphysique. Mon dessein a été de savoir comment la lumière nous permet d'être humain.

Les chapitres 1 à 3 racontent les efforts des hommes pour percer les secrets scientifiques de la lumière.

Le premier chapitre commence avec la notion des Grecs d'un « feu intérieur », d'un œil qui scrute le monde en projetant sur lui des rayons lumineux, contraire à la conception actuelle de la lumière qui va non pas de l'œil à l'objet, mais de l'objet à l'œil.

Le chapitre continue avec Euclide, sa géométrie de la vision et son cône de rayons visuels, avec le savant arabe Alhazen, qui fait table rase du feu intérieur et inverse la direction des rayons lumineux, pour se terminer avec Léonard de Vinci qui comprend que les images du monde extérieur sont projetées à l'envers sur la rétine de l'œil.

Le chapitre 2 développe les idées nouvelles sur la lumière apportées par la grande révolution scientifique du XVIIe siècle. Kepler et Descartes découvrent que le cerveau joue un rôle actif dans la vision, que c'est lui qui rétablit la véritable orientation des choses et fait que nous voyons le monde à l'endroit. En décomposant, grâce à un prisme, la lumière blanche en sept couleurs, celles de l'arc-en-ciel, Newton introduit la notion de couleurs primaires.

Le chapitre 3 se concentre autour du débat sur la nature de la lumière : est-elle particule, comme Newton le soutient, ou est-elle onde, comme Huygens, Young et Fresnel le clament ? Young démontre au XVIIIe siècle qu'ajouter de la lumière à la lumière peut déboucher sur de l'obscurité, ce qui ne peut s'expliquer que si la lumière possède une nature ondulatoire. Faraday et Maxwell, en célébrant au XIXe siècle le mariage de l'électricité et du magnétisme, et en démontrant que les ondes électromagnétiques ne sont autres que des ondes lumineuses, renforcent la conception de lumière comme onde. Au XXe siècle, Einstein, en se demandant comment le monde lui paraîtrait s'il courait aussi vite qu'une particule de lumière, révolutionne les concepts de temps et d'espace et unifie matière et énergie par sa théorie de la relativité restreinte. Pour expliquer le comportement des électrons éjectés de la surface d'un métal soumis à la lumière – ce qu'on appelle l' « effet photoélectrique » –, Einstein réintroduit la notion de lumière comme particule, mais en la dotant d'un « quantum d'énergie », idée introduite par Planck.

Alors la lumière est-elle onde ou particule ? Bohr et ses collègues, fondateurs d'une physique nouvelle appelée « mécanique quantique », déclarent qu'elle est les deux à la fois. Tel Janus, la lumière possède deux visages qui se complètent l'un l'autre. Elle apparaît comme une onde ou une particule selon l'instrument de mesure utilisé.

Le chapitre 4 explore les différentes formes de lumière céleste apparues au cours de la longue histoire de l'univers. Il pose la question de ce qu'elles deviendront dans un très lointain futur. Il commence avec la lumière primordiale, inimaginablement chaude, du big bang, cette lumière qui nous apparaît aujourd'hui sous la forme d'un rayonnement fossile diffus, considérablement refroidi par l'expansion de l'univers et l'englobant tout entier. Il aborde ensuite l'évolution de la lumière des étoiles et des galaxies, depuis la naissance des premières étoiles jusqu'à la mort des derniers astres.

Ce chapitre évoque aussi la contrepartie de la lumière : les ténèbres. Après tout, la matière lumineuse des étoiles et des galaxies ne constitue que 0,5 % du contenu total en matière et énergie de l'univers. Nous vivons dans un univers-iceberg dont nous ne voyons qu'une infime partie. Des 99,5 % qui restent, 3,5 % sont composés de matière ordinaire qui n'émet aucune lumière visible, 26 % de matière exotique, qui n'émet aucune lumière visible ou autre, et dont la nature reste un mystère complet (c'est ce qu'on appelle la « matière noire »), et 70 % constituent une « énergie noire », exerçant une force répulsive qui accélère l'expansion de l'univers et dont la nature est tout aussi mystérieuse.

Le chapitre 5 aborde de plus près la lumière du Soleil, source de vie et d'énergie, et les multiples spectacles lumineux de toute beauté que la lumière solaire engendre sur Terre. Il évoque la photosynthèse des plantes, la réaction biochimique la plus importante pour notre survie sur Terre, et les dangers que l'homme fait courir à la planète par sa destruction inconsidérée des forêts tropicales et par sa pollution de l'atmosphère terrestre. Il se penche sur les bienfaits de la lumière solaire, mais aussi sur ses méfaits quand on en abuse. Il donne l'explication du spectacle magique et évanescent de l'arc-en-ciel, des couleurs rougeoyantes des couchers de soleil, du mythique « rayon vert », du blanc des nuages, du bleu foncé des montagnes lointaines, du bleu profond de l'océan, ainsi que du bleu immaculé d'un ciel sans nuage.

Le chapitre 6 raconte la façon dont l'homme a su dompter la lumière pour améliorer son bien-être et communiquer avec ses semblables, et, ce faisant, transformer la planète en un village global. Il commence avec la conquête du feu pour aborder ensuite la lumière artificielle avec l'invention des torches et autres flambeaux, des lampes à base de graisses animales et d'huiles végétales, des bougies, des becs à gaz et, enfin, des ampoules électriques et des néons. Il continue avec l'invention du laser, enfant de la mécanique quantique, qui résulte de l' « amplification » de la lumière visible, et avec toutes les applications multiples et variées qui en ont découlé.

Ce chapitre aborde ensuite l'utilisation de la lumière pour véhiculer l'information et connecter l'humanité. D'immenses réseaux de fibres optiques transportant la lumière sillonnent aujourd'hui le monde entier. Ils transmettent des millions de conversations téléphoniques et connectent tous les ordinateurs de la planète en un gigantesque réseau appelé Internet. L'Internet est encore à présent géré par des machines optoélectroniques dans lesquelles les électrons travaillent de concert avec les photons pour transmettre l'information. Mais cet Internet optoélectronique, basé sur les électrons et les photons, va bientôt être remplacé par l'Internet photonique, fondé entièrement sur la lumière.

Ce chapitre se termine sur les machines du futur, les machines quantiques. Comment utiliser les étranges et merveilleuses propriétés quantiques de la lumière pour téléporter des particules (la téléportation quantique), pour déjouer la piraterie informatique (la cryptographie quantique) et calculer infiniment plus vite (l'ordinateur quantique) ?

Le chapitre 7 s'intéresse à l'intime relation de l'œil et du cerveau, à la façon dont ils collaborent étroitement pour nous permettre de voir. Il explore la façon dont la lumière a contribué à enrichir l'univers spirituel et artistique de l'homme. L'œil est un merveilleux instrument optique que l'évolution biologique a façonné de façon indépendante pour de très nombreuses espèces. Bien que l'œil humain ne possède que trois types de photorécepteurs sensibles seulement à trois couleurs : le rouge, le vert et le violet, la totalité des quelque deux cents nuances et couleurs du monde peuvent être perçues grâce à l'action du cerveau. C'est grâce au cerveau que nous sommes sensibles à la lumière, qu'elle suscite en nous de multiples émotions et sentiments. Pour Goethe, il existe une nature intime et spirituelle de la lumière, et les couleurs sont « les actes et les souffrances de la lumière ». Un objet coloré est aussi bien perçu par le cerveau que par l'œil.

Les couleurs véhiculent des codes, des sens cachés, des tabous et des préjugés auxquels nous réagissons de manière inconsciente. Les peintres sont passés maîtres dans l'art d'utiliser la lumière pour évoquer les impressions et les sensations du réel. Le peintre impressionniste Monet fait de la lumière l'élément essentiel et mouvant de sa peinture. Il veut capturer sur sa toile l' « instantanéité », l'essence d'une chose à un moment donné. La lumière, qui change avec le temps, et les couleurs, qui évoluent en fonction de l'éclairage, doivent être à tout prix prises en compte. Fasciné par les découvertes scientifiques relatives à la lumière et à la vision, Seurat invente pour sa part le pointillisme. Les variations de ton ne sont plus obtenues en mélangeant des couleurs sur une palette, mais en demandant à l'œil et au cerveau du spectateur de combiner des points de couleurs différentes dans une sorte de grande « fusion optique ». Abandonnant la perspective traditionnelle, Cézanne expérimente avec l'espace et la couleur. Pour l'artiste, la peinture n'est plus l'art d'imiter un objet. Peindre, c'est utiliser les couleurs et les formes pour exprimer des sensations intérieures intenses face au monde extérieur. Quant à Kandinsky, il pousse l'abstraction plus loin : affirmant la dimension spirituelle de la lumière et des couleurs, le peintre soutient que la peinture peut s'affranchir des formes et ne s'exprimer que par des traits, des taches et des couleurs, que chaque couleur recèle une résonance intérieure propre sur l'âme et peut donc être utilisée indépendamment de la réalité visuelle. Cette dimension spirituelle de la lumière, les religions et les traditions spirituelles l'ont exaltée au plus haut point. Dans le christianisme, Dieu est lumière, et l'art gothique est avant tout un art de la lumière. Dans le bouddhisme, la métaphore lumineuse est utilisée pour désigner la dissipation de l'ignorance et la connaissance de la vérité ultime.

Cet ouvrage s'adresse à l' « honnête homme » non nécessairement doté d'un bagage technique, mais curieux de la physique et de la métaphysique de la lumière. Dans la rédaction de ces pages, je me suis dans la mesure du possible efforcé d'éviter tout jargon, sans pour autant perdre en précision et en rigueur. J'ai particulièrement veillé à ce que la forme soit la plus simple, la plus claire et la plus agréable possible, afin de faire passer des concepts parfois arides, étrangers et difficiles. J'ai aussi ajouté des figures et un cahier d'illustrations en couleur non seulement pour concrétiser mon propos, mais également pour en égayer la lecture.

TRINH XUAN THUAN

Charlottesville, novembre 2006.

Chapitre premier

L'œil antique et le feu intérieur

La lumière touche chaque aspect de notre existence

Je regarde à travers la fenêtre pendant que j'écris. Se dessine un paysage d'hiver en Virginie. Le Soleil doré brille de tous ses feux dans un ciel bleu immaculé, révélant des arbres aux troncs bruns dénudés, des maisons blanches cachées derrière les arbres dont je devine les lignes géométriques, des voitures garées çà et là. Seuls des écureuils à la pelure grise, qui gambadent sur le sol nu et voltigent de branche en branche, perturbent la sérénité de cette scène hivernale. En somme, un ensemble familier de dessins, de motifs, d'images et de couleurs que la lumière révèle à mes yeux et à mon esprit.

La lumière nous permet de nous connecter avec le monde extérieur et de nous y insérer. Elle est le support de la vision qui, plus que tout autre sens, domine notre vie mentale. Elle fait que l'expérience visuelle est si riche, si nuancée, si détaillée que nous ne pouvons plus la distinguer de l'expérience du monde même. Quand bien même nous ne regardons pas le monde directement, nous ne pouvons nous empêcher de l'imaginer, de nous le représenter en images dans notre esprit. La lumière nous permet de connaître le monde et de construire une base de données qui guide notre fonctionnement et nos actions.

Je promène mon regard dans la chambre. Tout me parle de lumière : l'écran illuminé de mon ordinateur où le texte défile devant mes yeux, la lampe qui emplira mon bureau d'un doux halo au simple déclic d'un interrupteur, la chaîne haute-fidélité d'où sortent les notes d'une sonate de piano gravée sur un compact disc et lue par un faisceau lumineux appelé laser, le lecteur DVD qui me sert à visionner des films qui ne sont autres que de la lumière convertie en signaux digitaux et enregistrée sur un support métallique, des photographies fixées au mur, résultats de la capture de la lumière par des émulsions chimiques, la radio ou le poste de télévision qui me permettent d'avoir accès presque instantanément à tous les événements du monde, ou d'écouter et de regarder mes artistes préférés.

La lumière a transformé le globe en un village global. Le réseau des fibres optiques qui véhicule les signaux lumineux a permis de connecter les ordinateurs du monde entier : je peux envoyer un courrier électronique qui parviendra presque instantanément à mon destinataire depuis mon bureau jusqu'aux coins les plus reculés de la planète.

La lumière est source de vie

La lumière fait partie intégrante de notre vie quotidienne. Elle est si omniprésente que nous la tenons pour évidente et la traitons avec indifférence, jusqu'à ce qu'elle s'absente et vienne à nous manquer. Ainsi saluons-nous avec émerveillement et soulagement le lever d'un nouveau jour, avec ses promesses et ses espoirs, mettant fin à la nuit et à son obscurité regorgeant de vagues menaces, frayeurs ancestrales qui datent de temps immémoriaux. La lumière est le contraire de l'ombre. Le soir, quand le Soleil descend bas sur l'horizon, ses rayons obliques éveillent en nous un sentiment de nostalgie, de perte inconsolable. Un ciel bleu et lumineux met du baume dans notre cœur alors qu'un ciel nuageux et sombre emplit notre esprit d'un spleen baudelairien.

Mais nous sommes reliés à la lumière de manière encore plus fondamentale. Elle est la raison même de notre existence. Toute vie sur Terre dépend de la lumière solaire. Celle-ci est en effet responsable de la photosynthèse. En absorbant la lumière du Soleil, les molécules de chlorophylle des plantes vertes déclenchent une chaîne de réactions chimiques qui convertissent l'eau et le gaz carbonique de l'atmosphère terrestre en oxygène et en molécules de sucre (on les appelle des hydrates de carbone). Ces molécules servent en quelque sorte à stocker l'énergie solaire. Les humains sont incapables d'accomplir cette conversion. L'énergie solaire nous est servie sur un plateau par la consommation de plantes ou de la chair des animaux qui se nourrissent eux-mêmes de plantes. C'est la moisson de la lumière par les plantes qui définit la chaîne de la nourriture responsable de notre existence.

La lumière est donc source de vie. Elle nous permet de percevoir et de comprendre le monde, d'évoluer en lui, d'interagir avec lui, de coloniser les terres et les océans, de conquérir l'espace. Elle nous permet d'apprécier la beauté, la splendeur et l'harmonie de l'univers qui nous entoure. Elle règle le rythme interne de nos corps. Mais il y a là un grand paradoxe : si la lumière nous permet de voir le monde, elle-même n'est pas visible s'il n'existe pas des objets dans son environnement pour intercepter son trajet et la mettre en évidence. Ainsi, si vous projetez de la lumière dans un récipient fermé et prenez soin qu'elle ne tombe sur aucun objet ni aucune surface, vous ne verrez que de l'obscurité. C'est seulement quand vous introduisez un objet en travers du chemin de la lumière et que vous le voyez illuminé que vous vous rendez compte que le récipient est empli de lumière. De la même façon, un astronaute qui regardera par le hublot de sa cabine spatiale ne verra que le noir d'encre de l'espace profond, bien que la lumière solaire règne autour de lui. Celle-ci, ne tombant sur rien, ne peut être vue.

Qu'est-ce que la lumière ? Quelle est son origine ? Quelle est la nature de cette chose merveilleuse et étrange qui nous permet de voir autour de nous, mais qui ne peut être vue elle-même sans le concours d'objets se trouvant sur son chemin ? Comment percevons-nous les images du monde extérieur ? Quelle est la nature de ces images ? Comment mon cerveau interprète-t-il l'information contenue dans ces images ? Ces questions ont préoccupé les plus grands penseurs depuis plus de deux mille cinq cents ans. Parce que la lumière a été longtemps considérée comme l'élément le plus noble de la nature, et l'œil comme l'organe le plus noble du corps humain, les plus grands esprits – Aristote, Ptolémée, Alhazen, Léonard de Vinci, Kepler, Newton, Goethe, Einstein et bien d'autres encore – se sont penchés sur le problème de sa nature. L'étude de la lumière a été lente à se développer historiquement, et le chemin qui a conduit au déchiffrage de ses secrets a été parsemé d'erreurs et d'égarements de la pensée, de fausses routes, de culs-de-sac, mais aussi illuminé par de fulgurantes intuitions et de brillants élans de créativité. Et cela, parce qu'elle fait intervenir des éléments non seulement physiques (comment l'image vient dans l'œil), mais également physiologiques (comment l'œil fonctionne) et psychologiques (comment le cerveau interprète l'image). Comprendre la lumière, c'est aussi déchiffrer les mystères de l'œil et du cerveau. La lumière, la vision et l'activité neuronale sont inextricablement liées.

L'empire de la lumière

Des temps les plus reculés jusqu'à nos jours, la lumière a toujours fasciné l'esprit humain. Elle a toujours exercé une grande emprise sur les émotions et les pensées des hommes, sur la façon dont ils conçoivent le monde, qu'ils soient religieux, philosophes, poètes, artistes ou savants. Bien avant que la lumière ne devienne sujet d'études scientifiques, elle était considérée comme d'ordre transcendantal. Les sources lumineuses dans le ciel – le Soleil, la Lune, les étoiles, les arcs-en-ciel, les aurores boréales – jouent un rôle divin dans maintes mythologies du monde. La lumière était la messagère des dieux. Si intime est la connexion entre elle et l'idée que les hommes s'en font qu'on pourrait dire qu'une culture se définit par l'image qu'elle en donne. Sans relâche, Cézanne peint et repeint la montagne Sainte-Victoire sous différents éclairages. Monet scrute le jeu de la lumière et des ombres au fil des heures sur les motifs de la cathédrale de Rouen. La lumière charrie ainsi avec elle la connotation esthétique du « beau » et la connotation spirituelle du « bien ». Elle nous permet de contempler le monde et de l'interpréter.

En science, la lumière joue aussi un rôle primordial. Elle accapare l'attention de l'opticien qui construit des lunettes astronomiques et autres télescopes pour capter le rayonnement d'astres lointains trop peu lumineux. Pour l'astronome, la lumière constitue le moyen privilégié d'entrer en communication avec le reste de l'univers. La lumière qu'il recueille, qui lui parvient de temps immémoriaux, à travers des distances interstellaires et intergalactiques inimaginables, porte en elle un code cosmique qu'il lui revient de décoder s'il veut reconstituer le passé de l'univers, comprendre son présent et prédire son futur. Le physicien, lui, s'intéresse à la nature de la lumière. Il a découvert que celle-ci a deux visages, tout comme Janus : dans certaines circonstances elle apparaît comme une onde, mais en d'autres elle se métamorphose en particule. Le biologiste, lui, veut comprendre comment l'évolution darwinienne, aiguillonnée par la sélection naturelle, a pu construire cet instrument si perfectionné qu'est l'œil humain. Le neurologue tente pour sa part de saisir comment les informations visuelles transmises par l'œil au cerveau permettent à celui-ci de bâtir une représentation du monde.

La lumière se propage en ligne droite

Comme pour tant d'autres sujets, les Grecs furent les premiers à réfléchir sérieusement sur la lumière, la vision et les couleurs [1]. Pour eux, de deux choses l'une. Soit l'œil est un organe passif qui se contente d'enregistrer les couleurs et les formes que lui envoient les objets qui nous entourent. Dans ce cas, la lumière voyagerait de l'objet à l'œil. C'est notre point de vue actuel. Soit l'œil est actif et scrute le monde extérieur en projetant sur lui des rayons lumineux. Dans ce cas, la lumière sort des yeux au lieu d'y entrer – point de vue qui nous semble aujourd'hui pour le moins étrange, voire franchement risible. Mais l'idée que la vision est un processus actif est-elle si ridicule que cela ? Après tout, quand une personne promène un regard inquisiteur sur les objets qui l'environnent, elle projette bel et bien son esprit sur le monde extérieur. Nous verrons

1. Pour un bon exposé historique des idées sur la lumière et les couleurs, voir David Park, *The Fire within the Eye*, Princeton, Princeton University Press, 1997 ; et Robert A. Crone, *A History of Color*, Dordrecht, Kluwer Academic Publishers, 1999.

plus tard que les progrès de la physiologie ont maintenant fermement établi que l'œil est loin d'être un organe purement passif. Seulement, l'activité de l'œil n'est pas celle qu'avaient imaginée les Anciens.

D'autre part, la théorie selon laquelle les images du monde viennent à nous, que nous acceptons aujourd'hui sans trop y réfléchir, est loin d'être évidente. Soit une foule qui suit une compétition sportive dans un stade bien rempli : comment l'image des athlètes évoluant sur la piste peut-elle pénétrer dans les yeux de milliers de personnes au même instant ? Se démultiplie-t-elle d'innombrables fois ? Quand nous contemplons les contours délicats des pétales d'une rose, les lignes harmonieuses d'une statue ou les feux rougeoyants d'un coucher de soleil, comment les formes et les couleurs se détachent-elles de la rose, de la statue ou du Soleil pour pénétrer dans nos yeux ? Les réponses à ces questions posaient problème aux Grecs. L'idée d'une image optique se formant dans l'œil ne surviendra que mille cinq cents ans plus tard, grâce au savant arabe Alhazen. Elle n'a jamais traversé l'esprit des Grecs.

Les premières idées sur la lumière ne reposaient ni sur des observations précises, ni sur des expériences de laboratoire : la méthode expérimentale n'était pas encore née. Les penseurs grecs qui se penchèrent sur la lumière étaient plus philosophes que physiciens. Certains allèrent même jusqu'à déclarer que les expériences de la vie quotidienne étaient trompeuses, qu'elles ne devaient pas être prises en compte. Ainsi le philosophe Parménide (vers 540-vers 450 av. J.-C.) pensait-il que l'Être est un, continu et éternel, et que le changement est impossible. La diversité du monde, la variété et l'impermanence des choses n'étant qu'apparence et illusion, il fallait s'en distancier. Cette dualité entre illusion et réalité est un thème qui va d'ailleurs souvent resurgir dans l'étude de la perception visuelle.

La notion d'un rayon lumineux se propageant en ligne droite était connue des Grecs. Après tout, il suffit de regarder les rayons lumineux du Soleil après avoir entrouvert les volets d'une chambre plongée dans l'obscurité, ou de contempler la lumière solaire perçant les nuages après un orage, pour s'en rendre compte. Avec leur amour de la géométrie, l'idée que la trajectoire de la lumière est rectiligne paraissait toute naturelle aux Grecs.

Le feu des yeux d'Empédocle

Empédocle (vers 490-vers 435 av. J.-C.) est l'auteur de la plus ancienne théorie de la vision qui nous soit connue. Homme polyvalent, il fut à la fois poète, philosophe, médecin et prêtre. Il est aussi célèbre pour avoir mis tragiquement fin à ses jours en se jetant dans l'Etna. Selon Empédocle, toute chose est faite de quatre éléments fondamentaux : le feu, l'eau, l'air et la terre, attirés ensemble par l'amour et séparés par la haine. C'est le mélange de ces quatre éléments qui donne aux choses leurs formes et leurs couleurs. Pour ce qui est de ses conceptions de la lumière, Empédocle pense que les yeux envoient des « rayons visuels » vers le monde extérieur. Cette théorie des rayons visuels est en partie motivée par la croyance populaire que les yeux contiendraient du « feu » : de fait, si quelqu'un vous assène un coup de poing dans l'œil, vous avez l'impression de voir du feu. De surcroît, on pensait que les chats et autres félins pouvaient voir dans le noir parce que leurs yeux émettaient de la lumière. Cette croyance n'est pas difficile à comprendre pour quiconque s'est déjà trouvé assis autour d'un feu de camp nocturne et a vu les yeux menaçants de bêtes sauvages briller dans les ténèbres.

Mais, pour Empédocle, la lumière ne voyage pas à sens unique des yeux à l'objet ; elle accomplit aussi le trajet inverse, de l'objet aux yeux. Les yeux sont ainsi à la fois émetteurs et récepteurs. Telle une lanterne, ils émettent du feu, mais les objets produisent eux aussi des émanations qui contiennent des informations relatives à leur aspect, comme leurs couleurs ou leurs formes. Pour déchiffrer ces informations, l'œil envoie par des pores des rayons visuels qui entrent en contact avec ces émanations et retournent dans l'œil, chargés des informations relatives au monde extérieur. La vue est ici assimilée au toucher : le rayon visuel est une sorte de long bras de l'œil qui va palper les émanations de l'objet. Comme il existe quatre éléments, il y a quatre couleurs – blanc, noir, rouge et vert-jaune – pénétrant dans l'œil par quatre types de pores correspondants. Choix bizarre de couleurs, direz-vous. La vision des couleurs des Grecs aurait-elle été déficiente ? C'est ce que conclut William Gladstone, Premier ministre d'Angleterre et philologue amateur : il avait remarqué que les textes du poète Homère (vers le IXe siècle av. J.-C.) manquaient singulièrement de mots concernant les couleurs. Le manque de vocabulaire semblerait plus raisonnable comme explication.

Empédocle passe enfin sous silence un fait important que sa théorie ne peut expliquer : pourquoi, à la différence des chats, ne pouvons-nous pas voir dans l'obscurité ? Avec des yeux qui émettent du « feu », il ne devrait y avoir aucune différence de visibilité entre le jour et la nuit.

Les simulacres de Leucippe

Les philosophes grecs à se pencher ensuite sur le problème de la lumière furent Leucippe (vers 460-370 av. J.-C.) et son disciple Démocrite (460-370 av. J.-C.). La postérité a retenu leurs noms pour avoir, les premiers, énoncé l'idée que la matière est constituée à la fois d'atomes en perpétuel mouvement et de vide. C'est l'opposition entre le plein (l'être) et le vide (le non-être) qui est à l'origine du monde. La conception atomique de la matière devait se trouver vérifiée de façon spectaculaire par la physique quantique près de vingt-cinq siècles plus tard. Au contraire du « feu » des yeux d'Empédocle qui s'échappe vers le monde extérieur, Leucippe pense que le monde visuel vient à nous, et donc que la vision est essentiellement une expérience passive. Sous l'influence de la lumière, les images des objets qui nous entourent – que Leucippe désigne du mot grec *eidolon* (*eidola* au pluriel), dont la traduction latine est *simulacra* – se détachent de leur surface, comme la peau d'un serpent qui mue se détache de son corps, et viennent jusqu'à nos yeux.

Leucippe imagine que ces « simulacres » sont de très minces voiles de matière, de l'épaisseur d'un atome, qui se pèlent couche après couche à partir des objets pour s'envoler à toute vitesse dans toutes les directions de l'espace tout en conservant leur forme. Ce n'est donc pas de la lumière qui pénètre dans l'œil, mais des formes voyageuses composées d'atomes représentant les images matérielles des objets visibles, qui viennent impressionner notre œil tout comme les odeurs viennent imprégner nos narines.

La théorie des simulacres souleva bien des problèmes, qui préoccupèrent les successeurs de Leucippe pendant près de quatorze siècles : si nous recevons l'image entière d'un objet dans nos yeux, pourquoi voyons-nous seulement le côté de l'objet qui nous fait face ? Nous devrions voir également ses côtés, et son arrière. Et, puisqu'un simulacre conserve la taille initiale de l'objet, comment l'image de quelque chose d'aussi énorme qu'une montagne ou un éléphant peut-elle pénétrer dans une ouverture aussi petite que celle de l'œil ? D'autre part, pourquoi un objet éloigné paraît-il si petit ? Les images rétréciraient-elles pendant leur voyage ? Et, à supposer qu'elles le fassent, comment une image sait-elle où je suis pour ajuster sa taille de manière à avoir la taille appropriée pour pénétrer par l'ouverture de mon œil ? Parce que les simulacres ont besoin de lumière pour être activés – celle du Soleil, de la Lune, ou des feux de bois –, Leucippe, au contraire d'Empédocle, explique en revanche facilement pourquoi nous ne pouvons voir dans l'obscurité.

Les rêves de Démocrite

Développant les idées de Leucippe, Démocrite avance une théorie des rêves. Selon lui, les simulacres qui s'échappent de notre corps quand nous dormons portent en eux les empreintes de nos impulsions mentales, de nos qualités morales et de nos émotions. Ils paraissent réels au dormeur et emplissent ses rêves. Ainsi, en pleine obscurité, de fines couches d'atomes se détachent de la surface des objets qui nous entourent pour alimenter nos songes nocturnes.

Les idées de Démocrite sur la lumière et la vision sont fondées sur la théorie atomiste. Il adopte les quatre couleurs primaires d'Empédocle – le noir, le blanc, le rouge et le jaune-vert –, mais y ajoute d'autres couleurs dites secondaires, comme le vert et le brun.

À la différence d'Empédocle, Démocrite n'attribue pas les couleurs primaires aux quatre éléments, mais à des atomes de formes différentes. Ainsi les atomes responsables du blanc sont-ils ronds et lisses, arrangés de manière à tracer des canaux droits, « sans ombre », tandis que les atomes responsables du noir, ceux qui projettent de l'ombre, sont irréguliers et rugueux, assemblés dans des systèmes aux porosités tortueuses, qui emprisonnent la lumière. Les atomes eux-mêmes sont incolores. Seules les qualités dites « primaires », comme la taille, la forme, le poids, la position ou le mouvement, les caractérisent. Les couleurs (et d'autres qualités sensorielles telles que l'odeur ou le goût) ne sont pas présentes dans les objets eux-mêmes. Ainsi les atomes, qui sont responsables de la diversité du monde, possèdent eux-mêmes un ensemble de propriétés très restreint ; mais ils peuvent être assemblés de mille et une manières différentes, ce qui fait que le monde présente une variété exubérante au lieu d'une morne et ennuyeuse monotonie. La théorie des couleurs de Démocrite est une sorte de science des matériaux avant l'heure.

Démocrite va encore plus loin. Il énonce que ce que nous voyons résulte de ce que nous créons en nous : les « atomes de couleur » ne deviennent colorés qu'après avoir interagi avec les « atomes de l'esprit ». Bien que Démocrite, avec sa théorie atomique, soit à mille lieues de Parménide (l'Être immuable est un pour ce dernier, alors qu'il est multiplié en une infinité d'atomes insécables et invariants chez Démocrite), il rejoint celui-ci par sa méfiance vis-à-vis des données sensibles. Pour tous deux, le monde des sens n'est qu'illusion, métaphore ; la surface ne révèle pas la vérité en profondeur.

La lumière métaphysique de Platon

Platon (428-347 av. J.-C.) a poussé à l'extrême cette idée d'une différence fondamentale entre l'apparence et l'essence. Il pensait qu'il y avait deux niveaux de réalité : la réalité du monde physique accessible à nos sens – celui qui est impermanent, changeant, illusoire – et celle du vrai monde, celui des Idées éternelles et immuables. Pour illustrer la dichotomie entre les deux mondes et cette notion que le monde sensible et temporel n'est que le pâle reflet du monde des Idées, Platon introduisit sa fameuse allégorie ou mythe de la caverne. Il existe au-dehors de la caverne un monde vibrant de couleurs, de formes et de lumière que les hommes ne peuvent pas voir, auquel ils n'ont pas accès. Tout ce qu'ils perçoivent, ce sont des ombres projetées par les objets et les êtres vivants du monde extérieur sur les parois de la caverne. Au lieu de l'exubérance des couleurs et de la netteté des formes de la glorieuse réalité, ils n'ont droit qu'à la morne grisaille et aux contours flous des ombres. Cette dualité du monde entraîne une dualité de l'Être. Dans le monde des Idées règne le Bien, être éternel et immuable existant en dehors du temps et de l'espace ; dans le monde des sens, le Démiurge façonne la matière selon les plans du monde des Idées.

Concernant la vision, Platon reprend certains éléments propres à ses prédécesseurs et les réarrange à sa manière. Ainsi, dans son *Timée*[2], il développe l'idée du « feu » oculaire qu'Empédocle avait énoncée soixante-dix ans auparavant. Il cite l'exemple d'une aiguille tombée par terre ; nous pouvons chercher cette aiguille longtemps, mais, pour la voir, il est nécessaire que notre regard se pose sur elle, qu'il la palpe, la touche en quelque sorte. La vision est donc une espèce de toucher agissant par l'intermédiaire de rayons visuels. La preuve : ne sentons-nous pas parfois se poser sur notre nuque le regard d'une personne placée derrière nous ? Platon adopte également les quatre couleurs d'Empédocle en les considérant comme reliées aux quatre éléments. Marchant sur les traces de Démocrite, il reprend l'idée que les couleurs sont dues à des corpuscules élémentaires. Mais il rejette les idées atomistes de celui-ci et estime que le monde est constitué non pas d'atomes, mais de polygones réguliers.

La lumière acquiert chez Platon un statut métaphysique. Le Soleil est l'enfant du Bien, et l'œil, sensible à la lumière, est l'organe le plus lié au Soleil. La vision résulte donc de la somme de trois processus qui se complètent. L'œil émet du feu, qui se combine avec la lumière ambiante pour former un seul faisceau lumineux. Ce faisceau est projeté droit devant jusqu'à ce qu'il rencontre la surface

2. Platon, *Timée*, éd. et trad. A. Rivaud, Paris, Les Belles Lettres, 1925.

d'un objet ; là, le faisceau rencontre un rayonnement de corpuscules qui jaillit de l'objet par l'action de la lumière environnante et se joint au faisceau originel. Ce rayonnement de corpuscules contient l'information sur la condition de l'objet, sa couleur, et sa texture. Le faisceau se rétracte ensuite pour communiquer aux yeux cette information. Les corpuscules passent par des pores minuscules de l'œil pour communiquer l'information à l'esprit, qui l'interprète. Parce que l'image naît seulement de la rencontre entre les rayons visuels, de nature divine, émanant de nos yeux, avec les rayons émis par les objets, « le semblable allant vers le semblable », Platon peut expliquer le fait que nous ne pouvons pas voir dans l'obscurité : si la vision n'est pas possible la nuit, c'est parce que, les objets n'émettant pas de rayons, le « feu » intérieur des yeux ne peut entrer en contact avec le « feu » issu des objets extérieurs. Dans le schéma platonicien, l'œil est à la fois émetteur et récepteur, actif et passif, et le rôle de la lumière ambiante est explicitement mis en évidence.

Aristote et la lumière qui active la transparence de l'air

Aristote (384-322 av. J.-C.), élève de Platon, adopte un point de vue à mi-chemin entre l'idéalisme de Platon et le matérialisme de Démocrite. Philosophe naturaliste, il possède une vue plus concrète et plus empirique du réel, et rejette le monde des Idées de Platon. Il ne montre pas non plus de goût pour un monde composé d'atomes et de vide, ceux-ci étant incompatibles avec ses idées sur les qualités et les changements qui caractérisent le monde. Alors que Démocrite réduit toute chose à des entités quantitatives (les atomes), Aristote pense que ce sont les qualités plutôt que les quantités qui constituent la réalité fondamentale. Considérons par exemple une orange qui mûrit dans un bocal. Pour Aristote, la propriété d'être mûre est potentielle dès le début dans l'orange. Cette potentialité devient actualité dès que l'orange mûrit. Le mûrissement est donc pour lui une qualité primaire. En revanche, chez les atomistes, des qualités comme la couleur ou le goût sont plutôt des qualités secondaires. L'orange mûrit parce que les atomes qui la composent modifient leurs positions ou la façon dont ils sont agencés ensemble. En introduisant des notions comme « potentiel » et « actualité », Aristote rejette l'idée de Parménide selon laquelle tout changement ne serait qu'illusion.

Aristote adopte les quatre éléments d'Empédocle et les combine avec les quatre qualités primaires liées au sens du toucher : le froid, le chaud, le sec et l'humide. Ainsi la terre est-elle froide et sèche, l'eau froide et humide, l'air chaud et humide, le feu chaud et sec. C'est le mélange des quatre qualités primaires qui engendre les qualités secondaires, comme les couleurs et les odeurs. Pour ce qui est de la vision, Aristote rejette catégoriquement les « rayons visuels » d'Empédocle en objectant que cette théorie n'explique pas pourquoi nous ne voyons pas dans le noir. Il rejette aussi la notion platonicienne de particules qui s'échappent de la surface des objets pour pénétrer dans les yeux. Pour lui, la perception des choses s'effectue non pas par l'intermédiaire d'un flux de matière, mais par leur impression sur les organes sensoriels, tout comme la cire reçoit l'impression d'une bague sans ôter quoi que ce soit de la substance, fer ou or, dont la bague est constituée. L'impression faite par l'objet actualise le potentiel déjà présent dans l'organe sensoriel. L'œil reçoit ainsi des impressions de couleurs, de formes, de mouvements, etc. L'identification finale de l'objet ne se produit pas dans l'œil, mais dans un organe que Platon appelle *sensus communis*, ou « sens commun ». Parce qu'Aristote place l'« âme » non pas dans le cerveau, mais dans le cœur, il y met aussi le « sens commun »[3]. Pour créer une image mentale des impressions, l'âme recourt à une faculté spéciale appelée « imagination ».

Comment les impressions des objets extérieurs sont-elles transmises à nos organes de la vue ? Pour Aristote, cette fonction est accomplie d'abord par l'air, ensuite par le liquide présent dans les yeux[4]. Nous voyons les choses parce qu'une source lumineuse modifie la qualité du milieu entre l'œil et l'objet : d'opaque, il devient transparent. Ce milieu possédait déjà un potentiel de trans-

3. Aristote pensait que la fonction du cerveau était de refroidir le sang.

4. Les étoiles sont perçues à travers un milieu différent, l'éther. C'est le cinquième élément, doué de qualités divines, qu'Aristote appelle « quintessence ».

parence ; c'est la lumière qui actualise cette transparence qu'Aristote appelle le « diaphane » : « La couleur met en mouvement le diaphane – l'air, par exemple – qui communique son mouvement à l'œil avec lequel il est en contact. » Pour que la vision se réalise, la présence d'une source lumineuse – un feu, le Soleil ou la Lune – est indispensable. Celle-ci permet l'actualisation de la transparence nécessaire à la vision, qui n'était jusque-là que potentielle. La lumière, les couleurs et les formes ne sont donc pas des substances matérielles qui se déplaceraient à travers un milieu. Elles ne font que le modifier. Elles n'ont donc pas besoin de temps pour nous parvenir ; la perception est instantanée. Contrairement à ce que pensait Empédocle, la lumière pour Aristote n'est pas une substance matérielle : elle n'est ni « feu », ni corps, ni émanation d'un corps.

Concernant les couleurs, Aristote estime qu'il en existe deux qui sont fondamentales : le noir et le blanc, qui constituent les « qualités extrêmes » et qu'il identifie à l'obscurité et à la lumière. Toutes les autres couleurs résultent du mélange des deux couleurs fondamentales et présentent des « qualités intermédiaires ». Néanmoins, ce mélange n'est pas simplement une juxtaposition de noir et de blanc, qui ne produirait que du gris. Aristote évoque ici le rôle de la chaleur. Ainsi, dans son ouvrage *Les Couleurs*, décrit-il des escargots gris qui deviennent violets après avoir été bouillis quelque temps. D'autres couleurs peuvent aussi résulter du mélange noir-blanc dans un milieu semi-transparent : c'est le cas des teintes rougeoyantes ou orangées du soleil couchant.

En résumé, les Grecs ont ainsi été à l'origine de trois théories fort différentes de la vision : celle des « rayons visuels » issus des yeux, d'Empédocle ; celle des « simulacres », de Leucippe et Démocrite, formes voyageuses composées d'atomes qui se détachent de la surface des objets ; et celle du « diaphane », d'Aristote, où la présence d'une source lumineuse actualise la transparence de l'air ambiant qui transmet à l'œil les impressions de couleurs et de formes des objets. Ces idées ont exercé une influence considérable sur tous les penseurs qui se sont penchés sur le problème de la lumière et de la vision pendant les vingt siècles qui ont suivi.

Euclide et la géométrie de la vision

Aristote a été le dernier d'une lignée de penseurs à embrasser à la fois philosophie et science dans un vaste schéma unitaire. Après lui, ces deux modes d'investigation du monde divergèrent. Les scientifiques s'éloignèrent de la philosophie, et les philosophes se consacrèrent plus exclusivement aux questions morales, éthiques et religieuses. Grâce aux conquêtes d'Alexandre le Grand (356-323 av. J.-C.), élève d'Aristote, la civilisation grecque se propagea jusqu'à l'Indus et à l'Égypte. Bien qu'Athènes restât la capitale de la philosophie avec des figures telles qu'Épicure (341-270 av. J.-C.) et son disciple Lucrèce (95-52 av. J.-C.), dont le poème philosophique *De la nature*[5] demeure le meilleur exposé des idées atomistes de Démocrite, la ville d'Alexandrie, fondée en Égypte par Alexandre, devint le centre scientifique du monde hellénistique. C'est là que fut créée la fameuse académie des sciences connue sous le nom de « Musée » (lieu consacré aux Muses), dotée d'une bibliothèque fabuleuse rassemblant près d'un demi-million de manuscrits.

Le mathématicien Euclide (vers 300 av. J.-C.) fut l'un des premiers scientifiques à travailler au Musée. Outre ses écrits et ses démonstrations de théorèmes de géométrie – un monument intellectuel si imposant qu'il sera accepté sans réserve pendant les vingt-deux siècles à venir –, Euclide était aussi intéressé par le problème de la vision. Et pour cause : il y trouvait un domaine idéal auquel appliquer ses chères idées géométriques. Il adopta naturellement l'idée des « rayons visuels » d'Empédocle : des trois théories proposées par ses prédécesseurs, c'est celle qui se prête le mieux à un traitement mathématique rigoureux. Il avança plusieurs arguments très plausibles en faveur de cette hypothèse. Ainsi, raisonnait-il, nous ne percevons pas toujours les choses, même si notre regard les croise : vous ne discernez pas nécessairement une épingle tombée à terre, même si elle est dans votre champ de vue ; or, si la vision dépendait seulement de la lumière réfléchie par l'épingle en direction des yeux, vous devriez la voir immédiatement. En revanche, la théorie

5. Éd. et trad. A. Ernout, Paris, Les Belles Lettres, 1920.

des « rayons visuels » émanant d'un « feu » intérieur aux yeux explique très bien cela : l'épingle n'est visible que dès l'instant où les rayons émanant des yeux tombent sur elle.

Dans son *Optique*[6], Euclide postule que les « rayons visuels » qui émanent des yeux viennent frapper en ligne droite tout ce que touche le regard. Chaque rayon atteint à l'autre bout seulement un point de l'objet regardé. Mais l'expérience montre que nous pouvons voir simultanément plus qu'un seul point d'un objet. Ainsi, sans bouger les yeux, vous pouvez voir en même temps plusieurs mots imprimés sur cette page ; les autres deviennent plus flous à la périphérie. Euclide postule donc un ensemble de « rayons visuels » contenus dans un cône dont le sommet serait le centre de l'œil et la base le champ du visible. Grâce à ce postulat du cône visuel et à des considérations géométriques, il parvient à expliquer pourquoi un arbre éloigné paraît plus petit qu'un arbre proche[7]. Il réussit aussi à avancer la raison pour laquelle un cercle situé dans le même plan que les yeux a l'apparence d'une ligne droite.

Bien sûr, il subsiste des questions fondamentales auxquelles l'optique géométrique d'Euclide ne peut apporter de réponse : ainsi, combien de « rayons visuels » y a-t-il dans le « cône visuel », et quel facteur détermine leur nombre ? Quant au problème qui constitue le talon d'Achille de la théorie des « rayons visuels », il demeure toujours irrésolu : pourquoi voyons-nous moins bien dès que la lumière du jour baisse, et plus du tout dans le noir ? De surcroît, nous ne trouvons chez Euclide aucune considération d'ordre physiologique (comme le rôle de l'œil), psychologique (comme le rôle du cerveau) ou physique concernant la nature de la lumière et des couleurs. Euclide se cantonne à son rôle de mathématicien.

L'optique d'Euclide n'en a pas moins eu une grande importance historique. C'est la première fois que les mathématiques (ici, la géométrie) sont appliquées à un phénomène naturel et que des entités

6. Euclide, *L'Optique et la Catoptrique*, trad. et notes Paul Ver Eecke, Paris, Blanchard, 1959.

7. La taille angulaire d'un objet décroît comme l'inverse de sa distance à l'observateur. Ainsi, un arbre dix fois plus éloigné paraîtra dix fois plus petit.

abstraites sorties de l'imagination des hommes, comme la ligne droite, le triangle ou le cercle, sont utilisées pour élucider une situation bien réelle : celle de l'œil, de la lumière et de la vision. C'est le début de la prise de conscience que le langage de la nature est les mathématiques. D'autre part, le concept de « cône visuel » a joué un rôle déterminant dans l'évolution des idées en optique et a connu une exceptionnelle longévité. Il a perduré bien après que l'homme se fut rendu compte que c'est la lumière du monde extérieur qui entre dans l'œil, et non pas l'inverse, et que maints aspects encore obscurs du mécanisme de la vision eurent été élucidés. À une époque aussi proche de nous que l'an 1800, nombre de physiciens croyaient encore qu'un faisceau de lumière était composé de nombreux « rayons visuels », et qu'un faisceau était d'autant plus brillant qu'il en contenait davantage. Quant à ceux qui pensaient que la lumière était faite de nombreux corpuscules, ils les imaginaient se déplaçant sur des « rayons visuels » comme des voitures roulant à la queue leu leu sur une autoroute.

Ptolémée et la roue des couleurs

Le prochain acteur à entrer en scène dans la saga de la lumière est l'astronome grec Claude Ptolémée (vers 100-178). Il est surtout connu pour son élaboration du système géocentrique du monde, où la Terre trône au milieu du système solaire et où les autres planètes et le Soleil tournent autour d'elle : son ouvrage majeur, l'*Almageste*, servit de fondement à plus de treize siècles d'astronomie – jusqu'à ce que Copernic, en 1543, déloge la Terre de sa place centrale pour y mettre le Soleil. Mais Ptolémée fut aussi l'auteur d'un ouvrage d'optique[8] qui, malheureusement, n'a pas été préservé dans son intégralité, et dont une partie seulement nous est parvenue.

La théorie de la vision de Ptolémée ressemble dans les grandes lignes à celle d'Euclide. Mais, étant observateur, il prête plus d'attention aux conséquences expérimentales de la théorie qu'Euclide,

8. *L'Optique de Claude Ptolémée dans sa version latine, d'après l'arabe de l'émir Eugène de Sicile*, éd. critique par Albert Lejeune, Louvain, 1956 ; rééd. avec trad. franç. et compléments, Leyde, Brill, 1989.

lequel s'en tient au plan mathématique abstrait. Ptolémée pense aussi que l'œil est à la fois émetteur et récepteur : il émet des « rayons visuels » qui sont de même nature que la lumière et les couleurs. Dès que nous ouvrons l'œil, le flux visuel se propage de manière instantanée à d'immenses distances, et nous percevons toute chose que ce flux atteint du moment qu'il fait assez clair. Ptolémée postule également un « cône visuel », mais, à la différence d'Euclide, il estime que ce cône ne consiste pas en un ensemble de « rayons visuels » distincts, mais en un continuum de rayons dont la densité est plus grande au centre, où la vision est la plus précise, mais décroît vers les bords où les détails sont plus flous. Ptolémée explique que si les rayons étaient distincts, des objets très lointains, comme une étoile, auraient tendance à tomber entre deux rayons et seraient donc invisibles. Or ils ne le sont pas. Pour lui, le « cône visuel » ne suffit pas en lui-même ; il a besoin d'une lumière extérieure pour enclencher son action. Ainsi, quand le « cône visuel » atteint la surface d'un objet, il n'interagit avec lui qu'en présence d'une lumière environnante. Plus cette lumière extérieure est intense, plus l'interaction est forte. Ce qui explique pourquoi nous ne voyons pas dans l'obscurité.

Ptolémée se pencha aussi sur le comportement de la lumière quand elle est réfléchie sur une surface (lois de la réflexion) ou quand elle change de direction en allant d'un médium à un autre, par exemple en passant de l'air à l'eau (lois de la réfraction). Il fut également le premier à décrire comment les couleurs se mélangent non seulement sur la palette d'un peintre, mais aussi dans l'œil. Pour ce faire, il peignit différentes couleurs sur une roue qu'il fit tourner rapidement sur elle-même. L'œil n'ayant pas le temps de distinguer chacune des couleurs séparément, celles-ci paraissaient mélangées. Outre la vitesse, il remarqua que le mélange des couleurs pouvait également résulter de la distance : une mosaïque de couleurs brillantes vue de loin peut donner une impression de gris.

Pour Galien, le siège de la vision est la lentille

L'autre grande figure qui contribua à développer les idées sur la lumière et la vision en cette fin de période hellénistique fut le Grec Claude Galien (130-200), l'un des deux grands médecins de l'Antiquité avec Hippocrate. Il fut le médecin personnel de l'empereur Marc Aurèle, qui le convia à Rome pour s'occuper de son fils Commode, mentalement dérangé. Galien reprit une partie des idées du philosophe stoïcien Zénon (vers 384-vers 322 av. J.-C.), selon lesquelles l'univers est un être vivant, rationnel et intelligent, et la nature animée d'un souffle vital et créatif appelé *pneuma*. Pour Galien, le *pneuma* de la vie est amené jusqu'au cerveau par des artères et transformé en un *pneuma* plus fin et plus subtil, celui de l'âme, dont le siège est situé dans le cerveau. Le *pneuma* visuel est une composante importante de celui de l'âme. Il accomplit un circuit qui part du cerveau, va à l'œil en passant par le nerf optique, arrive ensuite à l'objet observé pour reparcourir enfin le chemin inverse : œil → nerf optique → cerveau.

Galien reprend également certaines idées d'Aristote : sous l'influence conjuguée du *pneuma* visuel et de la lumière, l'air qui nous entoure subit une transformation qui rend possible la perception. Les couleurs provoquent aussi une transmutation de l'air. Pour Galien, le siège de la vision est la lentille du cristallin. Bien qu'il n'explique pas comment l'image d'un objet pénètre dans la pupille, est enregistrée sur la lentille et communiquée au cerveau, ses conceptions exercèrent une grande influence sur ses successeurs. L'idée que le cristallin était le siège de la vision a freiné considérablement le développement d'une théorie correcte : elle ne fut pas remise en question pendant quatorze siècles, jusqu'à ce que Johannes Kepler démontre en 1604 que c'est la rétine, et non pas cette lentille, qui est l'organe majeur de la vision.

La Grèce étant annexée à l'Empire romain vers la fin du IIe siècle av. J.-C., la pensée y perdit de son lustre pour disparaître quatre siècles plus tard. Les études anatomiques et physiologiques de Galien et le système géocentrique de Ptolémée furent parmi les derniers coups d'éclat de la civilisation grecque. La destruction de la grande bibliothèque d'Alexandrie et de ses cinq cent mille parchemins en l'an 389 et la fermeture de l'Académie de Platon par l'empereur Justinien en l'an 529 donnèrent le coup de grâce à la pensée grecque, annonçant les siècles de ténèbres à venir. Les Romains, peu intéressés par les spéculations abstraites, ne contribuèrent guère au progrès des idées en général, et à la théorie de la lumière et de la vision en particulier. Les incessantes attaques des hordes barbares venues d'Orient durant les ve et vi^e^ siècles précipitèrent le déclin de l'Empire romain, déjà considérablement affaibli par la corruption politique, le chaos économique, l'anarchie militaire, l'excessive bureaucratie et l'effondrement du système judiciaire.

Le monde islamique reprend le flambeau

Parallèlement au déclin et à la chute de l'Empire romain, l'Empire arabo-islamique prit son essor. La mort du prophète Mahomet en 632 laissa le monde arabe dans un état de grande fermentation religieuse. Plusieurs vagues de ferveur islamiste déferlèrent alors à travers le globe : à l'est, vers l'empire de Perse et l'Inde ; à l'ouest, vers l'Afrique du Nord et l'Égypte ; au nord, vers l'Espagne, stoppée finalement par les soldats de Charles Martel près de Poitiers, exactement un siècle après la disparition du Prophète. Le flambeau de la civilisation passa des Occidentaux aux mains des califes de Bagdad, fondée en 762. La culture arabo-persane atteignit son apogée avec le calife Haroun al-Rachid (766-809), personnage légendaire des *Mille et Une Nuits*, qui inaugura une période fastueuse où fleurirent chevalerie, poésie et musique. Les grands textes grecs furent traduits en arabe et Bagdad devint un important centre de savoir au IXe siècle.

Certains hommes de science arabes se penchèrent à nouveau, à Bagdad, sur le problème de la vision. Comme on pouvait s'y attendre, il y eut des partisans des « rayons visuels » et d'autres qui étaient contre. Parmi les partisans, Al-Kindi (vers 801-866), premier philosophe et en même temps médecin, musicien et mathématicien arabe, fut un fervent défenseur des « rayons visuels », se situant ainsi dans la lignée d'Empédocle à Galien en passant par Euclide.

Dans l'ensemble, il reprit les idées de ses prédécesseurs : les « rayons visuels » ont la forme de petits cônes dont le sommet touche l'œil et qui relient nos sens au monde extérieur en changeant la forme de l'air devant nous, lui permettant ainsi de transmettre la configuration et les couleurs d'un objet. Selon lui, la théorie des « simulacres » de Démocrite ne pouvait être correcte, car elle était incapable d'expliquer pourquoi une forme circulaire peut apparaître dans une certaine direction comme une ligne droite (les « simulacres » préserveraient la forme circulaire), alors que la géométrie euclidienne appliquée aux « rayons visuels » peut facilement en rendre compte par un simple effet de projection.

En revanche, le philosophe et médecin iranien Avicenne (980-1037), considéré aujourd'hui encore dans le monde arabe comme le « prince des docteurs », rejeta la théorie des « rayons visuels » en usant de l'argumentation suivante : nous pouvons facilement voir la quille d'un navire dans une eau claire ; comment des rayons visuels pourraient-ils pénétrer dans l'eau, qui est un matériau non poreux, sans soulever la surface de celle-ci ? La théorie de Galien était pour lui tout aussi inacceptable : l'air ne peut servir d'extension au *pneuma* visuel, puisqu'il n'atteint pas les étoiles éloignées alors que celles-ci sont bel et bien visibles. Et puis, comment expliquerait-on le fait que nous pouvons voir même quand le vent souffle en rafales et que l'air est en mouvement ?

Mais, comme Al-Kindi, Avicenne ne proposa pas de schéma radicalement différent de ses prédécesseurs grecs. Cette tâche revint au philosophe, mathématicien et astronome Ibn al-Haytham (965-1039), plus connu en Occident sous le nom d'Alhazen. Parmi ses quelque cent vingt ouvrages, son *Traité d'optique*[9] demeure un chef-d'œuvre d'observations et de déductions qui remit en cause certains aspects de la pensée grecque, et domina les réflexions et spéculations sur les phénomènes optiques pendant six siècles, jusqu'à ce que Johannes Kepler franchît l'étape suivante.

---

9. *The Optics of Ibn al-Haytham*, livres I-III, trad. et comm. A.I. Sabra, 2 vol., Londres, The Warburg Institute, 1989.

Alhazen fait table rase du « feu intérieur » et inverse les rayons lumineux

Alhazen adopte le point de vue d'Aristote selon lequel la lumière vient de l'extérieur et entre dans les yeux, et non pas l'inverse. Il aligne plusieurs arguments pour soutenir ce point de vue. Fait nouveau : son argumentation repose sur des observations plutôt que sur des axiomes mathématiques à la manière d'Euclide. Ainsi, note-t-il, nous ne pouvons pas regarder longtemps le Soleil sans avoir mal aux yeux. Si la lumière partait de nos yeux, il n'y aurait aucune raison pour que nous ressentions pareille douleur. En revanche, si c'est la lumière solaire qui parvient jusqu'à nos yeux, son extrême brillance peut naturellement expliquer notre inconfort. Alhazen évoque aussi le phénomène des images persistantes ; regardez un objet qui brille au soleil et allez ensuite à l'ombre : l'image de l'objet brillant persistera quelques instants devant vos yeux. Là encore, ce phénomène ne peut s'expliquer que si la lumière pénètre les yeux de l'extérieur.

Mais si Alhazen fait table rase de l'idée de « feu intérieur », il ne renonce pas pour autant à la base géométrique de la vision développée par Euclide. Pour lui, les rayons de lumière existent bel et bien. Ils se propagent en ligne droite (on peut voir cette trajectoire rectiligne de la lumière à travers une fente grâce aux particules de poussière qui la matérialisent) ; seulement, le sens de leur propagation est inversé : ils se propagent des objets aux yeux, et non des yeux aux objets. Quand la lumière ambiante vient frapper les objets, elle est réémise par eux. De chaque point de la surface d'un objet coloré, des faisceaux de rayons de lumière divergent dans toutes les directions (sauf si cet objet est un miroir, auquel cas la lumière repart dans une seule et unique direction), et seule une faible proportion d'entre eux pénètre dans nos yeux. Alhazen introduit là l'idée de diffusion de la lumière.

Contrairement à ce qu'avançaient Démocrite et Épicure, ce ne sont plus des « simulacres » qui partent des objets, mais des rayons lumineux. Le cône d'Euclide reste, mais il est inversé : son sommet est sur l'objet, et sa base sur la pupille, et non pas l'inverse. Pour

Alhazen, la lumière ambiante est nécessaire à la vision : les rayons visuels n'émanent des objets que s'ils sont eux-mêmes lumineux ou éclairés. Il s'attaque aussi à la conception aristotélicienne de la transparence ; il estime que la clarté des milieux intermédiaires entre l'œil et l'objet n'est pas forcément liée à l'action d'une source lumineuse, mais peut s'expliquer par des rayons de lumière qui se propagent en ligne droite.

L'œil récepteur d'images

Alhazen a donc éteint le « feu intérieur » d'Empédocle. Il y substitue une théorie de la vision reposant sur des rayons de lumière dont le comportement peut être décrit de manière précise en utilisant le langage mathématique et géométrique d'Euclide. L'œil n'est plus le site d'une lumière divine et sacrée ; il attend d'être irradié par une lumière extérieure. Du rôle d'émetteur, il passe à celui de récepteur.

Ce renversement de rôle oblige Alhazen à réfléchir au mécanisme même de la vision. Avec le cône de rayons visuels sortant des yeux, la vision peut être analysée sans jamais aborder l'anatomie de l'œil, du nerf optique et du cerveau. Avec les rayons visuels épousant la forme des objets et s'imprégnant de leurs couleurs, une théorie optique peut être élaborée sans qu'il soit besoin de développer une physique de la lumière. Tout cela change si la lumière vient de l'extérieur, et non plus de l'intérieur. Alhazen énonce qu'à chaque point du monde extérieur correspond une seule et unique image sur le cristallin, qu'il pense – à tort, tout comme le médecin Galien – être l'organe de la vision (en lieu et place de la rétine, dont le rôle ne sera établi que six siècles plus tard par Johannes Kepler). Comme Galien, il place incorrectement le cristallin au centre du globe oculaire (et non à son bord antérieur) (fig. 1). La loi islamique interdisant la dissection, sa connaissance de l'anatomie de l'œil repose principalement sur les dissections courantes de l'époque qui se déroulaient en Égypte, où l'on pratiquait la momification.

Par ailleurs, pour que chaque point d'un objet corresponde à un élément du cristallin et à un seul, il fallait qu'un seul rayon lumineux partant de l'objet atteigne cet élément. Si plusieurs rayons lumineux

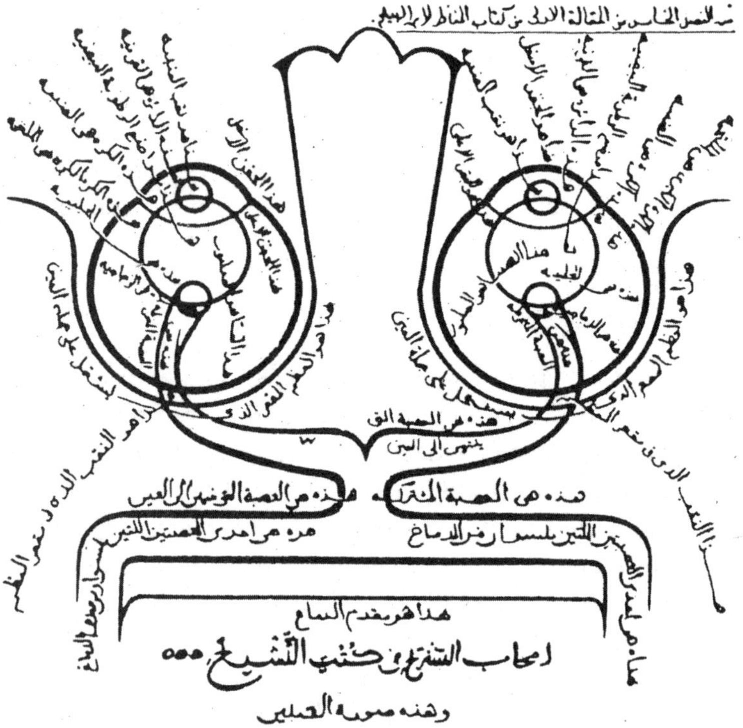

Fig. 1 : Le système visuel selon Ibn al-Haytham (ou Alhazen) (965-1039) vers l'an 1000. D'après le savant arabe, le cristallin au centre du globe oculaire est l'organe de la vision. Les images qui résultent des rayons lumineux passent par des nerfs optiques creux qui se rencontrent au « chiasma » et sont ensuite communiquées au cerveau où l'âme fait la synthèse des informations.

provenant de plusieurs points différents affectaient le même élément de l'organe sensoriel, ils provoqueraient des sensations superposées qui brouilleraient la vision. Pour préserver une correspondance unique, donc une vision nette, Alhazen se vit dans l'obligation de postuler que parmi l'infinité de rayons lumineux venant frapper chaque point de la face antérieure du cristallin, seul compte un rayon « utile », celui qui le frappe perpendiculairement. Ce rayon utile ne subit pas de réfraction, c'est-à-dire que sa trajectoire n'est pas déviée, et il continue à se propager en ligne droite dans la même direction après pénétration du cristallin. C'est ce rayon qui fait *voir* le point dont il émane. Bien qu'Alhazen n'offre pas d'explication physique pour justifier ce postulat du « rayon utile », le saut intellectuel accompli par le savant arabe est immense : pour la première fois dans l'histoire de la pensée humaine, la notion d'une image du monde extérieur transmise par des rayons lumineux et qui se forme à l'intérieur de l'œil a fait son apparition.

Le pas franchi est capital. Alhazen a le premier compris que les images du monde extérieur n'entrent pas tout entières, telles quelles, dans la pupille, comme le proclamaient les défenseurs de la théorie des « simulacres ». Au contraire, il a correctement perçu que les scènes qui se déroulent sous nos yeux peuvent être dissociées en une infinité de points que l'œil voit simultanément. Chacun de ces points est connecté par un rayon lumineux à un élément de l'organe visuel, et l'œil assemble ensuite cette multitude d'éléments en images.

Pour asseoir sa théorie de l'optique, Alhazen, en bon expérimentateur, se livre à de multiples expériences avec la lumière en utilisant une *camera obscura* (« chambre noire »). Imaginez-vous debout dans une chambre sombre aux rideaux tirés. Dehors, le Soleil brille de tout son éclat. Percez un petit trou dans un des rideaux, et vous verrez la lumière filtrer à travers ce trou et dessiner sur le mur opposé une image du paysage extérieur ensoleillé. Ce paysage riche de détails et de couleurs s'est faufilé à travers un trou à peine plus grand qu'une tête de clou[10] ! Alhazen en déduit correctement que seuls des rayons lumineux passant simultanément par ce petit trou peuvent expliquer un phénomène aussi extraordinaire. Il y a cependant un problème, et de taille : l'image projetée sur le mur est à l'envers (le haut est en bas, la gauche devient droite et *vice versa*), mais Alhazen ne s'attarde pas là-dessus. Quant à la connexion spécifique de cette expérience de la chambre noire avec l'œil, elle ne sera faite que quelque quatre cents ans plus tard, quand Léonard de Vinci eut la géniale intuition d'identifier l'œil lui-même à une *camera obscura*...

Alhazen fut aussi le premier à décrire le phénomène de la réfraction, c'est-à-dire le comportement de la lumière quand elle passe d'un milieu à un autre (par exemple de l'air dans le verre, ou de l'air dans l'eau). Il comprit que la lumière, en changeant de milieu,

10. Il ne saurait être trop grand, sinon l'image deviendrait floue.

change à la fois de direction et de vitesse de propagation. Ce raisonnement sera repris intégralement par Descartes et Newton plus de six siècles plus tard.

Le sens des distances et des couleurs

Avec Alhazen, la lumière devient une entité physique. Pour expliquer la vision, la transparence et les couleurs, la philosophie ne suffit plus. La physique et la géométrie reposant sur l'expérimentation et l'observation ont désormais droit de cité. Alhazen comble le fossé qui séparait l'étude de l'anatomie de l'œil et les théories de la vision. La physiologie fait irruption dans le monde de l'optique ; le lien entre science de la vision et médecine devient indissoluble : dorénavant, on ne pourra plus discuter de la perception en faisant l'impasse sur le corps percevant.

Selon Alhazen, les images qui résultent des « rayons lumineux » passent par le nerf optique, supposé creux, puis par le « chiasma », où le nerf optique droit rencontre le gauche, et gagnent ensuite la face antérieure du cerveau où l'âme, « faculté sensitive ultime », accomplit la synthèse des informations transmises par les deux yeux et par les autres sens, nous permettant de voir (fig. 1).

Restait aussi à résoudre le problème des distances : comment apprécions-nous que tel ou tel objet est situé plus ou moins loin ? Les partisans de la théorie des « rayons visuels » pensaient que ces derniers, ayant le sens de leur propre longueur, nous conféraient ainsi le sens de la profondeur. Ce n'est plus vrai dès lors que la lumière entre dans l'œil au lieu d'en sortir. La « palpation » à distance n'est plus possible, la sensation des profondeurs ne peut plus s'obtenir par le contact visuel des objets. Pour juger des distances, Alhazen pense (correctement) que nous devons recourir à d'autres indices : par exemple, un objet qui se trouve devant masque en partie celui qui est situé derrière, ou un objet lointain (comme un arbre) apparaît plus petit qu'un même objet plus proche. Nous pouvons ainsi juger de la distance à laquelle se tient un individu du fait que nous connaissons à peu près la taille moyenne d'un homme. La hauteur apparente d'un homme nous permet aussi d'estimer celle de tous les objets qui se trouvent près de lui, comme une maison ou une fleur. Pour juger de la distance ou de la profondeur des choses, le cerveau rapporte sans cesse l'inconnu au connu, le présent au mémorisé.

Quant aux couleurs, Alhazen pense comme Ptolémée qu'elles sont des propriétés inhérentes aux objets visibles. C'est la lumière qui, en se heurtant à la surface d'un corps opaque, c'est-à-dire hautement coloré, en extrait de la couleur qu'elle transporte ensuite jusqu'à l'œil[11].

La lumière métaphysique de Robert Grosseteste et de Roger Bacon

Après les sommets intellectuels atteints par Alhazen, la théorie de l'optique cessa de progresser dans le monde arabe. L'élan de la civilisation islamique fut stoppé net par les invasions répétées des Barbares. Bagdad tomba aux mains de Hulagu Khan en 1258. Le flambeau de la connaissance repassa en Occident. Les XIe et XIIe siècles virent un renouveau culturel, politique et social dans l'Europe de l'Ouest. Les premières universités y furent créées, d'abord à Bologne (Italie) en 1150, puis en France, à Paris et Montpellier, à Oxford et Cambridge en Angleterre, etc. Les grands textes grecs et arabes furent traduits en latin.

La grande préoccupation théologique du Moyen Âge était la nature de Dieu. Influencés par les écrits d'Aristote, certains théologiens estimaient qu'il était possible d'unifier harmonieusement la doctrine chrétienne sur Dieu avec l'aristotélisme dans le domaine des sciences naturelles. L'Anglais Robert Grosseteste (1168-1253), chancelier de l'université d'Oxford, puis évêque de Lincoln, le plus grand diocèse d'Angleterre, joua un rôle important dans ce courant de pensée. Il combina le platonisme de saint Augustin (354-430), selon lequel le monde peut être rationnellement expliqué par les mathématiques, et l'empirisme d'Aristote avec l'idée de saint Augustin selon laquelle Dieu est la « Lumière incorporelle et infi-

11. Pour une discussion détaillée du *Traité d'optique* d'Ibn al-Haytham (ou Alhazen), voir Gérard Simon, *Archéologie de la vision*, Paris, Seuil, 2003.

nie ». La métaphysique de la lumière joue en effet un rôle primordial dans la pensée de Grosseteste. Dans son ouvrage intitulé *De la lumière*[12], il écrit que « la Lumière est la première forme incorporelle d'où surgit toute chose », qu'« elle se multiplie à l'infini à partir d'un point unique vers tous les côtés et se diffuse uniformément dans toutes les directions », et que « de cette action surgit le monde matériel ». Tout l'univers matériel résulterait donc d'une lumière condensée. Avec un peu d'imagination, le lecteur contemporain peut retrouver dans cette description des échos de la théorie moderne de la genèse du monde (le big bang). Le Dieu de Grosseteste, tout comme celui de Platon, est géomètre et mathématicien, mais Il a aussi la particularité d'avoir choisi la lumière pour Sa création. Cette lumière, selon Grosseteste, a deux aspects : non seulement elle est responsable de notre existence physique en se condensant en matière, mais elle est également d'ordre spirituel. Cette lumière spirituelle de l'intelligence se retrouve chez ces êtres créés par Dieu, intermédiaires entre Lui et l'homme, qu'on appelle « anges ».

Par la suite, les penseurs de l'optique furent pour la plupart des aristotéliciens, même quand ils firent montre d'une certaine affinité avec les idées platoniciennes. Parce qu'ils étaient profondément influencés par l'œuvre d'Alhazen – traduite en latin vers 1170 sous le titre *Perspectiva* –, on les appelle les « perspectivistes ». Le plus connu d'entre eux fut l'Anglais Roger Bacon (1214-1292), qui enseigna dans les universités d'Oxford et de Paris. Souvent considéré comme le prophète de la science et de la technologie modernes, il entrevit le télescope, les automobiles, les aéroplanes, etc. Dans ses traités sur la lumière et les couleurs[13], il tente de faire la synthèse des idées aristotéliciennes sur la lumière et les couleurs (qui sont des « formes » immatérielles) et de celles d'Alhazen (elles sont transportées par des rayons qui émanent de tous les points d'un objet). Selon Bacon, tout corps envoie en ligne droite dans toutes les direc-

12. Robert Grosseteste, *On Light*, trad. C. Riedl, Milwaukee, Marquette University, 1942.

13. Roger Bacon, *The Opus Majus of Roger Bacon*, 2 vol., trad. R.B. Burke, Philadelphie, University of Pennsylvania Press, 1928.

tions quelque chose de son essence qu'il désigne par le mot « espèce ». Ainsi le Soleil envoie-t-il des « espèces » lumineuses. Cette émanation n'est pas matérielle, sinon le Soleil se serait éteint depuis longtemps. Par cette émission, notre astre actualise le potentiel des objets visuels à devenir lumineux. Cette conception permet d'allier la physique à la théologie, Dieu pouvant être aussi conçu comme un immense foyer de lumière.

Léonard de Vinci et la chambre noire de l'œil

Sous la Renaissance, période transitoire entre le Moyen Âge et l'ère moderne, les sciences naturelles commencèrent à prendre leurs distances avec l'Église et la philosophie aristotélicienne. L'époque vit l'émergence d'une nouvelle classe de professionnels – artistes, architectes, cartographes, etc. – qui n'étaient ni des ecclésiastiques ni des universitaires, et qui ne supportaient plus le carcan par trop rigide des traditions scolastiques. L'invention de l'imprimerie par Gutenberg vers 1440 contribua pour beaucoup à la sécularisation de la science en favorisant la diffusion des idées. Le Florentin Léonard de Vinci (1452-1519) fut l'un des hommes les plus remarquables de cette période. Peintre de génie, il apporta aussi d'importantes contributions à la sculpture, à l'architecture, à la mécanique, à l'anatomie et à l'optique. Cette dernière science, qui avait langui au Moyen Âge, reprit son essor pendant la Renaissance grâce à une grande invention médiévale (vers 1280) : les lunettes. Celles-ci furent probablement inventées par un verrier vénitien (Venise avait déjà développé une importante industrie du verre) qui s'était aperçu que les objets vus à travers un morceau de verre plus épais en son centre qu'aux bords étaient magnifiés. Les lunettes se répandirent, et maints lettrés et érudits en portaient sans trop comprendre ce qui causait leur pouvoir grossissant (fig. 2). Certains pensaient même que les lunettes déformaient la réalité, en donnaient une image « frauduleuse ».

Quand il s'attaqua au problème de la vision, Léonard de Vinci était au courant de l'invention des lunettes. Il connaissait aussi l'expérience de la *camera obscura*, la « chambre noire » décrite par Alhazen en l'an mille : on perce un petit trou dans les rideaux tirés d'une

Fig. 2 : Le cardinal Hugo de Provence peint par Tomaso de Modène en 1352. C'est le tableau le plus ancien connu qui représente une personne portant des lunettes pour lire et écrire. © AKG-Images.

chambre obscure, et les images du monde illuminé de l'extérieur sont projetées sur le mur d'en face, mais à l'envers (fig. 3) ! Dans un grand élan d'imagination créatrice, Léonard fit la synthèse de ces deux faits. Il fut ainsi le premier à identifier l'œil à une chambre noire où les images du monde sont projetées, les rayons lumineux

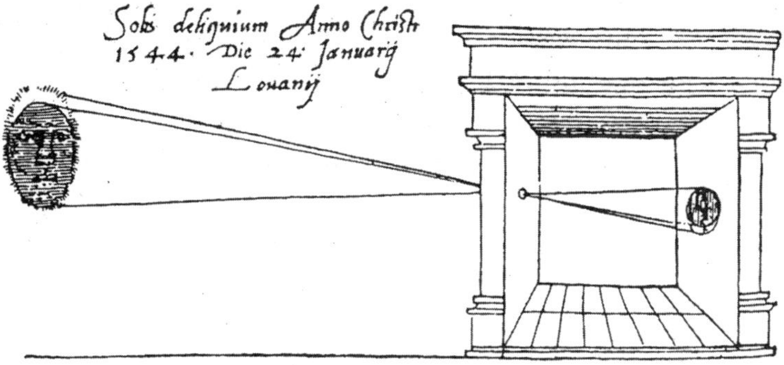

Fig. 3 : Une des plus vieilles représentations (1544) d'une *camera obscura*, la « chambre noire », qui montre clairement que, la lumière voyageant en ligne droite, les images du monde extérieur projetées à travers un trou sur le mur d'une chambre noire doivent être à l'envers. L'image représentée ici est celle d'une éclipse du Soleil dont une grande partie est bloquée par le disque de la lune. La petite partie du Soleil non éclipsée en haut (celle qui est blanche) se retrouve en bas dans l'image.

Fig. 4 : Le système visuel selon Léonard de Vinci (1452-1519). Le Florentin rejette l'idée que le cristallin soit le siège de la vision : c'est simplement une lentille qui dévie et focalise la lumière. Il réalise que la lumière pénétrant par un petit trou, celui de la rétine, l'œil est comme une *camera obscura* où les images doivent être inversées. Léonard imagine (de manière erronée) que la trajectoire des rayons lumineux subit une double inversion qui rétablit le sens exact des images.

pénétrant de l'extérieur par le trou de la pupille. Ces rayons lumineux sont ensuite déviés et focalisés par le cristallin sur le nerf optique, tout comme la lentille d'une lunette dévie et focalise la lumière. Cette dernière suggestion est radicale. Léonard rejette l'idée de Galien selon laquelle le cristallin est le siège de la vision. Le rôle de ce dernier est réduit à celui d'un simple instrument d'optique analogue à la lentille d'une lunette. Mais l'identification de l'œil à une chambre noire pose problème : les images sont à l'envers, et pourtant nous voyons le monde à l'endroit ! Léonard pense de manière erronée que la trajectoire des rayons lumineux à travers la lentille du cristallin subit une double inversion par un mécanisme qu'il n'explique pas, mais qui rétablit le sens exact des images (fig. 4).

Léonard de Vinci fut l'un des derniers illustres contributeurs à la science de la vision avant la grande révolution qui vit naître la science moderne, à la fin du XVIe siècle. Le décor était planté pour l'entrée en scène du prochain grand rôle dans la saga de la lumière : l'Allemand Johannes Kepler.

Chapitre 2

« Que Newton soit, et tout fut lumière » la grande révolution scientifique

Kepler et la révolution copernicienne

Un grand chambardement survient dans l'histoire des sciences naturelles en 1543 avec la publication du livre *De la révolution des sphères célestes* par le chanoine polonais Nicolas Copernic (1473-1543). Celui-ci remet en cause l'univers géocentrique de Ptolémée où la Terre trône au centre de l'univers, et qui a fait autorité pendant plus de quinze siècles. La Terre se trouve reléguée au rang d'une simple planète tournant autour du Soleil, qui occupe la place centrale. De ce fait, un coup énorme est porté à l'esprit humain : l'homme n'est plus le centre du monde, l'univers n'a plus été créé à son seul usage ni pour son seul bénéfice. Alors que la plupart des contemporains de Copernic ne voient dans son système cosmogonique qu'un système mathématique qui permet de mieux calculer l'orbite des planètes, mais qui ne décrit pas vraiment le monde [1], le fondateur de l'astronomie moderne, Johannes Kepler (1571-1630), est l'un des tout premiers à mesurer l'ampleur de la révolution intellectuelle déclenchée par Copernic.

Après des études de théologie et de mathématiques, le jeune

1. Ce point de vue est d'ailleurs exprimé dans la préface au livre de Copernic dont, selon la légende, une copie lui fut remise seulement sur son lit de mort. Elle fut probablement rédigée par l'éditeur qui publia le livre, Andreas Osiander, pour protéger le chanoine des foudres de l'Église.

homme est nommé professeur en cette seconde matière au séminaire de Graz, en Autriche, en 1594. Luthérien dans un État catholique, il en est chassé en 1600 pour des raisons religieuses. Il se réfugie à Prague. Sa rencontre dans la capitale tchèque avec le grand astronome danois Tycho Brahe (1546-1601) marque un tournant dans sa vie scientifique. Brahe, ayant perdu la faveur du roi de Danemark, vit en exil en Bohême sous la protection de l'empereur Rodolphe II. Il embauche Kepler comme assistant pour entreprendre un relevé du ciel et, à sa mort un an plus tard, il laisse entre les mains de son jeune collègue un inestimable trésor d'observations des mouvements des planètes, accumulées pendant une vingtaine d'années – durée nécessaire pour voir les planètes les plus proches accomplir plusieurs révolutions autour du Soleil – et d'une précision inégalée. Fervent défenseur du système copernicien, Kepler est persuadé que les observations de Brahe l'aideront à percer le secret des mouvements planétaires. Malgré une vie difficile[2], et après quatre années d'un dur labeur, Kepler, qui a succédé à Brahe dans les fonctions de mathématicien royal à la cour de Rodolphe II, peut enfin annoncer au monde, en 1605, les lois qui gouvernent les mouvements planétaires, et ce, à l'encontre même de ses propres convictions métaphysiques. Pour Kepler, Dieu est mathématicien et géomètre, et les planètes doivent suivre des orbites de forme parfaite (celle du cercle) suivant un mouvement parfait (donc uniforme) ; or les observations de Brahe lui disent obstinément que la situation réelle est tout autre : les orbites planétaires ne sont pas circulaires, mais elliptiques, et leurs mouvements ne sont pas uniformes, mais les planètes accélèrent en s'approchant du Soleil et décélèrent en s'en éloignant. En bon scientifique, Kepler s'incline devant le verdict de l'observation.

2. Sa première femme devient folle, la plupart de ses enfants meurent en bas âge, sa mère est accusée de sorcellerie, et lui-même est constamment criblé de dettes.

La rétine est le siège de la vision

Outre ses travaux sur le mouvement des planètes, qui ont marqué l'histoire des sciences, Kepler s'est aussi penché sur des problèmes d'optique, dont certains liés à l'astronomie. Ainsi s'interroge-t-il sur le fait que le diamètre de l'image de la Lune projetée à travers un trou dans une chambre noire est toujours supérieur à la valeur attendue, rendant l'image floue. Il en tire la juste conclusion que c'est la taille finie du trou qui est responsable de ce flou. L'image serait nette si le trou était infinitésimalement petit. Mais, continue-t-il, si l'œil est une chambre noire, comme l'a proposé Léonard de Vinci, et si les rayons lumineux pénètrent dans l'œil par la pupille, dotée d'une certaine taille, le monde extérieur devrait nous apparaître flou. Or tel n'est pas le cas. Les images que perçoit l'œil doivent donc être formées suivant un mécanisme différent. Kepler se rend compte que ce mécanisme est la réfraction. Les rayons lumineux ne se propagent pas en ligne droite en pénétrant dans l'œil, comme dans le cas d'une chambre noire, mais sont déviés quand ils pénètrent dans le cristallin. Ainsi, tout en reprenant la grande majorité des idées d'Alhazen[3], Kepler n'est pas d'accord avec l'assertion du savant arabe selon laquelle seuls les rayons qui pénètrent perpendiculairement à la cornée contribuent à la vision. Pourquoi un rayon lumineux très proche de la perpendiculaire deviendrait-il soudain inopérant ? Cela n'a pas de sens ! Correctement, Kepler avance que tous les rayons lumineux doivent contribuer à la vision et que si nous voyons des images nettes, c'est parce que ces rayons sont tous déviés et focalisés en un seul point quand ils pénètrent dans l'œil.

Pour vérifier son hypothèse, Kepler s'adonne à des expériences à l'aide de globes remplis de liquide, tout comme l'œil. Il montre que les rayons lumineux qui les traversent convergent en un seul point et que l'image est claire et nette si l'ouverture par où passent les rayons est relativement petite. L'œil possède une telle petite ouverture (la pupille de l'iris) et une lentille (le cristallin) pour faire converger les

---

3. Par exemple, comme Alhazen, il pense qu'à chaque point de la surface d'un objet émettant des rayons lumineux correspond un point situé dans l'œil.

rayons lumineux. Mais où se forme l'image ? Toujours de manière correcte, Kepler pense que le lieu de convergence des rayons lumineux et de la formation des images est la rétine – et non pas le cristallin, comme l'ont cru Alhazen et Galien. Après deux mille ans de théorie de la vision, le rôle de la rétine comme son siège est enfin reconnu.

Mais Kepler se heurte au problème qui a déjà intrigué Léonard de Vinci : les images du monde extérieur sur la rétine devraient être inversées (fig. 5). Il écrit : « La vision se fait par une image de l'objet visible sur la paroi blanche et concave de la rétine ; et les objets qui, à l'extérieur, se trouvent à droite apparaissent sur le côté gauche de la paroi, ceux qui se trouvent à gauche sur le côté droit, ceux qui sont en haut, en bas, et ceux qui sont en bas, en haut[4]. »

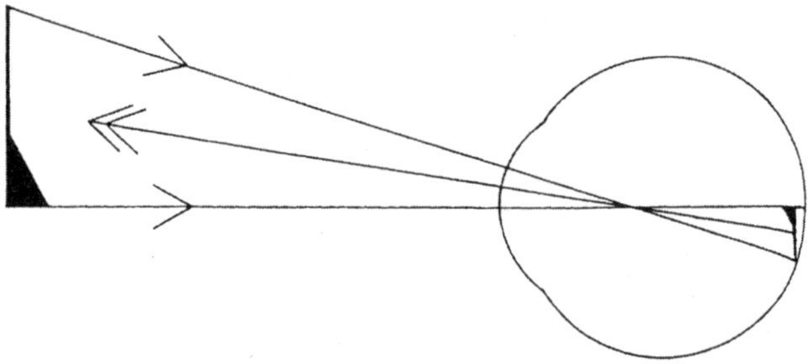

Fig. 5 : Le système visuel selon Johannes Kepler (1571-1630). L'astronome allemand est le premier qui énonce clairement que la rétine est le siège de la vision. Lui aussi se trouve confronté au problème des images inversées. Il avance l'hypothèse révolutionnaire que c'est peut-être le cerveau qui rétablit le sens exact des choses. Mais il suggère aussi une autre hypothèse erronée, appelée « théorie de projection » et que cette figure illustre : l'image inversée sur la rétine est projetée dans l'espace, ce qui rétablit l'orientation. Kepler n'a pas pu se libérer complètement de l'idée du « feu intérieur » des Grecs.

La vision se fait à la fois dans l'œil et dans le cerveau

Comment se fait-il donc que nous ne voyions pas le monde à l'envers ? Léonard de Vinci l'explique par une double inversion des rayons lumineux qui s'effectue quand ils traversent le cristallin, ce qui rétablirait les choses dans le bon sens. Mais comment cette double inversion s'opérerait-elle ? Kepler essaie de comprendre

4. Johannes Kepler, *Paralipomènes à Vitellion*, Francfort, 1604 ; trad. franç. C. Chevalley, Paris, Vrin, 1980.

l'idée de Léonard, sans y parvenir. Et pour cause, puisqu'elle est erronée ! Il en conclut très justement que Léonard a fait fausse route et que l'image qui se forme sur la rétine est bien inversée. Il est conforté en cela par des dissections anatomiques d'yeux de bœuf qu'il accomplit lui-même et qui montrent bien une image inversée sur la rétine. Ce qui arrive à l'image inversée après qu'elle a été transmise par le nerf optique de l'œil au cerveau dans une partie appelée *sensus communis* (le « sens commun »), où la perception finale est censée être localisée, n'est plus un problème d'optique, et n'est donc plus du ressort du physicien, mais de celui du physiologiste, déclare Kepler. Par un mécanisme inconnu, le cerveau sait rétablir la vraie orientation des choses, et c'est pourquoi nous les voyons à l'endroit. Kepler est donc le premier à suggérer que le cerveau peut jouer un rôle actif dans la vision, que nous voyons en somme à la fois avec les yeux et avec le cerveau. Des siècles vont encore s'écouler avant que le rôle exact du cerveau dans ce processus ne soit élucidé.

Fidèle à sa conception mystique du monde, Kepler attribue une qualité métaphysique à la lumière : celle-ci serait la manifestation de Dieu. Contrairement à Aristote, il pense que la lumière, substance immatérielle, et les couleurs, propriétés des objets éclairés, n'ont nul besoin d'un milieu intermédiaire pour être transmises. La lumière se propage instantanément : sa vitesse est infinie. Kepler adopte en revanche la notion aristotélicienne de « lumière potentielle » des objets colorés. Cette potentialité est actualisée par la lumière extérieure. Les couleurs sont présentes à l'intérieur, et non pas à la surface, des objets. C'est pourquoi la réflexion à la surface des liquides ne modifie pas la couleur des rayons incidents. Quant à certains métaux qui recèlent une réflexion colorée, ils ajoutent leur lumière colorée à la lumière extérieure.

Le doute de Descartes

Avec la perte de vitesse et le déclin de l'aristotélisme au XVIIe siècle, le besoin de réviser de fond en comble le système de pensée en vigueur se fait sentir. Le philosophe et mathématicien français René Descartes (1596-1650) joue un rôle primordial dans cette révolution conceptuelle. Né en Touraine, fils d'un conseiller au parlement de Rennes, il fait ses études secondaires chez les jésuites et devient bachelier en droit à l'âge de vingt ans à Paris. Il se fait ensuite militaire et, infatigable voyageur, parcourt l'Europe, « roulant çà et là de par le monde, tâchant d'y être spectateur plutôt qu'acteur dans les comédies qui s'y jouent ». À partir de 1629, il s'établit en Hollande où il restera vingt ans et où il fréquentera la fine fleur de l'intelligentsia néerlandaise. En 1648, il se rend à Stockholm pour répondre à l'invitation de la reine Christine de Suède qui souhaite apprendre la philosophie du maître. Pour profiter au maximum de sa présence, la jeune souveraine fixe un rendez-vous quotidien à cinq heures du matin au pauvre philosophe qui ne s'est jamais levé de sa vie avant midi ! La santé de Descartes n'y résiste pas et il meurt à l'âge de cinquante-quatre ans.

Les mathématiques jouent un rôle important dans la pensée de Descartes. Pour lui comme pour Galilée (1564-1642), elles sont le langage de la nature. Descartes invente la géométrie analytique, qui lui permet de décrire par des équations les figures géométriques telles que le cercle ou le triangle. Convaincu de l'unité fondamentale des sciences, il considère que celles-ci, tout comme les mathématiques, peuvent être déduites en grande partie par la raison pure. En cela, il va à l'encontre de Kepler et de Galilée qui, sans nier le rôle fondamental des mathématiques, insistent aussi sur la nécessité de l'observation et des expériences pour déchiffrer les mystères de la nature. Descartes est ainsi la figure emblématique du « rationalisme ».

Le philosophe fonde son système de pensée sur le doute : tout doit être remis en question, car nos sens peuvent être trompeurs. Après tout, les objets nous apparaissent aussi réels en rêve qu'à l'état de veille. Mais, pour Descartes, une chose au moins ne peut être remise en cause : le fait même qu'il doute. Quand il doute, il doit penser et, parce qu'il pense, il doit exister en tant qu'être pensant. D'où sa fameuse formule : « Je pense, donc je suis », qui ouvre le *Discours de la méthode* publié en 1636 et qui sert d'introduction à ses *Essais sur la dioptrique, les météores et la géométrie*[5]. Dans son *Discours*, Descartes expose ses méthodes « pour bien conduire sa raison et chercher sa vérité dans les sciences », autrement dit pour faire table rase et reconstruire la science sur des bases rationnelles.

La vision est comme le bâton d'un aveugle

Pour Descartes, la réalité revêt deux aspects totalement distincts : celui de l'esprit et celui du monde matériel. C'est le fameux « dualisme » cartésien. L'esprit est pure conscience, ne s'étend pas dans l'espace et ne peut être subdivisé. En revanche, la matière est dépourvue de conscience, s'étend dans l'espace et peut être divisée à l'infini. Descartes a une vision atomiste de cet espace. Celui-ci, qu'il appelle *plenum*, est rempli de corpuscules de taille et de forme variées. La théorie corpusculaire de Descartes diffère de la théorie atomiste de Démocrite en ce qu'elle rejette l'existence du vide et estime la matière divisible à l'infini.

Descartes applique son concept d'espace à la lumière de la façon suivante : entre l'œil et chaque objet, il existe une colonne de *plenum* à travers laquelle la lumière se propage à une vitesse infinie. Autrement dit, sa propagation est instantanée. La lumière n'est ni projectile ni fluide, mais « tendance au mouvement ». En termes modernes, c'est une sorte d'onde qui se propage dans l'espace rempli de particules, sans déplacement notable de ces particules elles-mêmes. De cette conception de la lumière, Descartes tire une approche mécaniste de la vision. Celle-ci, dit-il, est comme le bâton d'un aveugle ; pour trouver sa route, l'aveugle tâtonne en touchant les objets au bord du chemin avec son bâton. Dès que l'extrémité du bâton rencontre un objet, une impulsion se fait immédiatement sentir à l'autre bout, tenu par la main de l'infirme, et celui-ci se rend compte de l'emplacement des choses. De la même manière, un objet lumineux affecte le *plenum* autour de lui, causant dans l'œil une commotion, et c'est ainsi que nous voyons. Descartes écrit dans

5. *Œuvres complètes*, éd. C. Adam et P. Tannery, 11 vol. + 1 nouv. présentation, Paris, Vrin, 1964-1974.

le *Discours de la méthode* : « La lumière n'est autre chose, dans les corps qu'on nomme lumineux, qu'un certain mouvement, ou une action fort prompte et fort vive, qui passe vers nos yeux par l'entremise de l'air et autres corps transparents, de la même façon que le mouvement ou la résistance des corps que rencontre cet aveugle passe vers sa main par l'entremise de son bâton. » Descartes est ainsi le premier à énoncer clairement une théorie mécaniste de la lumière, du milieu transmetteur et de la vision. Sa théorie peut légitimement être considérée comme marquant les débuts de l'optique physique moderne.

Descartes et la naissance de la neurophysiologie

Descartes aborde aussi la physiologie en termes corpusculaires. Il rejette la notion courante de son temps selon laquelle l'âme est le principe de vie. Il reprend la théorie du souffle vital et créatif, le *pneuma* de Galien, dans une forme simplifiée et matérialiste. Selon lui, il existe un flot de corpuscules appelés « esprits animaux » qui va du sang au cerveau, puis à la moelle épinière par des nerfs dont le diamètre varie en fonction des stimuli. Il avance une idée importante et originale, encore en vigueur aujourd'hui : un événement psychique (une émotion ou une sensation) s'accompagne invariablement d'un événement physique dans le cerveau. Mais, puisque le psychique est d'ordre immatériel et le cerveau d'ordre matériel, comment s'influencent-ils l'un l'autre ? Par les bons offices de la « glande pinéale », point du cerveau sans extension spatiale, répond Descartes. Selon le philosophe, la glande pinéale commande au cerveau par de petits mouvements, en ouvrant et fermant ses pores, de la même manière qu'un organiste commande aux tuyaux de son instrument de s'ouvrir et de se fermer en appuyant sur les touches du clavier.

Descartes se penche sur le problème de la vision, en particulier sur celui de l'image inversée sur la rétine, soulevé par Kepler. Il considère et rejette l'hypothèse d'un « petit homme » dans la tête, un *homunculus* qui regarderait l'image sur la rétine et rétablirait le sens correct de l'image. Ce genre de raisonnement tourne vite à l'absurde, car il faudrait un autre petit homme pour rétablir le sens de l'image sur la rétine de l'*homunculus*, et ainsi de suite à l'infini. On aurait une succession sans fin d'*homunculi* encastrés les uns dans les autres, à l'instar d'une interminable série de poupées russes.

Descartes élabore une théorie mécaniste de la vision dans son *Traité de l'homme*. Selon lui, les fibres des nerfs optiques qui partent des deux yeux transportent jusqu'au cerveau les changements mécaniques induits par la lumière sur la rétine. Ces fibres fonctionnent comme des cordes tendues qui transmettent toute perturbation d'un bout à l'autre. Ainsi, une double image du monde extérieur est transmise de la rétine au cerveau, provenant de chacun des deux yeux. Les deux images sont ensuite combinées en une seule dans le « sens commun » du cerveau (fig. 6).

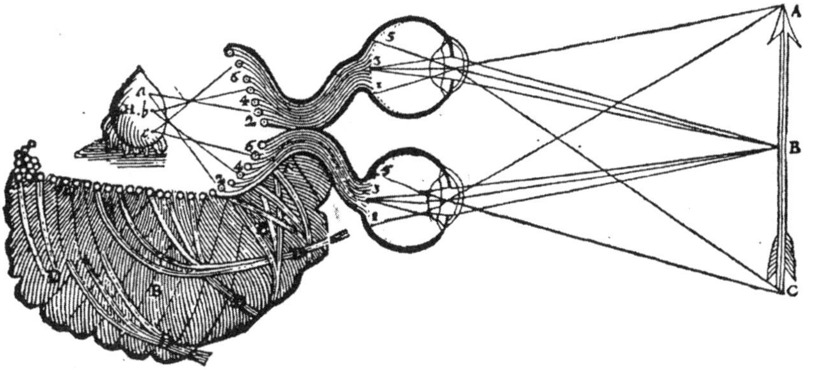

Fig. 6 : Le système visuel selon René Descartes (1596-1650) (*Traité de l'homme*, Paris, 1664). C'est une théorie mécaniste : les fibres optiques transmettent jusqu'au cerveau les changements mécaniques causés par la lumière sur la rétine de chacun des yeux. Les deux images sont ensuite assemblées et interprétées par la glande pinéale du cerveau.

Sur le problème de l'inversion de l'image sur la rétine, Descartes est sans équivoque : c'est le cerveau qui rétablit l'orientation exacte des images et qui fait que nous ne voyons pas le monde à l'envers. Le philosophe va plus loin : l'image cérébrale que nous percevons est une version simplifiée de celle envoyée par le monde extérieur, et c'est le cerveau qui supplée l'information manquante. Il compare les images cérébrales à des dessins. Ceux-ci ne sont pas des représentations exactes du monde réel, et pourtant notre cerveau sait y reconnaître des objets, des personnes ou des paysages par la perception de simples traits de pinceau ici et là. Voilà une idée bien en avance sur son temps : le problème de la codification sélective des contours ne sera abordé que des siècles plus tard par la physiologie moderne...

Pour les animaux, que Descartes considère comme dépourvus d'âme, les signaux visuels sont intégrés avec ceux d'autres sens, tels le toucher et l'odorat, et associés avec les données de la mémoire dans le « sens commun ». Une impulsion part ensuite du cerveau vers les muscles pour donner naissance aux réflexes. Quant aux êtres humains, qui possèdent une âme, les signaux des divers sens sont décodés par la « glande pinéale » et donnent lieu à la perception sensorielle. En ce qui concerne la perception des couleurs, le philosophe pense qu'elle est due à des tourbillons de particules. Descartes estime que contrairement à la lumière, qui se transmet par des impulsions se propageant en ligne droite, les couleurs viennent d'un mouvement de rotation de particules.

Il est, en conclusion, le premier à tenter de frayer les chemins de la perception du monde extérieur jusqu'au cerveau. En ce sens, il peut être considéré comme le père de la neurophysiologie moderne.

Römer et la vitesse de la lumière

Aristote pensait que la vision résultait d'un changement instantané du milieu suscité par la lumière ambiante. Avec très peu d'exceptions comme celle, notable, d'Alhazen, tous les penseurs qui ont suivi jusqu'au XVIIe siècle ont perpétué l'idée que la propagation de la lumière est instantanée et que sa vitesse est infinie. Après tout, quand nous nous réveillons le matin et ouvrons les yeux, nous avons l'impression que les images du monde qui nous entoure envahissent sans délai notre conscience. Le statut métaphysique de la lumière au Moyen Âge a encore renforcé cette croyance : parce que la lumière est la manifestation de Dieu et que Dieu est omniprésent, la propagation de la lumière doit être immédiate. Même Kepler et Descartes, qui inaugurent l'ère scientifique moderne, s'accrochent avec ténacité à cette idée que la lumière ne met pas de temps à nous parvenir.

Fidèle à sa réputation d'observateur de la nature, Galilée est le premier à monter une expérience pour vérifier cette hypothèse. Il place deux hommes à des endroits différents, chacun muni d'une lanterne. Il leur demande de s'envoyer des flashes de lumière en passant la main devant la lanterne, puis en la retirant. Chaque homme doit répondre par un flash chaque fois qu'il en perçoit un émis par l'autre. Galilée remarque avec justesse que si la lumière prend du temps pour se propager, les intervalles de temps entre deux flashes de lumière successifs émanant du même homme doivent s'allonger au fur et à mesure que la distance entre les deux augmente. Mais, en éloignant de plus en plus les deux hommes l'un de l'autre, il ne détecte aucune différence. Galilée en conclut que soit la propagation de la lumière est instantanée, soit sa vitesse est extrêmement élevée.

Il revient à l'astronome danois Ole Römer (1644-1710) de démontrer que c'est la seconde conclusion qui est la bonne. En 1671, le roi Louis XIV l'invite à venir travailler à l'Observatoire royal de Paris qu'il vient de fonder. Là, Römer se penche sur le problème de l'orbite d'une des lunes de Jupiter, nommée Io, découverte par Galilée en 1610 juste après l'invention du télescope. Römer détermine le temps que met Io pour décrire son orbite autour de Jupiter en mesurant l'intervalle de temps entre deux éclipses successives de la lune jovienne, laquelle survient pendant chaque révolution quand Io passe derrière Jupiter. Il découvre un fait étrange : le temps mis par Io pour accomplir le tour de Jupiter, qui est en moyenne de 42 heures et demie, n'est pas constant, mais varie de façon périodique. Ce temps augmente de quelque 20 minutes quand la Terre, dans son périple annuel autour du Soleil, s'éloigne le plus de Jupiter, et diminue d'autant quand elle s'en approche le plus (fig. 7). Or le temps orbital d'Io autour de Jupiter ne doit pas varier, tout comme la Lune fait invariablement le tour de la Terre en exactement un mois.

Römer interprète correctement cette apparente variation de la période orbitale d'Io comme la preuve que la lumière du satellite met un certain temps pour parvenir jusqu'à la Terre, et que le délai de quelque 20 minutes (le temps exact mesuré par les instruments modernes est de 16 minutes 36 secondes) correspond au temps sup-

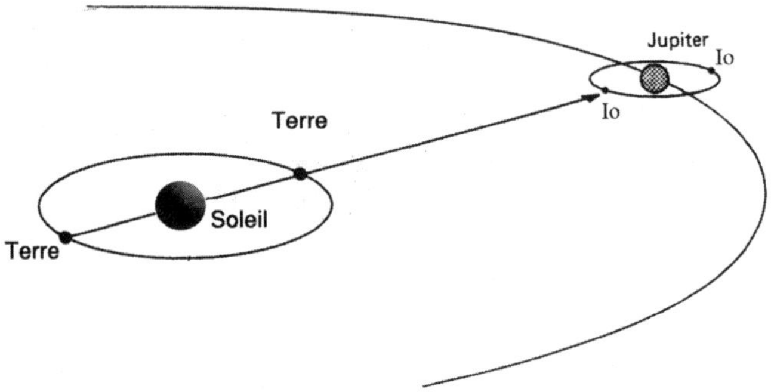

Fig. 7 : La mesure de la vitesse de la lumière par Ole Römer (1644-1710) en 1676. L'astronome danois mesure le temps écoulé entre deux éclipses successives de la lune de Jupiter, Io, de deux positions différentes de la Terre dans son orbite autour du Soleil : 1 quand la Terre est le plus proche de Jupiter et de Io, et 2 quand elle en est le plus éloignée. Il existe une différence d'environ vingt minutes entre ces deux mesures : c'est le temps nécessaire pour que la lumière traverse une distance égale au diamètre de l'orbite de la Terre. Il suffit de diviser cette distance (mesurée par d'autres techniques) par le temps de vingt minutes pour obtenir la vitesse de la lumière.

plémentaire nécessaire à la lumière pour aller d'Io jusqu'à la position la plus éloignée de la Terre par rapport à la lune jovienne[6]. Si Römer a réussi là où Galilée avait échoué, c'est que la distance Jupiter-Terre est d'environ 600 millions de kilomètres, alors que les deux hommes qui s'envoyaient des flashes de lumière dans l'expérience de Galilée n'étaient séparés que par quelques centaines de mètres ! Parce que la vitesse de la lumière est extraordinairement grande (7,5 fois le tour de la Terre en une seconde), des distances astronomiques sont nécessaires pour mettre en évidence des différences dues au temps mis par la lumière pour nous parvenir. L'idée cartésienne d'un *plenum* transmettant instantanément des changements mécaniques induits par la lumière est donc erronée.

La réfraction de la lumière « casse » les crayons

La lumière se propage dans un même milieu en ligne droite. Lorsqu'elle rencontre un objet, de deux choses l'une : soit elle rebondit sur la surface de l'objet pour revenir en arrière, et l'on dit qu'elle

6. Plus tard, en 1678, le physicien hollandais Christiaan Huygens, se fondant sur les observations d'Io par Römer, calculera une vitesse de la lumière dans le vide assez proche de la valeur de 300 000 kilomètres par seconde qu'on lui connaît aujourd'hui.

est réfléchie (ainsi, quand vous vous regardez dans un miroir, c'est la lumière de votre corps réfléchie par le miroir qui pénètre dans vos yeux) ; soit elle pénètre dans un nouveau milieu transparent en changeant de direction, et l'on dit qu'elle est réfractée. La loi de la réflexion sur une surface plane était déjà connue d'Euclide quatre siècles avant J.-C. : l'angle que le rayon lumineux incident fait avec la perpendiculaire à la surface est exactement égal à l'angle que fait le rayon réfléchi avec la même perpendiculaire (fig. 8). Avec la démonstration d'Archimède (vers 287-vers 212 av. J.-C.) selon laquelle on peut concentrer toute la lumière incidente au foyer d'un miroir si celui-ci possède une forme parabolique, les Grecs ont su bien maîtriser la construction des miroirs. C'est en concentrant la lumière solaire sur les bateaux ennemis à l'aide de miroirs paraboliques géants qu'Archimède mit le feu à la flotte romaine qui assiégeait sa ville de Syracuse. Ce principe de concentration de la lumière sert toujours aujourd'hui à la construction des grands télescopes.

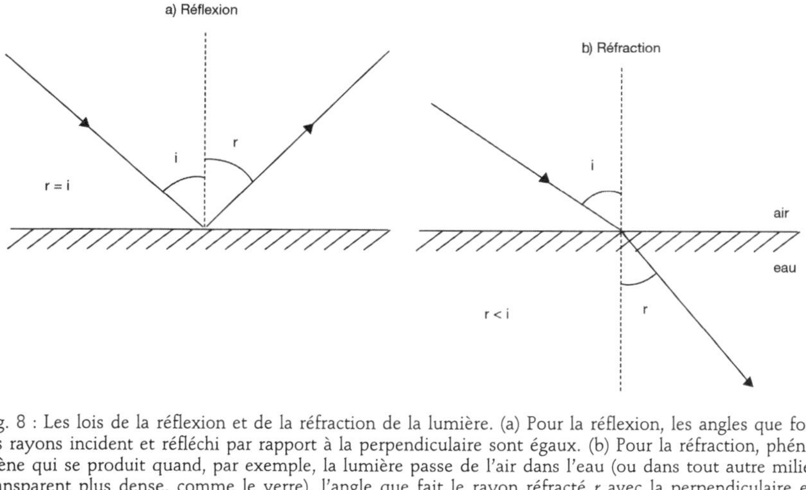

Fig. 8 : Les lois de la réflexion et de la réfraction de la lumière. (a) Pour la réflexion, les angles que font les rayons incident et réfléchi par rapport à la perpendiculaire sont égaux. (b) Pour la réfraction, phénomène qui se produit quand, par exemple, la lumière passe de l'air dans l'eau (ou dans tout autre milieu transparent plus dense, comme le verre), l'angle que fait le rayon réfracté *r* avec la perpendiculaire est inférieur à l'angle du rayon incident *i* avec la perpendiculaire. Quand la lumière passe dans un milieu plus dense, la lumière ralentit. On définit l'indice de réfraction *n* comme le rapport sin *i* / sin *r*. *n* est constant, avec une valeur égale au rapport de la vitesse de la lumière dans le premier milieu moins dense (l'air par exemple) à celle dans le second milieu plus dense (l'eau par exemple) : c'est la loi de Snell. L'indice de réfraction est donc toujours supérieur à 1. Sa valeur pour l'interface air-eau est de 1,333.

Le phénomène de la réfraction était aussi connu des Grecs. Dans son *Optique*, Ptolémée décrit l'expérience suivante, mentionnée par

Euclide (vous pouvez facilement la réaliser vous-même pour vous initier aux effets de la réfraction de la lumière) : prenez un grand bol, posez-le sur une table et mettez au fond du bol une pièce de monnaie. Asseyez-vous à un endroit tel que vous ne puissiez pas voir la pièce de monnaie sans vous soulever légèrement de votre siège. La pièce doit être juste hors de votre champ de vision. Versez ensuite lentement de l'eau dans le bol. Le niveau de l'eau monte et, à un moment donné, vous voyez la pièce sans avoir à vous lever. Ce fait est dû à la réfraction : sans l'eau, le rayon lumineux va tout droit et rate la pièce ; avec l'eau, le rayon est dévié au fond vers la pièce, et vous la voyez (fig. 9). Une autre expérience illustre encore les étranges effets de la réfraction : plongez un crayon dans un bol d'eau et vous constaterez que ce crayon ne semble plus d'une pièce, mais paraît cassé en deux ; la réfraction fait que la partie submergée n'apparaît plus dans le prolongement de la partie située hors de l'eau.

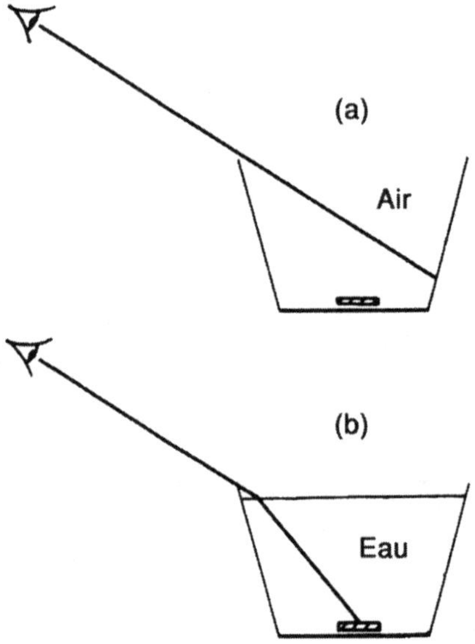

Fig. 9 : Dans la situation (a), le verre est rempli d'air et la pièce de monnaie ne peut être vue de l'endroit où se tient l'observateur ; dans la situation (b), le verre est rempli d'eau, la lumière provenant de la pièce de monnaie est réfractée et elle peut être vue du même endroit.

Malgré les études de Ptolémée sur la réfraction, les lois qui gouvernent la lumière réfractée lui restent inconnues[7]. Le savant arabe Alhazen a bien proposé une théorie de la réfraction en l'an mille, mais ne l'a pas formulée mathématiquement. Pourtant, son intuition s'est révélée juste. Il a attribué une vitesse finie à la lumière et a reconnu que celle-ci dépend du milieu où elle se propage[8]. Alhazen sépare la vitesse de la lumière en deux composantes : une qui est perpendiculaire à l'interface des deux milieux transparents, par exemple l'air et l'eau, et une qui lui est parallèle ; il pense que la composante parallèle du rayon lumineux ralentit plus que la composante verticale quand la lumière pénètre dans un milieu plus dense (comme de l'air à l'eau), ce qui dévie la lumière vers la perpendiculaire à l'interface (fig. 8).

La lumière ralentit-elle ou va-t-elle plus vite en pénétrant dans un milieu plus dense ?

La première formulation mathématique de la loi de la réfraction est due à Kepler, qui mentionne dans sa *Dioptrique*[9] que le rapport de l'angle du rayon lumineux incident (par rapport à la perpendiculaire à la surface du corps transparent, comme l'eau par exemple) à l'angle du rayon réfracté est constant. Mais cette loi n'est valide que pour de petits angles. Il faut attendre jusqu'au XVIe siècle pour que le Hollandais Willibrord Snel (1580-1626) découvre la vraie loi de la réfraction : le rapport du sinus de l'angle du rayon incident au sinus de l'angle du rayon réfracté est constant, quel que soit l'angle

---

7. Certains historiens des sciences ont même mis en doute la véracité des expériences de Ptolémée sur la réfraction de la lumière. Ils prétendent que le savant grec a « falsifié » certains de ses résultats expérimentaux pour « démontrer » que la nature se conforme à une loi mathématique. En vrai platonicien, Ptolémée avait la conviction que la réfraction devait obéir à une loi des nombres la plus simple possible. Voir la discussion de David Park dans *The Fire within the Eye*, Princeton, Princeton University Press, New Jersey, 1997.

8. La vitesse de 300 000 kilomètres par seconde mentionnée *supra* est celle de la lumière dans le vide.

9. Johannes Kepler, *Dioptrique*, Augsbourg, 1611 ; la dioptrique est la science qui étudie le passage de la lumière à l'interface entre deux milieux.

d'incidence[10]. Cette loi de la réfraction, découverte après quelque mille ans de recherches, est l'une des premières lois physiques énoncées de manière quantitative.

Mais si Snel sait décrire le comportement de la lumière réfractée par une formule mathématique, il ne peut l'expliquer. Descartes tente de trouver l'origine de la loi de Snel en reprenant l'idée d'Alhazen : c'est le changement de vitesse du rayon lumineux en passant d'un milieu à un autre qui est cause de la réfraction. Mais son schéma est inverse de celui du savant arabe : au lieu d'une composante de vitesse parallèle à l'interface ralentie par rapport à la composante verticale qui reste constante, Descartes opte pour une composante de vitesse verticale accélérée par rapport à la composante parallèle qui reste constante. Il obtient ainsi que le rapport du sinus de l'angle du rayon incident au sinus de l'angle du rayon réfracté est constant et égal au rapport de la vitesse de la lumière dans l'eau à celle dans l'air. Mais, puisque l'angle du rayon incident est supérieur à celui du rayon réfracté, cela veut dire que, selon Descartes, la lumière va plus vite dans l'eau que dans l'air. Elle accélère en passant d'un milieu moins dense à un milieu plus dense : résultat pour le moins non intuitif !

En reprenant plus tard les idées d'Alhazen et de Descartes, l'Anglais Isaac Newton (1642-1727) en donnera une justification hydrodynamique erronée : les canaux plus étroits dans la matière plus dense forcent la lumière à avancer plus vite, comme l'eau s'écoule plus vite quand nous resserrons le diamètre du tuyau d'arrosage par où elle s'écoule. Mais notre bon sens se rebiffe : il nous dit que plus un milieu est dense, plus il doit gêner le passage de la lumière, et plus celle-ci doit s'en trouver ralentie, et non pas le contraire !

---

10. Pour de tout petits angles, le sinus est égal à la valeur de ces angles, si celle-ci est exprimée dans une unité appelée « radian », et l'on retrouve donc la relation de Kepler.

Fermat et le principe d'économie de la nature

Quel point de vue est juste ? La lumière va-t-elle plus vite ou ralentit-elle quand elle pénètre dans un milieu plus dense ? C'est Pierre de Fermat (1601-1665) qui va apporter la réponse définitive. Contemporain de Descartes, magistrat toulousain et mathématicien réputé, il est à l'origine, entre autres, de la théorie des probabilités et du calcul différentiel avec Newton et Gottfried Leibniz (1646-1716). Il est célèbre pour son dernier théorème, gribouillé à la hâte dans la marge d'une page d'un de ses ouvrages, et dont la démonstration échappera aux plus grands mathématiciens du monde entier pendant trois siècles et demi[11]. En se penchant sur le problème de la réfraction, Fermat en obtient une compréhension profonde et synthétique. Il rejette le postulat de Descartes selon lequel « le mouvement de la lumière se ferait plus facilement et plus vite dans les milieux denses que dans les rares. Ce postulat semble contraire à la lumière naturelle[12] ».

Pour démontrer la loi de Snel, il fait appel à un principe téléologique de la nature selon lequel celle-ci accomplit toute chose avec économie et parcimonie : « Notre démonstration s'appuie sur le seul postulat que la nature opère par les moyens et les voies les plus faciles et les plus aisés », écrit-il. Ce postulat téléologique est à l'opposé de la vue mécaniste de Descartes. Ce n'est pas la première fois que ce principe d'économie fait son apparition dans l'histoire de la physique. Il a été évoqué par maints penseurs depuis l'Antiquité. Héron d'Alexandrie, qui s'en est servi pour expliquer la loi de la réflexion, est le premier à l'avoir énoncé clairement au Ier siècle : « La nature ne fait rien en vain. » Robert Grosseteste (« La nature

11. Le dernier théorème de Fermat s'énonce ainsi : il n'existe pas de nombre entier n plus grand que 2 pour lequel la relation $A^n + B^n = C^n$ est vraie, où A, B et C sont des nombres entiers. Remarquez que si n = 2, la relation est vérifiée pour A = 3, B = 4, C = 5 : $3^2 + 4^2 = 5^2$). C'est seulement en 1994 que le mathématicien anglais Andrew Wiles (né en 1953) réussit à obtenir une démonstration du théorème de Fermat, après des centaines de pages de calcul !

12. *Œuvres de Fermat*, 4 vol., éd. C. Henry et P. Tannery, Paris, Gauthier-Villars, 1891-1912.

agit toujours de la façon la plus brève possible ») et Dante Alighieri (« Tout ce qui est superflu déplaît à Dieu et à la nature ») y ont fait écho au Moyen Âge. Léonard de Vinci y est revenu à la Renaissance : « Ô merveilleuse nécessité [...] toute action naturelle t'obéit par la voie la plus brève, en vertu d'un principe irrévocable. » Galilée utilise ce principe de parcimonie dans ses études du mouvement : « Enfin, dans cette étude du mouvement accéléré, nous avons été conduits comme par la main, en observant la règle que suit habituellement la nature dans toutes ses autres opérations où elle a coutume d'agir en employant les moyens les plus ordinaires, les plus simples, les plus faciles. »

Fermat applique donc le principe d'économie au comportement de la lumière : un rayon lumineux va d'un point à un autre en un laps de temps le plus court possible. En incluant deux autres principes – celui d'une vitesse de propagation finie de la lumière dans l'air ou dans un milieu transparent uniforme, et celui d'un ralentissement de la lumière dans un milieu plus dense –, il parvient à démontrer la loi de la réfraction de Snel. Ainsi, quand la lumière passe d'un milieu moins dense à un autre plus dense, comme de l'air à l'eau, le rapport du sinus de l'angle du rayon incident au sinus de l'angle du rayon réfracté est constant, supérieur à 1 et égal au rapport de la vitesse de la lumière dans l'air à celle de la lumière dans l'eau. Ce rapport est exactement l'inverse du rapport erroné obtenu par Descartes et qui l'a entraîné à penser incorrectement que la vitesse de la lumière dans l'eau était plus grande que celle dans l'air.

Le problème du maître nageur

Le principe d'économie ne s'applique pas seulement au comportement de la lumière. Il a d'autres conséquences plus pratiques. Ainsi, le problème résolu par Fermat pour le trajet de la lumière est exactement celui auquel doit faire face un maître nageur pour sauver un baigneur imprudent en train de se noyer. Le maître-nageur doit parvenir à la personne en détresse dans l'eau le plus vite possible. Il a le choix pour le chemin à suivre. Il peut courir directement à l'eau par un trajet perpendiculaire à la bordure de mer et rejoindre ensuite la personne à la nage. Mais nager prend plus de temps que courir sur la plage, et il risque d'arriver trop tard. Alternativement, il peut couvrir une distance maximale sur le sable jusqu'à l'endroit de la plage où il se trouvera le plus près de la personne en danger et nager ensuite perpendiculairement à la bordure de mer pour la rejoindre. Ou il peut emprunter n'importe quel trajet intermédiaire entre les deux chemins précédents. Le principe d'économie nous dit que le trajet le plus rapide pour le maître nageur est intermédiaire entre les deux extrêmes.

Le travail de Fermat a été rondement attaqué par les disciples de Descartes, en particulier par un certain Claude Clerselier qui lui a reproché d'utiliser un principe finaliste (« Ce n'est pas un principe moral qui fait agir la nature, mais les causes de son action sont des forces ») et un autre qui met la nature en irrésolution (elle peut minimiser soit le temps, soit la distance parcourue ; alors, pourquoi choisit-elle le temps ?). D'autre part, la démonstration de Fermat suppose que la lumière, à son départ, « sait » déjà à l'avance où elle va aboutir afin de minimiser son temps de parcours. Ce n'est plus de la physique, mais de la métaphysique !

Pourtant, les progrès ultérieurs de la physique ont montré que c'est Fermat qui avait raison et que ce sont ses critiques qui faisaient fausse route. Fermat a bien identifié une caractéristique générale de la nature qui couvre un large éventail de situations et qui peut être énoncée de manière simple et succincte : *elle agit de la manière la plus économe possible.* Les inventeurs de la science de la mécanique et du mouvement retrouveront souvent sur leur chemin ce principe d'économie qu'ils appelleront « principe de moindre action[13] ».

---

13. Dans le principe d'action, ce n'est pas le temps qui est minimisé, mais l'action définie comme le produit de la distance par la vitesse.

Grimaldi et la diffraction, nouveau mode de propagation de la lumière

La lumière peut donc se propager de trois façons possibles : en ligne droite, par réflexion sur une surface réfléchissante comme un miroir, et par réfraction en changeant de milieu. Mais se limite-t-elle à ces trois comportements ? La réponse est non, car en 1665, année de la mort de Fermat, est publié de manière posthume un long traité intitulé *Une thèse métaphysique et mathématique sur la lumière, les couleurs et les arcs-en-ciel*[14], écrit par un jésuite, professeur de mathématiques à Bologne, en Italie, du nom de Francesco Maria Grimaldi (1618-1663). Le père y annonce une découverte importante faite au cours d'études minutieuses d'ombres d'objets éclairés par la lumière filtrant à travers de très petites ouvertures. Il a en effet trouvé que la lumière peut se propager d'une autre façon encore : « Je vais vous montrer un quatrième mode de diffusion que j'appellerai diffraction, parce que la lumière se fractionne, même dans un milieu homogène, au voisinage d'un obstacle, en divers groupes de rayons qui se propagent dans des directions diverses. »

Au cours de ses expériences, l'Italien a en effet remarqué que les ombres de ses objets éclairés sont plus étendues que la taille prévue par des considérations purement géométriques de cônes de rayons lumineux se propageant en ligne droite (fig. 10). Grimaldi en a très justement déduit que les rayons lumineux ne peuvent être exclusivement rectilinéaires, mais que certains doivent être déviés par l'objet. Autre fait curieux : dans l'ombre apparaissent alternativement, et à intervalles réguliers, des bandes colorées de rouge et de bleu. Ces phénomènes de diffraction ne sont pas si étrangers qu'ils le paraissent de prime abord. Ils viennent nous surprendre de temps à autre dans notre vie quotidienne chaque fois que la lumière passe près du bord d'un objet opaque. Ainsi, par une nuit de pluie, si, dans la rue, vous regardez la lumière d'un lampadaire à travers la toile de votre parapluie, vous verrez des images multiples et colorées de cette lumière.

---

14. Francesco Maria Grimaldi, *Physico-mathesis de lumine, coloribus et iride*, Bologne, Bernia, 1665.

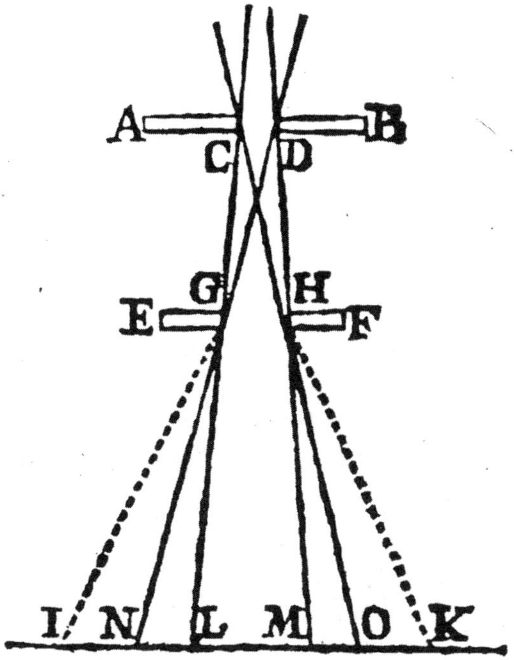

Fig. 10 : Le phénomène de la diffraction de la lumière fut découverte par le père jésuite italien Francesco Grimaldi (1618-1663). Si la lumière se propage strictement en ligne droite, la lumière passant par les deux trous CD et GH illuminerait seulement la surface entre N et O. La lumière dans les régions I – N et O – K est due à la diffraction.

De la même façon, si vous tenez une pièce d'un centime entre le pouce et l'index en direction d'une source lumineuse, vous verrez se dessiner un motif de contours et de formes sombres. Métaphoriquement, on peut dire que c'est le combat de la lumière avec l'opacité qui donne naissance à ces formes et à ces couleurs.

Grimaldi a conscience qu'aucun de ces phénomènes de diffraction, d'invasion de l'ombre par la lumière, ne peut s'expliquer par la conception de la lumière qui prévaut à l'époque, à savoir que celle-ci est composée de corpuscules se propageant exclusivement en ligne droite et se suivant à la queue leu leu. Pour rendre compte de ses observations, le jésuite émet l'hypothèse d'une nature ondulatoire de la lumière. Après tout, la diffraction est causée par le fait que la lumière contourne un obstacle tout comme un cours d'eau contourne un gros rocher pour poursuivre son chemin. Or les vagues de l'eau, ces successions de crêtes et de creux ont manifestement une nature ondulatoire. Pourquoi n'en serait-il pas de même de la lumière ?

Mais Grimaldi ne va pas plus loin.

Huygens et la nature ondulatoire de la lumière

C'est au Hollandais Christiaan Huygens (1629-1695) (fig. 11) que revient l'honneur de formuler la première théorie ondulatoire de la lumière. Fils d'une famille prééminente aux Pays-Bas, il est consi-

Fig. 11 : Portrait de Christiaan Huygens (1629-1695) par Bernard Vaillant. Huygens fut le premier à formuler une théorie ondulatoire de la lumière, en opposition à la théorie corpusculaire de Newton (Huygensmuseum « Hofwijck », Voorburg, Pays-Bas). © AKG-Images / Nimatallah.

déré comme le plus grand mathématicien et physicien de la période comprise entre Galilée et Newton. La science doit à cet esprit universel, à la fois expérimentateur et théoricien, des apports considérables dans les domaines les plus divers. Il contribue à l'astronomie en découvrant les anneaux de Saturne [15] et sa plus grosse lune, nommée Titan. Il mesure la rotation de Mars grâce à son invention de l'oculaire de la lunette astronomique, qui lui permet de faire des observations précises. En mathématiques, il élabore le premier traité complet sur le calcul des probabilités. En mécanique, il établit la théorie du pendule et s'en sert pour régler les horloges. En optique, enfin, il explique les lois de la réflexion et de la réfraction par une théorie ondulatoire de la lumière.

En 1666, il est invité par Louis XIV et Colbert à Paris pour y fonder l'Académie des sciences, dont il sera le premier secrétaire. De religion protestante, il retourne en Hollande en 1685 à la révocation de l'édit de Nantes. C'est là qu'il publie en 1690 son fameux *Traité de la lumière* [16].

Pour Huygens, la lumière ne peut résulter d'un transport de corpuscules de l'objet lumineux à l'œil. Il remarque que si la lumière était un faisceau de particules matérielles, un rayon de lumière devrait entrer en collision avec un autre si les deux viennent à se croiser. Or cela ne se produit pas. Le physicien hollandais rejette aussi l'idée cartésienne de la lumière comme une impulsion transmise instantanément. Pour lui, la lumière se propage dans l'espace comme une onde engendrée par une pierre qu'on jette dans un étang se propage sur toute la surface de l'eau. La propagation d'une onde se fait sans aucun transport de matière, comme on peut le constater en se baignant dans l'océan. Nagez vers le large : les vagues, avec leurs crêtes et leurs creux, sont comme des ondes qui voyagent à la surface de l'océan. Leur amplitude augmente au fur et à mesure qu'elles se rapprochent de la plage. Vous pensez qu'avec leur force irrésistible elles vont vous entraîner et fracasser

15. Galilée avait discerné auparavant ce qu'il appelait les « oreilles » de Saturne, mais, avec son petit télescope, il ne pouvait voir distinctement leur forme.

16. Christiaan Huygens, *Treatise on Light*, New York, Dover, 1962.

votre pauvre corps sur le sable ? Or vous constatez avec soulagement que ce n'est pas le cas. En fait, quand les vagues passent, vous n'êtes pas emporté vers la plage, mais votre corps est alternativement tiré vers le haut et vers le bas. L'eau ne se déplace pas vers la plage, elle ne fait que monter et descendre *au même endroit*. Quand vous voyez les vagues avancer vers vous, ce n'est pas la masse d'eau qui déferle sur vous, mais l'onde. Ce n'est que quand la vague se brise sur le sable que l'eau elle-même déferle. La même séquence d'événements se déroule si vous observez une bouteille vide ou un bouchon flottant à la surface de l'océan : lors du passage d'une vague, ces objets montent et descendent, mais demeurent à la même place. Ainsi la lumière n'est-elle pas la propagation d'une substance matérielle, mais celle d'une forme.

L'éther, substance impalpable et mystérieuse

Mais, comme les ondes des vagues se propagent à la surface de l'océan, les ondes lumineuses ont besoin d'un substrat matériel pour se propager. Pour Huygens, ce substrat est une substance subtile, mystérieuse et impalpable, qui emplit l'espace, un fluide hypothétique, impondérable et élastique que les Anciens appelaient « éther ». Selon le physicien hollandais, cet éther n'a rien à voir avec l'air. Si vous mettez une cloche dans un bocal et que vous évacuez avec une pompe tout l'air qui y est contenu, vous ne pourrez plus entendre le son de la cloche, car le son a besoin d'air pour se propager. En revanche, vous verrez toujours la cloche, car la lumière est une onde qui voyage dans l'éther, lequel n'est pas affecté par le pompage. Huygens pense – de manière erronée, ainsi que nous le verrons – que la lumière, tout comme le son, est une onde de compression, qu'elle se propage en comprimant les particules d'éther devant elle.

Comment naît alors une onde lumineuse ? D'après Huygens, une source lumineuse est composée d'innombrables particules qui bougent et qui vibrent. Celles-ci communiquent leurs vibrations aux particules d'éther adjacentes sous la forme d'ondes sphériques

Fig. 12 : La théorie de la lumière de Huygens. Les innombrables particules (par exemple, A, B et C) dans une source lumineuse bougent et vibrent, communiquant leurs vibrations à l'éther sous forme d'ondes sphériques centrées sur chacune de ces particules.

centrées sur chacune de ces particules vibrantes (fig. 12). Ces multiples ondes sphériques se propagent, et leur rayon d'action augmente au fur et à mesure que le temps passe. Elles se superposent les unes aux autres et l'aspect chaotique de leur somme près de la source lumineuse diminue au fur et à mesure que les ondes s'éloignent de celle-ci. Plus on s'écarte de la source lumineuse, plus l'ondulation résultante devient lisse et régulière.

Il existe une autre propriété de la lumière qui demande explication : celle-ci va beaucoup plus vite que le son, comme tout un chacun peut le constater lors d'un orage. L'éclair vous parvient bien avant le grondement du tonnerre. La vitesse des sons audibles, d'une fréquence comprise entre 15 hertz (son grave) et 15 kilohertz (son aigu), est d'environ 340 mètres par seconde dans l'air ; la vitesse de la lumière, de 300 millions de mètres par seconde, est environ un million de fois supérieure. Huygens explique cette énorme différence de vitesse par une différence de rigidité entre l'air et l'éther.

En effet, la vitesse de propagation d'une onde augmente avec la rigidité du milieu transmetteur. Pour vous en rendre compte, tendez une corde entre deux poteaux. Tapez à une extrémité de la corde et regardez l'onde causée par la perturbation se propager à l'autre bout. Augmentez la rigidité de la corde en la tendant un peu plus, et répétez l'expérience. Vous verrez la perturbation ondulatoire se déplacer plus vite. Au contraire, diminuez la tension, et l'onde se déplacera moins vite [17]. Huygens postule que les particules d'éther sont si dures et rigides qu'elles transmettent toute perturbation en un rien de temps. Il suffit d'une petite vibration sur le côté d'une particule d'éther pour qu'elle soit vite communiquée à l'autre côté. En revanche, les particules d'air sont beaucoup plus molles et transmettent les vibrations beaucoup moins rapidement.

Grâce à sa théorie ondulatoire, Huygens parvient à obtenir une vue synthétique de l'optique. Non seulement il retrouve les lois de la réflexion et de la réfraction, mais il peut aussi rendre compte du phénomène de diffraction observé par Grimaldi, ce que ne peut faire une théorie corpusculaire. Pourtant, sa théorie ondulatoire de la lumière ne s'impose pas. C'est que le prochain personnage à entrer en scène dans la saga de la lumière, l'Anglais Isaac Newton (1642-1727), va de nouveau faire pencher la balance du côté de la théorie corpusculaire.

Newton, génie solitaire

Comme par une sorte de passage de flambeau, Newton vient au monde l'année de la mort de Galilée (1564-1642). Leurs vies délimitent la période de la grande révolution scientifique à laquelle les deux hommes ont tant contribué. Étudiant à l'université de Cambridge pendant les années 1664 et 1665, le jeune Newton s'imprègne des écrits de Descartes, de Galilée et de Kepler. Pour échapper à l'épidémie de peste qui sévit en 1665, il se réfugie dans la maison de sa mère, à Woolsthorpe, dans la campagne du Lincolnshire. Les deux années qui suivent, pendant lesquelles le jeune

17. En fait, on peut montrer que la vitesse de l'onde est égale à la racine carrée du rapport de la tension à la masse du milieu transmetteur.

physicien va changer la face du monde par sa puissance intellectuelle, sont miraculeuses. Il invente à vingt-quatre ans le calcul infinitésimal, fait des découvertes fondamentales sur la nature de la lumière, mais surtout élabore sa théorie de la gravitation universelle. La légende dit que c'est en voyant une pomme tomber à ses pieds dans le verger de sa mère qu'il a eu l'intuition fulgurante que c'est la même et seule force de gravité qui est responsable de la chute de la pomme et du mouvement de la Lune autour de la Terre.

Newton est nommé professeur à la prestigieuse université de Cambridge à l'âge encore tendre de vingt-sept ans. Mais, excepté pour quelques collègues qui sont au courant de ses découvertes, le chercheur est le seul témoin de son génie. Travaillant en solitaire, il remplit des centaines de pages de calculs qui finissent au fond de ses tiroirs. Newton ne publie pas ses travaux, peut-être parce qu'il les estime incomplets, plus probablement à cause d'une nature méfiante et paranoïaque. Le jeune professeur pense en effet que des publications entraîneraient des attaques à l'encontre de ses idées, ou que celles-ci seraient plagiées sans vergogne par ses collègues.

Le génie de Newton ne se révèle pas seulement dans ses chères études mathématiques et théoriques. Il se montre aussi un expérimentateur hors pair. Dans l'espoir de pénétrer plus intimement les secrets de la nature et de Dieu – le physicien est profondément mystique –, il s'adonne également à l'alchimie et à la théologie. Mais sa vie prend un tournant radical en 1684, quelque vingt ans après sa découverte de la gravitation universelle, lors de sa rencontre avec l'astronome royal Edmund Halley. Celui-ci apprend au hasard d'une conversation que Newton a résolu le problème des mouvements planétaires – pourquoi les planètes suivent-elles les lois de Kepler ? – presque deux décennies auparavant. Et à l'aide d'une technique mathématique, le calcul infinitésimal, qu'il a inventée lui-même ! Halley n'a de cesse que Newton publie sa théorie. Cédant aux exhortations de l'astronome royal, et après deux années d'intense labeur d'écriture, en 1687, Newton publie enfin, aux frais de Halley, son chef-d'œuvre, *Les Principes mathématiques de la philo-*

sophie naturelle (souvent désigné sous son titre latin, les *Principia* [18]). Il y expose magistralement sa théorie de la gravitation universelle. Les *Principia* restent aujourd'hui encore le livre de physique le plus influent jamais écrit [19].

Quelques années plus tard, une dépression nerveuse met fin à la créativité scientifique du physicien. Il quitte Cambridge pour Londres où, nommé « Master of the Mint » (Maître de la Monnaie), il passe de nombreuses années à s'occuper de la monnaie anglaise. C'est au cours de cette période qu'il rédige son autre œuvre majeure, *Opticks*, publiée en 1704 [20]. Il y décrit ses études optiques faites quelque trente années auparavant. Ses vues vont dominer avec une autorité quasi tyrannique toute la pensée du XVIIIe siècle sur la lumière et les couleurs.

Les idées de Newton se répandent à travers le continent et établissent sa réputation. Y contribuent des vulgarisateurs de génie qui mettent la science et la philosophie newtoniennes à la portée de l'intelligentsia européenne. Parmi ceux-ci, peut-être le plus brillant et le plus célèbre est Voltaire (1694-1778), philosophe des Lumières et ardent newtonien, qui publie ses *Éléments de la philosophie de Neuton mis à la portée de tout le monde* en 1738 [21]. Dans cet ouvrage dédié à sa maîtresse, la marquise du Châtelet, le philosophe français s'est donné pour tâche d'« enlever les épines des écrits de Neuton sans pour autant les décorer de fleurs qui ne leur sont pas appropriées ». Après la publication du livre, même les adversaires (jésuites) de Voltaire doivent admettre que « tout Paris résonne du nom de Newton, tout Paris étudie et apprend de Newton ». Plus de

18. Isaac Newton, *Principia Mathematica*, Londres, Streater, 1687 ; reprint, Glasgow, Maclehose, 1871 ; 4th ed. and trans., F. Cajori, Berkeley et Los Angeles, University of California Press, 1934.

19. C'est en utilisant la théorie de la gravitation universelle de Newton que Halley a pu calculer l'orbite de la comète qui porte son nom et qui revient rendre visite à l'humanité tous les soixante-seize ans, assurant sa postérité.

20. Isaac Newton, *Opticks, Or a Treatise of the Reflections, Inflections and Colours of Light*, Londres, 1704 ; 4th ed., corrected, impr. 1730 ; reprinted with preface by I. Bernard Cohen, New York, Dover Publications Inc., 1979.

21. Amsterdam, Ledet.

deux siècles plus tard, Albert Einstein, cet autre géant du panthéon de la physique, dira de son prédécesseur : « Newton combine en une seule personne l'expérimentateur, le théoricien et l'artiste. Il se dresse devant nous, fort, certain et seul : sa joie dans la création et sa précision minutieuse sont évidentes dans chacun de ses mots et de ses calculs. »

Le prisme de Newton

Newton commence ses investigations optiques par la construction d'une « lunette à la Galilée ». Le physicien italien a fait son entrée dans la conscience publique en étant le premier à braquer une lunette astronomique vers le ciel, en 1609. Avec un pouvoir grossissant de trente-deux fois, cette lunette permit à Galilée de découvrir monts et merveilles. Parmi ses découvertes les plus spectaculaires : les quatre plus grosses lunes de Jupiter, appelées aujourd'hui « satellites galiléens », les taches solaires et les montagnes sur la Lune. Le télescope de Galilée fonctionne grâce à une lentille qui focalise les rayons incidents d'un astre lointain ; en passant à travers la lentille transparente, les rayons sont déviés selon les lois de la réfraction (d'où le nom de « réfracteur » donné au télescope) et convergent derrière la lentille pour former une image en un endroit appelé « point focal » (fig. 13). Mais Newton s'aperçoit vite que les images qu'il obtient avec le réfracteur de Galilée ne sont pas nettes sur le bord, qu'elles sont toutes entourées d'un halo aux couleurs irisées, lesquelles se suivent toujours dans le même ordre : violet, indigo, bleu, vert, jaune, orangé et rouge.

Pour comprendre ce mystérieux phénomène d'irisation, Newton décide d'entreprendre des expériences sur la lumière en la faisant passer à travers des prismes, solides transparents en forme de pyramides, à section triangulaire, qui décomposent et dévient la lumière. (fig. 14) Il réalise alors une série d'expériences qui comptent parmi les plus fondamentales et les plus élégantes de la physique, et peut-être parmi les plus connues de l'histoire de la lumière. Avec un prisme en verre, il décompose la lumière solaire de couleur blanche en ce festival de couleurs qu'on voit dans un arc-en-ciel ou dans

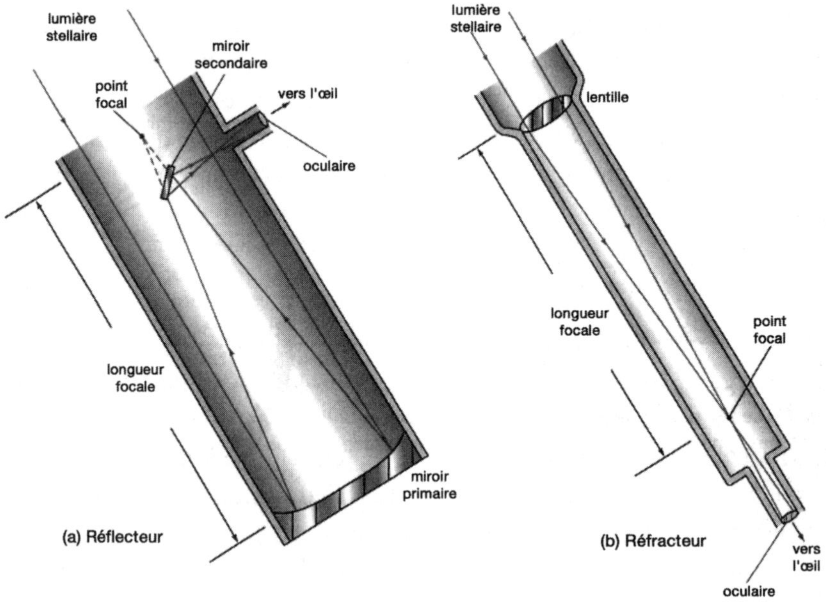

Fig. 13 : Comparaison d'un télescope réfracteur (b) et d'un télescope réflecteur (a). Les deux types de télescope sont utilisés pour recueillir et focaliser la lumière cosmique. Des détecteurs électroniques sont placés au point focal pour enregistrer la lumière. Dans le cas d'un télescope réfracteur, la lumière traverse la lentille et est focalisée en un point focal derrière la lentille. Dans le cas d'un télescope réflecteur, la lumière est réfléchie et focalisée par un système de miroirs. Un détecteur électronique peut être installé au point focal primaire pour enregistrer la lumière réfléchie par le miroir primaire. Les plus grands miroirs primaires du monde ont dix mètres de diamètre : il s'agit des deux télescopes Keck au sommet du volcan éteint Mauna Kea à Hawaii. Mais le point focal des télescopes réflecteurs est situé à une très grande hauteur, et, en général, il n'est pas pratique d'y installer des instruments. Le plus souvent, la lumière est interceptée dans son trajet par un miroir secondaire plus petit qui redirige la lumière vers un endroit plus commode. Dans le télescope réflecteur de type newtonien (nommé d'après Newton, son inventeur), le faisceau lumineux est dévié de 90 degrés vers un oculaire. Ce type de télescope est très prisé par les astronomes amateurs.

les gouttes de rosée parsemant l'herbe d'une pelouse par un matin ensoleillé (fig. 1 cahier couleur). Newton remarque que la séquence des couleurs est exactement la même que celle perçue sur le bord irisé des images célestes obtenues avec le télescope de Galilée.

Le physicien anglais décrit ainsi son intense plaisir à jouer avec la lumière dans une lettre de 1671 à la Royal Society, la prestigieuse académie des sciences anglaise : « En l'an 1666, je me suis procuré un prisme triangulaire en verre pour faire des expériences sur les fameux phénomènes des couleurs. Après avoir fait l'obscurité dans ma chambre et percé un trou dans un volet pour faire entrer une

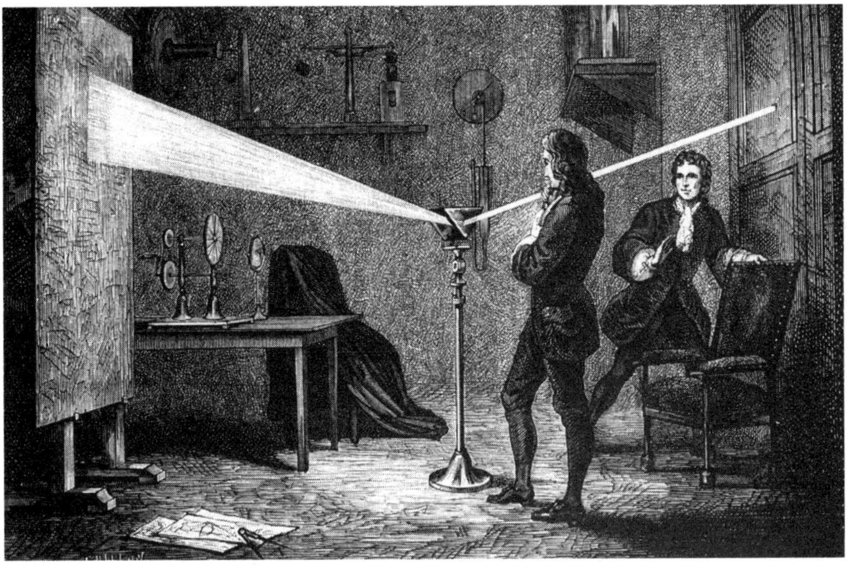

Fig. 14 : L'Anglais sir Isaac Newton (1642-1727) s'adonnant à ses fameuses expériences de décomposition de la lumière blanche du Soleil en couleurs de l'arc-en-ciel au moyen de prismes. Ces expériences comptent parmi les plus importantes de l'histoire de la physique (gravure de Froment d'après Guillon, XIXe siècle). © Rue des Archives / PVDE.

quantité convenable de lumière solaire, j'ai placé mon prisme devant l'ouverture afin que la lumière soit réfractée sur le mur opposé. Ce fut d'abord un divertissement très plaisant de contempler les couleurs vives et intenses ainsi produites. » Il ajoute : « Mais, après un instant, quand je me suis appliqué à les examiner plus en détail, je fus surpris de constater que la lumière dispersée avait une forme oblongue et non circulaire, comme prévu par les lois de la réfraction. » Newton comprend que cette forme oblongue vient du fait que la lumière solaire dispersée par le prisme ne s'étale pas également dans toutes les directions, ce qui donnerait à l'image une forme ronde, mais seulement dans la direction perpendiculaire à la face du prisme, ce qui lui confère une forme allongée.

Les sept couleurs primaires

En essayant de comprendre la séquence des couleurs, Newton se souvient d'une autre expérience. Nouant un fil rouge dans le prolongement d'un fil bleu, puis les observant tous deux à travers un prisme, il a remarqué que le fil rouge était légèrement décalé par rapport au fil bleu. Au lieu de se situer dans le prolongement de celui-ci, le fil rouge paraît légèrement plus haut, ce qui ne peut s'expliquer que par une plus grande déviation de la lumière bleue par rapport à la lumière rouge. L'expérience de la décomposition de la lumière par le prisme donne des résultats similaires (fig. 15). Elle montre aussi que la lumière bleue est plus réfractée que la lumière rouge, à ceci près que, cette fois, la source lumineuse n'est plus un objet coloré, mais le disque blanc du Soleil.

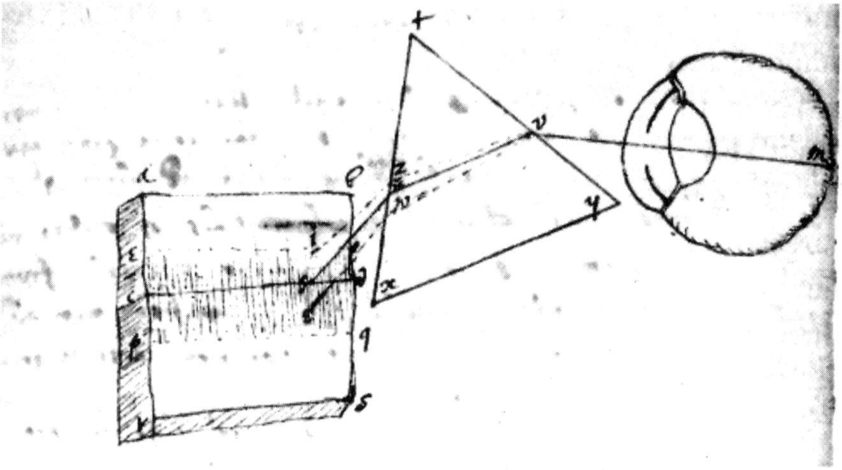

Fig. 15 : Newton découvre qu'un prisme réfracte plus la lumière bleue (le trajet lumineux inférieur) que la lumière rouge (le trajet lumineux supérieur).

Comment la lumière blanche peut-elle ainsi se doter de couleurs ? Deux possibilités se présentent : soit les couleurs sont des qualités conférées à la lumière blanche par le prisme lorsqu'elle le traverse ; soit la lumière blanche contient déjà en elle toutes les couleurs de l'arc-en-ciel, la seule fonction du prisme étant de les séparer. Descartes a opté pour la première hypothèse. Pour le philosophe français, la lumière est transportée par des corpuscules, et ceux-ci acquièrent des couleurs en tournant sur eux-mêmes selon un mouvement de rotation imprimé par le prisme. Newton rejette cette hypothèse. Dans son expérience des deux fils colorés, les couleurs étaient déjà là avant le passage de la lumière à travers le prisme. Elles ne peuvent donc être conférées par le prisme. D'autre part, il a observé la même séquence de couleurs en étudiant l'interaction de la lumière avec des bulles de savon. Les couleurs ne peuvent donc être exclusivement d'origine prismatique. Mais, pour s'assurer que la lumière blanche résulte bien d'un mélange de couleurs, Newton a l'idée géniale de faire passer la lumière décomposée par le premier prisme en différentes couleurs à travers un second prisme identique au premier, mais disposé à l'envers. Et là, miracle : la lumière qui sort du deuxième prisme est redevenue blanche ! La lumière blanche est donc bien la somme de sept couleurs dites primaires.

Pour Newton, le fait que les couleurs primaires soient au nombre de sept n'est pas un hasard. De nature mystique, il pense que les couleurs de la lumière doivent également obéir au principe d'harmonie qui gouverne les sons musicaux. Pour lui, ces sept couleurs primaires sont disposées sur une octave et correspondent aux sept tons de l'échelle diatonique. Newton n'est pas le premier à suggérer une analogie entre lumière et musique. Bien avant lui, Aristote avait déjà comparé les couleurs aux sons. Mais, contrairement à Aristote qui estime que les couleurs sont arrangées de manière linéaire, allant du blanc au noir, Newton est le premier à constater que les sept couleurs primaires (qui n'incluent ni le blanc ni le noir) ne se suivent pas de façon linéaire, mais sont disposées en cercle, allant du violet au rouge en passant par l'indigo, le bleu, le vert, le jaune et l'orangé, pour repasser au violet, à l'instar d'un serpent qui se mord la queue. Les sept couleurs se suivent en se fondant graduellement les unes dans les autres. Le blanc est au centre (fig. 16). Newton indique comment un tel cercle de couleurs peut être utilisé pour connaître le résultat de tel ou tel mélange de deux ou plusieurs couleurs en diverses proportions. Il est ainsi le père de la colorimétrie.

Le réflecteur de Newton

Mais le physicien anglais ne s'en tient pas là. Il veut apporter encore plus d'eau à son moulin et envoyer définitivement aux oubliettes l'idée de couleurs conférées à la lumière par un prisme.

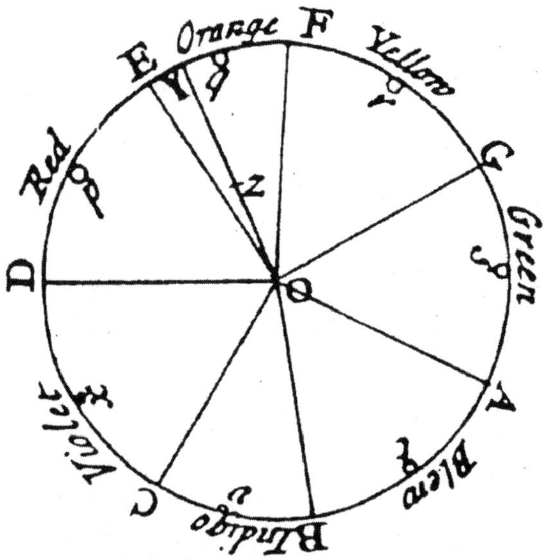

Fig. 16 : Le cercle de couleurs de Newton. Le spectre des sept couleurs primaires (rouge, orangé, jaune, vert, bleu, indigo et violet) est disposé en cercle de telle façon que le violet et le rouge soient côte à côte. Le blanc est au centre. Newton introduit ainsi pour la première fois un système de couleurs qui est à la fois pratique et justifié psychologiquement : il existe une affinité subjective entre le rouge et le violet.

En science, c'est souvent le recoupement des résultats d'expériences indépendantes qui donne la conviction qu'une théorie est juste.

À l'aide de diaphragmes, Newton divise les rayons colorés sortant d'un premier prisme en plusieurs faisceaux, chacun ne contenant qu'une seule couleur. Il fait ensuite passer chaque faisceau de couleur pure (un tel faisceau est dit « monochromatique ») à travers un deuxième prisme disposé cette fois à l'endroit. La question est : ces faisceaux de couleur pure se décomposent-ils en composantes encore plus élémentaires ? La réponse est non. Un rayon qui entre rouge ou vert dans le second prisme en ressort exactement du même rouge ou du même vert (fig. 17). Newton en conclut que les sept couleurs séparées par le premier prisme sont donc bien des composantes fondamentales indivisibles de la lumière blanche.

Un autre constat vient conforter cette conclusion. La lumière qui sort du deuxième prisme a une forme ronde et non oblongue, comme au sortir du premier prisme. Ce qui veut dire que le

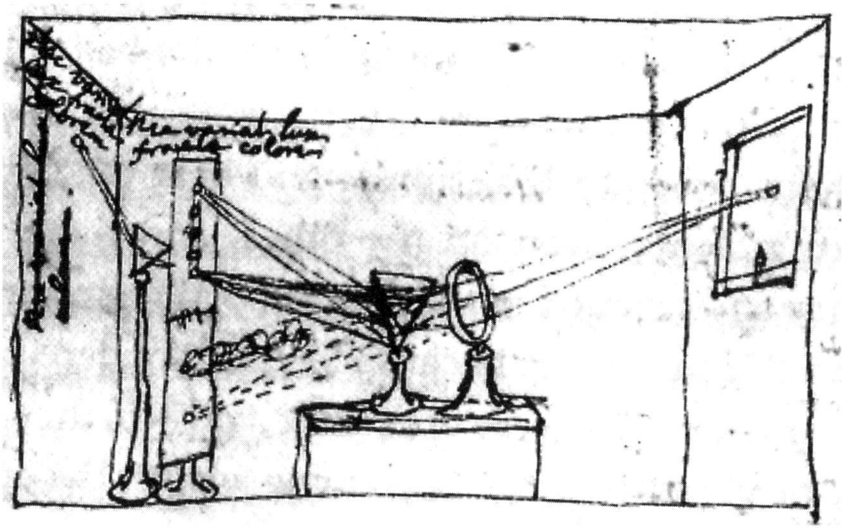

Fig. 17 : *Experimentum Crucis*. Une expérience fondamentale du même Newton démontrant qu'un faisceau lumineux de couleur pure ne peut pas être décomposé par un prisme. La figure montre un faisceau de rayons solaires qui entre par la fenêtre et qui passe à travers un premier prisme la décomposant en sept faisceaux de couleur pure. Un des faisceaux de couleur pure est envoyée ensuite à travers un deuxième prisme. Cette fois, le faisceau lumineux ne se décompose plus en plusieurs autres faisceaux : la lumière blanche est un mélange, pas une lumière de couleur pure.

deuxième prisme n'a effectivement rien changé à la nature de la lumière incidente, excepté sa direction, ce changement de direction dépendant de la couleur du faisceau incident.

De ces expériences, Newton conclut que le bord de la lentille d'un télescope à la Galilée agit comme un prisme, qu'il décompose la lumière d'un astre lointain en ses diverses composantes de couleur, les déviant de manière différente selon la couleur. Ainsi, chaque faisceau de lumière d'une certaine couleur possède un point focal qui lui est propre. Par exemple, la lumière bleue étant plus déviée, son point focal est légèrement plus rapproché de la lentille que celui de la lumière rouge. C'est cette multiplication de points focaux qui est cause du halo irisé. Les astronomes appellent ce phénomène l'« aberration chromatique » (fig. 18).

Puisque c'est la lentille qui est responsable du bord flou des images, il faut l'éliminer pour obtenir de bonnes images ! Newton invente alors un télescope qui, au lieu d'une lentille, possède un miroir. C'est ce miroir qui collecte, réfléchit et focalise la lumière.

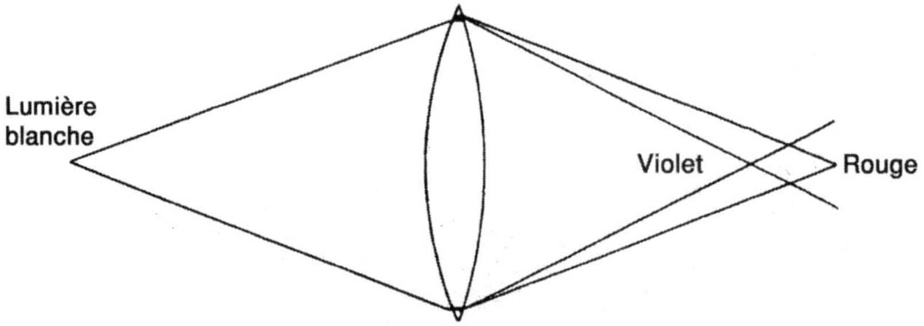

Fig. 18 : L'aberration chromatique. Les bords d'une lentille dans un télescope réfracteur se comportent comme un prisme et dévient les différentes composantes de couleur d'angles différents. Ainsi la composante violette est plus déviée et est focalisée en un point plus rapproché de la lentille que la composante rouge. Ce qui veut dire que les images obtenues des astres possèdent toutes un halo coloré, où que l'on place le détecteur entre les points focaux des lumières violette et rouge.

Un tel télescope est appelé réflecteur (fig. 13). Outre la suppression des halos irisés, un réflecteur présente plusieurs autres avantages, comparé au réfracteur. D'abord, la précieuse lumière qui vient du cosmos n'est ni absorbée ni perdue, puisqu'elle n'a plus à traverser le verre de la lentille. Cet effet d'absorption n'est pas important pour la lumière visible, mais est conséquent pour les lumières ultraviolette et infrarouge. Ensuite, une grande lentille de verre pèse énormément et, comme elle ne peut être soutenue qu'à ses deux extrémités pour ne pas bloquer les rayons lumineux incidents, elle tend à se déformer sous l'effet de son poids, ce qui dégrade la qualité des images. Un miroir de forme paraboloïde (pour focaliser les rayons en un point) peut, lui, être soutenu sur toute sa surface arrière. Enfin, une lentille a deux surfaces (une concave et une convexe) qui doivent être polies de façon extrêmement précise – tâche très ardue – pour obtenir de bonnes images, alors qu'un miroir n'en possède qu'une, ce qui représente une importante économie de travail de polissage.

C'est pour l'ensemble de ces raisons que les grands télescopes modernes sont tous des réflecteurs et utilisent tous des miroirs pour collecter la lumière du cosmos. Le plus grand réfracteur du monde, doté d'une lentille d'environ un mètre de diamètre, a été construit il y a plus d'un siècle, en 1897, à l'observatoire de Yerkes, dans le Wisconsin. Depuis lors, les réflecteurs ont pris la place des réfracteurs. Les plus grands télescopes actuels ont 10 mètres de diamètre (ce sont les télescopes Keck, à l'observatoire de Mauna Kea, sur l'île de Hawaii), mais les mastodontes de 30 mètres de diamètre se profilent déjà à l'horizon. Quant à Newton, c'est en 1672 qu'il présente son télescope réflecteur à la Royal Society à Londres (fig. 19). Capable de grossir les images de quelque trente-huit fois, cette invention le fait connaître hors du cercle restreint des professeurs de Cambridge.

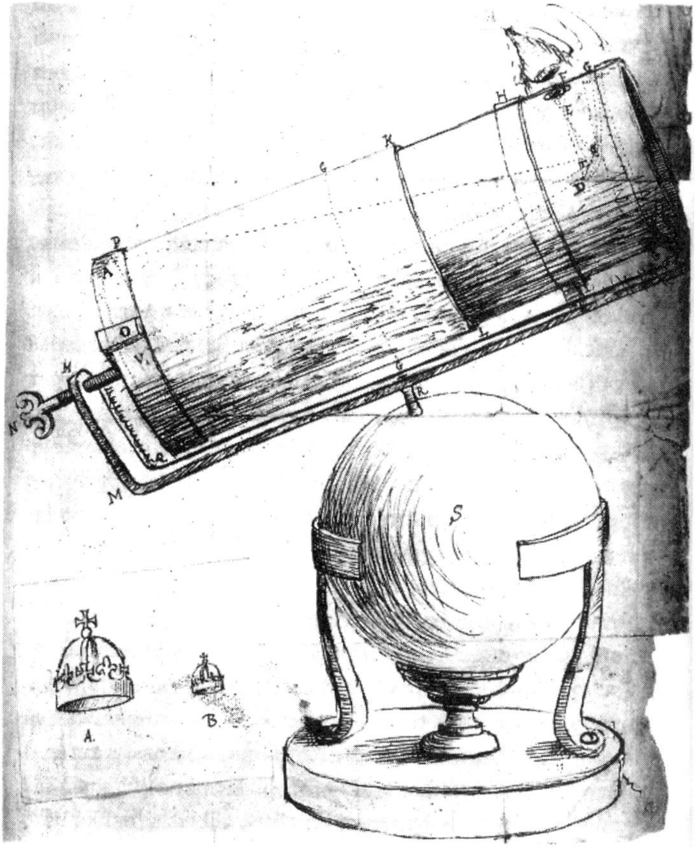

Fig. 19 : Le télescope réflecteur inventé par Newton (voir aussi la légende de la figure 13).

Les corpuscules de lumière

Newton est un fervent partisan de la théorie corpusculaire de la lumière. Pour lui, les rayons lumineux sont composés d'innombrables particules de lumière émises par les objets éclairés, qui se propagent en ligne droite à travers l'espace en se suivant les unes les autres, telles les voitures sur une autoroute. Il considère, puis rejette l'hypothèse ondulatoire de la lumière. Son objection principale est que l'on peut entendre parfaitement un bruit au tournant d'un coin de rue sans pour autant voir la personne ou l'objet qui en est responsable. Or, si la lumière possédait une nature ondulatoire, comme le son, on devrait être capable dans ces mêmes conditions de voir aussi bien que d'entendre.

Quant à notre perception des couleurs, c'est la taille des particules qui en est responsable. Ainsi, les corpuscules les plus petits donnent l'impression de violet. Les plus grands sont responsables de l'indigo, et ainsi de suite. Puisqu'il existe sept couleurs fondamentales, il doit y avoir des particules de lumière de sept tailles différentes. Notre appréhension des couleurs est donc la manifestation subjective d'une réalité objective dictée par la taille des corpuscules.

Grâce à son modèle corpusculaire, et en introduisant des concepts qui s'inspirent de sa théorie de la gravité universelle – celle qui dicte la chute des pommes et le mouvement des planètes –, Newton parvient à expliquer les lois fondamentales de l'optique. Ainsi, pour expliquer les lois de la réflexion, de la réfraction et de la diffraction, le physicien fait intervenir des forces d'attraction et de répulsion poussant et tirant les particules de lumière qui, laissées à elles-mêmes, se propageraient en ligne droite. Concernant la réfraction, il émet l'hypothèse qu'à la surface d'un corps transparent (comme un prisme) il existe une très mince région où une force agit pour attirer les rayons lumineux dans ce corps. Ainsi les particules de couleur violette, parce qu'elles sont plus petites, sont attirées plus fortement par un milieu plus dense que l'air (comme le verre) que les plus grandes particules de couleur rouge. Les premières sont donc davantage déviées de leur trajectoire originelle que les dernières. Newton réussit ainsi à expliquer pourquoi des faisceaux de couleur différente sont déviés de façon différente par le même milieu, et pourquoi un faisceau de même couleur est dévié différemment dans des milieux transparents différents. Il retrouve la loi de réfraction de Snel en postulant – de manière erronée, tout comme Descartes – que la lumière va plus vite dans un milieu plus dense. Pour rendre compte des rayons diffractés de Grimaldi, il invoque non plus une force attractive, mais une force répulsive qui pousse les particules de lumière dans l'ombre géométrique projetée par un objet.

En d'autres termes, pour Newton, la mécanique de la lumière est identique à celle des corps célestes. Après avoir unifié le ciel et la terre par la théorie de la gravitation universelle, Newton unifie le monde de l'infiniment petit avec celui de l'infiniment grand par la mécanique. Dans cette vision holistique de l'univers, le comportement de toute chose – des objets les plus petits, comme les particules de lumière, aux objets les plus grands, comme les astres lointains – est contrôlé par les mêmes forces mécaniques et déterministes.

Dans le siècle qui suit la publication d'*Opticks* en 1704, la vision corpusculaire de Newton domine sans partage les débats sur la nature de la lumière. Ses expériences avec les prismes étant bien conçues et faciles à comprendre, ses explications semblent convaincantes et la majorité des physiciens y adhèrent. Toute voix dissidente est vite étouffée.

Des nuages noirs à l'horizon

Huygens essaie tant bien que mal de défendre sa théorie ondulatoire de la lumière. Il trouve un allié en la personne de Robert Hooke (1635-1703), expérimentateur chevronné et renommé de la Royal Society dont la fonction consiste à préparer des expériences pour alimenter les débats des augustes membres de la société scientifique anglaise. Hooke est surtout connu du grand public comme l'auteur de *Micrographia*, qui est le premier ouvrage à décrire en détail le monde vu à travers un microscope[22]. Grâce à ses dons

---

22. Robert Hooke, *Micrographia*, Londres, Martyn, 1665 ; reprint, New York, Dover, 1961.

d'observateur et à un superbe talent de dessinateur, Hooke y dévoile entre autres la vraie nature des moisissures sur un pétale de rose, ou encore l'étrange aspect de certains végétaux, des mites et autres puces quand on les regarde démesurément grossis. Il y décrit aussi de manière détaillée les couleurs produites par des couches de matière très minces, telles les parois d'une bulle de savon ou deux fines plaques de verre pressées l'une contre l'autre. Il s'aperçoit ainsi qu'en variant l'épaisseur de la couche d'air entre les deux plaques de verre, des anneaux de couleur apparaissent dans le même ordre de couleurs que celles de l'arc-en-ciel. Hooke développe dans son ouvrage une théorie ondulatoire de la lumière qui rappelle celle de Huygens. Pour lui, la lumière a son origine dans les mouvements de particules de matière. Dans un objet lumineux, les particules vibrent et leurs vibrations se propagent dans le milieu environnant (l'éther) sous forme d'une onde, sans aucun transport de matière.

Mais cette notion d'une nature ondulatoire de la lumière ne fait pas long feu. Elle est balayée et submergée par le raz de marée d'enthousiasme qui accueille les idées corpusculaires de Newton. Pourtant, une théorie purement corpusculaire explique-t-elle vraiment *toutes* les propriétés de la lumière ? Une expérience en particulier, réalisée par Newton lui-même, donne à réfléchir.

Lorsque Newton pose une demi-lentille sur une plaque de verre et éclaire le tout avec de la lumière monochromatique (d'une seule couleur), il découvre un phénomène optique nouveau, des plus surprenants. De nombreux anneaux concentriques (aujourd'hui appelés « anneaux de Newton ») apparaissent, alternativement noirs et colorés. Tout naturellement, Newton interprète les régions noires comme celles où la lumière a été réfléchie par la demi-lentille, et celles qui sont colorées comme celles où elle a été transmise. Mais comment diable expliquer qu'un grain de lumière, quand il arrive à la surface de la demi-lentille, est tantôt réfléchi, tantôt transmis ? Newton estime que, puisque les conditions du verre et de la lentille sont semblables et constantes, ce sont les propriétés des grains de lumière qui doivent être variables et différentes. Il dote alors chaque particule de lumière d'une propriété nommée « accès ». Les particules avec un « accès » de transmission facile sont transmises, tandis que celles dotées d'un « accès » de réflexion facile sont réfléchies. Mais cette « théorie » n'explique rien : elle ne fait que repousser le problème, car il est maintenant besoin d'une autre théorie pour expliquer les propriétés nommées « accès ».

Malgré ces quelques nuages noirs annonciateurs d'orages à venir, les travaux de Newton continuent à exercer une influence considérable et à connaître un retentissement énorme. Retentissement que traduisent bien les deux vers suivants, écrits en guise d'épitaphe à la mort du grand physicien, en 1727, par le poète britannique Alexander Pope (1688-1744) :

La nature et les lois de la nature étaient enveloppées de ténèbres,
Dieu dit : « Que Newton soit ! », et tout fut lumière !

Chapitre 3

L'insoutenable étrangeté de la lumière : le double visage onde/particule

Pour ou contre Newton

Après la publication d'*Opticks* en 1704 et pendant tout le XVIIIe siècle, il n'est plus possible de discuter de la lumière et des couleurs sans prendre position par rapport aux idées de Newton. Deux camps se forment : les newtoniens, fervents défenseurs des conceptions du physicien anglais, et les antinewtoniens, qui y trouvent une faille. Ces derniers constituent un groupe plutôt hétérogène. Parmi eux figurent Huygens et Hooke, guère convaincus par les expériences de Newton et qui n'acceptent pas sa théorie corpusculaire de la lumière. Mais la majorité des antinewtoniens sont moins opposés à ses vues sur les phénomènes optiques qu'à sa philosophie mécaniste du monde.

L'univers de Newton est une horloge bien huilée qui obéit imperturbablement à des lois déterministes qui ne laissent plus aucune place à la créativité de la nature. Dieu, après avoir mis la mécanique du cosmos en marche, s'est retiré au loin et n'intervient plus dans les affaires du monde. Si bien que, quand le physicien français Pierre Simon de Laplace présente à Napoléon Bonaparte son *Traité de mécanique céleste* et que celui-ci lui demande pourquoi il n'y fait pas mention du Grand Horloger, Laplace lui répond fièrement : « Sire, je n'ai pas besoin de cette hypothèse ! » Newton devient le symbole de la nouvelle idéologie séculière dans laquelle la science prend la place de la religion.

Le débat entre newtoniens et antinewtoniens sur les idées du physicien anglais ne se centre pas tant sur les *Principia*, son traité de la gravitation universelle dont le langage mathématique est en général trop abstrait et trop ardu pour l'intelligentsia européenne, que sur sa conception des couleurs exposée dans *Opticks*. Pendant tout le XVIIIe siècle, les discussions vont bon train sur quatre questions principales concernant la lumière et les couleurs, lesquelles ne recevront de réponse qu'au siècle suivant. La première question porte sur la relation entre les couleurs et le son : existe-t-il une connexion intime entre la lumière et la musique ? La deuxième concerne les couleurs fondamentales, dites « primaires » : sont-elles vraiment au nombre de sept, comme l'a proclamé Newton ? La troisième a trait à la distinction entre les couleurs qui résultent du mélange de pigments, qu'on peut appeler les « couleurs-matière », et celles qui résultent d'un mélange optique de faisceaux de lumière, qu'on peut appeler les « couleurs-lumière ». Enfin, le débat continue sur la nature de la lumière : est-elle faite d'ondes ou de particules ?

Quel est le nombre de couleurs primaires ?

Sur toutes ces questions, l'influence de Newton est immense. À preuve le passage suivant, sur le nombre des couleurs primaires, écrit en 1743 par le comte de Buffon (1707-1788), naturaliste français renommé. Buffon pense pouvoir distinguer plus de sept couleurs [1] : « Dans ce spectre de lumière, on voit très bien les sept couleurs ; on en voit même beaucoup plus de sept avec un peu d'art, car en recevant successivement sur un fil blanc les différentes parties de ce spectre de lumière épurée, j'ai compté souvent jusqu'à dix-huit ou vingt couleurs dont la différence était sensible à mes yeux. Avec de meilleurs organes ou plus d'attention, on pourrait encore en compter davantage. » Buffon se déclare néanmoins

1. Buffon, « Observations sur les couleurs accidentelles », *Mémoires de l'Académie royale des sciences*, 1743, pp. 147-158.

convaincu par les expériences de Newton et se range à son avis que les couleurs primaires sont au nombre de sept : « Cela n'empêche pas qu'on ne doive fixer le nombre de dénomination des couleurs à sept, ni plus ni moins ; et cela par une raison bien fondée, c'est qu'en divisant le spectre de lumière épurée en sept intervalles, et suivant la proportion donnée par Newton, chacun de ces intervalles contient des couleurs qui, quoique prises toutes ensemble, sont indécomposables par le prisme et par quelque art que ce soit, ce qui leur a fait donner le nom de couleurs primitives. Si, au lieu de diviser le spectre en sept, on ne le divise qu'en six, ou cinq, ou quatre, ou trois intervalles, alors les couleurs contenues dans chacun de ces intervalles se décomposent par le prisme, et par conséquent ces couleurs ne sont pas pures, et ne doivent pas être regardées comme couleurs primitives. » Et Buffon de s'élever contre les détracteurs de Newton qui ne se donnent même pas la peine d'étudier à fond les idées de l'Anglais : « Quoiqu'on se soit beaucoup occupé dans ces derniers temps de la physique des couleurs, il ne paraît pas qu'on ait fait de grands progrès depuis Newton : ce n'est pas qu'il ait épuisé la matière, mais la plupart des physiciens ont plus travaillé à le combattre qu'à l'entendre, et quoique ses principes soient clairs, et ses expériences incontestables, il y a peu de gens qui se soient donné la peine d'examiner à fond les rapports et l'ensemble de ses découvertes. »

Mais le débat sur le nombre de couleurs primaires est loin d'être clos. Les propositions émises vont de deux à un nombre infini ! Peintres, graveurs et cartographes se sont mis à leur tour de la partie. Un consensus général s'établit parmi ces gens qui travaillent avec les « couleurs-matière » : selon eux, il n'existerait que trois couleurs primaires, le rouge, le jaune et le bleu, toutes les autres s'obtenant par un mélange de ces trois-là. Cette position va à l'encontre des sept « couleurs-lumière » primitives de Newton. Certains poussent l'argument plus loin, de manière quasi circulaire : il existerait trois couleurs primitives, il devrait donc y avoir trois sortes de lumière qui stimuleraient dans la rétine trois sortes de particules, suscitant la perception de trois couleurs primaires... Curieusement, même le révolutionnaire Jean-Paul Marat (1743-1793), rédacteur du journal préféré des sans-culottes, *L'Ami du peuple*, a participé à ce débat. En 1780, il publie son ouvrage *Découvertes sur la lumière*, dans lequel il proclame (incorrectement) que la lumière elle-même n'a pas de couleur, mais qu'elle est composée de trois sortes de fluides qui produisent les sensations du rouge, du jaune et du bleu dans l'œil par l'intermédiaire du nerf optique.

Euler, la lumière et le son

Pendant tout le XVIIIe siècle, une seule voix s'élève contre la domination quasi absolue de la théorie corpusculaire de la lumière selon Newton : c'est celle du mathématicien suisse Leonhard Euler (1707-1783). Né à Bâle d'un père pasteur, destiné à la théologie, il est doté d'une puissance mathématique légendaire. Il accomplit ses travaux dans les grandes académies européennes sous la protection de puissants monarques. En ce temps-là, la science et la littérature créées dans les institutions royales sont souvent plus brillantes et novatrices que dans les universités baignant dans une torpeur conservatrice. À l'âge de vingt ans, en 1728, Euler est invité à l'Académie de Saint-Pétersbourg nouvellement fondée par l'impératrice Catherine Ire, veuve de Pierre le Grand. Treize ans plus tard, en 1741, c'est au tour du roi de Prusse Frédéric le Grand de le convier à Berlin. Il y reste jusqu'en 1766, avant de retourner à Saint-Pétersbourg. Aucun mathématicien n'a écrit autant, sur autant de sujets différents, avec une qualité si uniformément élevée. Non seulement Euler s'est penché sur les équations algébriques, les fonctions exponentielles et logarithmiques, les équations différentielles, le calcul intégral et infinitésimal, mais il a aussi contribué à l'agriculture, à la mécanique, à la construction de navires (en particulier quand à leur mâture) et à une douzaine d'autres sujets. Il trouve même le temps d'écrire pour le grand public. Ses *Lettres à une princesse d'Allemagne*, publiées en 1746[2], qui contiennent les leçons de physique données

2. Leonhard Euler, *Lettres à une princesse d'Allemagne sur divers sujets de physique et de philosophie*, 3 vol., Saint-Pétersbourg, Académie impériale des sciences, 1746.

à la mère du roi de Prusse, restent l'un des modèles de vulgarisation en physique. À sa mort, et malgré beaucoup de malheurs personnels (seuls trois de ses treize enfants lui ont survécu, et la cécité le frappe à la fin de ses jours), ses œuvres remplissent près de quatre-vingts volumes.

En 1746, il publie à Berlin son grand ouvrage d'optique, *Une nouvelle théorie de la lumière et des couleurs*[3]. Le mathématicien y développe l'idée de la lumière comme onde en s'appuyant sur l'analogie entre la lumière et le son, en particulier sur leurs modes de propagation : « Il y a un si grand rapport entre la lumière et le son que plus on recherche les propriétés de ces deux corps, plus on y découvre de ressemblances. La lumière et le son parviennent à nous tous deux par des lignes droites s'il ne se trouve rien qui empêche ce mouvement et, en cas qu'il s'y rencontre des obstacles, la ressemblance ne laisse pas d'avoir lieu. Car, comme nous voyons souvent la lumière par réflexion ou par réfraction, ces deux choses se trouvent aussi dans la perception du son. Dans les échos, nous entendons le son par réflexion de la même manière que nous voyons des images dans un miroir. La réfraction de la lumière est le passage des rayons par des corps transparents, qui produit toujours quelque changement dans la direction des rayons ; la même chose se trouve aussi dans les sons qui passent souvent des murailles et d'autres corps avant de parvenir à nos oreilles : de sorte que les murailles et autres corps semblables sont par rapport au son la même chose que les corps transparents par rapport à la lumière [...]. Une si grande ressemblance ne nous permet pas de douter qu'il n'y ait une pareille harmonie entre les causes et autres propriétés du son et de la lumière, et ainsi la théorie du son ne manquera pas d'éclaircir considérablement celle de la lumière. »

3. Leonhard Euler, *Nova theoria lucis et colorum*, in *Opera*, vol. III, Leipzig et Berne, Teubner, 1911.

Les couleurs résultent d'une immense symphonie de vibrations

Euler remarque qu'un son est produit par une corde ou par une colonne d'air vibrant avec une fréquence spécifique. Cette vibration qui a la forme d'une onde sinusoïdale[4] est communiquée à l'air (ou à un autre milieu) qui la transmet à son tour au tympan et à la structure interne de l'oreille, ce qui fait que nous entendons le son. De la même façon, Euler pense qu'une lumière d'une certaine couleur est le résultat de vibrations de corpuscules dans l'objet lumineux. Ces vibrations produisent des ondes dans l'éther qui les transmet à nos yeux considérablement plus vite que l'air. Chaque couleur, comme chaque son, est donc caractérisée par une longueur d'onde spécifique, soit la distance entre deux crêtes ou deux creux consécutifs de l'onde sinusoïdale (fig. 20), et par une fréquence spécifique, soit le nombre de crêtes ou de creux qui défilent de façon périodique en un point donné de l'espace en une seconde[5]. Euler est le premier à associer les notions de longueur d'onde et de périodicité à celle de couleur.

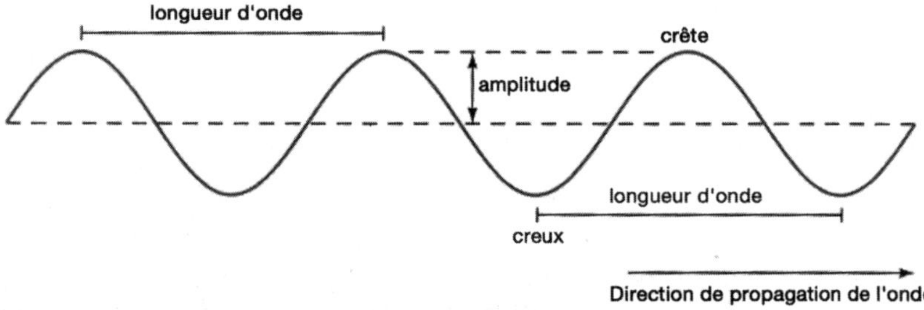

Fig. 20 : Les propriétés d'une onde. Une onde est caractérisée par sa longueur d'onde, son amplitude et sa direction de propagation. En un temps appelé « période », l'onde se déplace d'une longueur d'onde vers la droite.

Ainsi le Soleil est-il un vaste ensemble de particules de différentes sortes, chacune vibrant avec une fréquence particulière, le tout produisant la couleur blanche de notre astre. Le monde coloré autour

4. Une sinusoïde est une courbe plane représentant la fonction mathématique sinus ou cosinus.

5. Ce qui fait que le produit de la fréquence par la longueur d'onde est égal à la vitesse de la lumière.

de nous est une immense symphonie de particules qui vibrent. Si un coquelicot des champs nous ravit les yeux par son rouge éclatant, ou si nous admirons le vert tendre de la robe d'une jolie femme, c'est parce que les particules qui composent le coquelicot ou la robe ont une structure telle qu'elles vibrent à la fréquence de la couleur rouge ou verte. Exposés à la lumière blanche du Soleil, le coquelicot et la robe ne répondent respectivement qu'aux vibrations rouges et vertes de la lumière solaire, et c'est pourquoi la couleur de la lumière réémise par le coquelicot est rouge, et celle réémise par la robe est verte. La lumière solaire qui est réfléchie par le coquelicot et la robe est donc une nouvelle lumière produite par les particules de leurs surfaces réfléchissantes. Sa nature est différente de celle de la lumière incidente.

Cette conception des couleurs et de la lumière est profondément différente de celle qui a prévalu auparavant et où la lumière réfléchie rebondit simplement sur la surface d'un objet sans changer aucunement ses propriétés, comme une balle de tennis rebondit sur la surface d'un court. Elle est aussi très différente de celle de Galilée, pour qui la lumière est le résultat de particules (on dirait aujourd'hui atomes) libérées de la surface des objets par frottement. Quant à Christiaan Huygens et Robert Hooke, ils pensaient que les particules étaient douées de mouvements désordonnés, se cognant les unes aux autres et contre les particules d'éther adjacentes ; or ce comportement complètement aléatoire aurait engendré des ondes irrégulières et non périodiques, bien éloignées de la forme sinusoïdale.

Ni Huygens, ni Hooke, ni même le grand Newton n'ont offert une explication plausible de l'origine des couleurs. Pour Newton, un faisceau de lumière d'une couleur spécifique n'est qu'un rayon lumineux dévié d'un certain angle par un prisme. Euler a réussi à fournir une explication là où ses illustres prédécesseurs avaient échoué. Son intuition fulgurante, celle d'atomes vibrant et chantant, sera confirmée de façon éclatante, près de deux siècles plus tard, avec l'avènement de la mécanique quantique. Pourtant, quand elle fut publiée, la théorie des atomes qui vibrent fut soit tout à fait ignorée, soit rejetée malgré la grande réputation d'Euler comme mathématicien. Tant et si bien que le traducteur de l'édition allemande de 1792 se sentit obligé d'insérer une note avertissant ses lecteurs que la théorie décrite dans l'ouvrage n'était soutenue par « aucune personne prééminente ». Elle était trop en avance sur son temps.

Ajouter de la lumière à la lumière peut produire de l'obscurité

Mais la notion de lumière en tant qu'onde a la vie dure. Tel un phénix qui renaît de ses cendres, elle ne cesse de resurgir. Le nouveau personnage à entrer en scène dans la saga de la lumière, le physicien anglais Thomas Young (1773-1829) (fig. 21), va encore

Fig. 21 : Portrait de l'Anglais Thomas Young (1773-1829). Par son expérience fondamentale des franges d'interférence où il découvre qu'ajouter une lumière à une autre lumière peut produire de l'obscurité, Young démontre que la lumière doit posséder une nature ondulatoire.
© Rue des Archives.

apporter plus d'eau au moulin de cette théorie ondulatoire de la lumière. Génie multidisciplinaire, Young est doué en tout : en sciences comme en littérature, en musique aussi bien qu'en peinture. Extrêmement précoce, il sait lire dès l'âge de deux ans et, à quatorze, maîtrise dix langues dont le latin, le grec, l'hébreu, le persan et l'arabe. Il étudie la médecine à Londres, puis à Édimbourg et Göttingen. Touche-à-tout inspiré, il contribue de manière importante au décryptage des hiéroglyphes sur la pierre de Rosette, indépendamment de l'égyptologue français Jean-François Champollion (1790-1832). Il publie des articles sur un nombre impressionnant de sujets : la métallurgie, l'hydrodynamique du sang, la peinture, la musique, les langues, les mathématiques, etc. Il s'intéresse au mécanisme de la vision et découvre en 1794 que c'est le cristallin de l'œil qui, en modifiant sa courbure, est responsable de la netteté des images d'objets proches sur la rétine, phénomène appelé « accommodation ». Pour cette découverte, il est élu membre de la prestigieuse Royal Society à vingt et un ans, alors qu'il est encore étudiant ! Il découvre aussi le phénomène d'astigmatisme, anomalie de la vision due à des inégalités de courbure de la cornée ou à des irrégularités dans les milieux transparents de l'œil. Ces travaux sur le mécanisme physiologique de l'œil sont les plus importants depuis Kepler.

Mais la postérité retiendra le nom de Young surtout à cause d'une expérience fondamentale sur la lumière qu'il présente à la Royal Society en 1801, celle dite des « franges d'interférence ». Dans l'ordre d'importance, dans l'histoire de l'optique, elle vient très probablement juste après celle de Newton sur la décomposition de la lumière blanche en ses diverses composantes par un prisme (fig. 1 cahier couleur).

Young est le premier Anglais à oser s'attaquer au monument Newton, le premier à avoir le culot de défier l'immense prestige posthume de son illustre compatriote. Il se penche en particulier sur ce qu'il estime être le talon d'Achille de la théorie corpusculaire de la lumière : le phénomène de diffraction découvert par le père Grimaldi. Il a bien constaté que si l'on perce une petite fente dans la paroi d'une chambre obscure, le faisceau lumineux qui y entre, une fois passé la fente, se diffracte, c'est-à-dire s'élargit et éclaire d'un halo d'intensité plus faible une zone plus étendue que ne le laisseraient supposer des corpuscules de lumière se déplaçant exclusivement en ligne droite. Admettons maintenant que nous percions non plus une seule fente, mais deux très rapprochées l'une de l'autre. Chacune va être à l'origine d'une zone de lumière étendue. Young place un écran derrière les deux fentes pour examiner la région où les deux halos de lumière se superposent. Ce qu'il découvre le remplit de stupeur !

On pourrait penser naïvement qu'en ajoutant de la lumière à la lumière, la zone éclairée qui en résulterait serait plus brillante et lumineuse. Or il n'en est rien. Young constate un phénomène des plus inattendus : la zone où les deux faisceaux de lumière se superposent contient certes des bandes plus brillantes, mais celles-ci alternent avec des bandes sombres dépourvues de toute luminosité (fig. 22) ! En d'autres termes, en certains endroits, ajouter de la

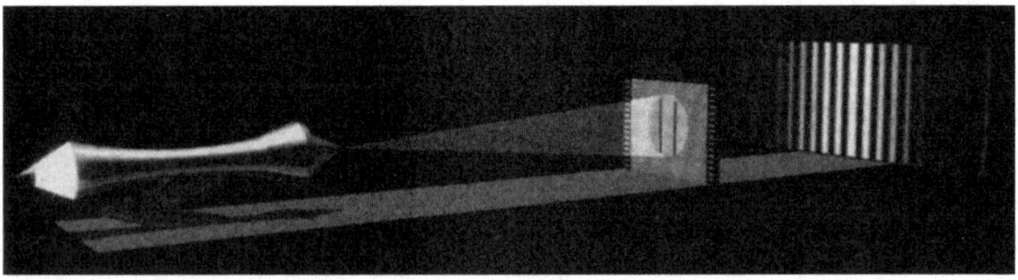

Fig. 22 : Une version moderne de l'expérience des deux fentes de Young. La lumière d'un faisceau laser passe à travers deux fentes parallèles et vient frapper un écran situé derrière. Des franges d'interférence apparaissent sur l'écran, démontrant que la lumière a bien une nature ondulatoire.

lumière à la lumière donne de l'obscurité ! Imaginez que vous allez acheter une seconde lampe pour mieux éclairer votre chambre et, quand vous l'allumez, vous observez, à votre grande déception, des bandes noires à certains endroits du mur. Vous serez en droit d'être en colère et d'exiger du magasin un remboursement immédiat...

Les franges d'interférence de Thomas Young

Comment expliquer ce fait étrange ? Young prend conscience qu'une description purement corpusculaire de la lumière ne pourra jamais en rendre compte. Ajouter des particules de lumière à d'autres particules de lumière ne peut logiquement que donner un plus grand nombre de ces particules, donc créer une région plus éclairée. Young est au courant de la théorie ondulatoire de la lumière de Huygens, que Newton a balayée d'un revers de main. Malgré toute la vénération que son illustre prédécesseur lui inspire, il se demande si ce n'est pas celui-ci qui a fait fausse route et si ce n'est pas Huygens qui a raison. En effet, Young se rend compte qu'il peut expliquer l'étrange équation « lumière + lumière = obscurité » si la lumière est une onde avec des crêtes et des creux comme ceux d'une vague à la surface de l'océan.

Considérons en effet un point quelconque de l'écran qui reçoit deux ondes lumineuses de même fréquence, c'est-à-dire caractérisées par le même nombre de crêtes ou de creux passant en un point de l'espace en une seconde[6]. De deux choses l'une : soit les deux ondes arrivent en phase en un point donné (leurs crêtes y arrivent en même temps), leurs amplitudes s'ajoutent et l'écran est deux fois plus lumineux en ce point ; soit elles sont déphasées (les crêtes d'une onde arrivent en même temps que les creux de l'autre), leurs amplitudes s'annulent et l'écran est obscur en ce point. Cette superposition d'ondes lumineuses de fréquences égales est appelée « interférence » (fig. 23), et les bandes alternativement brillantes et sombres résultant de cette interférence portent le nom de « franges d'interférence ».

De la même façon, avec son principe d'interférence des ondes lumineuses, Young réussit aussi à expliquer les mystérieux anneaux de lumière, alternativement brillants et sombres, qui ont tant intrigué Newton. Il décrit ainsi son principe : « Chaque fois que deux parties d'une même lumière arrivent à l'œil par des trajets

6. En optique, seul le mélange de deux lumières ayant la même fréquence donne des résultats intéressants. En pratique, on obtient ce mélange en divisant la lumière provenant d'une même source lumineuse en deux faisceaux différents. Dans l'exemple précédent des deux lampes, les deux faisceaux ne possédaient pas la même fréquence, car ils ne provenaient pas d'une même source. Voilà pourquoi vous ne risquiez pas de voir des franges noires dans votre chambre en allumant les deux lampes différentes !

différents, exactement ou presque exactement dans la même direction, la lumière est la plus intense lorsque la différence de route est un multiple d'une certaine longueur, et elle est la moins intense dans l'état intermédiaire des parties qui interfèrent. Cette longueur est différente pour des lumières de couleur différente[7]. » Comme Euler, Young associe chaque couleur à une longueur d'onde. Chaque lumière peut ainsi être définie par une grandeur caractéristique de la vibration qui la porte. La longueur d'onde est la distance parcourue par une vibration dans le vide lorsque, partant d'un maximum (une crête), elle revient à un autre maximum après être passée par un minimum (un creux) (fig. 23). Le temps écoulé entre deux maxima (ou minima) consécutifs définit ce qu'on appelle une « période ». Ainsi, la longueur d'onde est la distance parcourue par l'onde vibratoire pendant une période.

La longueur d'onde de la lumière

Mais Young va plus loin qu'Euler. Grâce à son principe d'interférence, il nous dit comment mesurer la longueur d'onde de la lumière d'une couleur donnée : il suffit de déterminer la distance entre les franges d'interférence produites par deux faisceaux lumineux de cette couleur. Si par exemple nous isolons un faisceau lumineux de couleur rouge, et si nous refaisons l'expérience des deux fentes, nous observons sur l'écran des franges successivement rouges et noires. Young peut ainsi déterminer que la longueur d'onde de la lumière rouge est de 0,676 micron (un micron égale un millionième de mètre), tandis que celle de la lumière violette est plus courte et égale à 0,424 micron. Nous savons aujourd'hui que la lumière visible – celle que nos yeux sont capables de percevoir – s'étend dans l'éventail de longueurs d'onde allant de 0,350 à 0,720 micron.

L'expérience fondamentale de Young portant sur les franges d'interférence qui résultent de la superposition de deux faisceaux

---

7. « Thomas Young, « On the Theory of Light and Colors », *Philosophical Transactions of the Royal Society*, vol. 20, 1802, pp. 12-48.

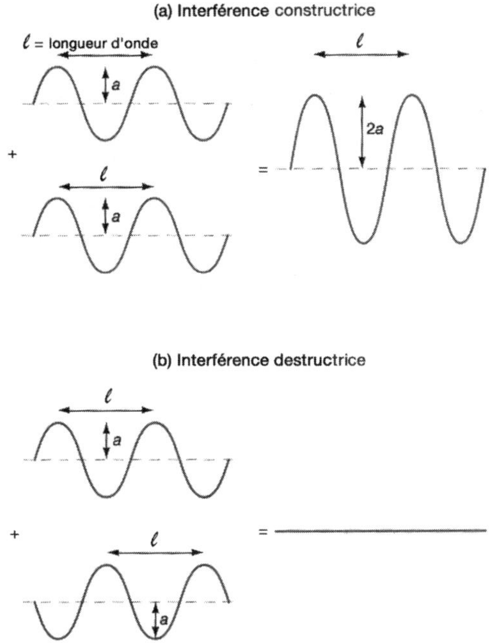

Fig. 23 : L'interférence permet à deux (ou plusieurs) ondes de s'additionner, ce qu'on appelle l'« interférence constructrice » (a) ou de s'annuler, ce qu'on appelle l'« interférence destructrice » (b). Une interférence constructrice survient quand deux ondes arrivent en phase en un point de l'espace de telle façon que leurs crêtes et creux coïncident exactement. Elles s'additionnent, produisant une onde de plus grande amplitude, c'est-à-dire une lumière plus intense. En revanche, une interférence destructrice survient quand deux ondes sont déphasées d'une demi-longueur d'onde, de telle sorte que les crêtes (et creux) d'une onde s'alignent avec les creux (et crêtes) de l'autre onde, entraînant une annulation complète de la lumière, c'est-à-dire l'obscurité.

de lumière de même fréquence passant par deux fentes implique donc une interprétation ondulatoire de la lumière[8]. Pourtant, l'immense contribution de Young à la science de la lumière ne sera pas reconnue de son vivant. La révérence manifestée aux travaux de Newton reste considérablement plus forte que l'ouverture aux idées

8. Le phénomène d'interférence ne vaut pas seulement pour la lumière. Il s'applique en fait à tout phénomène vibratoire. On l'observe aussi pour les ondes sonores. Plus de deux siècles plus tard, les physiciens américains Clinton Davisson (1881-1958) et Lester Germer (1896-1971) produiront des interférences avec des électrons, démontrant ainsi l'un des principes fondamentaux de la mécanique quantique, à savoir que les particules sont aussi des ondes à l'échelle subatomique.

nouvelles. D'autant que Newton a sa propre théorie corpusculaire pour expliquer ses fameux anneaux alternativement sombres et clairs : la théorie des « accès ». Selon l'illustre physicien, chaque grain de lumière, à l'approche d'un interface entre deux milieux transparents, possède un « accès » qui peut être de trois types : un accès de transmission facile, un accès de réflexion facile et un accès intermédiaire. En combinant ces différents types d'accès, Newton réussit à expliquer le phénomène des anneaux. Mais, ce faisant, il a introduit de manière *ad hoc* de nouvelles hypothèses, dont celle des « accès ». Or une théorie qui doit introduire une hypothèse nouvelle pour rendre compte de chaque fait nouveau est une théorie qui n'explique rien.

Mais le prestige de Newton est tel que rien ne peut l'entamer. Young est vigoureusement critiqué par certains de ses contemporains. Ceux-ci ne mâchent pas leurs mots : « Il est difficile de prendre au sérieux un auteur dont l'esprit n'est concerné que par un milieu dont la nature vibratoire est si changeante[9], [...] un auteur qui ne montre aucun signe de savoir, de perspicacité ou d'ingénuité qui peut compenser son manque évident de capacité à penser solidement. » Ni en Angleterre ni en France, les opinions sur la nature corpusculaire de la lumière ne changent après les extraordinaires études de la lumière menées par Young. Personne ne se donne même la peine de les répéter.

Les couleurs et les sensations élémentaires

Une autre des idées de Young à être bien en avance sur leur temps concerne la vision des couleurs. Bien qu'il ait été converti à la théorie ondulatoire de la lumière par l'analogie entre lumière et son, le physicien anglais se rend compte qu'il y a une différence fondamentale entre le fait de voir des couleurs et celui d'entendre des sons. Il devine à juste titre que si les sons peuvent être perçus grâce à un élément sensoriel situé dans l'oreille, qui entre en réso-

9. Ce milieu est le fameux éther qui transmet les vibrations.

nance avec chaque ton d'un accord, l'œil n'est pas un organe assez grand pour s'accommoder d'un tel système. Il écrit[10] : « Il est presque impossible de concevoir que chaque endroit sensible de la rétine contient un nombre infini de particules, chacune vibrant en parfait unisson avec chaque ondulation possible. Il est donc nécessaire de supposer que ce nombre est limité, par exemple aux trois couleurs principales : rouge, jaune et bleu [...]. Chaque filament du nerf serait composé de trois parties, chacune correspondant à une couleur principale. » Ainsi, Young avance l'idée nouvelle et révolutionnaire qu'il n'existe pas de couleurs élémentaires, comme le soutient Newton, mais plutôt des sensations élémentaires. Un an plus tard, il changera ses couleurs fondamentales en rouge, vert et violet. Mais, comme ses idées sur la lumière, celles sur les couleurs ne sont pas avalisées.

Doué d'une intuition phénoménale, touche-à-tout de génie, Young a de la peine à imposer ses idées, qu'il ne s'applique pas toujours à développer en profondeur. Le travail définitif qui va emporter l'adhésion est laissé à d'autres. Young étudie les hiéroglyphes égyptiens, mais c'est Champollion qui sera responsable du déchiffrage de la pierre de Rosette. Il trouve le principe d'interférence, mais c'est Augustin Fresnel qui, nous allons le voir, le démontrera mathématiquement. Le physicien et physiologiste allemand Hermann von Helmholtz (1821-1894) reprendra l'idée de Young sur les trois sensations fondamentales des couleurs et écrira de son prédécesseur : « Il a été l'un des esprits les plus pénétrants qui soient. Mais il a eu le malheur d'être trop en avance sur son temps. Ses contemporains l'ont considéré avec étonnement, mais n'ont pas pu le suivre dans ses spéculations audacieuses. Aussi ses idées les plus importantes ont-elles été oubliées et ensevelies dans les Mémoires de la Royal Society jusqu'à ce qu'elles aient été redécouvertes graduellement par les générations suivantes, qui ont ainsi apprécié la force de ses arguments et la précision de ses conclusions. »

---

10. Thomas Young, « On the Theory of Light and Colors », *Philosophical Transactions of the Royal Society*, vol. 20, 1802, pp. 12-48.

Fresnel donne une assise mathématique au principe d'interférence

Les choses ne commencent à vraiment bouger qu'avec l'entrée en scène d'un jeune polytechnicien, Augustin Fresnel (1788-1827) (fig. 24). Celui-ci, alors même qu'il ignore tout du travail de Young,

Fig. 24 : Portrait d'Augustin Fresnel (1788-1827). Cet ingénieur français des Ponts et Chaussées redécouvre indépendamment les résultats de Young sur la nature ondulatoire de la lumière et les lois d'interférence, mais leur donne en outre une solide assise mathématique.© Rue des Archives / The Granger Collection NYC.

redécouvre indépendamment toutes les conclusions du physicien anglais. Mais, au lieu du langage intuitif et physique de Young, Fresnel, grâce à la formation rigoureuse qu'il a reçue à l'École polytechnique, réussit à décrire la théorie ondulatoire de la lumière et le principe d'interférence dans un langage mathématique précis, leur conférant ainsi une base beaucoup plus solide. Après ses études à Polytechnique, Fresnel intègre le corps des ingénieurs des Ponts et Chaussées. Mais la lumière constitue la vraie passion de ce jeune homme timide, et il met à profit tous les moments de loisir de sa courte vie (la tuberculose l'emporte à trente-neuf ans) pour déchiffrer les secrets de ce mystérieux phénomène.

Ne lisant pas l'anglais, Fresnel n'est pas au courant des travaux de Young outre-Manche. Il se pose en fervent défenseur de la théorie ondulatoire dans l'un de ses premiers articles sur la lumière, conçu à l'occasion d'un concours lancé par l'Académie des sciences sur le phénomène de la diffraction. L'auguste assemblée est dans sa vaste majorité composée de partisans de la théorie newtonienne d'une nature corpusculaire de la lumière. Parmi ceux-ci se trouvent le mathématicien Siméon Poisson (1781-1840), le physicien Jean-Baptiste Biot (1774-1862), ou encore l'astronome Pierre Simon de Laplace (1749-1827). L'Académie a lancé le concours en espérant que quelqu'un expliquera la diffraction en termes corpusculaires. Au lieu de cela, elle se voit soumettre par Fresnel en 1819 un mémoire de 140 pages qui avance une explication précise et détaillée de la diffraction fondée sur la seule hypothèse que la lumière est une onde dans l'éther et qu'elle obéit au principe d'interférence. Les académiciens se montrent impressionnés par le brio du jeune polytechnicien. Malgré sa défense de la théorie ondulatoire, Fresnel remporte le concours haut la main.

En guise d'introduction à son mémoire, Fresnel invoque un motif philosophique pour argumenter contre une description corpusculaire de la lumière. Selon lui, la nature se comporte en suivant le principe d'économie : elle produit le maximum d'effets avec le minimum de causes. Or les partisans de la théorie corpusculaire de la lumière ne respectent pas ce principe. Pour expliquer un nouveau fait, ils introduisent une hypothèse supplémentaire. Ainsi, pour expliquer le phénomène de diffraction de la lumière, Newton doit postuler une force qui dévie les particules de lumière quand celles-ci pénètrent dans un autre milieu, tout en supposant qu'il n'existe aucune force agissant entre les particules. Du fait de cette profusion d'hypothèses, la théorie corpusculaire de la lumière ne peut être la bonne. Dans son mémoire, Fresnel décrit le principe d'économie de la nature en ces termes [11] : « Il est certainement difficile de découvrir

11. Augustin Fresnel, « Mémoire sur la diffraction de la lumière », *Mémoires de l'Académie des sciences*, 5, 1821, pp. 339-475.

la raison de cette économie si admirable [...]. Mais, même si ce principe général de la philosophie des sciences ne mène pas directement à la Vérité, il peut guider les efforts de l'esprit en l'éloignant des schémas qui relient les phénomènes à un nombre trop grand de causes différentes, tout en le guidant vers ceux qui, basés sur un minimum d'hypothèses, sont le plus fertiles en conséquences [12]. »

Pourquoi le son contourne-t-il les coins de rue,
alors que la lumière ne le fait pas ?

Fresnel donne une formulation plus théorique, plus complète et plus systématique de la lumière comme phénomène ondulatoire. Ce formalisme mathématique lui permet non seulement de généraliser les résultats de Young, mais aussi de répondre à l'objection majeure de Newton à la nature ondulatoire de la lumière : pourquoi peut-on entendre une personne au tournant d'une rue, mais non la voir ? Si la lumière était une onde, comme le son, elle devrait également contourner les coins de rue, à l'instar de ce dernier, et l'on devrait voir tout ce qui se passe en deçà du tournant aussi bien que ce qui s'y fait entendre.

Le jeune ingénieur démontre que la lumière contourne bel et bien le coin de la rue, mais que les ondes lumineuses qui ont emprunté ce chemin interfèrent les unes avec les autres et s'annulent presque entièrement, si bien que nous ne voyons rien. C'est cette même quasi-annulation des ondes qui explique le phénomène de diffraction mis en évidence par le père Grimaldi en 1665, plus d'un siècle et demi auparavant. Tout comme les ondes de lumière qui tournent les coins de rue s'annulent presque entièrement, celles qui se propagent dans la zone d'ombre d'un objet interfèrent les unes avec les autres et s'annulent dans leur quasi-totalité, tandis qu'elles se ren-

12. Ce principe d'économie de la nature exprimé par Fresnel rappelle le « rasoir d'Occam », nommé d'après le théologien et philosophe du XIVe siècle Guillaume d'Occam. Le principe d'Occam consiste à éliminer systématiquement toutes les hypothèses qui ne sont pas nécessaires à l'explication d'un fait, et considère qu'une explication simple d'un fait a plus de chances d'être vraie qu'une explication compliquée.

forcent dans la zone éclairée. Fresnel calcule que la quantité de lumière qui pénètre sur une certaine distance dans l'ombre dépend de la longueur d'onde (la distance entre deux crêtes successives). Plus la longueur d'onde est petite, plus la distance de pénétration dans la zone d'ombre est infime, et plus la quantité de lumière pénétrant dans la zone d'ombre est insignifiante. Or la longueur des ondes lumineuses est un million de fois plus faible que celle des ondes sonores produites par votre voix. Les ondes lumineuses tournent bien le coin des rues, mais s'annulent presque entièrement : voilà pourquoi vous pouvez entendre une personne sans la voir. C'est cette annulation quasi miraculeuse qui fait que presque toute la lumière que nous voyons se propage en ligne droite. Celle qui est réfractée ne constitue qu'une infime fraction du total.

Fresnel et les lunettes de soleil

Avec sa formulation mathématique, Fresnel réussit aussi à expliquer le phénomène de polarisation de la lumière. Nous sommes tous familiers de ce phénomène. Au volant d'une voiture, quand nous portons des lunettes de soleil pour atténuer l'éclat de la lumière réfléchie par l'asphalte de l'autoroute, la lumière que nous percevons est polarisée. Pour comprendre ce qu'est la lumière polarisée, faites l'expérience suivante : éclairez un cristal d'un type particulier appelé « spath d'Islande ». La lumière qui sort du cristal est « polarisée », c'est-à-dire « orientée » dans une direction particulière. Vous pouvez vous en rendre compte en passant la lumière qui sort du premier cristal à travers un second cristal identique. Placez-les d'abord dans des orientations similaires, puis commencez à tourner l'un par rapport à l'autre. La lumière continue à sortir du second cristal, jusqu'à une certaine orientation où elle disparaît. Les partisans de la théorie corpusculaire expliquent ce phénomène bizarre en invoquant la forme des particules de lumière. Le premier cristal disposé selon une orientation donnée sélectionne et laisse passer seulement celles qui possèdent une certaine forme. Le second cristal laissera passer ces particules seulement s'il est orienté de même façon. Sinon, c'est le noir.

Avant Fresnel, les partisans de la lumière ondulatoire étaient fort intrigués par ce phénomène de la lumière polarisée, car le son, pour sa part, ne montre aucun effet de polarisation. Or, si la lumière est une onde similaire au son, les deux doivent présenter des effets identiques. Fresnel propose une solution ingénieuse : si le son et la lumière ont bien tous deux une nature ondulatoire, ils diffèrent par le plan de leur vibration.

Ainsi, le son est une onde de compression et de raréfaction dans l'air. Parlez à quelqu'un, et l'amplitude de la vibration provoquée dans l'air par votre voix varie dans la direction de propagation de l'onde sonore de votre bouche jusqu'à l'oreille de votre interlocuteur. On dit que cette onde est « longitudinale ». En revanche, déclare Fresnel, la lumière est une vibration de l'éther, et l'amplitude de cette vibration varie non pas dans la direction de propagation de l'onde, mais dans un plan perpendiculaire à celle-ci : c'est une onde « transverse » (fig. 25). Ainsi, la lumière ressemble plus aux ondes décrites par les vagues d'un océan ou aux vibrations d'une corde de violon qu'aux ondes sonores. La corde d'un violon peut vibrer de

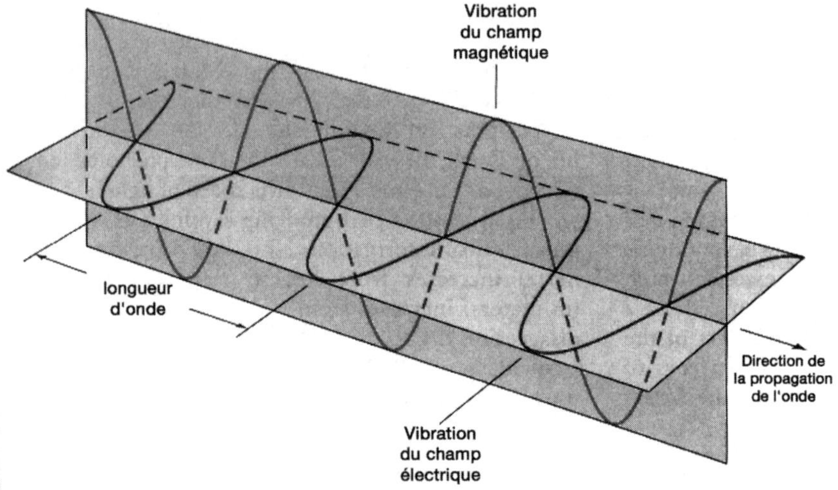

Fig. 25 : La conception moderne d'une onde électromagnétique. Celle-ci est composée d'un champ électrique et d'un champ magnétique qui vibrent perpendiculairement l'un à l'autre. L'onde électromagnétique se propage dans l'espace à la vitesse de la lumière dans une direction qui est perpendiculaire à la fois au champ électrique et au champ magnétique.

bas en haut ou de gauche à droite (ou *vice versa*). Il existe donc deux directions transverses. Ces deux directions correspondent aux deux polarisations possibles de la lumière : l'une qui est verticale, l'autre qui est horizontale. La lumière solaire réfléchie par la route est polarisée horizontalement. C'est en supprimant cette composante transverse horizontale et en ne laissant passer que la composante transverse verticale que les lunettes de soleil « polarisantes » suppriment l'éblouissement de la lumière solaire réfléchie par la route et rendent la conduite de votre voiture plus agréable et moins dangereuse.

Après son mémoire à l'Académie des sciences, Fresnel continue à développer et à affiner ses calculs. En fin de compte, ses démonstrations se révèlent si convaincantes qu'il parvient à faire reculer la théorie corpusculaire de Newton et de ses successeurs, et à imposer la théorie ondulatoire de la lumière. Dès qu'il prend connaissance des travaux de Young, Fresnel n'hésite pas à lui écrire pour reconnaître leur antériorité : « J'ai avoué d'assez bonne grâce devant le public, en plusieurs occasions, l'antériorité de vos recherches. » Quant à Young, il reconnaît bien volontiers que le Français a fait ses découvertes de manière autonome et tout à fait originale : « J'ai eu pour la première fois le plaisir d'entendre un travail optique lu par Monsieur Fresnel, qui semble avoir redécouvert par ses propres efforts les lois d'interférence. » Un échange de bons procédés entre deux grands scientifiques, qui est tout à leur honneur. Ce comportement exemplaire devrait tout le temps prévaloir dans le monde académique, bien que ce ne soit malheureusement pas toujours le cas !

L'électricité et le magnétisme ne sont que deux facettes d'une seule et même réalité

La découverte par Fresnel que la lumière est une onde transverse – et non pas longitudinale, comme le son – pose problème pour ce qui concerne la nature de l'éther, ce fluide hypothétique qui est censé baigner tout l'univers et transmettre les ondes lumineuses. Young cerne parfaitement les difficultés conceptuelles qui en découlent quand il écrit en 1823 : « L'hypothèse de Monsieur Fresnel est pour le moins très ingénieuse et permet de faire des calculs satisfaisants. Mais elle nous mène à une conclusion consternante : l'éther qui occupe tout l'espace est non seulement totalement élastique, mais il est aussi entièrement solide ! » En effet, les ondes transverses ne peuvent se propager que dans un solide. Elles peuvent bien se propager par l'intermédiaire d'un liquide, mais seulement en surface (comme les vagues à la surface d'un océan), pas à l'intérieur. L'éther devrait donc posséder la rigidité d'une gelée. Mais, si tel était le cas, comment la Terre et les autres planètes pourraient-elles se déplacer dans cette gelée sans être ralenties ? Se peut-il que l'éther n'existe que dans l'imagination débridée des hommes, au même titre que les sphères cristallines sur lesquelles les hommes du Moyen Âge s'obstinaient à fixer les planètes ou les licornes ?

Le grand pas en avant dans la compréhension de la lumière va se faire par un détour par le domaine de l'électricité et du magnétisme. L'acteur principal de ce nouvel épisode est le physicien anglais Michael Faraday (1791-1867) (fig. 26), considéré comme le plus grand expérimentateur de son temps. L'itinéraire de Faraday montre comment la volonté, la persévérance et le génie peuvent venir à bout des barrières sociales les plus formidables. Issu d'un milieu défavorisé, fils de forgeron, Faraday ne termine pas ses études secondaires. Placé comme apprenti relieur dans une librairie de Londres à l'âge de treize ans, il s'instruit lui-même en dévorant les livres. Un jour, il tombe par hasard dans l'*Encyclopaedia Britannica* sur un article relatif à l'électricité qui le subjugue. Ainsi commence une fascination pour l'électromagnétisme qui durera toute sa vie. Lui-même aidera beaucoup à l'élucider.

À vingt et un ans, il a la chance d'assister aux conférences publiques sur l'électricité du fameux chimiste et physicien Sir Humphry Davy (1778-1829). Celui-ci se vit offrir par Faraday les notes de ses conférences rassemblées dans un livre ; impressionné par l'enthousiasme et l'intelligence du jeune homme, il l'embaucha comme assistant, lui ouvrant ainsi les portes de son laboratoire à la Royal Institution de Londres.

Faraday va s'embarquer dans une série d'expériences qui vont

Fig. 26 : Portrait de Michael Faraday (1791-1867). Le physicien anglais démontre la connexion intime entre électricité et magnétisme, il est à l'origine du concept des lignes de force des champs électrique et magnétique. © Rue des Archives / PVDE.

établir sa réputation. Il veut en particulier apporter des éléments de réponse à la question fondamentale suivante : les phénomènes électrique, magnétique et gravitationnel sont-ils reliés ou totalement distincts ? Ce programme d'unification de la physique, qui se poursuit encore de nos jours, est cher à Faraday. Profondément religieux, il croit passionnément en l'unité de la nature et a la conviction que des phénomènes en apparence déconnectés ne sont en réalité que diverses manifestations d'un seul et unique principe. Faraday est au courant des travaux du physicien danois Christian Oersted (1777-1851). Celui-ci a établi en 1820 la connexion intime entre les phénomènes électrique et magnétique en remarquant qu'un courant électrique fait dévier l'aiguille d'une boussole. Puisque cette dernière n'est sensible qu'à un phénomène magnétique, cela veut dire que l'électricité engendre du magnétisme. Faraday se demande si l'inverse n'est pas tout aussi vrai. En 1831, il réussit à démontrer qu'un aimant qui bouge produit un courant électrique. La situation est donc parfaitement symétrique : des charges électriques qui se déplacent engendrent un effet magnétique, et un champ magnétique qui bouge engendre un effet électrique. Le point important à retenir ici est que le courant électrique ou l'effet magnétique sont toujours engendrés à la faveur de changements : par un aimant ou des charges électriques qui changent de place. Si tout demeure statique, immobile, rien ne saurait se passer. Électricité et magnétisme sont donc bel et bien les deux facettes d'un même phénomène. On invente le mot « électromagnétisme » pour les connecter linguistiquement.

Une fois la connexion intime entre électricité et magnétisme établie, il ne reste plus qu'un petit pas à franchir pour que le moteur et le générateur électriques viennent révolutionner notre vie quotidienne. Un courant électrique qui produit un champ magnétique qui peut à son tour déplacer une pièce de fer : tel est le principe même du moteur électrique. Un courant électrique produit dans un fil métallique par un aimant qui bouge, ou par un fil métallique qui se déplace dans le champ magnétique d'un aimant : c'est ce qui fait que le générateur électrique fonctionne.

Les lignes de force de Faraday

La vision du monde qui prévalait au XIXe siècle était fermement matérialiste : l'univers contenait des objets matériels baignés dans un éther composé lui aussi de matière et qui transmettait les forces de gravité, la lumière, l'électricité et le magnétisme d'un objet à l'autre. La substance matérielle était omniprésente. Néanmoins, le fait que la force électrique pouvait agir à distance, qu'un courant électrique pouvait faire dévier l'aiguille d'une boussole sans aucun contact avec elle, troublait les esprits. Peut-être que l'électricité avait une nature double : que non seulement elle était composée de charges électriques, mais que, du fait de son action à distance, elle devait aussi posséder un caractère immatériel qui lui permettait de traverser impunément les parois des objets métalliques et de se propager dans l'espace.

Fort du résultat de ses expériences, Faraday fit table rase de toutes ces notions. N'ayant pas fait d'études universitaires, il n'était pas alourdi et refréné par tout un bagage d'idées reçues, et son esprit était libre d'aller là où son intuition le menait. Pour rendre compte de l'action à distance des forces électrique et magnétique, il imagina des lignes de force partant d'une charge électrique ou d'un des pôles d'un aimant pour se déployer dans l'espace en y formant un vaste « champ » électrique ou magnétique.

Ce concept de « champ » est révolutionnaire ; il va exercer une influence considérable sur le développement de la physique dans les siècles à venir. Il permet d'expliquer bien des choses de la vie courante. Ainsi, à l'aéroport, quand vous passez le portique du contrôle de sécurité, comment se fait-il qu'une machine qui ne vous touche pas physiquement puisse déterminer si vous portez sur vous des objets métalliques ? Ou comment l'aiguille d'une boussole indique-t-elle le nord ? La réponse est évidente si vous pensez en termes de champ magnétique. Dans le premier cas, les lignes de force engendrées par la machine entrent en contact avec votre corps et « repèrent » l'objet métallique ; dans le deuxième cas, ce sont celles du champ magnétique de la Terre qui font dévier l'aiguille de la boussole.

Il vous faut prendre conscience que nous vivons tous immergés dans un vaste océan de champs électromagnétiques. Ces champs sont présents partout et à tout moment de notre vie. Il suffit que vous allumiez votre téléviseur ou que vous tourniez le bouton de votre radio pour que ces champs se transforment en images ou en sons. Ce sont ces champs électromagnétiques qui véhiculent à travers l'espace votre programme de télévision favori ou votre morceau de musique préféré de la station émettrice jusqu'à votre téléviseur ou votre poste de radio. Ce sont eux aussi qui vous permettent de communiquer avec vos amis par votre téléphone portable ou de relier votre ordinateur portable au réseau Internet sans aucune connexion par fils électriques.

Sur les bancs du lycée, nous avons tous vu l'expérience qui démontre de façon convaincante que ces champs électromagnétiques ne sont pas seulement un produit de l'imagination fertile de Faraday. Posez un aimant sur une nappe et saupoudrez ses environs de limaille de fer. Secouez un peu la nappe et vous verrez la limaille s'ordonner comme par magie suivant des arcs qui vont du pôle nord de l'aimant jusqu'à son pôle sud. Ces arcs constituent la preuve tangible que l'aimant crée des lignes de force magnétiques invisibles qui emplissent l'espace et attirent la limaille de fer (fig. 27).

Fig. 27 : Les lignes de force du champ magnétique. La limaille de fer trace les lignes de force magnétiques reliant les pôles nord (N) et sud (S) d'un aimant.

Mais quelle est la relation de ces lignes de force électromagnétiques avec la lumière ? Profondément religieux, Faraday, on l'a vu, était convaincu de l'unité de la nature, puisque celle-ci était la manifestation de Dieu et que Dieu est Un : « J'ai été longtemps de l'opinion, celle-ci devenant presque une conviction, que les diverses formes sous lesquelles les forces de la matière se manifestent ont une origine commune. » Il avait l'intuition que la lumière était une onde transverse voyageant le long de ses chères lignes de force, électriques ou magnétiques, telle une onde descendant le long d'une corde tendue dès lors qu'on imprime une brusque secousse à l'une de ses extrémités. Mais, à cause de son parcours d'autodidacte, il ne possédait pas le bagage nécessaire pour démontrer mathématiquement l'intime connexion entre électricité, magnétisme et lumière. Cette tâche revint à l'un de ses compatriotes, le grand physicien écossais James Clerk Maxwell (1831-1879) (fig. 28).

Fig. 28 : Portrait de James Clerk Maxwell (1831-1879). Le physicien écossais est le théoricien des ondes électromagnétiques. Il célèbre le mariage de l'électricité et du magnétisme par quatre équations mathématiques écrites de manière si condensée qu'elles peuvent toutes figurer sur le devant d'un T-shirt ! © Rue des Archives / The Granger Collection NYC.

La lumière naît du mariage de l'électricité et du magnétisme

Les origines sociales et le parcours académique de Maxwell ne peuvent être plus différents de ceux de Faraday. Né à Édimbourg dans une famille de propriétaires terriens aussi aisés que cultivés, Maxwell fit ses études à l'université d'Édimbourg, puis à celle de Cambridge où il devint professeur en 1870. Au courant des expériences de Faraday sur l'électricité et le magnétisme, il admirait leur ingéniosité. Il était persuadé que ses idées sur les champs de lignes de force remplissant l'espace devaient être correctes : « Faraday vit dans son esprit des lignes de force qui traversent tout l'espace, alors que les mathématiciens ne virent que des centres de force attirant à distance. » Il résolut de mettre à profit ses prodigieux talents de mathématicien pour traduire l'intuition de Faraday dans le langage de la nature, celui des mathématiques. Son article, intitulé « Une théorie dynamique du champ électromagnétique », publié en 1864, dans lequel il fait la synthèse – sous la forme d'un ensemble de quatre équations – des connaissances disparates existant à cette époque sur l'électricité et le magnétisme, marque une étape décisive dans l'histoire de la physique. Ces quatre équations sont maintenant connues sous le nom d'équations de Maxwell. Chacune occupe une seule ligne ; elle est exprimée dans un langage mathématique condensé qui n'est pas sans rappeler la beauté formelle des hiéroglyphes égyptiens ou des symboles magiques de l'alchimie. Ces équations sont si ramassées qu'on pourrait les faire figurer toutes sur le devant d'un T-shirt, ce que certains commerçants, attirés par l'appât du gain, n'ont d'ailleurs pas manqué de faire...

La première équation décrit comment des charges électriques produisent des forces, celles qui font qu'un morceau d'ambre qu'on frotte a le pouvoir d'attirer de petits bouts de papier.

La deuxième décrit les lignes de force d'un champ magnétique, tels les arcs gracieux suivant lesquels se dispose la limaille de fer autour d'un aimant.

Les deux équations restantes célèbrent le mariage de l'électricité et du magnétisme. L'une décrit comment les variations d'un champ magnétique engendrent des effets électriques ; l'autre, comment les variations d'un champ électrique engendrent un champ magnétique.

Le prix Nobel de physique Richard Feynman (1918-1988) a ainsi commenté l'extraordinaire accomplissement de Maxwell : « Il ne fait aucun doute que, dans dix mille ans, la postérité jugera la découverte des lois de l'électrodynamique par Maxwell comme l'événement le plus important du XIXe siècle. La guerre de Sécession américaine n'apparaîtra par comparaison que comme un simple épisode provincial[13]. »

Mais quelle est la relation des phénomènes électromagnétiques avec la lumière ? Les équations de Maxwell révèlent à leur auteur un fait tout à fait surprenant : les ondes électromagnétiques ne sont autres que des ondes lumineuses ! Ces équations lui racontent le scénario suivant : un champ électrique qui varie dans le temps engendre un champ magnétique ; du fait même de son apparition, le champ magnétique varie et produit donc à son tour un champ électrique variable, lequel donne naissance à un champ magnétique qui est à son tour responsable d'un champ électrique, et ainsi de suite. Le mariage de l'électricité et du magnétisme est consommé. Ils formeront désormais et pour toujours un couple inséparable et uni. Ils sont les deux composantes d'une onde électromagnétique qui se propage dans l'espace à l'instar d'une onde se propageant le long d'une corde de violon qu'on pince. L'onde est transverse, ce qui signifie que les crêtes et les creux sont situés dans un plan perpendiculaire à sa direction de propagation (fig. 25).

En 1873, Maxwell put calculer très précisément la vitesse de propagation de cette onde électromagnétique dans l'espace. Réponse extraordinaire : la vitesse de l'onde est exactement celle de la lumière[14].

Ainsi, une onde électromagnétique n'est rien d'autre que de la lumière ! Après l'unification du ciel et de la terre par Newton,

---

13. Richard Feynman, *Lectures on Physics*, Addison-Wesley, Reading, Massachusetts, 1965, vol. 2.

14. La valeur moderne de la vitesse de la lumière dans le vide est de 299 792,458 kilomètres par seconde.

Maxwell se pose comme le deuxième grand unificateur de la physique. D'un coup de baguette magique, il a unifié non seulement l'électricité et le magnétisme, mais aussi l'optique !

Un monde interconnecté par la lumière

La découverte de Maxwell a révolutionné la manière dont les humains communiquent les uns avec les autres. Maxwell nous dit que si, à un endroit du globe, nous produisons un signal sous la forme d'une perturbation électromagnétique, par exemple en faisant remuer une charge électrique, ce signal se propagera dans l'espace à la vitesse de la lumière et pourra être capté à un autre endroit. Il a néanmoins fallu du temps pour que la technologie rattrape la théorie. Ce n'est qu'en 1887, soit quatorze ans après la grande œuvre d'unification de Maxwell, que le physicien allemand Heinrich Hertz (1857-1894) réussit à transmettre un signal d'un générateur à un détecteur situé à moins d'un mètre, ouvrant ainsi la voie à la télégraphie sans fil par ondes électromagnétiques, appelées aussi « ondes hertziennes ». Hertz rendit un vibrant hommage à la magie des équations de Maxwell : « On ne peut étudier cette théorie remarquable sans avoir immédiatement l'impression que les formules mathématiques y ont une vie intense et une signification éclatante, comme si elles étaient plus intelligentes que nous, plus subtiles même que celui qui les a découvertes, comme si elles rendaient plus que ce que l'on y avait mis à l'origine. »

Depuis lors, des instruments et des moyens de communication plus extraordinaires les uns que les autres ont vu le jour dans le but de nous connecter toujours plus : radars, postes de radio et de télévision, transistors, chaînes haute-fidélité, téléphones, répondeurs, lasers, puces et ordinateurs, fibres optiques, fax, réseau Internet, etc. Ils font maintenant si bien partie intégrante de notre quotidien que nous ne pouvons même plus imaginer le temps où ils n'existaient pas encore. Grâce à la lumière, la Terre est devenue un village global.

Mais la découverte de Maxwell ne connecte pas seulement l'homme à ses semblables. Elle nous relie aussi au cosmos tout entier. Les mouvements des électrons et des protons dans le champ magnétique d'une étoile à neutrons dans le plan de la Voie lactée, les impulsions électriques au sein d'une galaxie distante de plusieurs milliards d'années-lumière, engendrent des ondes lumineuses qui vont franchir le vaste espace interstellaire et intergalactique pour être recueillies sur Terre dans ces gigantesques cuvettes à lumière que sont les télescopes. Des astronomes terriens s'affaireront à déchiffrer le code cosmique contenu dans cette lumière qui nous vient des temps les plus reculés. Ils retraceront ainsi l'histoire de l'univers, qui n'est autre que celle de nos origines.

L'espace absolu de Newton

Une question fondamentale subsiste : si les ondes électromagnétiques se propagent dans l'espace comme des vagues à la surface de l'océan, quel est l'« océan » des ondes lumineuses de Maxwell ? Quel est le support matériel qui permet à ces ondes de se propager ? Bien que ses équations ne demandent en aucun cas la présence d'une substance qui baigne l'univers entier, Maxwell pensait que ses ondes lumineuses se propageaient dans un milieu appelé « éther ». Il écrit dans l'*Encyclopaedia Britannica* de 1878 : « Quelles que soient les difficultés que nous pouvons éprouver à nous former une idée cohérente de la constitution de l'éther, il ne fait aucun doute que les espaces interplanétaires et interstellaires sont occupés par une substance matérielle ou un corps... »

En invoquant l'éther, Maxwell se montre l'héritier intellectuel d'une longue lignée de penseurs. Aristote estismait que le ciel, domaine des planètes et des étoiles, était baigné d'éther parce qu'il ne pouvait y avoir d'espace vide entre les étoiles, celles-ci étant elles-mêmes des concentrations d'éther rayonnant de tous leurs feux. Pour Descartes, qui définit l'espace comme une substance matérielle, la présence d'un éther est aussi une nécessité. Quant à Newton, il avait besoin d'un éther pour plusieurs raisons. D'abord, parce qu'il n'admettait pas une action à distance de sa chère force de gravité ou de la force électrique ; l'éther lui servait d'agent transmetteur de ces forces. Dans un superbe paragraphe qui clôt les

Principia, il écrit : « Et maintenant, nous devons ajouter une certaine substance des plus subtiles qui est partout et cachée dans tous les grands corps. Par la force et l'action de cette substance, les particules de ces corps peuvent s'attirer les unes les autres à de petites distances, et s'assembler si elles se touchent ; les corps électriques peuvent agir à de plus grandes distances, et repousser ou attirer les particules voisines ; et la lumière peut être émise, réfléchie, réfractée, diffractée, et chauffer les corps. » Dans l'esprit de Newton, cette substance subtile n'est autre que l'éther. D'autre part, le physicien anglais avait besoin d'un système de référence pour décrire le mouvement des objets : quand un objet est au repos ou bouge, *par rapport à quoi* est-il au repos ou bouge-t-il ? Par rapport à un milieu transparent dans lequel nous sommes tous immergés, répond Newton. Il appelle ce milieu l'« espace absolu ». Pour lui, quand nous prenons un virage à trop grande vitesse avec notre voiture, nous accélérons par rapport à l'espace absolu. Quand un avion accélère sur la piste pour décoller, et qu'une force nous repousse contre le dossier de notre siège, ce mouvement d'accélération se manifeste par rapport à l'espace absolu. Qu'est-ce que cet espace absolu ? Newton répond par une définition vague et imprécise : « L'espace absolu, par sa nature même, ne fait pas référence à quelque chose d'externe. Il reste toujours semblable à lui-même et ne change pas. » Mais, dans son esprit, c'est bel et bien l'éther qui joue le rôle d'espace absolu.

Maxwell se retrouve confronté au même problème d'un système de référence absolu quand ses équations lui disent que les ondes électromagnétiques (ou lumineuses) se propagent dans l'espace à la vitesse de 300 000 kilomètres par seconde. Par rapport à quoi cette vitesse est-elle mesurée ? Les équations de Maxwell sont sans réponse à cette question. C'est comme si l'on vous disait que le lieu d'un rendez-vous est à 10 kilomètres de distance, sans vous préciser par rapport à quel endroit. Marchant sur les traces de Newton, Maxwell pensait tout naturellement que la lumière se propageait à 300 000 kilomètres par seconde par rapport à un éther stationnaire englobant tout l'univers.

Pourquoi l'éther ne freine-t-il pas le mouvement de la Terre ?

Mais de quoi est fait cet éther ? Quelle est son origine ? Quelles sont ses propriétés ?

La nature de l'éther doit être compatible avec certaines observations. Tout d'abord, cela va sans dire, il doit être transparent, car nous pouvons contempler sans aucun problème l'éclat des planètes et des étoiles. D'autre part, il nous faut expliquer pourquoi nous ne percevons aucun vent d'éther, alors même que le vaisseau Terre accomplit son périple annuel autour du Soleil en fendant l'espace à quelque 30 kilomètres par seconde. En fait, la Terre s'est frayé et se fraie un passage à travers l'éther, siècle après siècle, à cette vitesse considérable, sans qu'on relève aucun ralentissement. Les calculs des mouvements planétaires par Newton montrent que cette absence de ralentissement ne peut se comprendre que si l'éther n'exerce aucune force sur les planètes. Sinon, toutes auraient ralenti et seraient depuis belle lurette tombées en spirale sur le Soleil.

La découverte par Augustin Fresnel que la lumière est polarisée et transverse (les vibrations des ondes lumineuses sont perpendiculaires à leur direction de propagation) – et non longitudinale, comme le son (les vibrations des ondes sonores sont dans leur direction de propagation) – restreint davantage encore la nature de ce mystérieux éther : il doit être solide, comme l'avait remarqué Thomas Young. En effet, nous l'avons vu, si les ondes transverses peuvent voyager à la surface d'un liquide à l'instar des vagues d'un océan, elles ne peuvent traverser un fluide. Pour cela, le milieu propagateur doit posséder une certaine rigidité. Mais comment la Terre pourrait-elle se frayer un chemin dans un milieu rigide sans être ralentie et choir sur le Soleil ? Comment l'éther peut-il être à la fois un solide élastique et un fluide ténu ? Se peut-il que, tout simplement, il n'existe pas ?

Voilà des nuages noirs annonciateurs de la tempête qui va bientôt balayer l'éther... En attendant, ce problème reste l'une des préoccupations majeures des physiciens de la fin du XIXe siècle. Le physicien allemand Heinrich Hertz le résume en ces termes lors d'un congrès scientifique en 1889 : « Le grand problème de la nature concerne les propriétés de l'éther qui emplit l'espace : quelle est sa structure, est-il immobile ou en mouvement, son étendue est-elle finie ou infinie ? De plus en plus, nous pensons que c'est le problème le plus important, et que sa résolution nous révélera non seulement la nature de ce que nous appelions les "impondérables", mais aussi la nature de la matière même et ses propriétés essentielles – son poids et son inertie [...]. Ce sont là les problèmes ultimes des sciences physiques, les sommets glacés de ses pics les plus élevés. »

Mort de l'éther

Le meilleur moyen de cerner les propriétés de l'impondérable éther ne pouvait être que de l'observer directement. En 1887, le physicien américain Albert Michelson (1852-1931) et son collègue Edward Morley (1838-1923) concoctèrent une ingénieuse expérience pour tester l'existence même de l'éther (fig. 29a et b). Comme il en va de toutes les grandes expériences, l'idée de départ était très simple.

Pour la comprendre, accompagnons Eddy au bord de la mer. Celui-ci plonge dans l'eau et nage dans l'océan dans une direction perpendiculaire au bord de mer, vers une vague qui déferle vers la plage. Eddy voit la vague s'approcher de lui à une vitesse qui est la somme de la vitesse de la vague et de la vitesse à laquelle il nage. Eddy décide alors de changer de direction et de nager parallèlement à la plage. Il ne nage plus vers la vague. Il verra la vague venir à lui plus lentement, puisque la vitesse d'approche de celle-ci ne sera plus que la sienne propre.

De manière similaire, la lumière est une onde qui se propage à 300 000 kilomètres par seconde dans l'éther qui baigne tout l'univers, y compris notre système solaire. Si la Terre se déplace dans l'éther dans la direction d'une onde lumineuse, la vitesse de celle-ci devrait être supérieure à 300 000 kilomètres par seconde, égale à la vitesse de la lumière augmentée de celle de la Terre. En revanche, si notre planète se déplace dans une direction perpendiculaire à celle de la lumière, on devrait mesurer une vitesse égale à 300 000 kilomètres

a

b

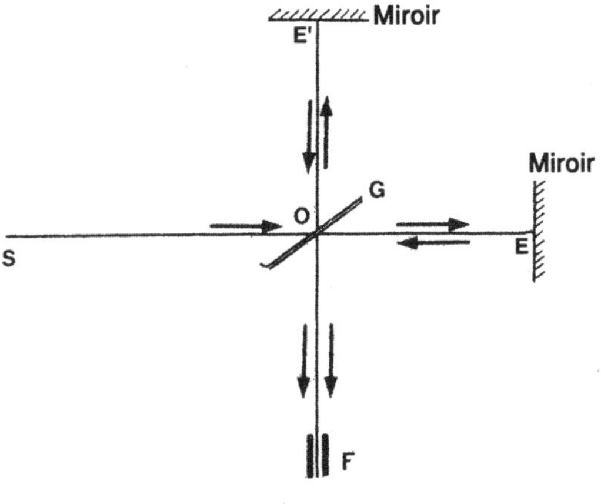

c

Fig. 29 : L'expérience de Michelson et Morley. Les deux physiciens américains (a et b) démontrent avec un interféromètre que la vitesse de la lumière est toujours la même, quel que soit le mouvement de l'observateur. La figure (c) montre le principe de l'interféromètre de Michelson et Morley : un faisceau lumineux incident SO arrive sur un miroir semi-transparent G, parallèle à la direction du mouvement de la Terre. Le miroir laisse passer une partie du faisceau incident qui est réfléchi par un miroir jusqu'au détecteur F (en bas). L'autre partie du faisceau est déviée par le miroir G dans une direction perpendiculaire à la direction du mouvement de la Terre. Cette partie est aussi réfléchie par un miroir vers F, interférant avec l'autre faisceau réfléchi. S'il existait une différence de la vitesse de la lumière dans les directions parallèle et perpendiculaire au mouvement de la Terre, les franges d'interférence résultant des deux faisceaux réfléchis devraient varier en fonction du mouvement de la Terre, au cours de son périple annuel autour du Soleil. Or il n'en est rien. Les franges d'interférence restent obstinément les mêmes : la vitesse de la lumière est constante, indépendante du mouvement de l'observateur. 29a © AKG-Images. 29b © Cosmos.

par seconde, soit celle de la lumière. Notre planète accomplit son périple annuel autour du Soleil à une vitesse d'environ 30 kilomètres par seconde, soit un dix-millième de la vitesse de la lumière. Ainsi, si l'éther existe vraiment, Michelson et Morley devraient mesurer des différences de vitesse de l'ordre de 30 kilomètres par seconde entre un faisceau lumineux qui se propage dans la direction du mouvement de la Terre et un autre qui se propage dans une direction perpendiculaire.

Pour mesurer de si petites variations de vitesse, Michelson et Morley construisirent un instrument appelé « interféromètre », fondé sur le principe d'interférence découvert par Thomas Young. Dans cet interféromètre, un faisceau de lumière ayant une fréquence (ou longueur d'onde) unique est divisé en deux faisceaux. Ceux-ci parcourent deux trajets différents de même longueur, l'un dans la direction du mouvement de la Terre, l'autre dans la direction perpendiculaire, avant d'être à nouveau combinés. Juste à l'instant de leur séparation, les crêtes et les creux des deux faisceaux coïncident rigoureusement (on dit qu'ils sont en phase), mais la façon dont ils s'unissent à nouveau dépend de leurs vitesses respectives à l'instant de leur réunion. Si les deux faisceaux de lumière gardent exactement la même vitesse, les crêtes et les creux restent en phase et, quand ils se combinent à nouveau, ils s'interfèrent de manière constructive : le résultat est alors un faisceau plus brillant. En revanche, si les faisceaux lumineux ont des vitesses différentes du fait que le parcours de l'un est dans la direction du mouvement de la Terre et celui de l'autre dans la direction perpendiculaire, ils seront déphasés. Dans une telle situation, les crêtes du premier faisceau peuvent arriver en même temps au même endroit que les creux du second faisceau : l'interférence est alors destructive, et ajouter de la lumière à la lumière donne, on l'a vu, de l'obscurité (fig. 29c).

Avec leur interféromètre, Michelson et Morley peuvent en principe mesurer des différences de vitesse aussi faibles que 1,5 kilomètre par seconde, soit un vingtième de la vitesse de la Terre à travers l'hypothétique éther. S'il y avait le moindre « vent d'éther » causé par le mouvement de la Terre, les deux physiciens devraient le détecter très facilement. Michelson et Morley comparèrent la vitesse de la lumière mesurée dans la direction du mouvement orbital de la Terre autour du Soleil à celle mesurée dans la direction perpendiculaire. À leur grande déception et à leur vive stupeur, car ils étaient convaincus de l'existence de l'éther, ils ne constatèrent pas la moindre différence de vitesse entre l'une et l'autre direction. En désespoir de cause, ils répétèrent leurs mesures dans toutes les autres directions possibles du mouvement de la Terre autour du Soleil. Jamais aucune variation de la vitesse de la lumière ne se manifesta. *La vitesse de la lumière est constante quelle que soit la direction dans laquelle elle se propage.*

Il fallut se rendre à l'évidence : l'absence de variation de la vitesse de la lumière veut dire que la Terre ne se déplace pas dans un éther. L'éther n'existe que dans l'imagination des hommes. Il appartient au cimetière des concepts morts, au même titre que les sphères planétaires cristallines et les licornes. Bien sûr, il y eut des tentatives désespérées pour sauver l'éther. Certains allèrent même jusqu'à affirmer que si la Terre ne bouge pas par rapport à l'éther, c'est parce que notre planète entraîne l'éther avec elle. Hypothèse absurde, car pourquoi l'éther, qui est supposé baigner l'univers tout entier, suivrait-il le mouvement de la Terre, insignifiant grain de sable perdu dans l'immensité cosmique ?

Les choses en restèrent là, jusqu'à ce qu'un obscur employé du Bureau des brevets de la ville de Berne, en Suisse, du nom d'Albert Einstein (1879-1955) (fig. 30), sortît de l'anonymat pour enchanter la physique moderne, chasser les nuages noirs qui obscurcissaient l'horizon et faire disparaître l'éther du paysage mental des hommes.

Courir à la vitesse de la lumière

Trouver la réponse à des problèmes difficiles dépend souvent de la manière dont on les pose. Einstein avait développé au plus haut point l'art de formuler les questions de manière claire et simple. Pour cela, il ne montait pas des expériences en laboratoire, mais accomplissait dans sa tête ce qu'il appelait des « expériences de pensée ».

Une question l'avait taraudé au cours de son adolescence : si une

Fig. 30 : En juin 1902, grâce à l'intervention du père de son ami Marcel Grossman, le jeune Allemand Albert Einstein obtient le poste d'« expert technique stagiaire de 3e classe » au Bureau fédéral de la propriété industrielle à Berne. Sa mission : examiner les demandes de brevets des pièges à souris, d'éplucheléqumes mécaniques, de grille-pain, des inévitables machines à mouvement perpétuel et autres gadgets et machines plus ou moins insolites. Le Bureau des brevets fut une sorte de « monastère temporel » qui apporta au jeune physicien une relative sécurité financière et une paix d'esprit qui lui permettra de s'adonner à ses chères études de physique. C'est à Berne qu'Einstein développa la théorie des photons, celle de la relativité restreinte et celle du mouvement brownien. Plus tard, il décrivit cette période comme heureuse et remplie de créativité : « La formulation d'actes de brevet fut une bénédiction, une récréation salutaire pour un homme comme moi. » Einstein restera sept ans au Bureau des brevets. Promu expert technique de 2e classe en avril 1906, il donnera sa démission en juillet 1909. © AKG-Images.

personne pouvait courir aussi vite que la lumière, comment une onde lumineuse lui apparaîtrait-elle ? Puisque ladite personne et la lumière foncent à travers le supposé éther exactement à la même vitesse, la distance qui les sépare devrait rester toujours la même, tout comme la distance qui sépare deux voitures sur l'autoroute reste constante si elles roulent à même allure. En d'autres termes, la lumière devrait apparaître comme stationnaire par rapport à la personne. Celle-ci pourrait tendre la main et recueillir une poignée de lumière tout comme on cueille un fruit d'un pommier. Mais là est le hic. Les équations de Maxwell disent que la lumière est toujours mouvante, qu'elle doit toujours se propager à 300 000 kilomètres par seconde ; être immobile ou stationnaire est une impossibilité pour la lumière. Personne n'a jamais pu tenir entre ses mains une poignée de lumière. Comment résoudre ce paradoxe ?

Einstein apporta la réponse à cette question plus d'une décennie plus tard, en juin 1905, à l'âge de vingt-six ans, dans un article célèbre intitulé « À propos de l'électrodynamique des corps en mouvement ». Cet article marque la naissance de la théorie de la relativité restreinte. Il va changer pour toujours nos conceptions du temps et de l'espace, de la matière et de l'énergie, et sonner le glas de l'éther.

Einstein était probablement au courant des résultats de l'expérience de Michelson et Morley et d'autres semblables qui, ne pouvant détecter aucune variation de la vitesse de la lumière, quelle que soit la direction par rapport au mouvement de la Terre dans laquelle on la mesurait, remettaient en cause l'existence même d'un éther. Au lieu de proposer des explications alambiquées comme celle d'un éther se déplaçant avec la Terre, Einstein, guidé par une intuition hors du commun sur le fonctionnement de la nature, choisit la voie de la simplicité : si ces expériences ne révélaient pas l'existence d'un éther, c'est que celui-ci tout bonnement n'existait pas ! D'ailleurs, les équations de Maxwell décrivant la propagation des ondes lumineuses ne nécessitaient en aucun cas la présence d'un milieu propagateur. Pour Einstein, la conclusion était inéluctable : l'expérience et la théorie nous disent toutes deux que les ondes lumineuses, au contraire des autres ondes, n'ont nul besoin d'un milieu qui les porte. La lumière peut parfaitement se propager dans l'espace vide. L'éther n'est qu'une création de l'esprit humain.

Une année miraculeuse

L'année 1905 fut une année miraculeuse pour la physique, tout autant que l'avait été l'année 1666, quand le jeune Newton, pour échapper à l'épidémie de peste qui sévissait, se réfugia à la campagne dans la maison de sa mère et découvrit la gravitation universelle, inventa le calcul infinitésimal et fit des découvertes fondamentales sur la nature de la lumière. Travaillant à l'écart du monde académique, Einstein, par son seul génie, modifia la face de l'univers par quatre articles fondamentaux publiés de mars à juin dans le journal scientifique allemand *Annalen der Physik*, articles dont chacun aurait suffi à le propulser dans le panthéon de la physique et au faîte de la gloire.

Outre l'article portant sur la relativité restreinte, un deuxième concerne le mouvement de zigzags irréguliers et désordonnés de particules microscopiques de pollen en suspension dans l'eau – ce que l'on appelle le « mouvement brownien », du nom du botaniste écossais Robert Brown (1773-1858) qui l'a découvert. Dans cet article, Einstein établit de façon définitive la réalité des atomes en calculant leur taille et en démontrant comment leurs heurts et collisions sont responsables de l'effet brownien.

Le troisième article, qu'il qualifie lui-même de « visionnaire » dans une lettre à un ami, traite de ce qu'on appelle l'« effet photoélectrique » : comment la lumière ultraviolette arrache des électrons à la surface d'une pièce de métal. Einstein suggère que ces expériences ne peuvent être comprises que si la lumière a une nature corpusculaire (sous la forme de particules qu'on appelle aujourd'hui « photons »), et non pas ondulatoire. Nous y reviendrons plus tard. C'est cet article sur la lumière qui lui vaut le prix Nobel de physique en 1921, et non pas celui sur la relativité restreinte, comme on le croit souvent à tort[15].

Dans le quatrième article, Einstein unifie énergie et matière. Il démontre que ces deux concepts ne sont que deux facettes différentes d'une seule et même réalité. Ils sont reliés ensemble par la formule qui est peut-être la plus célèbre de l'histoire de la physique :

15. En fait, l'académie Nobel avait demandé expressément à Einstein de ne pas mentionner sa théorie de la relativité dans son discours d'acceptation. Finalement, un empêchement fit qu'Einstein ne put assister à la remise officielle de son prix à Stockholm. Il prononça son discours d'acceptation à Gothenburg, en présence du roi de Suède Gustave V. Celui-ci était curieux d'en apprendre davantage sur la relativité et Einstein fut plus que content d'accéder à sa requête.

l'énergie d'un objet est égale au produit de sa masse par le carré de la vitesse de la lumière ($E = mc^2$). C'est cette formule qui permettra plus tard de percer le secret de l'énergie des étoiles, mais aussi de construire les bombes atomiques qui détruiront Hiroshima et Nagasaki.

Le temps et l'espace s'accouplent et deviennent élastiques

L'éther éliminé, une question se pose. La vitesse d'un corps en mouvement se mesure par rapport à un repère fixe, à quelque chose qui ne bouge pas. Si l'on relègue l'éther aux oubliettes, qu'est-ce qui jouera ce rôle de repère fixe ? Les équations de Maxwell nous disent que la vitesse de propagation de la lumière est de 300 000 kilomètres par seconde. Mais 300 000 kilomètres par seconde par rapport à quoi ? De nouveau Einstein, guidé par la conviction métaphysique que les lois de la nature doivent être simples, répond que si la théorie de Maxwell ne requiert pas de repère fixe privilégié, c'est qu'il n'y en a pas un seul. La vitesse de la lumière doit être toujours la même, égale à 300 000 kilomètres par seconde, quel que soit le repère par rapport auquel on la mesure. Que vous la pourchassiez, que vous vous en éloigniez ou que vous soyez stationnaire, la lumière est toujours en mouvement, elle n'est jamais immobile.

Cette dernière proposition met notre bon sens à rude épreuve et va chambouler du tout au tout nos notions habituelles de temps et d'espace. Pour Einstein, en effet, ce n'est plus le temps et l'espace qui sont universels, mais la vitesse de la lumière. Mais celle-ci ne peut être constante, indépendante du mouvement d'un observateur, que si les distances et les intervalles de temps mesurés par des observateurs mus par des mouvements différents perdent leur rigidité, deviennent malléables et élastiques. Car, en effet, qu'est-ce que la vitesse ? C'est le rapport d'une mesure de l'espace (la distance parcourue) à une mesure du temps (la durée d'un voyage). Ainsi, la ville de Tours est située à 225 kilomètres au sud-ouest de Paris. Si vous mettez deux heures pour y aller en voiture depuis la capitale, la vitesse moyenne de votre véhicule est de 225/2, soit

112,5 kilomètres à l'heure. Pour Newton et ses successeurs, l'espace et le temps sont considérés comme des absolus existant « sans référence à quelque chose d'externe ». Dans un monde newtonien, le temps et l'espace sont universels, les mêmes pour toute personne, quels que soient son mouvement ou sa localisation. Einstein, lui, rejette ce caractère absolu du temps et de l'espace.

Des voyageurs dans le temps

Dans l'univers d'Einstein, chacun de nous possède sa propre horloge et sa propre mesure de distance. Chaque horloge, chaque aune sont aussi précises que celles du prochain, mais elles ne mesurent plus les mêmes intervalles de temps ni les mêmes distances dès lors que nous sommes en mouvement. Il faut bien comprendre que « mouvement », ici, n'est pas seulement employé dans son acception habituelle. Quand nous parlons du mouvement d'un objet ou d'une personne, nous pensons automatiquement à un déplacement dans l'espace. Mais, avec sa relativité restreinte, Einstein nous a rappelé en 1905 que nous sommes tous aussi des voyageurs dans le temps. Ainsi, le temps passe inexorablement pour chacun de nous et pour tout ce qui nous entoure. Chaque seconde qui passe nous éloigne un peu plus du berceau et nous rapproche inexorablement du tombeau. Même si nous restons immobiles, nous voyageons dans le temps. Newton pensait que le mouvement dans le temps était complètement dissocié du mouvement dans l'espace, que temps et espace étaient des acteurs distincts, bien séparés, sur la scène cosmique. Einstein nous dit que cette vision est erronée et que, au contraire, l'espace et le temps forment un couple uni, indissociable, que tout mouvement doit être décrit dans un univers à quatre dimensions où la dimension temporelle vient s'ajouter aux trois dimensions de l'espace. Et il démontre que la vitesse combinée du mouvement spatial et du mouvement temporel de tout objet matériel est exactement égale à la vitesse de la lumière. Ou, plus exactement, que la somme des carrés des vitesses spatiale et temporelle est égale au carré de la vitesse de la lumière.

Cette conclusion peut paraître surprenante au premier abord.

Nous sommes habitués à penser que tout objet qui se déplace doit le faire à une vitesse inférieure à celle de la lumière, et non pas à la vitesse de celle-ci. Ce point de vue est correct s'il s'agit d'une vitesse purement spatiale. Mais, parce qu'à l'exception de la lumière tout objet matériel voyage aussi à travers le temps, et possède donc une vitesse temporelle non nulle, sa vitesse spatiale doit être inférieure à celle de la lumière qui est la somme des vitesses spatiale et temporelle. Ce qui implique aussi que plus le mouvement spatial est rapide, plus le mouvement temporel est lent, puisque la somme de leurs carrés est constante. En d'autres termes, plus vous allez vite dans l'espace et plus votre temps ralentit, jusqu'à s'immobiliser complètement quand la vitesse de la lumière est atteinte. Ainsi, seule la lumière n'a pas de mouvement temporel ; le temps, pour elle, est figé. Elle seule a trouvé le secret de la fontaine de jouvence ; elle seule ne vieillit jamais, car elle seule voyage à travers l'espace à la vitesse de 300 000 kilomètres par seconde.

On peut dire que le temps n'existe plus pour la lumière. Si nous considérons la situation du point de vue du grain de lumière, les conclusions sont tout aussi extraordinaires. Le photon « pense » qu'il est immobile et que c'est le paysage qui défile à la vitesse de la lumière devant lui. Il voit un espace tellement « contracté » que toutes les séparations entre objets se réduisent à zéro. La notion de distance n'existe plus pour un photon. Il est en contact simultanément avec l'univers tout entier. Il est partout à la fois dans l'espace. Du point de vue du photon, le temps n'existe pas, car il ne s'écoule aucun instant pour que la lumière franchisse les 384 000 kilomètres qui séparent notre planète de la Lune, les 2,3 millions d'années-lumière entre la Terre et la galaxie Andromède ou les 14 milliards d'années-lumière entre la Terre et les distantes contrées de l'univers observable.

Pour comprendre le lien intime entre temps et espace, considérez votre voiture garée au bord du trottoir. Elle est immobile : il n'y a aucun mouvement dans l'espace ; tout le mouvement se produit dans le temps. Mais, dès que vous démarrez et que la voiture commence à rouler à une certaine vitesse, son mouvement dans l'espace augmente. Cette augmentation du mouvement dans l'espace est compensée par une diminution du mouvement dans le temps. Le premier s'accomplit au détriment du second. Une diminution du mouvement dans le temps signifie un temps qui passe moins vite. En d'autres termes, dès que la voiture bouge, le temps de son conducteur ralentit par rapport au temps de quelqu'un de stationnaire.

Une fontaine de jouvence qui permet de voyager dans le futur

En incluant le mouvement dans le temps, non seulement la relativité restreinte nous donne une vue infiniment plus riche et véridique du réel, mais elle nous fournit aussi une fontaine de jouvence qui nous permet d'aller dans le futur. Pour apprécier ce fait, rejoignons les jumeaux Jules et Jim.

Jules a l'esprit aventureux et entreprend un voyage spatial à bord d'une fusée qui le propulse à 87 % de la vitesse de la lumière. Jim est plus casanier et reste sur Terre. Pendant le voyage de Jules, les deux jumeaux restent en communication en s'envoyant des ondes radio. Jim constate qu'avec les instruments de mesure du temps et de la distance dont il dispose sur Terre, Jules, fendant l'espace dans son vaisseau spatial, vieillit deux fois moins vite que lui, et son vaisseau spatial est raccourci de ce même facteur 2 par rapport à sa longueur sur Terre. En d'autres termes, Jim constate que quand le temps s'étire, qu'il s'écoule plus lentement, l'espace se rétrécit d'autant. Inversement, quand le temps se contracte, l'espace s'allonge. Les déformations concertées de l'espace et du temps peuvent être considérées comme une transmutation du temps en espace, et *vice versa*. Le temps qui s'allonge se métamorphose en espace plus étriqué, le temps qui rétrécit (qui s'écoule plus vite) se transforme en espace plus ample. Le taux de change à la banque cosmique est de 300 000 kilomètres d'espace pour une seconde de temps.

Les déformations du temps et de l'espace sont d'autant plus grandes que la vitesse est plus élevée. Ainsi, si le vaisseau spatial de Jules fend l'espace à une vitesse de 50 % de la vitesse de la lumière, une seconde de Jules devient 1,15 seconde de Jim, et un mètre de Jules devient 87 centimètres de Jim. À 87 % de la vitesse de la lumière, une seconde de Jules devient 2 secondes de Jim, et un mètre de Jules devient 50 centimètres de Jim. Que la vitesse passe à 99 % de la vitesse de la lumière et une seconde de Jules devient 7 secondes de Jim, et un mètre de Jules devient 14,1 centimètres de Jim. Qu'elle passe à 99,9999999 % de la vitesse de la lumière et la seconde de Jules devient 6,2 heures de Jim, et le mètre de Jules se réduit à 0,045 millimètre.

Einstein nous offre donc une sorte de fontaine de jouvence. Il suffit à Jules d'appuyer le pied sur l'accélérateur et d'aller de plus en plus vite pour ralentir le passage du temps. Il s'agit là aussi d'une recette pour voyager dans le temps : en effet, le ralentissement du temps de Jules lui permet de voyager dans le futur de Jim. Supposons que Jules ait commencé son voyage en l'an 2000 et qu'il dure dix ans selon le calendrier à bord du vaisseau spatial. S'il voyage à 99 % de la vitesse de la lumière, il aura ralenti son vieillissement d'un facteur 7. À son retour, le calendrier terrestre de Jim indiquera l'an 2070 au lieu de 2010 sur celui de Jules. Il y aura une réelle différence physiologique entre les deux jumeaux. Jules aura moins de cheveux blancs et de rides que Jim. Son cœur aura moins battu. Si Jules avait quarante ans lors de son départ, il sera un sémillant quinquagénaire à son retour. En revanche, Jim, resté sur Terre, sera décédé. Il aurait eu cent dix ans s'il était encore en vie. Jules aura la grande tristesse de ne plus revoir son frère. Seuls les enfants et petits-enfants de Jim seront présents sur Terre pour l'accueillir. Jules est donc revenu en quelque sorte dans le futur de Jim.

La recette pour aller dans le futur consiste donc à embarquer à bord d'un vaisseau spatial, d'aller très vite, puis de faire demi-tour pour rentrer sur Terre en allant tout aussi vite. Si vous voulez savoir ce qu'il adviendra de la Terre et de l'espèce humaine dans cent ans, mille ans, voire un million d'années, il vous suffira d'atteindre avec votre fusée une vitesse de 99,9999999996 % de celle de la lumière, et d'accomplir un voyage qui n'aura duré respectivement que 2,4 heures, un jour ou un peu plus de 2,7 années.

Une question cependant vous perturbe. La situation de Jules et de Jim devrait être symétrique. Si Jim resté sur Terre voit Jules fendre l'espace à 99 % de la vitesse de la lumière et le temps de son frère ralenti d'un facteur 7 par rapport au sien, Jules, à bord de sa fusée, voit Jim emporté par la Terre à 99 % de la vitesse de la lumière et pense au contraire que c'est le temps de Jim qui est ralenti d'un facteur 7 par rapport au sien. Comment le temps de Jules peut-il s'écouler à la fois plus lentement et plus vite que celui de Jim ? Y a-t-il là un paradoxe ? La relativité restreinte recèle-t-elle une faille ?

La réponse est non, car la situation de Jules et de Jim n'est pas du tout symétrique. Pour accomplir son périple aller-retour dans l'espace, Jules a dû, afin d'atteindre sa vitesse de croisière, subir de terribles accélérations qui l'ont cloué sur son siège. Il a dû décélérer pour faire demi-tour, accélérer de nouveau pour atteindre sa vitesse de croisière, puis décélérer une nouvelle fois pour rentrer sur Terre. Toutes ces accélérations et décélérations sont bien réelles et ont durement affecté le pauvre corps fragile de Jules. Il n'est d'ailleurs pas du tout certain que le corps humain puisse subir de telles accélérations sans se briser. Jim, sur Terre, coule des jours tranquilles. Il n'a rien ressenti de ces terribles effets. C'est sans doute pourquoi il vieillit à son rythme. Car, si Jules a acquis une fontaine de jouvence qui lui permet de visiter le futur, il risque fort de l'avoir payée de son intégrité physique !

Le mur de la vitesse de la lumière

Tout objet matériel se déplace donc dans l'espace à une vitesse inférieure à celle de la lumière. La relativité interdit le passage du « mur » de la vitesse de la lumière. Pour bien voir cela, reprenons l'expérience mentale d'Einstein.

Chevauchons un objet qui passe d'une vitesse inférieure à celle de la lumière à une vitesse qui lui est supérieure. Nous pourrions alors rattraper un rayon lumineux qui s'enfuit devant nous, et le dépasser. Nous verrions ainsi la vitesse apparente de la lumière par rapport à nous décroître, devenir nulle, puis augmenter, ce qui contredirait l'observation de Michelson et Morley selon laquelle un observateur mesure toujours la même vitesse de la lumière dans le vide (300 000 kilomètres par seconde) quel que soit son mouvement. Cette invariabilité de la vitesse de la lumière est à la base de la théorie de la relativité restreinte. De même, aucun objet matériel ne pourrait franchir le « mur » dans l'autre sens en passant d'une vitesse supérieure à une vitesse inférieure à celle de la lumière.

Il existe une autre raison, pratique celle-ci, qui empêche d'accélérer un objet jusqu'à ce qu'il atteigne la vitesse de la lumière. La relativité nous dit que plus la vitesse d'un objet augmente, plus sa masse augmente du même facteur qui étire le temps et rétrécit l'espace. Rendons de nouveau visite à notre ami Jules, fendant l'espace à bord de son vaisseau spatial à 99 % de la vitesse de la lumière. Non seulement son temps ralentit d'un facteur 7 par rapport à celui de son frère Jim resté sur Terre et sa fusée rétrécit du même facteur 7, mais la masse de cette fusée a elle aussi augmenté d'un facteur 7. Ce qui requiert encore plus de carburant pour la propulser, le poids dudit carburant ajoutant encore à la masse de la fusée, et donc nécessitant encore plus de carburant pour la faire décoller et la propulser. Cercle vicieux : à la vitesse de la lumière, la masse de la fusée devient infinie et nécessite une quantité infinie de carburant. Situation impossible, et c'est pourquoi nous ne pourrons jamais accélérer un objet matériel, possédant une masse, jusqu'à atteindre la vitesse de la lumière. Sa vitesse peut s'en approcher toujours plus, atteindre 99,99 %, 99, 999 %, 99,9999 %... de la vitesse de la lumière, mais sans jamais l'égaler ni la dépasser.

Des particules qui voyagent plus vite que la lumière ?

Mais si la relativité exclut le passage du « mur » de la lumière, elle n'interdit pas, contrairement à ce que l'on croit souvent, l'existence de particules ou de phénomènes voyageant plus vite que la lumière du moment que ceux-ci ne ralentissent jamais pour passer au-dessous de la vitesse de la lumière. Les particules hypothétiques qui voyagent plus vite que la lumière sont nommées « tachyons » (du mot grec *tachus* qui signifie « rapide »). Ce sont des entités théoriques nées de l'imagination fertile des physiciens et permises par la relativité. Ces tachyons n'ont jamais été détectés dans notre univers. Fort heureusement pour notre santé mentale, car leur présence en notre monde causerait en physique bien des paradoxes. La logique telle que nous la connaissons n'aurait tout simplement plus de sens.

La présence de tachyons dans notre univers permettrait en effet, dans certaines situations, à l'effet de venir avant la cause : l'omelette existerait avant que l'œuf soit cassé, le clou serait enfoncé avant que le marteau ait frappé, et la balle atteindrait sa cible avant qu'on ait appuyé sur la détente. Par l'intermédiaire des tachyons, je pourrais envoyer des signaux dans le passé, modifier des événements qui se sont produits avant ma naissance, comme empêcher la rencontre de mes parents et annuler ma propre naissance[16] ! Einstein était bien conscient de ces insoutenables paradoxes qui bafouent la logique. Bien que sa théorie de la relativité restreinte ne contienne pas de clause mathématique interdisant l'existence des tachyons, il avait déclaré catégoriquement, dans son article de 1905, que des particules se déplaçant à des vitesses supérieures à celle de la lumière n'étaient pas permises.

L'expansion de l'univers et le mur de la vitesse de la lumière

En 1929, l'astronome américain Edwin Hubble (1889-1953) découvre que la majorité des galaxies fuient la Voie lactée comme si celle-ci avait la peste ! Ce mouvement de fuite ne se fait pas au hasard, mais selon une loi bien précise. La vitesse de fuite d'une galaxie est proportionnelle à sa distance : elle s'éloigne d'autant plus vite de la Voie lactée qu'elle en est plus éloignée. C'est cette loi qui est à l'origine de la théorie du big bang. En effet, le temps mis par une galaxie pour parvenir de son point d'origine à sa localisation actuelle est le rapport de sa distance à sa vitesse. Mais, puisque distance et vitesse varient en proportion, ce temps est exactement le même pour chaque galaxie.

Rembobinons le film des événements : toutes les galaxies se ren-

---

16. Pour voir en détail, à l'aide d'un exemple précis, comment les tachyons chamboulent la causalité, voir Trinh Xuan Thuan, *Le Chaos et l'Harmonie*, Paris, Gallimard, « Folio-Essais », 2000, pp. 240-246 ; voir aussi Kip Thorne, *Trous noirs et distorsions du temps*, Paris, Flammarion, 1997.

contreraient au même point au même instant. D'où l'idée que l'univers est le résultat d'une énorme déflagration primordiale à partir d'un point extrêmement petit, chaud et dense – le big bang.

Mais si la vitesse de fuite est de plus en plus grande pour des galaxies de plus en plus éloignées, cela ne signifierait-il pas que, passé une certaine distance, les galaxies s'éloigneraient de la Voie lactée à une vitesse supérieure à celle de la lumière ? Cela ne serait-il pas en contradiction avec l'interdiction formelle de la relativité restreinte de franchir le « mur » de la vitesse de la lumière ?

La réponse à la première question est un oui catégorique ; celle à la deuxième question est un non tout aussi catégorique.

Pour bien le comprendre, il faut se faire à l'idée que, dans la théorie du big bang, un univers en expansion ne veut pas dire des milliards de galaxies propulsées à toute allure dans un espace vide, statique et immuable, qui aurait existé de tout temps, avant même le big bang. Einstein fait table rase, nous l'avons vu, du concept newtonien d'un espace statique et immobile baignant dans une substance invisible appelée éther, qui transmettrait la force de gravité. Il relègue aux oubliettes l'idée que l'espace ne serait qu'une scène de théâtre passive où se déroulerait le grand drame cosmique. Grâce à Einstein, l'espace devient dynamique, c'est un acteur à part entière. L'espace et le temps naissent du big bang. Infinitésimal lors de sa création, l'espace s'agrandit au fur et à mesure que le temps s'écoule. Dans l'univers d'Einstein, ce ne sont plus les galaxies qui sont en mouvement dans un espace immobile, c'est au contraire un espace en expansion qui se crée perpétuellement et entraîne avec lui les galaxies au repos. Einstein nous dit que rien ne peut voyager à travers l'espace plus vite que la lumière, mais il n'y a rien dans sa théorie de la relativité restreinte qui empêche deux points de l'espace lui-même de se séparer à une vitesse supérieure à celle de la lumière.

Nous vivons dans un monde newtonien plutôt qu'einsteinien

C'est ainsi, pour préserver la constance de la vitesse de la lumière quel que soit le mouvement de l'observateur, celle annoncée par les équations de Maxwell, qu'est née la relativité restreinte. Einstein continue la lignée des grands unificateurs de la physique. Après Newton qui unifia la terre et le ciel, après Maxwell qui unifia l'électricité, le magnétisme et l'optique, Einstein unifie temps et espace. Il faut nous habituer à penser que les objets qui nous entourent ne se déplacent pas seulement dans l'espace, mais aussi dans le temps. Il faut nous faire à l'idée que des phrases anodines que nous lançons sans trop y penser, comme « Cette carriole fait trois mètres de long » ou « Il est midi et quart », ne sont pas exemptes d'ambiguïté. Elles n'acquièrent un sens bien déterminé que si nous précisons le mouvement de la carriole ou de l'horloge par rapport à la personne qui procède à ces observations. Ma seconde n'est pas votre seconde si je bouge par rapport à vous.

Cette élasticité du temps et de l'espace bafoue le bon sens. Mais celui-ci est un bien mauvais guide quand il s'agit de grandes vitesses. Le ralentissement du temps à grande vitesse a été observé maintes fois, toujours en accord avec les prévisions de la relativité restreinte. Or, en science, si les prévisions d'une théorie sont vérifiées par l'expérience, il faut les accepter, si bizarres soient-elles. Pour ne citer qu'un exemple, les physiciens accélèrent de manière routinière des particules élémentaires à des vitesses proches de celle de la lumière dans de puissants accélérateurs nucléaires comme celui du CERN (Conseil européen de la recherche nucléaire) à Genève. Ces particules ont une durée de vie limitée, de l'ordre d'une microseconde ou moins. Mais quand elles atteignent de très grandes vitesses, on observe que leur temps se ralentit et que leur vie s'allonge jusqu'à une milliseconde, une seconde..., en fonction de leurs vitesses et dans des proportions toujours conformes à la relativité restreinte.

Cela dit, dans la vie courante, les vitesses que nous atteignons en voiture, en train, en bateau ou en avion sont si infimes par rapport à celle de la lumière que les différences de temps et de distance d'un observateur à l'autre sont minimes. Ainsi, la montre d'un passager du TGV fonçant à 300 kilomètres à l'heure ralentira seulement de moins d'un dixième de millième de milliardième de seconde par rapport à celle d'une personne restée à quai. Une seconde, pour un passager d'un jet supersonique, correspond à 1,0000000000014 seconde pour quelqu'un qui est resté à terre. Si cette minuscule différence peut être détectée par des horloges atomiques, nos montres ordinaires en seraient bien incapables ! Notre monde de petites vitesses ressemble plus à un monde newtonien qu'à un monde einsteinien. Heureusement pour notre tranquillité, car que de rendez-vous ratés, que de pièces détachées qui ne s'emboîteraient pas si le temps et les grandeurs changeaient de manière appréciable au gré des mouvements quotidiens de chacun !

Il n'y a plus de « maintenant » universel

Parmi tous les bouleversements conceptuels provoqués par la théorie de la relativité restreinte, c'est la perte du temps absolu et universel qui est sans doute le plus dérangeant pour notre bon sens. Chez Newton, le temps est régulé par une sorte d'horloge cosmique qui égrène rigoureusement les heures de façon identique pour tout le monde. Il écrit ainsi dans ses *Principia* : « Le temps absolu, authentique et mathématique, de lui-même et par sa propre nature, s'écoule de façon uniforme sans aucune référence à un système externe. » Einstein observe au contraire que notre notion du temps se construit à partir de phénomènes qui rythment notre existence. Ainsi, nous mesurons le passage des jours et des nuits par le mouvement de rotation de la Terre autour de son axe, les mois par le mouvement de la Lune autour de la Terre, les années par le périple de la Terre autour du Soleil. Nous mesurons le temps qui passe par le mouvement périodique du balancier d'une horloge ou par le tic-tac régulier de notre montre. Les physiciens le font en comptant les vibrations régulières d'un atome de césium. En fin de compte, notre appréciation du temps est toujours liée à la simultanéité de deux événements indépendants. Ainsi Einstein écrit-il dans son article de juin 1905 : « Quand je dis que le train arrive en gare à 7 heures, je veux vraiment dire que les aiguilles de ma montre indiquant 7 heures et l'arrivée du train sont des événements simultanés. » Ici, la lumière joue un rôle fondamental, car si les événements en question sont séparés par une certaine distance, des jugements de simultanéité ne peuvent s'effectuer que par l'envoi de signaux lumineux d'un endroit à l'autre.

S'appuyant sur les deux principes fondamentaux qui constituent les piliers de la relativité restreinte – les lois de la physique doivent être les mêmes pour tout observateur, et la vitesse de la lumière est la même quel que soit le mouvement de l'observateur –, Einstein démontre que la notion de simultanéité, l'appréciation selon laquelle deux événements se produisent « en même temps », n'est pas identique pour tout le monde, mais dépend du mouvement de l'observateur. Pour examiner les « dessous de l'affaire », marchons sur les traces d'Einstein et refaisons son expérience mentale où la foudre frappe un train traversant une gare à grande vitesse.

Un orage survient et la foudre frappe les deux extrémités d'un wagon. Trois spectateurs sont témoins de l'événement : Jacques se tient debout sur le quai, Jean se trouve à bord du train en marche, et Stéphanie sur un deuxième train roulant en sens inverse. Nos trois spectateurs ne perçoivent pas la même séquence des événements. Jacques voit la foudre frapper simultanément l'avant et l'arrière du wagon. En revanche, Jean, assis au milieu du wagon, voit la foudre frapper d'abord l'avant, puis, une fraction de seconde après, l'arrière. La raison de cette différence est simple : le train étant en mouvement, la lumière de l'éclair qui a frappé l'avant du wagon a moins de distance à parcourir pour parvenir à Jean – qui, transporté par le train, vient à sa rencontre – que la lumière venant de l'arrière, qui doit le rattraper. La vitesse de la lumière étant constante, celle venue de l'avant met moins de temps que celle venue de l'arrière. Enfin, le déroulement des événements est inversé pour Stéphanie, assise à bord du train roulant en sens contraire : elle voit la foudre frapper d'abord l'arrière du wagon, puis l'avant.

Qui a raison ? Tout le monde, nous dit Einstein, car tous les points de vue sont valides. La vitesse de la lumière étant constante, l'ordre du déroulement des événements peut être modifié en fonction du mouvement de l'observateur. Le « maintenant » universel n'existe plus.

Là encore, les différences entre nos « maintenant » sont minimes, car les vitesses que nous atteignons dans la vie courante sont insignifiantes par rapport à celle de la lumière. Mais elles deviennent d'autant plus grandes que les vitesses relatives sont plus élevées. Par exemple, les galaxies les plus éloignées, du fait de l'expansion de l'univers, s'écartent de la Voie lactée à plus de 90 % de la vitesse de la lumière. Quand je marche, le « maintenant » de ces lointaines galaxies diffère de milliers d'années par rapport à leur « maintenant » quand je suis immobile.

Ainsi mon présent peut-il être votre passé, et le futur d'une tierce personne, si elle et vous êtes en mouvement par rapport à moi. Cette constatation a une conséquence profonde : si, pour quelqu'un d'autre, le futur existe déjà et le passé est encore présent, tous les instants se valent quand il s'agit du temps physique. Pourtant, en notre for intérieur, nous ressentons le « temps qui passe » ; nous nous représentons le temps comme l'eau d'une rivière qui coule, éloignant de nous les flots d'un passé à jamais révolu et apportant les vagues d'un futur encore plein de promesses. Notre sensation du temps qui passe, notre « temps psychologique », est donc bien différent du temps physique. Pour Einstein, le temps ne s'écoule plus : il est simplement là, immobile, comme une ligne droite s'étendant à l'infini dans les deux directions. Le physicien a exprimé cette opinion dans une lettre écrite en 1955 après la mort de son ami d'enfance Michele Besso (et juste quelques mois avant sa propre fin), comme pour se consoler de son chagrin : « Pour nous autres physiciens convaincus, la distinction entre passé, présent et futur n'est qu'une illusion, même si elle est tenace. »

Puis-je venir au monde avant ma mère ?

Ainsi, pour respecter le sacro-saint principe de la constance de la vitesse de la lumière quel que soit le mouvement de l'observateur, la théorie de la relativité sème à tous vents les concepts d'un temps absolu et d'une simultanéité universelle. Elle permet même, dans certaines situations, de réarranger l'ordre des événements selon le mouvement de l'observateur. Cette réorganisation temporelle soulève une question fondamentale : peut-elle remettre en question le principe de causalité ? L'effet peut-il se produire avant la cause ? Pour que deux événements soient liés de manière causale, il faut que des informations puissent être communiquées de l'un à l'autre. Parce que rien ne peut aller plus vite que la lumière, celle-ci est le moyen de communication le plus rapide et donc le plus efficace dans l'univers. Ainsi, deux phénomènes sont causalement liés quand la lumière a le temps de voyager du premier au second pendant l'intervalle de temps qui les sépare.

Puis-je naître avant ma mère ? Le clou peut-il être enfoncé avant que le marteau se soit abattu sur lui ? La balle de golf peut-elle entamer sa trajectoire avant que je l'aie frappée avec le club ? À toutes ces questions, la réponse est un non catégorique. La relativité ne remet pas en question le principe de causalité, car l'ordre de deux événements ne peut être modifié que s'ils sont suffisamment éloignés dans l'espace ou rapprochés dans le temps pour que la lumière ne puisse pas voyager d'un événement à l'autre pendant l'intervalle de temps qui les sépare. Autrement dit, le passé, le présent et le futur de ces deux événements ne perdent leur identité que s'ils ne peuvent être reliés causalement par des informations véhiculées par la lumière.

Dans l'exemple de la foudre et du wagon, la lumière n'a pas le temps d'aller d'un éclair à l'autre, puisque Jacques voit la foudre frapper simultanément les deux extrémités du wagon. Les deux éclairs ne peuvent donc être liés causalement. Dans ce cas, l'ordre des événements peut être modifié par le mouvement, et Jacques, Jean et Stéphanie sont témoins de séquences différentes dans le temps. En revanche, la lumière a amplement le temps d'aller du marteau au clou et du club à la balle de golf, et l'ordre des événements ne peut être réarrangé par le mouvement relatif d'observateurs différents. La causalité est sauve : je ne peux naître avant ma mère.

Les effets de la gravité et d'une accélération constante sont identiques

La relativité restreinte se borne à décrire les mouvements d'objets qui se déplacent en ligne droite à une vitesse uniforme et constante. Elle perd pied quand il s'agit d'un mouvement accéléré, quand un objet change de vitesse ou de direction. Elle ne peut décrire, par exemple, le mouvement de notre voiture quand nous posons le pied sur l'accélérateur ou prenons un virage.

Einstein se rendait bien compte des limites de sa théorie restreinte. Après son article de 1905, le jeune physicien se mit à réfléchir à la façon d'extrapoler sa théorie de la relativité à des mouvements accélérés, et surtout d'y inclure la gravitation universelle si chère à Newton, qui était restée désespérément absente de la théorie restreinte. Un jour de novembre 1907, alors qu'il rêvassait pendant son travail, une pensée lui traversa l'esprit comme un éclair – pensée qu'il qualifiera plus tard de « plus heureuse de sa vie ». Il la décrit ainsi : « J'étais assis dans ma chaise au Bureau des brevets de Berne quand, tout d'un coup, une pensée me vint : si quelqu'un tombe en chute libre, il ne sent pas son poids. Je fus surpris. Cette pensée si simple eut un profond effet sur moi. » Ainsi, quand vous trébuchez sur un caillou au milieu d'un chemin, entre le moment où vous commencez à tomber et l'instant où vous ressentez le choc douloureux de votre corps heurtant le sol, vous vous sentez comme en apesanteur, à l'instar de l'astronaute à bord de son vaisseau spatial.

À nouveau, le magicien Einstein va faire bon usage de ses chères expériences mentales. Celle qui consiste à courir aussi vite que la lumière a donné naissance à la relativité restreinte, contribuant à la destruction du temps et de l'espace absolus ainsi qu'à la mort de l'éther. Celle qui consiste à se sentir en apesanteur en tombant en chute libre est à l'origine de la relativité générale.

Rejoignons de nouveau Jules dans son vaisseau spatial. Loin de toute planète ou étoile, il n'est soumis à aucune gravité. Pour économiser le carburant, il a stoppé tous les moteurs. Emportée par son élan, la fusée fend l'espace en ligne droite et à vitesse constante, c'est-à-dire sans accélération. Notre astronaute s'est endormi, attaché à son siège par une ceinture. Le livre qu'il était en train de lire avant de tomber dans les bras de Morphée flotte en apesanteur à ses côtés. S'il n'était pas attaché, Jules flotterait lui aussi dans l'habitacle. Mais voici qu'il se réveille et décide de changer de cap. Il met les moteurs en marche. La fusée accélère. Le plancher vient se coller au livre flottant. C'est comme si un champ de gravité avait été créé à bord du vaisseau spatial, attirant le livre vers le plancher. Les effets d'une accélération constante de la fusée et ceux d'un champ de gravité sont rigoureusement identiques. Ce « principe d'équivalence » est à la base de la théorie de la relativité générale publiée en 1915, dix ans après la relativité restreinte. Ce principe dit que, enfermé dans une chambre, il n'y a aucune expérience que vous puissiez faire qui vous indique si la pression à vos pieds est due à une accélération de la chambre vers le haut (comme dans un ascenseur qui monte, ou dans une fusée qui décolle de sa rampe de lancement) ou à l'attraction gravitationnelle de la Terre.

La lumière épouse les contours courbes de l'architecture espace-temps

Ce principe d'équivalence a des conséquences pour le moins bizarres et inattendues sur le comportement de la lumière. Revenons-en à Jules dans son vaisseau spatial en train d'accélérer à travers l'espace. Avec un pistolet à rayons laser, notre astronaute s'amuse à viser une cible fixée à la paroi de l'habitacle. Le rayon laser (qui se déplace à la vitesse de la lumière) met une toute petite fraction de seconde pour parvenir à la cible. Pendant ce temps, le plancher de la fusée en accélération continue à monter, si bien que le rayon laser touche non pas la cible, mais un emplacement situé légèrement au-dessous. C'est comme si la trajectoire de la lumière s'était quelque peu courbée. Mais, puisque les effets d'un mouvement accéléré sont identiques à ceux d'un champ de gravité, cela veut dire que la trajectoire de la lumière est aussi déviée par la gravité. Or un champ de gravité est créé par toute masse matérielle. Nous en arrivons à l'inévitable et étrange conclusion que le parcours de la lumière est courbé par la matière.

Mais est-ce vraiment la trajectoire de la lumière qui est courbée dans un espace plat, ou est-ce la lumière qui se déplace de la manière la plus directe dans un espace courbe ? Einstein se prononce sans ambiguïté : c'est la seconde réponse qui est correcte. Nous avons vu avec Pierre de Fermat que la lumière suit un principe d'économie. Elle va d'un point à un autre par le chemin le plus court possible en un temps minimal. Dans un espace plat, ce chemin est la ligne droite. Mais dans un espace courbe, c'est une courbe. Dire que la lumière est courbée par la matière revient en fait à dire que la matière courbe l'espace. La relativité générale nous enseigne que la matière dicte la géométrie de l'espace qui, à son tour, dicte sa trajectoire à la lumière. Celle-ci ne se déplace plus en ligne droite, mais épouse les contours courbes de l'architecture de la structure espace-temps sculptée par la matière. Ainsi, tout objet céleste courbe l'espace autour de lui, et la lumière qui passe près de cet objet est déviée.

Considérons par exemple la Lune, qui accomplit son périple mensuel autour de la Terre en suivant une orbite elliptique avec la Terre située à l'un des foyers de l'ellipse. Pour Newton, l'orbite elliptique résulte de la force gravitationnelle que la Terre exerce sur la Lune, et qui est transmise par l'éther. Einstein fait table rase de ces notions de force et d'éther : si la Lune décrit une orbite elliptique, c'est parce que c'est le chemin le plus court (on l'appelle une « géodésique ») dans l'espace courbé par la masse de la Terre.

C'est la constance de la vitesse de la lumière qui est à la base de la relativité restreinte. Elle joue un rôle non moins fondamental dans la relativité générale. Non seulement elle épouse et nous révèle les contours courbes de l'architecture cosmique, mais elle constitue le moyen le plus rapide de transporter l'information d'un point du continuum espace-temps à un autre.

Des ondes gravitationnelles qui se propagent à la vitesse de la lumière

Jetons une pierre dans un étang. Des ronds se propagent dans l'eau à partir de l'endroit où la pierre a plongé, jusqu'à occuper une grande partie de sa surface. De même, plaçons un objet massif dans une région du continuum espace-temps qui était auparavant de géométrie plate, c'est-à-dire qui ne recelait aucune courbure. À quelle vitesse se propagent les déformations de l'espace engendrées par la gravité de l'objet ? Combien de temps faudra-t-il pour que l'influence gravitationnelle de l'objet se fasse sentir et que l'espace environnant devienne courbe ? Grâce à la relativité générale, Einstein a pu calculer la vitesse de propagation à travers l'espace des déformations géométriques provoquées par la gravité de l'objet. On appelle ces ondes de déformation « ondes gravitationnelles ». La réponse est des plus élégantes : cette vitesse est exactement égale à celle de la lumière. Autrement dit, si une main géante venait à enlever d'un coup la Lune, nous nous apercevrions que les grandes marées de nos océans, ne subissant plus l'attraction gravitationnelle de notre satellite, disparaîtraient au bout de 1,3 seconde, le temps mis par les déformations géométriques de l'espace pour parcourir la distance de 384 400 kilomètres qui sépare la Lune de la Terre. Ce temps est exactement le même que celui mis par la lumière pour aller de l'une à l'autre. En d'autres termes, les marées disparaîtraient au moment même où nous nous apercevrions que la Lune ne figure plus dans le ciel, ce qui est logique et cohérent.

Cet état de choses est autrement plus satisfaisant pour l'esprit dans la théorie de la relativité générale d'Einstein que dans celle de Newton. Pour le physicien anglais, la transmission de la force de gravité de la Terre à la Lune est instantanée, sa vitesse de propagation étant infinie ; dans ce cas de figure, les marées qui dépendent de la propagation des déformations de l'espace s'évanouissent 1,3 seconde avant la disparition de la Lune, puisque l'information que notre satellite a disparu ne se propage qu'à la vitesse de la lumière. Dans la théorie de Newton, l'effet disparaît avant la cause, ce qui est pour le moins étrange !

Génie adulé et solitaire

Mais comment vérifier que la lumière est bien déviée par la matière ? Einstein propose d'observer des étoiles dont la position projetée dans le ciel est proche de l'axe d'alignement de la Terre avec le Soleil. Pour nous parvenir, la lumière de ces étoiles devrait passer tout près du Soleil et donc être déviée par son champ de gravité. Cette déviation se traduirait par un minuscule déplacement angulaire (1,7 seconde d'arc, soit environ l'angle sous-tendu par une pièce d'un euro placée à une distance de 3 kilomètres). Mais, pour pouvoir photographier ces étoiles, il faut attendre que la lumière aveuglante du Soleil soit « bloquée ». Cela se produit lors d'une éclipse solaire, quand le disque de la Lune occulte le disque solaire. Mais la théorie de la relativité générale a vu le jour pendant que le monde occidental était plongé dans un des conflits les plus meurtriers de l'histoire humaine, et il a fallu attendre la fin de la Première Guerre mondiale pour qu'en 1919 l'astronome britannique Arthur Eddington (1882-1944) monte enfin une expédition pour observer l'éclipse solaire sur l'îlot portugais de Principe, au large de la côte occidentale de l'Afrique. Malgré le mauvais temps, Eddington réussit à photographier quelques étoiles à travers les nuages. La lumière de ces étoiles était bel et bien déviée, exactement de l'angle calculé par Einstein. La matière courbe l'espace, déviant la lumière tout comme la relativité générale l'a prédit.

Einstein se trouva propulsé du jour au lendemain au faîte de la gloire. Les journaux du monde entier annoncèrent à son de trompe l'avènement du « nouveau Newton », auteur d'une « grande révolution scientifique ». Le physicien allemand fut accueilli à bras ouverts par un monde meurtri, exsangue, qui sortait d'un effroyable conflit et ne demandait qu'à découvrir un aspect plus noble de l'espèce humaine. Le public, las de n'entendre parler que de bolchevisme ou de réparations de guerre, fut enchanté de pouvoir s'évader en épousant ces concepts bizarres de la relativité du temps et de l'espace. Leaders politiques, intellectuels, artistes se pressèrent aux côtés du nouveau génie ou entrèrent en correspondance avec lui : parmi eux, Rabindranath Tagore (fig. 31b), Sigmund Freud et Charlie Chaplin (fig. 31a). Le militantisme pacifiste de gauche d'Einstein lui attira a   b

Fig. 31 : Après la vérification expérimentale de la relativité générale par l'expédition de l'éclipse solaire de 1919 de l'astronome anglais Arthur Eddington, le nom d'Albert Einstein entre dans la légende. Le grand public et la presse l'encensent. Les plus grandes personnalités du moment se pressent à ses côtés bien qu'aucune d'entre elles ne comprenne vraiment le travail du physicien. Hollywood le réclame. Dans la photo (a), on voit Einstein à côté de Charlie Chaplin lors de la première de son film, *Les Lumières de la ville*. Chaplin aurait dit au père de la relativité : « Moi, on m'acclame parce que tout le monde me comprend et vous, parce que personne ne vous comprend. » La photo (b) montre le physicien en compagnie du poète indien Rabindranath Tagore (1861-1941). Comment un chercheur solitaire dont les travaux ne sont compris que par une poignée de physiciens a-t-il pu devenir l'homme le plus renommé de son époque ? 31a © Rue des Archives / The Granger Collection NYC. 31b © Rue des Archives / RDA.

beaucoup de sympathies, mais aussi beaucoup d'animosité dans son pays d'origine. Il émigra aux États-Unis en 1935 et passa le restant de ses jours à l'Institut des études avancées, à Princeton. Il se fit l'ardent défenseur de la Ligue des droits de l'homme et critiqua publiquement la Société des Nations, en 1928, pour avoir codifié les règles de la guerre : « La guerre n'est pas un jeu qu'on pratique avec des règles. La guerre doit être refusée à tout prix, et cela peut être accompli effectivement par les masses en refusant le service militaire, même en temps de paix. » Sur le paquebot qui le conduit aux États-Unis, Einstein clame haut et fort son pacifisme : « Si seulement deux pour cent de ceux qui sont appelés au service militaire refusent et demandent que tout conflit international soit réglé de manière pacifique, les gouvernements seront impuissants. »

Mais, malgré toute l'adulation et tout le respect que le public lui voue, Einstein reste une figure solitaire. Pendant les vingt dernières années de sa vie, il s'éloigne de plus en plus de la physique contemporaine. Pour les jeunes physiciens, il devient de plus en plus un personnage mythique qu'on vénère de loin pour ses extraordinaires accomplissements passés, mais qui n'est plus vraiment en contact direct avec les développements récents de la science. Il n'a jamais cessé de s'opposer à l'interprétation probabiliste du réel de la mécanique quantique, et manifeste peu d'intérêt pour les découvertes révolutionnaires qui bouleversent la physique des particules élémentaires dans les années 1950. Parce qu'il n'a pas cru bon d'inclure les deux forces nucléaires, forte et faible, dans son grand projet d'unification des forces fondamentales de la nature, celui-ci est voué à l'échec. Il laisse à ses jeunes collègues le soin d'explorer le monde étrange et fantastique des « trous noirs », en lesquels il n'a jamais vraiment cru. Peut-être Einstein a-t-il besoin de prendre du recul pour se préserver et pouvoir réfléchir et créer en paix. Mais on sent que ce désir de solitude qui imprègne tout son être fait partie intégrante de sa personnalité. En 1931, à l'âge de cinquante-deux ans, il écrit : « Mon sens passionné de la justice et de la responsabilité sociales a toujours étrangement contrasté avec l'absence prononcée du désir d'entrer en contact direct avec d'autres êtres et d'autres ensembles humains. Je suis en vérité un "voyageur solitaire" et n'ai jamais eu le sentiment d'appartenir de tout mon cœur à un pays, à un foyer, à des amis ou même à ma famille immédiate ; vis-à-vis de tous ces attachements, j'ai toujours ressenti une certaine distance, un besoin de solitude[17]. »

La lumière prisonnière des « trous noirs »

La gravité exercée par la matière courbe l'espace, et la lumière, en suivant le chemin le plus court dans cet espace courbe, est déviée. Quand, en 1915, Einstein élabore sa théorie de la relativité générale pour décrire le comportement de la matière et de la lumière dans un champ de gravité intense, il se rend d'emblée compte que, poussée à l'extrême, sa théorie prédit l'existence d'objets à la gravité si grande que la lumière y est retenue prisonnière. Leur gravité est si élevée que l'espace s'en trouve tout replié sur lui-même, et que la lumière, en suivant les contours sinueux de cet espace contorsionné, ne peut plus en ressortir. Parce qu'elle retient

17. Albert Einstein, *Comment je vois le monde*, Paris, Champs Flammarion, 1989.

la lumière prisonnière, cette extrême courbure (ou « singularité ») dans l'espace-temps ne rayonne pas et est appelée « trou noir ».

En fait, le concept de « trou noir » n'est pas né avec la relativité générale. Le philosophe anglais John Mitchell en a fait mention dès 1783, et de manière indépendante le mathématicien et physicien français Pierre Simon de Laplace (1749-1827) en a discuté en 1796[18]. Le raisonnement de Mitchell et de Laplace reposait non pas sur la courbure de l'espace, mais sur la vitesse de la lumière. Il faut une certaine vitesse pour s'échapper d'un champ de gravité. Par exemple, il faut que la navette spatiale s'élance vers le ciel à plus de 11,2 kilomètres par seconde pour échapper à la gravité terrestre, et les astronautes doivent décoller à plus de 2,38 kilomètres par seconde pour arracher leur cabine spatiale à l'emprise gravitationnelle de la Lune. Supposons – ont raisonné Mitchell et Laplace – qu'il existe une masse dont la gravité est si grande que la vitesse nécessaire pour échapper à sa gravité dépasse celle de la lumière. En pareil cas, la lumière ne peut plus s'échapper et l'objet apparaît noir, invisible.

Même Einstein le visionnaire ne peut néanmoins accepter l'idée si bizarre d'un « trou » dans l'espace qui retiendrait la lumière prisonnière. Il pense que sa chère relativité perd pied, qu'elle ne peut plus décrire la réalité quand le champ de gravité devient trop grand, et que la nature doit se montrer assez ingénieuse pour empêcher l'existence de phénomènes aussi insolites. En cela, il s'est trompé. Les « trous noirs » existent bel et bien. Ils se sont manifestés dans plusieurs contextes.

Viennent d'abord les trous noirs stellaires, qui résultent de la mort d'une étoile massive. Les astrophysiciens les ont dénichés en grand nombre, gisant dans le champ de notre Voie lactée, cadavres d'étoiles dont le cœur est plus massif que 3 masses solaires et dont la masse totale est supérieure à environ 25 fois cette masse du Soleil. Faute de carburant pour continuer leur alchimie nucléaire, le cœur de ces étoiles massives au bout du rouleau s'effondre sous

18. Laplace appelait cet objet non pas « trou noir » – nom qui ne fut inventé qu'en 1967 par le physicien américain John Wheeler –, mais « astre occlus ».

l'emprise de la gravité, donnant un trou noir, cependant que leurs couches supérieures, enrichies d'éléments fabriqués par l'alchimie nucléaire stellaire, sont éjectées dans le milieu interstellaire dans une énorme déflagration appelée supernova.

À l'autre extrême se trouvent les trous noirs « supermassifs » qui atteignent la masse de plusieurs milliards de soleils et qui peuplent le cœur d'objets fantastiques appelés « quasars ». Ces derniers sont des astres qui émettent une extraordinaire énergie de quelque 100 000 milliards de soleils à partir d'une région à peine plus grande que notre système solaire.

Les quasars ne sont pas les seuls objets à héberger un monstre en leur cœur. Les « galaxies à noyaux actifs » possèdent également un cœur très lumineux, émettant lui aussi une énergie fantastique, mais de 10 à 100 fois moindre que celle des quasars, avec des trous noirs de 10 à 100 millions de masses solaires. Même une galaxie « normale » comme la Voie lactée héberge en son cœur un trou noir de 3 millions de masses solaires !

La voracité des trous noirs et la lumière X

Mais, objecterez-vous, si le trou noir emprisonne la lumière, on ne peut pas le voir ; alors, comment être sûr de son existence ? Privé de lumière, l'astrophysicien n'est-il pas littéralement « dans le noir » ?

La réponse est un non catégorique. Les trous noirs trahissent leur présence par leur gloutonnerie. C'est en dévorant l'enveloppe gazeuse d'une seule (dans le cas d'un trou noir stellaire) ou de plusieurs étoiles (dans le cas des trous noirs supermassifs) qui ont le malheur de se trouver ou de passer à proximité, que les trous noirs se révèlent. Leur gravité provoque un déversement du gaz de ces étoiles proches qui tombe en spirale vers la bouche béante du trou noir et se dispose en un disque aplati autour de celui-ci. Dans leur mouvement de chute, les atomes de gaz s'entrechoquent violemment et s'échauffent à des températures qui atteignent des millions de degrés, émettant de copieuses quantités de rayons X. Ceux-ci peuvent être facilement détectés, car ils sont émis bien au-delà de la bouche béante du trou noir. C'est donc en les traquant à l'aide de télescopes X que les astrophysiciens arrivent à débusquer ces monstres voraces que sont les trous noirs [19].

Le temps ralentit dans un champ de gravité

L'espace est courbé par le champ de gravité de la matière. Cela implique que la lumière, qui pour voyager doit suivre scrupuleusement les contours sinueux de l'espace courbe, voit son chemin allongé et met plus de temps pour nous parvenir. Elle met d'autant plus de temps que le champ de gravité qu'elle traverse est plus intense et que l'espace est plus courbé. Le moyen le plus rapide de comparer notre temps à celui d'une autre personne consistant à échanger des signaux lumineux avec elle, cela signifie que, selon la relativité générale, le temps est ralenti par un champ de gravité. Voyons comment en accompagnant Martine et Amélie dans leur visite de la tour Montparnasse, à Paris.

Martine monte en haut de la tour de 210 mètres tandis qu'Amélie reste en bas. Physicienne en herbe, Amélie décide de comparer son temps à celui de Martine en lui envoyant un signal lumineux toutes les secondes, selon sa montre. Amélie, en bas de la tour, étant plus proche du centre de la Terre, est sujette à une plus grande gravité terrestre que Martine, et ses signaux lumineux prennent un peu plus de temps pour sortir de l'espace légèrement plus courbé qui l'environne. Ses signaux arrivent à Martine espacés d'un peu plus d'une seconde. Du point de vue de Martine juchée en haut de la tour, le temps d'Amélie a ralenti.

Dans la pratique, la différence de temps entre Martine et Amélie est infinitésimalement petite, et leurs pauvres montres ordinaires seraient bien incapables de la détecter. Mais la différence de temps entre le haut et le bas d'une tour existe bel et bien. Utilisant une instrumentation sophistiquée, les physiciens américains Robert Pound et Glen Rebka, de l'université de Harvard, ont réussi à mesu-

---

19. Pour plus de détails sur les propriétés des trous noirs, voir mes ouvrages *Origines, la nostalgie des commencements*, Paris, Fayard, 2003 ; édition de poche : Gallimard, « Folio-Essais », 2006, et *Le Chaos et l'Harmonie*, Paris, Gallimard, « Folio-Essais », 2000.

rer un changement fractionnel de temps de 2,5 millionièmes de milliardième entre le haut et le bas d'une tour de 22,5 mètres de haut, en exacte conformité avec ce que la relativité générale prévoit. Cela correspond à un retard d'une seconde au bout de cent millions d'années, pour l'horloge du bas, par rapport à celle du haut.

Le ralentissement du temps par un champ de gravité est bien réel. Le temps passe moins vite pour le locataire du rez-de-chaussée d'un immeuble que pour celui d'un étage supérieur. Mais ces effets sont infiniment petits dans la vie quotidienne. Heureusement, car une crise du logement se déclarerait si, pour vivre plus longtemps, tout le monde voulait habiter au rez-de-chaussée et personne à l'étage !

Ces effets deviennent autrement plus importants quand la gravité devient intense, comme aux abords d'une étoile. Le retard fractionnel est de l'ordre de 2 millionièmes pour un signal radio passant à proximité de la surface solaire. À l'extrême, le temps ralentit tellement qu'il se fige. Il ne s'écoule plus aux abords d'un trou noir (plus exactement, à son rayon de non-retour). Le champ de gravité est si intense, l'espace tellement recourbé sur lui-même que la lumière ne peut plus s'échapper. Les images de l'intérieur du vaisseau spatial que Jules envoie à Jim resté sur Terre ne peuvent plus lui parvenir. Quand il franchit le rayon de non-retour du trou noir, elles ne se renouvellent plus et se figent pour l'éternité. Pour Jim, le temps de Jules s'est arrêté.

La lumière et les mirages cosmiques

Comme toute grande théorie scientifique, la relativité générale recèle des trésors insoupçonnés ; elle ne cesse de nous révéler des richesses inattendues qui ont parfois surpris jusqu'à son auteur. Non seulement elle nous a dévoilé l'expansion de l'univers (à laquelle Einstein ne croyait pas au début ; il modifia ses équations pour construire un univers statique, sans expansion ; il ne revint sur sa décision qu'en 1929, quand Hubble eut découvert la fuite des galaxies, et il déclara que cette modification avait été « la plus grande erreur de sa vie ») et l'existence des trous noirs (à laquelle

Einstein ne croyait pas non plus), mais elle nous parle aussi de « mirages cosmiques ».

Einstein s'est rendu compte dès 1936 que si la lumière suit les courbures de l'espace, elles-mêmes dictées par le champ de gravité d'objets matériels tels qu'étoiles ou galaxies, des « mirages gravitationnels » doivent exister. Le physicien démontre que si deux étoiles se trouvent en alignement avec la Terre, la lumière de l'étoile la plus éloignée doit, pour nous parvenir, traverser le champ de gravité de l'étoile la plus proche, donc l'espace courbe qui l'entoure. Ce faisant, la lumière est déviée. Cette déviation entraîne une déformation de l'image de l'étoile éloignée : outre son image habituelle de point lumineux, il doit exister une seconde image en forme d'anneau lumineux entourant ce point. Cette seconde image serait une sorte de mirage de la première « vraie » image, tout comme la belle oasis où le voyageur assoiffé avait espéré se désaltérer n'est, à son grand désespoir, que le mirage d'une vraie oasis éloignée de centaines de kilomètres. L'anneau lumineux n'existe pas en réalité. Comme le mirage de l'oasis est créé par la déviation de la lumière de la vraie oasis par l'atmosphère surchauffée planant au-dessus du désert, le mirage de l'anneau résulte de la déviation de la lumière de l'étoile éloignée par le champ de gravité de l'étoile plus proche : d'où son nom de « mirage gravitationnel ». L'étoile proche est une « lentille gravitationnelle », car, comme les verres de vos lunettes, elle dévie et focalise la lumière.

Einstein pensait qu'un tel alignement de deux étoiles avec la Terre était trop improbable, que les « mirages gravitationnels » n'existaient que dans son imagination fertile et qu'ils resteraient toujours à l'état d'entités théoriques. C'était sans compter sur la merveilleuse inventivité de la nature. Celle-ci se sert non pas d'étoiles comme lentilles gravitationnelles, mais de galaxies ou d'amas de galaxies. Comme ceux-ci sont beaucoup plus étendus (les galaxies ont des diamètres d'une centaine de milliers d'années-lumière, les amas de galaxies d'une trentaine de millions d'années-lumière), la lumière des objets lointains a plus de chances d'être interceptée et déviée par ces objets. Parce qu'ils sont plus massifs (les galaxies ont une masse d'un millier de milliards de masses solaires, les amas de galaxies sont environ mille fois plus massifs), leur champ de gravité est autrement plus intense que celui d'une étoile. L'espace est ainsi plus courbé et la lumière plus déviée.

Aujourd'hui, les astronomes ont répertorié maints mirages cosmiques de divers objets dans l'espace. Viennent d'abord les quasars, ces galaxies qui abritent en leur cœur un trou noir supermassif d'un milliard de masses solaires et qui émettent autant d'énergie que mille galaxies dans un volume à peine plus grand que le système solaire. Quand une galaxie se trouve entre la Terre et le quasar, elle agit comme une lentille gravitationnelle qui démultiplie l'image du quasar. Celle-ci devient double, triple ou multiple. C'est d'ailleurs cette démultiplication qui a mis la puce à l'oreille des astronomes et leur a permis de découvrir la première lentille gravitationnelle. En 1979 fut découverte une paire de quasars dotés de propriétés extrêmement similaires : se pouvait-il que l'un d'eux fût le mirage de l'autre ? Mais, si tel était le cas, une galaxie devait exister sur la ligne de visée des deux quasars, qui jouait le rôle de lentille gravitationnelle. En cherchant bien, les astronomes découvrirent une galaxie qui jouait exactement ce rôle.

L'intuition d'Einstein s'est donc révélée juste. Aujourd'hui, l'étude des lentilles gravitationnelles est devenue un domaine florissant des recherches en astrophysique. Les astronomes ont répertorié plus d'une cinquantaine de mirages de quasars. Ils ont découvert que si la galaxie-lentille est de forme sphérique, la lumière du quasar, au lieu de produire des images multiples, est redistribuée sous forme d'« anneau » autour de l'image du quasar, exactement comme Einstein l'avait imaginé[20].

Les galaxies ne sont pas les seules à jouer le rôle de lentilles gravitationnelles. Les amas de galaxies, ensembles de milliers de galaxies liées par la gravité, ne sont pas en reste. Ils décomposent l'image de l'astre lointain non pas en de multiples images, mais en un kaléidoscope d'arcs de cercle lumineux. En étudiant la forme, l'emplacement, la brillance et la taille de ces arcs lumineux

20. En son honneur, ces anneaux sont appelés « anneaux d'Einstein ».

autour des galaxies figurant dans l'amas, les astronomes peuvent déduire la masse totale de cet amas, qu'elle soit ou non lumineuse. Les amas-lentilles, tout comme les galaxies-lentilles, sont ainsi d'excellents « télescopes » pour traquer la masse noire qui n'émet aucune sorte de rayonnement, qui n'est détectable que grâce à son influence gravitationnelle et qui compose la très grande majorité (près de 98 %) de la masse de l'univers.

Mais les lentilles gravitationnelles n'aident pas seulement à traquer la masse noire. Elles sont aussi d'extraordinaires « télescopes » pour étudier la masse lumineuse de l'univers, celle qui réside dans les étoiles et galaxies. Elles peuvent en effet amplifier des dizaines, voire des centaines de fois la brillance des objets qui se trouvent derrière elles dans la même ligne de visée depuis la Terre, permettant ainsi de voir des objets encore plus éloignés dans l'univers, donc de remonter plus loin dans le passé du cosmos.

L'univers est ainsi comme un vaste jeu d'illusions cosmiques rempli de mirages qui défient notre imagination. Paradoxalement, c'est en partie grâce à l'étude de ces mirages de l'univers que nous possédons une appréhension plus juste du réel !

Des électrons éjectés par la lumière

C'est en méditant sur la lumière qu'Einstein a obtenu ses plus grands succès. En se demandant comment le monde lui paraîtrait s'il courait aussi vite qu'une particule de lumière, en mettant l'accent sur la constance de la vitesse de la lumière quel que soit le mouvement de l'observateur, il a révolutionné les concepts de temps et d'espace et unifié matière et énergie par sa théorie de la relativité restreinte. En considérant comment la lumière est déviée par la gravité d'un objet, il a élaboré le magnifique édifice de la relativité générale. Mais Einstein n'en a pas encore fini avec la lumière. En cette même miraculeuse année 1905, dans la revue allemande *Annalen der Physik* qui contiendra quelques mois plus tard son article sur la relativité restreinte, il publie un article intitulé « Sur un point de vue heuristique concernant la production et la transformation de la lumière ». Ce premier article publié par le jeune physicien travaillant dans l'obscurité comme « expert technique de troisième classe » au Bureau fédéral des brevets à Berne va déclencher une véritable révolution conceptuelle quant à la nature de la lumière. L'hypothèse que formule Einstein va en effet servir de fondement à la mécanique quantique et laisse déjà entrevoir la nature duale de la lumière, à la fois onde et particule ; elle lui vaudra le prix Nobel de physique en 1921.

Pour cerner la nature de la lumière, Einstein se penche sur une propriété des métaux appelée « effet photoélectrique ». Cet effet, découvert en 1887 par le physicien allemand Heinrich Hertz (1857-1894), consiste en l'éjection de charges électriques nommées électrons de la surface d'un métal soumise à l'action d'un rayon lumineux. Dans les métaux, les électrons sont en effet très faiblement attachés à leurs atomes (voilà pourquoi ce sont d'excellents conducteurs d'électricité). Quand un faisceau lumineux frappe la surface d'un métal, il lui communique son énergie – tout comme, quand la lumière du Soleil caresse votre corps, elle communique son énergie à votre peau, vous faisant éprouver une sensation de chaud. L'énergie lumineuse transmise au métal agite les électrons dans les atomes et ceux qui sont le plus faiblement attachés sont éjectés. *A priori*, vous vous dites que si vous voulez augmenter la vitesse des électrons éjectés, et donc leur énergie (qui dépend du carré de la vitesse), il vous suffit d'augmenter l'intensité du faisceau lumineux. Or, à votre grande surprise, il n'en est rien. Quand la lumière devient plus intense, ce qui augmente, ce n'est pas la vitesse des électrons éjectés, mais leur nombre. En fait, le seul moyen d'augmenter la vitesse et donc l'énergie des électrons éjectés, c'est de changer la fréquence de la lumière en remplaçant la lampe, par exemple en passant d'une lampe qui émet de la lumière visible à une autre qui émet de la lumière ultraviolette, invisible à nos yeux. Une lumière à haute fréquence, comme des rayons ultraviolets, même de très faible intensité, éjecte des électrons beaucoup plus énergétiques qu'une lumière de fréquence inférieure, comme des ondes visibles, même si ces dernières sont très intenses.

Dans le domaine de la lumière visible, diminuer de fréquence revient à changer la couleur de la lumière du violet au rouge, en passant successivement par toutes les autres couleurs de l'arc-en-ciel : indigo, bleu, vert, jaune et orange. Si nous augmentons la fréquence au-delà de la lumière violette, nous entrons successivement dans le domaine de la lumière ultraviolette, de la lumière X et de la lumière gamma. En revanche, si nous diminuons la fréquence en deçà de la lumière rouge, nous rencontrons, par ordre de fréquence décroissante, la lumière infrarouge, la lumière micro-onde et la lumière radio. L'ensemble de ces lumières constitue ce qu'on appelle le « spectre électromagnétique » (fig. 32) (le mot « spectre » désigne une décomposition de la lumière en ses différentes fréquences). On observe qu'en diminuant de plus en plus la fréquence de la lumière, la vitesse des électrons éjectés de la surface du métal décroît progressivement jusqu'à atteindre zéro. À de plus basses fréquences encore, les électrons ne sont plus éjectés, quelle que soit l'intensité de la lumière. Pour une raison mystérieuse, c'est la fréquence de la lumière – et donc sa couleur – qui dicte le comportement des électrons, et non pas son intensité.

Pour expliquer ce curieux comportement des électrons éjectés de la surface d'un métal, Einstein n'y va pas par quatre chemins. Il remet en cause la notion communément admise de nature ondulatoire de la lumière et avance l'hypothèse hardie que l'effet photoélectrique ne peut se comprendre que si la lumière absorbée par le métal n'est pas une onde continue, mais est composée de « grains » ou *quanta* (pluriel de *quantum*) d'énergie, appelés encore « photons ». Chaque photon porte une quantité d'énergie bien définie. Cette énergie ne peut prendre n'importe quelle valeur, mais doit être exactement égale à un multiple de la fréquence de la lumière.

Dans le cadre de cette hypothèse, Einstein parvient à expliquer tous les faits expérimentaux observés. Ainsi, une lumière à haute fréquence contient des grains de lumière plus énergétiques qu'une lumière à basse fréquence. Les grains de lumière absorbés par le métal communiquent une partie de leur énergie aux électrons éjectés (égale à l'énergie totale du photon moins l'énergie nécessaire pour arracher l'électron à l'emprise de l'atome), et c'est pourquoi

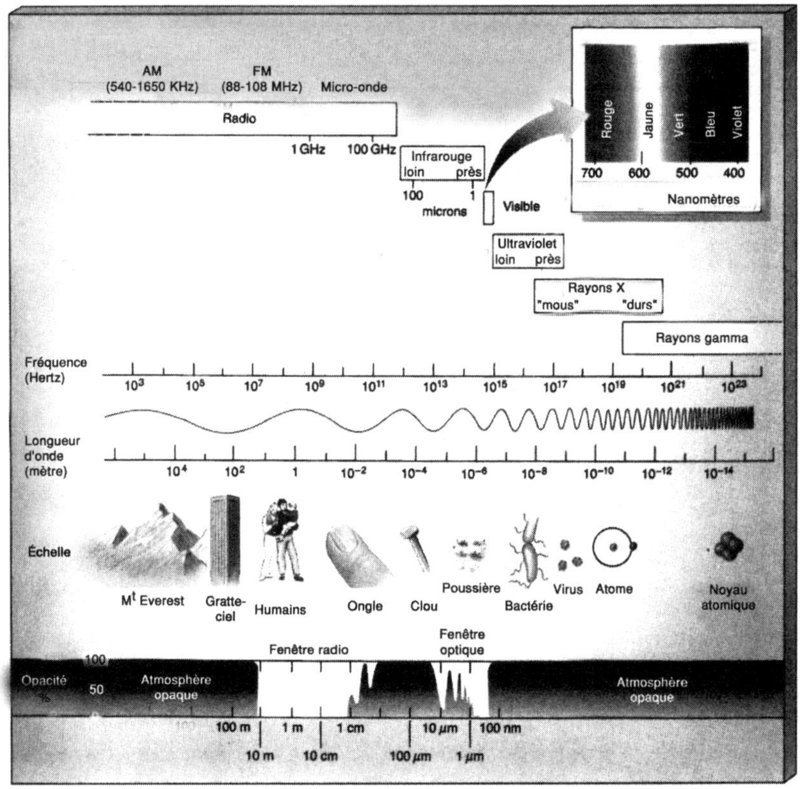

Fig. 32 : Le spectre électromagnétique. C'est l'ensemble des différents types de lumière. La seule caractéristique qui différencie une sorte de lumière d'une autre est sa longueur d'onde, ou de manière équivalente, sa fréquence ou son énergie. Plus la longueur d'onde est grande et plus la fréquence et l'énergie sont petites, et vice-versa. En ordre de longueur d'onde décroissante (ou de fréquence et d'énergie croissantes), viennent successivement les ondes radio, micro-ondes, infrarouges, visibles et ultraviolettes et les rayons X et gamma. L'échelle correspondant à chaque longueur d'onde est illustrée par des objets représentatifs. Seules les ondes radio et visibles peuvent traverser impunément l'atmosphère terrestre sans être absorbées (figure du bas). Pour recueillir les autres types de lumière, les astronomes doivent mettre en orbite des télescopes au-dessus de l'atmosphère.

une lumière à haute fréquence, donc dotée d'une grande énergie, donne des électrons éjectés avec une énergie supérieure. En augmentant l'intensité de la lumière, on augmente le nombre des photons qui frappent la surface métallique, et donc le nombre d'électrons éjectés. Pour autant, on n'augmente pas leur énergie, puisque la lumière n'a pas changé de fréquence. D'autre part, parce qu'il faut une énergie minimale pour arracher un électron à un atome, une lumière de basse fréquence composée de photons ayant une énergie inférieure à cette énergie minimale ne déboucherait sur aucune émission d'électrons, quelle que soit par ailleurs son intensité.

Le problème du four qui émet une énergie infinie

L'idée étrange que les grains de lumière ne peuvent faire comme bon leur semble et adopter n'importe quelle valeur pour leur énergie, mais seulement certaines valeurs, bien déterminées, proportionnelles à la fréquence de la lumière, n'est en fait pas due à Einstein, mais au physicien allemand Max Planck (1858-1947). Celui-ci s'était penché dès la fin du XIXe siècle sur le problème apparemment tout simple du rayonnement émis par un corps chauffé à certaine température. Planck s'était tout de suite rendu compte que la physique classique lui fournissait un résultat qui n'avait aucun sens : elle s'obstinait à lui dire qu'un corps chaud devait émettre une quantité infinie d'énergie, ce qui était manifestement absurde.

Considérons par exemple un four. Maxwell nous dit que le rayonnement électromagnétique émis par les parois chaudes du four est composé d'une multitude d'ondes. Ces ondes ont des crêtes et des creux, comme les vagues de l'océan. La distance entre deux crêtes ou deux creux est la « longueur d'onde ». Le nombre de crêtes ou de creux qui passent en un point de l'espace par seconde est la fréquence de l'onde lumineuse. La fréquence varie en proportion inverse avec la longueur d'onde. Une grande longueur d'onde correspond à une petite fréquence, une petite longueur d'onde correspond à une grande fréquence. Pour mieux vous en rendre compte, agitez le bout d'une corde tendue. Si vous l'agitez mollement, avec une faible fréquence d'agitation de votre bras, la longueur de l'onde qui se propage le long de la corde est grande. En revanche, si vous l'agitez de manière frénétique, avec une grande fréquence d'agitation de votre bras, la longueur de l'onde est moindre.

Maxwell nous dit aussi que chaque onde électromagnétique doit se disposer dans le four de telle manière qu'il existe un nombre entier de crêtes et de creux entre deux parois opposées du four. La théorie de la thermodynamique (la science de la chaleur) du

XIXe siècle nous apprend que l'énergie de chaque onde est exactement la même, quelle que soit sa longueur d'onde, cette énergie ne dépendant que de la température du four. Mais puisqu'il y a une infinité d'ondes, chacune dotée de la même énergie, l'énergie totale du four est censée être infinie. Résultat manifestement absurde : les fours n'explosent pas comme des bombes atomiques quand on les ouvre !

Si ce paradoxe de l'énergie infinie du four trouve à s'exprimer, c'est que, dans le cadre de la physique classique, l'énergie d'une onde est « continue » : elle peut prendre n'importe quelle valeur, comme bon lui semble. Pour sortir de ce paradoxe de l'énergie infinie qui a mis la physique classique en crise à la fin du XIXe siècle, Planck se vit contraint de rejeter le postulat communément admis d'une énergie continue. En 1900, il inaugura le nouveau siècle en avançant, à contrecœur, l'hypothèse « désespérée » mais révolutionnaire d'une énergie discontinue, ce qui lui vaudra le prix Nobel de physique en 1918. Selon le physicien allemand, l'énergie minimale associée à une onde à l'intérieur du four ne peut prendre n'importe quelle valeur, mais seulement certaines valeurs précises, proportionnelles à la fréquence de l'onde. En d'autres termes, l'énergie devient « quantifiée », et chaque onde est associée à un « quantum » d'énergie.

Ainsi naît la mécanique quantique. Du fait de la quantification de l'énergie, le nombre d'ondes qui contribuent à l'énergie totale du four n'est plus infini, mais fini, ce qui veut aussi dire que l'énergie du four n'est plus infinie.

De surcroît, en émettant l'hypothèse d'une énergie quantifiée, Planck parvient aussi à rendre compte de la distribution en énergie du rayonnement du four. Pour obtenir cet accord entre sa théorie et les mesures expérimentales, il n'a eu qu'à ajuster un seul paramètre : le facteur de proportionnalité entre la fréquence d'une onde lumineuse et l'énergie minimale qu'elle peut receler. Cette constante de proportionnalité est aujourd'hui connue sous le nom de « constante de Planck ». Sa valeur est minuscule, seulement de l'ordre de six dixièmes de millionième de milliardième de milliardième de milliardième en unités courantes[21]. C'est l'extrême petitesse de la constante de Planck qui fait que les effets de discontinuité dans l'énergie des ondes ne se fait sentir que dans le monde atomique et subatomique, à des échelles de l'ordre du cent-millionième de centimètre (le diamètre d'un atome), voire inférieures. Si la constante de Planck était plus grande (de l'ordre de 1, par exemple), les effets quantiques se manifesteraient dans la vie de tous les jours, ce qui nous la rendrait pour le moins bizarre et inconfortable. Par exemple, si les quantités de la vie courante étaient à la fois quantifiées et discontinues, nous ne pourrions marcher qu'en faisant des pas de 20, 40, 60... centimètres ; nous ne pourrions boire que dans des verres de 12, 24, 36... centilitres ; nous ne pourrions manger que 13, 26, 39... grammes de riz. Toute quantité serait le multiple entier d'un nombre minimal. Toute autre valeur – des pas de 25 centimètres, un verre de 34 centilitres, un bol de riz de 43 grammes – serait strictement interdite.

Des quanta d'énergie

La proposition d'Einstein destinée à expliquer l'effet photoélectrique – à savoir que la lumière est composée de quanta d'énergie – fut d'abord reçue avec froideur et scepticisme par la communauté des physiciens. C'est qu'il allait là à l'encontre de toute la physique des trois siècles précédents. Les travaux de Young, Huygens, Euler, Fresnel, Faraday et Maxwell avaient en effet apporté quantité d'eau au moulin de la lumière-onde. Ces illustres chercheurs avaient battu en brèche la vision corpusculaire et balistique de la lumière selon Newton. L'idée que celle-ci était constituée de petits projectiles avait depuis belle lurette perdu son lustre. Au reste, nombre de questions se posent si la lumière n'est pas de nature ondulatoire. Comment comprendre alors les franges d'interférence de Young ? Comment expliquer qu'ajouter de la lumière à la lumière peut parfois déboucher sur de l'obscurité ? Une onde peut arriver déphasée par rapport à une autre et l'annuler, mais comment une particule

21. La valeur exacte de la constante de Planck est 6,63 x 10^{-34} Joule-seconde.

peut-elle interférer avec elle-même (ou avec d'autres) et s'annuler ? Les physiciens pensaient qu'Einstein faisait fausse route. Ils voulaient à tout prix conserver l'harmonieux édifice érigé par Maxwell et ses prédécesseurs, dans lequel la lumière n'était autre qu'une onde électromagnétique se propageant dans le vide de l'espace.

Le physicien américain Robert Millikan, un des expérimentateurs les plus doués de sa génération, se mit au travail avec acharnement pour étudier l'effet photoélectrique. Il voulait absolument démontrer qu'Einstein était dans l'erreur, que son hypothèse de quanta d'énergie ne pouvait être correcte. Mais, malgré son parti pris, il dut se rendre à l'évidence : ses expériences lui répétaient avec obstination qu'Einstein n'avait pas tort, mais bel et bien raison. Le comportement des électrons émis par des surfaces métalliques soumises à un rayonnement ne peut se comprendre que si la lumière est composée de grains dont l'énergie est proportionnelle à la fréquence de cette lumière. Pourtant, même si, en 1916, Millikan dut admettre à contrecœur que la confirmation expérimentale de l'hypothèse d'Einstein était « indiscutable », le physicien américain maintint que celle-ci était « déraisonnable » et qu'« elle semblait contredire tout ce que les physiciens savaient des interférences lumineuses ».

Planck non plus n'était pas à l'aise avec l'idée de quanta d'énergie, même si c'était lui qui l'avait introduite dans le paysage de la physique. C'est qu'il l'avait fait dans le contexte d'une nature ondulatoire, et non pas corpusculaire, de la lumière. Pour lui, la lumière émise par le four était composée d'ondes, et non de particules. Il pensait en son for intérieur que la quantification de l'énergie de la lumière n'était qu'un artifice mathématique pour éliminer le paradoxe de l'énergie infinie. Il espérait ardemment qu'en fin de compte la lumière ne se comportait pas vraiment ainsi et qu'un jour l'hypothèse « désespérée » de quanta d'énergie disparaîtrait d'elle-même. L'introduction de l'idée de discontinuité en physique choquait sa sensibilité et lui paraissait une hérésie. Planck tenta pendant de longues années de modifier sa théorie tout en en conservant le résultat, c'est-à-dire de supprimer l'énergie infinie d'un corps chauffé tout en éliminant l'idée de quanta d'énergie – en vain.

Même si plus tard il dut admettre que la matière à l'échelle atomique ne semble pas avoir une nature continue, mais quantique, il pensait que cette nature discontinue caractérisait seulement la matière, et non pas la lumière.

Le génie d'Einstein est de rejeter toutes ces tergiversations. Son audace révolutionnaire consiste à clamer haut et fort que la lumière est vraiment faite de corpuscules dotés d'une énergie bien définie, égale au produit de la constante de Planck par la fréquence de la lumière, et que l'effet photoélectrique ne peut être compris que si la lumière n'a pas une nature ondulatoire, mais est composée de grains d'énergie. « Les fondations actuelles de la théorie du rayonnement doivent être révisées de fond en comble », proclame-t-il.

Dans son combat intellectuel contre Planck et ses collègues, il reçoit le soutien inespéré d'un jeune physicien danois de vingt-sept ans, Niels Bohr (1885-1962) (fig. 33), qui introduit la discontinuité

Fig. 33 : Einstein et Bohr. Les débats entre Einstein et le physicien danois Niels Bohr (1885-1962) sur la description du réel par la mécanique quantique sont restées célèbres dans les annales de la physique. Déterministe invétéré, Einstein rejette l'interprétation probabiliste de la réalité par la mécanique quantique, laquelle est défendue par Bohr. « Dieu ne joue pas aux dés » se plaisait à répéter Einstein. Bohr, exaspéré, lui répliqua un jour : « Arrête de dire à Dieu ce qu'il doit faire ! » © American Institute / S.P.L. / Cosmos.

non pas dans la lumière, mais dans la matière, au cœur même de l'atome !

Pourquoi la matière ne s'effondre-t-elle pas sur elle-même ?

À la fin du XIXe siècle, l'idée que les atomes étaient les ultimes constituants de la matière et qu'il n'existait pas d'entités plus élémentaires avait fait long feu. En 1897, le physicien anglais Joseph Thomson (1856-1940) démontre que l'atome possède une structure interne, qu'il est possible d'extraire d'un atome des particules pourvues de charges négatives, appelées électrons. Il imagine alors l'atome comme une sphère remplie d'une substance de charge positive et fourrée des pépins de charge négative que sont les électrons. La cohésion de l'atome est assurée par la force électromagnétique qui fait que les électrons sont attirés par la substance de charge positive tout en se repoussant entre eux.

Ce modèle d'une sphère remplie de particules vole en éclats en 1910 avec les expériences d'un autre physicien anglais, Ernest Rutherford (1871-1937). Pour étudier les constituants de la matière, il entend la concasser en mille morceaux en lançant sur elle des projectiles à toute vitesse. Pour cela, il bombarde une mince feuille d'or avec des particules (des noyaux d'atomes d'hélium) très énergétiques. Si, comme attendu, la grande majorité des particules traversent la feuille d'or comme si de rien n'était, Rutherford découvre à sa vive stupeur qu'une très petite minorité d'entre elles (1 sur 8 000) sont réfléchies et rebroussent chemin. Une seule explication possible : il doit exister à l'intérieur de l'atome un noyau très dense et très dur qui renvoie ces particules. Ce noyau doit occuper un volume très faible par rapport au volume total de l'atome, puisque 99,988 % des particules le ratent et traversent sans encombre la feuille d'or. Nous savons aujourd'hui que le noyau a la taille minuscule d'un dixième de millième de milliardième (10^{-13}) de centimètre, autrement dit qu'il est 100 000 fois inférieur au diamètre de l'atome. Un noyau dans un atome, c'est comme un grain de riz sur un stade de football. La matière est constituée en très grande partie de vide.

Rutherford révise alors le modèle de l'atome. Celui-ci est conçu comme une sorte de mini-système solaire où le noyau de charge positive occuperait la place du Soleil, les électrons de charge négative celle des planètes, et l'attraction électrique celle de l'attraction gravitationnelle. Seulement il y a un hic, et de taille, au modèle atomique de Rutherford ! En effet, une charge électrique dont le mouvement n'est pas rectiligne et uniforme, mais circulaire et accéléré, comme c'est le cas d'un électron, devrait émettre de la lumière, épuiser rapidement son énergie et venir s'écraser sur le noyau de l'atome au bout du laps de temps très court d'un millionième de seconde. Nous devrions voir autour de nous les objets s'effondrer sur eux-mêmes les uns après les autres. Nous-mêmes, nous ne devrions pas faire long feu. Or, tel n'est pas le cas. Alors, comment tenir les électrons en place et les empêcher de choir en spirale sur le noyau ? Comment préserver la solidité des choses de la vie ?

La discontinuité fait son entrée dans la matière

Niels Bohr, qui avait passé quelque temps dans le laboratoire de Rutherford en Angleterre, résolut le problème de manière magistrale. Dans un suprême élan d'imagination créatrice, il fit en 1913 la synthèse du modèle atomique de Rutherford avec celui des quanta de Planck. Ce faisant, il introduisit la discontinuité au sein même de la matière.

Tout comme la lumière, les orbites des électrons dans les atomes prennent avec lui un air quantique. Bohr décrète que les électrons ne peuvent plus orbiter autour du noyau atomique où bon leur semble, mais doivent décrire des orbites bien définies, à des distances bien précises du noyau, avec des énergies bien spécifiques. En d'autres termes, les rayons des orbites circulaires des électrons ne peuvent plus varier de façon continue. Ils ne peuvent revêtir que certaines valeurs bien définies, liées à la constante de Planck. Les orbites sont séparées par du vide, comme le sont les barreaux d'une échelle, sauf qu'elles ne sont pas régulièrement espacées. En particulier, il existe dans chaque atome une orbite qui est la plus rapprochée du noyau, caractérisée par une énergie minimale et en deçà de laquelle l'électron ne peut pas s'aventurer. Ce qui l'empêche d'aller s'écraser sur le noyau, malgré le rayonnement de son énergie. C'est cette orbite limite qui empêche notre corps de s'effondrer sur lui-même ! Mais, en science, tout modèle théorique ne peut être accepté que s'il est vérifié expérimentalement. Comment tester la discontinuité au sein de l'atome ? La lumière vient de nouveau à la rescousse, car un atome peut en émettre. Pour examiner la lumière de l'atome, il faut obtenir son spectre, c'est-à-dire la décomposer en ses différentes composantes d'énergie en la faisant passer à travers un prisme, tout comme Newton décomposa la lumière blanche du Soleil en un éventail de couleurs allant du violet au rouge. La lumière de l'atome présente un aspect étrange : son spectre n'est pas continu, mais haché de nombreuses raies verticales.

Prenons par exemple la lumière visible de l'atome d'hydrogène, l'élément chimique le plus simple (il est composé d'un proton et d'un électron unique en orbite autour de celui-ci), le plus léger et aussi le plus abondant dans l'univers. Son spectre dans le domaine visible est caractérisé par trois raies aux couleurs vives : une bleue, une bleu-vert et une rouge (deuxième spectre à partir du haut de la fig. 2 dans le cahier couleur). Bohr nous explique que ces raies sont des manifestations directes de la discontinuité des orbites de l'électron dans l'atome d'hydrogène. Chacune d'elles est le résultat d'une libération d'énergie. Un grain de lumière est émis chaque fois que l'électron unique « saute » (on appelle cela des « sauts quantiques ») d'une orbite éloignée à une orbite plus rapprochée du noyau (fig. 34b). L'énergie du grain de lumière libéré est très exactement égale à la différence entre les énergies de l'orbite de départ et de l'orbite d'arrivée. Ainsi, la raie rouge est produite quand l'électron saute de la troisième orbite la plus éloignée du noyau à la deuxième, la raie bleu-vert quand il saute de la quatrième orbite à la deuxième, et la raie bleue quand il saute de la cinquième orbite à la deuxième.

L'espacement des raies dans le spectre est le reflet fidèle de l'espacement des orbites des électrons dans l'atome. En d'autres termes, la disposition des raies lumineuses reflète exactement l'arrangement des orbites dans l'atome. Cette disposition est unique pour chaque atome. Elle constitue une sorte d'empreinte digitale de chaque élément chimique. Comme le policier reconnaît le coupable grâce à ses

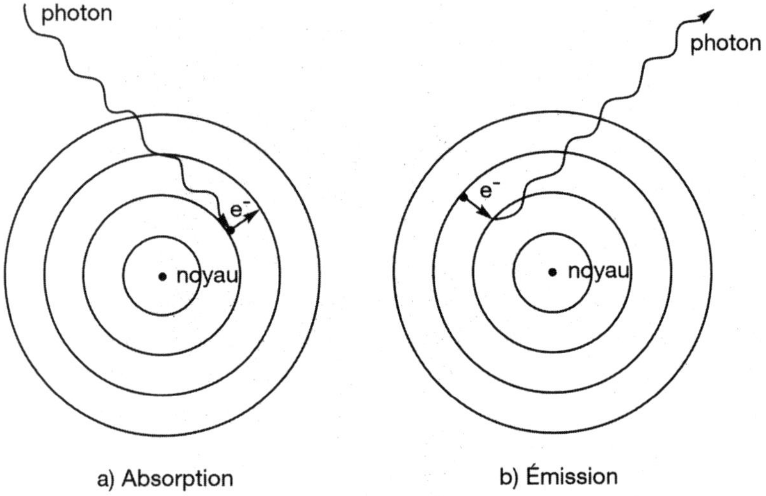

Fig. 34 : Interaction de la lumière avec un atome. Ce modèle par Bohr de l'atome d'hydrogène composé d'un noyau (un proton) et d'un électron montre ce qui se passe quand un atome d'hydrogène absorbe ou émet un photon. Dans (a), le photon est absorbé par l'atome, conduisant l'électron à passer à une orbite d'énergie supérieure. Dans (b), un photon est émis quand l'électron « saute » d'une orbite d'énergie supérieure à une orbite d'énergie inférieure.

empreintes digitales laissées involontairement sur le lieu du crime, l'astronome expérimenté reconnaît les éléments chimiques d'un astre lointain grâce à la disposition des raies dans son spectre. Et cela, parce que la discontinuité de la matière se reflète directement dans la discontinuité de la lumière.

Ainsi, c'est par l'étude des spectres des étoiles et des galaxies (ce qu'on appelle « spectroscopie ») que les astronomes ont pu analyser leur composition chimique et reconstituer l'histoire des éléments au cours de l'évolution de l'univers. Le philosophe positiviste Auguste Comte (1798-1857) avait pourtant écrit en 1844, dans son *Traité philosophique d'astronomie populaire*[22] : « Les astres ne nous étant accessibles que par la vue, il est clair, sous le premier aspect, que leur existence doit nous être plus imparfaitement connue qu'aucune autre, ne pouvant ainsi comporter d'appréciation décisive qu'envers les phénomènes les plus simples et les plus généraux, seuls réduc-

22. Paris, Fayard, 1985, p. 115.

tibles à une lointaine exploration visuelle. Cette inévitable restriction nous interdit donc, pour tous ces grands corps, non seulement toute spéculation organique, mais aussi les plus éminentes spéculations inorganiques, relatives à leur nature chimique ou même physique. » Le philosophe français ne pouvait se tromper plus lourdement. Il ne pouvait savoir qu'à peine cinquante ans après l'écriture de ces lignes, la discontinuité se révélerait au cœur de la matière et dans la lumière des astres. Il ne pouvait se rendre compte que, grâce à cette discontinuité, la lumière stellaire contient un code cosmique, et qu'il suffit aux astronomes de capter cette lumière et de la décomposer en ses différentes composantes énergétiques pour déchiffrer le code et lire dans les spectres la nature chimique de ces astres inaccessibles.

Un monde multicolore

C'est aussi la discontinuité de la lumière et de la matière qui est responsable du monde multicolore qui nous entoure. Nous vivons au milieu d'un festival de couleurs. Les roses et les tulipes nous enchantent de leurs vifs coloris. Le vert des feuillages nous met du baume à l'âme. Les turquoises autour du cou des jolies femmes nous ravissent. Les teints délicats des nymphéas de Monet nous transportent. Et pourtant, il n'est pas *a priori* évident que cette débauche de couleurs dans notre environnement nous soit due. En effet, nous entrons en contact visuel avec tout ce qui nous entoure par le jeu de la lumière et de la matière. Durant la journée, une part majeure de notre expérience humaine provient des reflets de la lumière du Soleil sur les objets qui peuplent notre vie quotidienne. Mais la lumière solaire est blanche. Si les objets se contentaient de refléter cette lumière blanche, tout devrait nous paraître d'un blanc uniforme et monotone. Alors pourquoi la rose est-elle rose, la feuille verte, la craie blanche ? Pourquoi les choses de la vie nous apparaissent-elles sous des teintes différentes ?

La réponse réside dans la nature discontinue des orbites des électrons dans les atomes qui composent la matière. Le monde nous apparaîtrait blanc si les objets se contentaient de refléter passivement la lumière solaire. Or ce n'est pas le cas. La lumière solaire interagit avec les atomes de l'objet éclairé et s'en trouve modifiée.

Il faut d'abord rappeler que Newton a démontré avec son prisme que la lumière blanche n'est pas indivisible, mais qu'elle est un amalgame de couleurs allant, par ordre croissant d'énergie des grains de lumière, du rouge au violet en passant par l'orange, le jaune, le vert, le bleu et l'indigo. Certaines de ces couleurs sont absorbées par les atomes de l'objet éclairé. Ainsi, la rose absorbe le bleu et le violet ; elle ne réfléchit que le rouge, qui se mélange avec le blanc pour donner ce rose qui ravit nos yeux. Pourquoi cette prédilection pour le bleu et le violet des pétales de rose ? À cause de la disposition des orbites des électrons dans les atomes et molécules dont ces pétales sont faits. Pour qu'un atome ou une molécule puisse absorber de la lumière, il faut qu'il possède des orbites disposées de telle façon que leur différence en énergie soit précisément égale à l'énergie des grains de lumière d'une certaine couleur. Quand un grain de lumière est absorbé, l'électron fait un saut quantique d'une orbite de basse énergie, proche du noyau atomique, à une autre de plus haute énergie et plus éloignée du noyau, l'énergie de la lumière absorbée étant juste égale à la différence d'énergie entre ces deux niveaux (fig. 34a). Or il se fait que certaines orbites d'électrons dans les atomes de la rose sont agencées de telle façon que leur différence en énergie corresponde très exactement à l'énergie des couleurs bleu et violet. C'est pourquoi celles-ci sont absorbées. En revanche, il n'existe pas d'orbites dont la différence en énergie corresponde à celle de la couleur rouge, et celle-ci n'est pas absorbée – ce qui fait que la rose est rose.

De leur côté, les orbites des électrons dans les molécules de chlorophylle des feuilles sont disposées de manière à pouvoir absorber le rouge et le bleu, mais pas le vert, ce qui fait que les arbres peuvent nous enchanter par leurs frondaisons. De même, la craie est blanche parce qu'elle est composée de molécules dont les orbites sont telles qu'elles ne peuvent absorber aucune des énergies des couleurs de l'arc-en-ciel. Toutes les couleurs de la lumière du jour étant réfléchies, la craie et les murs chaulés nous apparaissent blancs.

Si nous avons échappé à un monde morne d'où les ailes bariolées des papillons ou les pommes orange et mauves de Cézanne seraient absentes, c'est grâce à la discontinuité au cœur de la matière et de la lumière, et à l'extrême diversité de la structure des atomes et molécules qui composent le réel.

Une particule de lumière qui s'interfère avec elle-même

Le concept de grain de lumière ou « photon » à la Planck, Einstein et Bohr permet d'expliquer le rayonnement des corps chauds ainsi que le comportement des électrons émis par les métaux sous l'effet de la lumière. Il rend compte de la lumière des atomes et des raies verticales qui hachent leur spectre. Il nous dit pourquoi nous vivons dans un monde multicolore. L'idée que la lumière est un flot de corpuscules, avancée par Newton plus de trois cents ans auparavant, revient en force sur le devant de la scène. Pourtant, tout n'est pas pour le mieux dans le meilleur des mondes. Cette théorie corpusculaire de la lumière a été attaquée et battue en brèche tout au long des siècles précédents par Huygens, Euler, Fresnel, Faraday et Maxwell, qui ont clamé haut et fort que la lumière se comportait comme une onde. La démonstration la plus impressionnante de cette nature ondulatoire a sans conteste été l'expérience des fentes de Thomas Young en 1803. Celui-ci, on l'a vu, en mélangeant de la lumière avec de la lumière et en projetant le résultat sur un écran, a obtenu non seulement des zones lumineuses, mais aussi des zones dépourvues de toute lumière. Cette alternance de bandes verticales obscures et lumineuses, appelées « franges d'interférence », ne peut s'expliquer que si la lumière est une onde. Les zones d'obscurité correspondent aux endroits de l'écran où deux ondes arrivent « déphasées » – c'est-à-dire où la crête d'une onde passant par une fente arrive en même temps que le creux d'une autre onde passant par l'autre fente –, d'où résulte une annulation complète des deux ondes. En revanche, les zones brillantes correspondent aux endroits où les ondes arrivent « en phase » – c'est-à-dire où la crête d'une onde arrive en même temps qu'une crête de l'autre onde –, toutes deux se renforçant mutuellement.

Mais comment diable expliquer les franges d'interférence de Young si la lumière est de nature corpusculaire ? Comment un grain de lumière peut-il s'annuler en interagissant avec lui-même ou avec d'autres grains de lumière ? Pour bien voir les dessous de l'affaire, examinons de nouveau l'expérience des deux fentes de Young en considérant la lumière non plus comme une onde, mais comme un flot de corpuscules.

Un faisceau de lumière éclaire un mur dans lequel ont été percées deux fentes verticales identiques. La lumière qui passe à travers le mur est enregistrée sur une plaque photographique placée derrière celui-ci. L'expérience consiste à comparer les images enregistrées sur les plaques photographiques quand l'une des fentes est fermée et l'autre ouverte, et quand les deux fentes sont ouvertes. Fermons d'abord la fente droite en laissant la fente gauche ouverte. Comme prévu, la plaque photographique montre une bande lumineuse non uniforme à l'emplacement situé dans l'axe de la fente gauche et de la source lumineuse. L'intensité est maximale au centre de la bande et décroît vers les deux bords. Fermons maintenant la fente gauche et ouvrons la fente droite. La plaque photographique est alors éclairée, comme il se doit, à l'emplacement situé dans l'axe de la fente droite et de la source de lumière. Rien d'extraordinaire jusqu'ici. Mais les choses deviennent bizarres quand nous ouvrons les deux fentes en même temps. Naïvement, nous pouvons penser que l'image photographique qui en résulte est simplement l'addition des deux images photographiques précédentes, c'est-à-dire qu'elle montre deux bandes lumineuses aux endroits situés dans l'axe de la source lumineuse et des deux fentes. Or il n'en est rien, comme Young l'a démontré. Quand les deux fentes sont simultanément ouvertes, la plaque photographique exhibe non pas deux bandes lumineuses parallèles, mais une suite de bandes verticales alternativement lumineuses et obscures (fig. 35). Pour Young, il n'y a aucun doute que seule une nature ondulatoire de la lumière peut rendre compte de ces étranges franges d'interférence, les zones lumineuses étant produites par des ondes en phase, les zones obscures par des ondes déphasées.

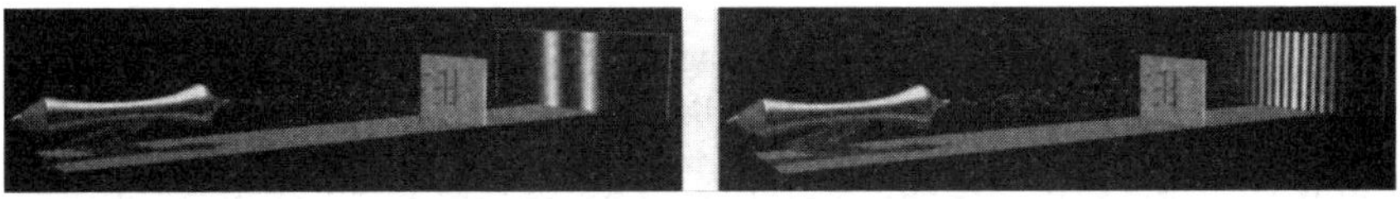

Fig. 35 : L'expérience des deux fentes de Young avec des photons individuels. La physique classique prédit que si des photons individuels passent à travers deux fentes parallèles percées dans un mur, ils devraient produire sur un écran placé derrière le mur deux bandes lumineuses parallèles (figure de gauche). Mais l'expérience montre invariablement une suite de bandes alternativement lumineuses et obscures appelées « franges d'interférence » (figure de droite). Cela ne peut se comprendre que si un photon individuel passe par les deux fentes à la fois.

Mais si nous marchons sur les traces d'Einstein et de Bohr, et si nous supposons que la lumière est faite de corpuscules, pouvons-nous penser que les franges d'interférence sont le résultat de l'interaction de photons passant par une fente avec d'autres photons passant par l'autre fente ? L'étrangeté du monde atomique et subatomique ne nous permet même pas de faire cette hypothèse toute naturelle. En effet, nous pouvons répéter l'expérience de Young en réduisant de plus en plus l'intensité de la source lumineuse, jusqu'à l'émission de photons individuels. Or, même si nous faisons passer les photons un à un au travers des deux fentes, disons toutes les cinq secondes, l'aspect de la plaque photographique ne change pas : les franges d'interférence sont toujours omniprésentes. Tant que nous aurons la patience de faire l'expérience assez longtemps pour qu'un grand nombre de photons (par exemple, un million) frappent la plaque photographique, chacun y laissant une marque ponctuelle, ces points s'organiseront pour dessiner de belles franges d'interférence. Le phénomène est vraiment absurde et heurte notre bon sens. Comment des photons individuels franchissant les fentes à des instants différents et frappant séparément la plaque peuvent-ils agir de conserve pour produire les bandes successives d'ombre et de lumière caractéristiques des franges d'interférence ? La logique nous dit que chaque photon doit passer soit par la fente de droite, soit par la fente de gauche. Ils ne peuvent s'interférer avec eux-mêmes, et nous ne devrions voir que deux bandes lumineuses sur la plaque, concentrées aux deux endroits situés dans l'axe des deux fentes et de la source lumineuse. Or tel n'est pas le cas.

Mais ce n'est pas tout. Les photons frappent encore plus fort et bafouent davantage encore la logique ! Si nous examinons de plus près cette expérience des fentes, le comportement des grains de lumière se révèle encore plus bizarre. Fermez la fente droite et envoyez des photons un à un en direction de la fente gauche. Certains vont passer à travers la fente, d'autres non. Les impacts ponctuels de ceux qui passent forment sur la plaque photographique une bande lumineuse. Ouvrez maintenant les deux fentes en même temps. Les franges d'interférence apparaissent, des zones brillantes alternant avec des zones sombres. Mais ce qui est extraordinaire, c'est que des zones sombres apparaissent sur la plaque en des endroits qui étaient éclairés quand seule la fente gauche était ouverte. En d'autres termes, l'effet des photons individuels qui sont passés par la fente gauche quand la fente droite était fermée est annulé quand les deux fentes sont ouvertes en même temps ! Notre bon sens est soumis à rude épreuve !

Ainsi, le comportement d'un photon n'est pas le même selon qu'une seule fente est ouverte ou les deux. Cela met à mal la notion de grain de lumière analogue à un corpuscule passant par une seule fente à la fois. Pour expliquer l'influence de la fente d'à côté, nous nous voyons dans l'obligation de conclure, comme le physicien anglais Paul Dirac (1902-1984), l'un des pères fondateurs de la mécanique quantique, que le photon passe par les deux fentes à la fois ou, en d'autres termes, qu'il « s'interfère avec lui-même ».

Une infinité de chemins

Le physicien américain Richard Feynman (1918-1988), l'un des plus doués de sa génération et l'un des plus créatifs du XXe siècle, a poussé à l'extrême cette idée du photon qui passe par les deux fentes à la fois. Selon lui, nous devons faire table rase de l'idée de la physique classique que, pour aller de A à B, le photon n'emprunte qu'un seul et unique chemin, qu'il ne possède qu'une seule et unique histoire. En fait, le photon emprunte tous les chemins possibles. Il a une multitude d'histoires. Il y a une certaine probabilité pour qu'il emprunte le chemin le plus court et le plus direct, mais il y a aussi une probabilité non nulle pour qu'il s'aventure sur un chemin plus long et plus alambiqué, en prenant tous les zigzags et détours imaginables. Il se peut également qu'il emprunte des chemins intermédiaires. C'est comme si, en allant en voiture de Paris à Nice, vous ne prenez pas seulement la route la plus directe qui passe par l'autoroute du Sud, mais empruntez en même temps toutes les autres trajectoires possibles, celle qui fait un détour vers le nord en passant par Lille, celle qui bifurque vers l'ouest en passant par Rouen, celle qui va vers l'est en passant par Strasbourg, celle qui passe par toutes les grandes villes de France, etc. Les possibilités sont infinies, car tous les chemins mènent à Rome (ou à Nice dans ce cas).

Le raisonnement qui a mené Feynman à cette constatation est limpide. Dans l'expérience de Young, il y a deux fentes dans le mur et le photon passe par les deux fentes à la fois. Mais, au lieu de deux fentes, supposons que nous en fabriquions quatre. La même logique nous dit que le photon passera par les quatre fentes. Si nous en faisons cent, il y aura cent chemins possibles, et ainsi de suite. Nous pouvons imaginer que nous divisons le mur en un nombre croissant de fentes, jusqu'à ce que celles-ci se superposent et se chevauchent les unes les autres, et que le mur n'ait plus lieu d'être. Avec le mur et les fentes hors de la scène, Feynman comprend que, pour rendre compte du comportement d'un photon quand il va de A à B, il lui faut additionner toutes les probabilités attachées à chaque trajet possible. En d'autres termes, il lui faut faire la somme de toutes les histoires possibles du photon. Bien sûr, certaines histoires sont plus probables que d'autres. Les trajets qui sont les plus courts, ceux qui sont les plus près d'une ligne droite entre A et B, sont les plus probables. Leurs probabilités se renforcent les unes les autres. En revanche, les chemins qui sont les plus compliqués et les plus différents d'un parcours rectiligne entre A et B sont les moins probables. Leurs probabilités s'annulent presque entièrement les unes les autres et contribuent très peu à la somme totale. Ce qui explique le trajet presque parfaitement rectiligne de la lumière. Mais, comme le dit Feynman : « En réalité, la lumière ne se propage pas seulement en ligne droite. Elle "sent" et emprunte aussi les trajets aux alentours de la ligne droite, occupant ainsi un très petit volume d'espace avoisinant[23]. » En utilisant cette méthode dite de la « somme des histoires », Feynman a pu construire une théorie – l'électrodynamique quantique – qui rend compte de manière extrêmement précise du comportement de la lumière et de son interaction avec la matière. Dans cette théorie, la lumière joue aussi un rôle important dans l'interaction entre deux particules de matière telles que deux électrons. En effet, ces derniers interagissent en échangeant des photons. Pour son élaboration de l'électrodynamique quantique, Feynman est récompensé par le prix Nobel de physique en 1965, en même temps que l'Américain Julian Schwinger (1918-1994) et le Japonais Shinichiro Tomonaga (1906-1979) qui y ont contribué indépendamment. Retenons que la mécanique quantique nous oblige à élargir considérablement la notion classique de passé et d'histoire. Nous y reviendrons.

À la fois onde et particule

L'expérience des fentes de Young nous révèle que les particules de lumière d'Einstein sont radicalement différentes des corpuscules de Newton. Le physicien anglais les concevait comme de simples projectiles, analogues à des balles de fusil. À l'opposé, la présence de franges d'interférence et le comportement du photon qui change selon que l'autre fente est ouverte ou fermée nous disent que les particules de lumière d'Einstein ont aussi l'air d'ondes. Au demeurant, le fait que l'énergie d'un photon dépende de la fréquence de la lumière aurait dû nous mettre la puce à l'oreille, car la notion de fréquence est ordinairement attachée à une onde. Ainsi, il nous faut accepter que la lumière possède, tel Janus, un double visage ; à la fois onde et particule, elle est de nature duale.

Se pose alors la question à mille euros ! Quand la lumière revêt-elle son habit d'onde et en quelles circonstances arbore-t-elle celui de particule ? La réponse est simple : la lumière est onde quand nous ne la mesurons pas, quand nous ne la scrutons pas ; mais, dès

---

23. Richard P. Feynman, *QED : The Strange Theory of Light and Matter*, Princeton, Princeton University Press, 1985.

lors que nous utilisons un détecteur pour jauger ses propriétés, elle se métamorphose en particule. Nous le savons là encore grâce à l'expérience des deux fentes de Young.

Plaçons un détecteur de lumière juste après chacune des deux fentes pour espionner le passage des photons. Dans la première expérience, les détecteurs ne sont pas activés. En ce cas, des franges d'interférence apparaissent sur l'écran, et nous savons que la lumière revêt son habit d'onde. Activons maintenant les détecteurs. Deux bandes de lumière apparaissent sur l'écran juste derrière les fentes ; les franges d'interférence ne sont plus là. La lumière revêt alors son habit de particule. Dans le premier cas, parce que les détecteurs sont désactivés, nous ne savons pas par quelle fente, la droite ou la gauche, chaque photon est passé ; dans le deuxième cas, les détecteurs étant activés, nous le savons. Pour modifier le visage des photons, il nous a suffi d'activer les détecteurs. En d'autres termes, l'observateur joue ici un rôle central. Dans le monde des atomes, c'est l'observation qui crée la réalité. La réalité atomique et subatomique n'est plus objective, mais subjective. À l'instar de Salomon, nous n'avons pas à trancher : la lumière est à la fois onde et particule. Le point de vue d'Einstein (la lumière est faite de grains d'énergie) est aussi valable que celui de Huygens, de Young, de Fresnel, de Faraday et de Maxwell (elle a une nature ondulatoire). Les deux descriptions ne s'excluent pas, mais se complètent. C'est ce que Bohr a appelé le « principe de complémentarité ».

Mais la nature n'a pas encore fini de nous surprendre et de faire violence à notre intuition. Non seulement elle a conféré à la lumière une nature duale, mais elle l'attribue aussi à la matière. De manière encore plus bizarre, les briques de matière – électrons, protons et autres neutrons –, que nous croyons fermement appartenir au camp des corpuscules, ont pris eux aussi des allures d'ondes ! En 1923, un jeune physicien français, le prince Louis de Broglie (1892-1987), est le premier à introduire l'idée que la matière doit avoir elle aussi un comportement ondulatoire. Son raisonnement est simple et inspiré. Einstein nous a appris par sa formule $E = mc^2$, la plus célèbre dans toute l'histoire de la physique, que la masse m de la matière est liée à son énergie E par le carré de la vitesse de la lumière c. D'autre part, Planck et Einstein nous ont dit que cette énergie est liée à la fréquence d'une onde. Cela implique que la matière possède elle aussi une nature ondulatoire, avec une longueur d'onde ou fréquence qui lui est associée.

Cette proposition est restée à l'état de théorie jusqu'au milieu des années 1920, quand deux physiciens américains travaillant à la compagnie téléphonique Bell Laboratories, Clinton Davisson (1881-1958) et Lester Germer (1896-1971), se sont mis à faire des expériences de fentes de Young avec un faisceau non pas de lumière, mais d'électrons. Au lieu de faire passer le faisceau d'électrons à travers deux fentes aménagées dans un mur, les deux physiciens bombardent des cristaux de nickel, les rangées d'atomes de nickel à l'intérieur de ces cristaux tenant le rôle des fentes de Young. Quant à la plaque photographique, elle est remplacée par un écran phosphorescent qui marque l'impact d'un électron par un point lumineux à la manière de votre écran de télévision. Les résultats sont remarquables : même si on les lance un à un vers les cristaux de nickel, les électrons dessinent sur l'écran des franges d'interférence avec des successions de zones sombres et de zones lumineuses. Il n'y a aucun doute que la matière possède elle aussi une nature ondulatoire. Les électrons et autres constituants de la matière s'interfèrent avec eux-mêmes, s'annulant en certains endroits et se renforçant en d'autres ; ils se comportent exactement comme les photons. L'intuition géniale de de Broglie est vérifiée, et le prix Nobel de physique lui sera décerné en 1929. Quant à Davisson et Germer, leur tour viendra en 1937.

Le hasard au cœur des atomes

En 1925, le physicien autrichien Erwin Schrödinger (1887-1961) donne une solide base mathématique à l'intuition géniale de de Broglie en inventant une équation d'onde de particule qui porte maintenant son nom. Les physiciens se sont mis fébrilement à utiliser l'équation de Schrödinger pour calculer les propriétés du monde subatomique : structure des atomes, niveaux d'énergie des orbites électroniques, tout y passe. Les résultats obtenus sont invariablement en accord avec les observations. La matière a bel et bien des allures d'onde. Mais une question reste en suspens : que diable veut dire une onde de particule ?

Une onde est décrite à chaque moment par une liste de nombres. Ainsi, pour une onde lumineuse, la liste contient les intensités et directions des champs électrique et magnétique en chaque point de l'espace. Mais quand il s'agit d'un électron (ou de toute autre particule), quelle est la quantité qui oscille et varie comme une vague de l'océan ?

Schrödinger pense que son équation décrit des électrons qui s'« étalent » dans tout l'espace, telles les ondes circulaires qu'engendre une pierre jetée dans un étang et qui s'y propagent pour occuper toute la surface. Mais cette proposition n'a aucun sens, car nous n'observons pas de morceaux d'électrons, un tiers d'électron ici ou un demi-électron là, disséminés dans l'espace ! Les ondes d'électrons ne sont manifestement pas des ondes de matière. C'est finalement le physicien allemand Max Born (1882-1970) qui, en 1926, trouve la bonne réponse : selon lui, l'onde décrite par l'équation de Schrödinger n'est nullement une onde concrète, faite de matière, mais une onde abstraite, faite de probabilités.

L'idée de Born défie notre bon sens, comme on va pouvoir le constater en examinant la situation suivante. Vous jouez aux billes. Une bille est lancée contre une autre, immobile. Après la collision, les deux billes repartent dans des directions et à des vitesses différentes. Ces directions et ces vitesses peuvent être calculées exactement par les lois de la mécanique classique de Newton si l'on connaît la force avec laquelle et la direction dans laquelle la première bille a été lancée. Remplacez maintenant la première bille par un électron et la deuxième bille immobile par un atome. Lancez l'électron contre l'atome. Après sa collision avec l'atome, la trajectoire de l'électron n'est plus déterminée. Mais, grâce à l'équation de Schrödinger, on peut calculer la probabilité de rencontrer l'électron en tel ou tel endroit. Born nous dit que cette probabilité est égale au carré de l'amplitude de l'onde. Les chances de rencontrer l'électron sont les plus grandes aux crêtes de l'onde, et les plus petites à ses creux. Mais, même aux crêtes, vous ne serez jamais assuré de voir l'électron. Peut-être 2 fois sur 3 (une probabilité de 66 %) ou 7 fois sur 10 (une probabilité de 70 %), mais la probabilité ne sera jamais de 100 %.

Le hasard entre ici en force dans le monde des atomes. Mais ce hasard est différent de celui du monde macroscopique. Nous sommes tous habitués aux jeux de hasard dans l'univers quotidien. Quand nous jouons aux courses, quand nous lançons une pièce de monnaie en l'air ou un dé sur une table, ou quand nous jouons à la roulette au casino, nous parlons de probabilités. Ainsi, il y aura une probabilité de 50 % que la pièce de monnaie retombe sur pile ou face, ou une probabilité de 1/6 (ou 16,6 %) que le dé retombe sur l'une de ses faces. Mais, dans ces différents cas, le hasard reflète simplement notre manque de connaissance. En principe, si nous connaissons exactement la position initiale de la pièce de monnaie, la force avec laquelle elle a été lancée, la résistance de l'air, etc., nous pouvons déterminer exactement, grâce aux lois de la mécanique classique, si elle va retomber sur pile ou face. De même, si nous avons une connaissance parfaite des mouvements de la roulette du casino, de la bille lancée par le croupier et de l'interaction entre les deux, et que nous disposons d'ordinateurs assez puissants pour effectuer les calculs nécessaires, nous pouvons en principe déterminer à l'avance sur laquelle des trente-sept cases de la roue la bille va retomber. C'est ce qu'a voulu exprimer le physicien français Pierre Simon de Laplace (1749-1827) dans ce fameux passage devenu le credo du déterminisme : « Une intelligence qui, pour un instant donné, connaîtrait toutes les forces dont la nature est animée, et la situation respective des êtres qui la composent, si d'ailleurs elle était assez vaste pour soumettre ces données à l'analyse, embrasserait dans la même formule les mouvements des plus grands corps de l'univers et ceux du plus léger atome ; rien ne serait incertain pour elle, et l'avenir comme le passé seraient présents à ses yeux[24]. » En d'autres termes, si nous savons exactement les lois

24. Pierre Simon de Laplace, *Essai philosophique sur les probabilités*, Paris, Courcier, 1814.

de l'univers ainsi que son état à l'instant initial, nous pouvons prédire exactement l'état de cet univers à un instant ultérieur. Mais, même si les lois de la physique nous sont parfaitement connues, nous ne pouvons jamais connaître l'état initial qu'approximativement, et nous ne pouvons pas dire à l'avance si la pièce va retomber sur pile ou sur face, ni indiquer le numéro de la roue sur lequel la bille va retomber. Aussi parlons-nous de hasard. Les casinos de jeux comptent d'ailleurs sur le double fait que vous avez toujours une connaissance imparfaite de la situation initiale et que vous êtes impuissant à prévoir le numéro qui va sortir pour vous délester de votre argent. Le hasard, dans le monde macroscopique, est l'autre nom de notre connaissance imparfaite des choses. En revanche, le concept de hasard dans le monde subatomique est d'une nature plus fondamentale. Il n'est pas lié à un manque de connaissance, mais est inscrit dans le cœur même des atomes. Avant l'observation, nous ne pouvons jamais dire que l'électron est dans telle ou telle position. Nous avons seulement la capacité de dire que l'électron a une certaine probabilité d'être en tel ou tel endroit.

Un chat suspendu entre la vie et la mort

Cette irruption du hasard dans le monde des atomes n'est pas du goût de certains physiciens, et non des moindres. Erwin Schrödinger, père de la fonction d'onde qui nous permet de quantifier ce hasard en calculant des probabilités, refuse d'accepter une description de la réalité en termes de potentialités qui ne se matérialiseraient qu'après l'observation. En témoigne son cri du cœur : « Je suis vraiment désolé de m'être un jour mêlé de la théorie quantique ! » Et le physicien autrichien s'attache à trouver des exemples dans la vie courante montrant que penser le réel en termes de probabilités, comme le fait la mécanique quantique, ne peut mener qu'à des conclusions absurdes. Ainsi l'histoire de son fameux chat.

Imaginons, dit-il, un chat enfermé dans une chambre avec un flacon de cyanure. Au-dessus de la bouteille de poison se trouve un marteau contrôlé par une substance radioactive dont les noyaux se désintègrent spontanément au bout d'un certain temps. Lors de la première désintégration, le marteau tombe sur le flacon et le brise, libérant le cyanure qui va empoisonner le chat. Rien d'anormal jusqu'ici. Mais les problèmes surgissent dès que nous tentons de prédire le destin du chat. La vie de ce dernier dépend en effet de la première désintégration. Or, selon la mécanique quantique, celle-ci ne peut être décrite qu'en termes de probabilités : il y a 50 % de chances pour qu'un noyau se désintègre (ou ne se désintègre pas) au bout d'une heure. Tant que nous n'entrons pas dans la chambre pour vérifier si le chat est mort ou vivant, nous pouvons seulement dire qu'au bout d'une heure le félin est une combinaison de 50 % de chat mort et de 50 % de chat vivant. L'indéterminisme du monde subatomique a gagné le monde macroscopique. Schrödinger ne peut accepter une telle description de la réalité. Pour lui, le chat est soit mort, soit vivant. Il ne peut être les deux à la fois.

Dans son combat contre l'interprétation probabiliste du réel de la mécanique quantique, Schrödinger peut compter sur un allié de taille : Einstein, déterministe invétéré lui aussi, rejette également le point de vue selon lequel les composantes élémentaires du monde se comportent de façon fondamentalement probabiliste. Le physicien allemand est persuadé que la mécanique quantique est incomplète, ou fait fausse route. Conviction qu'il exprime avec force dans sa célèbre formule : « Dieu ne joue pas aux dés ! »

Et pourtant, ce n'est pas la mécanique quantique, avec sa description du réel en termes de probabilités, qui est dans l'erreur, mais Schrödinger et Einstein. La mécanique quantique est une théorie qui marche. Depuis son élaboration, elle a été invariablement vérifiée par l'expérimentation dans les situations les plus diverses. Quant au paradoxe du chat de Schrödinger, la théorie de la décohérence semble apporter un élément de réponse, comme nous le verrons plus tard. Nous devons accepter le fait que, dans le monde des atomes, le hasard libérateur de la mécanique quantique règne en maître, et que le déterminisme contraignant de la mécanique classique n'a plus lieu d'être. Le modèle de l'atome de Bohr, où les électrons tournent sagement autour du noyau selon des orbites précises, à la manière des planètes autour du Soleil, vole en éclats.

L'atome doit être maintenant conçu comme un espace presque vide où les électrons dansent et virevoltent autour d'un noyau minuscule, arborant leur habit d'onde et occupant en entier l'espace vide de l'atome. N'étant plus soumis aux diktats rigides du monde déterministe où chacun doit rendre compte de manière précise de sa localisation et de sa vitesse, les électrons, sous leur habit d'onde, sont partout à la fois dans la vaste salle de bal de l'atome.

Une incertitude fondamentale

Mais nous n'en avons pas fini avec les étrangetés de la mécanique quantique. Elle a encore plus d'un tour dans son sac. Même si vous installez un détecteur pour observer les électrons et qu'ils se métamorphosent alors en particules, vous ne pourrez jamais déterminer précisément à la fois leur vitesse et leur position. La raison de cet échec est liée à la fois à l'acte d'observation et à la nature même de la lumière. Celle-ci entre en jeu car, pour observer un électron (ou toute autre particule), il faut l'éclairer avec un faisceau de photons. Or, Planck et Einstein nous disent que chaque photon est doté d'une énergie proportionnelle à la fréquence de la lumière, et inversement proportionnelle à sa longueur d'onde. Cette dernière est la distance entre deux crêtes ou deux creux de l'onde lumineuse, et détermine le degré de précision avec laquelle nous pouvons localiser l'électron. Plus l'énergie est faible, plus la longueur d'onde est grande, et plus la position de l'électron est incertaine. En revanche, plus l'énergie est grande, plus la longueur d'onde est petite, et plus la position de l'électron est précise. Pour déterminer avec précision la localisation d'un électron, il faut donc l'éclairer avec de la lumière énergétique (par exemple la lumière X, ou gamma). Mais la position seule de l'électron ne suffit pas à le décrire. Il nous faut connaître aussi son mouvement en mesurant sa vitesse. Or, en bombardant l'électron avec des photons énergétiques, nous perturbons son mouvement. Et cette perturbation est d'autant plus importante que l'énergie des photons est plus grande.

Nous nous trouvons donc confrontés à un dilemme cornélien : soit nous mesurons la position d'un électron avec précision en l'éclairant avec de la lumière énergétique, et nous renonçons à connaître sa vitesse de manière précise ; soit nous mesurons sa vitesse aussi précisément que possible en l'éclairant avec de la lumière la moins énergétique possible afin de le perturber le moins possible, et nous renonçons à cerner sa position. Ce dilemme ne pourra jamais être tranché, car cette indétermination de la réalité de l'électron ne vient pas du fait que nos instruments de mesure ne sont pas assez sophistiqués, ou qu'il existe un défaut dans notre procédure. Le physicien allemand Werner Heisenberg (1901-1976) a montré en 1927 que ce flou de la réalité est une propriété fondamentale du monde atomique et subatomique. Celui-ci est régi par ce que Heisenberg appelle le « principe d'incertitude[25] ».

Nous retrouvons de nouveau, ici, l'interaction entre l'observateur et l'objet observé. C'est l'observateur qui détermine la réalité, puisque c'est lui qui décide quelle sorte de lumière utiliser et, de la vitesse et de la position d'une particule, laquelle des deux quantités il entend mesurer avec le plus de précision. Parler d'une réalité « objective » pour l'électron, d'une réalité qui existe sans qu'on l'observe, n'a pas de sens, puisqu'on ne peut jamais l'appréhender. Celle-ci est inévitablement modifiée en réalité « subjective » qui dépend de l'observateur et de son instrument de mesure. Les atomes constituent un monde de potentialités ; ils ne deviennent choses et faits qu'après l'acte de mesure d'un observateur.

Des particules de l'ombre qui se matérialisent

La mécanique quantique a un caractère rebelle ; en transgressant allégrement les interdits de la mécanique classique, elle permet l'existence de phénomènes plus extraordinaires les uns que les autres. En particulier, elle fait que certains « trous noirs » très peu

25. Werner Heisenberg a pu exprimer mathématiquement la relation entre la précision avec laquelle nous pouvons mesurer la position et celle avec laquelle nous pouvons mesurer la vitesse d'une particule : le produit de l'incertitude sur la position par l'incertitude sur la vitesse est toujours égal ou supérieur à la constante de Planck divisée par 2 π.

massifs, qu'on pensait complètement interdits de lumière, ont la faculté de rayonner et de s'évaporer totalement dans un flash lumineux. La mécanique quantique accomplit ce tour de passe-passe en faisant appel au principe d'incertitude de Heisenberg non pas sous sa forme habituelle, mais sous une autre. En effet, non seulement la nature nous empêche de connaître simultanément la position et la vitesse d'une particule élémentaire, mais elle rend floue son énergie. Un flou qui dépend de sa durée de vie : plus son énergie est incertaine, et plus elle vit brièvement[26]. Ce flou de l'énergie dans le monde quantique permet à la nature de faire des entorses au sacro-saint principe de la conservation d'énergie qui règle le monde macroscopique et qui dit que « rien ne s'obtient de rien ». Dans le monde des atomes, la nature peut emprunter de l'énergie sans rien donner en retour, et utiliser cette énergie gratuite pour engendrer des particules élémentaires puisque, comme Einstein nous l'a appris, matière et énergie sont équivalentes. Mais cet emprunt d'énergie est soumis au principe d'incertitude. Il doit être tôt ou tard remboursé, et plus l'énergie empruntée est grande, plus le remboursement doit se faire rapidement.

Les particules ainsi nées du flou de l'énergie ont des existences fantomatiques. Elles apparaissent et disparaissent au gré des prêts et des remboursements d'énergie effectués par la nature, dans des cycles infernaux de vie et de mort de durée infinitésimalement petite (de l'ordre de 10^{-43} seconde). On les appelle particules « virtuelles », car, laissées à elles-mêmes, elles n'arrivent jamais à quitter le monde des ombres et à acquérir une existence stable dans le monde réel. Un petit tour, et elles s'en vont pour réapparaître et disparaître à nouveau. Au moment où vous lisez ces lignes, un centimètre cube de l'espace qui vous entoure peut contenir jusqu'à 1 000 milliards de milliards de milliards (10^{30}) d'électrons virtuels.

Mais, en certaines circonstances, une particule virtuelle peut se « réaliser », entrer dans le monde réel. Ainsi, si elle trouve un géné-

---

26. Plus précisément, le produit de l'incertitude planant sur l'énergie d'une particule par l'incertitude planant sur sa durée de vie doit être supérieur ou égal à la constante de Planck divisée par 2 π.

reux bienfaiteur pour payer sa dette d'énergie, elle peut quitter le monde des fantômes et se matérialiser dans le monde physique. Les trous noirs peuvent jouer ce rôle de bienfaiteurs et aider les particules virtuelles à réaliser leur potentiel. Et ce, parce que la gravité d'un trou noir est extrêmement élevée et très riche en énergie. La gravité va payer les dettes d'énergie des particules virtuelles (et de leurs antiparticules, celles-ci ayant toutes les propriétés des particules, sauf la charge électrique qui est de signe opposé) situées juste au-delà du rayon de non-retour du trou noir. Une fois leur prêt remboursé, celles-ci émergent du monde des ombres pour entrer dans le monde réel.

Suivons le destin d'une paire électron-antiélectron (ou positon) qui, grâce à la générosité de la gravité d'un trou noir qui a remboursé son emprunt d'énergie, a quitté le monde virtuel pour se matérialiser. Plusieurs cas de figure se présentent. Soit la paire est happée par l'emprise gravitationnelle du trou noir et retombe dans sa bouche béante, auquel cas son excursion dans le monde réel aura été de bien courte durée. Soit l'électron seul s'échappe des griffes du trou noir, tandis que son antiparticule retombe dans le gouffre ; l'électron rencontre un positon et leur étreinte se termine en un flash de lumière. Soit l'électron et son antiparticule s'échappent tous deux de la gravité du trou noir, et leur rencontre s'achève aussi dans une apothéose de lumière. Ainsi le trou noir n'est-il plus strictement noir. Il peut rayonner. C'est ce qu'a démontré le physicien anglais Stephen Hawking (1942-) en 1974 : l'énergie que le trou noir fournit pour rembourser les dettes des particules virtuelles et les aider à se matérialiser provient en dernier lieu de sa masse. Au fur et à mesure que le trou noir rayonne, sa masse diminue jusqu'à devenir zéro. Le trou noir s'« évapore » littéralement en lumière.

Des mini-trous noirs primordiaux qui rayonnent ?

Est-ce à dire que les trous noirs que nous avons rencontrés auparavant (ceux de quelques fois la masse du Soleil, gisant dans les terreaux galactiques ; ceux de quelques millions de masses solaires, au cœur des galaxies à noyaux actifs ; ou encore ceux d'un milliard de masses solaires, alimentant l'énergie fabuleuse des quasars) vont s'évaporer en lumière en un rien de temps, faisant disparaître les galaxies actives et autres quasars de la scène cosmique ? La réponse est non. Le taux d'évaporation d'un trou noir dépend de sa masse. Chacun d'eux est caractérisé par une température, qui dépend inversement de sa masse. Plus un trou noir est massif, plus sa température est basse et plus il s'évapore lentement. Un trou noir de la masse du Soleil a déjà pratiquement besoin de l'éternité pour s'évaporer complètement. Sa température serait seulement d'un dix-millionième de degré (plus froid que le milieu intergalactique, qui est à 2,7 degrés Kelvin), et il mettrait 10^{65} (1 suivi de 65 zéros) années pour s'évaporer. Le temps d'évaporation de trous noirs plus massifs est encore plus long, car il est proportionnel au cube de la masse du trou noir. Ainsi, un trou noir supermassif d'un milliard de masses solaires au milieu d'un quasar mettra des millions de milliards de milliards de fois plus longtemps à s'évaporer qu'un trou noir stellaire de dix masses solaires dans la Voie lactée.

Pourquoi les trous noirs de la masse d'une étoile ou plus ont-ils besoin de presque l'éternité pour s'évaporer ? La raison en est simple. Nous avons vu que, pour rayonner, un trou noir doit pouvoir sortir des particules virtuelles de l'ombre et les matérialiser en électrons, positons et autres particules élémentaires. Or, pour qu'un trou noir crée des électrons et des positons, il faut que sa taille soit inférieure à celle d'un noyau d'atome, laquelle est d'un dix-millième de milliardième (10^{-13}) de centimètre. Sa température sera alors d'un milliard de degrés. Des trous noirs plus grands et plus froids (donc plus massifs, car le rayon d'un trou noir est proportionnel à sa masse) sont incapables d'engendrer des particules élémentaires en abondance, et ils ne rayonnent donc pratiquement pas. Ainsi, pour trouver des trous noirs qui rayonnent, il nous faut dénicher des mini-trous noirs de la taille d'un noyau d'atome. De telles bestioles peuvent-elles exister dans l'univers ?

En principe, nous pouvons créer des trous noirs aussi petits que nous le souhaitons. Il suffit de comprimer un quelconque objet en deçà d'une certaine taille pour que le champ de gravité soit assez fort pour replier l'espace sur lui-même et empêcher la lumière d'en sortir. Ainsi, si une main géante venait à comprimer le Soleil – dont la masse est de 2 x 10^{33} grammes – de son rayon actuel de 700 000 kilomètres à un rayon de 3 kilomètres, il deviendrait trou noir. Puisque le rayon d'un trou noir varie en proportion de sa masse, un petit calcul nous dit que la Terre, qui a une masse de 6 x 10^{27} grammes, deviendrait trou noir si elle était comprimée à la taille d'une bille d'un centimètre de diamètre ; et il nous dit que vous-même, qui pesez 70 kilogrammes, deviendriez trou noir si votre ennemi vous comprimait avec une force surhumaine jusqu'à vous réduire à 10^{-23} centimètre, soit un million de milliards de fois moins que la taille d'un atome.

Qu'en est-il d'un trou noir plus petit qu'un noyau d'atome ? Sa masse serait autrement plus grande que celle d'un atome. Considérons par exemple un trou noir dont le rayon est de 1,5 x 10^{-13} centimètre, soit environ la taille d'un proton. Sa masse serait d'un milliard de tonnes (10^{15} grammes), c'est-à-dire la masse de 1 000 milliards de milliards de milliards de milliards (10^{39}) de protons. Pour fabriquer un trou noir de la taille d'un noyau d'atome, il faudrait faire entrer ensemble 10^{39} protons dans un volume normalement réservé à un seul. Ce nombre immensément grand n'est pas surprenant si l'on considère que la force électromagnétique qui fait que deux protons se repoussent est de quelque 10^{39} fois supérieure à la force de gravité qui les lie ensemble. Il faut donc quelque 10^{39} protons pour que leur gravité soit assez grande pour vaincre la force de répulsion électrique et les tenir ensemble.

Comment fabriquer des trous noirs aussi petits et denses ? Stephen Hawking suggère que de tels trous noirs ont pu naître de la « mousse quantique de l'espace-temps » pendant les tout premiers instants de l'univers, quand justement celui-ci était extrêmement petit et dense, au temps infinitésimalement petit de 10^{-43} seconde, appelé « temps de Planck ». Un tel « mini »-trou noir primordial aura eu la taille de 10^{-33} centimètre, soit cent milliards de milliards de fois plus petit que la taille d'un proton. Il aura grandi ensuite par accrétion de la matière dans le milieu très dense autour de lui, jusqu'à atteindre la taille d'un proton. Un trou noir de la taille d'un proton a une température de 120 milliards de degrés et met environ 14 milliards d'années – soit l'âge de l'univers – pour s'évaporer. Il émet de l'énergie à hauteur de 6 000 mégawatts, la production de six centrales d'énergie nucléaire. Au fur et à mesure qu'il s'évapore, sa masse diminue, sa température s'accroît, il rayonne de plus belle et perd encore plus de sa masse. Le processus s'emballe et, au bout de 14 milliards d'années, la masse du trou noir n'est plus que de 20 microgrammes, celle d'un grain de poussière, et c'est l'apothéose : le mini-trou noir primordial termine sa vie dans une énorme explosion, libérant de la lumière gamma dont l'énergie est égale à celle de 10 millions de milliards de galaxies. Mais, pour l'heure, ces fantastiques feux d'artifice n'ont jamais été détectés dans l'univers. Les mini-trous noirs primordiaux qui rayonnent et explosent restent à l'état d'entités hypothétiques, bien que leurs propriétés aient été rigoureusement déduites des deux théories les plus établies de la physique du XXe siècle : la mécanique quantique et la relativité générale.

Mon portefeuille peut-il se retrouver dans votre poche ?

Vous ne comprenez pas. Tout cela n'a pour vous aucun sens : la lumière qui a un double visage, qui arbore son habit d'onde quand on ne l'espionne pas et qui se métamorphose en particule par le seul fait que vous l'observiez ; un monde subatomique où le déterminisme a perdu ses droits, qui ne peut être décrit qu'en termes de probabilités et où le flou quantique règne en maître ; des particules virtuelles qui apparaissent et disparaissent au gré de cycles de vie et de mort infinitésimalement courts ! Vous n'êtes pas les seuls à être perdus. Le physicien danois Niels Bohr, l'un des pères fondateurs de la mécanique quantique, a déclaré : « Si vous n'avez pas le vertige quand vous vous penchez sur la mécanique quantique, c'est que vous ne l'avez pas vraiment appréciée. » Le prix Nobel de physique américain Richard Feynman, l'un des physiciens contemporains qui ont le plus réfléchi sur matière et lumière, va encore plus loin : « Je peux dire en toute certitude que personne ne comprend la mécanique quantique[27]. » Mais c'est qu'il n'y a rien à comprendre. Le monde atomique et subatomique est comme ça. Écoutons les conseils de Feynman : « La mécanique quantique décrit la nature comme absurde du point de vue du bon sens. Mais elle a toujours été vérifiée par l'expérience. J'espère que vous pourrez accepter la nature comme elle est : absurde[28]. »

Une question se pose néanmoins : les objets macroscopiques de la vie – les arbres, les fleurs, le collier autour de votre cou, la montre autour de votre poignet – sont faits de particules qui sont soumises, nous l'avons vu, au flou quantique et dont le comportement n'est pas déterministe, mais est décrit par des ondes de probabilité. Pourtant, nous ne sentons pas cette indétermination à l'échelle des choses de la vie. Nous pouvons parfaitement définir la position et la vitesse de notre voiture, celles de la balle que nous frappons avec notre raquette de tennis, ou les nôtres en cours de promenade. La lumière qui nous permet de voir ces objets et d'effectuer ces mesures a bien interagi avec eux ; mais l'énergie des photons est si faible par rapport à celle des choses de la vie que la perturbation qui en résulte est négligeable. C'est comme si celle-ci n'avait jamais eu lieu. Parce que l'acte d'observer ne perturbe pratiquement pas les objets macroscopiques, ceux-ci ont un comportement parfaitement déterministe. Quand un joueur de football frappe la balle avec son pied, nous pouvons déterminer à la fois la position et la vitesse de celle-ci et, connaissant la force de frappe, les lois de la physique nous permettent de dire si la balle va aller dans les filets ou non. Le flou quantique et le principe d'incertitude de Heisenberg s'estompent donc pour les choses de la vie. Ce qui est tout aussi bien, car nous avons déjà assez à faire pour affronter les problèmes quotidiens sans avoir à nous soucier des incertitudes sur la position et la vitesse des objets !

De même, on peut se demander pourquoi le hasard qui règne en

27. Richard Feynman, *The Character of Physical Law*, Cambridge, Massachusetts, MIT Press, 1965, p. 129.

28. Richard Feynman, *QED : The Strange Theory of Light and Matter*, Princeton, Princeton University Press, 1988.

maître dans l'univers des atomes n'est pas aussi omniprésent dans le monde macroscopique, puisque les choses de la vie ne sont que des agrégats d'atomes. Pourquoi les objets qui nous entourent n'ont-ils pas eux aussi une nature ondulatoire qui leur permettrait de s'étaler dans tout l'espace et d'être partout à la fois ? Pourquoi ne voyons-nous pas la Terre disparaître brusquement de son orbite autour du Soleil pour réapparaître du côté de Jupiter ? Pourquoi mon portefeuille ne se retrouve-t-il pas dans la poche de mon voisin sans qu'il ait à jouer au pickpocket, ou pourquoi ma voiture garée à Paris place Denfert-Rochereau ne se retrouve-t-elle pas soudain du côté des Champs-Élysées ? Les lois de la mécanique quantique disent qu'en principe de tels événements peuvent se produire, mais que leur probabilité est si faible qu'ils ne surviennent que si l'on a toute l'éternité devant soi. Pourquoi des probabilités aussi infimes ? Parce que les objets macroscopiques sont constitués d'un nombre extrêmement élevé d'atomes (la Terre en contient environ 10^{50}, une voiture environ 10^{28}, un portefeuille environ 10^{24}), ils perdent leur nature ondulatoire et les effets du hasard s'y neutralisent. Si les objets macroscopiques ne se transportent pas brusquement d'un endroit à un autre dans la vie quotidienne, c'est que la probabilité d'être à un endroit autre que celui où ils se trouvent est pratiquement nulle.

Où se situe la frontière entre le monde microscopique, où la réalité ne peut se décrire qu'en termes de probabilités, et le monde macroscopique, où le hasard s'estompe ? Pour l'heure, les physiciens sont encore incapables de définir cette frontière, bien qu'ils s'y emploient fébrilement. La molécule du fullerène, composée de soixante atomes de carbone, est jusqu'à présent l'objet connu le plus lourd et le plus complexe à révéler un comportement ondulatoire [29].

---

29. Markus Arndt *et al.*, « Wave-particle duality of C^{60} molecules », *Nature*, vol. 401, 1999, pp. 680-682.

La mécanique quantique est-elle incomplète ?

Jusqu'à la fin de sa vie, Einstein n'a pu se résoudre à accepter la vision non déterministe de la mécanique quantique et une réalité subatomique qui se décline en termes de probabilités. Pour ce déterministe convaincu, le monde devait ressembler à un jeu de billard, avec des boules possédant des positions et des vitesses bien définies, et non à une partie de dés régie par les lois de la probabilité. La physique, pour lui, devait pouvoir prédire de façon certaine le résultat unique et bien déterminé d'une expérience, et non pas la probabilité qu'un résultat survienne parmi un vaste éventail de possibilités. Le physicien n'a eu de cesse d'imaginer les situations les plus diverses pour mettre en évidence une faille dans la structure de la théorie quantique, et la prendre ainsi en défaut. Ses longues discussions à ce propos avec le physicien danois Niels Bohr, ardent défenseur de l'interprétation probabiliste de la mécanique quantique, sont légendaires (fig. 33). Mais, malgré tous les efforts d'Einstein, Bohr a toujours eu le dernier mot. En désespoir de cause, Einstein a décidé de renoncer à démontrer que la mécanique quantique était une théorie erronée pour s'atteler à la tâche plus aisée de prouver qu'elle était incomplète et ne donnait pas une description exhaustive de la réalité.

À cette fin, avec deux collègues, Boris Podolsky et Nathan Rosen, il conçoit en 1935 une expérience mentale connue aujourd'hui sous le nom d'« expérience EPR », d'après les initiales de ses trois auteurs. Cette expérience dans laquelle la lumière joue de nouveau le rôle principal doit, pense-t-il, prendre la mécanique quantique en flagrant délit d'incomplétude.

Considérons, disent nos trois auteurs, deux grains de lumière A et B qui résultent de la désintégration d'une particule. Pour des raisons de symétrie, A et B partent dans des directions opposées. Installons nos instruments de mesure et vérifions. Si A part vers l'est, nous détectons B à l'ouest. Jusqu'ici, apparemment rien d'extraordinaire. Mais c'est sans tenir compte des étrangetés de la mécanique quantique. Avant d'être capté par le détecteur, A arbore non pas son habit de particule, mais celui d'onde. Cette onde, n'étant pas localisée, occupe tout l'espace, et il existe une certaine probabilité pour que A se trouve dans n'importe quelle direction. C'est seulement quand il est capté que A revêt son habit de particule et « apprend » qu'il se dirige vers l'est. Mais si, avant d'être capté, A ne « sait » pas quelle direction il va prendre, comment B a-t-il pu « deviner » le comportement de A et régler le sien de façon à être capté au même instant dans la direction opposée ? Cela n'a aucun sens, à moins d'admettre que A puisse communiquer instantanément à B la direction qu'il a prise. Puisque les deux particules sont détectées au même instant, cela veut dire que la communication se fait à une vitesse infinie. Mais cela entre en contradiction avec la théorie de la relativité, si chère à Einstein, qui dit qu'aucun signal ne peut voyager plus vite que la lumière. Parce que « Dieu n'envoie pas de signaux télépathiques », Einstein conclut que la mécanique quantique ne donne pas une description complète de la réalité. Selon le physicien, A doit savoir à l'avance quelle direction il va prendre, et communiquer cette information à B avant de s'en séparer. En d'autres termes, Einstein souscrit à ce qu'on appelle le « réalisme local » : A possède bien à chaque instant une vitesse et une position bien définies et localisées sur la particule, indépendamment de l'acte d'observation. Selon le physicien, si la mécanique quantique est incapable de rendre compte de la trajectoire d'une particule, c'est qu'elle ne prend pas en considération certains paramètres appelés « variables cachées ». Elle est donc incomplète.

Des photons séparés qui restent connectés

Pendant près de trente ans, le schéma EPR reste à l'état d'expérience mentale, car les physiciens ne savent comment le mettre en pratique. La situation n'est débloquée qu'en 1964, grâce au physicien irlandais John Bell, du CERN, à Genève. Prenant l'idée centrale d'EPR, de spéculation métaphysique il en fait une proposition qui peut être vérifiée expérimentalement. Il démontre que si EPR est correct, les mesures faites par deux détecteurs séparés par une grande distance des spins de deux photons qui ont interagi ensemble (les physiciens les appellent des « photons intriqués »), mais qui se sont éloignés l'un de l'autre, doivent être corrélées. Le spin d'une particule est son mouvement de rotation autour d'un axe quelconque, soit dans le sens des aiguilles d'une montre, soit dans le sens contraire. Bien que l'inclinaison de l'axe de rotation puisse varier – il peut être par exemple d'un angle de 80°, ou de 30° –, le spin doit rester constant. Bell arrive à calculer précisément le degré de corrélation qui doit exister entre les spins des deux photons. Si EPR a raison, si la mécanique quantique est incomplète, et s'il existe des variables cachées qui permettent de définir en même temps la position et la vitesse d'une particule, alors les spins des deux photons doivent être les mêmes (tous les deux tournant dans le sens des aiguilles d'une montre ou dans le sens contraire) plus de la moitié des fois. En revanche, si la concordance des deux spins est inférieure à 50 %, alors EPR fait fausse route et il n'existe pas de variables cachées.

Pendant plus d'une décennie, la technologie n'a pas été assez au point pour permettre d'utiliser les résultats de Bell en vue de départager EPR et la mécanique quantique. Ce n'est qu'au début des années 1980 que le physicien français Alain Aspect et son équipe de l'université d'Orsay ont effectué une série d'expériences sur des paires de photons afin de mettre à l'épreuve l'effet EPR. Dans l'expérience d'Aspect, les deux détecteurs sont séparés de 13 mètres, la source de photons étant située à égale distance des deux. Le résultat des expériences est sans équivoque : l'accord des spins des électrons est inférieur à 50 %. Il n'y a donc aucun doute : les variables cachées n'existent pas, EPR s'est trompé et la mécanique quantique a raison.

Les implications de l'expérience d'Aspect sont extraordinaires : bien que les photons A et B n'aient pas des positions et des vitesses bien définies, bien qu'ils soient séparés par 13 mètres d'espace, B « sait » toujours instantanément ce que fait A. Des horloges atomiques associées aux détecteurs qui captent A et B permettent de mesurer très précisément le moment d'arrivée de chaque photon. La différence entre les deux temps d'arrivée est inférieure à quelques dixièmes de milliardième de seconde (elle est probablement nulle, mais la précision des horloges atomiques actuelles ne permet pas de mesurer des temps inférieurs à 10^{-10} seconde). Or, en 10^{-10} seconde, la lumière, avec sa vitesse de 300 000 kilomètres par seconde, ne peut franchir que 3 centimètres, espace bien inférieur aux 13 mètres qui séparent A de B. En aucun cas, A et B ne peuvent s'envoyer des informations par la lumière.

Plus impressionnant encore : le résultat reste le même lorsqu'on augmente la distance qui sépare les deux photons. Dans la dernière expérience en date réalisée par le physicien suisse Nicolas Gisin et ses collaborateurs, la distance entre les deux photons est de 11 kilomètres, et les comportements de A et B toujours aussi parfaitement corrélés. De nouveau, les physiciens suisses sont certains que les deux photons ne peuvent entrer en communication par la lumière. La différence entre le temps de réponse des deux détecteurs est en effet inférieure à 3 dixièmes de milliardième de seconde ; pendant ce laps de temps infinitésimal, la lumière ne peut franchir que 9 centimètres sur les 11 kilomètres qui séparent les deux photons.

La conclusion de ces expériences est imparable : même si B est situé dans la galaxie Andromède à 2,3 millions d'années-lumière de la Terre, ou au bord de l'univers observable, à quelque 14 milliards d'années-lumière, il ajuste son comportement instantanément en fonction de celui de A. Il semble exister une mystérieuse influence qui relie A à B bien que les deux photons soient séparés dans l'espace par des distances incommensurables. C'est un peu comme si vous et l'un de vos amis aviez en main deux pièces de monnaie rigoureusement identiques. Votre ami reste à Paris tandis que vous débarquez à New York. Vous et votre ami décidez de jouer à pile ou face avec votre pièce de monnaie de part et d'autre de l'Atlantique. En principe, chaque pièce de monnaie doit retomber pile ou face indépendamment du comportement de l'autre pièce. Une pièce peut retomber face et l'autre pile, ou *vice versa*. Ou elles peuvent toutes deux retomber pile ou face. Il ne doit y avoir aucune corrélation entre les comportements des deux pièces. Chacune doit obéir rigoureusement aux lois de probabilité qui disent qu'en moyenne elles ont 50 % de chances de retomber sur pile ou sur face. Or, en comparant les résultats, vous vous apercevez que les comportements des deux pièces sont rigoureusement identiques, qu'elles tombent toujours pile ou face en même temps ! De deux choses l'une : soit vous vous dites que les pièces sont truquées, soit vous criez au miracle ! Un défaut de fabrication a pu faire que les deux pièces de monnaie aient deux côtés pile, ou deux côtés face. Si vous et votre ami n'avez pas examiné les pièces de monnaie avant de les lancer, et si vous obtenez toujours pile ou face en même temps, vous pouvez être amenés à croire de façon erronée que le comportement des deux pièces est corrélé, alors qu'il n'en est rien. Einstein opte pour cette option des pièces (ou des dés) truquées, c'est-à-dire pour l'existence de variables cachées et pour une mécanique quantique incomplète. Mais cette hypothèse conduit à considérer deux types différents de paires de photons – les paires face-face et les paires pile-pile – alors que, du point de vue de la mécanique quantique, les paires de photons sont strictement identiques. Les expériences d'Aspect et de Gisin, fondées sur les calculs de Bell, montrent de manière convaincante que l'erreur n'est pas le fait de la mécanique quantique, mais celui d'Einstein et de ses collègues.

Un univers interconnecté dans l'espace

Comment expliquer le fait que B « sait » toujours instantanément ce que fait A sans aucune communication d'information ? Le paradoxe n'en est un que si nous supposons, comme Einstein, que la réalité est morcelée et localisée sur chacun des photons. Il n'a plus lieu d'être si nous admettons que A et B font partie d'une même réalité globale. A n'a nul besoin d'envoyer un signal à B dans la mesure où les deux photons « intriqués » ont déjà interagi ensemble, se « souviennent » de leur interaction passée et restent constamment en contact l'un avec l'autre par une sorte d'interaction mystérieuse. Où qu'elle soit, la deuxième particule continue à faire partie de la même réalité que la première, même si les deux grains de lumière se trouvent à deux bouts de l'univers. Ainsi, la mécanique quantique élimine toute idée de localisation. Elle confère un caractère holistique à l'espace. Les notions d'« ici » et de « là » n'ont plus de sens ; « ici » est identique à « là ». C'est ce que les physiciens appellent la « non-séparabilité » ou la « non-localité » de l'espace.

Nous arrivons donc à cette conclusion extraordinaire que la localité n'est plus de mise dans l'univers. Nous devons réviser radicalement nos concepts usuels relatifs à l'espace. Les grands bâtisseurs d'univers que sont Newton et Einstein ont différé sur bien des points quand il s'est agi de l'espace-temps. Pour Newton, l'espace et le temps sont absolus, indépendants de l'observateur ; ils sont complètement distincts et vivent des existences séparées. Pour Einstein, au contraire, l'espace et le temps deviennent relatifs, leurs valeurs dépendant de la vitesse de l'observateur et du champ de gravité dans lequel il se trouve ; ils forment un couple bien uni et leurs variations s'effectuent de façon complémentaire. Pourtant, aucun de ces deux illustres physiciens n'a jamais remis en cause le concept de « localité » de l'espace. L'espace est en effet le médium qui nous permet de distinguer un objet d'un autre. Si deux personnes ou deux objets sont séparés dans l'espace, nous les considérons comme distincts l'un de l'autre. Dans la vie courante, des objets qui occupent des localisations différentes dans l'espace ne font pas partie d'une même entité. Pour qu'un objet exerce une influence ou une action sur un autre, il faut un moyen ou un intermédiaire qui relie et négocie l'espace entre les deux. Un avion vole de New York à Paris. Je marche de la table où j'écris jusqu'au réfrigérateur pour prendre un Perrier. Quand je parle à ma jolie interlocutrice, ma voix met en branle une multitude de molécules d'air, et leurs vibrations transmettent le son de mes cordes vocales aux oreilles de la jeune femme. Je vois la Lune parce qu'elle reflète la lumière du Soleil jusque dans mes yeux. En revanche, accepter la non-localité, c'est admettre que ce que nous faisons ici peut subtilement influencer ce qui se passe là sans qu'aucune information ait jamais été transmise d'ici à là. Or deux particules qui sont « intriquées » – qui ont interagi par le passé – sont comme l'une sur l'autre, même si elles sont séparées par des milliards de milliards de kilomètres. Leur comportement n'est pas aléatoire, mais parfaitement coordonné. Elles ne mènent pas des existences indépendantes, mais unies, étant reliées par une mystérieuse connexion quantique.

Une question vient à l'esprit : le cosmos a eu pour origine le big bang, l'explosion primordiale du début qui a créé l'univers simultanément avec l'espace et le temps à partir d'un état extrêmement petit, chaud et dense ; toute particule a donc été en contact et en interaction avec toute autre particule dans la soupe primordiale ; cela veut-il dire que tout est intriqué et interconnecté dans l'univers ?

En principe, la réponse est oui. Mais la détection de cette « intrication quantique » primordiale qui date du big bang, il y a 13,7 milliards d'années, est extrêmement difficile, voire impossible. En effet, un grain de lumière quelconque né dans les premières fractions de seconde d'existence de l'univers a interagi avec d'innombrables autres particules au cours de la très longue histoire de cet univers, et il a probablement perdu la mémoire de son interaction primordiale avec les autres photons du début.

L'étude des grains de lumière intriqués nous a obligés à réviser de fond en comble nos conceptions habituelles de l'espace, et à jeter aux oubliettes les concepts de « localité » et de « séparabilité ». Nous allons voir que certains comportements de la lumière vont aussi nous contraindre à réviser les idées habituelles que nous nous faisons du temps.

Le futur détermine le passé

Non contente de chambouler nos idées sur l'espace, la mécanique quantique défie aussi nos notions les plus chères sur l'écoulement du temps, sur passé, présent et futur. Ainsi, dans certaines situations impliquant la lumière, elle semble établir un lien mystérieux entre des événements qui se sont déroulés il y a très longtemps dans le passé et ceux qui surviennent bien plus tard dans le futur.

Revenons-en à l'expérience des fentes de Young. Une source lumineuse (comme un rayon laser) envoie des grains de lumière qui se glissent au travers d'un mur par deux fentes parallèles, et vont frapper un écran situé derrière ce mur. Nous avons vu que, si nous ne regardons pas par quelle fente le photon s'est glissé, ce dernier arbore son habit d'onde. Chaque photon passe à la fois par la fente de gauche et par celle de droite, il s'interfère avec lui-même, produisant de glorieuses franges d'interférence sur l'écran. En revanche, dès que nous installons des détecteurs juste derrière chacune des deux fentes pour espionner le photon et savoir par quelle fente il est passé, celui-ci revêt son habit de particule, et les franges d'interférence disparaissent. Ne restent que deux bandes lumineuses parallèles dans l'axe de la source lumineuse et des deux fentes.

Jusqu'ici, rien de nouveau. Pour mettre en évidence les tours de passe-passe auxquels la mécanique quantique se livre avec le temps, le physicien américain John Wheeler a proposé de modifier l'expérience des fentes de Young en plaçant les détecteurs loin derrière les fentes, juste avant que les photons atteignent l'écran. De nouveau, les franges d'interférence sont présentes quand les détecteurs sont activés, et elles s'évanouissent quand ils ne le sont pas. Mais ce qui est étrange et nouveau dans cette version modifiée de l'expérience des fentes de Young, c'est que la mesure du chemin pris par le photon s'effectue longtemps après que le photon a « décidé » de revêtir son masque d'onde et de passer par les deux fentes à la fois, ou bien de revêtir son masque de particule et de passer soit par la fente gauche, soit par la droite. Or, quand le photon est passé à travers les fentes, il n'a pas pu « savoir » à l'avance si les détecteurs lointains ont été activés ou non.

En fait, l'expérience peut être réalisée de telle façon que les détecteurs ne sont activés qu'après le passage du photon par les fentes. Pour se préparer à l'éventualité de détecteurs éteints, le photon revêt son habit d'onde et passe par les deux fentes à la fois. Mais, une fois les fentes passées, l'expérimentateur espiègle décide de contrecarrer les « plans » du photon et d'activer les détecteurs. Se présente alors au photon un réel problème d'identité : il s'est déjà arrangé pour passer par les deux fentes à la fois en arborant son visage d'onde ; une fois les fentes passées, il nous semble impossible, voire absurde, que le photon puisse revenir sur une décision déjà prise et modifier une action déjà accomplie pour revêtir son habit de particule et ne plus passer que par une seule fente à la fois.

Et pourtant, c'est bien ce qui semble se passer ! Les expériences montrent que les photons ajustent toujours leur comportement de façon irréprochable et ne se trompent jamais, quelle que soit la décision de l'expérimentateur – décision prise après le passage des photons par les fentes. Que l'observateur allume un des détecteurs, et le photon est particule et passe par une seule fente ; les franges d'interférence sont absentes. Qu'il l'éteigne, et le photon est onde et passe par les deux fentes à la fois ; les franges d'interférence font leur apparition. Et cela, même si le détecteur est activé ou éteint bien après que le photon a franchi les fentes !

Ce comportement extraordinaire défie notre bon sens. C'est comme si les photons avaient une « prémonition » de ce qui va se passer dans le futur, de la décision que l'expérimentateur va prendre (allumer ou éteindre le détecteur). En d'autres termes, ils ajustent leur comportement passé à ce qui va se passer dans le futur. Dans le monde des particules, il existe une sorte de contingence du passé, une myriade de possibilités de passés différents. Par exemple, un photon peut être onde ou particule ; parmi ces deux possibilités, un seul et unique passé va émerger, mais il ne prend forme qu'après que le futur qui en découle est fixé.

Un univers interconnecté dans le temps

Ainsi, la conception du passé que nous offre la mécanique quantique est bien différente de celle que nous en avons habituellement. Pour nous (et pour tout objet macroscopique), le passé est constitué d'actes et d'événements bien définis. Mon histoire a été fixée une fois pour toutes. Je suis né au Vietnam. J'ai fréquenté le lycée français de Saigon. J'ai fait des études d'astrophysique aux États-Unis. Je possède une seule et unique histoire, bien déterminée, et, quoi qu'il arrive dans mon futur, mon histoire passée ne pourra jamais être modifiée. Mon passé est révolu. Il est déjà stocké dans les méandres de ma mémoire. Le futur est encore à venir et ne pourra jamais modifier quoi que ce soit à ce qui s'est déjà produit.

La situation est tout autre pour un grain de lumière (ou pour toute autre particule élémentaire). Le passé d'un photon est indéterminé et flou. Il n'est pas unique, mais se décline sous la forme d'une multitude de possibilités. Par exemple, le photon peut choisir entre un passé de particule et un passé d'onde. Ce passé multiforme ne se cristallise qu'après qu'une observation ou une détection a été faite, donc bien après dans le futur. Ainsi, la mécanique quantique ne nie pas l'existence d'un passé ; seulement, il s'agit d'un passé indéfini. Il ne devient défini que grâce à un événement survenu dans le futur. L'acte futur d'observation sélectionne une histoire particulière et bien définie parmi la myriade des passés possibles. Dans le monde atomique et subatomique, l'histoire que nous racontons dépend d'un événement à venir.

Le temps séparant les événements passés de l'acte d'observation inscrit dans le futur peut se compter en milliards d'années, comme dans l'expérience suivante imaginée par le physicien américain John Wheeler. Cette expérience est en quelque sorte la version cosmique de celle des fentes de Young.

La source lumineuse est cette fois un quasar, un astre fantastique qui émet autant d'énergie que mille galaxies dans un volume à peine plus grand que le système solaire. Cette énorme énergie vient d'un trou noir supermassif d'un milliard de masses solaires qui dévore avec gloutonnerie les étoiles de la galaxie sous-jacente. Les quasars sont parmi les objets les plus éloignés de l'univers : la lumière de certains met plus d'une dizaine de milliards d'années-lumière pour nous parvenir. Prenons comme source lumineuse un quasar situé à 10 milliards d'années-lumière. Les deux fentes dans le mur sont remplacées par une galaxie située à 5 milliards d'années-lumière qui se trouve sur la même ligne de visée que le quasar. Par la gravité qu'elle exerce, la galaxie courbe l'espace autour d'elle, si bien que la lumière du quasar est déviée. Une partie de cette lumière part vers la gauche de la galaxie, l'autre partie vers la droite. Tout comme les lentilles de vos lunettes focalisent la lumière sur la rétine de vos yeux, la galaxie agissant comme une lentille gravitationnelle focalise la lumière du quasar, celle de gauche et celle de droite, au foyer d'un télescope installé sur Terre. Comme dans l'expérience des fentes de Young, si nous ne plaçons pas de détecteur pour déterminer si le photon vient de la droite ou de la gauche de la galaxie, nous devons en principe (l'expérience n'a pas encore été réalisée) voir des franges d'interférence (fig. 36). Mais si nous installons des détecteurs, les franges doivent s'évanouir. Dans ce cas, une observation effectuée aujourd'hui aide à préciser une histoire qui s'est déroulée dans un très lointain passé, il y a 5 milliards d'années, quand la lumière du quasar est passée près de la galaxie-lentille et a été déviée par sa gravité. Dans le monde quantique, non seulement l'espace est relié par une sorte de mystérieuse influence, mais encore passé, présent et futur sont intimement connectés.

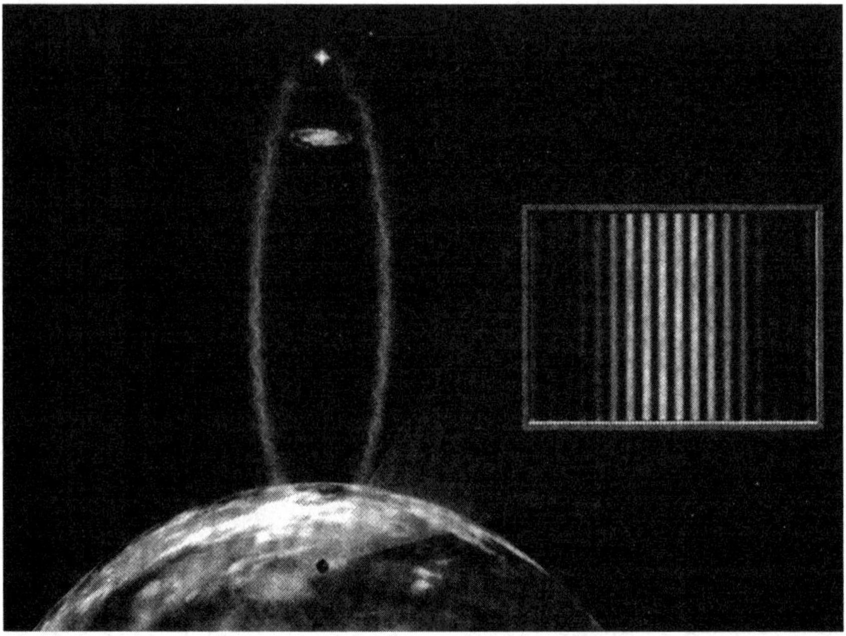

Fig. 36 : Une version cosmique de l'expérience des fentes de Young. La lumière d'un quasar très éloigné est déviée, divisée en deux faisceaux par la gravité d'une galaxie entre la Terre et le quasar, et refocalisée sur la Terre. Des franges d'interférence devraient être en principe observées par les astronomes terriens.

Gommer le passé

Si les actes d'un observateur-expérimentateur sont à même de cristalliser la nature du réel quantique dans le passé, on peut se demander s'ils sont capables de modifier la causalité des événements passés et d'engendrer des contradictions logiques. Par exemple, puis-je utiliser la mécanique quantique pour envoyer dans le passé des instructions destinées à empêcher mes parents de se rencontrer et annuler ainsi ma naissance ? La réponse est catégoriquement non. Bien que les expériences précédemment décrites révèlent une interaction mystérieuse entre passé et futur des particules, en aucun cas il n'est possible de modifier le passé par des actions présentes. L'action présente peut seulement préciser une histoire bien définie parmi une myriade de passés possibles existant déjà ; en aucun cas elle ne peut créer de nouvelles possibilités.

Mais les physiciens ne manquent pas d'imagination. Ils se sont dit : s'il est impossible de modifier le passé, peut-être peut-on s'arranger pour annuler l'*effet* du passé sur le présent. Dans cette optique, les physiciens Marlan Scully et Kai Drühl ont proposé en 1982 l'expérience dite de la « gomme quantique ».

De nouveau, on a affaire à une version modifiée de l'expérience des fentes de Young. Outre la source lumineuse, les deux fentes et l'écran, on place devant chaque fente un instrument qui permet d'étiqueter les photons. Chaque photon se voit coller une étiquette qui permet de dire par quelle fente il est passé, celle de droite ou celle de gauche. Mais comment étiqueter un photon ? On ne met pas des étiquettes sur des photons comme on le fait pour des vêtements dans un grand magasin. En fait, l'instrument force le spin du photon à prendre une certaine direction bien déterminée s'il passe par la fente droite, et une autre direction également bien définie s'il passe par la fente gauche. Pour connaître le chemin emprunté par le photon, il suffit alors de disposer d'un écran qui détecte non seulement l'emplacement de l'impact du photon, mais aussi son spin.

Faisons l'expérience une fois activé l'instrument qui étiquette. Naturellement, les franges d'interférence sont absentes, puisque le fait que nous sachions précisément par quelle fente est passé chaque photon lui fait endosser son habit de particule. Jusque-là, rien que nous ne sachions déjà. Mais que se passe-t-il si, juste avant que le photon ne frappe l'écran, nous ôtons l'étiquette, gommant ainsi toute information sur le chemin du photon ? Celui-ci troquet-il son habit de particule contre celui d'onde, et les franges d'interférence font-elles de nouveau leur apparition ?

C'est pour répondre à ces questions que le physicien sino-américain Raymond Chiao et ses collègues de l'université de Californie, à Berkeley, ont réalisé l'expérience de la « gomme quantique ». Ils ont effacé les étiquettes des photons en installant devant l'écran un appareil qui force tous leurs spins à adopter une seule et même direction, si bien que la mesure du spin du photon quand il frappe l'écran ne donne plus aucune information sur le chemin qu'il a pris. Comme par magie, les franges d'interférence refont alors leur apparition ! Ce qui veut dire que les photons ont échangé leur habit de particule contre celui d'onde. Mais ils l'ont fait *après* avoir franchi les fentes, et non pas avant !

La décision prise par des humains d'utiliser des instruments qui gomment les informations a influencé la nature du réel dans le passé. À nouveau il nous faut accepter que, dans le monde quantique, il existe une sorte de lien mystérieux entre passé et futur, que ce qui se passe plus tard aide à déterminer ce qui est advenu plus tôt. Tout comme deux particules qui ont interagi sont « intriquées » à travers l'immensité de l'espace, il existe une sorte d'étrange « intrication » entre le passé et le futur d'une particule.

L'acte de mesure et la réalité quantique

Les expériences précédentes ont montré de manière convaincante que le rôle joué par l'observateur qui effectue une mesure est fondamental. Avant l'acte de mesure, le photon (ou toute autre particule) revêt son habit d'onde et est partout à la fois. Sa probabilité d'être en tel ou tel endroit est donnée par le carré de l'amplitude de la fonction d'onde de Schrödinger. Dès que l'observateur fait une mesure, le photon troque son habit d'onde pour celui de particule. Il apparaît localisé en un endroit et en un seul. En d'autres termes, la fonction d'onde devient partout nulle, sauf à l'endroit où la particule est captée et où la probabilité grimpe à 100 %. Une seule histoire se cristallise parmi la myriade d'histoires possibles. On dit qu'il y a eu « réduction » de l'onde.

Cette réduction d'onde pose problème. En effet, la mécanique quantique nous dit que quand interagissent deux systèmes quantiques, décrits chacun par leur fonction d'onde, ils forment un nouveau système décrit par une nouvelle fonction d'onde qui contient l'ensemble des possibilités des deux systèmes. Autrement dit, au lieu d'une réduction, on aboutit à une complexification de l'onde. Et si l'on sépare de nouveau les deux systèmes, les expériences d'Aspect montrent qu'ils ne peuvent plus être décrits par deux fonctions d'onde indépendantes, mais par une seule fonction d'onde globale.

La question se pose alors : en quoi un instrument de mesure diffère-t-il d'un autre objet macroscopique ? Pourquoi provoque-t-il une réduction de l'onde aboutissant à une seule réalité parmi une multitude de possibilités, alors que, dans le cas d'un objet macroscopique quelconque, on aboutit à une fonction d'onde plus complexe prenant en compte l'ensemble des possibilités de chacun des systèmes qui ont interagi ? On a assisté à plusieurs tentatives pour résoudre ce problème, mais la solution définitive n'est pas encore en vue et le débat fait encore rage.

Les approches visant à comprendre la mesure quantique et la réduction d'onde ont été diverses et variées. Pour le physicien danois Niels Bohr, l'expérimentateur et son équipement sont différents des particules élémentaires. Ils sont composés d'un nombre considérablement plus élevé de particules, et vouloir les décrire par le formalisme quantique d'une fonction d'onde serait erroné. Le monde macroscopique est régi par la physique classique, les lois de Newton et de Maxwell. Où se situe alors la frontière entre le monde subatomique et le monde macroscopique ? Comment se fait la transition de la physique quantique à la physique classique ? Bohr adopte une attitude pragmatique : pourquoi se poser de telles questions puisque, sans les aborder, les physiciens ont pu utiliser la physique pour décrire avec une extrême précision à la fois les mondes macroscopique et microscopique ? Pour Bohr, le concept d'« atome » n'est qu'un moyen commode pour relier diverses observations en un schéma logique et cohérent. Selon lui, il est impossible d'aller au-delà des faits et des résultats des expériences et mesures : « Notre description de la nature n'a pas pour but de révéler l'essence réelle des phénomènes, mais simplement de découvrir autant que possible les relations entre les nombreux aspects de notre existence[30]. »

Cette attitude strictement empirique et pragmatique est celle adoptée par la plupart des physiciens. Les fondements et conséquences philosophiques de leur science ne les préoccupent pas outre mesure. Pour la grande majorité d'entre eux, la mécanique quantique est une théorie qui marche extrêmement bien, qui rend compte avec une précision inégalée du comportement de la matière au niveau subatomique et de son interaction avec la lumière. Elle nous permet de fabriquer des puces, des lasers, des transistors, des téléviseurs, des ordinateurs et autres instruments plus extraordinaires les uns que les autres, qui ont bouleversé notre mode de vie. Elle accumule succès sur succès. Dès lors, pourquoi chercher plus loin ? Pourquoi creuser plus profondément ? Pour nombre de chercheurs, comme pour Bohr, essayer de comprendre un niveau de réalité au-delà des données expérimentales semble une vaine et futile entreprise.

Le physicien français Jean-Marc Lévy-Leblond résume ainsi cette situation : « Le large accord qui existe aujourd'hui entre les physiciens sur la plupart de leurs théories [...] ne doit pas faire illusion. Il concerne avant tout la machinerie théorique, c'est-à-dire l'ensemble des formalismes mathématiques utilisés pour rendre compte de notre expérience du monde, et les procédures de calcul qui permettent d'en déduire les explications ou les prédictions concernant nos observations [...]. Mais ce consensus laisse ouvertes bien des questions sur l'interprétation de ces théories et la signification de leurs concepts [...]. Derrière l'unité de façade de la communauté scientifique, on trouve de sérieuses divergences intellectuelles, d'autant plus profondes d'ailleurs qu'elles sont rarement explicitées [...]. Cette multiplicité de conceptions reste le plus souvent masquée par

30. Niels Bohr, *Atomic Theory and the Description of Nature*, Ox Bow Press, 1987, p. 18.

l'indifférence ou la prudence dont font montre la plupart des chercheurs en dehors du champ de leurs travaux spécialisés[31]. »

Cela dit, une minorité de physiciens a courageusement pris à bras-le-corps le problème de la réduction de la fonction d'onde et proposé des tentatives de solution.

Un monde qui se divise en multiples versions

Une des approches les plus originales et les plus radicales a été suggérée par le physicien américain Hugh Everett en 1957. Il nous propose une interprétation étonnante de la réalité quantique. Pour lui, il n'y a pas de réduction d'onde. Au lieu de dire que l'acte de mesure choisit une seule histoire parmi la myriade de possibilités décrites par la fonction d'onde, il préconise que toutes les possibilités se matérialisent, mais chacune dans un univers qui est parallèle au nôtre. C'est ce qu'on appelle la théorie des « univers parallèles ». Selon cette théorie, l'univers se divise en copies presque semblables chaque fois que se présente une alternative ou un choix. Ainsi, il y a un univers où le chat de Schrödinger est vivant, et un autre où il est mort. Dans un univers le photon est ici, dans un autre il est là, dans un troisième il est autre part, et ainsi de suite. La notion d'univers parallèles place au même rang les chats morts et les chats vivants. Elle met sur un pied d'égalité la position observée du photon avec toutes les autres positions où la probabilité (donnée par le carré de l'amplitude de la fonction d'onde) n'est pas nulle. Le photon occupe toutes les positions, observées ou non, mais chaque position se trouve dans un univers parallèle différent. Parmi cette multitude d'univers, l'observateur en sélectionne un en particulier, avec un chat mort ou vivant, avec une position bien précise du photon. Ces univers parallèles sont aussi réels les uns que les autres. Ils contiennent chacun un observateur qui s'est lui aussi subdivisé en multiples copies. Mais tous sont totalement déconnectés les uns des autres : les observateurs d'un univers ne peuvent jamais

31. Jean-Marc Lévy-Leblond, « Le temps, des équations aux mots », *Les Espaces*, décembre 1999.

examiner ce qui se passe dans les autres. Ces univers parallèles restent à tout jamais invérifiables, car nous ne pourrons jamais les observer.

L'univers se livre donc à une orgie de dédoublements, à une frénésie de subdivisions chaque fois qu'il y a alternative. Certains univers ne différeraient que par la position d'un seul photon. D'autres présenteraient de plus grandes différences. Il y aurait un univers où vous seriez resté à la maison pour lire ce livre, et un autre où vous seriez allé à un concert. Il y aurait des univers où la guerre américaine du Vietnam n'aurait pas eu lieu, où l'Amérique n'aurait pas envahi l'Iraq, où le mur de Berlin ne serait pas tombé, où l'homme ne serait pas allé sur la Lune, etc. D'autres univers différeraient encore de façon plus fondamentale : ils posséderaient d'autres lois physiques, d'autres constantes physiques. Il y aurait par exemple un univers où la lumière ne voyagerait pas à 300 000 kilomètres par seconde, mais à 3 mètres par seconde. La notion de responsabilité morale n'aurait plus lieu d'être dans un monde d'univers parallèles. Ainsi, un criminel aurait beau jeu d'implorer la clémence du jury : même s'il a commis un meurtre dans cet univers-ci, un de ses doubles ne l'aurait pas commis dans un univers parallèle. Tous les choix devant se réaliser, il n'existe plus de véritable choix.

En tant qu'auteur, vous pensez que je devrais être favorable à la théorie des univers parallèles. Ce livre se démultiplierait en d'innombrables copies. Mais c'est oublier que l'auteur se dédouble lui aussi, si bien que les droits d'auteur de chaque auteur dans chaque univers parallèle resteraient les mêmes !

Votre bon sens se rebelle : comment notre conscience et notre individualité peuvent-elles se diviser en multiples copies sans que nous nous en rendions compte ? Mais le bon sens peut-il servir de guide dans le monde bizarre de la mécanique quantique ? En tout cas, la théorie des univers parallèles, comme toutes les théories conçues pour expliquer la réduction de la fonction d'onde, ne contredit aucune expérience en laboratoire.

Le rôle de la conscience

D'autres théories ne multiplient pas les univers à l'infini, mais admettent l'idée que l'acte de mesure isole une histoire particulière parmi toutes les possibilités qui s'offrent. Leurs auteurs accordent à la conscience de l'observateur le rôle principal. C'est elle qui opère le choix et provoque la réduction de l'onde. Les théories qui font intervenir la conscience humaine sont dites « idéalistes » ou « subjectivistes ». Le nom du physicien hungaro-américain Eugene Wigner (1902-1995) leur est attaché. Écoutons-le : « Il est impossible de donner une description des phénomènes atomiques sans faire intervenir la conscience. C'est l'entrée d'une impression dans notre conscience qui altère la fonction d'onde. » Mais attribuer un rôle majeur à la conscience ne va pas sans poser problème. Un certain laps de temps s'écoule entre le moment où l'appareil enregistre la mesure d'une particule et celui où l'observateur prend conscience de cette mesure : le temps nécessaire pour que la lumière voyage de l'appareil de mesure à l'œil de l'expérimentateur, et pour que l'information soit transmise par le nerf optique et traitée par les neurones de son cerveau. Cela ne prend certes qu'une fraction de seconde, mais le processus n'est pas instantané. En supposant que la réduction de la fonction d'onde ne se produise qu'au moment de la prise de conscience de la mesure, les idéalistes doivent postuler l'émission d'un signal par la conscience de l'observateur, signal qui remonterait le temps et communiquerait à l'instrument l'instant précis de l'interaction de la particule avec le dispositif. Un scénario pour le moins bizarre et alambiqué !

Cette bizarrerie est poussée jusqu'à l'absurde quand l'observateur est remplacé par un dispositif d'enregistrement automatique. Au cours d'une expérience de collisions de particules dans l'accélérateur à hautes énergies du CERN, les résultats qui ont été enregistrés sur bandes magnétiques ne sont analysés que des mois, voire des années après l'expérience. C'est seulement à ce moment qu'ils pénètrent dans la conscience d'un esprit humain. Comment supposer que le signal émis par cet esprit conscient puisse être responsable de la réduction d'onde des mois ou des années avant qu'il en prenne connaissance ? Cela paraît tout à fait invraisemblable.

Une autre approche, qui accorde aussi le beau rôle à la conscience, est celle de Werner Heisenberg, le père du principe d'incertitude. Il propose de considérer la fonction d'onde non pas comme une description de la réalité quantique – un photon est ici ou là –, mais comme une représentation de notre connaissance du réel. Avant la mesure, nous ne savons pas où se trouve le photon. Après la mesure, nous connaissons avec précision sa position (mais non sa vitesse, à cause du principe d'incertitude). Ce changement soudain dans notre connaissance du système fait que la fonction d'onde se réduit à une et une seule possibilité.

Ce genre de proposition fait la part belle à la conscience humaine et soulève de nombreuses questions qui restent sans réponse. Avant que l'homme conscient soit apparu sur Terre, il n'y a eu personne pour provoquer la réduction des fonctions d'ondes. Le monde physique était-il alors très différent de son état actuel ? La « conscience » d'une amibe, d'un poisson ou d'un oiseau a-t-elle pu faire l'affaire ? Était-elle assez avancée pour que les changements intervenus dans leur connaissance du réel aient pu provoquer une réduction de la fonction d'onde ?

Modifier la fonction d'onde

À cause de ces difficultés conceptuelles ont surgi des théories dites « matérialistes » ou « objectivistes » qui ont pris le contre-pied des théories idéalistes. Au contraire de celles-ci, elles affirment que la conscience ne joue aucun rôle, que le monde ne dépend en rien de la présence d'un observateur, qu'il existe tel qu'il est, indépendamment de tout acte d'observation. Mais comment expliquer alors la réduction de la fonction d'onde lors de l'acte de mesure ? Comment comprendre que les systèmes macroscopiques que sont les instruments de mesure n'ont pas le même comportement que les particules élémentaires vis-à-vis de la fonction d'onde ? Les physiciens italiens Giancarlo Ghirardi, Alberto Rimini et Tullio Weber ont proposé de modifier la fonction d'onde de Schrödinger de telle façon que cette modification n'ait aucun effet sur l'évolution quantique de particules individuelles, mais un effet considérable sur le comportement quantique des objets macroscopiques de la vie courante, tels les instruments de mesure[32]. Cette modification mathématique introduit une instabilité inhérente dans la fonction d'onde, laquelle provoque une réduction spontanée de multiples possibilités en une seule. Les physiciens italiens postulent que, pour une particule élémentaire, cette réduction spontanée ne se fera en moyenne qu'environ une fois tous les milliards d'années. Temps extrêmement long qui veut dire que nous ne verrons pas de changement notable dans le comportement des particules par rapport à la description qu'en donne la mécanique quantique dans sa version habituelle. Ce qui est un bien, celle-ci ayant été vérifiée par l'observation à un très haut degré de précision. En revanche, pour des objets macroscopiques composés d'un très grand nombre de particules, tels des expérimentateurs et leurs instruments de mesure (notre corps contient environ un milliard de milliards de milliards de particules, et un instrument de mesure environ dix fois moins), la réduction spontanée de la fonction d'onde d'une particule dans ces objets peut survenir seulement après une minuscule fraction de seconde. Parce que toutes les particules dans ces objets macroscopiques sont en interaction les unes avec les autres, il se produit une sorte d'effet dominos qui se propage à la totalité des particules, et alors survient la réduction de la fonction d'onde de l'ensemble « particule et appareil de mesure ».

En principe, la proposition des physiciens italiens peut être testée. Elle prévoit dans certaines situations des effets qui diffèrent de ceux prévus par la mécanique quantique dans sa version ordinaire. Mais ces effets sont tellement minuscules que la technologie actuelle ne nous permet pas encore de les mesurer.

---

32. Voir la discussion par Brian Greene, *The Fabric of the Cosmos*, New York, Alfred A. Knopf, 2004, p. 207.

L'influence de l'environnement

J'en arrive enfin à la théorie qui me paraît la plus plausible et la plus prometteuse, celle qui me semble avoir le plus de chances d'être vraie, et qui est considérée par la grande majorité des physiciens comme contenant un ingrédient essentiel de la réalité quantique. C'est la théorie de la « décohérence ». Elle a été avancée en 1970 par le physicien allemand Dieter Zeh[33]. Le physicien allemand Erich Joos et l'Américain Wojciech Zurek y ont eux aussi contribué. Elle incorpore un élément fondamental qui jusqu'ici a été absent de notre discussion : l'environnement dans lequel se trouvent l'expérimentateur et son équipement. Tout être, toute chose est situé dans un environnement avec lequel il interagit. Ainsi l'instrument de mesure est-il constamment bombardé par des photons et des molécules d'air. Rien n'est fixe et immobile. Tout bouge, tout change, tout est impermanent. Pendant que j'écris ces lignes, des centaines de milliards de neutrinos – particules de très petite masse interagissant fort peu avec la matière, nées des premiers instants de l'univers – traversent mon corps de part en part à chaque seconde. Le livre que vous tenez entre vos mains est composé d'innombrables atomes et molécules ; si vous aviez des yeux capables de voir à l'échelle subatomique, vous les verriez s'agiter et bouger dans un mouvement incessant en se cognant les uns contre les autres. Rien n'est isolé, tout est interdépendant.

Si toute personne ou tout objet doit interagir avec son environnement, il nous faut inévitablement prendre en compte cette interaction quand nous considérons l'évolution quantique d'une fonction d'onde d'un instrument de mesure. Si, dans des circonstances ordinaires, les photons et les molécules d'air sont trop peu énergétiques pour changer le mouvement ou la position d'un détecteur (bien qu'un mouvement très énergétique d'atomes d'air, tel un vent violent, puisse le faire bouger, voire le renverser), ils peuvent provoquer de petites perturbations sur la fonction d'onde de l'ins-

---

33. Voir Dieter Zeh, *The Physical Basis of the Direction of Time*, Heidelberg, Springer, 2001.

trument de mesure ou, en d'autres termes, perturber sa « cohérence ». Les molécules d'air qui vous entourent se heurtent en permanence à votre corps. Vous ressentez à peine la pression de l'air sur votre peau à cause de la masse minuscule de ces molécules (de l'ordre de 10^{-21} gramme). Mais les molécules d'air mettent du désordre, de l'incohérence dans la séquence ordonnée de crêtes et de creux de la fonction d'onde de l'instrument. Elles la rendent plus imprécise, ce qui entraîne la disparition des franges d'interférence dans l'expérience de la double fente de Young. Or, qui dit absence d'interférence dit réduction d'onde. Autrement dit, le bombardement constant de l'instrument de mesure par les constituants de son environnement provoque la réduction de la fonction d'onde. Il fait que la particule de lumière troque son habit d'onde pour celui de particule.

Prenons l'exemple d'un photon dont la fonction d'onde nous dit qu'il a une probabilité de 75 % d'être « là » et 25 % d'être « ici ». Si nous mesurons la position du photon avec un instrument macroscopique placé dans un environnement avec lequel l'instrument interagit, celui-ci a 75 % de chances d'indiquer la position « là » et 25 % de chances d'indiquer « ici ». Mais il va toujours indiquer soit « ici », soit « là ». À cause de la « décohérence » de la fonction d'onde de l'instrument de mesure provoquée par son environnement, l'instrument n'est jamais dans un état fantasmagorique où il indiquerait une combinaison de 75 % de « là » avec 25 % d'« ici ». C'est comme une pièce de monnaie que vous lancez en l'air : elle a 50 % de chances de retomber sur pile ou sur face. Mais elle retombera toujours sur pile ou sur face. Jamais elle ne sera dans un état où elle est à la fois pile et face. Quant au chat de Schrödinger, bien longtemps avant que vous n'entriez dans la chambre pour vérifier son état, l'environnement a déjà accompli son œuvre et contraint le chat à avoir un destin bien défini. Le chat est soit mort, soit vivant, mais il n'est jamais à la fois mort et vivant.

Ainsi, les forces de décohérence exercées par les innombrables atomes et molécules qui se cognent contre l'instrument de mesure éliminent les bizarreries de la mécanique quantique. Ces minuscules interactions d'un système physique avec son environnement provoquent la réduction de la fonction d'onde de la particule observée. C'est presque comme si l'environnement assumait lui-même le rôle d'observateur.

La décohérence de la fonction d'onde s'accomplit en un rien de temps. Prenez un grain de poussière qui flotte dans votre chambre, bombardé sans relâche par des molécules d'air. La réduction de sa fonction d'onde par son environnement se produit après le temps infinitésimalement petit d'un milliardième de milliardième de milliardième de milliardième (10^{-36}) de seconde !

Avec la décohérence, la barrière érigée par Bohr entre le monde microscopique et le monde macroscopique n'a plus lieu d'être. Avec sa conscience et son équipement, l'observateur ne joue plus un rôle à part, puisqu'il fait partie de l'environnement au même titre que les photons et les molécules d'air. L'acte d'observation n'est plus spécifique, car il n'est qu'un autre exemple d'interaction de la particule observée avec son environnement. L'observateur et la particule élémentaire sont sur un pied d'égalité, car leurs évolutions quantiques sont toutes deux décrites par la fonction d'onde de Schrödinger.

Mais tout n'est pas pour le mieux dans le meilleur des mondes. Une importante question reste à élucider dans la théorie de la décohérence. Parmi toutes les possibilités qui existent avant l'acte de mesure, comment la décohérence choisit-elle une certaine histoire bien définie ? Comment la particule a-t-elle décidé d'être « là » plutôt qu'« ici » ? Pourquoi le chat de Schrödinger est-il vivant plutôt que mort ? Dans le cas d'une pièce qu'on jette en l'air, si nous savons exactement comment la pièce a été lancée, sa masse, sa position et sa vitesse initiales, nous pouvons en principe, en utilisant la physique classique, déterminer à l'avance si elle va retomber sur pile ou sur face (en pratique, nous ne disposons jamais de toutes ces informations avec la précision voulue, et c'est pourquoi nous faisons appel aux probabilités : la pièce a 50 % de chances de retomber sur pile ou sur face). Mais ce n'est pas le cas avec la théorie de la décohérence. Elle ne nous fournit pas, pour l'instant, les moyens de calculer, même en principe, laquelle des multiples possibilités va se réaliser.

Nous arrivons au terme de nos pérégrinations à travers l'histoire de la lumière. Après de nombreuses péripéties et de multiples rebondissements, il semble aujourd'hui bien établi que la lumière possède une nature duale. Les vues corpusculaires de Newton, de Planck et d'Einstein ont autant droit de cité que les descriptions ondulatoires de Huygens, Young, Fresnel, Faraday et Maxwell. Quand nous ne l'observons pas, la lumière prend des airs d'onde et est partout à la fois. Une myriade de possibilités s'offrent à elle : elle peut aller à la fois à gauche et à droite, et s'interférer avec elle-même, s'annulant même complètement en certains endroits. Mais, dès que nous l'observons avec un instrument de mesure, elle prend son habit de particule, avec une histoire bien déterminée. L'acte de mesure fait qu'une histoire particulière se cristallise parmi la multitude des possibilités.

Après avoir ainsi médité sur la nature physique profonde de la lumière, penchons-nous maintenant sur son origine, sur les divers objets qui sont sources de lumière dans l'univers. Allons voir de plus près les merveilleux spectacles que la lumière nous dispense.

Chapitre 4

La lumière et les ténèbres : le big bang, la masse sombre et l'énergie noire

Quatre forces fondamentales qui régissent le monde

Nous pensons aujourd'hui qu'il y a environ 14 milliards d'années une explosion fulgurante, le big bang, a donné naissance à l'univers, au temps et à l'espace. Une explosion qui ne survient pas en un seul point d'un espace préexistant, mais qui se déroule en tout point d'un espace en perpétuelle création. Depuis lors s'est poursuivie sans relâche une ascension vers la complexité. À partir d'un vide de dimension subatomique, l'univers en expansion n'a cessé de s'élargir et de se diluer, tout en créant successivement quarks et électrons, protons et neutrons, atomes, étoiles et galaxies. Une immense toile cosmique s'est tissée, composée de centaines de milliards de galaxies constituées chacune de centaines de milliards d'étoiles. Dans la banlieue d'une de ces galaxies nommée Voie lactée, sur une planète proche d'une étoile appelée Soleil, apparaît l'homme, capable de s'émerveiller devant la beauté et l'harmonie du cosmos, et doué de conscience et d'intelligence pour se poser des questions sur l'univers qui l'a engendré. Cette immense et fantastique fresque cosmique est aussi l'histoire de la naissance et de l'évolution des diverses sources de lumière qui peuplent le cosmos.

Mais, avant de remonter le temps pour aller à la rencontre de la source primitive de lumière, le big bang lui-même, il nous faut faire connaissance avec les quatre forces fondamentales qui régissent l'univers. En effet, le monde qui nous entoure – les cimes enneigées de l'Himalaya, les délicats pétales des roses, le beau visage d'un enfant qui sourit – est entièrement déterminé par quatre forces fondamentales : la force de gravité, la force électromagnétique et les deux forces nucléaires forte et faible. Ces forces ont des propriétés bien différentes les unes des autres. Fort heureusement pour nous, car c'est cette diversité qui sauve le monde de la morne uniformité et permet sa fantastique variété et sa complexité exubérante. Ainsi les forces de gravité et électromagnétique ont-elles une très longue portée, leur intensité décroissant seulement avec le carré de la distance, ce qui leur permet de réguler le monde macroscopique. En revanche, le domaine d'influence des forces nucléaires forte et faible est infime : seulement un dix-millième de milliardième (10^{-13}) de centimètre – la taille du noyau atomique – pour la force forte, et cent fois moins, un millionième de milliardième (10^{-15}) de centimètre, pour la force faible, ce qui confine leur action au monde subatomique. D'autre part, ces diverses forces n'agissent pas de la même façon sur la matière. La force de gravité ne montre pas de discrimination et agit sur toute masse. La force électromagnétique, elle, n'a de pouvoir que sur des particules dotées d'une charge électrique ; elle n'exerce aucune influence sur des particules neutres. La force nucléaire forte, de son côté, agit sur les particules qui constituent les briques des noyaux d'atome, les protons et les neutrons, mais n'a aucun pouvoir sur les électrons et les neutrinos, particules neutres de masse très petite ou nulle et interagissant très peu avec la matière ordinaire. Quant à la force nucléaire faible, elle se manifeste seulement dans certaines réactions nucléaires et est responsable de la désintégration radioactive de certains atomes.

Ces quatre forces ne possèdent pas la même intensité. Elles sont ordonnées suivant une stricte hiérarchie. En tête figure la force nucléaire forte. Elle est la plus intense, comme son nom l'indique. Viennent ensuite la force électromagnétique, 137 fois moins intense, et la force nucléaire faible, 100 000 fois moins intense que la force forte. En queue de peloton arrive la force de gravité. Elle est extrêmement faible : 1 000 milliards de milliards de milliards de milliards (10^{39}) de fois moins intense que la force forte. Pour concevoir la faiblesse démesurée de la force de gravité, considérez qu'il suffit d'un petit aimant (de ceux que vous apposez sur la porte de votre réfrigérateur pour y fixer des pense-bêtes) pour soulever un clou tombé par terre. Ce qui veut dire que la force électromagnétique exercée par l'aimant sur le clou est de loin supérieure à la force de gravité exercée sur le clou par les 6 000 milliards de milliards de tonnes de la masse de la Terre ! Parce que la force de gravité entre deux objets est proportionnelle au produit de leurs masses, elle a seulement son mot à dire quand il s'agit de masses astronomiquement grandes comme celles des planètes, étoiles et galaxies. Elle exerce donc surtout son pouvoir dans le domaine de l'infiniment grand.

Le mur de la connaissance

À l'aube du XXIe siècle, deux grandes théories constituent les piliers de la physique contemporaine. La première est la mécanique quantique ; elle décrit le monde des atomes et de la lumière, où les deux forces nucléaires forte et faible et la force électromagnétique mènent le bal et où la gravité est négligeable. La deuxième est la relativité ; elle rend compte des propriétés de l'univers à grande échelle, celle des galaxies, des étoiles et des planètes, où la gravité occupe le devant de la scène et où les forces nucléaires et électromagnétique ne jouent plus le premier rôle. Ces deux grandes théories, vérifiées à maintes reprises par de nombreuses mesures et observations, fonctionnent extrêmement bien tant qu'elles demeurent séparées et cantonnées à leurs domaines respectifs. Mais la physique s'essouffle et perd ses moyens quand la gravité, d'ordinaire négligeable à l'échelle subatomique, devient aussi importante que les trois autres forces. Or c'est exactement ce qui est arrivé aux premiers instants de l'univers, quand l'infiniment petit a accouché de l'infiniment grand. Pour comprendre l'origine de l'univers et donc notre propre origine, il nous faut une théorie physique qui unifie la mécanique quantique et la relativité, une théorie de « gravité quantique » qui soit capable de décrire une situation où les quatre forces fondamentales sont sur un pied d'égalité.

Cette unification n'est pas des plus aisées, car il existe une incompatibilité fondamentale entre la mécanique quantique et la relativité générale pour ce qui concerne la nature de l'espace. Selon la relativité, l'espace à grande échelle où se déploient les galaxies et les étoiles est calme et lisse, dépourvu de toute fluctuation et rugosité. En revanche, l'espace à l'échelle subatomique de la mécanique quantique est tout sauf lisse. À cause du flou de l'énergie, il devient une sorte de mousse quantique aux formes constamment changeantes, remplie d'ondulations et d'irrégularités qui apparaissent et disparaissent çà et là au cours de cycles infiniment courts. La courbure et la topologie de cette mousse quantique sont chaotiques et ne peuvent plus être décrites qu'en termes de probabilités. Comme pour une toile pointilliste de Seurat qui se décompose en milliers de petits points multicolores quand on l'examine de près, l'espace se dissout en innombrables fluctuations et ne respecte plus les lois déterministes quand on le scrute à l'échelle subatomique. Cette incompatibilité fondamentale entre les deux théories à propos de la nature de l'espace fait que nous ne pouvons extrapoler les lois de la relativité jusqu'au « temps zéro » de l'univers, quand l'espace et le temps ont été créés. Un mur de la connaissance se dresse devant nous pour nous barrer le chemin. C'est ce qu'on appelle le « mur de Planck », d'après le nom du physicien allemand Max Planck qui, le premier, s'est penché sur ce problème. Les lois de la relativité perdent pied au temps infinitésimalement petit de 10^{-43} seconde après le big bang, le temps de Planck.

Mis au défi, les physiciens se sont acharnés à percer le mur de Planck. Ils ont déployé des efforts prodigieux pour essayer d'élaborer ce qu'ils appellent peut-être avec trop de grandiloquence une « théorie du Tout » qui unifierait la mécanique quantique et la relativité, et les quatre forces de la nature en une seule « superforce ». Des étapes importantes ont été franchies. Les physiciens américains Steven Weinberg (né en 1933) et Sheldon Glashow (né en 1932) et pakistanais Abdus Salam (1926-1996) ont pu unifier, en 1967, les forces électromagnétique et nucléaire faible en une force électrofaible. Les particules messagères W et Z prévues par la théorie pour transmettre cette force électrofaible ont été observées dans l'accélérateur de particules du CERN, et les trois physiciens ont vu leurs travaux récompensés par le prix Nobel de physique en 1979. Des théories de « grande unification » ont aussi été élaborées pour unifier la force nucléaire forte avec la force électrofaible. Elles n'ont pas encore été vérifiées expérimentalement, parce que les accélérateurs actuels ne peuvent encore atteindre l'énergie à laquelle s'effectue cette grande unification. Pendant très longtemps, la force de gravité a obstinément résisté à toute proposition d'union avec les autres forces. C'est seulement avec l'avènement de la théorie des supercordes, en 1984, que la gravité a semblé se laisser amadouer.

La symphonie des cordes

Dans la théorie des supercordes, les particules ne sont plus des éléments fondamentaux, mais simplement le produit de vibrations de bouts de corde incommensurablement petits de 10^{-33} centimètre, la longueur de Planck. Les particules de matière et de lumière qui transmettent les forces (par exemple, le photon transmet la force électromagnétique), qui relient les éléments du monde et font que ce monde change et évolue, tout cela ne serait que les diverses manifestations des vibrations de ces cordes. Or, fait extraordinaire, le graviton, la particule qui transmet la force de gravité, désespérément absent des théories précédentes, apparaît comme par miracle parmi ces manifestations. L'unification de la force gravitationnelle avec les trois autres forces se révèle donc possible. Dans la théorie des supercordes, tout comme les vibrations des cordes d'un violon produisent des sons variés avec leurs harmoniques, les sons et harmoniques des cordes apparaissent dans la nature et pour nos instruments sous la forme de photons, de protons, d'électrons, de gravitons, etc. Ainsi, les cordes chantent et vibrent tout autour de nous, et le monde n'est qu'une vaste symphonie. Ces supercordes habiteraient un univers à neuf dimensions spatiales dans une version de la théorie, à vingt-cinq dimensions spatiales dans une autre version. Puisque nous ne percevons que trois dimensions spatiales, il faut supposer que les six ou vingt-deux dimensions supplémentaires de l'espace se sont enroulées sur elles-mêmes jusqu'à devenir si petites qu'elles ne sont plus perceptibles.

Mais la théorie des supercordes est loin d'être complète et le chemin à parcourir pour toucher au but est encore très long et extrêmement ardu. La théorie est enveloppée d'un voile mathématique si épais et si abstrait qu'elle défie les talents des meilleurs physiciens et mathématiciens du moment. Enfin, elle n'a jamais été soumise à la vérification expérimentale, car les phénomènes qu'elle prévoit se déroulent à des énergies dépassant de loin celles que peuvent atteindre les plus grands accélérateurs de particules actuels. Or, tant qu'une théorie scientifique n'est pas vérifiée par l'observation, nous ne pouvons pas savoir si elle est vraie et conforme à la nature, ou si elle n'est qu'un produit de l'imagination fertile des physiciens, sans rapport aucun avec la réalité. La symphonie des cordes reste inachevée.

Des champs qui nous entourent

Ainsi, parce que nous ne disposons pas encore d'une théorie de la gravité quantique fiable et vérifiée expérimentalement, et au risque de vous décevoir, nous ne pourrons pas remonter l'histoire cosmique de la lumière (et de la matière) jusqu'à l'origine des temps. L'instant zéro nous reste pour le moment encore inaccessible. Mais consolez-vous, il sera quand même question ici d'un temps fantastiquement court : 10^{-43} seconde (le chiffre 1 vient après 43 zéros) après le temps zéro, donc juste après le mur de Planck. Par rapport à toute l'histoire de l'univers, soit 14 milliards d'années, la durée d'un tic de votre horloge serait des centaines de millions de milliards de milliards de fois plus longue que celle que 10^{-43} seconde occuperait au sein d'une seconde. La réalité de l'autre côté du mur de la connaissance est encore inabordable. L'univers peut y avoir une durée infinie. Peut-être n'y a-t-il même pas eu d'« instant zéro » correspondant au moment de sa création. À 10^{-43} seconde, l'univers est incommensurablement petit (il a une taille de 10^{-33} centimètre, soit dix millions de milliards de milliards de fois moins qu'un atome d'hydrogène), chaud (10^{32} degrés Kelvin, infiniment plus torride que tous les enfers que Dante aurait pu imaginer) et dense (10^{96} grammes par centimètre cube, soit des millions de milliards de milliards de milliards de milliards de milliards de milliards de milliards de milliards de milliards de milliards de fois la densité de l'eau). La matière et la lumière n'ont pas encore fait leur apparition. Les planètes, étoiles et galaxies sont encore loin dans le futur. L'univers est vide. Mais ce n'est pas un vide calme et tranquille, dénué de toute substance et activité, tel que nous l'avons tous à l'esprit, mais un vide quantique vivant et effervescent, bouillonnant d'énergie. Cette énergie est portée par ce que les physiciens appellent un « champ de Higgs », d'après le nom du physicien écossais Peter Higgs qui est à l'origine de ce concept.

Depuis son introduction au XIXe siècle par le physicien anglais Michael Faraday, la notion de « champ » joue un rôle fondamental dans la physique moderne. Nous sommes tous familiarisés avec les champs électromagnétiques, car ils nous côtoient constamment dans notre vie quotidienne. Nous vivons en effet immergés dans un océan de ces champs : ceux que créent les stations de radio et de télévision, et que nous transformons en sons ou images en allumant nos postes de radio ou nos téléviseurs ; ceux qu'engendrent nos téléphones portables quand nous conversons avec nos amis ; celui dont le Soleil est responsable et qui fait que nous percevons sa lumière et sentons sa chaleur sur notre peau. Les grains de lumière ou photons sont les constituants élémentaires du champ électromagnétique. Si nous voyons le Soleil, c'est parce qu'un champ électromagnétique ondulatoire a stimulé notre rétine ou, de manière équivalente, parce que des photons ont pénétré dans nos yeux. Les photons jouent aussi le rôle de particules messagères. Ce sont eux qui transmettent la force électromagnétique entre deux objets et qui dictent leur comportement. Par exemple, deux électrons se repoussent quand un photon émis par le premier électron est absorbé par le deuxième, lui transmettant le message de s'éloigner du premier.

De même, nous connaissons les champs de gravité. Eux aussi

existent tout autour de nous. C'est le champ de gravité de la Terre qui nous empêche de flotter en l'air et qui nous fait tomber au sol quand nous trébuchons. L'effet du champ de gravité terrestre est dominant, mais nous ressentons aussi celui de la Lune (c'est elle qui est responsable des marées des océans), du Soleil, des planètes, des étoiles, de la Voie lactée, etc. L'intensité du champ de gravité de ces objets plus lointains est d'autant plus faible que leur distance est plus grande, car elle décroît comme le carré de la distance. De même que le photon est le constituant fondamental et la particule messagère du champ électromagnétique, c'est le graviton qui joue ce rôle pour le champ de gravité. Bien que le graviton n'ait jamais été vu ni en laboratoire ni dans le cosmos, probablement à cause de l'extrême faiblesse de la force gravitationnelle, les physiciens sont persuadés de son existence. Ainsi, quand vous butez contre une pierre et tombez par terre, vous pouvez expliquer votre chute de trois manières équivalentes : vous pouvez dire, à la Newton, que votre chute est causée par le champ de gravité terrestre qui happe votre corps ; ou, si vous décidez d'adopter le langage d'Einstein, que votre corps tombe en suivant la courbure de l'espace provoquée par la gravité de la Terre ; ou encore, pour parler comme le physicien moderne, qu'il y a eu échange de gravitons entre la Terre et votre corps, et que ceux-ci lui commandent de tomber.

Au même titre que les champs des forces électromagnétique et gravitationnelle, il existe aussi des champs des forces nucléaires forte et faible. Les particules qui les constituent sont les « gluons » pour la force nucléaire forte (de l'anglais *glue* qui signifie « colle », car la force forte tient ensemble les briques des noyaux d'atome, les protons et les neutrons), et les particules appelées W et Z pour la force nucléaire faible.

La notion de « champ » ne s'applique pas seulement aux forces, mais aussi à la matière. Ainsi, on peut parler d'un champ d'électron dont l'électron est la constituante fondamentale, tout comme le photon est la constituante fondamentale du champ électromagnétique. Mais ce qui nous concerne ici au premier chef, c'est l'idée qu'aux premiers instants de l'univers il existait une troisième sorte de champ, un champ qui n'est associé ni à une force ni à des particules de matière. C'est le champ de Higgs, dont les physiciens pensent qu'il a joué un rôle extrêmement important dans le déclenchement de l'explosion primordiale elle-même. Mais, pour comprendre cela, il nous faut faire plus ample connaissance avec une autre trouvaille géniale d'Einstein.

Un univers statique

Dans les conditions extrêmes de densité de matière et d'énergie qui prévalent pendant les premières fractions de seconde de l'univers, c'est la force de gravité qui mène le bal. Elle domine les autres forces. Or la force de gravité attire ordinairement ; elle ne repousse pas. Elle peut faire imploser l'univers, mais non le faire éclater. Alors, comment rendre compte de l'explosion primordiale ? Pour expliquer le bang du big bang, les physiciens se sont mis à la recherche d'une force non pas attractive, mais répulsive, qui peut faire exploser l'univers. Dans cette quête, ils n'ont pas eu besoin de recourir à une nouvelle cinquième force. Ils ont tout bonnement redécouvert une très vieille amie : la force de gravité elle-même, car, dans certaines circonstances, celle-ci peut être répulsive. En suivant ce chemin, les chercheurs se sont aperçus, comme en bien d'autres domaines, qu'Einstein était déjà passé par là avant eux.

Les équations de la relativité générale d'Einstein nous disent que l'univers ne doit pas être statique, mais dynamique. Il doit être soit en expansion, soit en contraction, mais il ne peut rester immobile. Un univers statique équivaudrait à une balle de tennis frappée par un joueur qui resterait suspendue en l'air sans monter ni redescendre. Mais en 1915, année de la publication de la relativité générale, tout le monde, y compris Einstein, était persuadé que l'univers est statique et éternel, qu'il est fixe et immuable. Alors qu'il aurait pu prédire l'une des plus grandes découvertes de l'humanité, l'expansion de l'univers, qui ne surviendra que quatorze ans plus tard grâce à l'astronome américain Edwin Hubble, Einstein n'a pas eu assez confiance dans sa théorie chérie. Il s'est donc mis au travail pour modifier les équations de la relativité générale afin qu'elles soient en accord avec un univers statique. Sa stratégie est simple : puisque la force de gravité est attractive, il faut trouver une force répulsive pour la neutraliser ; il introduit cette force répulsive sous la forme d'un nouveau terme dans ses équations qu'il appelle « constante cosmologique » – « constante » parce que la quantité ne varie pas avec le temps, et « cosmologique » parce que son effet s'exerce sur l'univers tout entier. Quelle est la signification de cette constante ? Einstein ne la précise pas. Mais l'interprétation moderne qui en est donnée invoque une forme d'énergie nouvelle qui n'est composée d'aucune des particules fondamentales qui nous sont familières, tels les photons, protons, neutrons ou autres électrons ; cette énergie remplirait tout l'espace à la manière d'un nouvel éther. Faute d'informations plus précises, on l'appelle souvent l'« énergie noire », parce qu'une telle substance serait transparente, permettant de voir les sources de lumière que sont les étoiles et les galaxies, mais aussi la nuit noire. Sans pouvoir préciser sa nature, Einstein n'en a pas moins été capable de calculer les effets gravitationnels de sa constante cosmologique, et ce qu'il a découvert est extraordinaire.

Une pression négative et une gravité qui repousse

Pour comprendre les résultats d'Einstein, il faut nous rappeler que, pour Newton, la force gravitationnelle entre deux objets est proportionnelle au produit de leurs masses et inversement proportionnelle au carré de la distance qui les sépare. En d'autres termes, c'est la masse d'un objet qui est source de sa gravité. Dans la relativité générale d'Einstein, la masse est aussi source de gravité, mais elle n'est plus la seule. Il existe deux autres sources qui contribuent également au champ gravitationnel : l'énergie et la pression. Voyons comment[1].

L'énergie d'un objet vient de sa masse, mais inclut aussi l'énergie de mouvement des atomes qui le composent. Ainsi, prenez deux blocs de fer en tout point identiques, ayant exactement la même

1. Voir aussi Brian Greene, *The Fabric of the Cosmos*, New York, Alfred P. Knopf, 2004.

masse et la même température. Chauffez l'un d'eux jusqu'à ce qu'il soit de 10 degrés plus chaud que l'autre. Mettez les deux blocs de fer sur les plateaux d'une balance, et vous verrez que la balance penche du côté du bloc chauffé. Le poids et par conséquent la masse du bloc chauffé et la force gravitationnelle qu'il exerce sur la Terre ont augmenté par rapport au bloc non chauffé. Bien sûr, cette différence de poids est infime. Si chacun des deux blocs de fer pèse un kilogramme, le poids du bloc chauffé serait d'un millionième de milliardième de kilogramme supérieur à celui du bloc non chauffé. Seule une balance extrêmement précise serait capable de détecter une telle différence. D'où vient cette différence de masse ? En chauffant le bloc de fer, nous augmentons le mouvement des atomes qui le composent, et donc leur énergie, ce qui accroît la masse du bloc de fer et sa gravité totale. La température d'un objet est en effet un indicateur du mouvement de ses atomes et molécules. Ainsi, au lever du Soleil, quand les premiers rayons chauffent l'air, les molécules d'air s'agitent davantage et se cognent de manière plus frénétique contre votre peau, vous donnant la sensation de chaleur[2].

L'autre source de gravité est la pression, comme celle que vous devez exercer sur un ressort pour le comprimer. De nouveau, si vous avez une balance extrêmement précise et si vous pesez deux ressorts en tout point identiques, sauf que l'un est comprimé et l'autre non, vous verrez la balance pencher du côté du ressort comprimé. La pression exercée par le ressort comprimé se manifeste par un très léger excédent de son poids. Mais, pour comprendre la nature de la constante cosmologique d'Einstein, encore faut-il préciser qu'il existe deux sortes de pression, une positive et une négative. Nous sommes tous familiarisés avec la pression positive : elle pousse vers l'extérieur. C'est celle que nous ressentons dans une foule quand les corps trop serrés se bousculent les uns les autres. C'est aussi celle qu'un ressort exerce. Si vous mettez un ressort comprimé dans une boîte, vous verrez que le couvercle reste légère-

---

2. En physique, la température de zéro absolu – 0 degré Kelvin – correspond à l'état idéal d'une absence totale de mouvement des atomes.

ment entrouvert, parce que le ressort pousse sur celui-ci. La notion de pression négative est beaucoup moins intuitive. Au lieu de pousser vers l'extérieur, une pression négative aspire vers l'intérieur. Plus extraordinaire encore, alors qu'une pression positive est, comme la masse et l'énergie, une source de gravité qui attire, une pression négative est une source de « gravité négative » qui repousse. Nous ne voyons pas la gravité répulsive se manifester à tout bout de champ dans la vie courante, et ce pour deux raisons. D'abord, la pression exercée par la matière ordinaire faite de protons, neutrons et électrons est toujours positive, et la gravité qu'elle produit, toujours attractive. C'est pourquoi, quand nous trébuchons, la gravité nous fait tomber vers la Terre au lieu de nous repousser dans l'espace. D'autre part, à l'échelle de la vie quotidienne, la pression et l'influence gravitationnelle de la matière ordinaire sont négligeables.

La constante cosmologique d'Einstein

Mais, dans des circonstances exceptionnelles, comme à l'échelle de l'univers tout entier, la pression peut être négative et exercer une gravité qui repousse. Einstein introduit dans ses équations de la relativité générale une force de gravité répulsive sous la forme d'une constante cosmologique afin de neutraliser les effets de la gravité attractive de la matière ordinaire, celle des étoiles et galaxies. Il dote ainsi l'univers d'une mystérieuse énergie (l'« énergie noire ») qui baigne uniformément l'univers tout entier. Parce que cette énergie noire exerce une pression uniforme dans l'espace, il n'existe pas de forces de pression. Celles-ci ne se manifestent que s'il y a des différences de pression. Ainsi, ce sont des forces de pression qui poussent sur votre tympan et vous font mal aux oreilles quand l'avion décolle, la pression étant plus grande au sol qu'en altitude. La force exercée par l'énergie noire est de nature purement gravitationnelle. Se livre alors un combat féroce entre la gravité ordinaire attractive, celle qu'exerce tout le contenu en masse et énergie de l'univers, et qui tend à le faire s'effondrer sur lui-même, et la gravité extraordinaire répulsive, celle qu'exerce la constante cosmologique, et qui tend à faire éclater l'univers.

En ajustant soigneusement la valeur de la constante cosmologique, Einstein fait en sorte que la force gravitationnelle attractive soit exactement contrebalancée par la force gravitationnelle répulsive, si bien que l'univers est statique. Il n'est ni en expansion, ni en contraction. Alors que la force de gravité attractive décroît comme le carré de la distance, la force de gravité répulsive croît avec la distance. Elle est d'autant plus élevée que l'espace qui sépare les objets dans l'univers est plus grand. Ainsi, la gravité répulsive est négligeable à l'échelle du système solaire (la distance du Soleil à Pluton, la planète la plus éloignée, est de 5,5 heures-lumière) ou même à l'échelle des galaxies (100 000 années-lumière) ou des amas de galaxies (quelques dizaines de millions d'années-lumière). À ces échelles, c'est la gravité ordinaire attractive chère à Newton qui est prépondérante et qui dicte les événements. Si bien que la Terre retient la Lune dans son orbite au lieu de l'envoyer se balader dans l'espace interstellaire, et que les galaxies composées de centaines de milliards de soleils et les amas de galaxies composés de milliers de galaxies restent liés et ne se désintègrent pas.

On connaît la suite de l'histoire. En 1929, Hubble découvre que l'univers n'est pas statique, mais en expansion. La grande majorité des galaxies fuient la Voie lactée comme si cette dernière avait la peste. La constante cosmologique n'a plus lieu d'être et Einstein la supprime de ses équations en déclarant haut et fort que l'introduction de cette constante était « la plus grosse erreur de sa vie ». Mais la constante cosmologique a la vie dure. Après plus de cinq décennies de relégation et d'oubli, elle va resurgir, au début des années 1980, aussi rayonnante de santé que jamais, mais sous une autre forme. L'« erreur » d'Einstein va nous permettre de comprendre le mécanisme qui a déclenché le big bang. Même en se trompant, Einstein avait du génie !

Un champ d'énergie « super-refroidi »

Revenons aux tout premiers instants de l'univers. Les physiciens pensent, nous l'avons vu, que l'univers à ses débuts est baigné dans un champ d'énergie dit « champ de Higgs ». Aux températures inimaginables qui y règnent (10^{32} degrés Kelvin), le champ subit des fluctuations violentes, tout comme la surface de l'eau qui bout ondule intensément avec des mouvements chaotiques et turbulents. Mais, à mesure que l'univers s'agrandit et se refroidit, les ondulations du champ de Higgs diminuent d'intensité, tout comme la surface de l'eau bouillante devient plus calme et plus lisse quand la température décroît. Au fur et à mesure que l'univers se refroidit, l'énergie moyenne du champ d'énergie tend vers zéro – la valeur que nous associons intuitivement à la notion de « vide » –, avec de petites fluctuations de part et d'autre de zéro.

Si, pendant le refroidissement de l'univers, le champ de Higgs du début avait évolué de façon continue vers l'énergie zéro, rien d'extraordinaire ne se serait passé. L'univers aurait continué tranquillement son bonhomme de chemin, poursuivant son expansion calme et sereine. En revanche, si, comme le physicien américain Alan Guth l'a montré en 1981, au cours du refroidissement de l'univers le champ de Higgs s'est trouvé bloqué pendant un très bref instant à une énergie légèrement positive, cela aurait eu des conséquences considérables pour l'évolution ultérieure de l'univers. La situation est analogue à celle d'un rocher au sommet d'une montagne qui, au lieu de dévaler la pente d'une traite jusqu'en bas, dans la vallée, où son énergie serait zéro, est temporairement bloqué pendant la descente sur une sorte de plateau où son énergie est positive. Les physiciens appellent cet état un champ de Higgs « super-refroidi », car, bien que la température de l'univers soit assez basse pour que ce champ possède la valeur zéro, celui-ci conserve une énergie positive. Ce phénomène est similaire à celui du « super-refroidissement » de l'eau : une eau hautement purifiée peut être refroidie au-dessous de 0 degré centigrade sans qu'elle devienne glace ; des impuretés sont en effet nécessaires à la formation de cristaux de glace. Tout comme l'eau peut être super-refroidie sans qu'elle devienne glace, le champ de Higgs peut être super-refroidi sans qu'il ait une énergie zéro. Guth démontre qu'un champ de Higgs « super-refroidi » bloqué sur un plateau avec une énergie positive non seulement remplirait l'espace d'énergie, mais exercerait, comme la constante cosmologique d'Einstein, une pression négative et une gravité répulsive, provoquant une violente expansion de l'univers.

Une inflation à couper le souffle

Malgré leur grande similarité, il existe deux différences essentielles entre la constante cosmologique et le champ de Higgs super-refroidi ; et ces différences vont jouer un rôle déterminant dans l'évolution ultérieure de l'univers. D'une part, la pression négative, et donc la poussée exercée sur l'espace, due au champ de Higgs est infiniment supérieure – quelque 10^{100} (1 suivi de 100 zéros !) fois – à celle de la constante cosmologique. La gravité répulsive de cette dernière est tout ce qu'il y a de plus ordinaire, car Einstein n'en avait besoin que pour contrebalancer la gravité attractive due au contenu en masse et énergie de l'univers. Le champ de Higgs n'a pas à s'embarrasser d'une telle contrainte. Sa gravité négative est autrement plus grande, et elle va lancer l'univers dans une expansion fulgurante qui modifiera profondément son paysage. Grâce à son énorme poussée, la distance entre deux points de l'espace va croître de façon démesurée avec le temps. D'autre part, comme son nom l'indique, la constante cosmologique ne varie pas au fil du temps, ce qui n'est pas le cas du champ de Higgs. Le flou quantique fait que l'énergie de celui-ci ne cesse de fluctuer. Une fluctuation un peu plus grande que les autres va déloger le champ de Higgs super-refroidi du plateau d'énergie où il était bloqué et le faire dévaler la pente vers l'énergie zéro. Ce qui va stopper net son action. La folle expansion de l'univers s'arrête alors pour donner lieu à une expansion plus mesurée. Guth calcule que le délogement du champ de Higgs de son plateau d'énergie positive peut s'effectuer en un temps infinitésimalement court, de l'ordre de 10^{-32} seconde. Un flash photographique durerait des centaines de milliers de milliards de milliards de milliards de fois plus longtemps...

Voilà qui nous mène à un scénario extraordinaire : pendant une minuscule fraction de seconde, au début de l'existence de l'univers, quand celui-ci était extrêmement chaud et dense, la pression négative d'un champ de Higgs super-refroidi bloqué à une énergie positive a lancé l'univers dans une fantastique expansion, repoussant chaque région d'espace l'une de l'autre par l'effet d'une force répulsive inimaginable. Entre 10^{-35} et 10^{-32} seconde, l'univers va tripler ses dimensions toutes les 10^{-34} secondes. Comme il y a cent intervalles de 10^{-34} seconde dans 10^{-32} seconde – la durée de la phase inflationnaire égale au temps passé par le champ de Higgs sur son plateau d'énergie positive avant qu'une fluctuation d'énergie ne l'en déloge –, chaque région de l'univers va tripler de taille cent fois de suite. Multipliez 3 x 3 x 3... cent fois, et vous obtenez pour résultat que l'univers a accru sa taille d'un facteur 10^{50} (et son volume, qui est proportionnel au cube du rayon, d'un facteur 10^{150}). Autrement dit, la taille de l'univers croît de façon exponentielle avec le temps. À la faveur d'une expansion qui n'a duré que le plus bref des instants – 10^{-32} seconde –, l'univers s'est agrandi du facteur inimaginablement élevé de 10^{50}, soit à peu près le facteur qui sépare la taille d'un noyau d'atome (10^{-13} centimètre) de celle d'un superamas de galaxie (10^{27} centimètres) ! Dépendant de la forme précise du champ de Higgs, ce facteur peut être encore plus grand, atteignant jusqu'à 10^{100} ou plus ! Cette phase d'expansion vertigineuse a été appelée « inflation » par Guth. Tout comme l'inflation économique d'un pays entraîne la perte de valeur de sa monnaie et une escalade effrénée des prix en un temps limité, l'inflation de l'univers entraîne une dilatation vertigineuse de son volume en un temps incommensurablement court.

Le bang du big bang

Un champ d'énergie de Higgs super-refroidi est donc responsable du fantastique emballement de l'univers, de sa folle inflation durant les premières fractions de seconde de son histoire. Par analogie avec le photon qui est la composante fondamentale du champ électromagnétique, ou aux gluons et autres gravitons qui sont les composantes des autres forces fondamentales, les physiciens pensent que c'est une particule appelée « inflaton » qui est responsable du champ de Higgs. Celui-ci a donc aussi pour dénomination « champ d'inflatons ».

Nous pouvons identifier la phase inflationnaire, où l'espace tout entier éclate en chaque point, au bang du big bang. Dans ce scénario, le bang est survenu non pas au temps zéro, à la « création » de l'univers, mais à un temps infinitésimalement court (10^{-35} seconde) après, dans un univers préexistant, déjà créé, où le temps et l'espace ont déjà fait leur apparition. Dans cet univers incroyablement dense (10^{78} grammes par centimètre cube) et chaud (10^{27} degrés Kelvin) à 10^{-35} seconde, deux forces règnent : la force de gravité et la force électronucléaire résultant de l'union des forces électromagnétique et nucléaires forte et faible.

Mais, si nous disposons ainsi d'une explication possible pour le bang du big bang, tout n'est pas encore pour le mieux dans le meilleur des mondes de la cosmologie. Comme nous l'avons vu, le temps zéro nous échappe encore, compte tenu de la physique dont nous disposons. Comment l'univers a-t-il été créé simultanément avec l'espace et le temps ? Quels sont les facteurs qui ont déterminé la nature et l'énergie du champ de Higgs ? Ces questions fondamentales restent sans réponse. Et nous sommes encore plus incapables d'aborder des questions existentielles telles que : pourquoi y a-t-il un univers ? pourquoi existe-t-il des lois ? Nous restons encore (et peut-être pour toujours ?) muets devant la question du philosophe allemand Gottfried Leibniz (1646-1716) : « Pourquoi y a-t-il quelque chose plutôt que rien ? Car le rien est plus simple et plus facile que quelque chose. De plus, à supposer que des choses doivent exister, il faut qu'on puisse rendre compte du pourquoi elles doivent exister ainsi, et non autrement. »

L'inflaton n'a jamais été vu, ni en laboratoire ni dans le cosmos. Et pourtant la grande majorité des physiciens sont persuadés, même si certains détails précis du scénario peuvent changer dans le futur, que l'univers, dans ses premières fractions de seconde, est passé par une phase inflationnaire, poussé par une pression et une gravité négative qui l'ont fait éclater en tout point de l'espace à une vitesse vertigineuse. Et ce, parce qu'une phase inflationnaire dissipe bien des nuages noirs qui obscurcissaient la théorie « standard » du big bang (celle sans phase inflationnaire). Scrutons ces nuages à la loupe.

Pourquoi un univers si homogène ?

Le premier nuage noir concerne une propriété remarquable de l'univers : son homogénéité. Dans quelque direction que vous regardiez, en haut, en bas, à droite, à gauche, devant, derrière, les propriétés de l'univers, en particulier sa température, sont les mêmes. On le sait, car il existe un rayonnement fossile né, nous le verrons, quand l'univers était encore tout jeune – 380 000 ans – et qui baigne l'univers tout entier (fig. 3 cahier couleur). C'est en quelque sorte la chaleur qui reste du feu primordial. Ce rayonnement fossile nous renseigne sur les propriétés de l'univers à ses débuts. Ce rayonnement possède aujourd'hui la température frigorifique de 3 degrés Kelvin[3] ou –270 degrés centigrades. Les observations montrent que cette température est d'une extrême homogénéité. Elle ne varie pas plus de 0,001 % d'un point du ciel à l'autre. Comment expliquer cette extraordinaire uniformité de l'univers en ses premiers instants ?

Vous vous souvenez certainement de la non-localité de l'espace en physique quantique, et vous vous dites que tous les photons du rayonnement fossile ayant interagi ensemble sont « intriqués », qu'ils font partie d'une même réalité globale non séparable, et donc que diverses régions de l'espace doivent avoir exactement les mêmes propriétés. Malheureusement, cette explication ne marche pas. La non-séparabilité de deux photons est préservée seulement quand il n'y a pas eu d'interactions avec d'autres particules. Elle est diluée ou détruite dès que des interactions se produisent, ce qui est le cas des photons du rayonnement fossile. Il y a eu par le passé d'innombrables collisions avec les électrons de l'univers primordial. Il faut donc trouver une autre explication.

Afin d'homogénéiser leurs températures, les diverses régions de l'espace ont dû échanger des informations par la lumière, le moyen de communication le plus rapide dans l'univers. Mais – et c'est là le hic – il existe une sphère-horizon au-delà de laquelle une région ne peut plus communiquer avec une autre, tout comme un marin debout sur le pont d'un navire ne peut voir par-delà l'horizon de

---

3. La valeur exacte est 2,725 degrés Kelvin.

l'océan. Le rayon de cette sphère-horizon est égal à la distance que la lumière a eu le temps de parcourir depuis qu'elle a été émise. Au-delà de cette distance existent des régions de l'univers avec lesquelles nous ne pouvons pas encore communiquer, car leur lumière n'a pas encore eu le temps de nous parvenir. Au fur et à mesure que le temps passe, la sphère-horizon s'agrandit et nous entrons en contact avec d'autres régions de l'univers.

Inversement, cela veut dire que, quand l'univers était plus jeune, la sphère-horizon était plus petite. Considérons par exemple une région de l'univers aujourd'hui située à 2 milliards d'années-lumière de la Voie lactée. Puisque l'univers est âgé de 14 milliards d'années-lumière, il s'est écoulé assez de temps pour que sept signaux lumineux viennent de cette région lointaine à la Voie lactée. Rembobinons le film des événements et examinons l'univers quand il était 1 000 fois plus petit. La région était alors 1 000 fois plus proche de la Voie lactée, soit à une distance de 2 millions d'années-lumière. Si le taux d'expansion de l'univers a été uniforme par le passé, l'univers serait aussi 1 000 fois plus jeune, c'est-à-dire que son âge serait alors de 14 millions d'années. De nouveau, sept signaux lumineux peuvent voyager de la région à la Voie lactée. Mais – et c'est là le problème ! – le taux d'expansion de l'univers n'est pas uniforme. La gravité du contenu de l'univers en matière et énergie exerce une force attractive qui freine et ralentit son expansion au fur et à mesure que le temps passe. L'expansion était plus rapide par le passé. Autrement dit, quand l'univers était 1 000 fois plus comprimé, son âge était non pas 1 000, mais 10 000 fois moindre – non pas 14 millions d'années, mais 1,4 million d'années –, et le rayon de la sphère-horizon centrée sur la Voie lactée n'était que de 1,4 million d'années-lumière. La Voie lactée n'aurait alors pas eu le temps de communiquer par la lumière avec la région lointaine située à 2 millions d'années-lumière.

Le problème, dans la théorie standard du big bang, c'est qu'en remontant dans le passé de l'univers, les distances entre les diverses régions de l'espace se réduisent, mais que le temps laissé à la lumière pour voyager entre ces régions et leur permettre d'échanger des informations et de coordonner leurs propriétés diminue encore plus. Au moment de la naissance du rayonnement fossile, 380 000 années après le big bang, seules des régions séparées de moins de 380 000 années-lumière ont pu échanger des informations. Mais – et c'est là le hic – il y avait à cet instant-là des régions de l'espace séparées par bien plus que 380 000 années-lumière. Comment diable des régions si éloignées les unes des autres ont-elles pu coordonner leurs températures sans s'influencer, sans aucun échange de signaux lumineux ? Dans la théorie standard, il n'y a pas d'explication possible. C'est ce qu'on appelle le problème de l'horizon cosmique.

Pourquoi un univers si plat ?

Le deuxième « nuage noir » concerne la géométrie de l'univers. Le cosmos peut avoir une courbure positive, négative ou nulle. Si nous illustrons l'espace à trois dimensions par des surfaces à deux dimensions, un univers à courbure positive a la géométrie de la surface d'un ballon ; un univers à courbure négative, celle de la surface d'une selle de cheval ; et un univers à courbure nulle, celle d'une surface plane. La relativité générale nous dit que la matière et l'énergie courbent l'espace, et que la forme de celui-ci dépend du contenu en matière et énergie du cosmos. Si la densité de matière et d'énergie est grande, l'univers est replié sur lui-même à la manière de la surface d'une sphère. Si la densité de matière et d'énergie est faible, l'univers est évasé à l'instar de la surface d'une selle de cheval. Et si l'univers a juste la densité dite « critique », égale à environ la masse de cinq atomes d'hydrogène ou à environ 10^{-23} gramme par mètre cube d'espace, l'univers n'est courbé ni positivement ni négativement, mais est plat. Cette densité critique est minuscule. Elle est des centaines de milliards de milliards de milliards de fois plus faible que la densité de l'eau. Mais, à cause du volume fantastique de l'univers, une infime pincée de matière et d'énergie par mètre cube est suffisante pour modeler son paysage et déterminer à la fois sa géométrie et son destin.

La géométrie de l'univers peut être encore visualisée par l'expérience mentale suivante. Supposons que nous disposions d'une lampe électrique dotée d'une puissance infinie et que nous illuminions la nuit noire grâce à son faisceau lumineux. Dans un univers à courbure positive, nous verrons celui-ci revenir vers nous depuis la direction opposée après avoir fait le tour de l'univers, comme Phileas Fogg revient à son point de départ après avoir fait le tour de la Terre en quatre-vingts jours. Cet univers est fini ou « fermé ». Ce qui ne veut pas nécessairement dire qu'il possède des limites. La surface de la Terre a beau être finie, vous pouvez en faire le tour autant de fois que vous le voulez sans jamais rencontrer de limites. Dans un univers courbé négativement, le faisceau lumineux se perdra à l'infini. Cet univers est dit infini ou « ouvert ». Dans un univers plat – intermédiaire entre un univers fermé et un univers ouvert –, le faisceau ira aussi se perdre à l'infini.

La relativité générale nous dit que si la densité de matière et d'énergie de l'univers à son début est exactement égale à la densité critique, cette égalité parfaite est maintenue tout au cours de l'expansion de l'univers, les deux densités diminuant très précisément au même rythme. En revanche, s'il existe une différence, si minime soit-elle, entre les deux densités, elle se trouve amplifiée par l'expansion de l'univers dans d'énormes proportions en un rien de temps. Ainsi, si la densité de l'univers à son début est très légèrement inférieure à la densité critique, par exemple si elle représente 99,99 % de la densité critique, la différence entre ces deux densités croît si vite que celle de l'univers ne sera plus que de 0,000000001 % de la densité critique après une seconde d'expansion. Au contraire, si elle est très légèrement supérieure à la densité critique, l'expansion va l'amplifier et la portera en un rien de temps à des milliards de fois la valeur de la densité critique. L'équilibre est extrêmement délicat, pareil à celui d'un funambule sur une corde raide. Que son corps se penche un peu plus d'un côté ou de l'autre, et c'est la chute !

Que nous disent les observations ? Pour déterminer la densité de l'univers qui est le rapport de sa masse à son volume, il suffit de recenser son contenu en matière et énergie dans un volume d'espace assez grand. Ce recensement n'est pas des plus aisés, car, comme nous le verrons, la grande majorité du contenu de l'univers (99,5 %) n'émet pas de lumière et, privés de lumière, les astronomes sont littéralement... dans le noir. Mais, en déployant des trésors d'ingéniosité, ils ont pu déterminer que la densité de matière et d'énergie de l'univers après 14 milliards d'années d'expansion est très probablement égale à la densité critique, et non pas des millions ou des milliards de fois plus petite ou plus grande que celle-ci.

Comment l'univers a-t-il pu accomplir cette prouesse d'équilibriste ? Comment a-t-il pu ajuster sa densité du début en sorte qu'elle soit aussi précisément égale à la densité critique ? La théorie standard du big bang n'offre aucune explication. L'astrophysicien lève les bras au ciel en avouant son ignorance. C'est ce qu'on appelle le « problème de la platitude », car un univers exactement doté de la densité critique a une géométrie plate.

Pourquoi un univers si structuré ?

Le troisième « nuage noir » constitue en quelque sorte la contrepartie du problème de l'homogénéité de l'univers. Au lieu de se demander pourquoi l'univers est si régulier, l'astrophysicien se demande pourquoi il est si structuré. Tout comme une immense toile pointilliste de Seurat, l'univers nous apparaît différemment suivant la distance à laquelle nous nous plaçons. De loin, nous voyons l'ensemble du tableau de Seurat avec ses couleurs, ses thèmes et ses motifs – les baigneurs à Asnières, les promeneurs du dimanche sur l'île de la Grande Jatte, sur la Seine. C'est seulement en nous rapprochant que nous voyons les personnages et le paysage se décomposer en une multitude de points multicolores. De même, à très grande échelle, sur des régions d'espace s'étendant sur des milliards d'années-lumière, l'univers nous apparaît extraordinairement uniforme, comme les observations du rayonnement fossile nous l'indiquent. Tous les détails sont abolis. C'est seulement en scrutant l'univers à de moindres échelles que nous voyons apparaître une grande variété de structures. Heureusement pour nous, car un univers parfaitement uniforme et homogène serait stérile, incapable d'héberger la vie et la conscience, et nous ne serions pas là pour en parler.

En nous rapprochant de plus en plus, nous voyons le paysage cosmique se décomposer successivement en détails de plus en plus fins. Tout d'abord surgit une immense tapisserie cosmique faite de murs de galaxies s'étendant sur des centaines de millions d'années-lumière [4] et délimitant des espaces vides tout aussi vastes. Les murs de galaxies se décomposent ensuite en amas de galaxies de dizaines de millions d'années-lumière, lesquels se décomposent en milliers de galaxies d'une centaine de milliers d'années-lumière de diamètre. Celles-ci se décomposent à leur tour en centaines de milliards d'étoiles de plusieurs millions de kilomètres de diamètre. Certaines de ces étoiles trônent au milieu d'un système planétaire d'une dizaine de milliards de kilomètres.

Comment l'univers a-t-il pu développer une structure si riche à petite échelle à partir d'un état si uniforme à grande échelle ? Comment la complexité a-t-elle pu émerger de la simplicité ? À nouveau, la théorie standard du big bang se révèle impuissante à apporter une réponse. C'est ce qu'on appelle le « problème des structures » dans l'univers.

L'inflation dissipe les nuages noirs

Poussée dans ses derniers retranchements, la théorie standard du big bang a commencé à révéler des failles qui menaçaient de faire s'écrouler tout l'édifice. La théorie inflationnaire est venue à la rescousse. D'un coup de baguette magique, elle a dissipé tous les nuages noirs qui assombrissaient le paysage du big bang, et lui a redonné son lustre.

Pourquoi l'univers est-il si uniforme ? Dans la théorie standard du big bang, quand nous remontons le temps, la distance entre les différentes régions de l'espace diminue, mais le temps dont elles disposent pour échanger des signaux lumineux entre elles diminue

4. Une année-lumière est la distance parcourue par la lumière en une année, et est égale à 9 460 mille milliards de kilomètres.

davantage encore, si bien qu'elles ne peuvent plus être en contact. Cela, parce que dans la théorie standard, quand la gravité est attractive, l'univers décélère ; mais dans la phase inflationnaire, c'est le contraire qui se produit : la gravité est répulsive, ce qui provoque une accélération de l'espace. L'expansion va alors de plus en plus vite, si bien que, quand nous rembobinons le film des événements jusqu'au début de la phase inflationnaire, la distance entre les régions de l'espace diminue, mais le temps dont elles disposent pour s'envoyer des signaux lumineux ne diminue pas aussi vite et elles disposent de tout le temps nécessaire pour s'échanger des informations et uniformiser leurs températures. En d'autres termes, au début de la phase inflationnaire, à 10^{-35} seconde, l'univers était infinitésimalement petit, et toutes les régions pouvaient communiquer facilement entre elles et coordonner leurs propriétés de manière à être exactement semblables. C'était possible du fait que la sphère-horizon avait à cet instant un rayon de 3×10^{-25} centimètre, semblable à la taille de l'univers. À la fin de la phase inflationnaire, quand l'horloge cosmique sonne 10^{-32} seconde, l'univers a enflé d'un facteur de 10^{50} pour atteindre la taille de 10^{26} centimètres, plus grande que celle d'un superamas de galaxies. De 10^{-35} seconde à 10^{-32} seconde, l'univers a vieilli d'un facteur 1 000, ce qui veut dire que le rayon de la sphère-horizon a aussi augmenté de 1 000 fois, à 3×10^{-22} centimètre, soit 1 000 milliards de milliards de milliards de milliards de milliards (10^{48}) de fois plus petit que l'univers. Les différentes régions de l'univers ne sont plus en contact les unes avec les autres et ne peuvent plus coordonner leurs propriétés, mais elles l'ont fait avant et s'en souviennent (fig. 37).

Qu'en est-il de la platitude de l'univers ? Comment le cosmos a-t-il réussi cet acte d'équilibre si délicat : n'être courbé ni positivement ni négativement, mais posséder une courbure exactement égale à zéro ? De nouveau, l'inflation aide à accomplir ce tour de passe-passe.

Reprenons l'analogie de l'univers à trois dimensions avec la surface à deux dimensions d'un ballon. La géométrie de l'espace s'aplatit pendant l'inflation tout comme une petite région de la surface

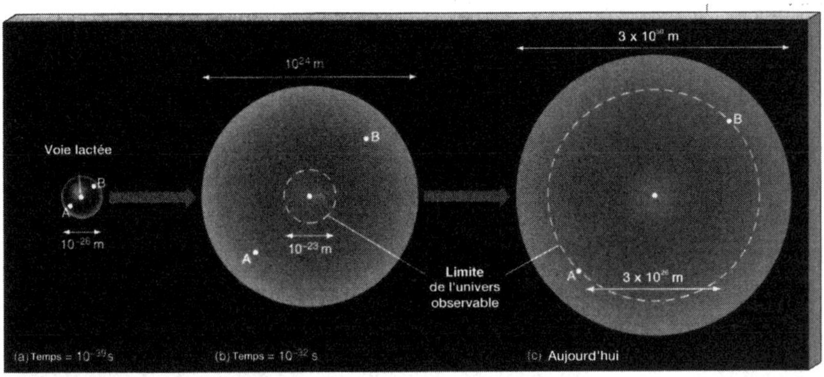

Fig. 37 : L'inflation et le problème de l'horizon de l'univers. L'inflation de l'univers apporte une solution au problème de l'horizon en agrandissant exponentiellement, en fonction du temps, la taille d'une très petite région de l'univers du début, si petite que toutes ses parties ont eu le temps d'interagir par la lumière les unes avec les autres et d'homogénéiser leurs propriétés. Dans (a), les points A et B sont situés bien à l'intérieur de la région homogène (de teinte foncée) de l'univers centrée sur la location future de la Voie lactée. Dans (b), après la période inflationnaire, les points A et B sont au-delà de notre horizon (indiqué par le cercle en tiret) et disparaissent de notre vue. Pendant les périodes qui suivent, l'horizon (qui délimite l'univers observable) s'agrandit plus vite que l'univers entier, si bien que les points A et B rentrent tout juste de nouveau aujourd'hui dans notre champ de vision. Les régions A et B ont des propriétés similaires aujourd'hui parce qu'ils ont pu homogénéiser leurs propriétés avant la période inflationnaire.

du ballon s'aplatit quand ce dernier est gonflé. La courbure d'une sphère est d'autant plus petite que son rayon est plus grand (fig. 38). Nous percevons la courbure d'un ballon de football parce que son rayon est petit (seulement une dizaine de centimètres). Mais elle est beaucoup moins évidente pour notre planète qui a un rayon de 6 378 kilomètres à l'équateur. Parce que, localement, sur de petites distances, le sol nous apparaît plat, l'humanité a pensé très longtemps qu'elle vivait sur une Terre plate, jusqu'à ce que le philosophe et physicien grec Ératosthène (276-194 av. J.-C) démontre que tel ne peut être le cas. En multipliant les dimensions de l'univers par le facteur fantastique de 10^{50} (ou plus), l'inflation lui confère une géométrie plate, quelle que soit sa courbure initiale.

Des fluctuations quantiques qui fleurissent en belles galaxies

Non contente de nous expliquer pourquoi l'univers est si uniforme à grande échelle, l'inflation nous fournit aussi une clé pour comprendre pourquoi il n'est pas parfaitement uniforme, mais recèle des structures de moindre échelle, galaxies, étoiles et autres

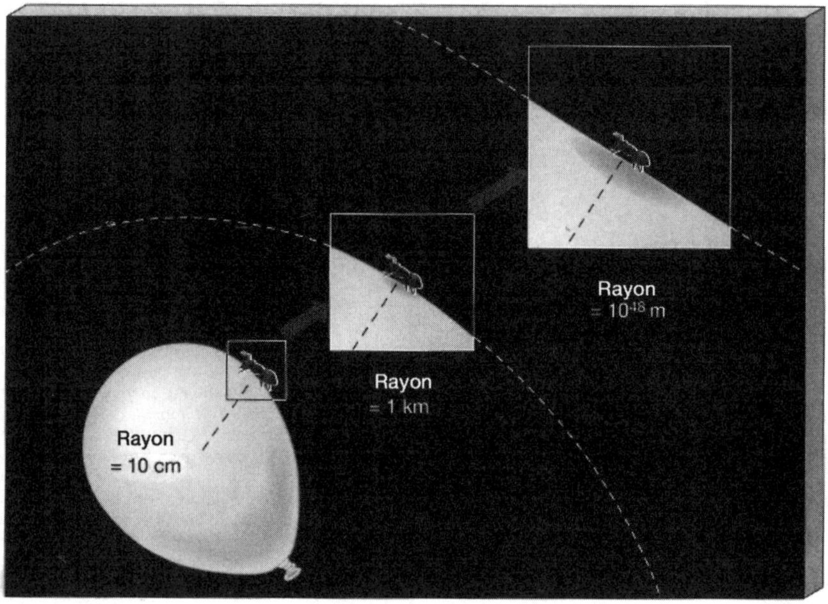

Fig. 38 : L'inflation et le problème de la platitude de l'univers. L'inflation aplatit la courbe de l'univers en agrandissant son volume de manière démesurée. C'est comme si vous gonfliez un ballon à une très grande taille : pour une fourmi sur le ballon, la surface qui l'entoure apparaît plate, sans aucune courbe.

planètes. Elle nous explique pourquoi, pareil à une toile pointilliste, l'univers se décompose en d'innombrables points de lumière quand on le regarde de plus près.

Pour produire un univers à la fois uniforme et structuré, l'inflation va devoir travailler de conserve avec un allié de choix, le principe d'incertitude de Heisenberg. Ce principe, nous l'avons vu, régit le domaine quantique, le monde de l'infiniment petit. Il nous dit qu'il existe une limite fondamentale à notre connaissance du monde physique atomique et subatomique, et qu'il nous faut renoncer au vieux rêve humain d'un savoir absolu. Ainsi, nous ne pouvons mesurer très précisément à la fois la position d'une particule élémentaire et sa vitesse (son changement de position par unité de temps). Nous devons toujours effectuer un choix : soit nous déterminons exactement la position de la particule, et nous renonçons à connaître sa vitesse de manière précise ; soit nous mesurons précisément sa vitesse, et nous renonçons à connaître avec exactitude sa position. C'est ce qu'on appelle le flou quantique.

Ce même flou quantique s'applique au champ d'énergie responsable de l'inflation. Plus nous connaissons précisément la valeur du champ d'énergie en un lieu donné de l'espace, moins nous pouvons cerner ses variations. Ce flou de l'énergie produit des fluctuations dans le champ d'énergie. C'est ce même flou qui est responsable des innombrables particules virtuelles qui apparaissent et disparaissent au gré de cycles de vie et de mort incommensurablement courts (de l'ordre de 10^{-43} seconde) dans l'espace qui vous entoure pendant que vous lisez ces lignes. Seulement, vous n'en êtes pas conscient, car cette activité fébrile se déroule à des échelles infiniment petites, de l'ordre de 10^{-33} centimètre.

Mais c'est là où l'inflation a son rôle à jouer. En gonflant l'espace d'un facteur inimaginablement élevé (10^{50}, voire plus), elle amplifie ces minuscules fluctuations quantiques jusqu'à des tailles de l'ordre de 1 000 milliards (10^{12}) de kilomètres, soit environ 100 fois la taille de notre système solaire. Ce faisant, l'inflation permet aux fluctuations quantiques de quitter le monde subatomique et d'entrer dans le monde macroscopique. La situation est analogue à celle d'un trait minuscule, quasi invisible, tracé sur la surface d'un ballon non gonflé, et qui atteint de grandes proportions, devenant beaucoup plus visible, quand le ballon est gonflé.

Ces fluctuations dans le tissu de l'espace, amplifiées par l'inflation, ont été détectées grâce à l'observation du rayonnement fossile – la chaleur résiduelle de l'univers primordial – par deux satellites de la NASA, COBE (Cosmic Background Explorer, qui veut dire « Explorateur du rayonnement fossile »), lancé en 1990, et WMAP (Wilkinson Microwave Anisotropy Probe, qui veut dire « Sonde de l'anisotropie du rayonnement fossile micro-onde », nommée ainsi en l'honneur du physicien américain David Wilkinson), mis en orbite en 2001. Elles se manifestent par d'infimes fluctuations de température du rayonnement fossile, de l'ordre de quelques centièmes de millième de degré Kelvin. Ces fluctuations vont servir de semences de galaxies. Au cours des milliards d'années à venir, grâce à la gravité exercée par leur masse, ces semences, en attirant la matière environnante, vont s'accroître en masse et « germer » pour donner naissance aux centaines de milliards de galaxies de l'univers observable, majestueux écosystèmes de centaines de milliards de soleils liés ensemble par la gravité, qui ornent aujourd'hui la voûte céleste.

La prochaine fois que vous tomberez en admiration devant la structure spirale d'une belle galaxie, songez qu'elle est née d'une microscopique fluctuation du champ d'énergie de l'univers du début, qu'elle est l'enfant du mariage de l'infiniment petit et de l'infiniment grand, le fruit de l'union du flou quantique avec l'inflation.

Nous ne pouvons voir qu'un tout petit bout de l'univers entier

Les calculs montrent qu'il a suffi que l'univers parte d'un minuscule morceau d'espace, de la taille d'environ un millionième de milliardième de milliardième (10^{-24}) de centimètre (soit un centième de milliardième de la taille d'un proton), pour que l'expansion inflationnaire et celle, plus tranquille, qui a suivi, produisent un univers plus grand que l'univers observable d'aujourd'hui.

Que se passe-t-il à la fin de la phase inflationnaire, à 10^{-32} seconde, quand l'univers a atteint la taille d'un superamas de galaxies de 10^{26} centimètres ? De même que le rocher dévale à toute vitesse la pente de la montagne pour se retrouver en bas, dans la vallée, avec une énergie nulle, de même le champ de Higgs, une fois délogé du plateau par une fluctuation quantique de son énergie, décroît rapidement en énergie vers la valeur zéro, et l'inflation s'arrête net. L'univers poursuit son expansion et continue à se diluer et à se refroidir, mais à un rythme beaucoup moins effréné. Il reprend son taux d'expansion normal. Désormais, il va être sage, ne plus s'emballer. L'expansion vertigineuse de la phase inflationnaire laisse place à une expansion langoureuse, calme et tranquille, qui continue à ce jour. Au lieu de s'enfler de façon exponentielle en fonction du temps, l'univers se dilate proportionnellement à la racine carrée du temps durant ses 380 000 premières années, puis à la puissance 2/3 du temps après[5].

5. Voir la note 5 dans Trinh Xuan Thuan, *La Mélodie secrète*, Paris, Fayard, 1988, et Paris, Gallimard, « Folio », 1991.

L'univers qui a résulté de la période inflationnaire et de celle qui a suivi est si vaste que, même si nous disposons des télescopes les plus puissants sur Terre et dans l'espace, nous ne pouvons en embrasser qu'une infime partie. Pendant les 14 milliards d'années qui ont suivi la période inflationnaire, l'univers s'est encore dilaté d'un facteur de 10^{27}, ce qui lui vaut d'avoir un rayon actuel de 10^{53} centimètres. Mais une grande partie de cet univers nous est encore inaccessible. Le rayon de l'univers observable, la partie de l'univers entier à l'intérieur de laquelle la lumière des objets célestes a eu le temps de nous parvenir, et qui est donc accessible à nos télescopes, n'est que de 47 milliards d'années-lumière, soit environ $4{,}7 \times 10^{28}$ centimètres (fig. 37). L'univers observable a donc un rayon qui est deux millions de milliards de milliards de fois (2×10^{24}) inférieur au rayon de l'univers entier. Si ce dernier était ramené à la taille de la Terre, sa partie observable serait d'une dimension deux millions de fois inférieure à celle d'un proton.

Vous vous demandez certainement pourquoi, si l'univers est âgé de 14 milliards d'années, notre horizon cosmologique n'est pas de 14 milliards d'années-lumière au lieu de 47 milliards d'années-lumière. Pour des objets célestes proches – par exemple, à des distances inférieures à 200 millions d'années-lumière –, le temps mis par la lumière d'un objet pour parvenir jusqu'à nous est en effet numériquement égal à sa distance exprimée en années-lumière. Ainsi, la lumière que nous recevons aujourd'hui d'une galaxie située à 50 millions d'années-lumière est partie de cette galaxie il y a 50 millions d'années ; cela, parce que l'expansion de l'univers qui éloigne constamment cette galaxie de la Voie lactée (et de la Terre) est négligeable, 50 millions d'années étant un temps relativement court par rapport à l'âge de l'univers. Mais, pour des objets plus éloignés, l'expansion de l'univers doit être prise en compte. Ainsi, une galaxie qui est aujourd'hui située à une distance de 24 milliards d'années-lumière de la Terre était beaucoup plus proche de nous quand elle a émis la lumière que nous détectons maintenant avec nos télescopes. En fait, elle était située seulement à une distance de 12,4 milliards d'années-lumière. Sa lumière a eu amplement le temps de nous parvenir, puisqu'elle n'a eu besoin que de 12,4 milliards d'années pour accomplir son voyage jusqu'à la Terre.

La situation est analogue à celle d'une fourmi qui se déplace à la surface d'un ballon que l'on gonfle. Supposons que la vitesse de déplacement de la fourmi soit de 2 centimètres par seconde. Au bout de 20 secondes, du point de vue de la fourmi, la distance parcourue est de 40 centimètres. Mais c'est oublier que la surface du ballon n'est pas fixe, mais augmente de manière continue. Si vous mesurez la distance parcourue par la fourmi avec un mètre-ruban, vous vous apercevrez qu'elle est en fait supérieure à 40 centimètres, à cause de l'expansion du ballon. La différence entre les vraie et apparente distances parcourues est d'autant plus élevée que l'expansion du ballon est plus importante.

De même, le décalage entre la distance actuelle d'une galaxie et celle qu'elle avait au moment de l'émission de la lumière qui nous parvient aujourd'hui augmente d'autant plus que l'objet céleste lumineux est plus éloigné et que l'effet de l'expansion de l'univers est plus important. La lumière qui nous parvient d'une galaxie située maintenant à 31,4 milliards d'années-lumière est partie quand la galaxie n'était qu'à 13,4 milliards d'années-lumière. Celle d'une galaxie située maintenant à 47 milliards d'années-lumière a été émise quand elle n'était qu'à 14 milliards d'années-lumière – la distance maximale que la lumière a pu parcourir pendant toute l'existence de l'univers[6].

La lumière en provenance des lointaines contrées de l'univers ne parviendra à nos arrière-arrière-arrière... petits-enfants que loin dans le futur : dans quelque 3 milliards d'années, quand le grand nuage de Magellan, une galaxie naine satellite qui tourne actuellement autour de notre galaxie, tombera dans la Voie lactée et sera « cannibalisée » par elle ; dans quelque 4 milliards d'années, quand la Voie lactée entrera en collision avec sa voisine Andromède ; dans quelque 4,5 milliards d'années, quand le Soleil aura consommé toute sa

6. Ces calculs dépendent de l'évolution du taux d'expansion de l'univers en fonction du temps, qui n'est pas bien connue. Ils ne prennent pas en compte l'accélération de l'univers, découverte en 1998.

réserve d'hydrogène et mourra ; dans quelque 1 000 milliards d'années, quand toutes les étoiles de la Voie lactée se seront éteintes, etc.

Si l'univers observable est beaucoup plus petit que l'univers entier, c'est parce que, pendant la phase inflationnaire, l'expansion de l'espace s'est effectuée à une vitesse dépassant de loin celle de la lumière. L'interdiction de la relativité d'aller plus vite que la lumière serait-elle violée ? Évidemment non. Dans le big bang, l'espace n'est pas statique, mais dynamique. C'est un espace en expansion qui se crée perpétuellement. Si rien ne peut voyager plus vite que la lumière à travers un espace préexistant, la relativité n'empêche pas l'espace lui-même de se créer à une vitesse supérieure à celle de la lumière.

Un univers parti de presque rien

La théorie inflationnaire a donc acquis ses lettres de noblesse. Ses titres de gloire sont nombreux : elle nous livre le mécanisme du bang du big bang ; elle nous explique pourquoi l'univers est si homogène et pourtant si structuré ; elle nous fournit la clé de la platitude de l'univers ; elle a dissipé bien des nuages noirs qui ternissaient le lustre de la théorie standard du big bang. C'est la raison pour laquelle la grande majorité des physiciens pensent aujourd'hui que l'univers est très probablement passé par une phase inflationnaire. Bien sûr, tout n'est pas parfait, et il reste bien de problèmes fondamentaux à résoudre. Si l'univers existait déjà avant la phase inflationnaire, dans quel état physique était-il ? Quelle a été l'origine du champ d'énergie ? Pourquoi avait-il une énergie non nulle ? Autant de questions qui demeureront sans réponse sans le développement d'une théorie de la gravité quantique. Mais, pour l'instant, le big bang assorti d'une phase inflationnaire reste la meilleure théorie sur le marché pour rendre compte des propriétés connues de l'univers.

Sans compter que l'inflation n'a pas fini de nous combler de ses bienfaits. En guise de bonus, elle nous explique comment la première lumière a fait son apparition dans l'univers, en même temps que la première matière.

Souvenez-vous : la fin de la phase inflationnaire survient quand l'horloge cosmique sonne 10^{-32} seconde. Cet arrêt du gonflement exponentiel de l'espace est causé par une fluctuation quantique du champ d'énergie (ou champ d'inflatons) du vide primordial qui le déloge de son plateau d'énergie et le fait dévaler la pente jusqu'en bas, au fond de la vallée. L'énergie du champ d'inflatons évolue très vite d'une valeur positive vers une valeur nulle, libérant brusquement une bouffée d'énergie. C'est cette libération de l'énergie emmagasinée dans le champ qui va être source de toute la matière et énergie que nous observons aujourd'hui dans l'univers.

Vous pensez naturellement que cette énergie du début doit être énorme, et vous auriez raison si nous étions restés dans le vieux schéma du big bang standard. En effet, dans le scénario standard, matière et énergie exercent une gravité attractive qui s'oppose à l'expansion de l'univers. Dans le cours de cette lutte épique, il y a transfert continu de l'énergie des particules élémentaires (inflatons, électrons ou autres protons, la nature exacte du mélange dépendant de l'époque cosmologique) à la gravité, si bien que la densité de matière et d'énergie de l'univers décroît continuellement avec le temps. Or, si nous rembobinons le film des événements vers le début de l'univers, nous aboutissons à une énergie énorme que la théorie standard a bien du mal à expliquer.

La situation est tout autre si l'univers est passé par une phase inflationnaire. Le champ d'inflatons, nous l'avons vu, exerce une gravité non pas attractive, mais répulsive. Au lieu de lutter contre l'expansion de l'univers, le champ l'accélère. Au lieu de perdre de l'énergie au profit de la gravité, il en gagne à ses dépens. Plus précisément, la densité de matière et d'énergie du champ d'inflatons reste rigoureusement constante pendant la phase inflationnaire. L'inflation gonfle la taille de l'univers d'au moins un facteur 10^{50}. Son volume, proportionnel au cube de son rayon, augmente d'un facteur 10^{150}. L'énergie totale du champ, produit de la densité d'énergie par le volume de l'univers, augmente alors du même fantastique facteur. De cette énorme amplification, on infère que l'énergie du début de l'univers était incommensurablement petite. Les calculs montrent que, pour rendre compte de tout ce que l'univers contient aujourd'hui en matière et énergie, il a suffi qu'il parte d'un incommensurablement petit morceau d'espace d'un millionième de milliardième de milliardième (10^{-24}) de centimètre, rempli d'un champ d'inflatons correspondant à une masse de quelques grammes, soit à peine la masse d'un bonbon[7] !

Vous vous dites que, puisqu'il suffit de si peu pour fabriquer un univers, peut-être pourriez-vous vous amuser aussi à jouer aux dieux créateurs en engendrant des mondes dans votre chambre. Un champ d'inflatons de quelques grammes, et le tour sera joué ! Mais c'est plus vite dit que fait. D'abord, l'inflaton reste encore à l'état de particule hypothétique ; il n'a jamais été détecté. Ensuite, c'est une sacrée paire de manches que de vouloir fourrer des inflatons dans un espace aussi étriqué que 10^{-24} centimètre, soit un dixième de millionième de milliardième de la taille d'un atome ! Nous n'allons pas pouvoir créer de sitôt des univers à domicile...

L'ère de la lumière

L'histoire de l'univers est celle de la matière qui s'organise. Des structures de plus en plus élaborées font leur apparition au cours du temps. Au fur et à mesure que l'univers se dilue et se refroidit, la matière gravit un à un les échelons de la complexité. En effet, la température est synonyme de mouvement et, dans un univers trop chaud, les structures qui se forment, s'entrechoquant violemment, sont inexorablement détruites. Mais l'histoire de l'univers, c'est aussi celle de la lumière, souvent entremêlée étroitement avec celle de la matière.

Les sources de lumière qui illuminent le cosmos se présentent sous deux formes : il y a d'abord un rayonnement diffus et uniforme

---

7. Nous avons exprimé ici (et nous continuerons désormais à le faire) l'énergie de l'univers en termes de sa masse, puisque Einstein nous a appris que les deux quantités sont équivalentes : l'énergie d'un objet est égale au produit de sa masse par le carré de la vitesse de la lumière.

qui baigne l'univers entier et qu'on appelle « rayonnement fossile » ; puis des sources de lumière individuelles qu'on appelle étoiles et galaxies. L'histoire de l'univers ne se déroule pas de manière uniforme. Au début, les événements se succèdent à un train d'enfer et les comptes rendus que nous en ferons vont être très rapprochés les uns des autres, le temps se mesurant en fractions de seconde. En revanche, au fur et à mesure que l'univers vieillit, l'ardeur exubérante de la jeunesse fait place au calme serein de la maturité. Nos reportages se feront plus espacés, sans pour autant perdre de vue l'essentiel, et le temps se mesurera en millions, voire en milliards d'années.

Pendant les quelque 2 500 premières années de l'univers, la quasi-totalité de son énergie existe sous forme de lumière. C'est cette dernière qui dicte le rythme de l'expansion universelle. L'énergie de la matière est comparativement négligeable, et celle-ci n'a pas son mot à dire sur l'évolution de l'univers. Parce que c'est la lumière qui mène le bal, les cosmologues ont appelé cette période l'« ère de la lumière ». Tout comme l'histoire de l'humanité se subdivise en plusieurs périodes, tels l'âge du bronze ou l'âge du fer, l'ère de la lumière peut être elle aussi divisée en plusieurs périodes, chacune marquée par des événements nouveaux et uniques.

Nous avons déjà fait connaissance avec l'âge de Planck, qui va du temps zéro (s'il existe) jusqu'à 10^{-43} seconde. À la fin de l'âge de Planck, l'univers est plus chaud que tous les enfers que Dante aurait pu imaginer (10^{32} degrés Kelvin) et incroyablement dense (10^{95} kilogrammes par mètre cube). L'univers est gouverné par un couple de forces résultant de la division en deux de la « superforce » originelle : la force de gravité et la force électronucléaire, laquelle n'est autre que l'union des forces électromagnétique et nucléaires forte et faible. La force électronucléaire va subsister jusqu'à 10^{-35} seconde ; c'est pourquoi la période qui suit l'âge de Planck et qui dure de 10^{-43} seconde jusqu'à 10^{-35} seconde a pour nom l'âge de la Grande Unification. Certains physiciens pensent qu'au cours de cette période naît tout un zoo de particules élémentaires exotiques très massives qui vont peut-être constituer, nous le verrons, la masse noire de l'univers. Mais, pour l'instant, aucune de ces particules exotiques n'a été vue et elles restent un produit de l'imagination fertile des chercheurs. La fin de l'âge de la Grande Unification est marquée par la division en deux de la force électronucléaire : la force nucléaire forte et la force électrofaible, cette dernière étant la somme de la force électromagnétique et de la force nucléaire faible. Avec la force de gravité, elles forment un triumvirat qui va contrôler les périodes suivantes de l'univers. À 10^{-35} seconde, celui-ci est un petit morceau d'espace de 10^{-24} centimètre, rempli d'un champ d'inflatons. Il est encore inimaginablement chaud (10^{27} degrés Kelvin) et dense (10^{75} kilogrammes par mètre cube).

La lumière primordiale est notre plus lointain ancêtre

Vient ensuite l'âge de l'inflation qui dure, nous l'avons vu, de 10^{-35} seconde à 10^{-32} seconde et qui va gonfler de façon exponentielle la taille de l'univers. Nous sommes déjà familiarisés avec tous les bienfaits de l'âge de l'inflation. À la fin de l'âge inflationnaire, le champ d'inflatons libère son énergie emmagasinée. Cette énergie se manifeste sous la forme de grains lumineux. C'est la lumière primordiale. C'est elle qui va donner ensuite naissance à tout le contenu matériel de l'univers à travers le jeu de ce que les physiciens appellent la « production de paires ». Voyons de quoi il s'agit.

Deux photons entrent en contact et disparaissent en accouchant d'une paire particule/antiparticule de matière. L'antiparticule est en tout point semblable à la particule, sauf qu'elle possède une charge électrique de signe opposé. Ainsi, l'antiparticule du proton chargé positivement est l'antiproton chargé négativement, et celle de l'électron chargé négativement est le positon chargé positivement. Parce que les photons sont électriquement neutres, la présence de l'antiparticule est nécessaire pour que sa charge électrique annule celle de la particule, la conservation de la charge électrique totale étant une loi sacro-sainte de la physique. Le processus inverse peut aussi se produire : qu'une particule et une antiparticule se rencontrent, et elles s'annihilent pour devenir lumière (fig. 39).

Ainsi, la lumière peut se convertir en paires particule/antiparticule, et celles-ci peuvent s'étreindre pour redevenir lumière tout en

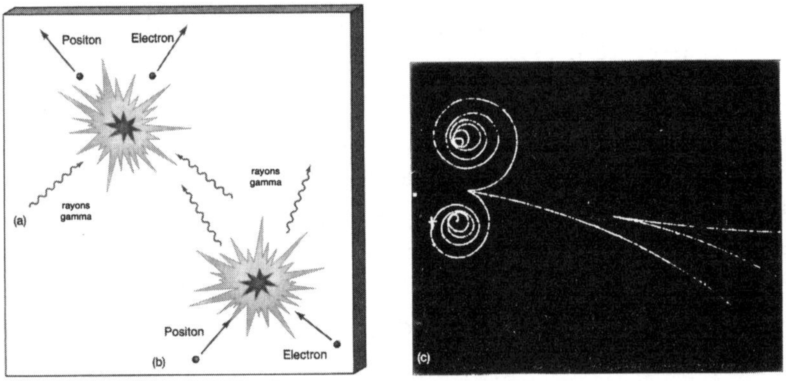

Fig. 39 : La production de paires. (a) La rencontre de deux photons peut produire une paire particule-antiparticule – dans ce cas, un électron et un positon – si l'énergie totale est supérieure à l'énergie de masse des deux particules. (b) Le processus inverse est l'annihilation de la paire. Ici, un électron et un positon s'annihilent dans un flash de rayons gamma. (c) La production de paires peut être visualisée grâce à une chambre à bulles. Ici, un rayon gamma arrive de la gauche. Sa trajectoire est invisible car le rayon gamma n'a pas de charge électrique. Le rayon gamma déloge un électron d'un atome, le lançant vers la droite (sa trajectoire est celle qui est la plus longue). En même temps, une paire électron-positon est produite. Les trajectoires des deux particules sont les deux spirales qui, à cause des charges électriques opposées, s'enroulent, dans des sens oposés, dans le champ magnétique du détecteur.

respectant rigoureusement la loi de la conservation de masse et d'énergie. Autrement dit, l'énergie de masse et de mouvement de la paire particule/antiparticule doit être exactement égale à l'énergie des deux photons qui leur ont donné naissance. Cette loi de conservation a une conséquence importante : plus la température du rayonnement est élevée, plus les photons possèdent d'énergie, et plus la masse des particules et antiparticules créées peut être grande. Inversement, plus la température diminue, plus l'énergie des photons est faible, et plus la masse des particules et antiparticules créées est petite. Ainsi, pour chaque espèce de particule, il existe un seuil de température qui dépend de la masse de la particule et au-dessous duquel la production de paires ne peut plus s'opérer. Pour l'électron qui a une masse de $9{,}11 \times 10^{-28}$ gramme, ce seuil de température est de 6 milliards de degrés Kelvin. Pour le proton qui est environ 2 000 fois plus massif que l'électron, le seuil de température est plus élevé : il avoisine 12 000 milliards de degrés Kelvin.

Par le jeu de production des paires apparaît une purée de particules de matière qui s'entremêle avec le bain de lumière pour remplir tout l'espace. Parce que la lumière primordiale est responsable de tout le contenu matériel de l'univers, elle est notre plus lointain ancêtre. Nous sommes tous enfants de la lumière. Sauf pour les minuscules irrégularités créées par les fluctuations quantiques et amplifiées par l'inflation, qui possèdent et qui vont servir de semences de galaxies, la soupe primordiale est presque parfaitement uniforme. Elle contient des quarks, briques élémentaires des protons et neutrons, qui possèdent des charges électriques fractionnelles positives ou négatives égales à un tiers ou deux tiers de la charge du proton ou de l'électron ; des électrons chargés négativement ; des neutrinos, particules neutres avec une masse nulle ou insignifiante, qui interagissent très peu avec la matière ; et des photons.

Il y a une constante conversion de lumière en matière et antimatière, et de matière et d'antimatière en lumière. En des cycles infernaux de vie et de mort, les particules et leurs antiparticules s'entrechoquent et s'annihilent pour devenir lumière, et les grains de lumière disparaissent à leur tour pour donner naissance à de nouvelles paires particule/antiparticule. À cause de leurs incessantes collisions avec les particules de matière, les photons, qui sont extrêmement énergétiques (ce sont des photons gamma), ne peuvent se propager librement. Ils ne peuvent se frayer un chemin à travers la jungle dense des électrons, ce qui fait que l'univers est totalement opaque. C'est comme s'il était plongé dans un épais brouillard où plus rien n'est visible. Ce brouillard va perdurer jusqu'en l'an 380 000. Pour l'instant ne subsiste qu'une lumière diffuse que seuls des yeux sensibles aux rayons gamma peuvent percevoir.

L'univers montre plus de partialité pour la matière que pour l'antimatière

Si, dans la soupe primordiale, il existait autant de particules que d'antiparticules, s'il existait une parfaite symétrie entre matière et antimatière, notre histoire s'arrêterait là. Ni vous ni moi ne serions ici pour en parler. La matière annihilerait l'antimatière et il ne subsisterait que des photons. Au cours de son expansion, l'univers continuerait à se refroidir, sa température diminuerait de plus en plus, les photons auraient de moins en moins d'énergie et, au bout d'un certain temps, ne pourraient plus accoucher de particules et d'antiparticules. Il ne subsisterait qu'un univers de lumière de plus en plus refroidie par l'expansion de l'univers, d'où galaxies, étoiles, planètes et êtres humains seraient absents.

Mais, heureusement pour nous, la nature n'est pas impartiale vis-à-vis de la matière et de l'antimatière. Le physicien russe Andreï Sakharov (1921-1989), père de la bombe à hydrogène soviétique et ardent défenseur des droits de l'homme dans son pays dans les années 1970-1980, a suggéré en 1967 que pendant l'âge de la Grande Unification, entre 10^{-43} et 10^{-35} seconde, s'est produite une « brisure » de la symétrie entre matière et antimatière. L'univers a montré à cette période un milliardième de plus de préférence pour la matière que pour l'antimatière. Ce qui fait que, pour chaque milliard d'antiquarks qui vont surgir, il y aura 1 milliard + 1 quarks qui viendront au monde.

Plus tard, quand l'horloge cosmique sonne un millionième (10^{-6}) de seconde, la température a baissé à 10 000 milliards (10^{13}) de degrés. L'agitation et le mouvement des quarks et des antiquarks, qui dépendent de la température, ont diminué aussi. Si bien que la force nucléaire forte peut maintenant les attraper et les assembler trois par trois pour donner naissance aux briques fondamentales des noyaux d'atome, les protons, les neutrons et leurs antiparticules[8]. Les protons et les neutrons sont désignés sous le nom générique de « baryons », et leurs antiparticules sous le nom d'« antibaryons ». Parce qu'il doit son existence à la force forte, tout ce beau monde est désigné collectivement sous le nom d'« hadrons » (du grec *hadros* qui signifie « fort »). La période qui suit l'âge de l'inflation et qui dure de 10^{-35} à 10^{-4} seconde est ainsi appelée l'« âge hadronique ».

---

8. C'est ce nombre trois qui a donné au physicien américain Murray Gell-Mann (né en 1929) l'idée de nommer « quark » la composante élémentaire du proton et du neutron. Ce mot, dépourvu de sens avant que Gell-Mann ne lui en attribue un, a été inventé par l'écrivain James Joyce dans une phrase de son roman *Finnegans Wake* : « Three quarks for Muster Mark. » Trois quarks pour Monsieur Mark, tout comme pour le proton ou le neutron...

La première grande hécatombe

À la fin de l'âge hadronique, quand l'horloge cosmique sonne un dix-millième de seconde, la densité de l'univers a baissé à 10^{16} kilogrammes par mètre cube, et sa température a décru jusqu'à 1 000 milliards (10^{12}) de degrés. Les photons n'ont déjà plus assez d'énergie pour se transformer en paires proton/antiproton ou neutron/antineutron, car, souvenez-vous, le seuil de température pour la production de paires de protons et de neutrons est de 10^{13} degrés. Les paires qui existaient déjà s'annihilent. La très grande majorité des protons et des neutrons s'embrassent en des étreintes mortelles avec leurs antiparticules et deviennent lumière. Mais, parce que l'univers a un milliardième de préférence en plus pour la matière par rapport à l'antimatière, pour chaque milliard de paires particule/antiparticule qui s'annihileront, une particule sortira indemne de cette grande hécatombe, car elle ne trouvera pas de partenaire-antiparticule pour lui donner le baiser de la mort et se volatiliser en lumière. Pour chaque milliard de photons, il restera donc un proton et un neutron. Ce rapport de populations établi quand l'univers n'avait qu'un dixième de millième de seconde va se maintenir pendant tous les temps à venir. Dans l'univers d'aujourd'hui, la population des photons (on en dénombre en tout 100 millions de milliards de milliards de milliards de milliards de milliards de milliards de milliards de milliards de milliards [10^{89}]) est toujours un milliard de fois supérieure à la population des protons et des neutrons (10^{80}).

C'est donc grâce à un milliardième de partialité de l'univers en faveur de la matière par rapport à l'antimatière que nous sommes là, que l'univers n'est pas qu'un vaste océan de lumière, qu'il n'est pas stérile et dépourvu de vie et de conscience, et que nous évoluons dans un univers de matière d'où l'antimatière est presque totalement absente.

L'antimatière peut être créée en très petite quantité dans les accélérateurs de particules élémentaires (comme celui du CERN à Genève) au cours de collisions de particules de matière accélérées à des vitesses proches de celle de la lumière. Elle apparaît aussi dans des collisions de protons lancés à très grande vitesse dans le milieu interstellaire par l'explosion d'étoiles massives (les supernovae) et qu'on appelle des « rayons cosmiques ». Elle fait également de furtives apparitions au cours des réactions nucléaires dans le cœur des étoiles. Mais il ne semble pas qu'il nous soit donné à voir d'amples quantités d'anti-planètes, d'anti-étoiles et d'anti-galaxies disséminées dans le cosmos. Nous le savons, car si, par exemple, des anti-galaxies existaient, leurs collisions occasionnelles avec des galaxies de matière les auraient fait se volatiliser en d'énormes flashes de lumière gamma. Or nous n'observons pas de tels événements cataclysmiques. Vous ne risquez pas de rencontrer un jour sur Terre un anti-vous qui, en vous serrant la main, vous ferait devenir lumière !

Des neutrinos difficiles à mettre en cage

Avec l'annihilation presque totale des protons et des neutrons et de leurs antiparticules dans la grande destruction, la purée primordiale est maintenant principalement composée de photons, d'électrons et de neutrinos et de leurs antiparticules, avec une infime pincée de protons et de neutrons rescapés. À 10^{-4} seconde, l'univers est encore assez chaud (1 000 milliards de degrés), et les photons ont encore assez d'énergie pour se métamorphoser en paires électron/antiélectron et neutrino/antineutrino, lesquelles s'annihilent à leur tour pour redevenir lumière. Le seuil de température pour la production de paires est relativement bas, car les électrons, les neutrinos et leurs antiparticules sont des particules très légères. La masse de l'électron est 2 000 fois plus petite que celle du proton, et celle des neutrinos est encore moindre.

Trois types de neutrinos sont connus : le neutrino-électron, le neutrino-muon et le neutrinon-tau, avec des masses respectivement inférieures à un milliardième, un dix-millième et un millième de la masse du proton. La mesure des masses exactes des neutrinos est très difficile, et elles ne sont pas très bien connues. Les neutrinos sont insensibles à la force nucléaire forte et interagissent surtout par les bons offices de la force nucléaire faible. Parce que ce sont les particules légères qui occupent le devant de la scène dans la période qui suit, celle-ci est appelée âge leptonique, du grec *leptos* qui signifie « léger ». Elle s'étend approximativement de 10^{-4} seconde à 100 secondes.

Plusieurs événements importants vont survenir durant l'âge leptonique, qui vont marquer à tout jamais l'univers. Quand l'horloge cosmique sonne la première demi-seconde, les neutrinos vont se découpler du reste de la purée universelle. Avant ce temps fatidique, l'univers était si dense que toutes les particules de la soupe primordiale étaient en constante interaction, ne pouvant aller nulle part sans se cogner immédiatement à d'autres particules. Désormais, les neutrinos vont faire bande à part, car ils n'interagissent avec la matière ordinaire (protons, neutrons, électrons) que par l'intermédiaire de la force faible. Or, nous l'avons vu, la portée de cette force est infime, de l'ordre d'un dix-millième de milliardième (10^{-13}) de centimètre seulement, soit environ la taille d'un noyau d'atome. Or, après la première demi-seconde, l'univers s'est déjà assez dilué pour que la distance moyenne entre les particules de la purée primordiale soit supérieure à 10^{-13} centimètre, et la force nucléaire faible ne peut donc plus exercer son influence. Dorénavant, les neutrinos ne vont pratiquement plus interagir avec la matière ordinaire. Ils vont l'ignorer superbement et se conduire comme si elle n'existait pas. Ce qui leur confère une précieuse liberté de mouvement. Au contraire de la lumière qui, bloquée par la jungle touffue des électrons, ne peut se propager, rendant l'univers totalement opaque, les neutrinos sont libres d'aller où bon leur semble, de gambader à volonté dans tous les recoins de l'univers, et de le remplir de leur multitude.

Cette population vagabonde de neutrinos existe encore dans l'univers d'aujourd'hui. Elle constitue, par son nombre, la deuxième population de l'univers après celle des photons du rayonnement fossile. Pour chaque milliard de photons dans l'univers, il existe 100 millions de neutrinos (soit 10 fois moins) et un proton (soit un milliard de fois moins).

Au moment où vous lisez ces lignes, votre corps est traversé par des milliards de ces neutrinos primordiaux nés dans les premières fractions de seconde de l'univers. Certains sortent du plancher après avoir pénétré la Terre en un point diamétralement opposé à vous et l'avoir traversée de part en part. Pourtant, cette gigantesque population de neutrinos n'a jamais été détectée. Elle reste à l'état de prédiction de la théorie du big bang. Et ce, précisément à cause de sa très faible interaction avec la matière ordinaire. Vous aurez beau construire un détecteur en plomb de 1 000 milliards de kilomètres (100 millions de fois la taille de la Terre), les neutrinos le traverseront comme si de rien n'était. Parce que nos détecteurs et autres instruments de mesure sont faits de matière, il est extrêmement difficile de les capturer et de les étudier.

La deuxième grande hécatombe et la défaite totale de l'antimatière

Le deuxième événement marquant de l'âge leptonique est la destruction totale de l'antimatière. Nous avons déjà assisté à une première grande hécatombe où l'immense majorité des protons et neutrons se sont annihilés dans des embrassades mortelles avec leurs antiparticules. L'âge leptonique est le théâtre d'une deuxième grande destruction qui va éliminer l'immense majorité des électrons et la totalité de leurs antiparticules. Cette deuxième hécatombe va provoquer la sortie de scène définitive de l'antimatière, née dans les premières fractions de seconde de l'univers. À nouveau, c'est le temps qui passe et l'expansion et le refroidissement de l'univers qui en sont responsables.

Quand l'horloge cosmique marque une seconde, la densité de l'univers a baissé à 100 millions (10^8) de kilogrammes par mètre cube, soit 100 000 fois la densité de l'eau. La température est passée juste en dessous du seuil fatidique de 6 milliards de degrés, si bien que la lumière ne peut plus accoucher de paires électron et antiélectron. Désormais, il n'y aura plus de nouveaux électrons et antiélectrons. Tout comme les protons et antiprotons de la première grande destruction, les électrons et leurs antiparticules déjà présents s'annihilent dans des étreintes mortelles. Mais, comme pour les protons, la nature a un milliardième de préférence de plus pour la matière que pour l'antimatière. Ainsi, pour chaque milliard de paires électron/antiélectron qui se volatilisent en lumière, il existe un électron sans antiparticule qui échappe au grand massacre. Ce qui fait que, malgré de lourdes pertes, la matière survit à la grande destruction, tandis que l'antimatière est entièrement éliminée. Dorénavant, celle-ci n'aura plus son mot à dire dans les affaires de l'univers. Elle ne se manifestera plus que de temps à autre, et en infimes quantités, lors de collisions à haute énergie dans les accélérateurs de particules sur Terre, ou lors de collisions de protons dans le milieu interstellaire des galaxies. D'autre part, parce que la partialité de l'univers est la même envers les protons porteurs de charge positive qu'envers les électrons porteurs de charge négative, il reste autant de charges positives que négatives après les deux grandes hécatombes. L'univers est électriquement neutre.

La deuxième grande destruction va créer un déséquilibre entre les populations de protons et de neutrons, qui étaient auparavant en nombre égal. Et ce, parce que le proton et le neutron possèdent des longévités très différentes. Le proton a une vie pratiquement éternelle. Les physiciens ont pu déterminer que sa durée de vie est supérieure à des milliers de milliards de milliards de milliards (10^{30}) d'années. Par comparaison, le neutron libre ne vit que le temps d'un feu de paille. La force nucléaire faible le fait se désintégrer en un proton, un électron et un antineutrino au bout d'un bref quart d'heure[9]. Avant le temps fatidique de la première seconde, les neutrons se désintégraient au bout de 15 minutes. Mais les protons venaient à la rescousse et, en s'accouplant avec les électrons présents à profusion, accouchaient de nouveaux neutrons (avec, en prime, des neutrinos), reconstituant ainsi leur population. Après la deuxième grande hécatombe, le nombre d'électrons s'est réduit à une peau de chagrin, les protons ne trouvant plus de partenaires-électrons pour accoucher de nouveaux neutrons, et ceux-ci subissant une sérieuse perte de natalité. Quand l'horloge cosmique sonne une seconde, il ne reste plus qu'un neutron pour six protons. L'âge leptonique prend fin quand l'horloge cosmique sonne 100 secondes.

---

9. Plus exactement, en moyenne, la moitié d'une population de neutrons disparaît au bout de 15 minutes. La mécanique quantique ne peut pas nous dire l'instant précis où une particule va se désintégrer.

Un univers fait d'hydrogène et d'hélium

Après la deuxième grande hécatombe, l'univers a continué à se dilater, à se diluer et à se refroidir. La jungle des électrons est toujours assez touffue pour empêcher le passage de la lumière, et l'univers persiste à se dissimuler sous le voile opaque du brouillard primordial. Nous sommes toujours dans l'ère de la lumière, car celle-ci continue à dominer de son énergie la matière et à dicter l'expansion de l'univers. Les conditions sont maintenant propices à ce que l'univers franchisse une nouvelle étape importante dans son ascension vers la complexité : la fabrication des premiers noyaux d'atome. À la 100e seconde commence l'âge nucléaire (on l'appelle aussi âge de la nucléosynthèse primordiale), lequel va durer jusqu'à la 2 500e année. C'est aussi le dernier épisode de l'ère de la lumière, qui va bientôt passer la main à la matière.

À la 100e seconde, la densité de l'univers a baissé à 10 000 kilogrammes par mètre cube (10 fois la densité de l'eau). Avec une température d'un milliard de degrés, l'univers est toujours rempli de photons gamma extrêmement énergétiques dont le passage est bloqué par les électrons. L'univers-maçon va se servir des briques-protons et neutrons (désignés collectivement sous le nom de « nucléons ») et de la force nucléaire forte comme ciment pour construire les premières structures du monde matériel. Pour la structure la plus simple, l'univers n'a nul besoin de lever le petit doigt. Il se sert simplement du proton, le nucléon le plus stable, comme noyau de l'atome d'hydrogène. Aucun maçon digne de ce nom n'utiliserait le neutron, une brique qui se désintégrerait au bout de 15 minutes.

En revanche, l'univers fait appel au neutron pour construire la structure suivante, plus complexe, le deutéron, noyau de l'élément chimique appelé deutérium. Celui-ci est composé d'un proton et d'un neutron liés ensemble par la force nucléaire forte. Le neutron perd toute velléité de désintégration dès lors qu'il se trouve emprisonné dans un noyau. Heureusement, car, autrement, nous verrions les objets autour de nous se désintégrer les uns après les autres au bout d'un quart d'heure ! Les deutérons étaient déjà venus au monde pendant l'âge leptonique. Mais l'univers était encore tellement chaud que, dès qu'un deutéron se formait, il était immédiatement détruit par des photons gamma énergétiques. Mais le temps travaille en leur faveur. Ils n'ont qu'à attendre que l'expansion de l'univers fasse baisser la température, que les photons s'épuisent et n'aient plus assez d'énergie pour les briser. Cela survient quand la température passe en dessous de 900 millions de degrés, à quelque 2 minutes après le big bang. Les noyaux de deutérium qui se forment peuvent enfin jouir d'une existence stable, sans craindre d'être détruits par des photons gamma trop énergétiques. Certains vont fusionner avec un proton pour former un noyau d'hélium 3 (le chiffre 3 indique le nombre total de nucléons dans le noyau), lequel s'agglutine à son tour avec un neutron pour constituer un noyau d'hélium 4 (fig. 40), ce gaz qui fait monter dans le ciel les ballons des enfants et qui rend votre voix nasillarde quand vous y êtes exposé.

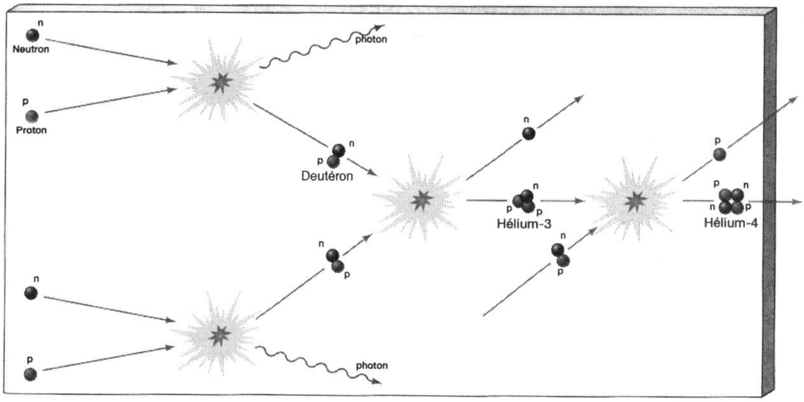

Fig. 40 : La formation de l'hélium-4 dans l'univers primordial. Un proton et un neutron se combinent pour former un deutéron avec libération d'énergie sous forme d'un photon. Ce deutéron s'assemble avec un proton pour former un noyau d'hélium-3. Ce dernier s'assemble ensuite avec un neutron pour former un noyau d'hélium-4 (hélium ordinaire). Un noyau d'hélium est donc constitué de deux protons et de deux neutrons.

En quelques minutes, l'univers a épuisé la réserve de neutrons libres pour fabriquer des noyaux d'hélium. Celle-ci est réduite à zéro, et à la fin de l'âge de la nucléosynthèse primordiale, à quelque 1 000 secondes après le big bang, quand la température de l'univers est d'environ 300 millions de degrés, la composition chimique de l'univers est pour l'essentiel fixée. Il est principalement composé d'hydrogène et d'hélium, avec un zeste de deutérium (pour 100 000 protons, on dénombre seulement deux noyaux de deutérium. Il n'en reste pas beaucoup, car l'univers utilise les deutérons comme briques pour fabriquer des noyaux d'hélium) et de lithium 7 (pour 10 milliards de protons, il y a deux noyaux de lithium 7 ; celui-ci est fait de trois protons et de quatre neutrons).

Pourquoi l'univers n'est-il pas allé plus loin dans la nucléosynthèse primordiale ? Pourquoi n'a-t-il pas continué à fabriquer des noyaux d'éléments chimiques plus lourds et plus complexes en fusionnant davantage de nucléons ? Pourquoi n'a-t-il pas poursuivi son ascension vers la complexité ? La faute en revient à l'expansion de l'univers qui continue à le diluer, rendant la rencontre et la fusion des noyaux d'hélium avec les protons et les neutrons de plus en plus ardues. Cette situation est encore aggravée par le fait que l'univers se refroidit en même temps : les mouvements des particules diminuent donc, et elles ont de plus en plus de mal à vaincre la force électromagnétique répulsive qui tend à éloigner les protons des noyaux d'hélium. D'autre part, il n'existe pas de noyaux atomiques stables composés de cinq ou huit nucléons, ce qui complique encore la situation. Toutes ces circonstances font que, même avant que la réserve de neutrons se vide, les réactions nucléaires se sont déjà pratiquement arrêtées.

En recensant les populations de protons et de neutrons, nous pouvons déterminer exactement la proportion respective des noyaux d'hydrogène et d'hélium, et donc la composition chimique de l'univers à la 100e seconde. Souvenez-vous : à une seconde, il y avait un neutron pour six protons. À cause de la désintégration des neutrons libres, la population des neutrons va continuer à s'amoindrir. Quand l'horloge cosmique sonne 100 secondes, il n'y a plus qu'un neutron pour sept protons, soit deux neutrons pour quatorze protons. D'un lot quelconque de quatorze protons, deux vont fusionner avec deux neutrons pour former un noyau d'hélium, tandis que les douze autres formeront des noyaux d'atomes d'hydrogène. Si bien que, vers la 1 000e seconde, à la fin de la période de la nucléosynthèse primordiale, il y aura un noyau d'hélium pour douze protons. Parce que le noyau d'hélium est composé de quatre nucléons, il pèse environ quatre fois plus que le noyau d'hydrogène formé d'un seul nucléon. La théorie de la nucléosynthèse primordiale dans le big bang prévoit donc qu'environ le quart (= 4/(4 + 12)) de la masse de l'univers est fait d'hélium, et les trois quarts d'hydrogène. Plus tard, au cours des milliards d'années qui vont suivre, les étoiles, par leur alchimie nucléaire, viendront ajouter d'autres éléments plus lourds et plus complexes à la palette chimique du cosmos, mais ceux-ci ne contribueront que pour 2 % à la masse totale des éléments chimiques présents dans l'univers. La composition chimique de ce dernier a été déterminée à 98 % dans les quelques premières minutes de son existence.

Que nous dit l'observation ? Miracle ! La proportion d'environ 75 % d'hydrogène et 25 % d'hélium est juste la proportion que les astronomes observent dans les étoiles et les galaxies. Cette concordance constitue l'un des plus grands triomphes de la théorie du big bang.

La matière prend le dessus sur la lumière

Bien que la fabrication de l'hélium pendant l'âge de la nucléosynthèse primordiale soit essentielle pour déterminer la composition chimique de l'univers et fixer les propriétés des étoiles et galaxies à venir (par exemple, leur brillance et leur durée de vie), la matière joue un rôle tout à fait secondaire dans la conduite des affaires de l'univers au cours de cette période. La création des noyaux d'hélium n'influence en rien l'évolution de l'univers, car la matière ne constitue qu'un infime ingrédient dans le contenu total en masse et énergie de l'univers. Ainsi, au temps de la formation des noyaux d'hélium, l'énergie de la lumière est quelque 5 000 fois plus élevée que l'énergie de la matière (celle-ci est une énergie égale à la masse multipliée par le carré de la vitesse de la lumière). C'est la lumière qui mène le bal et dicte le rythme de l'expansion de l'univers.

Mais le temps qui passe travaille en faveur de la matière. Le rapport énergétique entre lumière et matière va s'inverser, et c'est cette dernière qui va prendre le contrôle des affaires de l'univers. Pourquoi ce retournement de situation ?

C'est de nouveau l'expansion de l'univers qui en est responsable. Elle se fait l'alliée involontaire de la matière. En effet, au cours de l'expansion universelle, la densité des particules de matière et celle des particules de lumière diminuent bien au même rythme [10]. Mais, contrairement aux particules de matière dont l'énergie de masse reste constante, les photons souffrent au surplus d'une perte d'énergie. Nous pouvons le voir si nous faisons appel au visage ondulatoire du photon et imaginons que l'onde qui lui est associée est comme attachée au tissu de l'espace en expansion. L'expansion de l'univers fait que la longueur d'onde d'un photon s'étire et augmente. Cela veut dire que l'énergie du photon, proportionnelle à l'inverse de sa longueur d'onde, diminue [11]. C'est comme si les photons étaient épuisés par l'expansion de l'univers. Les particules de matière qui ont une énergie de masse ne souffrent pas d'une telle perte d'énergie. À cause de cette extra-perte d'énergie, la densité d'énergie de la lumière va diminuer plus vite au cours du temps que celle de la matière. La lumière va ainsi perdre peu à peu sa dominance.

Quand l'horloge cosmique sonne 2 500 ans, les densités d'énergie de la lumière et de la matière sont à égalité. Encore un peu de temps, et la densité de la lumière tombe au-dessous de celle de la matière. La lumière passe la main à la matière. Désormais, c'est celle-ci qui va contrôler les affaires de l'univers et dicter son rythme d'expansion. L'ère de la lumière se termine pour laisser la place au règne de la matière.

Après 14 milliards d'années d'évolution de l'univers, nous sommes encore dans l'ère de la matière. Aujourd'hui, la densité de matière dans l'univers ($2{,}4 \times 10^{-27}$ kilogramme par mètre cube) est

---

10. La densité, le nombre de particules par unité de volume, diminue comme l'inverse du cube du rayon de l'univers.

11. L'énergie du photon diminue comme l'inverse du rayon de l'univers ; voir la note 5 *in* Trinh Xuan Thuan, *La Mélodie secrète*, Paris, Fayard, 1988 ; Paris, Gallimard, « Folio », 1991.

quelque 4 800 fois plus grande que la densité de lumière (5 x 10^{-31} kilogramme par mètre cube). Le rayonnement fossile, avec lequel nous ferons plus ample connaissance ultérieurement, est la composante principale de cette lumière.

Les premiers atomes de matière

Les événements marquants dans l'histoire de l'univers vont de plus en plus s'espacer dans le temps. Alors qu'au début ils se sont déroulés à un rythme d'enfer et que nous devions envoyer des bulletins d'information tous les milliardièmes ou millionièmes de seconde pour rendre compte de l'état de l'univers, les nouveaux développements adviennent à présent à une cadence beaucoup moins effrénée, et des flashes de nouvelles tous les milliers, voire toutes les centaines de milliers d'années sont suffisants pour en suivre l'évolution. Vous pouvez apprécier le ralentissement considérable du rythme de ces nouveautés en constatant que, par le nombre d'événements qui y sont advenus, la première seconde de l'univers revêt autant d'importance que les 10^{17} secondes (14 milliards d'années) qui ont suivi !

Au commencement de l'ère de la matière, vers la 2 500e année, l'univers s'est énormément dilué. Sa densité est maintenant bien moindre que celle de l'eau : seulement un dixième de millième de milliardième (10^{-13}) de kilogramme par mètre cube. Avec une température de 60 000 degrés, il s'est aussi beaucoup refroidi. Il est rempli d'une soupe de photons, de protons et d'électrons rescapés des deux grandes destructions, de noyaux d'hélium fabriqués pendant l'âge nucléaire et, nous le verrons, de matière noire.

Les photons ont toujours autant de problèmes à se frayer un chemin à travers la dense brousse des électrons, et l'univers reste enveloppé d'un brouillard opaque. En perdant de l'énergie du fait de l'expansion de l'univers, les photons gamma sont devenus des photons X, puis des photons ultraviolets. Ils seraient toujours restés aussi invisibles à nos yeux humains si nous avions été là pour les observer. L'énergie des photons est encore trop élevée pour que la prochaine étape dans l'ascension vers la complexité, la formation des atomes, puisse être franchie. Chaque fois que la force électromagnétique entre en action pour combiner ensemble un proton et un électron afin de former un atome d'hydrogène (les charges opposées s'attirent), ou un noyau d'hélium avec deux électrons pour former un atome d'hélium, des photons énergétiques surviennent qui cassent ces atomes, libérant noyaux et électrons, et tout est à recommencer. Il nous faut prendre notre mal en patience et attendre encore un peu.

L'univers continue à se diluer et à se refroidir. Quand arrive l'an 380 000, il s'est assez refroidi (sa température est alors d'environ 3 000 degrés) pour que les photons ne possèdent plus assez d'énergie pour casser les atomes d'hydrogène et d'hélium. Ceux-ci peuvent enfin apparaître de façon durable sur la scène cosmique. Commence alors l'âge atomique. Désormais, l'univers va être rempli d'une soupe d'atomes de matière (les trois quarts de la masse se composent d'atomes d'hydrogène, le reste d'atomes d'hélium), de photons, de matière noire et de neutrinos.

L'univers devient transparent à la lumière

En même temps que la naissance des premiers atomes survient un autre événement tout aussi important qui va radicalement changer le visage de l'univers : celui-ci lève son voile opaque et devient transparent à la lumière. Souvenez-vous : avant l'âge atomique, l'univers était la proie d'un épais brouillard, la lumière ne pouvant se frayer un chemin à travers la jungle touffue des électrons libres. Mais, à compter de l'an 380 000, les électrons perdent leur liberté et se retrouvent confinés dans des atomes-prisons. Rien n'entrave plus le mouvement des photons et ceux-ci peuvent maintenant aller où bon leur semble. Le brouillard se lève et l'univers devient transparent à la lumière. La lumière et la matière, si intimement mélangées jusqu'ici, vont se découpler et vivre dorénavant des existences séparées.

Désormais, seule une très petite minorité de photons, dotés d'énergies très précises (égales à la différence entre deux niveaux d'énergie quelconques des atomes d'hydrogène et d'hélium et des éléments lourds à venir), pourront interagir avec la matière. La très grande majorité d'entre eux n'auront plus jamais quoi que ce soit à faire avec la matière. Ces photons qui nous parviennent directement des premières fractions de seconde de l'univers, et dont la dernière interaction avec la matière remonte à l'an 380 000, constituent ce qu'on appelle le « rayonnement fossile » de l'univers. C'est en quelque sorte la « chaleur » résiduelle de la création de l'univers. Avec l'expansion de l'univers, c'est l'une des deux pierres angulaires de la théorie du big bang. De même que les fossiles permettent aux paléontologues de remonter le temps et de reconstituer l'histoire des anciennes civilisations, de même la lumière fossile permet aux astronomes de reconstituer l'histoire de l'univers à ses débuts.

Le rayonnement fossile sur votre écran de télévision

Au moment du découplage entre lumière et matière, vers l'an 380 000, l'univers a vu sa température baisser jusqu'à environ 3 000 degrés, et il s'est considérablement dilué. Sa densité est alors d'environ 10^{-18} kilogramme par mètre cube, soit un milliard de fois plus que l'univers d'aujourd'hui, et un millième de milliardième de milliardième de fois celle de l'eau. Une particule élémentaire quelconque peut en moyenne voyager sur une distance de quelque 10 000 années-lumière avant d'entrer en collision avec une autre. La lumière fossile qui baigne l'univers, de nature ultraviolette, invisible auparavant, devient visible (pour des yeux humains). Sa couleur est jaune, comme la surface du Soleil dont la température de 5 800 degrés est à peu près celle de la lumière fossile en ces temps reculés.

Depuis son découplage avec la matière, le rayonnement fossile n'a cessé de se refroidir, sa température diminuant en proportion inverse du rayon de l'univers. Le rayon de celui-ci étant environ un millier de fois plus grand qu'en l'an 380 000, sa température a diminué d'environ un facteur 1 000, tombant à un frigorifique 3 degrés Kelvin, soit – 270 degrés centigrades [12]. À cause de ce refroidisse-

12. Pour convertir les degrés Kelvin en degrés centigrades, soustraire 273.

ment dû à l'expansion de l'univers, le rayonnement fossile qui nous parvient aujourd'hui, quelque 13,5 milliards d'années après que la lumière a commencé à voyager librement sans être entravée par la matière, est très peu énergétique. Il a une nature de micro-onde, du type de celles qu'émet votre four à micro-ondes. Il est redevenu invisible à nos yeux et ne peut plus être détecté que par des instruments capables de capter des ondes radio, comme les radiotélescopes ou... votre téléviseur. Allumez votre poste après la fin de la diffusion des programmes : vous voyez des points blancs qui sautillent sur l'écran. Environ 1 % de ces parasites sont causés par les photons du rayonnement fossile ! Vous pouvez ainsi voir sur votre écran de télévision les manifestations des plus vieux photons que nous puissions capter sur Terre. En les observant, vous accomplissez un bond en arrière dans le temps de quelque 13,5 milliards d'années !

Nous vivons donc comme à l'intérieur d'une sphère centrée sur la Terre et d'un rayon de quelque 47 milliards d'années-lumière [13]. Le fait que nous puissions voir aussi loin que 47 milliards d'années-lumière alors que l'univers n'est âgé que de 14 milliards d'années est dû, nous l'avons vu, à l'expansion de l'univers. Un objet céleste qui a émis sa lumière il y a 14 milliards d'années a été emporté par l'expansion de l'univers à une distance de 47 milliards d'années-lumière. À l'intérieur de cette sphère, la lumière peut se propager librement, et l'espace est transparent. En observant les photons du rayonnement fossile, nous pouvons remonter dans le temps si tôt que l'an 380 000 après le big bang. En revanche, au-delà de cette sphère, nous remontons à des temps où l'espace est encore opaque, où les atomes ne se sont pas encore formés, où les électrons libres entravent encore la libre circulation de la lumière. Ces régions opaques seront à jamais inaccessibles à nos télescopes, si puissants soient-ils. Pour étudier l'univers à des temps antérieurs à

13. Pour autant, il ne faut pas penser que la Terre occupe une position centrale privilégiée dans l'univers. Dans l'espace en expansion, tout point est centre, donc rien n'est centre. Tout ce qui est vrai pour la Terre est aussi vrai pour n'importe quel autre point de l'univers.

l'an 380 000, il nous faut recourir aux calculs et aux accélérateurs de particules élémentaires pour tenter de reproduire les énergies fantastiques de l'univers primordial. L'univers à ses débuts n'est-il pas, après tout, qu'un formidable accélérateur de particules, le plus puissant de tous ?

Les pigeons et la lumière fossile de l'univers

L'idée d'une lumière fossile provenant de la nuit des temps et baignant l'univers tout entier n'est pas nouvelle. Cette notion d'un univers parti d'un état extrêmement chaud et dense a fait surface dès les années 1920 grâce aux efforts du mathématicien et astronome russe Alexandre Friedmann (1888-1925) et du chanoine et astronome belge Georges Lemaître (1894-1966). Ceux-ci utilisèrent les équations de la relativité générale d'Einstein, publiées en 1915, pour remonter dans le passé de l'univers, tels des explorateurs remontant le Nil vers ses sources. Se fondant sur les travaux de ces pionniers, l'astrophysicien russo-américain George Gamow et ses étudiants Ralph Alpher et Robert Herman prédirent dans les années 1940 l'existence d'un rayonnement radio provenant des premiers moments de l'univers et dont la température serait d'environ 5 degrés Kelvin. Pourtant, en dépit de ces travaux, nul ne se donna la peine de rechercher le rayonnement fossile, et ce, malgré le prodigieux essor de la radioastronomie après la Seconde Guerre mondiale, dû aux développements des radars pendant le conflit. Les idées de Gamow et de ses collègues tombèrent alors dans l'oubli.

Ce n'est que dans les années 1960 que le physicien américain Robert Dicke et son équipe de l'université de Princeton, dans le New Jersey, remirent sur le tapis l'idée d'un univers au passé chaud et dense, et d'une lumière fossile baignant l'univers entier. Curieusement, Dicke et ses collègues n'étaient pas au courant des travaux pionniers de Gamow, Alpher et Herman, et durent tout redécouvrir par eux-mêmes. Ils s'étaient attelés depuis plusieurs mois à la construction d'un radiomètre pour traquer le rayonnement fossile quand, un beau jour de 1965, Dicke reçut un coup de téléphone du radioastronome américain Arno Penzias, travaillant dans un laboratoire de la compagnie téléphonique Bell à Holmdel, à une petite centaine de kilomètres de Princeton. Penzias lui annonçait que son collègue radioastronome Robert Wilson et lui-même avaient découvert un mystérieux rayonnement extrêmement uniforme et qui, où qu'on l'observât, avait la même température de 2,7 degrés Kelvin[14]. Dicke manqua de défaillir : une des plus grandes découvertes cosmologiques de l'histoire des sciences venait de lui glisser des mains à quelques mois près ! Le temps de finir de construire son radiomètre...

La fortune avait souri à Penzias et à Wilson. Pourtant, ces deux radioastronomes n'étaient pas cosmologues et le problème de l'origine de l'univers était fort éloigné de leurs soucis. Travaillant pour une compagnie de téléphone, ils avaient équipé leur télescope d'un radiomètre extrêmement sensible, non pour faire de la cosmologie, mais pour améliorer les communications téléphoniques aux États-Unis. Afin d'identifier et d'éliminer les sources de parasites pouvant interférer avec la bonne marche des satellites de communication, ils avaient entrepris d'étudier l'émission micro-onde de la Voie lactée, l'une des sources possibles d'interférence. Au cours de leurs observations, ils avaient remarqué que, outre l'émission radio de la Voie lactée, il existait une sorte de « parasite de fond » sous-jacent, comme ceux que vous entendez parfois en bruit de fond sous la voix d'un reporter à la radio. Ce rayonnement de fond avait toujours les mêmes propriétés, en quelque direction que le télescope fût pointé. Il était présent à n'importe quelle heure du jour, n'importe quel jour de l'année. Les deux astronomes n'avaient aucune idée de la cause de ce mystérieux rayonnement de fond. Nombre de pistes furent explorées, puis abandonnées. Un couple de pigeons avait élu refuge dans le télescope : se pouvait-il que leurs fientes fussent responsables du bruit de fond ? Après avoir chassé les volatiles indésirables, les deux astronomes nettoyèrent de fond en comble leur télescope – en vain : le rayonnement de fond était toujours présent. Furent ensuite scrutés à la loupe les stations de radio new-yorkaises (New York n'est pas très loin), les orages éclatant

14. La valeur moderne, mesurée par le satellite WMAP, est de 2,725 degrés Kelvin.

dans l'atmosphère terrestre, l'émission radio du sol, les courts-circuits dans l'équipement électronique. Tout y passa ! Mais rien qui pouvait résoudre le mystère du rayonnement de fond.

Un jour, Penzias confia sa perplexité à un professeur du MIT, qui lui parla de Dicke et de ses idées sur un rayonnement fossile né dans les premiers instants de l'univers. C'est seulement à ce moment-là que Penzias et Wilson prirent conscience qu'ils avaient découvert la chaleur résiduelle de la création de l'univers. Pour leur découverte du rayonnement fossile (on l'appelle aussi « rayonnement de fond micro-onde »), Penzias et Wilson furent récompensés par le prix Nobel de physique en 1978. Faute d'avoir découvert avant eux la lumière de la nuit des temps, Dicke et ses collègues, une fois leur radiomètre terminé, durent se contenter de confirmer son existence.

La synchronicité des découvertes

L'histoire de la découverte du rayonnement fossile illustre à merveille plusieurs aspects des grandes découvertes scientifiques. Elles surviennent souvent par hasard. C'est que les chercheurs travaillent en général sur un petit aspect d'une grande question. Ils sont assez réalistes pour admettre que la résolution des grands problèmes ne se fait pas d'un seul coup, mais par petites avancées. Ainsi Penzias et Wilson voulaient-ils étudier la Voie lactée, et non le rayonnement fossile.

Un autre exemple fameux concerne la découverte en 1967 des pulsars, étoiles à neutrons tournant très vite sur elles-mêmes et émettant des signaux radio à intervalles réguliers. Les découvreurs, les radioastronomes britanniques Anthony Hewish et Jocelyn Bell, voulaient étudier des radiogalaxies. Ils ne connaissaient même pas l'existence possible de pulsars. Mais, dans ce cas aussi, une grande découverte fut faite parce que les chercheurs avaient à leur disposition un superbe équipement, à la pointe de la technologie. Penzias et Wilson avaient construit le radiomètre le plus sensible qui soit ; Hewish avait élaboré un instrument ultrasensible, capable de détecter de rapides changements dans le rayonnement des sources radio, ce qui lui permit de découvrir avec Bell les très brèves émissions, se répétant à intervalles extrêmement réguliers, des pulsars.

La chance sourit à ceux qui sont bien équipés. C'est particulièrement vrai en astronomie, fondée qui est une science fondée avant tout sur l'observation. Chaque fois que, grâce au développement de la technologie, les astronomes ont pu explorer des domaines d'énergie différents avec des instruments plus performants, ils ont découvert de nouveaux phénomènes.

Finalement, le fait que deux groupes, celui de Penzias et Wilson et celui de Dicke et ses collègues, arrivent presque exactement à la résolution d'un problème, le groupe de Dicke se faisant de peu coiffer sur le poteau, n'est pas rare en science. Il y a une sorte de « synchronicité » – pour employer le terme de Jung – qui fait qu'à une époque donnée une idée mûrit de manière autonome en différents endroits du globe (dans le cas du rayonnement fossile, les deux groupes n'étaient séparés que d'une centaine de kilomètres !), ou que la technologie atteint un assez haut degré de sophistication dans plusieurs laboratoires à la fois pour déboucher sur des découvertes presque simultanées.

Le big bang s'impose grâce à la lumière fossile

Avant la découverte de Penzias et Wilson en 1965, la cosmologie reposait pratiquement sur une seule et unique observation : celle de l'expansion de l'univers, découverte par Hubble en 1929. Celui-ci s'est aperçu que la lumière des galaxies lointaines est invariablement décalée vers le rouge. Ce décalage vers le rouge peut être interprété comme dû à un mouvement de fuite des galaxies. C'est ce qu'on appelle l'effet Doppler, du nom du physicien autrichien Johann Christian Doppler (1803-1853) qui découvrit un phénomène similaire pour le son : le son émis par un objet en mouvement est plus aigu quand l'objet se rapproche de l'observateur, et plus grave quand il s'en éloigne. Nous avons tous ressenti ce changement de l'aigu au grave de la sirène d'une ambulance quand elle passe devant nous, campés immobiles sur le trottoir. De manière analogue, la fréquence et l'énergie de la lumière mesurées par un observateur deviennent plus grandes, et sa longueur d'onde plus petite, quand l'objet lumineux se rapproche de l'observateur. On dit alors que la lumière est « décalée vers le bleu », car la lumière bleue a des fréquences relativement plus élevées. À l'inverse, quand l'objet lumineux s'éloigne de l'observateur, la lumière reçue par celui-ci a des fréquences et des énergies plus basses, et une longueur d'onde plus grande ; on dit alors qu'elle est « décalée vers le rouge ». Le changement de fréquence ou le décalage vers le rouge (ou le bleu) est d'autant plus important que la vitesse de fuite (ou d'approche) est plus grande. Il suffit ainsi à l'astronome de mesurer le décalage vers le rouge de la lumière d'une galaxie pour déduire sa vitesse de fuite de la Voie lactée.

Mais ce n'est pas tout. Non seulement les galaxies fuient la Voie lactée, mais elles le font en respectant une loi très précise appelée aujourd'hui « loi de Hubble » : une galaxie s'éloigne de la Voie lactée d'autant plus vite qu'elle en est plus éloignée. Autrement dit, sa vitesse est proportionnelle à sa distance. Cette loi a une conséquence capitale : c'est elle qui va donner naissance à la théorie du big bang.

Calculons le temps mis par une galaxie pour parvenir de son point de départ à sa position actuelle. Si vous voulez calculer le temps que vous mettrez pour aller de Paris à Orléans, à 115 kilomètres au sud de la capitale, vous divisez la distance par la vitesse à laquelle vous roulez. Ainsi, si vous roulez à 115 kilomètres à l'heure, vous mettrez exactement une heure pour faire le trajet. De même, pour calculer le temps mis par une galaxie pour parvenir là où elle est, vous divisez sa distance par sa vitesse. Mais, puisque sa vitesse est précisément proportionnelle à sa distance, ce rapport est exactement le même pour chaque galaxie. Chaque galaxie a mis exactement le même temps pour aller de sa position de départ jusqu'à sa position actuelle.

Inversons la séquence des événements. Toutes les galaxies se retrouvent au même endroit au même instant : de là l'idée que l'univers est parti d'un état extrêmement petit et condensé, et qu'une grande explosion primordiale, un big bang (ou « grand boum »), lui a fait subir une expansion qui continue encore aujourd'hui.

Mais la théorie du big bang ne s'est pas imposée tout de suite. L'idée d'un début de l'univers, d'un instant pouvant être présenté comme celui de la « Création », avait trop de connotations religieuses. Certains astrophysiciens remirent en cause l'interprétation du décalage vers le rouge de la lumière des galaxies comme dû à un mouvement de fuite. Selon eux, la perte d'énergie de la lumière des galaxies n'était pas causée par l'expansion de l'univers, mais par d'autres mécanismes inconnus et non encore explicités, telle une « fatigue » des photons pendant leur long voyage interstellaire et intergalactique pour parvenir jusqu'à nous. Ces propositions n'ont jamais soulevé l'enthousiasme, faute de mécanisme plausible.

D'autres chercheurs encore acceptèrent l'idée d'un univers en expansion, mais dans le cadre de théories alternatives comme celle d'un univers stationnaire (en anglais *steady state*), conçue en 1948 par les astronomes britanniques Fred Hoyle, Thomas Gold et Hermann Bondi. Cette théorie soutient que l'univers est de tout temps semblable à lui-même, qu'il n'a ni commencement ni fin. Elle évacue donc la notion de « Création » et rejette le changement et l'évolution inhérents à la théorie du big bang. Elle reprend en quelque sorte l'idée de l'immuabilité des cieux selon Aristote. Mais comment concilier un univers immuable dans le temps avec l'observation de l'expansion de l'univers ? Si de plus en plus d'espace vide est constamment créé entre les galaxies, l'univers ne peut rester semblable à lui-même. Hoyle, Gold et Bondi durent postuler une création continue de matière compensant exactement le vide engendré par l'expansion. Au lieu de recourir à un seul big bang pour créer la matière, ils font appel à une série de petits bangs. La proportion de création de matière nécessaire – 1 000 atomes d'hydrogène par mètre cube d'espace par milliard d'années – est si faible qu'elle est imperceptible et non mesurable. La théorie de l'univers stationnaire est restée en vogue jusqu'à la fin des années 1950 et a exercé une influence considérable sur la pensée cosmologique de l'époque.

Ironie de l'histoire, c'est Fred Hoyle lui-même qui fut à l'origine du nom de la théorie qui allait détrôner la sienne. C'est pour se moquer de la notion de déflagration primordiale que l'astrophysicien britannique, au cours d'une interview à la BBC, l'appela par dérision « big bang », ne se doutant pas le moins du monde que l'appellation allait frapper l'imagination des scientifiques et des foules, et perdurer.

La théorie de l'univers stationnaire a commencé à montrer des failles au début des années 1960. Le recensement des quasars et des radiogalaxies montrait que leurs nombres diminuaient au fil du temps, qu'il y avait évolution de leurs populations, notion incompatible avec une théorie rejetant tout changement. Mais le coup de grâce fut assené par la découverte du rayonnement fossile en 1965. Parce que la théorie de l'univers stationnaire rejette l'idée d'un début chaud et dense, elle ne peut (de même que toutes les autres théories rivales du big bang) rendre compte de façon naturelle de la présence d'un rayonnement fossile homogène baignant tout l'univers[15]. L'irruption du rayonnement fossile dans la conscience des astrophysiciens marque un tournant décisif dans la pensée cosmologique moderne. Un changement de paradigme s'opère. Désormais, c'est la théorie du big bang qui devient la nouvelle représentation du monde.

La plus grande source d'énergie lumineuse dans l'univers

Après la découverte de Penzias et Wilson, les astronomes se mirent à étudier avec passion la lumière primordiale dans l'espoir d'arracher à l'univers les secrets de ses premiers instants. Parce que le rayonnement fossile est composé des plus vieux photons de l'univers à pouvoir parvenir librement jusqu'à nous depuis l'an 380 000, il nous restitue la plus ancienne image de l'univers qu'il soit possible de capter avec un télescope. Cette image est aussi la plus fidèle possible, car la majorité des photons du rayonnement primordial

15. Pour une discussion détaillée des théories rivales du big bang, voir le chapitre IX de Trinh Xuan Thuan, *La Mélodie secrète*, *op. cit.*

n'ont pratiquement subi aucune interaction avec la matière pendant le long voyage qu'ils ont accompli pour nous parvenir. Mais, pour étudier la lumière des premiers instants dans toute sa gloire, encore faut-il installer un radiotélescope dans l'espace, car l'atmosphère terrestre absorbe une grande partie de ses photons. Des observations préliminaires furent effectuées à l'aide de télescopes juchés à bord de ballons, mais il a fallu patienter vingt-cinq ans, jusqu'en 1990, pour que le satellite COBE (Cosmic Background Explorer), de la NASA, portant à son bord un radiotélescope micro-onde, établisse une cartographie détaillée et complète de cette lumière venue de la nuit des temps.

Les observations de COBE, annoncées en 1992, nous révèlent que la distribution en énergie du rayonnement fossile est exactement celle d'un univers qui, à l'origine, était extrêmement chaud et dense. En quelque endroit qu'on l'observe, sa température de 2,7 degrés Kelvin est d'une extraordinaire uniformité. Cette lumière primordiale, seule la théorie du big bang peut en rendre compte de façon naturelle. C'est pourquoi le rayonnement fossile constitue, avec l'expansion de l'univers découverte par Hubble en 1929, l'une des deux pierres angulaires de la théorie du big bang (fig. 3 cahier couleur).

Chaque mètre cube d'espace contient environ 400 millions de ces photons primordiaux. Le rayonnement fossile possède une énergie totale de 5×10^{-31} kilogramme par mètre cube (de nouveau, nous avons converti l'énergie en masse grâce à la formule $E = mc^2$ d'Einstein). C'est la plus grande source d'énergie lumineuse dans l'univers. Quoique les photons du rayonnement fossile aient été considérablement épuisés par l'expansion de l'univers et que leur énergie d'antan ait bien diminué, l'énergie totale du rayonnement fossile est encore aujourd'hui quelque dix fois supérieure à l'énergie totale de la lumière émise par l'ensemble des étoiles et des galaxies de l'univers observable ! La raison en est que le rayonnement fossile baigne l'univers entier, alors qu'étoiles et galaxies n'occupent qu'une toute petite fraction de l'espace.

Les photons dominent aussi par leur nombre la population des particules existant dans l'espace. Pour chaque proton existant dans l'univers, il existe un milliard de photons du rayonnement fossile – déséquilibre démographique qui provient, nous l'avons vu, du milliardième de partialité de l'univers en faveur de la matière par rapport à l'antimatière.

Des semences de galaxies

Le rayonnement fossile est, nous l'avons vu, d'une extrême homogénéité. Mais celle-ci n'est pas parfaite. Heureusement pour nous, car si l'univers était parfaitement homogène, nous ne serions pas là pour en parler. Un univers sans structures, c'est comme un désert sans oasis : la vie ne peut s'y développer. Un univers d'une parfaite uniformité serait morne et stérile. Dans cet univers, il n'y aurait ni chants de rossignols, ni parfums de roses. Les beaux sourires des enfants en seraient absents.

Pour le plus grand bonheur des astrophysiciens, COBE a découvert de minuscules fluctuations de température du rayonnement fossile, de l'ordre de quelques centièmes de millième de degré Kelvin, d'une partie du ciel à l'autre. Ces fluctuations de température correspondent à des fluctuations de densité de la matière constituée de protons, de neutrons et d'autres particules massives invisibles. Aux endroits légèrement plus denses, la gravité est un peu plus forte, les photons du rayonnement fossile perdent un peu plus d'énergie pour échapper à cette gravité, et la température est un peu plus faible. En revanche, aux endroits un peu moins denses, la gravité est moindre, les photons perdent un peu moins de leur énergie pour s'échapper, et la température est légèrement supérieure. Ces fluctuations de densité vont se comporter comme des semences qui, grâce à l'action du jardinier-gravité, vont grandir avec le temps et germer en belles galaxies, étoiles et planètes dont une au moins va héberger la vie. Elles sont nées, nous l'avons vu, grâce au flou de l'énergie, à partir d'infimes fluctuations du champ d'inflatons de l'univers primordial, puis sont entrées dans le monde macroscopique grâce à la fantastique amplification de leurs dimensions par l'expansion inflationnaire.

Les observations de COBE ont marqué un tournant décisif dans la recherche en cosmologie. Avant COBE, les observations de l'univers primordial se comptaient sur les doigts d'une main et étaient des plus imprécises. Les théoriciens avaient beau jeu de faire jouer leur imagination fertile et de proposer une variété impressionnante de scénarios cosmologiques (généralement dans le cadre de la théorie du big bang). Mais, faute d'observations, ces diverses théories ne pouvaient être mises à l'épreuve, et les physiciens n'avaient pas la possibilité de trier le bon grain de l'ivraie. Était considérée comme acceptable toute théorie qui n'était pas en contradiction manifeste avec les données astronomiques existantes sur l'univers primordial – données qui, justement parce qu'elles n'étaient ni très nombreuses ni très précises, n'avaient pas un grand pouvoir discriminant. Mais COBE (et tous les ballons et satellites qui lui ont succédé) a complètement modifié la donne. En nous procurant une vue claire et plus précise de l'univers primordial, COBE a placé la barre très haut et inauguré une ère nouvelle où la cosmologie est devenue une vraie science et où les divers scénarios peuvent être testés avec un très haut degré de précision.

L'univers est comme un Stradivarius

Les astrophysiciens continuent à scruter intensément les variations de température du rayonnement fossile. Ils savent que ces dernières détiennent la clé des mystères de l'univers primordial et des secrets de l'élaboration de l'architecture cosmique : comment l'univers a-t-il pu passer d'un état si homogène, à 380 000 années après le big bang, quand les fluctuations de température étaient seulement de quelques centièmes de millième de degré Kelvin, à la merveilleuse et grandiose tapisserie cosmique tissée par les centaines de milliards de galaxies dans l'univers observable d'aujourd'hui, après une évolution cosmique de 14 milliards d'années ?

En 2001 fut lancé dans l'espace le successeur de COBE, appelé WMAP (Wilkinson Microwave Anisotropy Probe). Ce satellite de la NASA, qui voyage autour du Soleil à quelque 1,5 million de kilomètres de la Terre, peut étudier les fluctuations de température du rayonnement fossile avec environ 40 fois plus de précision et de sensibilité que COBE. Son but est d'effectuer un recensement précis des fluctuations de température du rayonnement fossile, d'établir un inventaire des régions où ce rayonnement est légèrement plus chaud ou plus froid que sa température moyenne (de 2,7 degrés Kelvin). Après seulement une année d'observations, WMAP nous a déjà révélé monts et merveilles (fig. 3 cahier couleur).

Ce satellite nous dit en particulier que les régions « froides » et « chaudes » de la lumière primordiale se manifestent suivant des tailles bien caractéristiques. C'est en étudiant comment les fluctuations de température varient en fonction de la taille de ces régions que les astrophysiciens vont être à même de déterminer le contenu en masse et énergie de l'univers, en même temps que sa géométrie. La raison en est que des ondes soniques parcouraient l'univers primordial de part et d'autre avant l'an 380 000. En effet, avant leur découplage, matière et lumière étaient intimement liées et les photons ne pouvaient aller nulle part sans ricocher sur des électrons comme des balles de fusil ricochent sur un mur. Tout comme notre voix déclenche des ondes de son qui se propagent dans l'air pour transmettre nos bonnes paroles aux oreilles de notre interlocuteur, de menues fluctuations de densité de la matière, avant l'an 380 000, ont provoqué la propagation d'ondes soniques de compression et de raréfaction dans la soupe primordiale. Les ondes de compression la comprimèrent et la réchauffèrent, tandis que les ondes de raréfaction la diluèrent et la refroidirent, créant une mosaïque constamment changeante de fluctuations de température. Parce que les variations de densité sont des fluctuations quantiques amplifiées pratiquement au même moment par l'inflation, les ondes soniques de l'univers primordial – à la fois le son fondamental et ses harmoniques (les sons dont la fréquence est deux, trois, quatre... fois la fréquence du son fondamental) – sont synchronisées. L'univers primordial est donc comme un délicat violon Stradivarius qui nous berce de ses sons mélodieux. Tout comme un musicien expérimenté est capable de juger du soin apporté à la fabrication d'un instrument en écoutant le son qu'il produit, qu'un mélomane averti peut distinguer un Stradivarius d'un violon ordinaire à la richesse de ses harmoniques et à la qualité de son timbre, l'astrophysicien peut cerner la nature de l'univers, sa géométrie et sa composition en masse et énergie en étudiant le son fondamental et les harmoniques de l'univers primordial.

L'analyse des sons primaux de l'univers à travers les fluctuations de température observées par WMAP semble confirmer que l'univers a connu par le passé une phase d'expansion inflationnaire, que sa géométrie est plate et que sa densité de matière et d'énergie est juste égale à la densité critique de 10^{-26} kilogramme par mètre cube.

Mais les astrophysiciens ne sont pas encore satisfaits de ces résultats. Ils veulent étudier la lumière fossile avec sans cesse plus de précision et de sensibilité. Déjà se profilent à l'horizon les successeurs de COBE et de WMAP. En 2008, l'Agence spatiale européenne lancera le satellite Planck (ainsi nommé en l'honneur du physicien Max Planck) sur la même orbite que WMAP. Planck sera capable de détecter des fluctuations de température aussi ténues que 5 millioniémes de degré Kelvin, et d'examiner des régions du ciel dont la taille angulaire n'est que de 0,1 degré (un cinquième de la taille angulaire de la pleine Lune), soit avec dix fois plus de détails que WMAP. Cette précision et cette sensibilité accrues vont permettre aux astrophysiciens d'accéder à la panoplie complète des sons et harmoniques de l'univers primordial. Il sera alors possible de choisir parmi les nombreux scénarios inflationnaires aux appellations plus ou moins imaginatives (vieille inflation, nouvelle inflation, inflation éternelle, inflation chaotique, hyperinflation, inflation hybride, inflation assistée, etc.) qui sont actuellement sur le marché. Ces théories incorporent toutes une très brève période d'expansion exponentielle dans le passé de l'univers, mais diffèrent par la forme et la nature du champ d'inflatons. La symphonie primordiale n'a pas fini de nous révéler ses secrets, de nous ravir et de nous enchanter.

Des yeux qui ne cessent de s'agrandir et de se satelliser

Mais le rayonnement fossile diffus n'est pas la seule source de lumière dans l'univers. Notre existence est aussi illuminée par des sources plus ponctuelles : les étoiles et les galaxies. Par une belle nuit claire d'été sans lune, étendez-vous sur le doux lit d'un pré, à la campagne, loin de l'envahissante lumière artificielle des hommes, et levez les yeux vers le ciel. Vous serez ébloui par le spectacle de milliers de points lumineux disséminés sur la voûte noir d'encre du ciel. Avec une lentille (le cristallin) d'environ un demi-centimètre, l'œil est un récepteur de lumière déjà extrêmement performant, puisque l'étoile la moins brillante qui puisse être vue à l'œil nu est quelque 25 millions de fois moins lumineuse que la pleine Lune. Pourtant, cette lumière du ciel accessible à nos yeux, qui fait notre enchantement, provient de l'univers très proche. Elle est émise par les étoiles qui composent la Voie lactée et dont la plus lointaine, parmi celles qui nous sont perceptibles, est seulement située à quelques dizaines de milliers d'années-lumière. L'univers lointain échappe totalement à l'œil nu.

C'est pour voir « plus faible », donc plus loin et plus tôt, et examiner l'architecture du lointain cosmos dans toute sa splendeur, que l'homme s'est doté de plus « grands yeux » : il a inventé le télescope.

Depuis que Galilée (1564-1642) a braqué en 1609 la première lunette astronomique de 3 centimètres de diamètre vers le ciel, les télescopes n'ont cessé de se perfectionner et de s'agrandir. Aujourd'hui, il existe de par le monde une dizaine de télescopes dont le diamètre dépasse les 6 mètres. Les plus grands demeurent les deux télescopes Keck perchés au sommet du volcan éteint Mauna Kea, sur l'île de Hawaii, à une altitude de 4 205 mètres au-dessus de l'océan, dont les miroirs ont un diamètre de 10 mètres chacun. Un télescope Keck peut recueillir environ 4 millions de fois plus de lumière que notre œil, et 111 000 fois plus que la lunette de Galilée. Dans le nord du Chili, en plein cœur du désert d'Atacama, dans la cordillère des Andes, au sommet du mont Paranal, à 2 700 mètres d'altitude, trône un autre télescope géant, le Very Large Telescope (VLT) de l'Observatoire européen austral, composé de quatre télescopes géants dotés de miroirs de 8,2 mètres de diamètre, qui peuvent capter ensemble autant de lumière qu'un télescope monolithe équipé d'un miroir de 16 mètres de diamètre.

Déjà se profilent à l'horizon les mastodontes de demain : des télescopes dont les miroirs pourront atteindre des diamètres de 25 à 100 mètres. Le projet de l'Observatoire européen austral baptisé OWL (acronyme de « OverWhelmingly Large telescope », ou « Télescope extrêmement large », évoquant les grands yeux perçants du hibou [*owl* en anglais]) est certainement le plus ambitieux. Ce télescope européen, prévu pour la fin de la prochaine décennie, aurait un miroir plat de 100 mètres de diamètre et pourrait donc recevoir 100 fois plus de lumière en un temps donné que le télescope Keck. OWL aura presque la taille d'un stade olympique et sera aussi imposant que la grande pyramide de Khéops. Il résultera de l'assemblage de 3 048 segments de miroir de 1,6 mètre de diamètre chacun. Pour l'étude de l'univers lointain, le saut qualitatif entre le VLT et OWL serait comparable au saut entre l'œil nu et la lunette de Galilée.

Il existe aussi deux projets américains. Le premier concerne le TMT (Thirty Meter Telescope), composé de 738 miroirs hexagonaux de 1,2 mètre de diamètre chacun, agencés en un ensemble de 30 mètres de diamètre (fig. 4 cahier couleur). Prévu également pour la fin de la prochaine décennie, il va observer l'univers en infrarouge et en lumière visible. Le deuxième projet, sans doute le plus avancé parmi les futurs géants de l'astronomie, est le GMT (Giant Magellan Telescope), nommé ainsi en l'honneur du Portugais Ferdinand de Magellan qui fut le premier navigateur à faire le tour du monde. De construction plus classique, il sera installé à l'extrême sud du désert d'Atacama, au Chili. Composé de six miroirs circulaires de 8,4 mètres de diamètre chacun disposés en pétales autour d'un septième miroir de même taille, il pourra collecter autant de lumière qu'un télescope monolithe de 25,3 mètres de diamètre.

D'autre part, grâce à la conquête spatiale, l'astronome a pu « satelliser » ses yeux. Il a pu mettre en orbite des télescopes qui captent la lumière de l'univers au-dessus de l'atmosphère terrestre.

Parce que cette lumière n'est plus déviée par les mouvements des atomes de notre atmosphère, les images obtenues sont d'une netteté sans pareille. Par ailleurs, de l'espace, l'astronome a accès à toutes les lumières qui sont absorbées par l'atmosphère terrestre (seules les lumières visible et radio peuvent traverser impunément notre atmosphère) (fig. 32). Les télescopes sensibles à la lumière gamma, X, ultraviolette, infrarouge et micro-onde ont considérablement enrichi notre connaissance de l'univers. Le plus fameux d'entre eux est sans doute le télescope spatial Hubble, doté d'un miroir de 2,4 mètres de diamètre, qui fonctionne dans l'ultraviolet, le visible et l'infrarouge. Mis en orbite en 1990, Hubble n'en finit pas de nous envoyer chaque jour des images de toute beauté et de nous révéler de nouveaux aspects de la splendeur de l'univers. En principe, si aucun de ses instruments ne tombe en panne, il devrait poursuivre ses bons et loyaux services jusqu'en l'an 2010. Le successeur de Hubble, le James Webb Space Telescope (nommé ainsi d'après le patronyme d'un ancien directeur de la NASA), équipé d'un miroir de 6 mètres de diamètre, est déjà en chantier (fig. 5 cahier couleur). Sa mise en orbite est prévue pour l'an 2013.

La toile cosmique

Munis de leurs « grands yeux », les astronomes vont se mettre en devoir de reconstituer l'imposante architecture cosmique tracée par les innombrables sources de lumière disséminées dans l'espace. *A priori* la tâche n'est pas évidente, car l'univers nous apparaît comme projeté en deux dimensions sur la voûte céleste, à l'instar de la toile d'un peintre qui aurait fait fi de toute règle de perspective. C'est à l'astronome qu'il revient de mesurer la profondeur de l'univers et de rétablir sa troisième dimension. La loi de Hubble vient à la rescousse. Nous avons vu que le mouvement de fuite des galaxies résultant de l'explosion primordiale fait que leur lumière est décalée vers le rouge et que ce décalage est d'autant plus grand que la galaxie est plus éloignée. Il suffit donc à l'astronome de décomposer la lumière d'une galaxie grâce à un spectroscope (instrument muni d'un prisme similaire à celui utilisé par Newton) et de mesurer son décalage vers le rouge pour obtenir sa distance.

Pour enregistrer la lumière, l'astronome s'est trouvé aidé par un bond spectaculaire de la technologie. Les plaques photographiques qui étaient en usage jusqu'à la fin des années 1960 dans les observatoires ont laissé place aux détecteurs électroniques (comme ceux qui équipent nos caméras numériques), lesquels sont quelque 40 fois plus performants. Alors que Hubble et ses collègues peinaient toute une nuit pour mesurer le décalage vers le rouge d'une seule galaxie lointaine, l'astronome contemporain peut faire de même pour des centaines de galaxies lointaines dans le même laps de temps. Après un long et patient travail d'arpentage du cosmos qui a commencé au milieu des années 1970, les astronomes ont pu mesurer aujourd'hui les distances d'environ un million de galaxies. Le paysage cosmique qui s'offre à leurs yeux ébahis est des plus étonnants.

De cet herculéen effort d'arpentage, une première constatation s'impose. Les galaxies, ensembles de centaines de milliards d'étoiles liées par la gravité, ne sont pas distribuées au hasard dans l'espace. Elles aiment à s'assembler. Si vous voulez maximiser vos chances de trouver une galaxie, regardez aux alentours d'une autre galaxie. Cet instinct grégaire n'est pas le résultat de liens affectifs, comme chez les humains, mais est dû à la force de gravité qui attire les galaxies les unes vers les autres.

L'arpentage de l'univers révèle en outre une fantastique hiérarchie dans son architecture. Si les galaxies sont comme des demeures d'une centaine de milliers d'années-lumière qui abritent les étoiles, les groupes de galaxies, collections de quelques dizaines de galaxies, sont les villages de l'univers. Ainsi notre Voie lactée fait-elle partie du « Groupe local » qui comprend, en sus de notre galaxie, la galaxie Andromède et une trentaine d'autres galaxies naines, plus petites et moins massives. Le Groupe local s'étend sur une dizaine de millions d'années-lumière. Mais il existe de plus grandes agglomérations. Les amas de galaxies, qui rassemblent plusieurs milliers de galaxies, s'étendent sur quelque 60 millions d'années-lumière. Ce sont les villes de province de l'univers.

L'organisation cosmique ne s'arrête pas là. Les amas de galaxies s'assemblent eux-mêmes à cinq ou six pour former des superamas de galaxies contenant près d'une dizaine de milliers de galaxies et s'étendant sur quelque 200 millions d'années-lumière. Notre Groupe local fait ainsi partie du « Superamas local », qui rassemble en son sein une dizaine d'autres groupes et amas.

Et ce n'est pas fini ! L'organisation cosmique se poursuit et l'univers à plus grande échelle présente un paysage des plus étonnants. Les superamas de galaxies s'agglomèrent à leur tour en d'immenses structures en forme de crêpes aplaties, de filaments et de murs de galaxies qui s'étendent à perte de vue sur des centaines de millions d'années-lumière, délimitant d'énormes vides dans le cosmos où l'on pourrait parcourir des centaines de millions d'années-lumière sans rencontrer galaxie qui vive. Les galaxies tracent dans le noir de la nuit une immense toile cosmique lumineuse dont les structures des superamas en crêpes, filaments et murs constitueraient la texture, les amas les plus denses, les « nœuds », et les grands vides, les « mailles » (fig. 41).

Zwicky et la masse noire

Un problème se pose. L'observation du rayonnement fossile nous dit qu'en l'an 380 000 le paysage de l'univers était extrêmement uniforme et pratiquement dépourvu de structures. En témoigne la température de ce rayonnement, qui ne varie pas de plus de quelques centièmes de millième de degré d'un endroit à un autre. Or, après une évolution de 14 milliards d'années, l'univers nous présente maintenant une organisation des plus complexes. Comment l'univers a-t-il pu tisser une toile si pleine de motifs à partir d'un état presque parfaitement uniforme ? Comment une si riche hiérarchie de structures a-t-elle pu émerger d'un état si extraordinairement homogène en un laps de temps de 14 milliards d'années ? Comment la simplicité a-t-elle pu accoucher de la complexité ? C'est en essayant de répondre à ces questions que les astrophysiciens ont découvert l'envers de la lumière : les ténèbres. Ils se sont aperçus que la lumière et la matière lumineuse ne contribuent que pour une toute petite fraction du contenu total en masse et énergie de l'univers. La plus

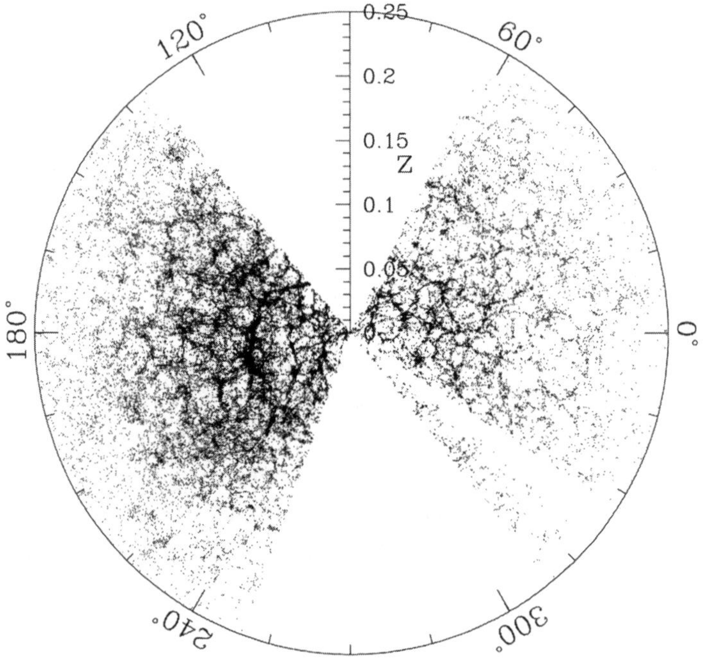

Fig. 41 : La toile cosmique. Les galaxies ne sont pas distribuées de manière uniforme dans l'espace, mais s'organisent en de vastes murs et filaments de galaxies s'étendant sur des centaines de millions d'années-lumière, bordant des espaces vides de galaxies avec des diamètres s'étendant aussi sur des centaines de millions d'années-lumière. Les galaxies tracent ainsi une immense toile cosmique dont la texture serait constituée par des murs et des filaments de galaxies, les nœuds par des denses amas de galaxies, et les mailles par de grands vides. La structure en murs, en filaments et en vides de la toile cosmique est évidente dans cette représentation du ciel des hémisphères galactiques nord (à gauche) et sud (à droite) établie par l'équipe des astronomes américains et japonais du Sloan Digital Sky Survey (Projet Sloan de l'arpentage du ciel avec une caméra numérique). L'équipe a mesuré les décalages vers le rouge, et donc les distances du million de galaxies les plus brillantes dans l'hémisphère galactique nord et dans une partie de l'hémisphère galactique sud (Blanton et al., *Astrophysical Journal*, 592, 819-838, 2003). Dans cette carte du cosmos, la Voie lactée est au centre du cercle et chaque point représente une galaxie localisée à moins de 6 degrés du plan galactique. La coordonnée Z représente le décalage vers le rouge de chaque galaxie et donc sa distance. Ainsi Z = 0.1 correspond à une distance de 1,3 milliard d'années-lumière et Z = 0.25 à une distance de 3,4 milliards d'années-lumière.

grande partie de l'univers n'émet aucune sorte de rayonnement et est totalement invisible. Nous vivons dans un univers dominé par l'ombre, ce que les astronomes appellent la « masse sombre » et « l'énergie noire ».

Comment la masse sombre s'est-elle imposée à la conscience des astrophysiciens ? Pour le comprendre, il nous faut faire un bond en arrière dans le temps. En 1937, dans un des bureaux du California Institute of Technology (Caltech) à Pasadena, en Californie, l'astronome américano-suisse Fritz Zwicky (fig. 42) fait et refait ses calculs. Par l'effet Doppler, il vient d'achever des mesures de certaines galaxies dans l'amas de Coma, situé à quelque 370 millions

Fig. 42 : Portrait de l'astrophysicien américano-suisse, Fritz Zwicky, (1898-1974). Malgré un caractère difficile qui ne le faisait pas toujours apprécier de ses collègues (on le voit ici avec une moue moqueuse), Zwicky est à l'origine de nombreuses découvertes qui ont marqué l'astrophysique : il fut le premier à se rendre compte de la présence d'une quantité considérable de masse noire dans les amas de galaxies, à avancer (avec Walter Baade) l'existence d'étoiles à neutrons, et à cataloguer de nombreuses supernovae et galaxies compactes. (D.R.)

d'années-lumière de la Voie lactée. À supposer que l'amas soit en équilibre, qu'il ne soit ni en expansion ni en train de s'effondrer, l'étude des mouvements des galaxies individuelles permet de déduire la masse totale de l'amas. Ainsi, des vitesses élevées trahissent la présence d'une grande masse, car les mouvements doivent être assez importants pour résister à l'intense attraction gravitationnelle de la forte masse. À l'inverse, des vitesses faibles reflètent une petite masse. Zwicky dresse le bilan de toutes les incertitudes possibles. Rien à faire pour changer le résultat, qui est des plus surprenants : la masse totale de l'amas de Coma déduite à partir des mouvements des galaxies est considérablement supérieure à la somme des masses des galaxies individuelles. Autrement dit, la gravité totale exercée par la matière lumineuse des étoiles et des galaxies ne suffit pas, à elle seule, à retenir les galaxies ensemble dans l'amas. Les mouvements des galaxies auraient eu tôt fait de les faire se disperser dans l'espace intergalactique, et l'amas se serait désagrégé depuis belle lurette. Mais l'amas est toujours là dans le ciel, à nous ravir les yeux. Une seule conclusion possible : il doit exister une source additionnelle de gravité exercée par une masse sombre de nature inconnue qui n'émet pas de lumière visible, mais qui aide à retenir les galaxies dans l'amas. Pour la première fois, l'observation vient de suggérer l'existence d'énormes quantités de masse invisible (près de 10 fois plus que la masse visible) dans l'univers.

J'ai connu Zwicky quand je faisais mes études au Caltech à la fin des années 1960. C'était certainement un scientifique de haut calibre. Outre la découverte de la masse invisible, on lui doit la prévision (avec l'astronome germano-américain Walter Baade) de l'existence des étoiles à neutrons en 1933, lesquelles ne furent aperçues sous la forme de pulsars qu'en 1967, ou encore la découverte de nombreuses supernovae (morts explosives d'étoiles massives) et de galaxies (en particulier les galaxies naines bleues compactes qui sont aujourd'hui mon sujet d'étude). C'était aussi un personnage haut en couleur, de caractère pas toujours facile. Je l'ai vu démolir des collègues en public par des propos enflammés (il ne se privait pas de les attaquer aussi violemment par écrit), affirmant de manière péremptoire que leurs travaux ne valaient rien ou qu'ils ne faisaient que répéter ou copier ses propres travaux ! Ce qui ne le faisait guère aimer de ses collègues : il était relégué dans un bureau au dernier sous-sol du bâtiment qui abritait le département d'astronomie au Caltech, le plus loin possible de tous les autres professeurs. Zwicky le leur rendait bien : il aimait à qualifier ses collègues de « salauds sphériques », ceux-ci restant des « salauds » quel que fût l'angle sous lequel on les voyait !

Quelque chose d'obscur autour de la Voie lactée

En dépit de son caractère difficile, Zwicky avait levé un sacré lièvre ! Depuis sa découverte, la matière noire n'a cessé de se manifester dans toutes les structures connues de l'univers. On la rencontre aussi bien dans les chétives galaxies naines que dans la Voie lactée ou dans les amas de galaxies. Son omniprésence obsède la conscience des astrophysiciens. Comment pouvons-nous nous rendre compte de son existence si la plus grande partie de cette masse noire n'émet aucune sorte de rayonnement et est ainsi invisible non seulement à nos yeux, mais encore à tous les détecteurs que nous pouvons fabriquer ?

Zwicky nous a montré le chemin. Pour mesurer la masse totale d'un complexe d'étoiles ou de galaxies, il suffit d'étudier les mouvements d'objets individuels dans ce complexe (étoiles, galaxies, gaz, etc.). Plus les mouvements sont grands et plus la masse totale, qu'elle soit visible ou invisible, est élevée. Plus les vitesses sont petites et plus la masse totale est faible [16].

Examinons les mouvements des étoiles dans le plan de la Voie lactée. Celle-ci est une galaxie spirale, ainsi classifiée parce qu'elle exhibe de jolis bras spiraux dessinés par un chapelet de pouponnières stellaires, hauts lieux de la fertilité cosmique où naissent les étoiles jeunes et massives. À quelque 26 400 années-lumière du centre de la Voie lactée, le Soleil, nous entraînant avec lui, fend l'air dans le plan galactique à environ 220 kilomètres par seconde, décrivant un périple autour du centre de la galaxie tous les 225 millions d'années. Depuis sa naissance il y a 4,5 milliards d'années, le Soleil a fait vingt fois le tour de la galaxie. Le mouvement du Soleil nous indique que la masse totale de la Voie lactée intérieure à l'orbite de notre astre est de près de 100 milliards de masses solaires. Mais ce n'est pas tout. La Voie lactée s'étend plus loin, puisque nous y recensons des étoiles jusqu'à une distance de 50 000 années-lumière du centre galactique : le Soleil n'est qu'une simple étoile de

---

16. La masse totale varie en proportion avec le carré de la vitesse des objets individuels.

banlieue située à un peu plus de la moitié de la distance du centre vers le bord. Parce que les grains de poussière interstellaires dans le plan galactique absorbent la lumière visible des étoiles lointaines à la périphérie de la Voie lactée, celles-ci ne peuvent être observées. Il nous faut recourir à l'étude des mouvements d'autres objets. Le gaz d'hydrogène atomique constitue un candidat idéal. Les atomes d'hydrogène émettent des ondes radio[17] qui peuvent traverser la Voie lactée de part en part sans être absorbées par la poussière interstellaire. D'autre part, le gaz d'hydrogène s'étend généralement deux à trois fois plus loin que le champ des étoiles, jusqu'à 100 000 à 150 000 années-lumière du centre galactique, ce qui permet d'explorer des contrées de la Voie lactée qui ne contiennent plus d'étoiles.

L'observation montre que les atomes d'hydrogène, tout comme les étoiles, se déplacent sur des orbites quasi circulaires autour du centre galactique à des vitesses de quelque 220 kilomètres par seconde, égales à celle du Soleil. Les mouvements du gaz d'hydrogène impliquent une masse de la Voie lactée intérieure au rayon de 50 000 années-lumière (qui marque le bord du disque des étoiles) égale à environ 200 milliards de masses solaires. Ce qui veut dire qu'il y a autant de masse dans la région circulaire s'étendant du centre galactique jusqu'au Soleil que dans celle qui s'étend du Soleil jusqu'au bord galactique.

Jusqu'ici, rien d'extraordinaire. Ce qui est surprenant, c'est ce qui se passe au-delà du disque lumineux des étoiles. Les observations montrent que les atomes d'hydrogène ne ralentissent pas le moins du monde au-delà du disque galactique. Ils continuent à tourner allégrement autour du centre galactique à la même vitesse de 220 kilomètres par seconde ! Or, si toute la masse de la Voie lactée résidait dans les étoiles lumineuses et s'il n'y avait pas de matière au-delà du bord galactique, la vitesse des atomes d'hydrogène devrait diminuer, tout comme la vitesse d'une planète décrivant son orbite autour du Soleil est d'autant plus faible que cette planète en

17. La longueur de ces ondes radio est de 21 centimètres, et leur fréquence de 1 420 mégahertz.

est plus éloignée. En fait, les vitesses devraient décroître en proportion inverse de la racine carrée de la distance au centre galactique. Or elles restent obstinément constantes[18]. Une seule conclusion possible : de la masse invisible doit être présente au-delà du disque des étoiles, et c'est sa gravité qui retient le gaz d'hydrogène dans la Voie lactée. Sans elle, il y aurait déjà belle lurette que le gaz, emporté par ses grandes vitesses et ses forces centrifuges, se serait détaché de la Voie lactée pour aller se disperser dans l'espace intergalactique.

Le disque gazeux de la Voie lactée s'arrête à quelque 150 000 années-lumière du centre galactique. La vitesse du gaz d'hydrogène, toujours égale à 220 kilomètres par seconde, nous dit que la masse intérieure à ce rayon est de quelque 600 milliards de masses solaires. Ce qui signifie qu'il existe au moins deux fois plus de masse dans la partie invisible de la Voie lactée que dans sa partie lumineuse.

Plus aucun doute : il y a bien quelque chose d'obscur autour de notre galaxie.

Andromède fonce vers la Voie lactée

Notre exploration des contrées invisibles autour de la Voie lactée a dû momentanément s'interrompre à un rayon de 150 000 années-lumière, faute d'atomes d'hydrogène au-delà de cette distance. Comment savoir si la masse invisible de la Voie lactée s'arrête là ou si elle continue à s'étendre bien au-delà de ce rayon ? Comment connaître son étendue et sa masse totales ? La galaxie Andromède vient à la rescousse : c'est son mouvement qui va nous livrer la réponse.

La Voie lactée et Andromède dominent de leur masse le Groupe local. Celui-ci compte une trentaine d'autres membres, mais la vaste majorité sont des galaxies naines, plus petites et moins massives.

---

18. Dans le jargon astronomique, on dit que les courbes de rotation des galaxies spirales sont plates. Dans un graphe où l'on reporte la vitesse de rotation en fonction de la distance au centre galactique, une vitesse de rotation constante correspond à une ligne droite plate.

Le mouvement d'Andromède est très particulier : au lieu de s'éloigner de la Voie lactée, elle fonce vers elle à une vitesse de 90 kilomètres par seconde[19] ! Au lieu de virer vers le rouge, la lumière d'Andromède vire vers le bleu ! Cependant, à l'origine, quand la Voie lactée et Andromède se sont formées, peut-être un milliard d'années après l'explosion primordiale, les deux galaxies devaient s'éloigner l'une de l'autre du fait de l'expansion de l'univers. Le mouvement a donc dû s'inverser à un certain moment de l'histoire cosmique. En d'autres termes, la masse totale de la Voie lactée, visible et invisible, doit être assez grande pour que la force de gravité entre la Voie lactée et Andromède freine la fuite de cette dernière et la contraigne à faire demi-tour. En supposant que la Voie lactée et Andromède ont des masses similaires, cette masse totale doit être de l'ordre de 1 000 milliards de masses solaires. Cela veut dire que la masse totale de la Voie lactée, visible et invisible, est cinq fois supérieure à celle du disque lumineux des étoiles. Il y a donc au moins quatre fois plus de masse invisible que de masse visible dans la Voie lactée.

Jusqu'où s'étend la masse invisible ? Pour que la vitesse des étoiles et du gaz d'hydrogène reste constante, la masse totale doit croître en proportion avec le rayon. Puisque la masse totale de la Voie lactée équivaut à cinq fois la masse intérieure au rayon du disque lumineux de 50 000 années-lumière de rayon, la masse invisible autour de la Voie lactée doit au moins s'étendre jusqu'à un rayon de 250 000 années-lumière.

---

19. Certaines galaxies très proches, comme celles figurant dans le Groupe local ou dans l'amas de la Vierge (à une distance de 45 millions d'années-lumière), peuvent se rapprocher de la Voie lactée au lieu de la fuir. C'est que, pour ces galaxies proches, le mouvement dû à l'expansion de l'univers est trop faible (la vitesse d'expansion est proportionnelle à la distance de la galaxie) pour vaincre leurs mouvements aléatoires induits par la gravité des autres galaxies au sein du Groupe local ou de l'amas de la Vierge. Pour les galaxies lointaines, la vitesse d'expansion est bien supérieure à celle de ces mouvements aléatoires, si bien qu'elle l'emporte toujours, et ces galaxies lointaines fuient invariablement la Voie lactée.

De la matière noire dans l'espace entre les galaxies

La Voie lactée n'est pas spéciale. Si elle contient de la masse invisible, il y a fort à parier que les autres galaxies spirales de l'univers en possèdent elles aussi. Les radioastronomes ont pointé leurs radiotélescopes vers d'autres galaxies spirales pour y étudier le mouvement du gaz d'hydrogène comme cela a été fait pour la Voie lactée. À nouveau, ils ont trouvé que la vitesse de rotation du gaz ne décroît pas au-delà du disque lumineux des étoiles, mais reste obstinément constante. À nouveau, la conclusion est inévitable : les galaxies spirales abritent de trois à dix fois plus de masse que celle qui est lumineuse. La masse invisible se dispose selon un halo ellipsoïdal d'au moins quelque 250 000 années-lumière de rayon qui entoure le disque lumineux de la galaxie spirale, lui-même au moins cinq fois plus petit.

Les galaxies elliptiques ne sont pas en reste : l'étude des mouvements des étoiles et d'autres objets en leur sein suggère aussi que leur matière lumineuse se trouve au cœur d'un halo massif invisible.

La masse invisible est donc omniprésente dans toutes les populations de galaxies. Puisque les amas sont des villes de galaxies (une galaxie sur dix dans l'univers se trouve dans les amas, les autres étant dans des groupes), il n'est pas étonnant que ces assemblages contiennent aussi de la masse invisible, et que Zwicky l'ait perçu dans ses travaux précurseurs sur l'amas de Coma.

Mais une question se pose : toute la matière invisible se trouve-t-elle dans les halos de galaxies, auquel cas le rapport de la masse invisible à la masse lumineuse serait exactement le même pour les galaxies individuelles que pour les amas, ou y a-t-il de la masse invisible intergalactique qui n'est pas attachée aux galaxies individuelles, auquel cas ce rapport serait plus grand pour les amas que pour les galaxies ? Après le travail pionnier de Zwicky, les astronomes se sont mis à scruter avec fébrilité les mouvements des galaxies en de nombreux autres amas. Le verdict est tombé, sans appel : la masse totale des amas est de quelque 10 à 100 fois la masse lumineuse, rapport encore plus grand que celui de 3 à 10 valant pour les galaxies individuelles. Ce qui veut dire que la masse invisible, qui représente plus de 90 % de la masse totale des amas, est de deux sortes : d'une part, celle qui figure dans les halos invisibles autour des galaxies individuelles ; d'autre part, celle qui figure dans l'espace intergalactique de l'amas, en quantité environ six fois plus élevée.

Les lentilles gravitationnelles et la masse noire

Les halos de galaxies présentant des diamètres de quelque 500 000 années-lumière sont remplis de matière noire dont la masse peut atteindre dix fois celle de la matière lumineuse. Les amas de galaxies qui s'étendent sur quelque 60 millions d'années-lumière contiennent encore plus de matière noire, laquelle représente une masse de 10 à 100 fois celle de la matière lumineuse. En élargissant notre enquête à de plus grandes structures, nous avons chaque fois débusqué davantage de matière noire. Que se passerait-il si nous passions à des échelles encore supérieures ? Y a-t-il encore plus de matière noire par rapport à la matière lumineuse dans des structures encore plus étendues, tels que les superamas de galaxies et les murs de galaxies qui se déploient sur des centaines de millions d'années-lumière ?

La découverte des lentilles gravitationnelles a donné un sérieux coup de fouet à la traque de la masse noire à très grande échelle. Nous avons fait connaissance avec ces objets étranges et merveilleux lorsque nous avons abordé la relativité générale et la courbure de l'espace par la gravité d'une masse. C'est Einstein, toujours lui, qui le premier a introduit le concept de lentille gravitationnelle en 1936. Un mirage gravitationnel se produit quand deux astres situés à des distances différentes de la Terre sont parfaitement (ou presque) alignés avec cette dernière. La lumière de l'astre le plus éloigné doit, pour nous parvenir, traverser le champ de gravité de l'astre le plus proche et, ce faisant, elle est déviée. Le deuxième astre agit comme une « lentille gravitationnelle » qui dévie et focalise la lumière du premier en une image-mirage, telle la lentille de vos lunettes qui dévie la lumière pour la focaliser sur votre rétine. Einstein pensait que l'alignement de deux étoiles avec la Terre était très improbable et que sa trouvaille resterait à l'état d'entité théorique qui ne pourrait jamais être vérifiée. Mais, en 1937, Zwicky – encore lui ! – se rendit compte que les galaxies et les amas de galaxies constitueraient de bien meilleures lentilles gravitationnelles que les étoiles, et ce, pour deux raisons : avec leurs tailles considérablement supérieures, ils pourraient intercepter la lumière d'un plus grand nombre d'objets lointains ; leurs masses plus importantes auraient sur la lumière des effets gravitationnels beaucoup plus marqués et évidents.

Les choses en restèrent là pendant quarante-deux ans, car la technologie met souvent un certain temps à rattraper l'imagination. Jusqu'en 1979, date à laquelle fut découverte la première lentille gravitationnelle – une galaxie alignée avec un quasar. Depuis lors, le nombre de lentilles gravitationnelles découvertes, qu'elles soient des galaxies ou des amas de galaxies, n'a cessé de croître. En étudiant l'emplacement, la forme[20] et la brillance des mirages cosmiques qui résultent de ces lentilles gravitationnelles, l'astronome peut déduire le champ de gravité de la lentille, donc sa masse totale de matière (visible et invisible) et la répartition spatiale de cette matière dans la lentille. Qu'il s'agisse de galaxies ou d'amas de galaxies, l'étude des lentilles gravitationnelles nous donne la même réponse concernant la masse noire : environ 90 % de la masse des galaxies et plus de 90 % de la masse des amas de galaxies sont invisibles.

Jusque-là, rien de bien nouveau. Le *plus* que nous apportent les lentilles gravitationnelles, c'est la précieuse possibilité de traquer la masse noire à très grande échelle. La raison en est que la trajectoire de la lumière des astres lointains est influencée non seulement par le champ de gravité de la lentille, mais également par celui de toute matière intergalactique invisible susceptible de s'interposer entre l'astre et la lentille et entre la lentille et la Terre. Sur des échelles de distance encore supérieures aux amas de galaxies (au-delà d'une

20. Celle-ci est très variée : point, arc de cercle, anneau, etc., dépendant de la précision de l'alignement de l'objet lointain et de la lentille par rapport à la Terre, de la taille et de la forme de la lentille, etc.

centaine de millions d'années-lumière), la distribution de la matière devient plus lisse, ses concentrations moins importantes, l'effet de lentille moins fort. Cela reste néanmoins suffisant pour que de subtiles distorsions des formes des galaxies lointaines se manifestent. En analysant par des méthodes statistiques la forme de dizaines de milliers de ces galaxies lointaines, les astrophysiciens ont pu confirmer que la matière visible et invisible de l'univers est distribuée suivant une immense toile cosmique dotée de structures gigantesques en forme de crêpes, de filaments, de murs de galaxies, s'étendant sur des centaines de millions d'années-lumière et entourant des vides tout aussi énormes. L'analyse statistique des distorsions des images des galaxies lointaines nous révèle aussi qu'à très grande échelle il n'y a pas une plus grande quantité de matière invisible relativement à la matière lumineuse que dans les amas. Il semble que l'univers ne contient pas de grandes quantités additionnelles de matière noire dissimulées dans les sombres profondeurs de l'espace. Les effets de la gravité sur la forme apparente des galaxies paraissent nous indiquer que notre recensement de la matière invisible est complet.

L'essentiel est invisible pour les yeux

Au terme de notre plongée dans les ténèbres, il est temps de faire un bilan. Quelle est la masse totale, visible et invisible, de l'univers, ou, pour le dire autrement, quelle est sa densité moyenne, égale à sa masse totale divisée par son volume ? En pratique, l'astronome ne procède pas au recensement en masse de tout le contenu de l'univers. Des vies entières n'y suffiraient pas. Il fait appel à ce qu'on appelle le « principe cosmologique », qui dit qu'en moyenne les propriétés de l'univers sont très semblables d'un endroit à un autre. Il nous suffit donc d'effectuer le recensement des étoiles et des galaxies et d'obtenir la densité moyenne de matière dans un volume local assez vaste, s'étendant au moins sur plusieurs centaines de millions d'années-lumière ; comme notre coin d'univers n'a rien de spécial, la densité moyenne de l'univers local est censée être égale à la densité moyenne de l'univers entier. Nous pouvons donc extrapoler en nous appuyant sans crainte sur ce principe cosmologique puisqu'il a été confirmé de manière très précise, on l'a vu, par l'observation de l'extrême homogénéité du rayonnement fossile.

La densité en masse et énergie de l'univers nous concerne au plus haut point, car c'est elle qui détermine sa géométrie et, pour partie, son futur. Un univers doté d'une densité exactement égale à la densité critique posséderait une géométrie plate, avec une courbure nulle. La densité critique est, rappelons-le, d'environ cinq atomes, soit 10^{-23} gramme d'hydrogène par mètre cube d'espace. Ce qui correspond à environ une seule galaxie de masse (visible et invisible) égale à celle de la Voie lactée dans un volume cubique de 360 millions d'années-lumière de côté. On le voit, l'espace est dans l'ensemble extraordinairement vide. En revanche, un univers doté d'une densité supérieure à la densité critique aurait une courbure positive, comme la surface d'un ballon, et un univers doté d'une densité inférieure à la densité critique serait courbé négativement, à l'instar de la surface d'une selle de cheval. Si l'univers ne contient que de la matière et de la lumière (nous verrons que tel n'est pas le cas, car il semble également receler une mystérieuse énergie noire qui n'est ni matière ni lumière, et qui peut modifier le cours des événements), c'est aussi sa densité moyenne qui va déterminer son futur. En effet, si cette densité est inférieure à la densité critique, la gravité n'est pas assez forte pour stopper l'expansion de l'univers, et celui-ci connaîtra une expansion éternelle et sera « ouvert ». En revanche, si la densité moyenne est supérieure à la densité critique, la gravité va un jour l'emporter sur l'expansion et la stopper ; l'univers va inverser son cours et s'effondrer sur lui-même, et l'on assistera alors à un big bang à l'envers, un *big crunch* (« grande implosion ») ; l'univers sera « fermé ». Les galaxies feront demi-tour et fonceront vers la Voie lactée au lieu de la fuir. Les astronomes du futur verront la lumière des galaxies proches ne plus virer vers le rouge, mais vers le bleu[21]. Un univers plat doté juste de la densité critique montrera

21. En revanche, la lumière des galaxies lointaines sera encore décalée quelque temps vers le rouge, car elle met du temps à nous parvenir : pendant un certain

un comportement intermédiaire entre celui d'un univers ouvert et celui d'un univers fermé ; son expansion sera éternelle – disons qu'elle ne s'arrêtera qu'après un laps de temps infini...

En comptant le nombre de galaxies dans un volume plus grand que celui du Superamas local, et en tenant compte du fait qu'il existe en moyenne une centaine de milliards d'étoiles lumineuses à l'intérieur de chaque galaxie, l'astronome obtient une densité de matière lumineuse minuscule, de l'ordre de 0,5 % de la densité critique de l'univers ! Pas de quoi fouetter un chat ! Mais, comme nous l'avons vu, toute la matière de l'univers ne brille pas. En scrutant les mouvements des objets lumineux de l'univers, nous nous sommes retrouvés face aux ténèbres. L'ombre a manifesté sa présence par la lumière. Nous avons découvert que nous vivions dans un « univers-iceberg » dont la partie émergée ne constitue qu'une faible partie du tout. La quasi-totalité de la masse de l'univers n'émet aucune sorte de lumière. Nous savons que cette masse noire est omniprésente parce que c'est sa gravité qui retient les étoiles et le gaz d'hydrogène dans les galaxies, et les galaxies dans les amas. Sans sa présence, il y aurait déjà belle lurette que galaxies et amas se seraient disloqués !

En opérant le recensement de la masse totale, visible et invisible, l'astrophysicien arrive à 30 % de la densité critique. Puisque la masse lumineuse contribue seulement pour 0,5 % à la densité critique, cela veut dire que la masse noire de l'univers est quelque 59 (= 29,5/0,5) fois plus importante que sa masse lumineuse. Le renard ne croyait pas si bien dire quand il affirmait au Petit Prince de Saint-Exupéry : « L'essentiel est invisible pour les yeux. »

En attendant, nous constatons que l'univers a une densité totale de matière de moins d'un tiers de la densité critique. Son expansion sera-t-elle donc éternelle ?

---

délai après l'inversion du mouvement de l'univers, nous continuerons à voir les galaxies lointaines à une époque où ce dernier était encore en expansion.

L'hélium, le deutérium et la densité de matière ordinaire de l'univers

Le vertige passé, l'astronome doit se ressaisir pour essayer d'en savoir plus long sur cette mystérieuse substance noire qui domine l'univers de sa masse. Quelle est sa nature ? Est-elle faite de matière ordinaire, c'est-à-dire de protons et de neutrons, comme vous et moi ? Ou est-elle constituée d'une matière exotique qui nous est encore complètement inconnue ? Sous quelle forme se présente-t-elle ? Sous celle de particules élémentaires parcourant l'univers, ou sous celle d'objets astronomiques exotiques comme les trous noirs ou les étoiles avortées ?

Cerner la nature de la masse noire n'est pas chose aisée. Privé de lumière, l'astronome est littéralement... dans le noir ! Par chance, la nature nous fournit un moyen totalement indépendant pour mesurer la densité totale de la matière ordinaire de l'univers, celle qui est composée de protons et de neutrons et qui constitue les hommes, les pétales de rose, les statues de Rodin, etc. Souvenez-vous : pendant la période de la nucléosynthèse primordiale qui s'étend à peu près de 100 à 1 000 secondes après l'explosion primordiale, sont apparus les noyaux atomiques de deux éléments légers, le deutérium et l'hélium, produits de la fusion de ces briques de la matière que sont les protons et les neutrons, et que nous allons désormais désigner sous leur nom générique de « baryons ». Il suffit de mesurer les quantités totales de deutérium (dont le noyau est fait d'un proton et d'un neutron) et d'hélium (dont le noyau est constitué de deux protons et de deux neutrons) fabriquées pendant les tout premiers instants de l'univers pour connaître la quantité totale de baryons qu'il contient. Une plus grande abondance de l'hélium primordial implique qu'il y a eu davantage de baryons pour former des noyaux d'hélium, et donc un univers plus dense. C'est comme si vous vouliez connaître le nombre total de briques utilisées pour construire un quartier résidentiel : il vous suffirait de compter le nombre de maisons du quartier et de multiplier ce nombre par le nombre de briques nécessaires pour construire une seule maison. La situation pour le deutérium est plus compliquée, car les noyaux de deutérium peuvent non seulement résulter de la fusion des protons et des neutrons, mais aussi être détruits en se combinant avec des protons pour former des noyaux plus lourds. À une densité donnée, c'est la destruction des noyaux de deutérium qui l'emporte sur leur construction. Plus l'univers est dense, plus il y a de particules pour interagir avec le deutérium et le transformer en noyaux plus lourds, et moins il en reste. Au contraire de ce qu'indique l'hélium, plus le deutérium est abondant, moins l'univers est dense. En mesurant à la fois les abondances primordiales de l'hélium et du deutérium, nous disposons de deux moyens indépendants pour estimer la densité de la matière ordinaire dans l'univers.

Déterminer les abondances primordiales du deutérium et de l'hélium est une tâche difficile. Je le sais d'expérience, ayant passé les douze dernières années de ma vie professionnelle à cerner l'abondance de l'hélium primordial. Le problème est compliqué par le fait que les étoiles, de par leur alchimie nucléaire, peuvent synthétiser ou détruire les noyaux d'hélium et de deutérium, et, ce faisant, en modifier les abondances primordiales. Bien que les étoiles ne fabriquent pratiquement pas de deutérium, elles peuvent le détruire ; et quant à l'hélium, elles peuvent en fabriquer, mais aussi en détruire. Par exemple, le Soleil est en train de fabriquer de nouveaux noyaux d'hélium à chaque seconde qui passe. Pour mesurer les abondances primordiales de l'hélium et du deutérium, il convient donc d'identifier des objets célestes qui ont subi très peu d'évolution et dont la composition chimique reflète celle des premiers instants de l'univers. En d'autres termes, il nous faut trouver des objets extrêmement jeunes dont le gaz – hydrogène et hélium – issu de la 380 000e année de l'univers n'a pas été ou n'a été que très peu modifié par l'alchimie nucléaire des étoiles.

Pour mesurer l'abondance du deutérium primordial, les astronomes ont eu recours à des nuages intergalactiques très lointains, situés à des milliards d'années-lumière de la Terre. Parce que voir loin c'est voir tôt, nous voyons ces nuages au temps de leur jeunesse. Nés à la 380 000e année de l'univers, ils n'ont pas converti leur gaz en étoiles et sont composés principalement d'hydrogène et d'hélium, avec une infime pincée de deutérium. Disséminés dans l'espace intergalactique, ils interceptent la lumière de corps célestes encore plus éloignés, tels les quasars, véritables phares cosmiques qui produisent la fantastique énergie de 10 à 100 000 Voies lactées dans un volume à peine plus grand que le système solaire. En traversant les nuages intergalactiques, la lumière des quasars est absorbée par les atomes de deutérium présents dans ces nuages, à des énergies (ou fréquences) très précises qui reflètent l'arrangement des orbites des électrons à l'intérieur de ces atomes. Plus il y a d'atomes de deutérium dans les nuages, plus l'absorption de la lumière des quasars sera grande. Ainsi, il suffit de mesurer le degré d'absorption de la lumière des quasars pour déduire l'abondance primordiale du deutérium.

Pour ce qui est de l'hélium, on mesure son abondance primordiale dans des galaxies naines très jeunes, en grande partie gazeuses. Parce qu'elles n'ont converti qu'une très faible fraction de leur gaz (moins de 0,01 %) en étoiles, il n'y a pas eu en elles beaucoup d'alchimie nucléaire et l'abondance de l'hélium en leur sein n'a pas été modifiée de manière appréciable par rapport à sa valeur primordiale. Comparées à des galaxies comme la Voie lactée, nées vers le premier milliard d'années après le big bang, ce sont là des bébés-galaxies, certaines n'ayant commencé à former leurs premières étoiles qu'il y a quelques centaines de millions d'années à peine, ce qui est très récent par rapport aux 14 milliards d'années de l'univers[22] (fig. 8 cahier couleur). On appelle ces bébés-galaxies des galaxies naines bleues compactes. Elles sont dites naines parce qu'elles sont quelque 100 fois moins massives et quelque 10 fois moins étendues que les galaxies normales. Elles sont bleues parce qu'elles contiennent des étoiles massives et chaudes qui émettent de la lumière bleue, et elles présentent un aspect compact à cause de leurs très denses régions de formation d'étoiles. On pense

22. En décembre 2004, grâce à des observations faites avec le télescope spatial Hubble, et en collaboration avec mon collègue ukrainien Yuri Izotov, j'ai pu identifier la plus jeune galaxie de l'univers. Elle s'appelle I Zwicky 18 (c'est l'astronome Zwicky qui, le premier, l'a cataloguée) et son âge est de moins de 500 millions d'années.

qu'elles sont les briques fondamentales des galaxies : c'est l'assemblage de ces galaxies naines qui va donner les magnifiques galaxies spirales qui ornent aujourd'hui le cosmos.

La mesure de l'abondance de l'hélium primordial dans les galaxies naines bleues compactes nous dit que la densité de la matière baryonique – celle constituée par les protons et les neutrons dont vous et moi sommes faits – est d'environ 4 % de la densité critique, ou de l'ordre de 0,2 baryon (proton ou neutron) par mètre cube d'espace. Que nous dit la mesure indépendante de l'abondance du deutérium primordial dans les nuages intergalactiques ? Elle nous donne exactement la même réponse. Ouf ! La théorie du big bang l'a échappé belle... Car des réponses différentes de l'hélium et du deutérium auraient valu de gros problèmes au big bang ! Il n'était pas *a priori* évident que les chemins indépendants de l'hélium et du deutérium, passant par des techniques d'observation différentes d'objets célestes dissemblables, débouchent sur la même réponse. Mise à l'épreuve, la théorie du big bang a passé son test la tête haute. La concordance des abondances primordiales de l'hélium et du deutérium pour ce qui concerne la densité de la matière baryonique constitue l'un de ses meilleurs triomphes.

Les MACHOs et la matière noire ordinaire

Revenons à notre recensement du contenu baryonique de l'univers. Si cette matière baryonique constitue 4 % de la densité critique et que la matière lumineuse dans les étoiles et les galaxies n'en représente que 0,5 %, où sont donc passés les 3,5 % restants ? Les astrophysiciens ont déployé des trésors d'énergie pour traquer cette matière ordinaire qui ne réside pas dans les étoiles lumineuses. Leur regard s'est tourné vers l'espace intergalactique. Ils ont découvert que celui-ci n'est pas aussi vide qu'on le pensait. Ainsi, grâce à des télescopes X emportés au-dessus de l'atmosphère terrestre, ils ont pu détecter dans l'espace entre les galaxies assemblées en groupes – les villages de l'univers – du gaz chaud porté à des températures d'environ un million de degrés, qui émet de copieux rayonnements X. Les amas de galaxies – les villes de province de l'univers – ne sont pas en reste : leur espace intergalactique regorge de gaz encore plus chaud, avec des températures atteignant de 10 à 100 millions de degrés, et rayonnant à qui mieux mieux de la lumière X. On pense que ce gaz a été arraché aux galaxies lors des accidents de circulation qui adviennent dans l'environnement relativement encombré des groupes et des amas, et que ce sont les ondes de choc déclenchées par ces violentes collisions galactiques qui ont porté le gaz à de si hautes températures.

En dehors des groupes et des amas de galaxies, il existe aussi dans l'espace intergalactique de nombreux nuages d'hydrogène et d'hélium considérablement plus froids (de l'ordre de – 270 degrés centigrades). Ceux-ci manifestent leur présence, nous l'avons vu, en absorbant la lumière des quasars lointains. En additionnant tout le gaz chaud présent dans les groupes et les amas, et tout le gaz froid présent dans l'espace intergalactique, nous arrivons à un total de quelques pour-cent de la densité critique, ce qui paraît rendre assez bien compte des 3,5 % de matière baryonique à ne pas résider dans les étoiles lumineuses.

Les astrophysiciens ont aussi voulu vérifier si la matière baryonique noire présente dans les halos des galaxies ne pouvait pas se dissimuler sous la forme d'étoiles si peu lumineuses qu'on ne parvient pas à les voir : naines rouges (la température à la surface de ces étoiles fort peu massives est très froide, ce qui leur confère une couleur rouge), naines blanches (cadavres d'étoiles rayonnant très faiblement) ou autres naines brunes – en fait, tout objet n'émettant pratiquement pas de lumière visible.

Les naines brunes sont des étoiles « avortées » ; elles ne sont pas assez massives (leur masse est inférieure à 8 centièmes de la masse du Soleil ou à 80 fois celle de Jupiter) et leur cœur n'est pas assez comprimé pour que leur température centrale atteigne les 10 millions de degrés nécessaires pour déclencher les réactions nucléaires et transformer une boule gazeuse en étoile. Les astrophysiciens désignent avec humour de tels objets sous l'appellation collective de MACHOs (acronyme de l'expression anglaise « Massive Compact Halo Objects », ou « objets massifs et compacts du halo »).

Mais comment les détecter s'ils ne rayonnent pratiquement pas ? Le phénomène de lentille gravitationnelle a été mis ici à contribution. Le MACHO lui-même est invisible, mais quand il passe devant une étoile du halo, son action de lentille (les astronomes appellent cela un « effet de micro-lentille » à cause de la taille extrêmement compacte du MACHO) fait que l'étoile voit sa brillance augmenter pendant un bref laps de temps. Dépendant de la masse, de la distance et de la vitesse du MACHO, la brillance de l'étoile peut augmenter d'un facteur de 2 à 5 pendant une période de quelques semaines. À chaque instant, la chance de voir un tel alignement n'est que d'un millionième. Mais si l'on observait des millions d'étoiles à la fois, un tel événement serait détectable. Les astronomes se sont donc armés de patience et, grâce à des télescopes automatisés et à des ordinateurs très performants dans le traitement des données, ils ont surveillé la brillance de millions d'étoiles dans le Grand Nuage de Magellan, galaxie naine satellite de la Voie lactée, pendant sept années pleines. À leur vive déception, leur travail n'a été récompensé que par le maigre butin de deux douzaines d'événements « micro-lentilles ». Un nombre trop faible pour en inférer que les MACHOs puissent être la composante principale de la masse noire dans les halos des galaxies. L'augmentation de brillance des étoiles implique que la masse d'un MACHO est de l'ordre de la moitié de celle du Soleil. Les MACHOs sont donc très probablement des étoiles normales de faibles masse et luminosité.

L'absence d'un grand nombre de MACHOs dans les halos des galaxies n'est peut-être pas si surprenante : nous avons vu que les étoiles lumineuses et le gaz intergalactique froid et chaud peuvent déjà rendre compte de la densité baryonique totale. Si les astrophysiciens avaient trouvé davantage de MACHOs, cela aurait posé problème, car la densité baryonique totale aurait alors été supérieure à celle prévue par les abondances primordiales de l'hélium et du deutérium.

De la matière noire exotique

Nous nous retrouvons face à un puzzle. D'une part, les mouvements des galaxies au sein des amas et les distorsions des formes des galaxies lointaines de par l'effet de lentille gravitationnelle exercé par la matière proche nous disent que la densité totale de matière invisible dans l'univers est de 29,5 % de la densité critique, soit 1,5 baryon par mètre cube (si toute la matière invisible existe sous forme de protons et de neutrons). D'autre part, les abondances primordiales de l'hélium et du deutérium nous disent que la matière baryonique ne peut représenter que 4 % au grand maximum de la densité critique, soit 0,2 baryon par mètre cube. Si la densité moyenne de baryons était de 1,5 au lieu de 0,2 par mètre cube, la quantité de deutérium primordial observée dans l'univers serait considérablement plus élevée que celle prévue par la théorie du big bang, ce qui poserait problème.

Pour concilier ces deux faits apparemment contradictoires, nous sommes obligés de recourir à une solution radicale : il nous faut postuler que 26 % de la densité critique de l'univers n'est pas constituée par de la matière ordinaire, mais par une nouvelle forme de matière, « exotique ». Cette matière exotique n'existerait ni en vous, ni en moi, ni dans les pots de fleurs, ni dans le livre que vous tenez entre vos mains, ni dans aucune des choses de la vie. Elle ne participerait pas à l'élaboration de l'hélium et du deutérium, et donc n'affecterait pas leurs abondances primordiales. Cette étonnante conclusion sur l'existence d'une grande quantité de matière noire nouvelle censée dominer la masse de l'univers, les astrophysiciens y sont également parvenus par un chemin totalement indépendant : en réfléchissant sur la croissance des galaxies à partir des « germes » nés des fluctuations quantiques du champ d'énergie originel et amplifiés pendant la période inflationnaire. Voyons comment.

Des semences de galaxies qui n'ont pas le temps de croître

Une des tâches principales du cosmologue moderne est de remplir les pages blanches du livre de l'histoire de la formation des galaxies, récit dont il connaît précisément le début et la fin, mais dont les principaux événements et les diverses péripéties lui restent à préciser. Le début, c'est un univers extraordinairement homogène, variant seulement de 0,001 % dans ses propriétés 380 000 ans après l'explosion primordiale, ainsi que le montre l'observation des fluctuations de température du rayonnement fossile. La fin, c'est un univers magnifiquement structuré dans lequel des murs de galaxies s'étendant sur des centaines de millions d'années-lumière et entourant des vides tout aussi gigantesques tissent une immense toile cosmique. Comment une si riche hiérarchie de structures a-t-elle pu surgir d'une si parfaite uniformité ? Comment la simplicité a-t-elle pu accoucher de la complexité ?

C'est la gravité qui est responsable de l'organisation à grande échelle de l'univers. C'est elle qui fait que les semences de galaxies « poussent » en attirant à elles, par leur gravité, la matière environnante pour donner naissance aux majestueuses structures de lumière qui ornent aujourd'hui le firmament. Ces semences sont nées de très légers excès de densité de matière qui se manifestent, nous l'avons vu, par des fluctuations de température du rayonnement fossile. Les photons du rayonnement fossile perdent un peu plus d'énergie pour échapper à la gravité un peu supérieure associée à ces excès de densité de matière, ce qui se traduit par une très légère baisse de température.

Les astrophysiciens se sont aperçus que ces semences de galaxies ne peuvent être constituées de matière ordinaire baryonique, c'est-à-dire de protons et de neutrons, comme vous et moi. La raison en est claire : si elles avaient été faites de matière ordinaire, elles n'auraient tout simplement pas eu le temps nécessaire pour grandir, à partir de si infimes semences, jusqu'à devenir les majestueuses galaxies, déployées sur des centaines de milliers d'années-lumière, que nous admirons aujourd'hui. Les observations montrent que les premières galaxies, ou tout au moins les premiers quasars – noyaux de galaxies où résident des trous noirs supermassifs d'un milliard de masses solaires qui, en dévorant gloutonnement les étoiles de la galaxie sous-jacente, brillent de mille feux –, sont apparus sur la scène cosmique dès le premier milliard d'années après le big bang. C'est donc le laps de temps dont a disposé la gravité pour faire germer les semences – nées dans les premières fractions de seconde après l'explosion primordiale – en galaxies.

Or, si les semences étaient constituées de matière normale, la gravité aurait été totalement impuissante à les faire grandir avant l'an 380 000. Avant cette année fatidique, nous avons vu que lumière et matière étaient intimement mêlées. Les photons ne pouvaient se propager à travers la jungle touffue des électrons, et l'univers était totalement opaque. De même, les baryons étaient entravés dans leurs mouvements, se cognant à tout bout de champ contre les photons un milliard de fois plus nombreux. Cette entrave à la liberté de mouvement de la matière ordinaire empêche la gravité d'exercer son action et d'attirer la matière vers les semences de galaxies pour les faire grandir. Cette situation perdure jusqu'à la cruciale 380 000e année, quand les électrons se retrouvent emprisonnés dans des atomes. Alors la lumière est désormais libre de circuler, et l'univers devient transparent. La matière reprend elle aussi sa liberté de mouvement et la gravité peut enfin exercer son pouvoir attractif pour l'attirer vers les semences de galaxies et les faire croître.

Ce scénario semble au premier abord éminemment raisonnable. Malheureusement, il y a un grand hic : si la gravité avait dû attendre jusqu'en l'an 380 000 pour pouvoir agir, jamais elle n'aurait pu construire les majestueuses galaxies au terme du premier milliard d'années. En effet, pour grandir en belles galaxies, les fluctuations de densité doivent, on l'a vu, attirer par leur gravité d'autres particules de matière et parvenir à une masse assez grande pour que celle-ci puisse s'effondrer sous l'effet de sa gravité et former des étoiles. Mais elles doivent aussi constamment lutter contre l'expansion de l'univers qui tend à défaire l'œuvre de la gravité en diluant la matière. Les moments les plus propices pour la croissance des semences, ce sont les premiers instants de l'univers, bien avant l'an 380 000, quand il est encore assez dense pour permettre à la gravité d'opérer effectivement. Si les semences doivent attendre jusqu'à la 380 000e année pour entamer leur croissance, les calculs montrent que, dans le meilleur des cas, elles peuvent croître en densité d'un facteur 50, voire 100 au plus, pendant le laps de temps d'un milliard d'années qui leur est alloué. Ce qui veut dire que, quand l'horloge cosmique sonne le premier milliard d'années, les fluctuations de densité perçues par COBE et WMAP, de l'ordre d'un cent-millième en l'an 380 000, n'auront que peu grandi : elles seront de l'ordre d'un millième au plus. Or, pour donner naissance à de belles galaxies, les fluctuations doivent être de l'ordre de l'unité. En d'autres termes, l'expérience serait complètement ratée et l'univers serait encore presque parfaitement homogène à une époque où nous savons que les premiers quasars et les premières galaxies ont déjà fait leur apparition sur la scène cosmique. Manifestement, il y a quelque chose qui cloche dans notre scénario !

La matière noire peut être chaude ou froide

Comment l'univers a-t-il pu résoudre ce problème de croissance ? Comment a-t-il pu construire les premières galaxies dans le temps qui lui était alloué ? Il lui faut à l'évidence allonger le délai accordé aux semences de galaxies pour grandir. Il doit ne pas attendre, les bras croisés, l'événement de la 380 000e année, mais déclencher le processus de croissance des semences dès leur apparition, juste à la fin de la phase inflationnaire, soit 10^{-32} seconde après l'explosion primordiale. Mais par quel moyen ? Puisque la matière normale est comme paralysée avant l'an 380 000, bloquée dans son mouvement par la dense jungle des photons, il faut faire intervenir une tout autre sorte de matière qui échapperait à cette paralysie, une matière « exotique » qui n'interagirait que très peu avec la matière normale et la lumière. Si peu que les semences de galaxies, constituées de matière exotique, pourront se déplacer comme si de rien n'était à travers la jungle des photons, protons et neutrons. Dans ces conditions, la gravité pourra entrer instantanément en action pour attirer la matière exotique vers les semences et les faire grandir, utilisant à bon escient la totalité de la période des 380 000 premières années au lieu d'être entravée dans son action comme la matière ordinaire, d'attendre, paralysée, et de gaspiller ce temps si précieux pendant que l'univers se dilue inexorablement, rendant de plus en plus difficile la construction de structures. Cette matière exotique n'interagissant pratiquement pas avec la lumière, le rayonnement fossile ne porte aucune trace des semences qui en sont constituées, et nous apparaît d'une uniformité presque parfaite en l'an 380 000.

Derechef, nous nous retrouvons donc face à la matière noire exotique, mais après avoir emprunté un chemin radicalement différent de celui de l'hélium et du deutérium. Que deux voies totalement indépendantes nous amènent à la même conclusion nous incite à croire que la matière noire exotique doit bel et bien exister dans la nature, et qu'elle n'est pas simplement le produit de l'imagination débridée des astrophysiciens. Et ce, malgré le fait qu'aucune particule de matière noire exotique n'ait jamais été détectée ni en laboratoire ni dans le cosmos, et que la nature précise de cette matière qui joue un rôle si providentiel dans la formation des galaxies nous soit encore complètement inconnue.

Les physiciens pensent que pendant la période de la Grande Unification, qui s'étend du temps de Planck (10^{-43} seconde) jusqu'à 10^{-35} seconde, sont nées en même temps que la matière ordinaire, faite de quarks et d'électrons, une foison de particules de matière exotique possédant chacune une masse. Le mouvement de toute particule peut être caractérisé par une température : plus sa vitesse est grande, plus sa température est élevée ; plus ses mouvements sont léthargiques, plus sa température est basse[23]. Dans un milieu d'une température donnée, une particule de matière bouge plus ou moins vite en fonction de sa masse. Du fait de sa corpulence, une particule massive bougera moins vite qu'une particule plus légère. Ainsi, les particules de matière exotique peuvent être rangées en deux catégories principales : celles, légères, qui se déplacent très vite, constituent ce que les physiciens appellent la « matière noire chaude » ; celles, massives, qui sont plus indolentes dans leurs mouvements, constituent la « matière noire froide ».

---

23. La vitesse varie en proportion de la racine carrée de la température.

Des particules qui traversent la Terre comme si de rien n'était

Un exemple de particule légère chaude est le neutrino. Celui-ci présente un sérieux avantage sur toutes les autres particules de matière exotique : on sait de source sûre qu'il existe. Le neutrino se répartit en trois espèces : le neutrino électronique, associé à l'électron ; le neutrino muonique, associé à la particule muon ; et le neutrino tauique, associé à la particule tau. La majeure partie des neutrinos ont vu le jour dès les premières fractions de seconde de l'univers, et une petite partie lors des réactions nucléaires survenues au cœur des étoiles massives et chaudes. Leur population est immense : presque aussi importante que celle des particules de lumière. Il existe dans l'univers actuel environ 55 millions de neutrinos (à rapporter aux 5 atomes d'hydrogène) par mètre cube d'espace. Parce que la population des neutrinos est si vaste, comparée à celle des atomes, il suffirait qu'une seule espèce de neutrino possède une masse au moins égale à un centième de millionième de celle du proton pour que les neutrinos puissent constituer toute la masse noire exotique requise.

Des observations astronomiques ont montré que les neutrinos possèdent bien une masse. En 1987, les Terriens ont pu voir une étoile se consumer dans une agonie explosive appelée supernova, dans le Grand Nuage de Magellan, galaxie naine qui orbite autour de la Voie lactée à une distance de 170 000 années-lumière (fig. 7 cahier couleur). Une fantastique bouffée d'énergie a été principalement libérée sous la forme de neutrinos (10^{58} en tout). Onze d'entre eux ont été capturés par un détecteur japonais : un énorme réservoir de 50 000 mètres cubes d'eau distillée au fond d'une mine de zinc, dans le village de Kamiokande. Si leurs masses étaient non nulles, ces neutrinos auraient dû voyager un peu au-dessous de la vitesse de la lumière (seules des particules sans masse, comme les photons, peuvent voyager à la vitesse de la lumière) et parvenir sur Terre à des instants légèrement décalés. Or, après un voyage de 170 000 années, ces neutrinos ont en effet atterri à quelques secondes les uns des autres. Ce qui veut dire aussi que leur masse n'est pas très grande.

Celle-ci semble en effet être trop petite d'un facteur 100 (voire plus) pour fournir toute la masse noire exotique nécessaire.

Quant aux particules de matière noire froide, plus massives et qui se déplacent plus lentement, nous n'avons aucune idée de ce qu'elles peuvent être, car aucune n'a encore été aperçue pour l'instant. Pourtant, ce n'est pas faute d'hypothèses ni de postulants. Des candidats prometteurs sont avancés par les théories dites de « supersymétrie » qui tentent d'unifier matière et lumière, associant à chacune des particules de matière et de lumière dont l'existence est bien établie une particule « partenaire » dont l'existence reste pour l'heure hypothétique. Les noms de ces particules supersymétriques ne sont pas dénués d'une certaine poésie : photino, zino ou encore higgsino, partenaires respectivement du photon et des particules Z et Higgs[24]. En plus d'être toutes massives, ces particules ont aussi la propriété d'interagir très faiblement avec la matière (elles traversent la Terre comme si celle-ci était parfaitement transparente), et les physiciens les désignent non sans humour, par référence aux MACHOs, sous le nom générique de WIMPs, acronyme de « Weakly Interacting Massive Particles » (particules massives interagissant très faiblement), qui signifie « mauviettes » en anglais. Les calculs montrent qu'en tenant compte de leur nombre au moment du big bang, les WIMPs devraient être de 100 à 1 000 fois plus massives que le proton pour pouvoir rendre compte de toute la masse noire exotique. Ces valeurs de la masse des WIMPs sont précisément celles prévues par certaines théories de supersymétrie et par la théorie des cordes (celle qui préconise que les particules résultent de vibrations de bouts de corde infinitésimalement petites) en fonction de considérations n'ayant absolument rien à voir avec le problème de la masse noire. À nouveau, des chemins totalement indépendants semblent déboucher sur la même destination. Cette concordance inespérée suggère que les WIMPs existent peut-être vraiment

24. Pour nommer ces partenaires, on ajoute le suffixe-*ino* au nom de la particule connue. Pour une description détaillée du principe de supersymétrie, voir Trinh Xuan Thuan, *Le Chaos et l'Harmonie*, Paris, Fayard, 1998 ; Paris, Gallimard, « Folio-Essais » ; 2001.

et qu'elles ne sont pas seulement le fruit d'élucubrations de la part des physiciens.

En tout cas, la traque acharnée de particules noires exotiques, qui a commencé dans les années 1980, se poursuit sans relâche dans de nombreux laboratoires de physique de par le monde. Il faut dire que la tâche n'est pas des plus aisées, et ce, parce que ces particules massives noires qui sont censées peupler tout l'univers interagissent fort peu avec la matière ordinaire, celle dont nos instruments sont précisément constitués. En moyenne, pour un million de WIMPs qui passeraient par seconde à travers un détecteur dont la surface est comparable à celle d'une pièce d'un euro, une seule au plus interagirait chaque jour avec ce détecteur ! Au moment même où vous lisez ces lignes, des milliards de ces particules noires exotiques peuvent traverser votre corps chaque seconde sans même que vous vous en rendiez compte !

Mais d'importants renforts vont bientôt arriver à la rescousse dans la chasse à la masse noire exotique. Dans un très proche avenir, des accélérateurs de particules à très haute énergie, tel le Large Hadron Collider (Grand collisionneur d'hadrons ; les hadrons sont des particules sensibles à la force nucléaire forte, tel le proton), en construction au CERN, à Genève, vont entrer en action (à l'horizon 2007). Ils atteindront des énergies comparables à celles correspondant aux masses prévues pour les photinos, les zinos et autres higgsinos, et pourront ainsi contribuer à la chasse aux WIMPs. Peut-être ces accélérateurs et ces détecteurs mettront-ils en évidence des particules de matière exotique dans un jour très prochain. Quoi qu'il en soit, l'enjeu en vaut la peine. Découvrir la nature de la matière noire exotique de l'univers reste un des plus grands défis de l'astrophysique contemporaine. Non seulement les chercheurs qui arriveront à le relever auront découvert une nouvelle sorte de matière, mais ils auront aussi levé le voile sur la plus grande partie de la masse de l'univers. En prime, ils auront leur voyage assuré pour Stockholm afin d'y recevoir le prix Nobel de physique des mains du roi de Suède !

Des univers virtuels

Nous n'avons donc, pour l'instant, aucune idée de la nature précise de la matière noire exotique. Pourtant, l'astronome n'est pas totalement plongé dans les ténèbres. Il est arrivé malgré tout à cerner certaines des propriétés de cette mystérieuse matière. Ainsi, il est parvenu à savoir s'il s'agit principalement d'une matière noire chaude ou froide, et ce, en déployant des trésors d'ingéniosité pour construire des univers virtuels. Parmi les sciences, l'astronomie est la seule à ne pas permettre de faire des expériences en laboratoire. Nous ne pouvons ni concocter des étoiles dans nos éprouvettes, ni assembler des galaxies dans nos ateliers. L'expérience de l'univers a été faite une fois pour toutes, il y a quelque 14 milliards d'années. Pourtant, les astrophysiciens n'ont pas pu résister à leur désir de jouer aux dieux créateurs. L'ordinateur, qui a connu des développements prodigieux durant la seconde moitié du XXe siècle, est venu à leur secours. En une infime fraction de seconde, un ordinateur peut aujourd'hui effectuer plus de calculs qu'un être humain en dix mille vies !

Pour construire un univers virtuel, l'astrophysicien fait de nouveau appel au principe cosmologique. Celui-ci dit, on s'en souvient, que les propriétés de l'univers sont semblables d'un bout à l'autre de celui-ci. Pas plus nous que quelque lointain extraterrestre ne vivons dans un coin spécifique de l'univers. Pour avoir une idée précise de l'univers entier, il suffit donc de reproduire grâce à l'ordinateur un volume d'univers assez grand pour qu'il soit représentatif de tout le cosmos. Ce volume doit par exemple être au moins aussi grand que celui du Superamas local, qui contient quelques dizaines de milliers de galaxies, soit quelques milliards de milliards de milliards de milliards de milliards de milliards de milliards de milliards (10^{72}) d'atomes, sans compter les particules de masse noire exotique. Il est évident qu'un ordinateur, même très puissant, ne peut suivre en détail les mouvements d'un nombre aussi fantastique d'atomes. Mais, heureusement, si nous nous contentons d'étudier les propriétés et mouvements des galaxies à grande échelle, une galaxie pourra être représentée de manière tout à fait adéquate par seulement une dizaine de milliers d'agrégats. Ce qui fait que, pour reproduire un coin d'univers virtuel avec quelques dizaines de milliers de galaxies, il suffit de suivre avec l'ordinateur l'évolution d'une centaine de millions d'agrégats, ce qui est tout à fait à la portée des machines actuelles.

La recette pour fabriquer un univers virtuel est simple. L'astrophysicien fournit à l'ordinateur un ensemble de conditions (appelées « conditions initiales ») dont il pense qu'elles ont pu prévaloir aux tout premiers instants de cet univers. Ainsi précise-t-il le taux d'expansion de ce dernier, sa densité totale de matière (visible et invisible), par exemple égale à 30 % de la densité critique, et les diverses composantes de cette matière : par exemple, 4 % de matière baryonique (protons et neutrons) et 26 % de matière exotique. Pour cette dernière, nous l'avons vu, l'astrophysicien n'a que l'embarras du choix : matière noire chaude (comme les neutrinos) ou matière noire froide (comme les photinos). Si tous les agrégats de matière étaient distribués de manière parfaitement uniforme, l'univers resterait homogène dans son expansion et serait incapable d'élaborer des structures et de tisser la toile cosmique qui suscite aujourd'hui notre admiration. Il nous faut donc spécifier des fluctuations de densité susceptibles d'agir comme semences de galaxies. Par leur excès de gravité, les régions plus denses vont attirer d'autres agrégats de matière, devenir encore plus denses, décélérer de plus en plus par rapport à l'expansion de l'univers, pour cesser enfin de suivre ce mouvement d'expansion et s'effondrer sous l'effet de leur propre gravité en formant étoiles, galaxies, amas et superamas. Quant aux régions moins denses qui les entourent, l'expansion de l'univers va les diluer davantage encore jusqu'à ce qu'elles se vident complètement de toute matière.

Après spécification des conditions initiales, l'astrophysicien va laisser évoluer la matière selon les lois connues de la physique, en particulier celles de la gravité. Après une évolution de 14 milliards d'années (que l'ordinateur calcule en l'espace de quelques heures), le chercheur demande à la machine de lui produire un film reflétant toute l'histoire de l'univers virtuel. Il regarde ce film sur l'écran de son ordinateur, accéléré d'un facteur d'un million de milliards (10^{15}), de telle façon que l'évolution de l'univers virtuel sur 14 milliards d'années puisse être visionnée en quelques minutes. Si cet univers virtuel est très différent de celui de l'univers observable, une simple frappe sur la touche « effacer » suffira à le faire disparaître de la mémoire de l'ordinateur et à lui faire rejoindre le cimetière des univers virtuels morts. Alors le scientifique modifie tant soit peu les conditions initiales, par exemple la nature de la masse noire exotique, et demande à son ordinateur de lui calculer un autre univers virtuel (fig. 6 cahier couleur). Et ainsi de suite jusqu'à ce que l'univers virtuel ressemble à l'univers observable. L'astrophysicien peut alors conclure que les conditions initiales et la composition de la masse noire fournies à l'ordinateur reflètent assez bien celles qui prévalaient aux tout premiers instants du vrai univers[25].

La matière noire froide a le vent en poupe

L'élaboration de l'architecture cosmique ne procède pas dans le même ordre dans un univers virtuel contenant de la matière noire exotique chaude et dans un univers virtuel contenant de la matière noire exotique froide. Un univers virtuel à matière noire chaude montre une prédilection certaine pour les structures à très grande échelle, tels les superamas de galaxies et les grands murs de galaxies qui s'étendent sur des centaines de millions d'années-lumière. Celles-ci apparaissent en premier. En revanche, les plus petites structures, tels les amas de galaxies de quelques dizaines de millions d'années-lumière ou les galaxies d'une centaine de milliers d'années-lumière, sont désespérément absentes au début. Et ce, pour une raison toute simple : la matière exotique chaude, parce qu'elle est

25. En fait, la comparaison des univers virtuels avec l'univers observable est plus subtile et plus complexe. Les univers virtuels nous donnent la distribution spatiale de la matière noire, mais seulement indirectement celle de la matière lumineuse (le chercheur doit fournir à l'ordinateur une recette pour transformer le gaz en étoiles, recette qui n'est pas très bien connue). La situation est inversée pour l'univers réel : nous observons directement la distribution spatiale de la matière lumineuse, mais déduisons indirectement celle de la matière noire.

dotée de mouvements importants, a tendance à se disperser, s'opposant au travail de la gravité qui tente de la rassembler. Parce que cette matière chaude peut s'échapper facilement des petites structures, celles-ci se désintègrent en un rien de temps. En revanche, il est plus difficile pour elle de s'échapper des grandes structures, et celles-ci perdurent. Dans un univers à matière exotique chaude, les petites structures viennent plus tard, par fragmentation des grandes ; l'architecture cosmique s'élabore ainsi du plus grand au plus petit.

L'ordre est inverse dans un univers à matière exotique froide : parce que la matière froide se déplace de manière beaucoup plus léthargique, elle se laisse confiner dans des structures modestes qui peuvent survivre. La construction cosmique s'opère dès lors de manière hiérarchique, du plus petit au plus grand : apparaissent d'abord les structures chétives, des galaxies naines d'un milliard de masses solaires qui s'assemblent ensuite par l'action de la gravité en structures de plus en plus grandes, des galaxies de centaines de milliards de masses solaires aux amas de galaxies de centaines de milliers de milliards de masses solaires, aux superamas de galaxies de millions de milliards de masses solaires, pour aboutir à l'immense toile cosmique.

Comment savoir si la matière noire exotique de l'univers est chaude ou froide ? Comment savoir si l'architecture cosmique s'est élaborée en allant du plus grand au plus petit, ou l'inverse ? La réponse s'obtient en comparant les deux types d'univers virtuels avec l'univers observable. En effet, le paysage cosmique est très différent dans l'un et l'autre cas.

Nous avons vu qu'un univers virtuel contenant de la matière noire exotique chaude (par exemple, des neutrinos dont nous savons de source sûre qu'ils existent et qu'ils sont dotés d'une masse faible) exhibe naturellement de grandes structures comme les superamas ; mais il a beaucoup de peine à produire de petites structures comme les galaxies qui, nous l'avons vu, sont déjà apparues sur la scène cosmique dès le premier milliard d'années. D'autre part, dans un univers où les structures cosmiques se construisent en allant du plus grand au plus petit, les amas de galaxies apparaissent très tôt, vers le premier milliard d'années. Or cela entre en contradiction avec l'observation. En remontant le temps avec les télescopes (« voir faible », c'est voir loin et tôt, car la lumière met beaucoup de temps à nous parvenir), on note que les amas apparaissent bien plus tard que les galaxies, plutôt quelques milliards qu'un milliard d'années seulement après l'explosion primordiale. En revanche, un univers virtuel contenant de la matière noire froide évite toutes ces difficultés : les petites structures comme les galaxies y apparaissent en premier lieu et elles n'ont aucun problème à répondre présent quand l'horloge cosmique sonne le premier milliard d'années. D'autre part, les grandes structures comme les amas de galaxies viennent après les galaxies, conformément à l'observation. Cet accord avec l'univers observé fait que la matière noire froide a actuellement le vent en poupe. La plupart des astrophysiciens ont misé sur elle pour constituer la masse noire exotique de l'univers, et les physiciens montent fébrilement des expériences pour partir à sa recherche.

Cela ne veut pas dire pour autant que tout est pour le mieux dans le meilleur des mondes au pays des univers virtuels à matière noire froide. Certains aspects des galaxies dans ces univers virtuels ne ressemblent pas à ceux des vraies galaxies. Par exemple, les galaxies virtuelles montrent une grande quantité de matière froide en leur cœur, produisant un pic de densité. Or ce pic n'est pas observé, la densité étant plutôt uniforme au cœur des vraies galaxies. Ce qui a conduit certains astrophysiciens à spéculer que la matière noire ne serait ni froide ni chaude, mais « tiède », agitée de mouvements légèrement plus marqués que la matière froide pour éviter son accumulation au cœur des galaxies.

Autre problème : dans un univers à matière noire froide, les galaxies virtuelles sont entourées d'une nuée de centaines de galaxies naines. Or, là encore, la réalité est tout autre : les vraies galaxies comme la Voie lactée ne comptent au plus que quelques dizaines de galaxies naines satellites. Comment diminuer la population florissante de ces galaxies naines dans les univers virtuels à matière noire froide ? Nul ne le sait.

Pour ma part, je ne pense pas que ces quelques difficultés doivent remettre en cause le succès certain des univers virtuels à matière noire froide à expliquer l'univers observé. Je suis d'avis que ces petits « nuages noirs » sont plutôt dus à notre ignorance des mécanismes précis de la formation des galaxies et qu'ils se dissiperont quand nous en saurons plus long sur le sujet.

La théorie de l'inflation est-elle fausse ?

Il est temps de faire le point. En scrutant les mouvements des étoiles et des galaxies, nous avons dû admettre la présence d'une grande quantité de matière noire exotique froide dont la masse est quelque 26/4 = 6,5 fois supérieure à celle de la matière baryonique ordinaire dont nous sommes constitués ; de surcroît, sa nature précise nous échappe encore presque totalement. Cette matière noire ne peut pas être ordinaire, car, si c'était le cas, les abondances primordiales de l'hélium et du deutérium observées dans les étoiles et les galaxies n'auraient pas été conformes aux prédictions de la théorie du big bang, et les minuscules semences de galaxies observées par COBE et WMAP n'auraient jamais eu le temps de prospérer en superbes galaxies dès le premier milliard d'années de l'univers.

Mais nous ne sommes pas encore au bout de nos surprises. L'univers va encore frapper plus fort en nous révélant que l'espace est baigné d'une mystérieuse énergie noire qui accélère son mouvement d'expansion. Au lieu de décélérer graduellement, comme cela aurait été le cas si la gravité attractive de son contenu en masse et énergie était seule en cause, il est au contraire en train d'accélérer !

Comme c'est souvent le cas en science, plusieurs voies indépendantes vont nous conduire à cette étonnante révélation. La première repose sur une apparente contradiction entre la masse totale – lumineuse et noire – observée dans l'univers et celle prévue par la théorie de l'inflation. Nous avons vu que la matière ordinaire constitue 4 % de la densité critique de l'univers et la matière exotique 26 %, soit un sous-total de 30 % de cette densité. Dans un univers qui ne contient rien d'autre que de la matière et de la lumière, la densité totale de l'univers doit être supérieure à la densité critique en sorte que la gravité parvienne à freiner son expansion, à inverser son mouvement et à le faire s'effondrer sur lui-même. Un univers doté d'une densité de moins d'un tiers de la densité critique connaîtra donc une expansion éternelle. En d'autres termes, cet univers sera « ouvert », avec une courbure négative comme celle du pavillon évasé d'une trompette. Mais un tel univers pose problème, car il entre en contradiction directe avec la théorie de l'inflation selon laquelle l'univers s'est emballé dans une expansion exponentielle pendant les premières fractions de seconde de son existence. Durant cette phase inflationnaire, nous l'avons vu, la géométrie de l'espace s'aplatit comme une petite portion de la surface d'un ballon devient moins courbée quand on le gonfle. De même que la courbure d'une sphère diminue quand son rayon s'accroît, l'univers tend à devenir plat si l'on augmente sa taille de façon vertigineuse. Or, on l'a vu, la densité d'un univers plat doit être exactement égale à la densité critique, et non pas à 30 % de la valeur de celle-ci !

L'astrophysicien se retrouve face à un dilemme cornélien. Soit il décide que la théorie de l'inflation est fausse, et les « nuages noirs » qui obscurcissaient le paysage du big bang et qui ont été dissipés par la théorie de l'inflation (comment expliquer le bang du big bang ? comment rendre compte de l'extrême homogénéité de l'univers et de l'absence de courbure du paysage cosmique ? comment créer les semences de galaxies ?) reviennent obséder sa conscience. Soit il admet que l'inflation a bien eu lieu, que l'univers a bien une géométrie plate et est doté d'une densité critique – mais, dans ce cas, où diable sont passés les 70 % manquants ? À la fin du XXe siècle, nombre d'astrophysiciens étaient bien près de baisser les bras et de déclarer fausse la théorie de l'inflation, au risque même de mettre en péril celle du big bang.

Des phares cosmiques dont la brillance ne varie pas

La situation en serait restée là si la résolution du problème n'était venue par surprise, au moment où l'on s'y attendait le moins, d'une autre voie d'investigation portant sur la mesure de la décélération de l'univers. L'évolution de l'univers dépend en principe de l'issue du combat titanesque entre la force d'expansion primordiale et la force de gravité exercée par tout son contenu matériel. Parce que cette dernière est attractive, elle doit ralentir l'expansion de l'univers. En d'autres termes, l'univers doit décélérer. Plus la masse (ou la densité) de l'univers est élevée, plus la gravité qu'elle exerce est grande, et plus la décélération sera importante. Une mesure précise du taux de décélération de l'univers peut donc nous donner une mesure indépendante du contenu matériel total de l'univers, qu'il soit lumineux ou non.

Comment mesurer la décélération de l'univers ? Si nous voulons mesurer celle de notre voiture quand nous appuyons sur le frein, il nous suffit de mesurer sa vitesse à deux instants différents. La décélération est obtenue en divisant la différence des vitesses par l'intervalle de temps séparant les deux instants. De même, pour mesurer la décélération de l'univers, l'astrophysicien doit mesurer la vitesse d'expansion universelle à plusieurs époques différentes. Bien sûr, les cent ans d'une vie humaine, les dizaines de milliers d'années de la civilisation humaine, voire les deux millions d'années depuis l'apparition de l'homme en Afrique, sont des laps de temps bien trop courts pour que la décélération de l'univers soit perceptible et mesurable. Il nous faut observer la décroissance de la vitesse d'expansion de l'univers sur un intervalle de temps qui s'étende au moins sur plusieurs milliards d'années. Il nous faut donc remonter le temps aussi loin que possible dans le passé de l'univers.

Comment voyager dans le temps ? De nouveau, nous avons recours aux machines à remonter le temps que sont les télescopes. Une fois de plus, nous appliquons la recette « voir loin, c'est voir tôt ». Pour obtenir la vitesse d'expansion de l'univers à différents instants de son existence, il nous suffit de mesurer la vitesse de fuite d'objets célestes à des distances différentes de la Terre. La vitesse de fuite d'objets très distants nous donne la vitesse d'expansion de l'univers dans sa jeunesse, tandis que celle d'objets plus proches nous renseigne sur sa vitesse d'expansion actuelle. Si l'univers est en décélération, la seconde doit être inférieure à la première.

Quels objets célestes choisir pour nous servir de balises et mesurer l'évolution de la vitesse d'expansion de l'univers à travers le temps ? Pour remplir son rôle de balise, un objet doit nous fournir deux informations : sa vitesse de fuite et sa distance. La première quantité, la vitesse de fuite, n'est autre que la vitesse d'expansion de l'univers ; elle est relativement facile à obtenir. Nous avons vu que l'effet Doppler fait que la lumière d'un objet qui s'éloigne de nous vire vers le rouge en proportion avec sa vitesse de fuite. Il suffit donc de décomposer la lumière de l'objet en ses différentes composantes de couleur grâce à un spectroscope et de mesurer son déplacement vers le rouge pour obtenir sa vitesse de fuite. Mesurer la deuxième quantité, la distance de l'objet, est une autre paire de manches. Elle est essentielle, car une simple division de cette distance par la vitesse de la lumière va nous donner le laps de temps que nous avons pu remonter dans le passé de l'univers, et donc l'âge de l'univers correspondant à la vitesse d'expansion mesurée.

La mesure des distances des balises n'est pas des plus faciles. Tous les objets célestes sont en effet projetés pêle-mêle sur la voûte céleste en deux dimensions. Celle-ci apparaît comme un vaste tableau où le peintre aurait oublié toute règle de perspective. Il incombe à l'astronome de rétablir la troisième dimension : la profondeur cosmique. Pour déterminer la distance des balises, il va procéder comme le navigateur qui, pour jauger la distance de son navire au rivage, compare la brillance apparente du phare à sa vraie brillance (ou brillance intrinsèque), celle qu'il percevrait s'il était à son emplacement[26]. De même, pour connaître la distance d'un objet céleste, l'astronome doit connaître sa brillance intrinsèque ; la mesure de la brillance apparente de l'objet lui permettra ensuite de déduire sa distance. La stratégie consiste à isoler une classe d'objets dont la brillance intrinsèque ne varie ni dans le temps ni dans l'espace[27].

---

26. La brillance apparente varie comme la brillance intrinsèque divisée par le carré de la distance. La connaissance des brillances apparente et intrinsèque permet donc de calculer la distance.

27. Dans le jargon astronomique, on les appelle des « bougies standard ». Le mot « bougie » désigne ici toute source lumineuse.

Trouver une telle classe de phares cosmiques dont la brillance intrinsèque reste constante n'est pas chose aisée, car la plupart des objets astronomiques ont fâcheusement tendance à évoluer, donc à varier tant soit peu en brillance au cours de leurs vies. Néanmoins, à force d'acharnement, les astronomes ont pu isoler certaines classes d'objets dont la brillance intrinsèque varie relativement peu. Les étoiles supergéantes, aussi brillantes que 100 000 soleils, les amas globulaires, ensembles sphériques de 100 000 étoiles liées par la gravité, et les galaxies elliptiques géantes ont été mis à contribution comme phares cosmiques[28]. Mais les phares cosmiques les plus en vogue à l'heure actuelle appartiennent à une classe particulière d'explosions d'étoiles appelées « supernovae de type Ia ».

Des naines blanches qui explosent

Les supernovae de type Ia sont des explosions de naines blanches qui se détruisent à l'occasion de gigantesques événements thermonucléaires. Une naine blanche est le cadavre d'une étoile dont la masse est inférieure à une masse limite d'environ 1,4 fois la masse du Soleil, et qui a épuisé son carburant d'hydrogène et d'hélium[29]. Par exemple, le Soleil s'arrêtera de rayonner et de fournir de l'énergie aux Terriens dans quelque 5 milliards d'années. Sans la pression du rayonnement pour s'opposer à la gravité qui œuvre sans cesse à comprimer l'étoile, le Soleil s'effondrera sur lui-même, réduit à l'état de naine d'un rayon de 10 000 kilomètres. Environ la moitié de sa masse (10^{33} grammes) sera comprimée dans un volume comparable à celui de la Terre, et la naine aura une densité d'une tonne par

---

28. Voir une évocation détaillée des phares cosmiques dans mon ouvrage *La Mélodie secrète*, Paris, Fayard, 1988 ; Paris, Gallimard, « Folio-Essais », 1991.

29. Cette masse limite d'environ 1,4 fois celle du Soleil est souvent appelée « masse de Chandrasekhar », en l'honneur de l'astrophysicien indo-américain Subrahmanyan Chandrasekhar (1910-1995) qui fut récompensé par le prix Nobel de physique, en 1983, en partie pour avoir démontré l'existence de cette masse limite. Ce travail fut accompli à l'âge de vingt ans pendant un long voyage en paquebot qui amenait Chandrasekhar d'Inde en Angleterre, où il aspirait à étudier à l'université de Cambridge avec l'astronome royal Arthur Eddington.

centimètre cube[30]. Une cuillerée de naine pèserait donc autant qu'un éléphant. On l'appelle « naine blanche », car le cœur de l'étoile morte est encore très chaud (il est chauffé à quelque 50 000 degrés, non pas par l'énergie des réactions nucléaires qui n'ont plus lieu, faute de carburant, mais par celle emmagasinée avant la mort de l'étoile quand celle-ci brûlait de l'hélium) et émet un rayonnement de couleur blanche. Qu'est-ce qui empêche la naine blanche de s'effondrer encore davantage ? Ce sont les électrons à l'intérieur qui organisent la résistance à l'action comprimante de la gravité. Déjà en contact les uns avec les autres, ils refusent d'être encore plus comprimés ensemble et s'excluent mutuellement, suivant en cela le « principe d'exclusion » énoncé par le physicien allemand Wolfgang Pauli (1900-1958), l'un des pères fondateurs de la mécanique quantique.

Si la naine blanche est isolée, elle va continuer pendant des milliards d'années encore à rayonner et dissiper dans l'espace l'énergie qu'elle a emmagasinée. À la fin, devenue invisible, elle rejoindra le rang des innombrables cadavres stellaires qui jonchent les terreaux galactiques. Ce sera une mort douce. Mais la mort peut être violente si la naine blanche se trouve accouplée à une étoile vivante. Attirée par sa gravité, l'enveloppe de l'étoile vivante se déverse et s'accumule sur la surface de la naine blanche. Celle-ci voit sa masse augmenter, jusqu'à ce que la limite de 1,4 fois la masse du Soleil soit dépassée. Les électrons n'arrivent plus à résister à la gravité, et la naine blanche s'effondre. La matière comprimée s'échauffe et la température au cœur de la naine, composé surtout de carbone, croît jusqu'à atteindre 600 millions de degrés, température minimale pour qu'un noyau de carbone puisse fusionner avec un noyau d'hélium. La combustion du carbone se déclenche, augmentant encore plus la température, ce qui accélère davantage encore les réactions nucléaires. Celles-ci s'emballent et la naine blanche tout entière se désintègre dans une immense déflagration dont la brillance, à son

30. L'autre moitié, qui constitue l'enveloppe du Soleil, sera expulsée dans le milieu interstellaire, formant ce qu'on appelle une « nébuleuse planétaire ». Les naines blanches sont ainsi souvent vues au centre des nébuleuses planétaires.

maximum, peut atteindre celle de 10 milliards de soleils, soit environ un dixième de la brillance de la Voie lactée (fig. 43). Parce que ces morts explosives adviennent chaque fois que la même masse critique d'environ 1,4 fois la masse du Soleil est dépassée, elles montrent une constance des plus remarquables dans leurs propriétés physiques, en particulier dans leurs brillances maximales. Elles constituent ainsi des phares cosmiques idéaux.

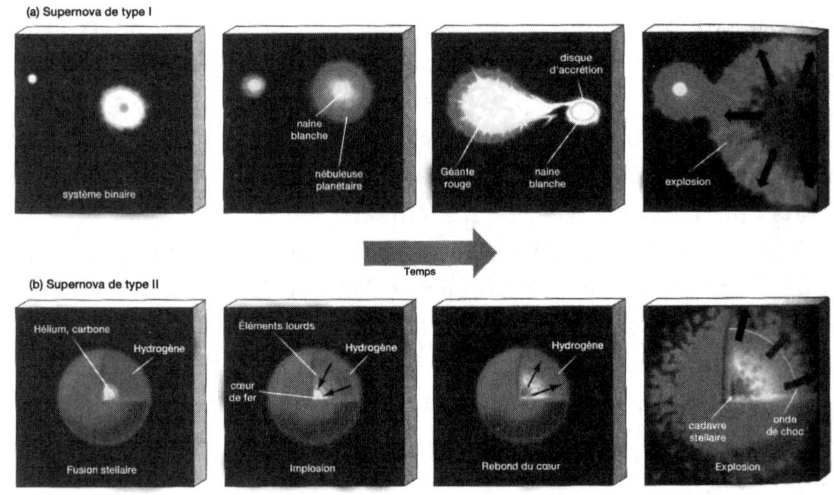

Fig. 43 : Deux types de supernova. Les supernovae de type I et de type II ont des histoires différentes. (a) Une supernova de type I peut être le résultat de l'action d'une naine blanche riche en carbone qui attire par sa gravité l'enveloppe d'une géante rouge proche, celle-ci formant un système binaire avec la naine blanche. Le déversement de matière sur la surface de la naine blanche chauffe le gaz, déclenchant des réactions nucléaires et provoquant une fantastique explosion. (b) Une supernova de type II survient quand le cœur d'une étoile massive à bout de carburant s'effondre sous l'effet de sa gravité, atteignant des densités de l'ordre de 10^{15} grammes par centimètre cube, la densité de la matière à neutrons. Telle une balle qui rebondit contre un mur de briques, le gaz rebondit contre le cœur solide et inverse son mouvement. Une onde de choc se propage vers l'extérieur de la région centrale qui fait exploser l'étoile.

Selon un autre scénario que certains astronomes estiment plus plausible, deux naines blanches, dans un système binaire, tombent l'une vers l'autre, formant un objet plus massif que 1,4 masse solaire et provoquant l'effondrement gravitationnel de cet objet. Sa fin est la même que dans le scénario précédent : une énorme déflagration due à la combustion du carbone. Parce que les brillances de ces supernovae de type Ia sont fantastiques, elles peuvent être aperçues de fort loin. Elles constituent donc d'excellentes balises pour nous permettre de remonter loin dans le passé de l'univers et de mesurer son taux d'expansion en des temps très reculés.

Un univers en accélération

Dans les années 1990, deux équipes internationales d'astronomes se sont mises à traquer des supernovae de type Ia pour les utiliser comme phares cosmiques afin de mesurer le taux de décélération de l'univers. Ces chercheurs étaient tous persuadés que l'expansion de l'univers devait se ralentir, la gravité de son contenu en masse freinant l'impulsion initiale[31]. Surprendre des naines blanches en train d'exploser n'est pas des plus évidents. Cela n'advient en moyenne dans une galaxie typique qu'une fois toutes les quelques centaines d'années. Plusieurs vies d'astronome n'y suffisent pas. Heureusement, les astrophysiciens ont trouvé un moyen de pallier la brièveté de leur vie. Grâce à des télescopes à grand champ de vision et à des détecteurs électroniques qui ne cessent de gagner en puissance avec les rapides avancées technologiques (les mêmes équipent vos caméras numériques, mais en modèle réduit), ils peuvent photographier simultanément plusieurs milliers de galaxies disséminées dans l'espace à des distances différentes. Ce qui leur permet de détecter plusieurs supernovae en une seule nuit. La technique consiste à comparer, avec l'aide de puissants ordinateurs, les mêmes champs de galaxies photographiés à des époques différentes. Une supernova se signalera par l'apparition d'un nouveau point lumineux associé à une galaxie qui n'était pas présente auparavant (fig. 7 cahier couleur). Paradoxalement, la mort d'une étoile se signale par une nouvelle source de lumière dans le ciel. Celle-ci ne dure pas longtemps : un feu de paille à l'échelle du temps cosmique. Après une très rapide montée en brillance qui dure une dizaine de jours, la supernova va atteindre son maximum avant de décroître lentement en luminosité. Au bout d'une demi-année, sa

31. Une équipe était conduite par le physicien américain Saul Perlmutter, du Lawrence Berkeley National Laboratory de Californie ; l'autre par l'astronome australien Brian Schmidt, travaillant à l'Australian National University de Canberra.

brillance aura décru d'un facteur 1 000 : elle ne sera plus que l'ombre d'elle-même.

Après plusieurs années d'un travail intense, les deux équipes purent rassembler une cinquantaine de supernovae chacune. En 1998, après avoir mesuré la distance de chaque supernova et la vitesse d'expansion de l'univers à cette distance-là, les deux groupes sont parvenus indépendamment l'un de l'autre à une conclusion extraordinaire qui a pris tout le monde (ou presque) de court : l'univers a bien été en décélération, mais seulement pendant les sept premiers milliards d'années de son existence. À partir de la 7 milliardième année, l'expansion de l'univers n'a plus continué à ralentir. Au contraire, elle a augmenté en vitesse. L'univers en décélération est devenu un univers en accélération. Autrement dit, la vitesse d'expansion de l'univers à 5 milliards d'années après le big bang est supérieure à celle qu'il a à 6 milliards d'années, laquelle est elle-même supérieure à celle qu'il a à 7 milliards d'années. Mais la vitesse d'expansion de l'univers à 7 milliards d'années est inférieure à celle qu'il a à 8 milliards d'années, laquelle est elle-même inférieure à celle qu'il a à 9 milliards d'années, et ainsi de suite. Le mouvement d'expansion de l'univers est donc analogue à celui de votre voiture quand vous vous arrêtez à un feu rouge. Vous appuyez sur votre frein pour décélérer et stopper la voiture au feu. Quand le feu repasse au vert, vous appuyez sur l'accélérateur afin de repartir. Comme pour l'univers, le mouvement de décélération a été suivi par un mouvement d'accélération.

Une énergie noire répulsive

Comment l'univers a-t-il pu ainsi changer de vitesse d'expansion ? S'il contenait seulement de la matière, qu'elle soit visible ou invisible, celle-ci exercerait inévitablement une gravité attractive, et il devrait toujours décélérer. Pas d'accélération en vue pour lui. Force est donc de postuler l'existence de quelque chose d'autre que la matière (ou que la lumière). Ce quelque chose d'autre pourrait être un mystérieux champ d'énergie baignant l'univers entier et qui exercerait une force répulsive supérieure à la force attractive de la matière.

Or nous avons vu qu'une force répulsive a été précisément introduite en 1917 par Einstein pour construire un modèle d'univers statique avec ses équations de la relativité générale. Celles-ci lui disaient obstinément que l'univers devait être dynamique, c'est-à-dire soit en expansion, soit en contraction, mais ne jamais rester statique, tout comme un ballon qu'on lance doit monter ou descendre, mais ne jamais rester immobile, suspendu en l'air. Les observations astronomiques de l'époque affirmaient néanmoins que l'univers était statique, et Einstein dut modifier ses équations par l'introduction d'une « constante cosmologique », force répulsive censée contrebalancer exactement la force attractive de la matière.

Einstein ne précisa jamais l'origine de cette force répulsive, sauf pour dire qu'elle ne pouvait être produite ni par la matière ni par la lumière. L'existence d'une telle force peut se concevoir, car d'après les équations d'Einstein la gravité dépend non seulement de la masse de matière ou, de manière équivalente, de sa densité (la densité étant égale à la masse de l'univers divisée par son volume), mais aussi de la pression. Or, s'il existait dans l'univers une large pression négative supérieure à la densité de matière, on pourrait aboutir à une situation telle que la gravité nette y serait négative, c'est-à-dire qu'elle repousserait au lieu d'attirer. Mais comment créer cette large pression négative ? Einstein n'en avait pas la moindre idée. Parce que la constante cosmologique n'avait pas d'explication physique évidente, Einstein s'était toujours senti mal à l'aise de l'avoir introduite. C'est pourquoi, en 1929, quand Edwin Hubble annonça sa découverte de l'expansion de l'univers, rendant caduc l'univers statique, Einstein fut plus que ravi de rayer la constante cosmologique de ses équations, déclarant que son introduction avait été la plus grande erreur de sa vie. Peut-être regrettait-il aussi de n'avoir pas eu assez confiance en sa chère théorie de la relativité générale pour prédire l'expansion de l'univers plus d'une dizaine d'années avant la découverte de Hubble...

Mais la constante cosmologique a la vie dure. En découvrant l'accélération de l'univers à la fin du XXe siècle, les deux équipes d'astronomes l'ont ressuscitée du monde des concepts morts, plus de soixante-dix ans après sa naissance. La force de répulsion ou « énergie noire » (ainsi appelée parce que, comme la masse noire exotique, sa nature est totalement inconnue) associée à la constante cosmologique ressuscitée doit être, à l'évidence, de loin supérieure à celle calculée par Einstein. En effet, il ne s'agit plus cette fois de construire un univers statique, mais un univers en expansion accélérée. Les calculs montrent que, pour reproduire l'accélération universelle observée à partir de 7 milliards d'années après le big bang, l'énergie noire doit contribuer pour environ... 70 % de la densité critique ! Ce résultat est tout à fait remarquable : c'est exactement la quantité que l'univers doit contenir, en sus de la matière ordinaire et de l'exotique, pour posséder précisément la densité critique et la géométrie plate prévue par la théorie de l'inflation !

À nouveau, deux voies de recherche complètement indépendantes – des mesures de supernovae d'un côté, la théorie de l'inflation de l'autre – ont très exactement mené à la même conclusion. En science, une telle concordance veut souvent dire que la vérité n'est pas très loin. Constater que la plus grande partie de la matière de notre univers est noire avait déjà été une découverte des plus étonnantes. Mais constater que l'espace entier est baigné d'une énergie noire dont la nature nous échappe encore, voilà qui est encore plus extraordinaire et probablement encore plus importante pour la physique fondamentale.

Mais à conclusion extraordinaire, démonstration rigoureuse. Les astronomes ont passé au peigne fin toutes les étapes du travail qui a conduit à la conclusion d'un univers en accélération. Des doutes ont été émis sur la fiabilité des supernovae de type Ia en tant qu'indicateurs de distance. La détermination des distances de ces supernovae, et donc de l'intervalle de temps dont nous remontons dans le passé de l'univers, repose sur l'hypothèse que la brillance intrinsèque maximale de ces supernovae ne varie pas d'un objet à l'autre. Or nous savons pertinemment que les propriétés des étoiles génitrices de supernovae varient en fonction du temps, et de galaxie en galaxie. D'autre part, il y a dans les galaxies de la poussière interstellaire qui absorbe la lumière des supernovae et les rend moins lumineuses. La quantité de poussière varie non seulement de lieu en lieu au sein d'une même galaxie, mais aussi d'une galaxie à l'autre. De plus, pendant le long trajet qui la conduit de la galaxie-hôte jusqu'à la Terre, la lumière des lointaines supernovae peut rencontrer sur son chemin des galaxies et des amas de galaxies qui, nous l'avons vu, peuvent agir comme des lentilles gravitationnelles et amplifier cette lumière, ce qui fait que les supernovae paraîtront alors plus brillantes.

Au vu de toutes ces complications, l'hypothèse d'une brillance constante des supernovae est-elle bien justifiée ? Celles-ci peuvent-elles vraiment nous servir de balises fiables pour marquer le temps dans le passé de l'univers ? À l'évidence, il nous faut étudier un plus grand nombre de supernovae pour en avoir le cœur net. Les astronomes planifient déjà un satellite appelé SNAP (acronyme de « Supernova Acceleration Probe ») qui va porter au-dessus de l'atmosphère terrestre un télescope de 2 mètres de diamètre exclusivement voué à l'observation des supernovae de type Ia. SNAP va photographier plus de 300 millions de galaxies dans un secteur céleste de 30 degrés sur 30 degrés (une superficie céleste 3 600 fois supérieure à celle de la pleine Lune), ce qui lui permettra de découvrir plus de deux milliers de supernovae. Les plus lointaines permettront de remonter le temps de quelque 12 milliards d'années et de mesurer le taux d'expansion de l'univers en un temps aussi reculé que 2 milliards d'années après le big bang. Le satellite permettra ainsi de mesurer de façon plus précise la densité de cette mystérieuse énergie noire qui remplit l'univers, et de tester la myriade de théories qui se bousculent pour rendre compte de son existence.

Des fluctuations de température

À cause des doutes qui planaient sur la fiabilité des supernovae de type Ia en tant que balises du passé de l'univers, les astrophysiciens étaient restés sceptiques quant à l'existence d'une énergie noire qui accélérait l'univers lorsque l'annonce en fut faite en 1998.

Pourtant, une confirmation aussi inespérée qu'inattendue vint d'un autre satellite appelé WMAP, dont nous avons déjà fait la connaissance. Celui-ci procédait à une cartographie du rayonnement fossile, la chaleur résiduelle de la création de l'univers. Ce rayonnement qui nous vient de la nuit des temps, plus précisément de l'époque où l'univers n'était âgé que de 380 000 ans, et qui baigne l'univers entier, est parsemé, nous l'avons vu, d'irrégularités. Ces irrégularités vont servir de semences de galaxies et elles se manifestent dans la carte du rayonnement fossile sous la forme de régions affectées de minuscules fluctuations de température (de l'ordre de quelques centièmes de millième de degré, rapportés à la température du rayonnement fossile qui est de 2,725 degrés Kelvin). Il se trouve que les régions affectées des plus grandes fluctuations de température sont aussi les plus étendues dans l'espace. Elles ont une taille angulaire d'environ un degré, soit à peu près deux fois la taille de la pleine Lune. En l'an 380 000, ces régions s'étendaient sur environ un million d'années-lumière, mais, parce que la dimension de l'univers s'est agrandi d'un facteur 1 000 depuis cette époque, elles s'étendent aujourd'hui sur une distance d'un milliard d'années-lumière. Or la taille de ces fluctuations dépend de la géométrie de l'univers. Si celui-ci a une courbure positive (comme celle d'une sphère), les régions à fluctuations de température seront un peu plus grandes. Dans un univers à courbure négative (comme celle d'une selle), elles apparaîtront un peu plus petites. La situation sera intermédiaire pour un univers plat, sans courbure. En 2003, WMAP a mesuré soigneusement la taille des fluctuations de température du rayonnement fossile. Son verdict est sans appel : la géométrie de l'univers est bien plate ! Cela veut dire que l'univers a exactement la densité critique. Et puisque la matière ordinaire et exotique, lumineuse et noire, ne contribue qu'à un sous-total de 30 % de la densité critique, cela veut dire qu'il existe bel et bien une autre composante, une mystérieuse énergie noire qui supplée aux 70 % restants de cette densité critique !

Ainsi, une nouvelle pièce du puzzle est tombée. Trois chemins totalement indépendants – la théorie de l'inflation, des mesures de supernovae, l'observation du rayonnement fossile – nous ont conduits à une seule et même description cohérente d'un univers à géométrie plate, doté d'une densité critique dont 30 % sont constitués de matière et 70 % d'énergie noire. Concordance et cohérence qui suggèrent que nous sommes bel et bien sur la bonne voie.

Une question se pose pourtant : pourquoi l'accélération universelle ne s'est-elle manifestée qu'environ sept milliards d'années après le big bang ? Pourquoi l'énergie noire n'a-t-elle pas fait sentir plus tôt sa présence ? En fait, la force répulsive due à l'énergie noire était toujours présente, tapie dans l'ombre, mais, pendant les sept premiers milliards d'années après le big bang, elle était trop faible pour lutter contre la fantastique force de gravité attractive exercée par le contenu en matière (ordinaire et exotique) et énergie de l'univers.

C'est la force attractive qui mène le bal, et elle décélère l'expansion de l'univers. Le temps joue néanmoins en faveur de la force répulsive. Au fur et à mesure que s'égrènent les milliards d'années, l'univers se dilue, les distances entre les galaxies augmentent, la force attractive – qui varie comme l'inverse du carré de la distance entre les galaxies – diminue en intensité. En revanche, l'intensité de la force répulsive demeure constante. Au fil du temps, cette force prend de plus en plus d'importance par rapport à la force attractive. La passation des pouvoirs a lieu quand l'horloge cosmique sonne 7 milliards d'années. La force répulsive prend le dessus, elle assume le contrôle des affaires et va dorénavant accélérer l'expansion universelle.

L'énergie du vide

La constante cosmologique, qui a été bannie de la cosmologie pendant quelque sept décennies (sauf pendant une brève réapparition dans les années 1940, avec la théorie de l'« univers stationnaire » de l'astrophysicien britannique Fred Hoyle et de ses collègues ; cette théorie, nous l'avons vu, a mordu la poussière dans les années 1960 avec la découverte du rayonnement fossile), renaît de ses cendres, tel le phénix, à la fin du dernier millénaire. Par un ironique développement de l'histoire de la pensée en physique, l'existence d'une quantité qu'Einstein avait introduite à contrecœur et contre ses instincts pour que sa chère relativité générale soit conforme aux observations erronées de son époque, mais qu'il avait rejetée par la suite, nous semble aujourd'hui quasi inévitable. Et ce, parce que la constante cosmologique, dans son incarnation actuelle, est une conséquence nécessaire non seulement de la relativité, la physique de l'infiniment grand, mais aussi de la mécanique quantique, la physique de l'infiniment petit.

En mécanique quantique (théorie dont Einstein fut l'un des créateurs, nous l'avons vu, avec son étude de l'effet photoélectrique, mais dont il ne put jamais accepter l'interprétation probabiliste – « Dieu ne joue pas aux dés » –, malgré toutes les expériences qui se sont révélées en accord avec cette interprétation), l'espace vide n'est pas dénué de tout, comme nous le pensons naïvement. En réalité, c'est un vide vivant, rempli de paires virtuelles de particules et d'antiparticules et de champs énergétiques apparaissant et disparaissant au gré de cycles infernaux de vie et de mort d'une durée infinitésimale égale au temps de Planck de 10^{-43} seconde. Parce que leur vie est si brève, ces paires virtuelles ne sont pas directement détectables. Mais elles ont d'importants effets indirects qui peuvent être mesurés. Par exemple, elles modifient le comportement de l'atome d'hydrogène. Chaque particule (ou chaque champ d'énergie) est dotée d'une énergie infinitésimale qui peut être positive ou négative. On peut donc s'attendre à ce qu'il n'y ait pas annulation parfaite des énergies négatives et positives, et que l'espace soit rempli d'une énergie non nulle. La mécanique quantique rend donc la présence d'une constante cosmologique non pas optionnelle, mais obligatoire.

Nous pouvons en principe calculer l'énergie du vide en utilisant la théorie quantique. Mais c'est plus vite dit que fait ! Il existe un gros problème : les calculs les plus simples donnent une densité de l'énergie du vide de l'ordre de 10^{94} grammes par centimètre cube, soit environ un facteur de 10^{120} (1 suivi de 120 zéros) fois plus grand que la densité de l'énergie de la matière, du rayonnement de l'univers observable et de l'énergie noire nécessaire pour rendre compte de son accélération[32] ! Avec une énergie du vide si fantastique, l'univers devrait instantanément exploser ! Résultat absurde. L'astrophysicien russe Yakov Zeldovich fut le premier à constater ce problème en 1967. Pendant les trois décennies suivantes, les physiciens se sont appliqués à comprendre pourquoi leurs calculs donnaient un résultat si manifestement faux et une énergie du vide si ridiculement élevée. Nombre de propositions furent avancées, mais aucune ne suscita l'enthousiasme du jury. La plupart des physiciens pensaient qu'il devait exister un mécanisme inconnu qui annulait une très grande partie, voire la totalité de l'énergie du vide. En fait, le concept qui avait le vent en poupe était celui d'un vide parfaitement... vide, avec une énergie nulle et entièrement dénuée d'activité, similaire à la naïve notion du vide que nous avons tous. Mais la découverte de l'accélération de l'univers a tout remis en cause : le vide n'est pas parfaitement vide, il doit contenir de l'énergie noire. Les physiciens ne savent pas encore si l'énergie noire responsable de l'accélération universelle vient du vide quantique primordial ou si elle a une autre origine. Connaître cette origine est une tâche importante qui rend d'autant plus nécessaire et urgent le calcul précis de l'énergie recelée par le vide primordial. Or ce problème semble encore plus difficile aujourd'hui que les physiciens doivent expliquer non plus pourquoi l'énergie du vide est exactement nulle, mais pourquoi elle ne l'est pas et pourquoi sa valeur est si faible que ses effets ne se sont fait sentir qu'il y a quelque 7 milliards d'années.

Des dimensions spatiales cachées

En science, ce sont souvent les crises aiguës et les grands problèmes non résolus qui provoquent les remises en cause, les révolutions, et déclenchent les changements de ce que l'historien des sciences

---

32. La densité de l'énergie noire est de 70/30 = 2,3 fois celle de la matière et du rayonnement.

Thomas Kuhn a appelé « paradigmes[33] ». À l'aube du XXIe siècle, nous nous trouvons peut-être dans une de ces conjonctures historiques qui peuvent faire basculer la physique. C'est en essayant de résoudre l'incompatibilité entre la relativité restreinte (qui dit que rien ne peut voyager plus vite que la lumière) et la théorie de la gravité de Newton (qui dit que la force gravitationnelle entre les objets est transmise instantanément, donc à une vitesse infinie) qu'Einstein fut conduit à formuler la relativité générale. Les physiciens pensent néanmoins aujourd'hui que cette dernière est incomplète, car la théorie de la relativité générale est incapable d'incorporer harmonieusement les lois de la mécanique quantique. Peut-être la découverte de l'énergie noire, responsable de l'accélération de l'univers, va-t-elle nous guider vers une théorie de la gravité quantique qui pourra enfin accomplir la grande unification tant désirée ?

En tout cas, il existe déjà sur le marché plusieurs théories tendant vers ce but. L'une des plus prometteuses semble être la théorie des cordes selon laquelle, nous l'avons vu, les particules élémentaires ne sont pas des objets ponctuels, mais le résultat de vibrations de cordes infinitésimalement petites[34]. Un des signes les plus distinctifs de la théorie des cordes est la nécessité de postuler des dimensions spatiales supplémentaires dans l'univers : au moins six dans la version la plus simple. Cette idée d'extra-dimensions a pour origine la relativité générale. Einstein y introduit l'idée révolutionnaire selon laquelle la gravité n'est pas une force, comme le pensait Newton, mais le résultat de la géométrie de notre espace-temps à quatre dimensions (trois dimensions spatiales, une dimension temporelle). Considérons par exemple la Lune dans son périple mensuel autour de la Terre. Pour Newton, la Lune est reliée à la Terre par une force gravitationnelle qui la fait se déplacer suivant une orbite elliptique autour de notre planète. Pour Einstein, si la Lune se déplace selon une orbite courbe autour de la Terre, c'est parce que la masse de cette dernière courbe l'espace. La Lune ne fait que suivre le plus court

---

33. Thomas S. Kuhn, *La Structure des révolutions scientifiques*, Paris, Flammarion, 1982.

34. Brian Greene, *L'Univers élégant*, Paris, Robert Laffont, 2000.

chemin dans cet espace courbé. Einstein fait table rase de la notion de force gravitationnelle et la remplace par celle de géométrie de l'espace. Il se débarrasse ainsi du problème de la propagation instantanée (à une vitesse infinie) de la force gravitationnelle, qui est en contradiction avec la théorie de la relativité restreinte. En d'autres termes, c'est la matière qui dicte sa géométrie à l'espace-temps, et c'est la géométrie qui dicte son mouvement à la matière !

Si nous pouvons rendre compte de la force gravitationnelle par la géométrie de l'espace-temps, pourquoi ne pas chercher aussi une explication géométrique aux trois autres forces fondamentales de la nature : la force électromagnétique et les deux forces nucléaires forte et faible ? On aura ainsi une explication unifiée de la nature, une théorie du Tout où la géométrie jouera le rôle principal. Einstein consacra les quelque trente dernières années de sa vie à cette quête. Il fut particulièrement influencé par les travaux antérieurs des physiciens allemand Theodor Kaluza (1885-1954) et suédois Oskar Klein (1894-1977). Kaluza a avancé en 1919 l'idée selon laquelle, si la gravité était une manifestation de la géométrie quadridimensionnelle de l'espace-temps qui nous est si familier, la force électromagnétique pouvait être la conséquence d'une cinquième dimension (ou bien d'une quatrième dimension spatiale). Les forces électromagnétique et gravitationnelle décroissant toutes deux de la même façon avec la distance (comme l'inverse du carré de celle-ci), il était tentant de penser qu'elles étaient reliées d'une manière quelconque. Mais si une quatrième dimension spatiale existait, où diable seraitelle passée ? Klein répondit en 1926 que, si elle nous est imperceptible, c'est qu'elle est tout enroulée sur elle-même. Ce que nous pensons être un point dans notre espace à trois dimensions est en réalité un cercle minuscule dans une quatrième dimension spatiale. Nous ne le remarquons pas parce que ce cercle est infinitésimalement petit : sa circonférence est de l'ordre de la longueur de Planck, de 10^{-33} centimètre, soit 100 milliards de milliards de fois moins que la taille d'un noyau d'atome[35].

35. Pour une description détaillée des idées de Kaluza et Klein, voir Trinh Xuan Thuan, *Le Chaos et l'Harmonie*, Paris, Fayard, 1998 ; Paris, Gallimard, « Folio-Essais », 2000.

La quête d'Einstein s'est soldée par un échec. Si elle n'a pas abouti, c'est peut-être parce qu'elle était trop en avance sur son temps ; peut-être aussi à cause de la méfiance d'Einstein vis-à-vis de la mécanique quantique. Le physicien n'avait pas inclus dans sa tentative d'unification des forces les deux forces nucléaires forte et faible, qui n'ont vraiment été bien comprises sur le plan théorique que dans les années 1970. Avec l'exclusion de deux des quatre forces fondamentales, Einstein ne pouvait réussir. D'autre part, à cause de son opposition viscérale à l'interprétation probabiliste de la mécanique quantique, il s'éloigna de plus en plus de la physique des particules élémentaires et ne manifesta que peu d'intérêt pour les grandes découvertes qui révolutionnèrent ce domaine dans les années 1950.

Le flambeau a été repris par les physiciens contemporains. La théorie du Tout est devenue le Graal de la physique moderne. L'idée de Kaluza et Klein – la possibilité de dimensions spatiales supplémentaires dans l'univers – a été ressuscitée et joue aujourd'hui un rôle vital dans les tentatives d'unification de la relativité générale avec la mécanique quantique. Suivant la théorie des cordes, les particules sont le résultat de vibrations d'objets à une dimension, en forme de boucles ou de ficelles infinitésimalement petites, de la taille de la longueur de Planck. Ces cordes sont si petites que nous les percevons comme des points. Dans la version la plus simple de la théorie, elles vivent dans un espace-temps à dix dimensions : neuf dimensions spatiales et une dimension temporelle. Sur les neuf dimensions spatiales, l'inflation en a enflé trois, outre la dimension temporelle, créant l'univers qui nous est familier. Les six autres dimensions spatiales sont restées si infimes qu'elles ne peuvent être détectées. Hormis les cordes, il existe aussi dans cet espace-temps des champs de forces et des surfaces appelées « branes » (contraction du mot « membranes »). C'est pourquoi une autre version plus robuste de la théorie des cordes postulant dix dimensions spatiales (au lieu de neuf) sur un total de onze dimensions est aussi connue sous le nom de « M-théorie » (M étant l'initiale de « membranes »). Les branes peuvent avoir des dimensions variées.

Par exemple, dans une version de la théorie, notre univers est une brane à quatre dimensions (trois spatiales et une temporelle) existant dans un espace doté d'un nombre supérieur de dimensions, comme une mince couche d'eau à deux dimensions recouvre un océan à trois dimensions. Les branes sont les lieux de résidence des cordes ; celles-ci ne peuvent être où bon leur semble, mais seulement à la surface des branes.

Un supermonde

La théorie des cordes repose sur l'idée de supersymétrie (SUSY en abrégé). SUSY a été inventée afin d'unifier matière et lumière[36]. C'est un principe de symétrie qui relie ensemble deux types de particules : les particules de matière de spin demi-entier (1/2, 3/2...), tels les quarks et les électrons, désignées sous le nom générique de « fermions », et les particules de spin entier (0, 1...), telles les particules de lumière (les photons) et les particules messagères qui transmettent les forces, comme les gluons, désignées sous le nom générique de « bosons ». Dans un univers où SUSY peut se manifester à plein, chaque boson est associé à un « superpartenaire » fermionique, et chaque fermion l'est à un superpartenaire bosonique. Comme par un coup de baguette magique, la population des particules dans l'univers se trouve ainsi doublée. Le superpartenaire est identique à tous égards à la particule ordinaire (même masse, même charge électrique, etc.), sauf pour le spin qui doit toujours différer d'une valeur 1/2. Ainsi, le superpartenaire de l'électron de spin 1/2 possède un spin 0, tandis que le superpartenaire du photon de spin 1 a un spin 1/2. Pour conserver la terminologie familière des particules ordinaires et se souvenir facilement de qui est accouplé avec qui, les superpartenaires des fermions ont été baptisés des noms habituels, mais greffés du préfixe « s ». Ainsi le superpartenaire de l'électron s'appelle-t-il « sélectron », et celui du quark, « squark ». Quant aux superpartenaires des bosons, on a simplement ajouté le suffixe « ino » (qui veut dire en italien « plus petit », bien que certaines des particules concernées ne soient pas

36. Voir *ibid.*

aussi légères que le suggère ce suffixe) aux désignations normales. Ainsi le superpartenaire du photon est-il le « photino », et celui du graviton, le « gravitino ». Dans un supermonde où SUSY opère, les particules et leurs superpartenaires ont rigoureusement la même masse. Le sélectron sera aussi peu massif que l'électron, le smuon sera aussi massif que le muon, etc., ce qui a pour conséquence que l'énergie du vide a exactement pour valeur zéro.

Mais l'univers ne semble pas se conformer à ce schéma. Nous n'avons jamais vu de sélectron doté d'une masse aussi légère qu'un électron, alors que nous disposons d'accélérateurs de particules assez énergétiques pour détecter de telles masses. Pour sauver SUSY du cimetière des idées mortes, les physiciens ont dû postuler que la symétrie entre les particules et leurs superpartenaires n'est pas parfaite pour ce qui est de leurs masses. On dit qu'il y a « brisure de symétrie ». Les particules et leurs superpartenaires peuvent ainsi posséder des masses différentes. Les physiciens pensent même que les masses des particules superpartenaires peuvent être des millions de fois plus grandes que celle de l'électron. Or, une grande masse correspond à une grande énergie, selon la fameuse formule d'Einstein, $E = mc^2$. Les énergies des accélérateurs actuels ne sont pas assez élevées pour pouvoir détecter ces particules superpartenaires hypothétiques. En revanche, le LHC (Large Hadron Collider), qui va entrer en opération en 2007 au CERN, à Genève, en sera capable. SUSY et la théorie des cordes seront alors pour la première fois mises à l'épreuve de l'expérimentation. Passeront-elles le test la tête haute ?

Un univers adapté à la vie

Autre conséquence importante de la brisure de symétrie de SUSY : le vide a une énergie non nulle. Les physiciens se sont mis à calculer fébrilement cette énergie du vide dans le cadre de la théorie des cordes avec SUSY brisée. La question à mille euros est la suivante : l'énergie du vide calculée est-elle comparable à celle nécessaire pour rendre compte de l'accélération de l'univers ? Les premiers résultats sont plutôt encourageants. En général, les valeurs obtenues pour l'énergie du vide sont bien moindres que celles, absurdement élevées, calculées auparavant. Bien que la très grande majorité des solutions avancées donnent encore des énergies du vide plus élevées que celle qui serait requise, quelques-unes fournissent des valeurs en accord avec celle observée. Il y a donc eu là un progrès certain.

Mais un problème subsiste, et de taille : la théorie des cordes admet une quantité presque infinie de solutions différentes dans la mesure où le grand nombre de dimensions spatiales supplémentaires permet une variété quasi illimitée de géométries différentes de l'univers. Dans le cas de l'univers Kaluza-Klein, il n'y a qu'une seule dimension supplémentaire, laquelle ne peut prendre que la forme géométrique du cercle. Il existe néanmoins une multitude de solutions dans la mesure où le rayon (et donc la circonférence) de ce cercle peut prendre n'importe quelle valeur. Dans la version la plus simple de la théorie des cordes (avec six dimensions supplémentaires), les formes (ou « topologies ») que chacune des dimensions peut adopter sont multiples – sphère, tore, deux tores joints, etc. –, ce qui débouche sur une variété presque infinie de géométries possibles. Les physiciens ont calculé qu'il y en aurait quelque 10^{500} (1 suivi de 500 zéros)[37] !

Non seulement chaque configuration géométrique des dimensions cachées assigne une énergie particulière à l'espace vide (c'est-à-dire dénué de toute matière et lumière), mais elle donne lieu à des phénomènes différents dans le monde macroscopique défini par l'espace-temps à quatre dimensions où nous évoluons. En effet, c'est la configuration géométrique qui détermine la nature des particules et des forces qui peuvent y exister. Ainsi, la théorie des cordes a la faculté de nous révéler pourquoi les lois fondamentales revêtent la forme qu'elles ont. Elle nous dit que les lois de la physique que nous voyons à l'œuvre dans le monde macroscopique ne sont autres que la conséquence de dimensions supplémentaires cachées.

Cela veut-il dire que nous allons enfin comprendre pourquoi le monde est comme il est, et que la fin de la physique est proche ?

---

37. Voir Raphael Bousso et Joseph Polchinski, « The String Theory Landscape », *Scientific American*, septembre 2004, pp. 78-87.

Pas le moins du monde ! Même si la théorie des cordes était vérifiée expérimentalement un jour et que nous comprenions la forme revêtue par les lois physiques, cela ne ferait que repousser un peu plus loin les questions ultimes. De nouvelles questions se poseraient en effet : pourquoi l'univers a-t-il cette configuration géométrique et cette énergie du vide ? Que deviennent toutes les autres configurations ? Pour répondre à ces questions, le physicien américain Steven Weinberg a évoqué un argument de type « anthropique » (du grec *anthropos* qui signifie « homme ») disant que les propriétés de l'univers doivent être compatibles avec notre propre existence[38]. Tout comme la vie humaine n'a pu surgir sur les surfaces brûlantes de Mercure et de Vénus, non plus que sur celles, gazeuses, de Jupiter et de Saturne, elle n'aurait pu apparaître dans un univers doté d'une énergie du vide trop positive. Son énorme gravité répulsive aurait causé une expansion si violente qu'aucune matière n'aurait pu s'assembler pour former les étoiles responsables des éléments lourds nécessaires à la vie et à la conscience. De même, celles-ci n'auraient pu apparaître dans un univers doté d'une énergie du vide trop négative. Après une période relativement courte, son énorme gravité attractive aurait provoqué l'effondrement de l'univers en un *big crunch*, empêchant de nouveau la formation d'étoiles, d'éléments lourds, de la vie et de la conscience. L'univers ne peut héberger la vie et la conscience que si l'énergie du vide est tout juste au-dessus de zéro. Parmi les 10^{500} univers possibles, seul le nôtre possède les conditions requises. C'est pourquoi nous sommes ici à nous poser des questions sur lui. Tous les autres univers sont stériles, dépourvus de vie et de conscience.

La quintessence nous sauve de la désolation

Jusqu'ici, nous avons suivi le chemin tracé par Einstein et émis l'hypothèse que l'énergie noire associée à la constante cosmologique et responsable de l'accélération de l'univers est constante

---

38. C'est ce qu'on appelle la version « faible » du principe anthropique. Il en existe aussi une version « forte » qui dit que l'univers tend vers une forme de conscience, en particulier celle de l'homme.

dans le temps. Mais rien ne dit que cette énergie noire doive être constante. En fait, nous avons déjà rencontré, durant nos pérégrinations, une énergie noire exerçant une force répulsive qui varie avec le temps. Souvenez-vous de la période inflationnaire, dans les premières fractions de seconde de l'univers. Celui-ci baignait alors dans un champ d'énergie dit « champ de Higgs ». Pendant le refroidissement de l'univers, ce champ de Higgs, en évoluant vers l'énergie zéro, se trouve bloqué un très bref instant à une énergie légèrement positive, comme un rocher qui dévale la pente d'une montagne s'arrête momentanément sur un plateau surplombant la plaine. C'est cette énergie légèrement positive qui est responsable de l'inflation de l'univers. La force répulsive est fantastique, et l'expansion universelle colossale ; mais elle dure un temps infinitésimalement petit, de 10^{-32} seconde, car une fluctuation quantique déloge le champ de Higgs de son plateau et le fait dévaler vers le fond de la vallée où son énergie devient nulle, stoppant net la folle emballée de l'univers.

Certains physiciens ont suggéré que l'accélération de l'univers observée depuis son 7e milliard d'années n'est peut-être qu'une réplique de cette phase inflationnaire. Mais ce petit bang diffère fondamentalement du big bang du début de deux façons. D'une part, la force répulsive est beaucoup moins grande, et l'accélération beaucoup moins violente. D'autre part, elle dure beaucoup plus longtemps : des milliards d'années, au lieu d'une fraction de seconde. Ce champ d'énergie noire qui varie en fonction du temps sur des milliards d'années, les physiciens l'appellent « quintessence », par référence à l'idée d'Aristote selon laquelle l'univers est fait non seulement de terre, d'eau, d'air et de feu, mais aussi d'un cinquième élément qui permet son fonctionnement.

Alors, constante cosmologique ou bien quintessence ? Nous sommes encore loin d'avoir la réponse. En tout cas, la découverte de l'accélération de l'univers a profondément changé nos idées sur le futur de l'univers. Notre destinée n'est plus déterminée exclusivement par la géométrie de l'espace, comme c'est le cas d'un univers contenant seulement de la matière et de la lumière. Ce dernier, nous l'avons vu, connaîtra une expansion éternelle s'il a la géométrie évasée d'une selle de cheval (pour les besoins de l'analogie, nous avons ramené les trois dimensions spatiales de l'univers à deux). Il atteindra un rayon maximal, puis s'effondrera sur lui-même dans un *big crunch*, s'il possède la géométrie d'une sphère. Il aura un destin intermédiaire s'il est doté d'une géométrie plate.

Mais, avec l'introduction d'une énergie noire, tout devient possible. Un univers plat recelant une constante cosmologique connaîtra une expansion éternelle qui s'accélérera de plus en plus. Il y aura de plus en plus de vide entre les galaxies. Dans quelques dizaines de milliards d'années, la Voie lactée ne sera plus qu'un îlot perdu dans l'immensité cosmique. La plupart des autres galaxies se seront si éloignées qu'elles ne seront plus visibles. Le paysage cosmique sera désolé. En revanche, l'avenir sera considérablement différent si c'est la quintessence qui est responsable de l'accélération universelle. L'éloignement des galaxies les unes des autres sera plus mesuré et, un jour futur, l'accélération s'arrêtera. Dans un tel univers, le ciel sera peuplé de plus de galaxies, et le paysage de l'univers sera moins morne pour nos descendants.

Alors, le paysage futur de l'univers sera-t-il vide et désolé, ou plein d'une luxuriance de galaxies ? Le satellite SNAP, avec sa moisson attendue de milliers de supernovae réparties dans le temps et l'espace, porte la promesse de trancher entre ces deux possibilités.

Le fantôme de Copernic continue à sévir

En procédant au recensement des objets lumineux dans l'univers et en étudiant leurs mouvements, nous sommes arrivés à une conclusion extraordinaire : non seulement la matière lumineuse dans les étoiles et les galaxies ne constitue qu'un insignifiant 0,5 % du contenu en masse et énergie de l'univers, non seulement la matière dont nous sommes faits (protons, neutrons et électrons) n'en constitue qu'un minuscule 4 %, non seulement il existe environ 6,5 fois plus de matière exotique noire que de matière ordinaire (26 %), mais la majeure partie du contenu de l'univers (70 %) est formée d'une mystérieuse énergie noire dont l'origine nous échappe encore totalement.

Le fantôme de Copernic a continué d'exercer son action de façon implacable. Depuis que le chanoine polonais a délogé la Terre de sa place centrale dans l'univers en 1543, l'homme n'a cessé de se rapetisser au sein de l'univers, à la fois dans l'espace et dans le temps. Notre astre, le Soleil, est devenu une simple étoile de banlieue parmi les centaines de milliards qui composent la Voie lactée. Celle-ci s'est perdue à son tour parmi les centaines de milliards de galaxies qui peuplent l'univers observable. Mais l'ego humain n'a pas fini de prendre des coups ! Désormais, l'homme sait qu'il n'est même pas fait de la même matière que la plus grande partie de l'univers et que, si protons, neutrons et autres électrons n'étaient pas venus au monde, cela aurait à peine perturbé le contenu en masse et énergie de l'univers. Cela ne veut certes pas dire que la matière ordinaire ne joue pas un rôle important. C'est la matière lumineuse qui nous a conduits à la masse exotique et à l'énergie noire. C'est la matière ordinaire qui s'est organisée en étoiles pour fabriquer les éléments chimiques lourds dont la vie a besoin. C'est elle qui s'est organisée pour construire le cerveau humain, réseau de centaines de milliards de neurones capable de se poser des questions sur l'univers qui l'a engendré.

Ces diverses composantes de l'univers posent problème. Bien qu'il soit immensément satisfaisant que toutes les pièces du puzzle se soient d'elles-mêmes assemblées, de manière quasi inespérée, pour donner à l'univers une densité totale exactement égale à la densité critique – condition *sine qua non* du scénario inflationnaire –, une question fondamentale se pose : pourquoi l'univers est-il fait d'un tel mélange d'ingrédients si disparates ? Pourquoi sa recette est-elle si compliquée ? Pourquoi les quantités de matière ordinaire, de matière exotique et d'énergie noire sont somme toute comparables (elles ne diffèrent au plus que d'un facteur 18), alors qu'elles peuvent varier ailleurs selon des facteurs 10^{100}, voire davantage ? Existe-t-il un ordre sous-jacent à ce désordre apparent ? Y a-t-il des principes cachés qui règlent ce mélange apparemment sans queue ni tête et qui nous échappent encore ?

L'ère pré-stellaire

Nous avons vu qu'à l'époque fatidique de la 380 000e année, le brouillard se lève, l'univers devient transparent, les photons du rayonnement fossile peuvent désormais circuler librement et parvenir jusqu'à la Terre, pratiquement sans avoir d'interactions avec d'autres particules. La lumière de la création de l'univers, inimaginablement chaude au début (10^{32} degrés à 10^{-43} seconde), se refroidit graduellement au cours de son expansion. Ce refroidissement se traduit par une diminution de l'énergie des photons du rayonnement fossile. Celui-ci devient successivement de la lumière gamma, de la lumière X, puis de la lumière ultraviolette, toutes invisibles pour l'œil humain. Pour nous, le cosmos apparaît alors comme plongé dans les ténèbres. Quand l'horloge cosmique sonne 380 000 ans, la température du rayonnement n'est plus que de 10 000 degrés, soit légèrement plus que la surface du Soleil. La lumière du rayonnement fossile devient visible. L'univers est tout illuminé : il est brillant comme le jour. Mais c'est une lumière diffuse qui baigne tout l'univers. Les sources de lumière localisées que sont les étoiles et les galaxies n'ont pas encore fait leur apparition. Vers environ la 500 000e année, la température tombe au-dessous de 3 000 degrés, et la lumière du rayonnement fossile vire du visible à l'infrarouge. Elle redevient invisible pour l'œil humain ; le cosmos replonge dans les ténèbres.

Nous savons que l'ère pré-stellaire doit s'achever au plus tard vers le premier milliard d'années. Et cela, parce que les premiers quasars ont déjà fait leur apparition sur la scène cosmique à cette époque. Les quasars sont des objets fabuleux qui émettent l'énergie de 10 à 100 000 Voies lactées dans un volume à peine plus grand que le système solaire. Cette énergie fantastique produite dans un volume aussi compact est due à la gloutonnerie de trous noirs supermassifs de milliards de masses solaires dévorant les étoiles de la galaxie-hôte, et que les quasars hébergent en leurs cœurs. Les étoiles et galaxies doivent donc venir au monde bien avant le premier quasar, c'est-à-dire bien avant le premier milliard d'années. On pense que l'univers s'est construit de manière hiérarchisée, de la plus petite structure vers la plus grande. Ce sont donc très probablement des étoiles qui ont illuminé les premières le cosmos et mis fin à l'obscurité qui l'enveloppait. La formation des premières structures a laissé des empreintes sur le rayonnement fossile, et certaines observations de celui-ci par WMAP suggèrent que les premières étoiles ont fait leur apparition vers la 500 millionième année. Mais ces observations sont difficiles et demandent à être confirmées. La date de naissance des premières étoiles n'est pas encore bien connue, si ce n'est qu'elle se situe bien avant le premier milliard d'années.

Les premières étoiles

La période englobant le premier milliard d'années de l'univers est pour l'instant encore inaccessible aux plus grands télescopes existants. Pour avoir une idée du déroulement des événements qui ont conduit à la naissance des premières étoiles, nous devons appeler à la rescousse les ordinateurs et leur demander de nous concocter des univers virtuels. Il nous faut fournir à l'ordinateur les divers ingrédients de l'univers (matière ordinaire, matière exotique et énergie noire) et ses conditions initiales (taux d'expansion, densité, etc.). Fort heureusement, la connaissance de la nature exacte de la matière noire exotique et de celle de l'énergie noire n'est pas ici essentielle : il suffit de préciser leurs propriétés générales (la matière noire interagit très peu avec la matière normale, l'énergie noire exerce une force répulsive) et leurs contributions à la densité critique (4 % pour la matière ordinaire, 26 % pour la matière noire exotique, 70 % pour l'énergie noire). Ce sont ces propriétés qui régissent l'expansion de l'univers et donc la formation des structures.

Au début, la matière ordinaire est distribuée de manière presque parfaitement uniforme. Les semences de galaxies, détectées comme de minuscules fluctuations de température du rayonnement fossile, en constituent les seules irrégularités. C'est la gravité qui va être le maître d'œuvre capable de faire croître ces irrégularités. Elle doit lutter contre l'expansion de l'univers qui éloigne les particules de matière les unes des autres et tend à défaire son travail. Avant la

380 000e année, on l'a vu, la matière ordinaire est comme paralysée. Seule la matière exotique peut se déplacer à travers la jungle des électrons libres, car elle n'interagit pratiquement pas avec ceux-ci. Les semences de galaxies vont attirer par leur gravité de plus en plus de matière noire exotique et devenir de plus en plus denses et massives. Les simulations d'univers nous montrent que, vers la 100 millionième année, le paysage de l'univers se présente comme un immense réseau enchevêtré de filaments de matière noire exotique, une sorte de gigantesque toile cosmique (fig. 6 cahier couleur). La matière noire exotique est la plus dense aux lieux d'intersection des filaments (les nœuds de la toile cosmique). Se forment à ces endroits des agrégats de matière noire exotique qui atteignent la masse de 100 000 masses solaires. Leur gravité attire les nuages de gaz d'hydrogène et d'hélium nés à la 380 000e année. Ceux-ci peuvent se déplacer librement dans la mesure où l'univers est devenu transparent. Les atomes de gaz s'entrechoquent en tombant vers les agrégats de matière noire et s'échauffent jusqu'à atteindre plusieurs centaines de degrés Kelvin. Excitées par ces chocs, les molécules d'hydrogène présentes dans les nuages de gaz se mettent à émettre du rayonnement infrarouge, ce qui les refroidit à quelque 200 degrés Kelvin, soit –73 degrés centigrades. Ce refroidissement permet au gaz de se comprimer davantage encore, car plus la température est basse, moins les mouvements des atomes du gaz sont violents, et moins le nuage de gaz résiste à sa compression par la gravité.

Le gaz comprimé s'échauffe de plus en plus, provoquant la destruction des molécules d'hydrogène. La quantité de gaz qui tombe vers les condensations de matière noire est si grande qu'une masse gazeuse de quelque 70 masses solaires s'accumule en l'espace de 10 000 ans, avec un cœur des millions de milliards de fois plus dense que son enveloppe. Ce processus va se poursuivre pendant les 2 millions d'années suivantes. La masse gazeuse s'accumule encore plus, formant d'immenses boules gazeuses opaques dont la masse peut atteindre plusieurs centaines de masses solaires. La densité et la température au cœur de ces boules gazeuses continuent de grimper. La densité atteint quelque 10 000 atomes d'hydrogène par centimètre cube. Bientôt le cap fatidique des 10 millions de degrés est franchi et les réactions nucléaires se déclenchent. Les boules gazeuses s'allument : les premières étoiles sont nées, et l'ère pré-stellaire s'achève.

Les premières étoiles sont beaucoup plus massives que celles d'aujourd'hui. Leurs masses s'échelonnent de 100 à quelque 700 fois celle du Soleil, alors que les étoiles des générations suivantes ont une masse bien moindre, comprise entre un dixième et 100 fois la masse du Soleil. C'est que le gaz primordial ne contient que de l'hydrogène et de l'hélium, et pas d'éléments lourds. Or ces derniers, par le rayonnement qu'ils émettent, jouent un rôle très important dans le refroidissement du gaz. Par exemple, le gaz présent dans la Voie lactée, où les éléments lourds abondent, atteint la température frigorifique de –263 degrés centigrades. Il y a bien des molécules d'hydrogène dans les nuages primordiaux, mais ceux-ci ne parviennent pas à refroidir le gaz au-delà de –73 degrés centigrades. Une température plus élevée implique des mouvements plus conséquents, et donc une plus grande dispersion du gaz. Pour que la gravité puisse prendre le dessus sur ces mouvements qui dispersent, les nuages de gaz qui s'effondrent doivent être plus massifs. Ces premières étoiles sont non seulement plus massives que celles qui ont suivi, mais aussi plus grandes (leur rayon est environ 10 fois celui du Soleil, soit de l'ordre de 7 millions de kilomètres), plus lumineuses (de 1 à 30 millions de fois la luminosité du Soleil) et plus chaudes (la température de leur surface est de l'ordre de 100 000 degrés, soit quelque 17 fois celle de la surface solaire).

L'apparition de la première génération d'étoiles va avoir d'importantes conséquences sur l'évolution ultérieure de l'univers. De copieuses quantités de lumière ultraviolette énergétique sont émises par ces premières étoiles massives, chaudes et lumineuses. Cette lumière ultraviolette interagit avec les atomes d'hydrogène et d'hélium des nuages gazeux qui servent de cocons aux jeunes étoiles, ou avec ceux des nuages qui n'ont pas été capturés par la gravité des filaments de matière noire exotique, libérant de leurs atomes-prisons les électrons emprisonnés depuis la 380 000e année (on dit que ces atomes sont ionisés[39]). La force électromagnétique qui attire les particules de charge opposée pousse les électrons à se combiner de nouveau avec les protons pour former des atomes d'hydrogène. Ce processus s'accompagne d'émission de lumière visible. L'univers, jusque-là plongé dans l'obscurité la plus complète (le rayonnement fossile est devenu invisible, ayant viré à l'infrarouge), est illuminé par d'innombrables sphères de gaz qui s'allument de toutes parts, à l'instar d'un gigantesque feu d'artifice cosmique (fig. 9 cahier couleur).

Les premiers éléments lourds

Les premières étoiles vont jouer un rôle fondamental dans l'évolution cosmique. C'est en leur cœur et grâce à leur alchimie nucléaire que vont venir, pour la première fois au monde, les noyaux d'éléments lourds (plus lourds que l'hélium) comme ceux du carbone, de l'oxygène, de l'azote ou encore du fer. Les étoiles vont réussir là où l'univers a jusqu'ici misérablement échoué : fabriquer des éléments complexes. Nous retrouvons en effet au cœur des étoiles les conditions de l'univers primordial : une très grande densité qui favorise la rencontre des neutrons et des protons, briques fondamentales des noyaux d'atomes, et des températures extrêmes (plus de 600 millions de degrés) qui dotent ces particules d'amples mouvements permettant aux protons de vaincre la force électromagnétique qui tente de les empêcher de fusionner avec les noyaux atomiques chargés positivement. Mais il existe une différence fondamentale entre le cœur des étoiles et l'univers primordial : alors que l'univers se diluait inexorablement du fait de son expansion, réduisant les chances de rencontre des particules et ralentissant la fusion nucléaire à chaque seconde qui passait, le cœur des étoiles n'est pas sujet à une pareille dilution. Au contraire, il va se comprimer de plus en plus sous l'action de la gravité. Les

39. Les astronomes désignent la période de la naissance des premières étoiles sous le nom d'« époque de réionisation », soulignant le fait que les électrons sont à nouveau libres, comme ils l'étaient avant l'an 380 000.

étoiles peuvent donc s'adonner tranquillement à leur alchimie nucléaire pendant des millions d'années au lieu des quelques minutes dont disposait l'univers primordial. Et en quelques millions d'années surgissent plus d'une vingtaine de nouveaux éléments chimiques avec des noyaux de plus en plus lourds, allant du carbone jusqu'au fer[40]. L'alchimie nucléaire au cœur des étoiles massives et chaudes s'arrête au fer, car le noyau de celui-ci, fait de 26 protons et de 30 neutrons, est le plus stable de tous. Il ne fusionne pas sans apport d'énergie et l'étoile, en manque d'énergie, ne peut lui en donner.

Par rapport à l'histoire cosmique, cette alchimie nucléaire n'aura duré que le temps d'un feu de paille. Après quelque 6 millions d'années, les étoiles les moins massives, celles dont la masse est comprise entre 100 et 250 fois celle du Soleil, vont finir leur vie dans de gigantesques explosions appelées supernovae, qui les réduisent en miettes. Il y a peu d'espoir que la lumière de ces supernovae puisse être vue directement : celles-ci sont si lointaines et leur lumière est si faible qu'elles sont hors de portée des plus grands télescopes existants. Mais la matière qu'elles éjectent à des vitesses proches de celle de la lumière sous la forme de deux jets diamétralement opposés peut produire un flash de lumière gamma, considérablement plus brillante que la supernova elle-même. Ce sont peut-être ces flashes de lumière gamma qui vont nous permettre d'étudier en direct la naissance de la première génération d'étoiles et la fin de l'ère pré-stellaire.

Bien que les premières étoiles n'aient pas été très nombreuses, elles ont eu une importance déterminante dans l'évolution cosmique en marquant profondément de leur empreinte toutes les structures de l'univers à venir. Leurs morts explosives jouent un rôle fondamental : celui d'ensemencer l'espace d'éléments lourds. Pour la première fois dans l'histoire cosmique, des atomes de carbone, d'azote, d'oxygène, etc., vont se mêler aux atomes d'hydrogène et d'hélium des nuages gazeux nés dans les premières fractions de

40. Pour plus de détails sur l'alchimie nucléaire des étoiles, voir Trinh Xuan Thuan, *La Mélodie secrète*, Paris, Fayard, 1988 ; Paris, Gallimard, « Folio », 1991.

seconde de l'univers. Quand la gravité va faire s'effondrer ces nuages pour donner naissance à une deuxième génération d'étoiles, ces éléments lourds pourront refroidir le gaz beaucoup plus efficacement que ne le faisaient les molécules d'hydrogène. Sa température pourra descendre jusqu'à –263 degrés centigrades au lieu de seulement –73. Ce qui donnera des étoiles beaucoup moins massives, lumineuses et chaudes, semblables à celles de la Voie lactée et d'autres galaxies dont les plus massives ne dépassent pas la centaine de masses solaires.

Ces agonies stellaires explosives remplissent une deuxième fonction : outre les agrégats de matière noire exotique, elles éjectent dans l'espace tout le gaz primordial qui n'a pas servi à fabriquer les premières étoiles, empêchant ainsi la formation d'autres étoiles massives. La masse du gaz éjecté est de quelque 100 000 masses solaires pour chaque supernova. Au total, seulement un atome d'hydrogène sur mille a été incorporé à une étoile de première génération. Les générations d'étoiles suivantes devront attendre, pour apparaître, que la nature déniche des endroits plus favorables, concocte des systèmes plus grands et plus massifs, résistant mieux à l'action destructrice des explosions stellaires. Leur gravité supérieure pourra mieux retenir le gaz nécessaire à la fabrication des futures étoiles. Ce seront les premières galaxies naines.

Des trous noirs supermassifs

Quant aux étoiles les plus massives de la première génération, celles qui représentent entre 250 et 700 fois la masse du Soleil, elles n'explosent pas à la fin de leur vie, mais s'effondrent sous l'effet de leur énorme gravité pour devenir des trous noirs, objets à la gravité si extrême que la lumière ne peut plus s'en échapper.

La gravité va poursuivre son œuvre. Elle continue à assembler la matière noire exotique en un gigantesque réseau intriqué de filaments. À grande échelle, le paysage de l'univers prend peu à peu l'apparence d'une immense toile cosmique ressemblant à celle observée aujourd'hui, à cette exception près qu'elle n'est pas tracée par la matière lumineuse, mais par la matière noire (fig. 6 cahier couleur). Les nuages gazeux d'hydrogène et d'hélium, saupoudrés d'une pincée d'éléments lourds fabriqués par l'alchimie nucléaire des premières étoiles, sont attirés par la gravité vers les régions les plus denses de la toile. Ils s'assemblent au centre des agrégats de matière noire, formant des embryons de galaxies de l'ordre d'un million de masses solaires. Dans ces embryons de galaxies, il existe des endroits où le gaz est légèrement plus dense ; la gravité comprime encore davantage ces régions plus denses. Le gaz comprimé s'échauffe. La température de 10 millions de degrés est bientôt franchie et les réactions nucléaires se déclenchent : les étoiles de la seconde génération sont nées. Les embryons de galaxies s'allument. Dans chaque embryon, la matière lumineuse se trouve au centre, entourée d'un halo de matière noire. Les étoiles de la deuxième génération sont moins massives, leurs masses allant de 0,1 à 100 masses solaires. C'est que le rayonnement des atomes des éléments lourds refroidit plus efficacement le gaz, permettant à la gravité de le comprimer plus facilement, ce qui fait que la température au cœur des proto-étoiles peut atteindre le cap fatidique des 10 millions de degrés – température nécessaire pour déclencher les réactions nucléaires – avec une moindre masse de gaz. Les étoiles les plus massives (celles dotées d'une masse supérieure à 25 masses solaires et d'un cœur de plus de 3 masses solaires) vont rayonner abondamment, brûler la chandelle par les deux bouts et, au bout de quelques millions d'années, à court de carburant, s'effondrer en trous noirs.

La gravité poursuit encore sa tâche. Elle construit les structures du cosmos par un processus dit « hiérarchique », assemblant de petites structures pour en former de plus grandes. Elle fait fusionner des milliers d'embryons de galaxies en systèmes plus massifs de quelques milliards de masses solaires, la masse des plus grandes galaxies naines. Chaque fois qu'une fusion de deux embryons de galaxies se produit, le choc qui en résulte comprime le gaz qui n'a pas été converti en étoiles, provoquant de nouvelles flambées de formation d'étoiles. C'est ensuite au tour des galaxies naines de s'assembler en galaxies de quelques centaines de milliards de masses solaires, ces cités d'étoiles qui ornent aujourd'hui le cosmos. De nouveau, chaque fusion est saluée par la naissance de nouvelles étoiles. On pense que plus de la moitié des étoiles de l'univers observable sont nées au cours de ces fusions. Parce que chaque embryon contient des trous noirs de quelques dizaines à quelques centaines de masses solaires résultant de la mort de ses étoiles massives, leur fusion continuelle entraîne aussi une fusion de trous noirs donnant un trou noir plus massif dont la masse, égale à la somme des masses des trous noirs fusionnés, ne cesse ainsi d'augmenter.

Quand advient le premier milliard d'années, certaines galaxies hébergent déjà en leur cœur un trou noir dont la masse atteint un milliard de masses solaires. Ce trou noir supermassif va causer des ravages parmi la population des étoiles de la galaxie-hôte. Par son énorme gravité, il va happer les étoiles qui ont la témérité de s'approcher de trop près de son rayon de non-retour (ainsi appelé car, une fois franchi ce rayon, ni la matière ni la lumière ne peuvent plus en ressortir). Pour un trou noir d'un milliard de masses solaires, ce rayon de non-retour est de 3 milliards de kilomètres, soit environ vingt fois la distance Terre-Soleil[41]. Les forces gravitationnelles du trou noir étirent les étoiles imprudentes sous forme de spaghettis et les déchiquettent. Les lambeaux de gaz d'étoiles qui en résultent tombent en spirale vers le trou noir et se disposent en disque aplati dont le bord intérieur est tout juste situé au-delà du rayon de non-retour du trou noir. Attiré par l'énorme gravité du trou noir, le gaz le plus proche du bord intérieur du disque tombe à toute allure dans sa bouche béante. Le gaz s'échauffe et rayonne de mille feux avant de franchir le rayon de non-retour et de disparaître à tout jamais dans le cœur du trou noir. La brillance peut alors atteindre de 10 à 100 000 fois celle de la Voie lactée, autant que celle de 1 000 milliards à 10 millions de milliards de soleils réunis ! Fait encore plus remarquable, cette énergie fantastique est concentrée dans une

41. Le rayon de non-retour d'un trou noir est proportionnel à sa masse. Ainsi, le rayon de non-retour d'un trou noir de la masse du Soleil est de 3 kilomètres ; celui d'un trou noir de 100 masses solaires est de 300 kilomètres.

région à peine plus vaste que notre système solaire ! La taille de cette source lumineuse est si petite et sa distance si grande (rappelons que voir tôt, c'est voir loin : la lumière du plus lointain quasar connu a mis 13 milliards d'années, soit 93 % de l'âge de l'univers, pour nous parvenir) que, de notre Terre, elle apparaît comme une source de lumière ponctuelle, analogue à une étoile. C'est pourquoi on appelle ces premières galaxies des « quasars », contraction de l'anglais *quasi-stars*. Quant à la galaxie-hôte sous-jacente, elle est relativement si peu brillante qu'elle est à peine visible, perdue dans la lumière aveuglante du quasar.

La gloutonnerie des quasars

La fabuleuse énergie des quasars provient donc des étoiles dévorées par les trous noirs supermassifs qui résident en leur cœur. Pour maintenir leur brillance, il est nécessaire d'alimenter sans cesse la gloutonnerie de ces monstres. Pour les quasars les plus brillants (ceux qui atteignent la brillance de 100 000 Voies lactées), il faut fournir au trou noir supermassif d'un milliard de masses solaires qu'ils abritent environ mille étoiles de la masse du Soleil par an, soit environ 80 de ces étoiles par mois. Ce n'est pas là une demande de nourriture exorbitante, car l'efficacité de la conversion de la masse d'une étoile en énergie est de l'ordre de 10 à 20 %, bien supérieure à celle des réactions nucléaires, laquelle n'est que de 0,7 %. Néanmoins, la réserve en étoiles pour alimenter le trou noir n'est pas illimitée. Si celui-ci avait été nourri au régime évoqué ci-dessus pendant les 13 derniers milliards d'années de l'univers, il aurait consommé 13 000 milliards de soleils, soit 10 à 100 fois plus que n'en contient une galaxie normale. Ce qui revient à dire qu'un quasar ne peut briller éternellement de tous ses feux. En fait, il ne connaît qu'une phase relativement très courte – de l'ordre de quelques dizaines à quelques centaines de millions d'années – de très forte luminosité. Du fait de son insatiable voracité, le trou noir engloutit toutes les étoiles alentour, créant le vide et se coupant ainsi graduellement de toute source d'approvisionnement. Sans ravitaillement, le quasar voit décliner sa brillance et il s'éteint. À la fin, la galaxie-hôte se retrouve avec en son cœur un trou noir supermassif dénué de toute activité.

Née avant la fin du premier milliard d'années, la population des quasars a atteint sa période la plus florissante vers la fin du deuxième milliard d'années, pour décliner ensuite. Aujourd'hui, au bout de 13 milliards d'années, elle se trouve presque décimée, faute de nourriture. Cela ne veut pas dire que les quasars se sont laissés mourir sans manifester quelques soubresauts d'orgueil. De temps à autre, la galaxie-hôte peut entrer en collision et fusionner avec une autre galaxie, ce qui fournit du gaz et des étoiles fraîches pour satisfaire l'appétit du trou noir en son cœur. Durant quelques dizaines de millions d'années, le quasar va recouvrer sa brillance et sa splendeur d'antan. Mais, après les deux premiers milliards d'années, ces soubresauts vont être de moins en moins fréquents, de plus en plus espacés dans le temps, l'expansion de l'univers éloignant les galaxies les unes des autres et leur donnant ainsi moins de chances d'entrer en collision, de fusionner et de raviver les quasars éteints.

Le hit-parade des sources lumineuses dans l'univers

Si les quasars figurent en tête du hit-parade des sources intrinsèquement lumineuses de l'univers, les galaxies dites « à noyaux actifs », ou « actives », viennent juste derrière[42]. Elles émettent aussi une énergie fantastique sous forme de rayonnement visible, radio et infrarouge, concentrée dans une région centrale très compacte appelée « noyau ». Le noyau d'une galaxie active est plus brillant que tout le reste de la galaxie. Sa brillance est quelque 10 000 fois supérieure à celle de la région centrale de la Voie lactée. Les noyaux des galaxies les plus actives émettent autant d'énergie que 10 Voies lactées rassemblées. Pour expliquer l'origine d'une si grande énergie émise à partir d'un volume aussi réduit, il nous faut de nouveau appeler à la rescousse les trous noirs. Comme pour les quasars, c'est

42. Les galaxies à noyaux actifs sont aussi appelées « galaxies de Seyfert » en l'honneur de l'astronome américain Carl Seyfert qui les découvrit en 1943.

la voracité de trous noirs supermassifs qui est responsable de la brillance de ces galaxies actives. Bien sûr, la demande en nourriture est bien moindre pour alimenter les feux des galaxies actives que ceux des quasars : d'une à dix masses solaires par an sous forme de gaz interstellaire ou d'étoiles déchiquetées feront l'affaire. La luminosité réduite des galaxies actives peut avoir deux raisons : soit les trous noirs en leur sein sont moins massifs (de 10 à 100 millions de masses solaires, à rapporter au milliard de masses solaires des trous noirs situés au cœur des quasars) et leur appétit est moindre, soit les galaxies actives sont des galaxies à quasars à un stade d'évolution ultérieur, quand le trou noir a déjà dévoré bon nombre d'étoiles de la galaxie-hôte et que sa réserve de nourriture est presque épuisée. Dans ce cas, les trous noirs rôdant au cœur des galaxies actives sont aussi massifs que ceux des quasars, à ceci près qu'ils ne peuvent plus manger à leur faim.

Au hit-parade des sources lumineuses, après les quasars et les galaxies actives viennent les galaxies normales, telle la Voie lactée. Les galaxies normales sont aussi brillantes que quelques centaines de milliards, voire 1 000 milliards de soleils. Elles sont nées elles aussi des fusions de galaxies naines, chacune accompagnée de gigantesques flambées de formation d'étoiles. Elles abritent également en leur cœur des trous noirs, mais considérablement moins massifs et moins voraces. Ainsi, un trou noir de 3 millions de masses solaires trône au centre de la Voie lactée. Sa gourmandise fait que de copieuses quantités de rayonnement allant des rayons gamma jusqu'aux ondes radio en passant par la lumière visible et infrarouge y sont émises, avec une énergie totale de plus d'un million de fois celle du Soleil (mais 10 000 fois moindre que celle du noyau d'une galaxie active) dans une région qui fait moins d'un tiers de la taille de notre système solaire.

Les astrophysiciens ont aussi débusqué des trous noirs supermassifs d'un milliard de masses solaires dans des galaxies normales, telle notre voisine Andromède. La présence de trous noirs aussi massifs dans ces galaxies normales suggère que celles-ci sont les descendantes de galaxies à quasars. Elles ont perdu la brillance d'antan de leurs ancêtres et sont des dizaines, voire des centaines de milliers de fois moins lumineuses, dans la mesure où elles n'ont plus assez d'étoiles pour satisfaire la voracité des monstres situés en leur cœur. En revanche, notre Voie lactée, avec son trou noir relativement modeste de 3 millions de masses solaires, n'est certainement pas la descendante d'une galaxie à quasars.

Les diverses populations de galaxies

Parce que la densité de gaz n'est pas la même dans tous les embryons de galaxies, la population des galaxies normales va se diversifier. En effet, c'est la densité du gaz dans l'embryon de galaxie qui détermine son efficacité à convertir sa réserve de gaz en étoiles. Pour les embryons de galaxies les plus denses, la gravité n'a aucune peine à comprimer le gaz. Celui-ci s'échauffe jusqu'à dépasser le cap des 10 millions de degrés, déclenchant les réactions nucléaires et la fusion de l'hydrogène en hélium. Des boules de gaz s'allument un peu partout dans l'embryon et deviennent étoiles. L'efficacité est telle que tout le gaz disponible est converti en étoiles en un laps de temps relativement court, de quelques centaines de millions à un milliard d'années. Il n'y aura plus de gaz pour former de futures générations d'étoiles. Les étoiles formées se disposent dans un volume ellipsoïdal plus ou moins aplati, ce qui vaut à la galaxie son épithète d'« elliptique » (fig. 10 cahier couleur).

Pour d'autres embryons moins denses, la conversion du gaz en étoiles est moins efficace ; ils ne convertissent qu'environ les quatre cinquièmes de leur gaz en étoiles. Celles-ci se disposent aussi dans un halo de forme ellipsoïdale. Le gaz qui reste se dispose en un disque aplati à l'intérieur du halo ellipsoïdal ; il continuera à y être converti de manière plus graduelle en étoiles au long des milliards d'années à venir. Ce sont ces étoiles des générations futures qui vont dessiner les splendides structures en spirale qui font notre ravissement et qui valent à ces galaxies leur qualificatif de « spirales » (fig. 11 cahier couleur).

Finalement, les embryons les moins denses et les plus réduits ne convertissent qu'une faible fraction (la moitié, voire moins) de leur gaz en étoiles. Ce sont les galaxies naines (ainsi appelées parce que leur taille, de 10 000 à 20 000 années-lumière, est de cinq à dix fois moindre que celle d'une galaxie normale), sans forme particulière, que ce soit de disque ou de halo ellipsoïdal ; on les nomme aussi « galaxies irrégulières » (fig. 8 cahier couleur). Dotées d'une masse et d'une brillance de quelques millions à quelques milliards de soleils – elles sont donc des centaines à des centaines de milliers de fois moins massives et moins brillantes que notre Voie lactée –, elles constituent les galaxies les moins massives et les moins lumineuses de l'univers. Bien que ces galaxies naines ne soient pas responsables de la plus grande part de la lumière galactique de l'univers, elles dominent de loin, par leur nombre, la population galactique. Ainsi, si la Voie lactée, Andromède et Messier 33, toutes trois galaxies spirales, dominent le Groupe local de leur masse et de leur luminosité (Messier 33 est moins massive que les deux autres) en revanche, elles ne sont que trois galaxies normales parmi une ribambelle d'une trentaine de galaxies naines.

Ces galaxies naines jouent, nous l'avons vu, un rôle extrêmement important dans la construction des structures de l'univers : ce sont ses briques fondamentales. Ce sont elles qui, en s'assemblant, donnent naissance aux galaxies de la toile cosmique. Ce processus d'assemblage s'est poursuivi tout au long de l'existence passée de l'univers et se déroule encore aujourd'hui. Ainsi, par le passé, la Voie lactée a déjà « cannibalisé » plusieurs galaxies naines. Dans deux à trois milliards d'années, les Nuages de Magellan tomberont dans sa bouche vorace et, en fusionnant avec elle, cesseront d'orner le ciel austral[43].

La lumière et les ténèbres

La nuit, quand vous survolez la Terre et que vous regardez par le hublot de l'avion, vous voyez, éparpillées çà et là sur les continents, les lumières des grandes villes et des métropoles. Tout le reste est

43. Pour plus de détails sur le cannibalisme galactique et les diverses populations de galaxies, voir Trinh Xuan Thuan, *Origines*, Paris, Fayard, 2003 ; Paris, Gallimard, « Folio », 2006.

plongé dans un noir d'encre et vous échappe. Vous ne discernez ni les contours des continents, ni les plaines verdoyantes, ni les cimes enneigées des chaînes de montagnes, ni les déserts arides : la vue que vous avez de la Terre est trompeuse. Or, c'est exactement la situation dans laquelle se trouve l'astronome. La matière qui brille dans les étoiles et les galaxies ne représente que 0,5 % du contenu total en masse et énergie de l'univers. La matière dont nous sommes faits n'en constitue que 4 %. Tout le reste nous échappe encore totalement. L'homme sait qu'une matière exotique noire doit exister, à cause des effets qu'elle exerce sur les mouvements des étoiles et des galaxies, et que tout l'espace cosmique est baigné d'une mystérieuse énergie noire dans la mesure où l'expansion de l'univers s'accélère au lieu de décélérer. Mais l'astronome ne peut voir directement ni les halos de matière noire qui entourent les galaxies, ni les structures en filaments de matière noire qui s'étendent sur des centaines de milliards d'années-lumière et tracent la distribution à grande échelle de la masse de l'univers. Les galaxies qui tissent l'immense toile cosmique nous donnent une vue très incomplète de la réalité.

La matière lumineuse de l'univers que nous percevons est comme une petite partie de la partie émergée d'un iceberg. Mais il y a une immense différence entre un iceberg et l'univers : nous savons que la partie immergée de l'iceberg est faite de glace, alors que la nature de la matière exotique noire et celle de l'énergie noire restent une énigme et un formidable défi pour l'esprit humain.

L'ombre et les ténèbres sont l'inévitable revers de la médaille de la lumière. L'ombre est aussi la compagne indissociable de la lumière. Ombre et lumière sont comme le Yin et le Yang, les deux forces polaires de l'univers chinois. L'ombre est le Yin, sombre, froid et humide ; la lumière est le Yang, brillant, chaud et sec. Nous ne pouvons comprendre ce qui brille sans connaître aussi la nature de l'ombre. L'étude de l'ombre a souvent été la clé de progrès fulgurants dans l'histoire de la science. Elle a plus d'une fois jeté... une lumière nouvelle sur la nature des choses ! Un des exemples les plus célèbres est la mesure de la taille de la Terre par l'astronome et mathématicien grec Ératosthène (276-194 av. J.-C). C'est en remarquant qu'à Syène (aujourd'hui Aswan), en Égypte, à midi, les rais du Soleil sont verticaux et les objets ne projettent pas d'ombre, tandis qu'à Alexandrie, à quelque 780 kilomètres au nord, ils projettent une ombre faisant un angle de 7,2 degrés par rapport à la verticale, qu'Ératosthène a conclu que la Terre ne pouvait être plate, mais ronde. Grâce à un simple calcul trigonométrique, il put calculer le rayon de la Terre. La valeur qu'il obtint il y a plus de vingt siècles ne diffère que de 1 % de la valeur moderne – 6 378 kilomètres – mesurée par des satellites placés en orbite autour de notre planète : résultat tout à fait remarquable ! Tout comme Ératosthène put mesurer la taille de la Terre en procédant à de simples mesures d'ombres sur une toute petite région de la planète, c'est en comprenant la nature des ténèbres de l'univers que l'astrophysicien pourra déchiffrer l'histoire de la formation des galaxies et prédire le futur de l'univers.

Supergéantes bleues, géantes et naines rouges

Pour échapper à la dilution et au refroidissement perpétuels engendrés par son expansion, l'univers a donc inventé les galaxies. Les centaines de milliards d'étoiles qui les composent, liées par la gravité, ne participent pas à cette expansion. Oasis de chaleur et d'énergie dans l'immensité glaciale du cosmos, les galaxies sont environ un million de fois plus denses que l'espace cosmique. Elles constituent donc un terreau idéal où les étoiles peuvent se former et évoluer. Des milliards d'étoiles sont nées, ont vécu et se sont éteintes depuis que notre galaxie, la Voie lactée, s'est formée, il y a plus d'une dizaine de milliards d'années. L'impermanence des étoiles ne nous saute pas aux yeux quand nous contemplons le ciel serein, la nuit, car les drames stellaires ne se déroulent pas à l'échelle temporelle d'une vie humaine, mais sur des durées de millions, voire de milliards d'années.

L'espace entre les étoiles, dans le disque d'une galaxie spirale comme la Voie lactée, n'est pas vide. Il héberge de la matière interstellaire invisible à nos yeux. La température moyenne du milieu interstellaire est plus que frigorifique (de l'ordre de –173 degrés centigrades), mais beaucoup moins basse que celle de l'espace intergalactique (–270 degrés). Sa densité moyenne est extrêmement faible : des millions de milliards de milliards de fois moindre que celle des étoiles et des planètes. L'espace interstellaire est plus vide que tous les vides que l'homme a réussi à fabriquer sur Terre. Pourtant, ce quasi-vide joue un rôle vital dans l'écologie des galaxies, et ce, pour plusieurs raisons. D'une part, l'immensité du milieu interstellaire (une galaxie s'étend sur une centaine de milliers d'années-lumière) fait que la masse totale de matière entre les étoiles est presque aussi importante que celle résidant dans les étoiles. D'autre part, cet espace interstellaire est par excellence le milieu où la matière est recyclée d'une génération d'étoiles à une autre. Ainsi, c'est là que les étoiles massives rejettent leurs débris, enrichis d'éléments chimiques lourds manufacturés durant leur vie, puis lors de leur agonie explosive. C'est également là que les lambeaux d'étoiles désintégrées se rassemblent, poussés par la gravité, pour donner naissance à de nouvelles générations d'étoiles.

En effet, l'univers se renouvelle continuellement. Des étoiles jeunes naissent à tout instant quelque part dans le cosmos. Partout dans l'univers viennent au monde des ribambelles de bébés étoiles qui prendront la relève de leurs aînées pour illuminer les ténèbres glaciales de l'espace. En devenant adultes, ces étoiles produiront de l'énergie et de la lumière en fusionnant de l'hydrogène en hélium. Elles constituent la grande majorité des sources lumineuses ponctuelles existant dans l'univers. Les astronomes les appellent étoiles de la « séquence principale », car, si l'on porte sur un diagramme leurs luminosités en regard de leurs températures, elles définissent une bande très étroite qu'on nomme « séquence principale ». Les étoiles les plus lumineuses (elles peuvent atteindre jusqu'à 10 000 fois la luminosité du Soleil) sont aussi les plus chaudes (leur surface peut atteindre une température de quelque 30 000 degrés Kelvin, à rapporter aux 6 000 degrés du Soleil). Ces températures élevées leur confèrent une couleur bleue irisée, et on les appelle « supergéantes bleues ». Ce sont aussi les plus massives (de 8 à

100 masses solaires) et les plus grosses (de 10 à 100 fois la taille du Soleil). Les étoiles de 0,8 à 8 masses solaires, dont notre Soleil fait partie, ont des luminosités, des températures, des masses et des tailles moyennes (le rayon du Soleil est d'environ 700 000 kilomètres). Quant aux étoiles les moins massives (de 0,1 à 0,8 masse solaire), elles sont peu lumineuses (environ un dix-millième de la luminosité du Soleil) et relativement froides. Parce que leur température est seulement d'environ la moitié de celle du Soleil, soit 3 000 degrés Kelvin, leur lumière est rouge, et parce qu'elles sont de petite taille (un dixième ou moins du rayon solaire), on les appelle « naines rouges ».

Pendant plus de 90 % de sa vie, une étoile, qu'elle soit de la masse du Soleil ou plus massive, brille grâce à la fusion de l'hydrogène en hélium en son cœur. Quand cette réserve de carburant est épuisée et que son cœur d'hydrogène a été converti en cœur d'hélium, le flot de rayonnement sortant de la région centrale de l'étoile diminue, et la force de gravité comprime davantage la couche d'hydrogène qui entoure le cœur d'hélium, la portant jusqu'à la température de 10 millions de degrés et provoquant son embrasement dans un fantastique feu nucléaire. Pour une étoile de la masse du Soleil, ce regain d'énergie enfle ses couches extérieures jusqu'à lui faire atteindre 100 fois sa taille actuelle. Sa brillance augmente elle aussi d'un facteur 100. Mais ce rayonnement se répartissant sur une surface 10 000 fois supérieure, celle-ci se refroidit jusqu'à descendre à une température de 3 000 degrés Kelvin. La couleur de l'étoile vire alors au rouge et elle devient une « géante rouge » (fig. 44).

Les objets lumineux peuvent nous berner

À la lumière de ce qui a été dit sur la brillance des différents types d'étoiles, vous vous doutez bien que si vous levez les yeux vers le ciel par une nuit noire pour vous imprégner du merveilleux spectacle qui s'y inscrit, les étoiles de la Voie lactée que vous verrez à l'œil nu seront celles qui sont intrinsèquement les plus lumineuses. Ainsi les étoiles qui nous sont le plus familières seront-elles en grande majorité des supergéantes bleues, comme Deneb et Rigel,

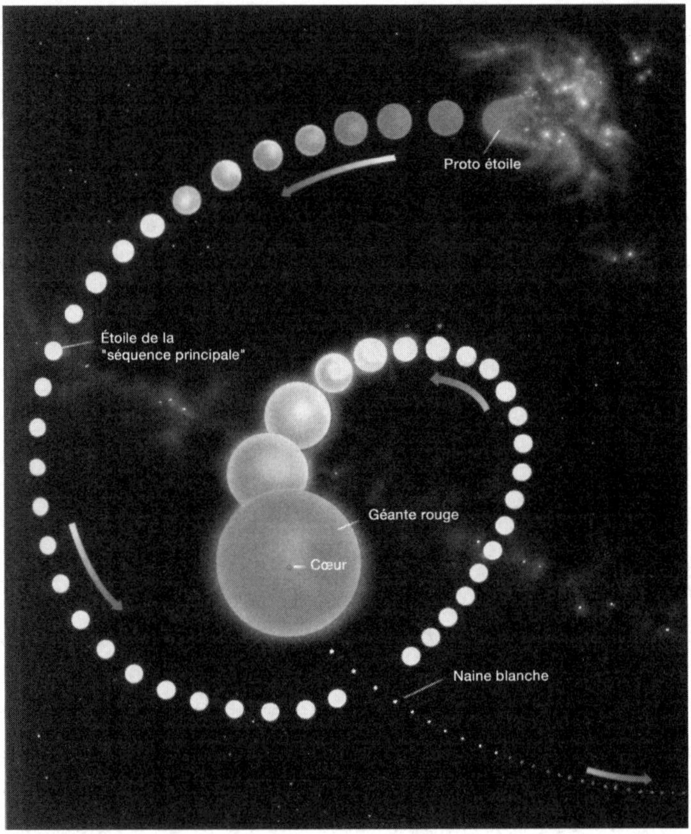

Fig. 44 : Naissance, vie et mort du Soleil. La figure montre l'évolution dans le temps de notre astre (la direction du temps est indiqué par la flèche). Le Soleil naît comme proto-étoile, il y a 4,55 milliards d'années, de l'effondrement d'un nuage gazeux interstellaire. Dès que notre astre commence à fusionner de l'hydrogène en hélium en son cœur, il devient une étoile dite de la « séquence principale », ce qu'il est encore aujourd'hui. Cette phase va constituer la plus grande partie de la vie du Soleil. Dans environ 4,5 milliards d'années, notre astre va épuiser son carburant d'hydrogène en son cœur et entamer sa réserve d'hydrogène dans la couche qui entoure le cœur. Son enveloppe va s'enfler de quelque cent fois sa taille actuelle et le Soleil deviendra une géante rouge. Quand l'hydrogène sera épuisé, elle entamera sa réserve de carburant d'hélium. La phase de géante rouge sera de courte durée. Après quelque 500 millions d'années, la géante rouge, à court de carburant, s'effondrera sous l'effet de sa gravité pour devenir une naine blanche de la taille de la Terre : ce sera la mort du Soleil. La naine blanche continuera à rayonner faiblement pendant des milliards d'années. Ce rayonnement ne provient pas de réactions nucléaires mais de la chaleur emmagasinée en son cœur pendant que la fusion nucléaire opérait. À la fin, quand la réserve de chaleur s'épuisera, la naine blanche deviendra une naine noire invisible et rejoindra le rang des innombrables cadavres stellaires qui jonchent le terreau galactique.

des étoiles massives de la séquence principale, comme Véga, Sirius A et Altair, ou encore des géantes rouges, comme Betelgeuse, Mira ou Arcturus. Du fait de leurs grandes luminosités intrinsèques, l'œil nu parvient à les discerner même si elles sont relativement distantes. Ainsi, des vingt étoiles dotées de la plus grande brillance apparente dans le ciel, et dont les distances nous sont connues, seulement six sont situées à une distance de moins de 33 années-lumière. En revanche, vous verrez très peu d'étoiles de même type que le Soleil (Alpha du Centaure en est une), et aucune naine rouge, à cause de leurs faibles luminosités intrinsèques.

En d'autres termes, si vous ne pouvez contempler le ciel qu'à l'œil nu, vous penserez que la population stellaire de la Voie lactée est composée en majorité de supergéantes bleues, de géantes rouges et d'étoiles massives et lumineuses, et que les naines rouges en sont totalement absentes. Vous ne sauriez vous tromper davantage. Un recensement complet des populations stellaires dans la Voie lactée avec l'aide de télescopes révèle au contraire que les naines rouges sont les étoiles les plus communes dans le ciel : elles constituent plus de 80 % des étoiles présentes dans l'univers. Seulement, du fait de leur faible luminosité, elles passent totalement inaperçues si notre vue n'est pas aidée par quelque télescope. En revanche, les supergéantes bleues, les étoiles massives et lumineuses et les géantes rouges, si omniprésentes dans la noirceur de la nuit, sont en réalité extrêmement rares : sur 10 000 étoiles, une seule appartient à ce type. Ainsi, tout comme étoiles et galaxies nous donnent une vue bien trompeuse de la distribution de la masse dans l'univers, les étoiles qui font notre ravissement la nuit nous livrent une impression totalement erronée des diverses populations d'étoiles dans la Voie lactée. Nous concentrer seulement sur la lumière émise par les objets les plus brillants risque de nous berner. Si nous ne prenons pas en compte le fait que les ténèbres pullulent aussi d'étoiles peu massives et peu lumineuses, nous risquons fort de passer à côté de la réalité.

La mort douce et violente des naines blanches

À côté des heureux événements que sont les naissances d'étoiles bébés, des morts stellaires surviennent aussi sans cesse dans l'univers. Certaines sont signalées par des flashes lumineux. À chaque instant des étoiles concluent leur existence, car, comme pour les humains, la mort fait partie intégrante de la vie des étoiles. Leur destin final dépend de leur masse. La mort est douce pour une étoile de moins de 1,4 fois la masse du Soleil. Quand une telle étoile aura consommé tout son carburant nucléaire, son cœur s'effondrera en naine blanche de 10 000 kilomètres de rayon, comprimant une masse d'environ la moitié de celle du Soleil en un volume sphérique équivalant à peu près à celui de la Terre (fig. 44). La matière est si comprimée qu'une cuillerée de naine blanche pèserait une tonne, autant qu'un éléphant ! La naine émet de la lumière blanche, car la température du cœur de l'étoile est beaucoup plus élevée que la surface solaire, et peut atteindre quelque 30 000 degrés Kelvin. Pendant des milliards d'années, la naine blanche va continuer à rayonner chaleur et énergie dans l'espace, à se refroidir et à briller de moins en moins. À la fin, elle deviendra « noire » et rejoindra les innombrables autres cadavres stellaires invisibles qui jonchent les terreaux galactiques. Quant à l'enveloppe de l'étoile mourante, elle est éjectée dans l'espace. Chauffée par le rayonnement de la naine blanche, cette enveloppe gazeuse, qui occupe un volume comparable au système solaire et qu'on appelle « nébuleuse planétaire », brille de tous ses feux (fig. 12 cahier couleur). La désignation de « nébuleuse planétaire » est ici trompeuse : elle n'a rien à voir avec les planètes (on pensait à tort que la nébuleuse pouvait constituer un système solaire en formation). Cette nébuleuse va graduellement diminuer en brillance et se disperser dans l'espace interstellaire, l'ensemençant d'atomes d'hélium, de carbone et d'oxygène fabriqués par l'alchimie nucléaire de l'étoile d'antan.

Si la naine blanche n'est pas solitaire, mais vit en couple dans une binaire, au lieu de s'estomper progressivement dans le noir de la nuit, elle peut être ravivée de temps à autre sur le plan de la brillance. En effet, elle attire par sa gravité une partie de l'enveloppe gazeuse d'hydrogène et d'hélium de sa compagne – une étoile vivante qui brûle de l'hydrogène – qui tombe en spirale vers sa surface et s'y accumule. En tombant, le gaz s'échauffe et le cap des 10 millions de degrés est bientôt franchi, déclenchant la combustion thermonucléaire de l'hydrogène. Une explosion violente se produit ;

la brillance de la naine blanche peut alors atteindre quelque 10 000 fois sa luminosité normale pendant une période de plusieurs semaines. Ces feux d'artifice redonnent à l'étoile un peu de son ancienne gloire et peuvent se répéter plusieurs dizaines, voire des centaines de fois dans la vie de la naine blanche. Ils sont appelés « novae », mot latin qui signifie « nouvelles », car les Anciens pensaient que ces sources de lumière qui apparaissent soudain dans le ciel signalaient la naissance de nouvelles étoiles au lieu des fugaces regains de brillance d'étoiles mourantes.

Ces explosions ne consomment ni n'éjectent tout le gaz qui se déverse de l'étoile-compagne. Celui-ci s'accumule à la surface de la naine blanche. La masse de cette dernière augmente peu à peu jusqu'à dépasser 1,4 fois celle du Soleil. Les électrons à l'intérieur de la naine blanche sont de plus en plus comprimés et ne peuvent bientôt plus résister à la pression des couches supérieures, et la naine blanche s'effondre. La température en son cœur croît rapidement, jusqu'à atteindre 600 millions de degrés. Le cœur de carbone commence à s'embraser, libérant une énorme énergie, et la naine blanche se désintègre tout entière en une énorme déflagration. Un point lumineux apparaît dans le ciel, une supernova de type Ia dont la brillance est plus d'un million de fois supérieure à celle d'une nova, et libère pendant quelques mois autant d'énergie que le Soleil pendant toute sa vie d'une dizaine de milliards d'années (fig. 43). C'est en raison de cette luminosité fantastique que les astronomes se servent, on l'a vu, des supernovae de type Ia comme de balises du lointain univers pour mesurer l'accélération universelle.

L'agonie explosive des étoiles massives

Le sort final des étoiles massives est beaucoup plus violent. Après avoir brûlé la chandelle par les deux bouts et consommé en un rien de temps le carburant d'hydrogène présent en leur cœur, après avoir fabriqué successivement, par leur alchimie nucléaire, carbone, azote, oxygène et tous les éléments lourds jusqu'au fer, leurs régions centrales s'effondrent sous l'effet de leur gravité. Plus l'étoile est massive, plus elle rayonne, plus elle consomme, plus la réserve de carburant en son cœur s'épuise, et moins elle vit. Une étoile de 5 masses solaires ne vit que 100 millions d'années, soit 1 % de la vie du Soleil ; une étoile de 10 masses solaires vit 20 millions d'années, soit 0,2 % de la vie du Soleil – des feux de paille à l'échelle cosmique ! En même temps que le cœur s'effondre, une explosion géante se produit, qui fait que l'enveloppe de l'étoile massive se désintègre en mille morceaux. Apparaît dans le ciel un point lumineux qui, l'espace de quelques jours, va libérer autant d'énergie qu'une galaxie entière de 100 milliards d'étoiles. C'est ce qu'on appelle une supernova de type II (fig. 43). Elle signale la mort d'une étoile massive de plus de 8 masses solaires. Il ne faut pas la confondre avec une supernova de type Ia, associée à la fin d'une étoile de masse modérée (de moins de 1,4 masse solaire). Une des différences principales entre les deux types de supernovae est la présence d'hydrogène et d'hélium non consommé dans l'enveloppe qui explose dans les supernovae de type II, alors que les supernovae de type I résultant d'explosions thermonucléaires à la surface d'une naine blanche sont totalement dépourvues d'hydrogène et d'hélium. Quelque part dans l'univers, dans l'une des quelque 100 milliards de galaxies de l'univers observable, une étoile massive meurt à chaque seconde.

Les supernovae jouent un rôle fondamental dans l'évolution cosmique. Tout d'abord, elles complètent l'alchimie nucléaire des étoiles. Nous avons vu que celles-ci ne pouvaient fabriquer, par fusion nucléaire de noyaux d'hélium, des éléments plus lourds que le fer, à cause de l'extrême stabilité de ce dernier. Après l'apparition du fer, d'autres éléments vont venir au monde au sein des étoiles non par fusion de noyaux d'hélium, mais par capture de neutrons au cœur d'étoiles très évoluées. Ainsi le noyau du fer, composé de 26 protons et de 30 neutrons, peut capturer 3 neutrons pour devenir un noyau de cobalt, lequel peut capturer à son tour un autre neutron pour devenir un noyau de nickel. Les neutrons sont capturés à un rythme relativement lent : l'intervalle de temps qui s'écoule entre deux captures successives est de l'ordre d'une année. C'est pourquoi les astrophysiciens appellent ce mécanisme de synthèse des éléments par capture lente de neutrons le processus « s », initiale du mot anglais *slow* (qui signifie « lent »). C'est ainsi que viennent au monde le cuivre et l'argent dont nos pièces de monnaie sont constituées, le plomb présent dans les batteries de nos voitures, ou encore l'or qui orne le cou et les doigts des femmes élégantes. Mais cette fabrication d'éléments par capture lente de neutrons s'arrête au bismuth, dont le noyau contient le nombre impressionnant de 83 protons et 126 neutrons. La raison en est que les éléments les plus lourds sont radioactifs et se désintègrent vite, bien avant de pouvoir capturer un nouveau neutron pour aller plus loin dans la complexité.

Pour construire des éléments plus lourds que le bismuth, la nature doit trouver un moyen d'accélérer le processus de capture des neutrons. Les supernovae de type II viennent à la rescousse. Durant les 15 premières minutes d'une supernova de type II, le nombre de neutrons libres augmente de façon spectaculaire, certains noyaux d'éléments lourds fabriqués par l'alchimie nucléaire étant brisés en leurs composantes (protons et neutrons) par la violence de l'explosion. Le rythme de capture de neutrons peut donc y être beaucoup plus rapide. Ce mécanisme de capture rapide de neutrons est connu sous le nom de processus « r » (initiale du mot « rapide »). Les noyaux les plus lourds peuvent capturer d'autres neutrons et se complexifier avant leur désintégration radioactive. C'est ainsi que les éléments les plus lourds comme le thorium (90 protons et 142 neutrons), l'uranium (92 protons et 146 neutrons) et le plutonium (94 protons et 148 neutrons) viennent au monde. Ils sont nés après la mort de leurs étoiles génitrices. Parce que le temps disponible pour synthétiser ces éléments les plus lourds est des plus brefs, il n'en existe pas de grandes quantités. Les éléments chimiques plus lourds que le fer sont environ un million de fois moins abondants que l'hydrogène et l'hélium. Avec la contribution des supernovae de type II, la nature dispose enfin de la panoplie complète des quatre-vingt-un éléments chimiques stables dont elle a besoin pour fabriquer la complexité et la beauté du monde. Presque toute la matière ordinaire de l'univers – y compris nous-mêmes, les pétales de rose, la neige des cimes – est faite de ces poussières d'étoiles.

Outre la synthèse des éléments chimiques les plus lourds, nous sommes redevables aux supernovae de deux autres bienfaits extrêmement importants pour l'évolution cosmique. À cause de la grande masse de gaz expulsée par les supernovae (plusieurs, voire plus d'une dizaine de masses solaires par explosion), ce sont surtout celles-ci qui ensemencent le milieu interstellaire en éléments lourds. Les nébuleuses planétaires y contribuent elles aussi, mais à un degré moindre, à raison de moins de la moitié d'une masse solaire chacune. Ces éléments lourds vont jouer plus tard un rôle primordial dans la construction des planètes et dans l'émergence de la vie. D'autre part, de par leur fantastique énergie, les supernovae lancent dans l'espace interstellaire, à des vitesses proches de celle de la lumière, des flots de protons, d'électrons et d'autres noyaux nés de l'alchimie créatrice des étoiles, qu'on appelle « rayons cosmiques ». Certaines de ces particules vont un jour arriver sur Terre, faire chanter les compteurs Geiger des physiciens et provoquer des mutations génétiques parmi les espèces vivantes, modifiant profondément l'évolution de la vie.

Lieux d'extrême gravité : pulsars et trous noirs

Dans le même temps que l'enveloppe de l'étoile vole en éclats, son cœur s'effondre. À nouveau, le destin ultime de ce cœur dépend de sa masse. Si celle-ci est supérieure à 1,4 masse solaire mais inférieure à environ trois fois la masse du Soleil (la masse totale de l'étoile, incluant les couches supérieures et l'enveloppe, serait alors de quelque 25 masses solaires), le cœur devient une étoile à neutrons. Toute la matière est convertie en neutrons et comprimée en une sphère de 10 kilomètres de rayon, soit environ la taille de Paris. La densité y atteint un million de milliards de grammes par centimètre cube. C'est celle que vous obtiendriez si vous comprimiez toute la chaîne de l'Himalaya dans le volume d'une bille. L'étoile à neutrons tourne sur elle-même à une vitesse fantastique, effectuant une rotation complète en une fraction de seconde. C'est que, tout comme le patineur sur glace tourne de plus en plus vite sur lui-même quand il ramène les bras le long du corps, l'étoile, qui mettait quelques semaines à faire un tour sur elle-même, accélère sa rotation quand elle s'effondre, si bien qu'à la fin un corps de la taille de Paris effectue des dizaines, voire des centaines de tours sur lui-même dans le temps d'un simple tic sur l'horloge ! La gravité de l'étoile à neutrons est formidable : si vous vous teniez debout à sa surface, vous y pèseriez un million de tonnes et seriez aplati jusqu'à atteindre la taille minuscule d'environ dix fois celle d'un atome (10^{-7} centimètre) ! Le nom d'« étoile » est ici trompeur, car l'objet n'engendre plus aucune énergie en son cœur par fusion nucléaire.

Les astronomes ont pu débusquer ces extraordinaires étoiles à neutrons sous forme de « pulsars », nom dérivé du mot anglais *pulse* qui signifie « bref signal périodique ». Ces derniers sont ainsi appelés parce qu'ils nous envoient une succession de très brefs signaux radio (d'une durée de moins d'un centième de seconde) qui nous parviennent sur Terre avec la régularité d'un métronome. L'intervalle de temps séparant ces signaux radio est rigoureusement identique, mais varie d'un objet à l'autre de quelques millièmes de seconde à plus d'une seconde. La brièveté et la périodicité de ces signaux radio peuvent s'expliquer par le fait que l'étoile à neutrons ne rayonne pas par toute sa surface. La lumière, surtout de nature radio, est émise en deux minces faisceaux semblables à ceux d'un phare et localisés près des pôles magnétiques de l'étoile (fig. 45). L'étoile à neutrons donne l'impression de s'allumer et de s'éteindre chaque fois qu'un des faisceaux lumineux balaie la Terre. Le pulsar va jouer son rôle de phare céleste pendant plusieurs dizaines de millions d'années, puis sa réserve d'énergie, emmagasinée lors de son effondrement, va s'épuiser. Il tournera de moins en moins vite ; ses signaux lumineux périodiques s'espaceront et s'affaibliront. Il finira par ne plus rayonner et deviendra un cadavre stellaire silencieux, perdu dans l'obscure immensité de l'espace interstellaire.

Le destin ultime du cœur de l'étoile est tout autre s'il dépasse 3 masses solaires (la masse totale de l'étoile serait alors supérieure à 25 masses solaires). Cette masse est si importante que ni les électrons ni les neutrons ne peuvent plus rien contre l'action comprimante de la gravité. La matière s'entasse alors dans un volume si

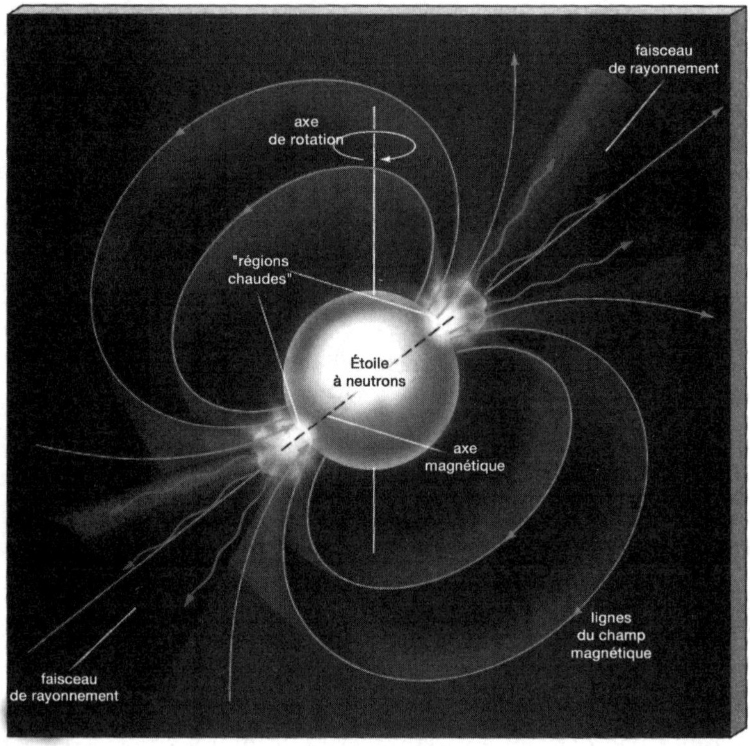

Fig. 45 : Le pulsar. Cette « étoile » à neutrons de 10 kilomètres de rayon est comme un immense phare cosmique (le mot « étoile » est trompeur car le pulsar ne génère pas d'énergie par fusion nucléaire en son cœur). Le pulsar ne rayonne pas uniformément sur toute sa surface, mais seulement en deux faisceaux lumineux (la lumière est surtout de nature radio) sur ses pôles magnétiques. Ce rayonnement est produit par des particules chargées (électrons et protons) accélérées par le champ magnétique de l'étoile à neutrons. Un observateur terrestre observera un signal radio chaque fois qu'un des faisceaux lumineux balaie la Terre. Il reçoit une succession de « pulsations lumineuses » (d'où le nom de « pulsar ») qui se succèdent avec la régularité d'un métronome, séparées par un intervalle de temps égal à celui que met le pulsar pour faire un tour sur lui-même. Cet intervalle peut varier de quelques millisecondes à quelque 0,3 seconde, c'est-à-dire qu'une région de la taille de Paris tourne sur elle-même de 3 à 300 fois à chaque tic de votre horloge !

petit et la gravité devient si grande que l'espace est tout replié sur lui-même et que la lumière (et *a fortiori* la matière) se trouve emprisonnée. Cette prison de lumière dans l'espace, ou « singularité », est ce qu'on appelle un « trou noir ». Nous avons déjà rencontré cet étrange animal lors de nos précédentes pérégrinations, mais dans sa version supermassive. Les astrophysiciens pensent en effet que ce sont des trous noirs supermassifs – dont la masse peut atteindre un milliard de fois celle du Soleil – qui sont responsables de l'extraordinaire énergie émise par les noyaux des galaxies actives et par les quasars. Les trous noirs stellaires qui nous concernent ici sont beaucoup moins massifs (leur masse est de quelques masses solaires) et plus petits (le rayon de non-retour d'un trou noir de 10 masses solaires n'est que de 30 kilomètres). Mais, tout comme les trous noirs supermassifs, ces trous noirs stellaires trahissent leur présence par leur gloutonnerie. Quand un trou noir vit en couple avec une étoile vivante au sein d'une binaire (ce n'est pas une situation rare : près des deux tiers des étoiles de la Voie lactée font partie d'une binaire), son extrême gravité provoque un déversement du gaz de l'enveloppe de sa compagne vers la « singularité ». En tombant en spirale vers la bouche béante du trou noir et en se disposant en disque aplati autour de celui-ci, le gaz s'échauffe jusqu'à atteindre des millions de degrés et émet de copieuses quantités de lumière X. En utilisant des télescopes X portés au-dessus de l'atmosphère terrestre par des satellites, les astronomes ont pu détecter plusieurs binaires émettant de la lumière X et révélant en leur sein des trous noirs d'une dizaine de masses solaires, voire moins. Les trous noirs viennent donc s'ajouter aux naines blanches et autres étoiles à neutrons pour accroître les rangs des cadavres stellaires qui jonchent les terreaux galactiques[44].

Les lumières diffuses de l'univers

L'univers est donc empli de lumière. Vient d'abord celle, diffuse, du rayonnement fossile qui baigne l'univers entier et qui nous arrive de la nuit des temps, de la période datant de 380 000 ans après l'explosion primordiale. C'est elle qui possède le contenu énergétique le plus important de toutes les lumières de l'univers actuel (mais ce contenu énergétique est bien moins important, on l'a vu, que celui de la matière : nous vivons pour l'heure dans un univers dominé par la matière). Au rayonnement fossile s'ajoute le rayonnement plus localisé des étoiles et galaxies qui font notre enchante-

---

44. Pour une étude plus détaillée des vies et morts stellaires, voir mon ouvrage *Origines*, Paris, Fayard, 2003 ; Paris, Gallimard, « Folio », 2006.

ment par les nuits noires sans lune. Ces étoiles et galaxies sont elles-mêmes à l'origine d'autres rayonnements diffus qui emplissent tout l'univers. Par ordre de contenu énergétique décroissant vient, après le rayonnement fossile, le rayonnement diffus infrarouge : celui-ci est produit par le réchauffement des grains de poussière sous l'effet du rayonnement ultraviolet des étoiles chaudes, massives et lumineuses nées de gigantesques flambées de formation d'étoiles dans les galaxies spirales et naines irrégulières. Cette lumière ultraviolette est absorbée par les grains de poussière, qui la réémettent ensuite sous forme de lumière infrarouge. Viennent ensuite les rayonnements diffus, visible et ultraviolet, émis par l'ensemble des étoiles et galaxies, le rayonnement X produit par le gaz chaud des disques d'accrétion autour des trous noirs supermassifs qui peuplent le cœur des quasars et des galaxies à noyaux actifs, et le rayonnement gamma engendré par les violentes agonies explosives d'étoiles massives. En queue de peloton arrive le rayonnement radio diffus émis par l'ensemble des galaxies, en particulier par la Voie lactée. Ce rayonnement radio est produit par des électrons libres qui virevoltent à une vitesse proche de celle de la lumière autour des lignes de champ magnétique ancrées dans les galaxies.

L'obscurité de la nuit contient en soi le début de l'univers

Avec ces nombreuses sources de lumière qui peuplent l'univers, qu'elles soient localisées ou diffuses, il est tout naturel de nous demander pourquoi la nuit est noire. Cette question que les enfants posent à leurs parents et qui paraît naïve au premier abord a pourtant préoccupé les plus grands esprits. En 1610, l'astronome allemand Johannes Kepler s'était déjà demandé : « Si l'univers est infini et s'il contient une infinité d'étoiles, et si toutes les étoiles sont des Soleils, pourquoi la somme de toutes leurs lumières ne dépasse-t-elle pas l'éclat du Soleil ? » En d'autres termes, la nuit éclairée par les étoiles devrait être tout aussi lumineuse que le jour. Or elle ne l'est pas. Ce problème est connu comme le « paradoxe d'Olbers », d'après le nom de l'astronome allemand Heinrich Olbers qui le vulgarisa auprès du grand public au XIXe siècle. Pourquoi la nuit est-elle noire ? La réponse qui vient tout de suite à l'esprit est que la brillance des étoiles diminue en fonction inverse du carré de leur distance, ce qui fait que la luminosité des étoiles lointaines est très faible et ne contribue pas à éclairer la nuit. Mais cette explication n'est pas recevable : la brillance des étoiles diminue certes avec leur distance, mais cette diminution est exactement compensée par leur nombre croissant. Plus on regarde loin et plus il y a d'étoiles, leur nombre augmentant comme le carré de la distance (cela vient du fait que la surface d'une sphère centrée sur la Terre croît comme le carré de son rayon). La contribution en lumière d'une couche d'étoiles située à une certaine distance est le produit du nombre d'étoiles à cette distance par leur brillance, c'est-à-dire d'un nombre qui croît avec le carré de la distance par un autre nombre qui décroît avec le carré de la distance. Ce produit est donc constant. En d'autres termes, chaque couche d'étoiles, quelle que soit sa distance, fournit très exactement la même quantité de lumière destinée à éclairer le ciel nocturne.

Ainsi, dans un univers qui contient une infinité d'étoiles, où qu'il se tourne, le regard devrait rencontrer une étoile – tout comme la vue est inévitablement arrêtée par un tronc d'arbre au beau milieu d'une forêt –, et il ne devrait pas y avoir de « nuit noire ». Or ce n'est pas le cas. L'une des hypothèses de Kepler doit être erronée, mais laquelle ? La solution du paradoxe d'Olbers n'est apparue qu'avec l'avènement de la théorie du big bang. Celle-ci nous dit que l'univers n'est pas infini dans le temps, qu'il a eu un début, ce qui a pour conséquence que le nombre d'étoiles visibles dans l'univers n'est pas infini, comme le pensait Kepler, mais fini. L'âge de l'univers étant de 14 milliards d'années, nous ne pouvons voir que les étoiles dont la lumière a eu le temps de nous parvenir, c'est-à-dire celles qui figurent dans une sphère de 47 milliards d'années-lumière de rayon (nous avons vu que le rayon de l'univers observable est supérieur à 14 milliards d'années-lumière du fait de son expansion). La lumière émanant d'étoiles plus lointaines ne nous est pas encore parvenue. Elle est toujours en route vers nous.

L'obscurité de la nuit nous éclaire donc sur les débuts de l'univers.

Il nous faut d'ailleurs noter que, bien avant la naissance de la théorie du big bang, l'écrivain américain Edgar Allan Poe (1809-1849), père du roman policier, avait déjà donné, dans son ouvrage *Eurêka : un poème en prose*[45], une explication de la nuit noire qui ressemble étonnamment à celle qui est scientifiquement reconnue aujourd'hui : la nuit est noire parce que l'univers n'est pas éternel, et parce que l'espace est si vaste que la lumière des étoiles très lointaines n'a pas eu le temps de nous parvenir. Voilà une circonstance où l'intuition poétique du réel coïncide de façon surprenante avec la démonstration scientifique...

Deux autres facteurs moins importants contribuent à diminuer l'éclat de la nuit. Le nombre d'étoiles est limité non seulement parce que l'univers a eu un commencement, mais aussi parce que les étoiles, nous l'avons vu, ont une durée de vie limitée. Elles ne vivent pas éternellement. Quelques millions, voire quelques milliards d'années, et elles disparaissent. D'autre part, la lumière stellaire, pour nous parvenir, doit lutter en permanence contre l'expansion de l'univers, ce qui l'épuise et lui fait perdre de l'énergie, réduisant par là la quantité totale d'énergie lumineuse au sein de l'univers observable. Ainsi, chaque fois que vous goûtez aux douceurs de la nuit, vous devenez cosmologue : vous contemplez dans le noir nocturne les débuts de l'univers, la mort des étoiles et la lutte incessante de la lumière contre l'expansion universelle.

De l'importance d'être constant

Aux dernières nouvelles, nous habitons un univers à géométrie plane doté d'une expansion éternelle. Nos descendants contempleront un univers de plus en plus dilué par l'accélération cosmique, et qui se refroidira sans cesse un peu plus. Dans le futur, que deviendront les sources de lumière répertoriées précédemment ? Qu'arrivera-t-il à la magnifique brillance des étoiles et à la splendeur lumineuse des galaxies ? Pour annoncer les événements à venir, il nous faut émettre l'hypothèse que les lois de la physique sont

45. Edgar Poe, *Eureka : un poème en prose*, Paris, Gallimard, 1951.

constantes et qu'elles ne vont pas changer avec le temps. Nous pouvons avoir quelque assurance que cette hypothèse est raisonnable en nous tournant vers le passé. Avec ces machines à remonter le temps que sont les télescopes et les accélérateurs de particules élémentaires qui reproduisent les conditions de l'univers primordial, nous pouvons être certains que les lois physiques n'ont pas changé de manière appréciable au cours des 14 milliards d'années passées de l'univers.

Il y a bien eu quelques astrophysiciens pour tirer la sonnette d'alarme en annonçant la variation, au fil du temps, d'une des constantes physiques de la nature. Ces constantes physiques sont des nombres qui déterminent les propriétés de tout ce qui nous entoure : la taille de la Terre, celle des hommes, la hauteur de l'Himalaya, etc. Elles sont au nombre d'une quinzaine : la vitesse de la lumière, la masse de l'électron, la constante de gravitation, etc. Nous mesurons leurs valeurs avec une extrême précision dans nos laboratoires, mais ne disposons d'aucune théorie pour expliquer pourquoi elles ont la valeur mesurée plutôt qu'une autre. Par exemple, nous n'avons aucune idée de pourquoi la lumière se déplace dans le vide à une vitesse de 300 000 kilomètres par seconde plutôt qu'à 3 mètres par seconde. Les constantes physiques nous sont données et nous vivons avec. En 1999, comparant des observations de la lumière de quasars à des mesures effectuées en laboratoire, un groupe international d'astronomes en est arrivé à la conclusion que les éléments chimiques présents dans le lointain passé de l'univers absorbaient la lumière de manière différente que les éléments actuels. Cette différence ne peut s'expliquer, suggèrent les chercheurs, que par la variation d'une constante fondamentale de la nature connue sous le nom de « constante de structure fine », qui détermine les niveaux d'énergie des atomes et donc la façon dont ils interagissent avec la lumière. Cette constante résulterait de la combinaison de trois autres constantes fondamentales de la physique : la vitesse de la lumière, la charge de l'électron et la constante de Planck (celle qui détermine la quantité minimale d'énergie qu'un atome a le droit d'échanger avec la lumière). La variation détectée est minuscule, de l'ordre de quelques millionièmes. Pour l'heure, ces mesures n'ont pu être confirmées par d'autres chercheurs[46]. C'est pourquoi, jusqu'à nouvel ordre, nous adopterons l'hypothèse éminemment raisonnable que les constantes physiques sont bien... constantes. Si les lois physiques n'ont pas changé par le passé, nous pouvons parier en toute bonne conscience qu'elles ne le feront pas dans le futur. Notre tentative pour lire l'avenir de l'univers dans notre boule de cristal repose aussi implicitement sur l'hypothèse bien plus hasardeuse que toutes les lois de la physique sont déjà connues, qu'elles ont toutes été déjà découvertes. La science n'est sûrement pas au bout de son chemin, et notre récit sera certainement sujet à maintes révisions au fur et à mesure que la physique progressera et s'affinera.

Le Soleil s'éteint

Embarquons-nous pour un voyage dans le futur. Concentrons d'abord notre attention sur notre voisinage immédiat. Quel est l'avenir proche de la Terre et du Soleil ? Cette question nous préoccupe au plus haut point, puisque la survie de l'humanité en dépend !

Le premier événement important va survenir dans deux à trois milliards d'années. Les Nuages de Magellan – deux galaxies naines satellites actuellement en orbite à quelque 150 000 années-lumière de la Voie lactée – tomberont dans la bouche béante de la Voie lactée et seront absorbés par elle. Leurs étoiles se mélangeront à celles du halo de notre galaxie. L'observateur du ciel austral ne pourra plus admirer leurs beautés diffuses.

Puis un milliard et demi d'années passent. Dans 4,5 milliards d'années, le Soleil aura converti son cœur d'hydrogène en hélium. Le manque de carburant hydrogène fait que le cœur d'hélium se contractera jusqu'à atteindre une taille équivalant à quelques fois celle de la Terre, et l'énorme densité d'un dixième de tonne par centimètre cube. Environ un quart de la masse de l'étoile y est

46. John D. Barrow et John K. Webb, « Inconstant constants », *Scientific American*, juin 2005, p. 33.

contenu. Cette contraction fait que la couche d'hydrogène qui entoure le cœur d'hélium s'échauffe. Le cap des 10 millions de degrés est dépassé, et la couche d'hydrogène s'embrase par la fusion nucléaire de l'hydrogène en hélium. Notre astre reçoit alors une fraîche bouffée d'énergie. Son enveloppe enfle, jusqu'à quelque 100 fois sa taille actuelle, et atteint l'orbite de Mercure : l'étoile devient une géante rouge. Par contraste avec l'extrême densité de son cœur, la densité de l'enveloppe de la géante rouge n'est que de 10^{-6} gramme par centimètre cube, soit un millionième de la densité de l'eau.

La phase « géante rouge » va se révéler de courte durée. Au bout d'environ 100 millions d'années, elle se termine – un feu de paille à l'échelle cosmique. L'hydrogène présent dans la couche entourant le cœur d'hélium s'épuise et l'étoile est de nouveau en panne de carburant. Son cœur d'hélium se contracte sous l'effet de sa gravité et s'échauffe encore plus. Cette fois, c'est le cap des 100 millions de degrés qui est allègrement franchi ; le cœur d'hélium s'embrase par la fusion nucléaire de triplets de noyaux d'hélium en noyaux de carbone. Les astrophysiciens appellent cet embrasement le « flash de l'hélium ». La période de combustion de l'hélium en carbone va se révéler encore plus brève : elle ne dépasse pas les quelques dizaines de millions d'années. Quand elle s'achève, la même séquence d'événements va se dérouler. Le cœur de carbone se contracte, la température augmente, et l'on assiste à l'embrasement des couches d'hydrogène et d'hélium autour du cœur de carbone. Avec ces combustions successives, l'étoile développe une structure en « pelures d'oignon », chaque « pelure » contenant un élément chimique différent, en allant du plus lourd au centre (le carbone) au plus léger à l'extérieur (l'hydrogène).

Ce deuxième embrasement enfle encore plus l'enveloppe de la géante rouge. Cette enveloppe brûlante va-t-elle engouffrer notre chère planète et la réduire en cendres ? La réponse dépend de la quantité de masse que notre astre va perdre durant sa phase de géante rouge. En effet, les couches supérieures de celle-ci, en s'enflant de façon démesurée, sont très faiblement liées par la gravité au reste de l'étoile (la force de gravité décroît comme l'inverse du carré de la distance entre le cœur et l'enveloppe de l'étoile). Poussées vers l'extérieur par le rayonnement solaire, elles se détachent du Soleil. Un flot de matière se déverse dans l'espace interstellaire, qu'on appelle « vent stellaire ». Parce que la force de gravité varie en proportion de la masse du Soleil, celui-ci, en perdant de sa masse, exerce moins de gravité sur les planètes qui tournent inlassablement autour de lui. Les orbites planétaires s'agrandissent, ce qui a pour conséquence d'éloigner notre planète des tentacules de la géante rouge. Les calculs montrent que si celle-ci perdait au moins deux dixièmes de sa masse, la Terre serait sauve. Mais que notre astre vienne à perdre moins que cette masse, et notre havre cosmique se retrouvera dans son enveloppe brûlante. Dans ce cas, son mouvement sera freiné par la matière de l'enveloppe de la géante rouge et, en un rien de temps (au bout d'à peine 50 ans !), elle tombera en spirale dans le cœur incandescent du Soleil. Dans le même temps, la chaleur du Soleil, plus élevée que tous les enfers de Dante, volatilisera inexorablement la Terre et effacera toute trace de vie sur elle.

L'observation de la perte de masse d'autres géantes rouges dans la Voie lactée suggère que le Soleil devrait perdre de l'ordre de trois dixièmes de sa masse, ce qui devrait suffisamment éloigner la Terre de notre astre et la sauver de ses tentacules brûlants quand il deviendra géante rouge. Mais l'humanité aura quand même intérêt à organiser un exode vers Pluton pour bénéficier de températures plus clémentes ! Dans tous les cas, la fin sera proche. Le carburant hydrogène et hélium présent autour du cœur de carbone du Soleil va s'épuiser au bout de 100 000 ans. Chaque phase de combustion qui suit est considérablement plus brève que celle qui précède. Le Soleil n'est pas assez massif pour comprimer davantage son cœur et atteindre une température assez élevée pour déclencher la combustion du carbone. Faute de carburant nucléaire, l'étoile finit par s'éteindre. Désormais, il n'y a plus de rayonnement pour tenir tête à la gravité. Celle-ci prend le dessus et le cœur s'effondre pour devenir, on l'a vu, une naine blanche constituée de carbone et dotée d'une masse d'environ la moitié de celle du Soleil. Le Soleil est mort après avoir vécu une belle vie de 10 milliards d'années (fig. 44). Nos arrière-arrière...petits-enfants devront, s'ils veulent survivre, partir à la recherche d'autres soleils susceptibles d'alimenter leurs besoins en énergie. Commencera peut-être alors l'exode interstellaire de l'humanité dont les auteurs de science-fiction sont si friands !

La collision annoncée de la Voie lactée avec Andromède

Avant que le Soleil ne s'éteigne dans quelque 5 milliards d'années un autre événement d'importance va se produire dans notre Groupe local : la Voie lactée et Andromède, les deux galaxies dominantes de notre village local de galaxies, vont entrer en collision dans environ 3 milliards d'années. Andromède, actuellement à une distance de 2,3 millions d'années-lumière de la Terre, fonce en effet vers nous à une vitesse de quelque 90 kilomètres par seconde. Cette collision se déroulera sur un milliard d'années : Andromède et la Voie lactée, une fois proches, vont d'abord tourner l'une autour de l'autre dans une sorte de valse galactique. Après ce long et fantastique ballet cosmique, les deux galaxies finiront par fusionner (fig. 13 cahier couleur).

Quelles seront les conséquences de cette collision annoncée ? Elles ne seront pas les mêmes pour tout le monde. Les nuages gazeux interstellaires géants, qui contiennent une profusion de molécules (d'où leur nom de « nuages moléculaires ») et de grains de poussière, immenses pouponnières stellaires où naissent les bébés étoiles, seront les plus affectés. À cause de leur grande taille (des dizaines d'années-lumière), ces nuages moléculaires de la Voie lactée entreront en collision frontale avec ceux d'Andromède, provoquant de violentes ondes de choc. Celles-ci, comprimant le gaz et le chauffant à plus de 10 millions de degrés, déclencheront la fusion nucléaire de l'hydrogène en hélium, donnant naissance à une multitude d'étoiles. La collision des deux galaxies sera ainsi saluée par de gigantesques flambées de formation d'étoiles jeunes.

Quant à la population stellaire des deux galaxies, les dégâts causés par la grande collision y seront moindres : les étoiles sont tellement plus petites que les nuages moléculaires et il y a tellement plus d'espace entre elles qu'on n'assistera pratiquement à aucune collision frontale entre deux étoiles. En même temps que des centaines de milliards d'autres étoiles, la naine blanche que sera devenu notre Soleil quittera sa sage orbite circulaire dans le disque de la Voie lactée pour entraîner la Terre et le reste du système solaire dans une orbite chaotique ressemblant à la trajectoire d'une mouche volant au hasard dans une chambre fermée. Les étoiles des deux galaxies se mêleront tout en se disposant dans un volume en forme d'ellipsoïde. La Voie lactée et Andromède perdront leur identité de spirales et fusionneront pour devenir une galaxie elliptique deux fois plus massive, ne possédant ni disque ni bras spiraux. Celle-ci sera entourée d'une nuée de galaxies naines qui, avec le temps, disparaîtront à leur tour, dévorées par la galaxie elliptique vorace (fig. 13 cahier couleur).

La Voie lactée, îlot perdu dans l'immensité cosmique

Que se passera-t-il à plus long terme ? L'accélération de l'expansion de l'univers éloignera la grande majorité des galaxies à des distances telles que nos descendants ne pourront plus les voir et que l'immensité cosmique paraîtra bien vide et désolée. Nos arrière-arrière...petits-enfants vivront dans un univers de plus en plus dilué par l'accélération cosmique. L'espace s'élargira si vite que plus aucune particule de matière ne pourra s'assembler, plus aucune nouvelle structure ne pourra se former. Dans quelques dizaines de milliards d'années, la Voie lactée ne sera plus qu'un îlot perdu dans le vaste océan cosmique. Les quelque 100 milliards de galaxies aujourd'hui accessibles à nos télescopes se seront tant éloignées qu'elles auront disparu de notre vue. Seules resteront visibles quelques centaines de galaxies liées par la gravité dans le superamas de la Vierge, dont la Voie lactée fait partie. Les études astronomiques que nos descendants pourront entreprendre seront bien restreintes, car il restera alors très peu d'objets à observer dans le ciel. Ils se souviendront de notre ère comme de l'âge d'or de l'astronomie, quand les sujets d'investigation étaient nombreux et variés. Les politiciens qui tiennent les cordons de la bourse feraient bien de financer les recherches astronomiques autant que possible dans la période actuelle : à l'avenir, quand bien même ils voudront développer l'astronomie comme secteur de recherche, ils n'en auront plus la possibilité !

Toutes les étoiles s'éteignent

Que se passera-t-il dans un futur encore plus lointain ? Si le Soleil s'est arrêté de briller, qu'en sera-t-il des autres étoiles ? Pendant une période qui se prolongera jusqu'à ce que l'univers soit des milliers de fois plus vieux que son âge actuel de 13,7 milliards d'années, les étoiles de la Voie lactée, liées par la gravité et échappant ainsi à la dilution par l'expansion de l'univers, continueront à briller pour illuminer les ténèbres nocturnes et émerveiller les Terriens. Les galaxies spirales – ces gigantesques écosystèmes où se succèdent de multiples cycles de vie et de mort d'étoiles, où le gaz interstellaire est sans cesse converti en étoiles et où les étoiles mourantes rejettent dans le milieu interstellaire leurs enveloppes gazeuses enrichies en éléments lourds, lesquelles s'assemblent à leur tour sous l'effet de la gravité pour donner naissance à de nouvelles générations d'étoiles – persisteront à éclairer l'espace enténébré de leur magnifique brillance, même si nous ne les voyons plus, au bout de quelques dizaines de milliards d'années, du fait de l'accélération de l'univers. L'ère stellaire continuera à battre son plein.

La longueur de cette ère est due au fait qu'une très grande partie de la population stellaire de l'univers est composée d'étoiles de faible masse. Environ 80 % des étoiles de l'univers ont une masse inférieure à celle du Soleil (entre 0,8 et 0,1 masse solaire). On pourrait croire à première vue qu'elles mènent une existence très brève, par comparaison avec les étoiles massives, car une faible masse implique une maigre réserve de carburant hydrogène. Or c'est exactement le contraire qui se produit. Les étoiles massives sont prodigues, elles brillent de tous leurs feux, consomment leur carburant hydrogène à un train d'enfer, et leurs réserves en carburant sont épuisées en un rien de temps. Au bout de quelques millions, voire quelques dizaines de millions d'années, elles s'en vont. Au contraire, les étoiles de faible masse sont extrêmement économes, elles mènent une existence parcimonieuse, rayonnant très faiblement, ce qui leur permet de prolonger leur maigre réserve de carburant sur une très longue période. De fait, les étoiles les moins massives (qui ont de l'ordre d'un dixième de la masse du Soleil) ont à peine entamé leur réserve de carburant hydrogène au bout de 14 milliards d'années. Pendant toute la période à venir, elles vont continuer à fusionner l'hydrogène en hélium et à augmenter peu à peu en brillance. Bien que celle-ci soit de moins d'un centième de celle du Soleil, elles compensent leur faible rayonnement par leur grand nombre, et la luminosité moyenne des galaxies se maintiendra ainsi au très respectable niveau de celle de 10 milliards de soleils – soit environ un dixième de la brillance actuelle de la Voie lactée – pendant encore de longues années. Les étoiles de faible masse n'épuiseront leurs réserves d'hydrogène qu'au bout de 100 000 milliards d'années (10^{14} ans), soit 10 000 fois l'âge de l'univers actuel.

Après l'extinction des étoiles de faible masse, l'univers aura-t-il encore la possibilité de continuer à former de nouvelles étoiles à partir du gaz interstellaire dans les galaxies spirales et irrégulières ? Celles-ci continueront-elles à briller ? La réponse est non, car la réserve de gaz interstellaire dans les galaxies s'épuise elle aussi à l'époque où les dernières étoiles s'éteignent, signalant la fin de la formation de nouvelles étoiles. Par coïncidence, la réserve de gaz dans le milieu interstellaire des galaxies et celle de carburant dans les étoiles arrivent à épuisement à peu près en même temps : aux environs de l'an 100 000 milliards. L'ère stellaire se termine. Désormais, la nuit noire ne sera plus éclairée par la brillante splendeur des étoiles et des galaxies.

Des étoiles ratées

Les terreaux galactiques vont dorénavant être jonchés d'innombrables cadavres stellaires : naines blanches, étoiles à neutrons et autres trous noirs. À ces populations d'étoiles mortes qui n'émettent plus aucune lumière par fusion nucléaire s'ajoutent des naines brunes, étoiles ratées de masse inférieure à 8 centièmes de la masse du Soleil. Ces embryons d'étoiles ne sont pas assez massifs et la matière en leur cœur n'est pas assez comprimée et chaude pour que les réactions nucléaires puissent y fusionner l'hydrogène en hélium et les transformer en vraies étoiles (souvenez-vous : une température minimale de 10 millions de degrés est nécessaire). Les naines brunes ont des propriétés intermédiaires entre les étoiles et les grosses planètes.

La masse de Jupiter, le colosse des planètes du système solaire, est de 318 fois celle de la Terre, et plus du double de la masse cumulée des huit autres planètes. Pourtant, elle est 1 000 fois inférieure à celle du Soleil, et 80 fois moindre que la masse minimale d'une étoile. Jupiter émet environ deux fois plus d'énergie qu'elle n'en reçoit du Soleil, ce qui laisse supposer qu'elle recèle une source d'énergie intérieure. Cette énergie n'est pas d'origine nucléaire, mais de nature gravitationnelle. Celle-ci a été emmagasinée lors de la formation de la planète géante.

Si les températures au cœur des naines brunes ne sont pas assez élevées pour fusionner de l'hydrogène en hélium, il semble qu'elles le soient suffisamment pour fusionner brièvement le deutérium, autre élément chimique primordial produit pendant les premières minutes de l'univers. Grâce à la combustion du deutérium, les naines brunes ne sont pas complètement noires. Elles rayonnent très faiblement pendant une courte période.

La masse d'une naine brune doit être supérieure à 12 fois celle de Jupiter pour que la fusion du deutérium s'opère, et inférieure à 80 fois celle de Jupiter, à défaut de quoi la fusion de l'hydrogène se déclencherait et la naine brune serait étoile. Parce que la température à sa surface est relativement peu élevée (2 000 degrés Kelvin, voire moins) comparée à celle d'une étoile comme le Soleil (6 000 degrés Kelvin), une naine brune émet pour l'essentiel du rayonnement infrarouge. On estime qu'une population comprenant près de 1 000 milliards de naines brunes peut être dissimulée dans les ténèbres de l'espace interstellaire de la Voie lactée – aussi grande, donc, que la population des « vraies » étoiles.

À la fin de l'ère stellaire, après quelque 100 000 milliards d'années de glorieuse brillance, comment se répartissent les différentes populations d'étoiles mortes et de naines brunes ? Dans une galaxie telle que la Voie lactée, les naines blanches constituent 55 % de la population totale, tandis que les naines brunes forment les 45 % restants. Les étoiles à neutrons et les trous noirs ne représentent qu'un infime 0,26 % de la population totale des étoiles mortes, car ce sont les cadavres d'étoiles massives, beaucoup moins nombreuses que les étoiles de masse modérée (de l'ordre d'une masse solaire), génitrices des naines blanches. Bien sûr, du fait de leur masse relativement grande (environ la moitié de la masse du Soleil), ce sont les naines blanches qui dominent la masse des galaxies. À la fin de l'ère des étoiles, elles contribuent pour 88 % à la masse de la Voie lactée, alors que les naines brunes n'en constituent qu'environ 10 %, et les étoiles à neutrons et les trous noirs qu'environ 2 %.

Collisions de naines brunes et annihilation de WIMPs

Après la mort de toutes les étoiles, après épuisement du gaz interstellaire nécessaire pour en fabriquer de nouvelles, l'univers est-il condamné à sombrer dans l'obscurité et à ne plus jamais héberger de sources de lumière et d'énergie ? Ce serait bien mal connaître l'ingénuité et la créativité de la nature. Elle invente une autre façon de créer de nouvelles étoiles : en assemblant des naines brunes par collision.

Nous avons vu que les naines brunes ont des masses trop faibles et des températures centrales trop basses pour pouvoir fusionner de l'hydrogène en hélium, si bien que leurs réserves en carburant hydrogène sont restées intactes. L'assemblage de plusieurs naines brunes peut aboutir à un objet d'un dixième de masse solaire, capable de fusionner l'hydrogène. Parce qu'elle utilise son carburant avec une extrême parcimonie, une telle étoile pourra vivre jusqu'à 25 000 milliards d'années (à comparer avec les 10 milliards d'années du Soleil). Bien sûr, le taux de naissance des nouvelles étoiles résultant de l'assemblage de naines brunes sera bien inférieur à celui qui prévalait dans les pouponnières stellaires des galaxies spirales au temps de leur splendeur : une galaxie comme la Voie lactée en contiendra au plus une centaine, au lieu des 100 milliards qu'elle possède aujourd'hui. Grâce à la collision et à l'agglomération des naines brunes, les galaxies pourront encore briller très faiblement quand l'horloge cosmique sonnera les 10 millions de milliards (10^{16}) d'années ; leur luminosité sera des milliards de fois moindre que leur éclat d'aujourd'hui.

Les naines blanches, qui constituent l'autre population dominante des galaxies, ne seront pas en reste. Elles peuvent elles aussi entrer en collision et s'agglomérer pour former des étoiles plus massives. Ne disposant pas de réserves d'hydrogène, elles brillent grâce à la combustion de l'hélium ou du carbone suivant la masse de l'étoile nouvelle. Mais les étoiles résultant de la fusion de naines blanches vivent bien moins longtemps, et la lumière qu'elles émettent est bien moindre que celle des étoiles résultant de la fusion de naines brunes.

Les galaxies tentent tant bien que mal de continuer à briller. Non contentes d'assembler des naines brunes pour former de nouvelles sources de rayonnement, elles trouvent aussi le moyen de convertir en rayonnement leurs halos de matière noire exotique. Nous avons vu que ces halos sont probablement composés de WIMPs, particules massives nées dès les premières fractions de seconde de l'univers. Bien que les WIMPs interagissent fort peu avec la matière ordinaire, ils peuvent être capturés par la matière ultra-condensée des naines blanches (une tonne par centimètre cube), principales constituantes de la masse des galaxies en ce très lointain avenir. Les WIMPs capturés à l'intérieur des naines blanches se rencontrent et s'annihilent les uns les autres. Ces annihilations font que les naines blanches s'échauffent et rayonnent. Les halos galactiques de matière exotique noire sont ainsi graduellement convertis en lumière. Mais la quantité de lumière produite est extrêmement faible : environ 100 fois moindre que celle dégagée par l'assemblage des naines brunes. L'annihilation de tous les WIMPs contenus dans le halo d'une galaxie contribuera au plus par la luminosité d'un seul soleil à sa lumière totale. Parce que la température de surface des naines blanches est extrêmement basse (environ –200 degrés centigrades), ce rayonnement sera de nature infrarouge.

L'évaporation des galaxies et des amas de galaxies

L'assemblage des naines brunes par collision et l'annihilation de la matière noire exotique des halos vont se poursuivre tant que les galaxies resteront intactes. Mais celles-ci ne sont pas éternelles : elles vont se disloquer au bout d'un certain temps. Et ce, grâce aux bons offices de la gravité. Celle-ci fait en sorte qu'il existe un échange d'énergie continuel entre les étoiles mortes et les naines brunes qui constituent la population galactique. Si certaines en gagnent, d'autres en perdent, puisque l'énergie totale ne doit pas varier. Les gagnantes convertiront leur énergie supplémentaire en vitesse, élargissant leur orbite et rejoignant le bord de la galaxie. Emportées par leur élan, elles s'échapperont de l'emprise gravitationnelle de la galaxie-mère pour se perdre dans l'espace intergalactique. Au bout de 10 milliards de milliards (10^{19}) d'années, la galaxie aura ainsi perdu 99 % de sa population. Elle se sera littéralement évaporée.

En revanche, 1 % des étoiles (leur nombre est d'un milliard), les plus massives d'entre elles, auront perdu au jeu de l'échange d'énergie. En perte de vitesse, elles tomberont vers le centre galactique, formant un noyau d'un milliard de masses solaires. Ce noyau, de plus en plus massif et dense, se contractera toujours plus, jusqu'à atteindre une gravité telle que la lumière s'y trouvera emprisonnée. Un trou noir supermassif aura vu le jour, doté d'un rayon de non-retour de 3 milliards de kilomètres, soit un peu moins que la distance du Soleil à Pluton. Pendant la contraction du noyau, de nombreuses collisions frontales entre les étoiles mortes ou avortées se seront produites, engendrant de gigantesques feux d'artifice qui auront illuminé la nuit d'encre. La fête continuera après la formation du trou noir supermassif. Celui-ci happera par sa gravité et déchirera sans pitié tout corps malchanceux passant à proximité pour alimenter sa voracité, et la matière martyrisée rayonnera de tous ses feux. La galaxie retrouvera sa splendeur d'antan, de l'époque où elle nourrissait un quasar en son sein, durant les quelques premiers milliards d'années suivant le big bang. Mais, faute de nourriture, cette phase lumineuse ne durera au plus qu'un milliard d'années, et une nuit glaciale enveloppera de nouveau l'univers.

Si les galaxies s'évaporent pour ne laisser que des trous noirs galactiques d'un milliard de masses solaires, les amas de galaxies ne sont pas en reste. Chacune des milliers de galaxies qui peuplent un amas va jouer elle aussi au jeu de l'échange d'énergie. Les gagnantes (99 %) vont quitter leur amas d'origine pour se perdre dans l'espace intergalactique et devenir des trous noirs galactiques. Les perdantes (1 %) se rassembleront au cœur de l'amas pour former un trou noir hypergalactique de 1 000 milliards de masses solaires, avec, en prime, des feux d'artifice qui tireront l'univers de sa torpeur pendant une brève période. Quand l'horloge cosmique sonnera un milliard de milliards de milliards (10^{27}) d'années, la merveilleuse toile cosmique des galaxies et des amas de galaxies se sera littéralement évanouie dans l'espace. Pulluleront alors dans l'univers maints trous noirs galactiques et hypergalactiques accompagnés d'innombrables astéroïdes, comètes, planètes, naines noires, naines brunes, étoiles à neutrons et petits trous noirs de quelques masses solaires, gagnants du jeu de l'échange d'énergie, expulsés dans le milieu intergalactique, le tout enveloppé du voile noir de la nuit et emporté par l'expansion universelle.

La mort du proton redonne vie aux naines blanches

Après la dislocation des galaxies et des amas de galaxies et après l'extinction des sources d'énergie et de lumière que constituent les collisions des naines brunes et l'annihilation des WIMPs des halos galactiques, l'univers a-t-il encore assez d'ingéniosité pour engendrer d'autres sources de lumière, si faibles soient-elles ? La réponse est vraisemblablement oui. Et ce, grâce à la mort très probable du proton.

En effet, les théories d'unification des forces (celles qui stipulent que les quatre forces fondamentales de la nature – la force de gravité, les deux forces nucléaires faible et forte, et la force électromagnétique – résultent d'une seule et unique superforce qui prévalait dans les premiers instants de l'univers) disent que le proton n'est pas éternel et qu'il finira par se désintégrer au bout d'une très longue période de plus de 10^{32} ans. Ainsi, le proton pourra se désintégrer en un positon (ou anti-électron) et une autre particule appelée pion.

Les physiciens ont déployé de gros efforts pour surprendre un proton en train de mourir – jusqu'ici sans succès. Bien sûr, la longévité des physiciens est des milliers de milliards de milliards de milliards de fois inférieure à celle des protons, et il est hors de question d'attendre 10^{32} ans qu'un proton se décide à rendre l'âme. La mécanique quantique nous dit que les protons, s'ils sont mortels, peuvent se désintégrer à n'importe quel moment. Ainsi, si la durée de vie du proton est par exemple de 10^{32} ans, il suffit de rassembler 10^{33} protons en un seul endroit pour en voir se désintégrer une dizaine en un an. Pour épier la mort du proton, les physiciens pressés ont rempli d'énormes réservoirs de milliers de tonnes d'eau distillée, l'eau étant une excellente source de protons. Ces réservoirs ont été placés sous terre dans des mines désaffectées afin que le sol arrête les rayons cosmiques susceptibles de déclencher dans la masse d'eau des réactions imitant la mort d'un proton. Mais, malgré les prodigieux efforts ainsi déployés, aucun proton n'a été jusqu'ici surpris en flagrant délit de désintégration.

Le proton serait-il plus immortel qu'on ne le croyait ? Faudrait-il modifier nos idées sur l'unification des forces ? En tout cas, les physiciens pensent que, du fait que l'univers, dans ses premières fractions de seconde d'existence, a montré un milliardième de partialité en faveur de la matière par rapport à l'antimatière, ce qui a eu pour conséquence de nous faire vivre dans un univers de matière, le proton ne saurait être immortel. Pour la suite de notre histoire, nous supposerons donc que le proton a une durée de vie très longue, mais néanmoins limitée, de l'ordre de 10^{37} ans. Le fait que le proton puisse se désintégrer a des conséquences directes sur le sort à long terme des naines blanches. Ainsi, la désintégration d'un proton au sein d'une naine blanche va produire un anti-électron et un pion.

L'anti-électron va s'annihiler avec un électron pour donner naissance à deux photons gamma, tandis que le pion va se désintégrer en deux autres photons. Chaque proton qui meurt engendre ainsi quatre photons. À partir de la période de 10^{37} ans, une naine blanche alimentée en énergie par la désintégration des protons en son sein va donc se mettre à luire très faiblement. Comme vous pouvez vous en douter, sa brillance ne sera pas des plus fantastiques : à peine un millionième de milliardième de milliardième de la luminosité du Soleil, soit environ 400 watts – juste assez de puissance pour alimenter quelques ampoules électriques ! Même si vous rassemblez en une galaxie entière 100 milliards de ces naines blanches alimentées en énergie par la mort du proton, cette galaxie sera 100 fois moins brillante que le Soleil. (Mais, bien sûr, toutes les galaxies se seront déjà évaporées depuis belle lurette en ce temps extrêmement éloigné...)

Le futur très lointain du Soleil

Nous pouvons donc résumer comme suit l'évolution future de notre astre le Soleil. Dans cinq milliards d'années, il deviendra une naine blanche d'une demi-masse solaire. Celle-ci continuera à rayonner pendant des milliards d'années la chaleur qu'elle aura emmagasinée lors de l'effondrement gravitationnel de l'étoile mourante, jusqu'à environ l'an 10^{11}. Ensuite la naine blanche rayonnera encore faiblement, alimentée par l'annihilation des WIMPs capturés du halo galactique, jusqu'à la lointaine année 10^{19}, quand la Voie lactée se sera complètement évaporée, laissant derrière elle un trou noir galactique d'un milliard de masses solaires. Gagnante du jeu de l'échange d'énergie, la naine blanche sera expulsée dans l'espace intergalactique et, sans source d'énergie, se refroidira considérablement. Cela jusqu'en l'an 10^{37}, quand la désintégration des protons en son sein lui aura redonné un semblant de brillance : celle de quelques ampoules électriques... La naine blanche va ainsi convertir graduellement sa masse en rayonnement. Quand l'horloge cosmique sonnera l'an 10^{38}, la masse du cadavre stellaire sera devenue inférieure à un millième de masse solaire, sa température ne sera plus que de 3 millièmes de degré Kelvin, et sa brillance alimentée par la mort des protons aura diminué jusqu'à atteindre un milliardième de milliardième de milliardième (10^{-27}) de la luminosité actuelle du Soleil.

À ce stade, le cadavre de notre astre ne pourra plus être décrit comme « naine blanche ». Ayant perdu la plus grande partie de sa masse, et sa matière n'étant plus aussi comprimée, ce ne sera plus la pression des électrons qui tiendra tête à l'action comprimante de la gravité, comme dans une naine blanche, mais la force électromagnétique. Le cadavre de notre astre deviendra alors une sorte de grosse sphère d'hydrogène d'une masse de quelques milliards de milliards de tonnes. Il continuera à rayonner très faiblement grâce à la désintégration des protons. Quand arrivera l'an 10^{39}, toute la masse de notre astre d'antan aura été convertie en lumière, et ce sera la fin.

Si les naines blanches s'évaporent en lumière grâce à la mort des protons, les autres corps gagnants du jeu de l'échange d'énergie, expulsés des galaxies dans l'espace intergalactique, ne sont pas en reste. La désintégration des protons en leur sein fait que les étoiles à neutrons, les naines brunes, les planètes et autres astéroïdes et comètes se vaporisent aussi en lumière. Sauf que leur contribution à l'illumination du cosmos est bien moindre que celle des naines blanches, puisque celles-ci représentent environ 90 % de la masse des galaxies alors que le reste de ce beau monde n'en constitue que 10 %.

L'ère de l'évaporation des trous noirs en lumière

Reste une toute dernière population dont nous voulons connaître le sort dans ce futur extrêmement lointain : celle des trous noirs. Nous avons vu que le physicien anglais Stephen Hawking a démontré en 1974, en se fondant sur le principe d'incertitude du physicien allemand Werner Heisenberg, que les trous noirs ne sont pas strictement noirs mais qu'ils peuvent rayonner et s'« évaporer » littéralement en lumière.

Le taux d'évaporation n'est pas le même pour tous les trous noirs.

Il dépend de leur température, laquelle dépend à son tour inversement de leur masse. Plus un trou noir est massif, plus sa température est basse, plus il s'évapore lentement. La durée de vie d'un trou noir varie comme le cube de sa masse. Ainsi, un trou noir 10 fois plus massif vivra 1 000 fois plus longtemps. Au cours de son évaporation, plus le trou noir s'amaigrit, plus il s'échauffe et plus il rayonne. Le processus s'accélère jusqu'à ce que le trou noir finisse sa vie dans une apothéose de lumière. Un corps chaud ne peut rayonner et se refroidir que si la température de son environnement est inférieure à la sienne, la chaleur ne pouvant aller que du chaud au froid. Ainsi, l'évaporation des trous noirs galactiques et hypergalactiques ne pourra commencer que dès l'instant où le rayonnement fossile dans lequel ils baignent se sera refroidi, grâce à l'expansion de l'univers, jusqu'à atteindre une température inférieure aux leurs. Parce que la température d'un trou noir galactique d'un milliard de masses solaires est d'un dixième de millionième de milliardième (10^{-16}) de degré Kelvin, il lui faudra attendre, pour commencer à s'évaporer, jusqu'en l'an 10^{34}, quand l'expansion universelle aura enfin abaissé le rayonnement fossile à cette température. Il mettra quelque 10^{92} années à se convertir complètement en lumière. En revanche, la température d'un trou noir hypergalactique de 1 000 milliards de masses solaires est 1 000 fois plus basse, c'est-à-dire de 10^{-19} degré Kelvin. Il lui faudra patienter jusqu'en l'an 10^{39} pour commencer à s'évaporer. Il rayonnera jusqu'en l'an 10^{100} avant de disparaître. La température du rayonnement fossile sera alors d'un frigorifique 10^{-60} degré Kelvin (le chiffre 1 arrive après 60 zéros).

L'ère des ténèbres

Dans un futur extrêmement lointain, entre l'an 10^{37} et l'an 10^{100}, naines blanches, naines brunes et étoiles à neutrons auront disparu depuis belle lurette par suite de la désintégration des protons. L'évaporation des trous noirs galactiques et hypergalactiques reste la seule source continue de lumière dans les profondes ténèbres avec, en prime, une très brève illumination lors de leurs trépas explosifs.

Après l'an 10^{100}, l'univers entre dans l'ère des ténèbres. Il a grand peine à trouver de nouvelles sources d'énergie. Il ne contient plus que photons, électrons, positons, neutrinos et WIMPs (ceux qui ne sont pas dans les halos galactiques et qui ont donc échappé à l'annihilation dans les naines blanches). Les électrons et leurs antiparticules, les positons, peuvent-ils se rencontrer de temps à autre et s'annihiler dans une apothéose de lumière ? Voilà qui fournirait des bribes de lumière qui illumineraient un rien de temps quelques coins d'univers. Mais son accélération a tellement dilué l'univers que ces particules n'ont que très peu de chances de se rencontrer. Sur 10^{42} paires électron/positon, la force électromagnétique pourra peut-être lier ensemble un ou deux couples pour former de gigantesques atomes de positonium de milliards de milliards d'années-lumière de rayon. Dans ces vastes salles de bal, peut-être y aura-t-il une possibilité qu'au bout d'un laps de temps presque infini de 10^{120} ans, l'électron, dansant et virevoltant, rencontre le positon et s'annihile dans une flambée de lumière. Mais ce ne seront pas ces très rares événements qui pourront sauver l'univers de son long et inexorable refroidissement vers le zéro absolu.

Nous nous sommes préoccupés jusqu'ici du sort des sources de lumière localisées dans l'univers. Qu'en est-il de la lumière diffuse, celle qui baigne tout l'espace ? En particulier, qu'en est-il de la lumière fossile du big bang ? C'est elle qui domine par son énergie le contenu en rayonnement de l'univers d'aujourd'hui. Toutefois, le travail fourni par les photons fossiles pour lutter contre l'expansion continuelle de cet univers afin de parvenir jusqu'à nous va de plus en plus les épuiser. Leur énergie sera de moins en moins grande, et leur longueur d'onde augmentera de plus en plus. Les rayonnements diffus produits par les différentes sources de lumière précédemment passées en revue vont prendre successivement le relais. Chaque type de lumière diffuse va dominer par son énergie le contenu en lumière de l'univers pendant une certaine période. Mais, comme pour le rayonnement fossile du big bang, cette lumière diffuse va s'épuiser avec l'expansion de l'univers et passer la main à la suivante. Ainsi, après avoir pris la relève du rayonnement fossile, le rayonnement des étoiles dominera jusqu'en l'an 10^{16}. Ce sera ensuite au rayonnement produit par l'annihilation des WIMPs des halos galactiques de prendre le contrôle. Vers l'an 10^{30}, ce sera le tour du rayonnement produit par la mort des protons. Enfin, à partir de l'an 10^{60}, ce sera le rayonnement provenant de l'évaporation des trous noirs qui régnera.

La mort annoncée de l'univers

Dans l'univers actuel, c'est la matière qui mène le bal, et ce, depuis l'an 380 000 après le big bang. Se peut-il qu'un beau jour le rayonnement dépasse en énergie la matière et prenne le contrôle de la marche de l'univers ? La réponse est non. La majeure partie de l'énergie de l'univers d'aujourd'hui est constituée par la matière noire exotique située hors des halos galactiques. À moins que les WIMPs ne se désintègrent (ne connaissant pas leur nature exacte, nous ne pouvons pas jurer qu'ils le feront ou non), ils survivront jusqu'à la fin des temps. Il semble bien que l'univers doive rester dominé par la matière (WIMPs, électrons, positons et neutrinos) jusque dans un très lointain futur. Dans cet univers en dilution et en refroidissement perpétuels d'où la chaleur et l'énergie se retirent sans cesse un peu plus, la vie et l'intelligence trouveront-elles le moyen de perdurer ? L'univers sombrera-t-il dans un état d'équilibre thermodynamique d'où toute différence de température sera bannie, toute créativité exclue, et où la déchéance régnera ? L'univers court-il à sa mort, comme l'avait déjà annoncé en 1854 le physicien allemand Hermann von Helmholtz (1821-1894) ?

Nul ne le sait. Nous avons extrapolé avec hardiesse les lois physiques actuellement connues, non seulement vers le très distant passé de 10^{-43} seconde, le temps de Planck, mais aussi vers le très lointain futur de 10^{100} années. En remontant le temps, en explorant le domaine des très hautes densités et températures de l'univers primordial, les physiciens ont déjà découvert maints phénomènes aussi étranges que merveilleux. La théorie des cordes en est un exemple éclatant. Rien ne nous dit qu'il n'en va pas de même pour les très basses températures, que des lois physiques nouvelles ne peuvent pas surgir quand la température approche le zéro absolu. Suivant la théorie classique, les photons continueront à perdre de plus en plus d'énergie, et leurs longueurs d'onde à devenir de plus en plus grandes. En l'an 10^{40}, après la période de la mort des protons, la longueur d'onde de la lumière fossile du big bang sera déjà plus grande que le rayon de l'univers observable actuel, soit quelque 47 milliards d'années-lumière. Nous n'avons pas la moindre idée de ce qui pourra se passer dans des conditions aussi extrêmes. Le sombre futur prophétisé et la mort annoncée de l'univers sont peut-être plus dus à notre manque d'imagination qu'au manque de créativité de l'univers[47].

Pouvons-nous croire au big bang ?

Nous avons dressé l'inventaire de toutes les sources de lumière et d'énergie de l'univers et raconté leur histoire et leur évolution du passé le plus éloigné au futur le plus distant. Nous l'avons fait dans le contexte de la théorie du big bang. La véracité de notre récit dépend de la validité de cette théorie. Étant donné l'état de nos connaissances sur l'univers, pouvons-nous croire au big bang ?

Je pense que oui. Depuis son acceptation par la majorité des astrophysiciens après la découverte du rayonnement fossile en 1965, cette théorie a en effet vécu dangereusement pendant ces quatre dernières décennies. À tout moment des observations auraient pu venir la contredire, la faire basculer dans le gouffre et l'expédier au cimetière des théories mortes.

La véracité d'une théorie repose sur sa capacité à passer tous les tests observationnels, quels qu'ils soient. Or ce ne sont pas les observations qui manquent, car les astronomes se sont mis à tester

---

47. Pour des calculs détaillés sur l'évolution de l'univers dans un futur très lointain, voir Fred C. Adams et Gregory Laughlin, « A dying universe : the long term fate and evolution of astrophysical objects », *Reviews of Modern Physics*, 69, 1997, pp. 337-372 ; et aussi Freeman Dyson, « Time without end : physics and biology in an open universe », *Reviews of Modern Physics*, 51, 1979, p. 447. Voir également une version simplifiée des événements dans mon ouvrage *La Mélodie secrète*, *op. cit.*

avec acharnement la théorie du big bang dans ses moindres aspects et ses plus petits recoins. Ils ont étudié le rayonnement fossile en détail. Ils auraient pu constater que la distribution en énergie des photons de ce rayonnement fossile n'est pas conforme à celle d'un univers doté d'un passé chaud et dense. Ils auraient pu trouver que le rayonnement fossile est si uniforme qu'il est incompatible avec les fluctuations de densité nécessaires pour donner naissance aux galaxies. Ils auraient pu découvrir une étoile pourvue d'une quantité d'hélium tellement inférieure aux 25 % prédits par la théorie du big bang que cela aurait porté un coup fatal à la théorie, les étoiles ne pouvant qu'accroître la quantité d'hélium primordial (par fusion de l'hydrogène en hélium) et non la diminuer. Ils auraient pu détecter une telle abondance de deutérium que cela aurait impliqué une quantité minuscule de matière baryonique, incompatible avec les 4 % de la densité critique qu'on a observés. Ils auraient pu mesurer une masse du neutrino si élevée que la masse totale des neutrinos, presque aussi nombreux que les photons dans l'univers primordial, aurait de loin dépassé celle mesurée pour l'univers entier (en réalité, la masse des neutrinos est si faible que ceux-ci ne peuvent pas même rendre compte de la matière noire exotique de l'univers). Ils auraient pu, grâce à la technique des supernovae, mettre au jour une énergie noire si importante que la densité totale de l'univers aurait de loin dépassé la densité critique, ce qui aurait contredit l'idée d'une période inflationnaire de l'univers.

Nous pourrions multiplier à l'envi les exemples de coups fatals pouvant être portés à la théorie du big bang. Or rien de tout cela n'est advenu. Les observations les plus récentes ont renforcé la théorie du big bang plutôt qu'elles ne l'ont infirmée. C'est cette fantastique adaptation aux contours sinueux de la nature qui nous donne confiance en elle. Si un jour une théorie plus sophistiquée venait à la supplanter, il lui faudrait incorporer tous ses acquis, tout comme la physique einsteinienne a dû incorporer tous ceux de la physique newtonienne.

Après avoir examiné toutes les sources de lumière de l'univers, nous allons nous concentrer sur celle qui nous importe le plus : le Soleil. Non seulement celui-ci est à l'origine de superbes spectacles lumineux sur Terre, mais il est aussi notre astre de vie.

Chapitre 5

Lumière de vie : Soleil, énergie, ciel bleu et arc-en-ciel

Le Soleil et son cortège planétaire

Il y a 4,55 milliards d'années, dans la banlieue de la Voie lactée, à un peu plus de la moitié de la distance du centre galactique en direction du bord, soit à un rayon de quelque 26 000 années-lumière, un nuage interstellaire d'environ une année-lumière de diamètre (10 000 milliards de kilomètres), constitué à 98 % d'un mélange gazeux d'hydrogène et d'hélium ainsi que d'une pincée d'éléments lourds (2 %), le tout mêlé à des myriades de grains de poussière, s'effondre sous l'effet de sa gravité. Ce mouvement d'effondrement, déclenché par une supernova (mort explosive d'une étoile proche) ou par le passage d'un voyage interstellaire voisin, fait que le nuage se contracte et que sa partie centrale devient de plus en plus dense et de plus en plus chaude. Bientôt la densité de cette région centrale atteint cent cinquante fois la densité de l'eau, et sa température les 15 millions de degrés Kelvin. Les réactions nucléaires s'enclenchent, les noyaux d'hydrogène (ou protons) fusionnent quatre par quatre en noyaux d'hélium, libérant de la lumière et de l'énergie à profusion. La boule de gaz s'allume : le Soleil, étoile de troisième génération, est né. La conversion de l'hydrogène en énergie a continué sans répit depuis lors et le Soleil continue aujourd'hui à convertir, à chaque seconde, 4,3 millions de tonnes d'hydrogène en lumière et énergie.

En se contractant, le nuage interstellaire ou « nébuleuse solaire » tourne sur lui-même de plus en plus vite, tout comme fait le patineur quand il ramène les bras le long du corps. Pendant que le cœur de la nébuleuse solaire se contracte pour donner naissance au Soleil, les forces centrifuges engendrées par la rotation font que sa partie extérieure se dispose en disque aplati, lequel a un diamètre d'environ 5 heures-lumière, soit cent fois la distance Terre-Soleil de 150 millions de kilomètres. Dans le disque gazeux sont disséminés d'innombrables grains de poussière nés dans les atmosphères des géantes rouges d'antan, de la taille infime d'un dixième de millième de millimètre. Stimulés par la gravité et avec la force électromagnétique comme ciment, ces grains s'agglutinent pour former les briques de planète appelées « planétésimaux ». Le processus d'agglomération se poursuit et les planétésimaux atteignent successivement la taille de gravillons, de bonbons, d'œufs, de balles de tennis, de ballons de football, de stades, de quartiers, de villes, de départements, celle de la France, celle de la Lune, etc. Ce processus ralentit considérablement vers la fin : alors qu'il ne fallait que quelques centaines d'années pour passer du grain de poussière au ballon de football, des centaines de millions d'années sont nécessaires pour passer du ballon aux planètes. Vers la fin de l'époque de formation du système solaire, il y a quelque quatre milliards d'années, la majorité des planétésimaux se sont rassemblés, sous l'action de la gravité, en huit planètes (fig. 46). Pluton, la « planète » la plus éloignée du Soleil, constitue un cas à part : les astronomes pensent qu'elle ne s'est pas formée en même temps que ses sœurs, mais est en fait un gros astéroïde éjecté de la réserve de comètes de Kuiper, située juste en bordure du système solaire[1], puis capturé par la gravité du Soleil. Depuis ces quatre milliards d'années, les planètes accomplissent inlassablement leur ronde autour du Soleil[2].

---

1. La réserve de comètes porte le nom de l'astronome hollandais Gerard Kuiper qui l'a découverte.

2. Pour plus de détails sur la formation des planètes, voir mes ouvrages *Le Chaos et l'Harmonie*, *op. cit.*, et *Origines*, *op. cit.*

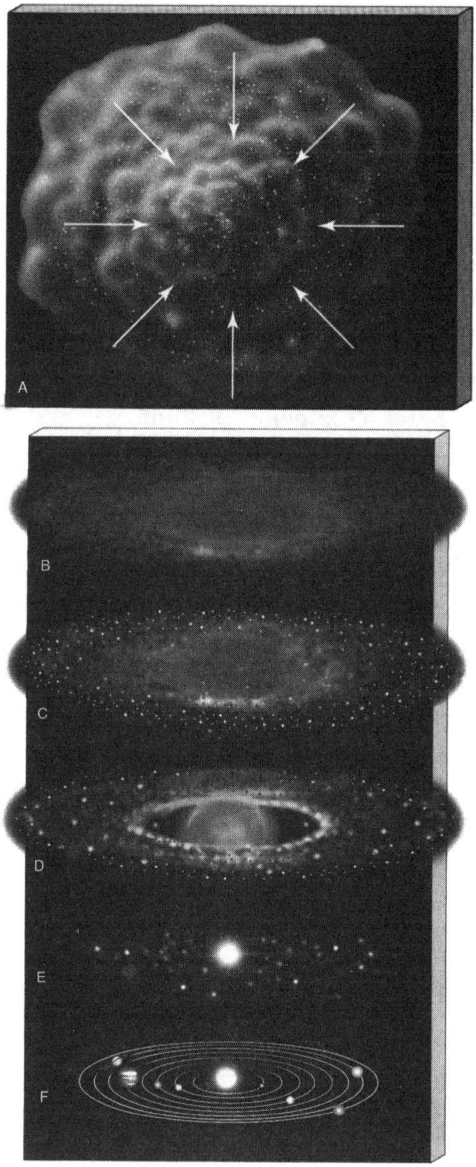

Fig.46 : La formation du système solaire. (a) La masse gazeuse centrale se contracte sous l'effet de sa gravité, donnant naissance au Soleil (figure du haut). (b) Les parties extérieures s'aplatissent en un disque. (c) et (d) : les grains de poussière s'agglutinent pour former des « planétésimaux ». Des vents violents provoqués par le jeune Soleil évacuent le gaz vers l'extérieur du disque. (e) et (f) : les planétésimaux continuent à s'agglomérer et à croître en taille. Après environ 100 millions d'années, les planètes font leur apparition et décrivent des orbites quasi circulaires autour du jeune Soleil.

L'étoile Soleil : astre de lumière et de vie

Sur une de ces planètes, la troisième à partir du Soleil, la vie s'est éveillée. Y sont apparus des hommes qui se posent des questions sur l'univers qui les a engendrés. Notre astre est la seule et unique source de lumière et de chaleur à entretenir cette vie. La lumière solaire est liée de façon multiple au phénomène biologique de la vie sur Terre. C'est elle qui nous permet de fonctionner dans notre environnement : elle nous donne à voir les choses en les éclairant ; la lumière réfléchie par la surface des objets pénètre dans nos yeux et nous informe de leur présence, de leurs formes et couleurs. Nous respirons par ailleurs l'oxygène produit par les plantes vertes ; celles-ci le fabriquent grâce à un processus chimique appelé « photosynthèse », utilisant l'énergie de la lumière solaire. L'énergie chimique de la nourriture ingérée lors de vos repas dérive aussi, en fin de compte, de la photosynthèse. Tous les carburants dont nous usons pour faire rouler nos véhicules, chauffer ou rafraîchir nos logements, faire fonctionner les usines qui fabriquent les innombrables produits d'usage courant qui nous rendent la vie plus confortable et agréable, proviennent eux aussi, en dernière analyse, de la lumière du Soleil. C'est la lumière solaire qui règle votre horloge biologique et fait que vous êtes encore assez éveillé pour lire ce livre. Par ailleurs, ces liens entre vie et lumière – la vision, la photosynthèse, le réglage de l'horloge biologique, etc. – ne concernent pas seulement les humains, ils valent aussi pour la grande majorité des espèces vivantes.

L'étoile Soleil est une immense boule gazeuse dont le rayon fait 109 fois celui de la Terre, soit 696 000 kilomètres, et dont la masse équivaut à 332 000 Terres, soit 2 000 milliards de milliards de milliards (2×10^{30}) de kilogrammes. Sa surface mouvante, recouverte de flammes, est chauffée par le feu nucléaire central à la température de 5 780 degrés Kelvin[3], température qui ferait fondre tous les matériaux connus. Le cœur de notre astre est un gigantesque réac-

3. Nous utiliserons ci-après l'échelle de température Kelvin, sauf mention contraire.

teur nucléaire qui dégage une fantastique énergie grâce à la fusion des noyaux d'hydrogène. La pression des couches supérieures et les réactions nucléaires font que ce cœur, qui s'étend jusqu'à un rayon de 175 000 kilomètres, soit le quart du rayon solaire, est chauffé à des températures décroissant de 20 millions de degrés au centre jusqu'à 10 millions de degrés à sa bordure supérieure. À des rayons supérieurs à 175 000 kilomètres, dès que la température chute au-dessous de 10 millions de degrés, les réactions nucléaires s'arrêtent, car il faut cette température minimale pour que les noyaux d'hydrogène puissent fusionner. Au-dessus du cœur s'étend une vaste zone « radiative » de 325 000 kilomètres d'épaisseur, dans laquelle l'énergie produite au cœur du Soleil est transportée vers les couches supérieures par les photons nés dans la région centrale. Les températures sont encore assez élevées dans la zone radiative pour que les atomes d'hydrogène connaissent de fréquentes et violentes collisions qui libèrent protons et électrons : le gaz est ionisé. Les photons venant du cœur doivent se frayer un chemin à travers la jungle touffue des protons et électrons libres. Ils s'y cognent à tout bout de champ et, au lieu d'avancer en ligne droite, effectuent une série de zigzags dans leurs trajectoires vers l'extérieur, à l'instar d'un homme ivre qui n'arrive plus à marcher droit. Ainsi, au lieu de mettre un peu plus d'une seconde pour traverser la zone radiative, il leur faut... quelque 170 000 ans !

Au-dessus de la zone radiative, la température continue à tomber, les collisions entre les atomes d'hydrogène sont moins fréquentes et moins violentes, et les électrons restent attachés aux protons dans leurs prisons-atomes : le gaz passe alors d'un état très ionisé à un état neutre. Les atomes neutres absorbent les photons, ce qui empêche l'énergie solaire d'être diffusée vers l'extérieur par rayonnement, comme dans la zone radiative. Pour pouvoir briller de tous ses feux, le Soleil doit recourir à un autre mécanisme, celui de la « convection ». Nous sommes tous familiers de ce phénomène que nous observons quand nous faisons bouillir de l'eau : l'eau chaude monte vers la surface, se refroidit puis redescend, dessinant des mouvements en boucle. De même, dans la zone convective qui s'étend sur une épaisseur de 200 000 kilomètres, depuis la bordure supérieure de la zone radiative jusqu'à la surface du Soleil (ou « photosphère », la sphère qui émet la lumière), le gaz chaud monte et, la température de la photosphère étant inférieure à celle des couches inférieures, il se refroidit puis redescend, créant d'énormes cellules de convection en forme de boucles. La situation dans la zone convective est totalement différente de celle qui prévaut dans la zone radiative : l'énergie y est transportée à la surface solaire non par la lumière, mais par des mouvements de la matière gazeuse. À cause de ces mouvements de convection, la surface perpétuellement changeante du Soleil se présente comme un immense patchwork de quelque 4 millions de cellules gazeuses géantes appelées « granules », d'environ un millier de kilomètres chacune, donc comparables à la taille d'un continent sur Terre, apparaissant et disparaissant au gré d'incessants cycles de vie et de mort de cinq à dix minutes chacun (fig. 47).

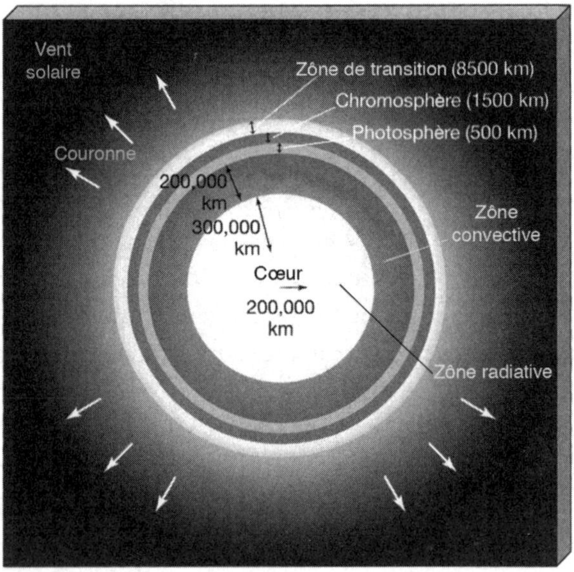

Fig. 47 : Les principales régions à l'intérieur du Soleil. Pour mettre en évidence les régions les plus petites, les échelles ne sont pas respectées.

Fig. 1

Décomposition de la lumière blanche en couleurs de l'arc-en-ciel par un prisme en verre. (© David Parker / S.P.L. / Cosmos.)

Le spectre des raies d'émission du Soleil (première rangée) et d'éléments chimiques bien connus tels que l'hydrogène (rangée 2), l'hélium (rangée 3), le mercure (rangée 4) et l'uranium (rangée 5).

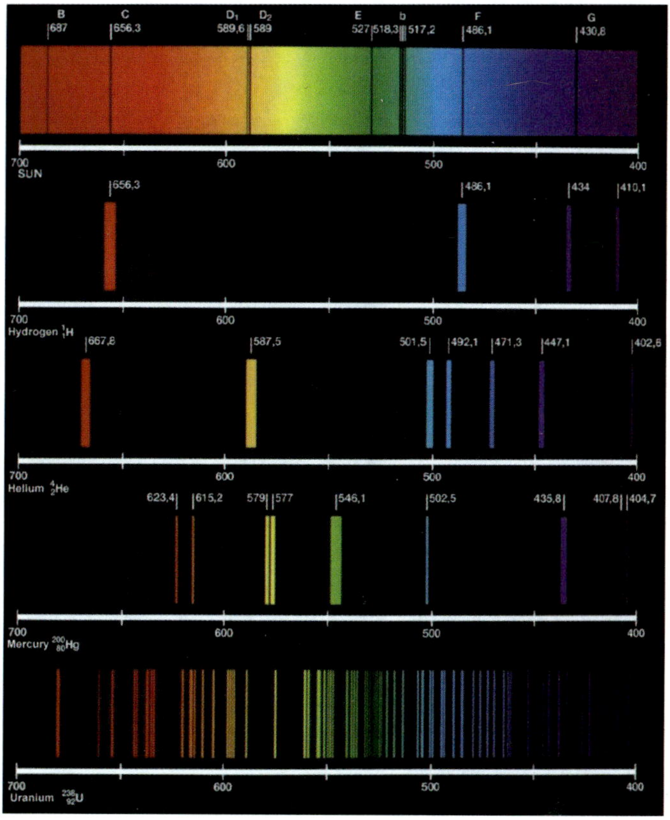

Fig. 2

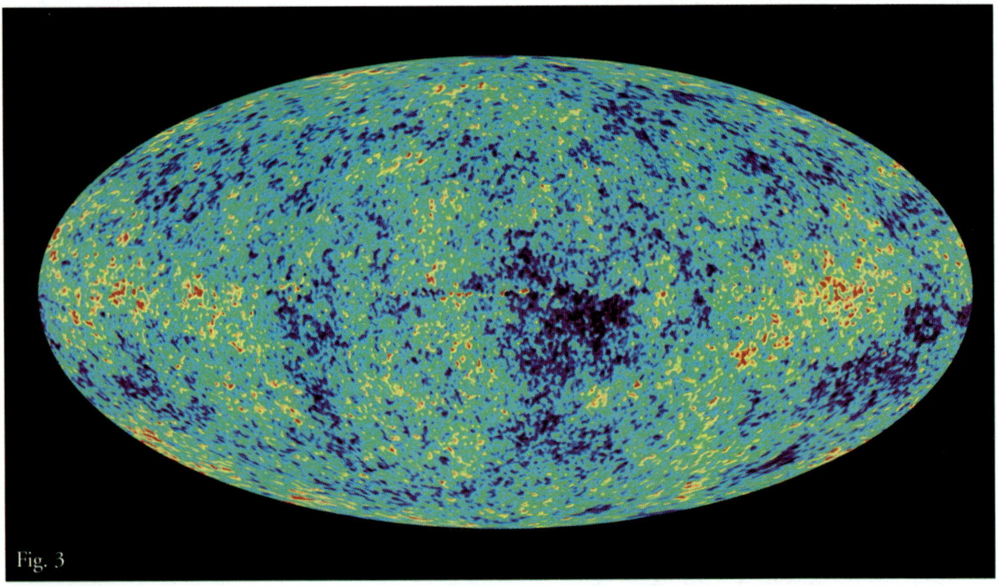

Cette carte du ciel obtenue par le satellite WMAP est l'image la plus ancienne qu'on puisse obtenir de l'univers. Elle nous montre la distribution spatiale du rayonnement micro-onde fossile de l'univers qui nous vient de l'époque où celui-ci n'avait que 380 000 ans. Les points de couleurs représentent de minuscules fluctuations de température, de l'ordre de quelques centièmes de millième de degré Kelvin, correspondant à d'infimes fluctuations de la densité de matière. Ces fluctuations de matière sont des semences de galaxies qui vont germer et donner naissance aux magnifiques galaxies qui peuplent l'univers d'aujourd'hui. (Photo : NASA.)

Les télescopes géants du futur. Pour remonter le temps de quelque 13 milliards d'années et contempler en direct la naissance des premières étoiles et galaxies, les astronomes sont fébrilement à l'œuvre pour planifier les mastodontes du futur. Un de ces projets de télescope géant, prévu pour 2015, est celui du TMT (sigle de « Thirty Meter Telescope »). Ce télescope de 30 mètres de diamètre (comparer sa taille avec celles de l'homme et de la voiture dans la figure) aura 36 fois la puissance du télescope de 5 mètres de Palomar (à gauche). (Photo : Caltech.)

Fig. 5

Le télescope spatial James Webb (JWST, sigle de l'anglais « James Webb Space Telescope »), successeur de Hubble, est prévu pour 2013. JWST va opérer dans l'infrarouge proche et moyen pour capter la lumière des lointaines premières étoiles et galaxies. Le télescope sera composé de 18 segments hexagonaux formant un miroir global de 6,5 mètres de diamètre, considérablement plus grand que le miroir de 2,5 mètres de diamètre de Hubble. JWST va opérer sans un tube télescopique, mais sera protégé de la lumière brûlante du Soleil par un grand pare-soleil à plusieurs couches (en bleu). (© NASA / James Webb Space Telescope.)

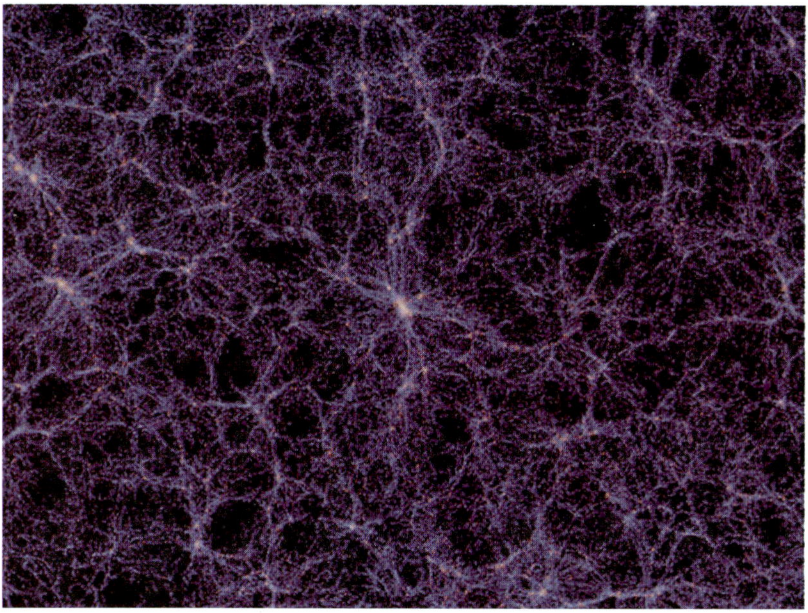

Fig. 6

Une simulation d'univers. L'ordinateur a calculé ici la trajectoire de plus de 10 milliards de particules dans une région cubique de l'univers de plus de 2 milliards d'années-lumière de côté. Après une évolution de quelque 13,7 milliards d'années, les particules dessinent un gigantesque réseau de filaments enchevêtrés avec des murs de galaxies s'étendant sur des centaines de millions d'années-lumière bordant des vides tout aussi gigantesques. La plus grande partie de la matière (99,5%) n'est pas convertie en étoiles et ne s'allume pas. Elle constitue la matière noire de l'univers. Seule 0,5% de la matière s'allume, aux endroits les plus denses (les taches lumineuses), formant des amas de galaxies. (Photo : Millenium simulation, Virgo consortium - © NMM London.)

Fig. 7

La supernova 1987A dans le Grand Nuage de Magellan. Une source de lumière céleste qui augmente soudainement et considérablement en brillance signale la mort explosive d'une étoile massive, celle-ci est appelée « supernova » (comparer la brillance de l'étoile indiquée par une flèche dans la photo de gauche avec celle de l'étoile à droite). L'étoile qui a explosé dans le Nuage de Magellan, une galaxie naine satellite de la Voie lactée située à une distance d'environ 160 000 années-lumière de la Terre, a une masse d'environ 20 fois celle du Soleil. (Photo : Anglo-Australian Observatory.)

La galaxie bleue compacte I Zwicky 18, photographiée ici par Hubble, est une galaxie naine irrégulière. Avec mon collègue Yuri Izotov, j'ai pu déterminer que l'âge des plus vieilles étoiles dans I Zwicky 18 ne dépasse guère le milliard d'années, ce qui est un temps très court par rapport aux 13,7 milliards d'années de l'univers. I Zwicky 18 est donc un bébé-galaxie dans un univers adulte, la plus jeune connue dans le cosmos. (Photo : NASA/STScI / Trinh Xuan Thuan.)

Fig. 8

Les premières étoiles. La lumière énergétique des premières étoiles illumine les nuages d'hydrogène et d'hélium qui leur servent de cocons. L'univers jusque-là dépourvu de lumière visible, est éclairé par d'innombrables sphères de gaz qui s'allument de toutes parts, tel un gigantesque feu d'artifice cosmique. (Photo : NASA / STScI.)

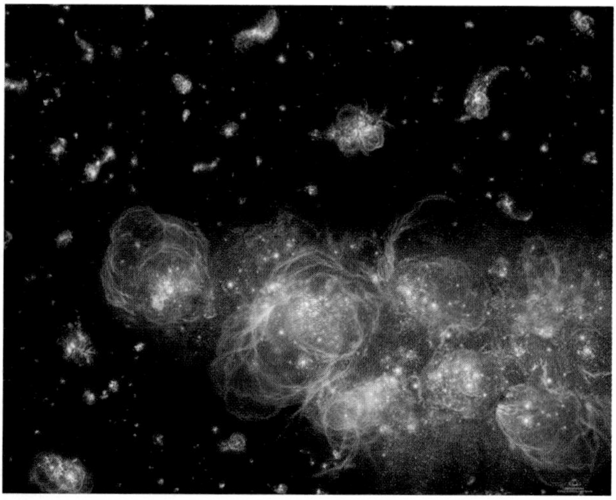

Fig. 9

Fig. 10

La galaxie elliptique Messier 89 ou NGC 4552. Elle est l'une des nombreuses galaxies de l'amas de la Vierge et est située à une distance de 60 millions d'années-lumière de la Terre. (Photo : Anglo-Australian Observatory.)

Fig. 11

La galaxie spirale NGC 1309 photographiée par Hubble. Appartenant au groupe de galaxies Eridanus, elle est située à une distance d'environ 100 millions d'années-lumière de la Terre. (Photo : NASA / STScI.)

La nébuleuse planétaire de l'Hélice photographiée par Hubble. Située à une distance de 650 années-lumière de la Terre, elle est l'une des plus proches nébuleuses planétaires dans la Voie lactée. Le minuscule point lumineux au centre de la nébuleuse planétaire est la naine blanche, cadavre de l'étoile mourante. (Photo : NASA / STScI.)

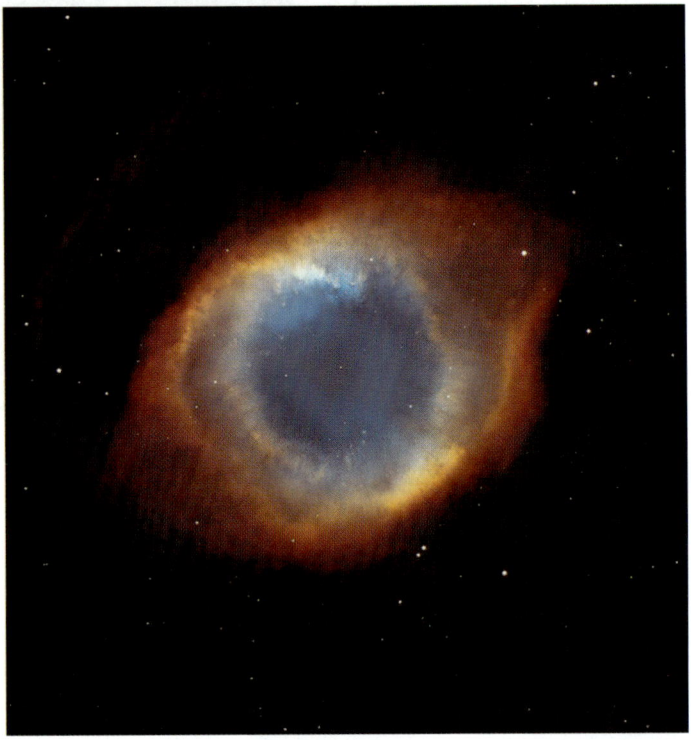

Fig. 12

Fig. 13

La collision annoncée de la Voie lactée avec Andromède, modélisée par l'astrophysicien John Dubinski avec un superordinateur. La figure, qui se lit de gauche à droite et de haut en bas, montre les diverses étapes de cette collision. Après une danse gravitationnelle complexe durant environ un milliard d'années, les deux galaxies vont fusionner pour former une galaxie elliptique. (Document : John Dubinski, Université de Toronto.)

Fig. 14

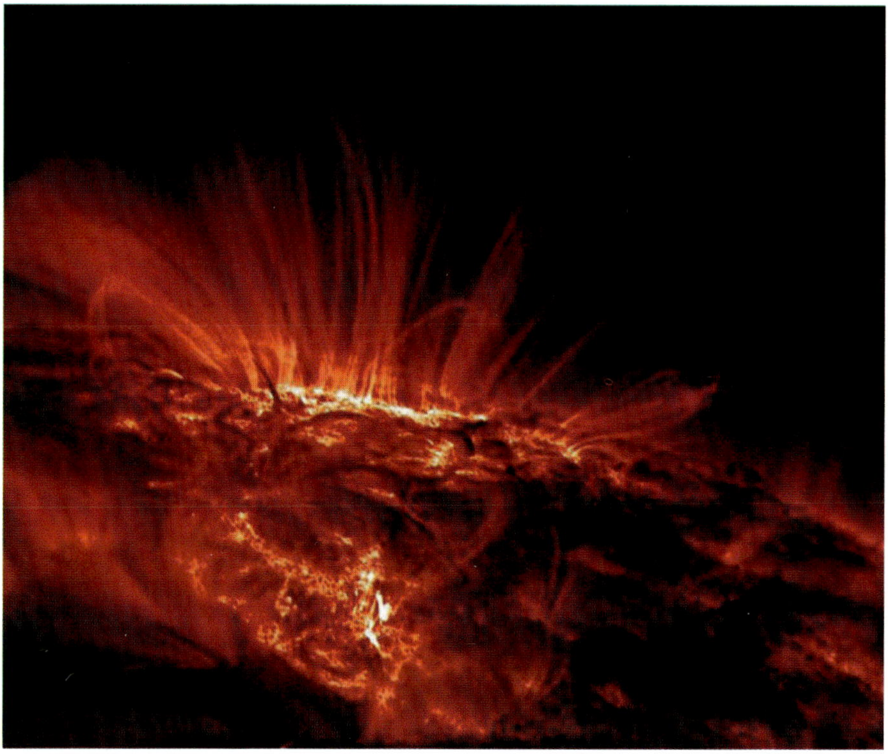

Des taches solaires photographiées par le satellite TRACE en septembre 2000. Celles-ci apparaissent sombres parce que leur température d'environ 4 000 degrés est moins élevée que celle de la surface solaire environnante (quelque 6 000 degrés). Dans la zone brillante près de l'horizon, des lignes magnétiques surgissent des taches solaires et guident la trajectoire de la matière ionisée expulsée de la surface solaire et chauffée à plus d'un million de degrés. (Photo : NASA.)

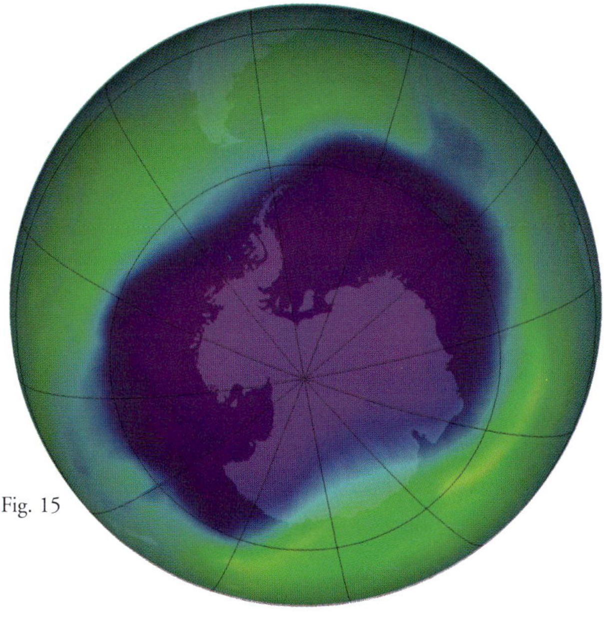

Fig. 15

Le trou d'ozone (en violet) au-dessus du continent de l'Antarctique (dont on a dessiné les contours), photographié le 24 septembre 2006 par le satellite AURA.
(Photo : NASA.)

Fig. 16

Les arches primaire et secondaire d'un arc-en-ciel dans le parc national Wrangel-Saint Elias en Alaska. La bande sombre d'Alexandre est visible entre les deux arches. (Photo : Wikimedia Commons.)

Fig. 17

Un arc-en-ciel causé par les retombées de la chute d'eau Takakkaw Falls au Canada. (Photo : Michael Rogers.)

Un coucher de soleil rougeoyant vu de Roques de los Muchachos à une altitude de 2 400 mètres, dans l'île de La Palma, aux Canaries en Espagne. (Photo : Mario Cogo.)

Fig. 18

Fig. 19

Le rayon vert (la petite bande verte au-dessus du disque solaire) vu à une altitude de 2 400 mètres, de Roques de los Muchachos, dans l'île de La Palma, aux Canaries. L'aplatissement du disque solaire est dû à un effet de réfraction de la lumière de notre astre par l'atmosphère terrestre. (Photo : Mario Cogo.)

Fig. 20

L'écume est blanche bien que l'eau soit bleue. Pourquoi ? Parce que l'écume est formée de bulles d'air entourées d'eau de toutes tailles qui diffusent la lumière du Soleil.

Fig. 21

Un nuage est constitué de minuscules gouttelettes d'eau ou cristaux de glace maintenus en suspension dans l'atmosphère par des mouvements verticaux de l'air.

Fig. 22

La foudre à Pentagon City dans le comté d'Arlington, en Virginie. La structure en dendrites de la foudre montre les nombreux chemins que les charges électriques empruntent pour descendre vers le sol. (Photo : Wikimedia Commons.)

Fig. 23

Une aurore boréale à Anchorage, en Alaska. (© Lovgren Torbjorn / Gamma.)

Un bouquet de fibres optiques. Le diamètre de chaque fibre optique est de l'ordre de celui d'un cheveu humain.
(Photo : Sandia National Laboratories.)

Fig. 24

Fig. 25

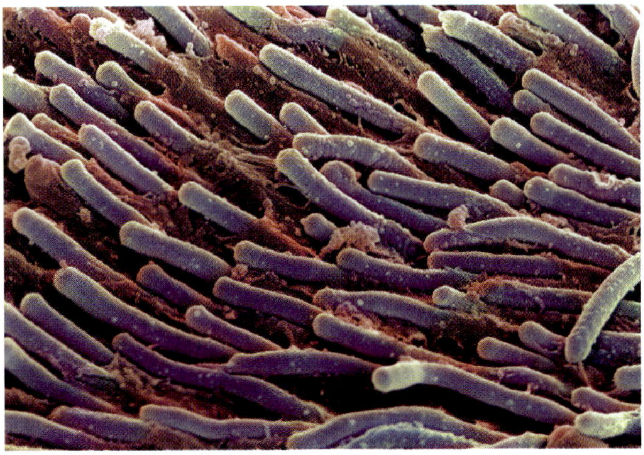

Des bâtonnets à la périphérie de la rétine de l'œil, vus avec un microscope électronique. Ils nous permettent de voir dans des conditions de faible luminosité, mais seulement en noir et blanc.
(© Ouest/S.P.L. / Cosmos.)

Les couleurs selon Goethe. Pour le poète allemand, les couleurs naissent de la rencontre et du dialogue entre lumière et obscurité. Seuls le jaune « tout proche de la lumière », et le bleu « tout proche de l'ombre », sont des couleurs entièrement pures. Entre ces deux pôles opposés, viennent s'ordonner toutes les autres couleurs. (Musée Goethe, Francfort. © BPK, Berlin, dist. RMN / Hermann Buresch.)

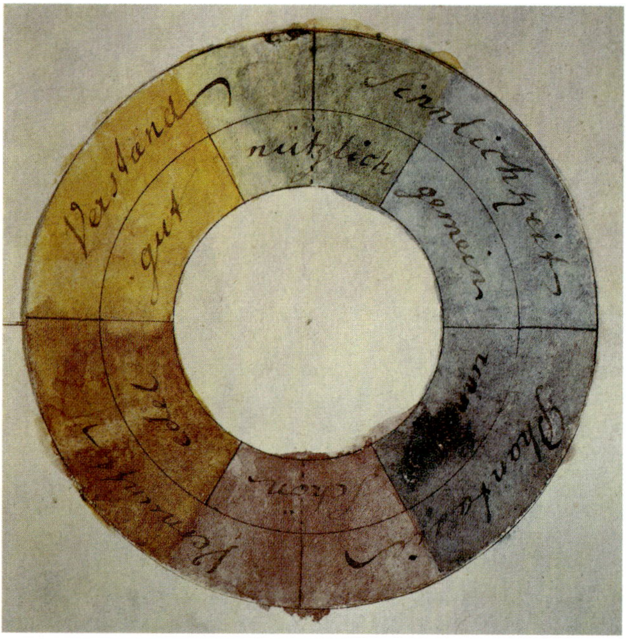

Fig. 26

Fig. 27

Le diptyque Wilton, peint c.1395 pour le roi Richard II d'Angleterre. En Occident, la couleur bleue a pris une connotation religieuse au Moyen-Âge, à partir de la fin du XIIe siècle. La Vierge et les anges sont représentés tout de bleu vêtus. (National Gallery, Londres - © AKG-Images / Erich Lessing.)

Fig. 28

Les somptueux bestiaires de la grotte de Lascaux. La couleur ocre-rouge était déjà utilisée il y a quelque 15 000 ans par les artistes paléolithiques.

Fig. 29

Rain, Steam, Speed : *The Great Western Railing* (Pluie, vapeur, vitesse : le Great Western Railing) du peintre anglais Joseph William Turner. La figuration qui s'estompe, le brouillage des formes (les structures des ponts et de la voie ferrée se dissolvent dans le tourbillon d'une pluie battante), l'abstraction qui prend le dessus, l'utilisation des couleurs et le thème contemporain (ici, l'engouement pour le train et le chemin de fer dans les années 1840 en Angleterre) annoncent l'impressionnisme. (Tate Gallery, Londres / © The Art Archive / Eileen Tweedy.)

Fig. 30

Meule, soleil couchant (1890-1891), un tableau de la série des Meules du peintre français Claude Monet. Les variations de formes et de couleurs provoquées par les changements atmosphériques et par les variations lumineuses, leur traduction dans le langage de la peinture prennent plus d'importance que le sujet représenté. L'œuvre ne se réduit plus à une multitude de tableaux isolés mais prend son sens à travers l'ensemble constitué par la série dont chaque tableau ne représente qu'une partie. (Coll. part. © AKG-Images.)

Fig. 31

Un dimanche après-midi à l'île de la Grande Jatte (1884-1886) du peintre français Georges Seurat. Ce tableau résulte du mariage de l'art et de la science de la vision et de l'optique. Il est l'œuvre fondatrice du pointillisme et l'exemple suprême de la « peinture optique ». (Art Institute, Chicago - © AKG-Images / Erich Lessing.)

La perspective dans la peinture chinoise. Le point de vue unique et la perspective linéaire de l'art occidental sont absents dans la peinture chinoise. Parce que l'observateur n'est plus extérieur au paysage mais y est inclus, plusieurs points de vue différents sont possibles. *Claire journée d'automme à Huaiyang*, Yuan Ji, dynastie des Qing, musée de Nankin. (D.R.)

Fig. 32

Fig. 33

Nature morte au panier (1888-1890) du peintre français Paul Cézanne. A partir de 1880, Cézanne commence à s'éloigner de la perspective unique. Dans ce tableau, la plupart des objets sont vus de deux ou trois points de vue différents. (Musée d'Orsay, Paris - © RMN / Hervé Lewandowski.)

Fig. 34

Yellow, Red, Blue (1925) (Jaune, Rouge, Bleu) du peintre russe Wassily Kandinsky. Selon le peintre, il faut s'affranchir de la fidélité à la réalité visuelle pour communiquer directement la « nécessité intérieure ». Le rôle de l'art est de représenter sur la toile par des traits, des couleurs et des taches les formes spirituelles du monde, les rythmes basiques de l'univers.

Fig. 35

Vitraux d'une des rosaces de la basilique gothique Saint-Denis. Dans l'art gothique, les vitraux ont pour fonction de faire entrer dans la cathédrale la présence divine (« Dieu est lumière ») et de transformer la lumière naturelle en lumière divine.

La discontinuité de la lumière solaire

L'émission de lumière ne s'arrête pas à la surface du Soleil, comme il peut paraître de prime abord. Au-dessus de la photosphère se trouve encore une vaste zone de gaz extrêmement chaud qui émet une lumière invisible à nos yeux[4]. Cette enveloppe de gaz chaud qu'on appelle « couronne solaire » s'étend jusqu'à quelque 10 millions de kilomètres au-dessus de la surface de l'astre (fig. 47). Généralement, on ne peut bien l'observer que lors des éclipses solaires, quand le disque de la Lune bloque la lumière aveuglante du Soleil[5].

Les atomes de gaz du Soleil (ou de toute autre étoile) émettent de la lumière à des énergies très précises qui produisent des raies lumineuses dans son spectre. Le spectre d'une étoile s'obtient en décomposant sa lumière à l'aide d'un prisme en ses différentes composantes d'énergie ou de couleur. Quand la lumière solaire est ainsi décomposée, elle semble à première vue présenter un spectre continu. Mais un examen plus fouillé avec un spectroscope révèle que le spectre de la lumière solaire n'est nullement continu, mais haché par des centaines de raies verticales. Le physicien allemand Joseph von Fraunhofer (1787-1826), inventeur du spectroscope, en catalogua plus de six cents ! Le physicien danois Niels Bohr nous a expliqué en 1913 que cette discontinuité de la lumière est liée à la discontinuité de la matière. En effet, dans le modèle atomique de Bohr, les électrons au sein d'un atome ne peuvent aller où bon leur semble, mais sont dans l'obligation d'évoluer dans des orbites bien définies, à des distances bien précises du noyau. Un grain de

4. Sous peine de risquer une destruction irréversible de la rétine et de devenir aveugles, nous ne devons jamais regarder le Soleil à l'œil nu, sans la protection de lunettes appropriées. Heureusement, nous pouvons néanmoins nous permettre de contempler directement le merveilleux spectacle des levers et couchers de Soleil, le rayonnement solaire étant à ces moments-là absorbé en partie par les couches atmosphériques, et son intensité considérablement diminuée.

5. En 1930, l'astronome français Bernard Lyot a inventé un instrument ingénieux, appelé « coronographe », qui occulte l'image du disque solaire dans le télescope et permet aux astronomes d'observer la couronne solaire sans avoir à attendre une éclipse.

lumière est émis chaque fois qu'un électron accomplit un saut quantique d'une orbite éloignée à une orbite plus rapprochée du noyau. L'énergie du grain de lumière est très exactement égale à la différence entre l'énergie de l'orbite de départ et celle de l'orbite d'arrivée. La disposition des raies lumineuses dans le spectre reflète donc fidèlement l'arrangement des orbites des électrons au sein de l'atome. Cet arrangement est unique pour chaque atome. Il constitue une sorte d'empreinte digitale, de carte d'identité de l'élément chimique. Comme le policier identifie le criminel grâce aux empreintes que celui-ci a involontairement laissées sur la scène du crime, l'astronome reconnaît les éléments chimiques présents dans le gaz d'une étoile grâce à la disposition des raies dans le spectre de cette dernière. Ce sont ces spectres qui nous ont révélé la composition chimique des étoiles, des galaxies et de l'univers tout entier.

La grande majorité des raies du spectre solaire peuvent être attribuées à des éléments chimiques connus sur Terre, comme par exemple le fer, ce qui conforte encore plus l'idée d'une unité profonde entre le ciel et la Terre, mise en avant par Newton lors de sa découverte de la gravitation universelle en 1666. Mais des raies nouvelles ont aussi fait leur apparition. En 1868, les astronomes ont compris que ces raies non familières devaient être causées par un élément chimique inconnu sur Terre, qu'ils baptisèrent du nom d'« hélium » (d'après le mot grec *helios*, qui signifie « Soleil »). Ce n'est qu'en 1895, près de trois décennies après sa découverte dans la lumière décomposée du Soleil, que l'hélium fut découvert sur Terre : c'est ce gaz qui sert à gonfler les ballons multicolores des enfants et à les faire monter haut dans le ciel. C'est lui qui nous donne une voix nasillarde quand nous le respirons...

L'extravagante température de la couronne du Soleil

Dans les années 1920, des observations de la couronne solaire au cours d'éclipses révélèrent que le gaz extrêmement ténu et dilué de cette couronne émettait lui aussi des raies nouvelles. À défaut d'autres informations, les astronomes attribuèrent ces raies inconnues à un nouvel élément chimique non terrestre qu'ils appelèrent « coronium ». Nous savons aujourd'hui que le coronium n'existe pas vraiment, que ces raies ne sont pas dues à une nouvelle sorte d'atome, mais à des atomes familiers qui ont perdu davantage d'électrons que ceux présents dans la photosphère. On dit qu'ils sont plus « ionisés », car un ion n'est rien d'autre qu'un atome qui a perdu des électrons[6]. C'est pourquoi les structures électroniques internes et par conséquent les spectres et raies des atomes présents dans la couronne solaire diffèrent de ceux des atomes et des ions présents dans la photosphère. Ainsi, les astrophysiciens ont identifié des raies coronales provenant d'atomes de fer qui ont perdu 13 de leurs 26 électrons, alors que dans la photosphère la grande majorité des atomes de fer n'ont perdu au plus qu'un ou deux électrons. Cette perte d'électrons est due à la très haute température de la couronne. Les astrophysiciens ont été tout ébahis de découvrir qu'à des milliers de kilomètres au-dessus de la surface solaire, la température, qui devait *a priori* décroître et être beaucoup plus basse que celle de la photosphère, était au contraire des centaines de fois plus élevée ! En effet, les observations montrent que si la température décroît des 5 800 degrés Kelvin de la photosphère à un minimum de 4 500 degrés à quelque 500 kilomètres au-dessus de celle-ci, elle augmente ensuite de façon spectaculaire, jusqu'à atteindre un million de degrés à une altitude de 10 kilomètres ! Elle croît ensuite plus graduellement pour s'établir à une valeur moyenne constante de 3 millions de degrés à une altitude de quelque 10 000 kilomètres, avec çà et là des zones plus chaudes pouvant atteindre plusieurs fois la température moyenne. Ces très hautes températures font que le Soleil émet, au-delà de sa surface visible, de la lumière extrêmement énergétique sous forme de rayons ultraviolets et X.

Pourquoi la température augmente-t-elle alors qu'on s'éloigne du feu nucléaire central ? Nul ne possède à l'heure actuelle d'explication complète. Elle est d'autant plus difficile à formuler que le réchauffement se fait de manière abrupte, sur quelques centaines

6. Il en résulte que si les atomes sont neutres, les charges positives de leurs protons dans les noyaux étant exactement contrebalancées par les charges négatives de leurs électrons, les ions, eux, sont chargés positivement.

de kilomètres à peine. Les astronomes pensent qu'il est dû à des perturbations magnétiques à la surface de l'astre. En effet, celui-ci est une sorte d'aimant géant avec des lignes de champ magnétique qui le traversent de part en part, émergeant près des pôles magnétiques Nord et Sud. Mais, au contraire d'un aimant, le Soleil n'est pas solide et met plus de temps à faire un tour sur lui-même aux pôles (35 jours) qu'à l'équateur (25 jours). À cause de cette rotation différentielle, les lignes magnétiques au sein de l'astre s'étirent, se tordent et s'entremêlent (fig. 48). Certaines émergent à la surface, créant des zones sombres de la taille de la Terre. Ce sont les « taches solaires » découvertes par Galilée au XVIIe siècle (fig. 14 cahier couleur). Elles paraissent sombres non parce que ces régions n'émettent pas de lumière, mais parce que leur température est de quelque 1 300 degrés inférieure à celle de la surface solaire. De temps à autre, des lignes de champ magnétique de polarité opposée peuvent se rencontrer et s'annihiler. Ce processus libère une grande quantité d'énergie, accélérant des particules et créant des ondes qui se propagent dans le gaz ténu de la couronne solaire et le réchauffent.

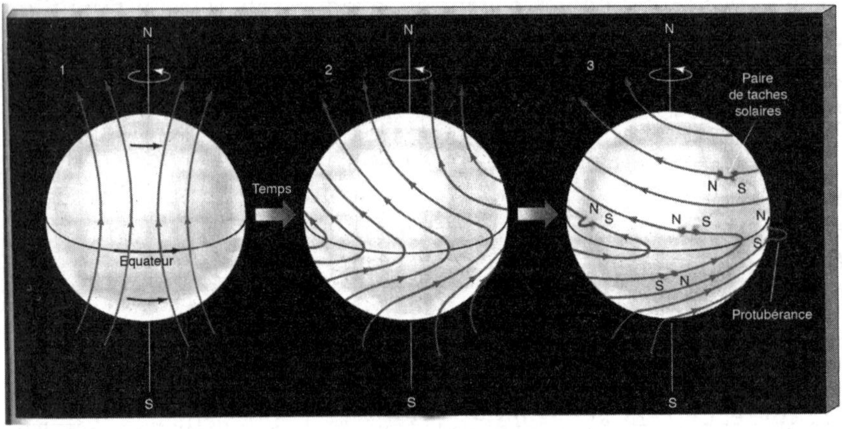

Fig. 48 : Le champ magnétique à l'intérieur du Soleil. La rotation différentielle du Soleil fait que les lignes magnétiques s'étirent et se tordent. Certaines émergent à la surface, formant une boucle et créant des paires de taches solaires. Si la boucle est vue au bord du disque du Soleil, elle donne lieu à une arche de feu, appelée protubérance, faite de matière ionisée éjectée de la surface du Soleil et canalisée par les lignes magnétiques.

Le Soleil, fantastique source d'énergie

La vie sur Terre a besoin d'énergie pour se maintenir et se développer. Cette énergie, le Soleil en a à revendre sous forme de lumière. En nous la prodiguant, notre astre est source de toute vie sur la planète bleue. La puissance (ou énergie par unité de temps) totale qu'il émet est de 400 millions de milliards de milliards (4×10^{26}) de watts, soit autant d'énergie dégagée par seconde que 100 milliards de bombes atomiques d'une mégatonne chacune, ou un million de milliards de milliards de centrales électriques de 1 000 mégawatts chacune. Il suffirait de trois minutes de cette fantastique énergie pour faire fondre l'écorce terrestre, ou de six secondes pour faire s'évaporer tous les océans de Terre. Si ces catastrophes ne surviennent pas, c'est que la plus grande partie de cette énorme énergie est rayonnée et perdue dans l'espace. La Terre, minuscule havre des hommes perdu dans l'immensité cosmique, n'en reçoit qu'une infime partie : environ un dixième de milliardième.

La quantité de lumière solaire reçue par notre planète dépend de plusieurs facteurs : la distance Soleil-Terre (plus la Terre est éloignée de son astre, plus la quantité d'énergie reçue est faible, celle-ci décroissant comme l'inverse du carré de leur distance), les variations saisonnières et la quantité d'énergie absorbée et réémise dans l'espace par l'atmosphère terrestre.

La Terre accomplit son périple annuel autour du Soleil en suivant une orbite presque circulaire d'un rayon moyen de 150 millions de kilomètres. Ce qui veut dire que la lumière solaire, qui voyage à la vitesse de 300 000 kilomètres par seconde, nous parvient toujours avec un délai de 8 minutes après avoir quitté la surface solaire : si une main géante venait à enlever notre astre, nous ne nous en apercevrions qu'au bout de 8 minutes ! La distance moyenne Terre-Soleil ne varie pas de plus de 2 %, la Terre étant sur son orbite à 147 millions de kilomètres à son point le plus proche du Soleil, et à 152 millions de kilomètres à son point le plus distant. D'où des variations de température qui ne dépassent pas quelques dixièmes de degré à l'échelle du globe. Pas de quoi fouetter un chat ! Ce n'est donc certainement pas la distance séparant la Terre du Soleil qui est responsable des chaleurs torrides en été ou des morsures glaciales de l'hiver. C'est en fait l'inclinaison de l'axe de rotation de la Terre qui est responsable de la ronde des saisons. En effet, notre globe ne se tient pas droit, mais est incliné d'un angle de 23,5 degrés par rapport au plan de l'écliptique – plan dans lequel toutes les planètes (à l'exception de Pluton) décrivent inlassablement leurs orbites. On pense que lors de sa formation, il y a quelque 4,5 milliards d'années, un énorme astéroïde l'a percuté, le faisant se pencher de côté[7].

La ronde des saisons

Parce qu'elle est inclinée, la Terre ne reçoit pas la même quantité d'énergie et de chaleur en tous ses endroits ni à tout moment de son périple annuel autour du Soleil. En juin, son inclinaison fait que l'hémisphère Nord penche plus vers le Soleil et reçoit davantage de sa chaleur, tandis que l'hémisphère Sud en est plus éloigné et bénéficie moins de ses rayons. Alors que les Espagnols et les Grecs profitent de l'été pour faire brunir leurs corps sur les plages, les Chiliens et les Australiens s'emmitouflent dans leurs manteaux pour se protéger contre les assauts de l'hiver. Les différences de température entre les régions situées au-dessus et au-dessous de l'équateur sont d'autant plus marquantes que les rayons du Soleil tombent presque à la verticale pendant l'été dans l'hémisphère Nord, y produisant un intense réchauffement, alors que pendant l'hiver, dans l'hémisphère Sud, ils arrivent obliquement, rasant presque le sol et y produisant un très faible réchauffement. La situation s'inverse en janvier, six mois plus tard. Parce que l'orientation de l'axe de rotation de la Terre est relativement constante, c'est maintenant l'hémisphère Nord qui est plus éloigné du Soleil et qui reçoit moins de sa chaleur et moins de sa lumière que l'hémisphère Sud. C'est au tour des Français de goûter aux joies des sports d'hiver, et aux Brésiliens de profiter des plaisirs de la plage. Ainsi va la ronde des saisons. La prochaine fois que vous contemplerez le festival des teintes ocre et

7. Voir mon ouvrage *Le Chaos et l'Harmonie, op. cit.*, pp. 46-49.

mauves de l'automne et que vous serez subjugué par le spectacle printanier du renouveau de la nature, dites-vous bien que c'est parce que la Terre est penchée de côté.

En moyenne, une région comme le Maroc reçoit moitié plus de lumière en été qu'en hiver. Les effets s'accentuent avec la latitude : au pôle Nord, les Inuit bénéficient du Soleil de minuit pendant tout l'été, alors que l'Antarctique est plongé dans une obscurité complète des mois durant. La petite variation de la distance de la Terre au Soleil pendant son voyage annuel autour du Soleil produit un léger effet qui accentue ou atténue celui de l'inclinaison de la Terre. Quand l'été arrive dans l'hémisphère Nord et l'hiver dans l'hémisphère Sud, la Terre se trouve légèrement plus éloignée du Soleil, ce qui adoucit quelque peu les températures brûlantes de la saison estivale dans l'hémisphère Nord et rend l'hiver un peu plus rigoureux dans l'hémisphère Sud. Six mois plus tard, la Terre se trouve un peu plus proche du Soleil, et l'hiver dans l'hémisphère Nord est légèrement plus doux et l'été dans l'hémisphère Sud un peu plus torride. En moyenne, les habitants de l'hémisphère Nord bénéficient donc de températures légèrement plus clémentes que ceux qui vivent au-dessous de l'équateur.

En sera-t-il toujours ainsi ? Tel serait le cas si l'axe de rotation de la Terre demeurait fixe dans l'espace et restait toujours pointé vers l'étoile polaire (Polaris), dans la constellation de la Petite Ourse. Par son immobilité presque parfaite dans le ciel, d'heure en heure et nuit après nuit, Polaris, en indiquant le nord, a toujours été une inestimable source de réconfort et d'aide pour les voyageurs au fil des siècles. Mais la direction de l'axe de rotation de la Terre n'est pas fixe. Il décrit dans l'espace un cône d'un demi-angle de 23,5 degrés, tout comme l'axe de rotation d'une toupie. Les physiciens appellent cela un mouvement de « précession ». Ce mouvement est causé par l'interaction gravitationnelle mutuelle entre la Terre, la Lune et le Soleil. Mais la période du mouvement de précession de la Terre n'est pas de quelques secondes, comme dans le cas de la toupie ; elle est de quelque 26 000 ans ! Ainsi, dans quelque 14 000 ans, nos descendants verront l'axe de rotation de la

Terre toujours incliné en moyenne de 23,5 degrés, mais pointé vers une autre étoile appelée Véga, dans la constellation de la Lyre. En cette période lointaine, la Terre sera plus proche du Soleil dans son orbite lorsqu'il fera été et plus éloignée quand il fera hiver dans l'hémisphère Nord. Ce sera au tour de ceux qui habitent au-dessus de l'équateur de souffrir de températures plus marquées que ceux qui sont au-dessous.

Les glaces envahissent la Terre

Les différences de température s'accentuent d'autant plus avec la latitude que l'inclinaison de la Terre est grande. Est-il possible que l'axe de rotation de la Terre ait un comportement fantasque et que son orientation change du jour au lendemain ? La réponse est non. Cet axe a un comportement très sage. Sur un million d'années, il n'a pas varié de plus de 1,3 degré par rapport à son inclinaison moyenne de 23,5 degrés. Fort heureusement pour nous, car si cette variation avait été plus grande, la vie sur Terre n'aurait pu éclore et se développer. Mais cela ne veut pas dire que cette faible variation est exempte de conséquences. Même une petite variation peut avoir des effets appréciables sur le climat terrestre. Si la Terre était soudain inclinée d'un angle de 1,3 degré de plus vers le Soleil, un Finlandais vivant à une latitude de 65 degrés au-dessus de l'équateur recevrait 20 % de chaleur solaire de plus en été et, six mois plus tard, 20 % de chaleur solaire de moins en hiver.

Si d'autres conditions étaient remplies, cette diminution de lumière solaire reçue pourrait être suffisante pour déclencher des changements climatiques profonds. À l'extrême, la glace pourrait envahir la Terre. Selon l'astronome yougoslave Miloutine Milanković (1879-1958), de grandes périodes glaciaires peuvent survenir par suite d'un concours de circonstances très particulier : quand la Terre est le plus près du Soleil dans son orbite et qu'on est en hiver dans l'hémisphère Nord. L'hiver est alors très doux (le Soleil, plus rapproché, chauffe davantage) et très court (la plus forte gravité du Soleil tire la Terre plus vite dans son orbite, abrégeant la saison froide). En revanche, l'été sera frais et long. Du fait de cette fraîcheur, la neige tombée pendant l'hiver ne pourra fondre totalement. En s'accumulant au fil des années, la neige non fondue se transforme en glace et agit comme un miroir pour renvoyer la lumière solaire dans l'espace, accentuant davantage encore le refroidissement. Si, de surcroît, la Terre est moins penchée à cette époque-là, étant inclinée par exemple de seulement 22 degrés, l'été déjà frais le sera davantage encore, et la Terre entrera alors dans une période de glaciation. L'analyse des sédiments marins, mémoires des climats anciens, nous confirme le scénario imaginé par Milanković. Elle nous dit que les températures moyennes des océans pendant les étés qui précédaient les périodes de glaciation étaient en effet plus fraîches.

La Lune stabilise le comportement chaotique de l'axe de la Terre

L'axe de rotation de la Terre, on l'a dit, n'a pas varié de plus de 1,3 degré dans le dernier million d'années. Et pourtant, cette constance n'est pas *a priori* évidente. Il suffit d'examiner le cas de notre voisine Mars, inclinée aujourd'hui de 25,2 degrés, à peine quelques degrés de plus que la Terre. Or il n'en a pas toujours été ainsi. On pense que son axe de rotation a eu un comportement erratique et a varié par le passé de quelque 10 degrés, créant des saisons extrêmes. C'est probablement la chaleur d'étés torrides qui a fait s'évaporer l'eau qui coulait à flots sur la surface de la planète rouge il y a quelque deux milliards d'années, ne laissant que des lits asséchés de fleuves et de rivières pour rappeler son ancienne splendeur.

Pourquoi l'axe de rotation de Mars s'est-il montré si fantasque, alors que le comportement de l'axe de la Terre a été confondant de sagesse ? C'est très probablement lié à la différence de taille entre les satellites des deux planètes. De toutes les planètes telluriques du système solaire (celles qui possèdent un sol solide), seule la Terre est dotée d'une grosse lune. Mercure et Vénus n'ont pas de satellite. Mars a deux lunes de très petite taille, deux gros astéroïdes d'une trentaine et d'une vingtaine de kilomètres de diamètre, appelés Phobos et Deimos. Leur masse est si modeste que leur faible gravité n'a pas pu les sculpter en une forme ronde, si bien qu'elles présentent un contour irrégulier. En revanche, notre chère Lune, muse des amoureux et des poètes, est autrement plus grosse. Avec un rayon de 1 738 kilomètres, une masse représentant 1,2 % de celle de la Terre et une gravité d'un sixième de la gravité terrestre (si votre poids est ici-bas de 72 kilogrammes, vous n'en pèseriez que 12 sur la Lune), notre satellite a été modelé par les forces de gravité en un corps sphérique qui reflète la lumière solaire et illumine les campagnes endormies d'une douce clarté. La Lune n'est pas seulement responsable du flux et du reflux des océans, c'est elle aussi qui stabilise l'axe de rotation de la Terre.

Comment les astrophysiciens s'en sont-ils aperçus ? Bien sûr, ils ne peuvent jouer aux dieux créateurs et décider d'enlever la Lune pour voir ce qui se passerait si elle n'était plus là. Mais ils ont recours aux ordinateurs. Ceux-ci leur disent que, en l'absence de la Lune, l'axe de rotation de la Terre se comporterait de façon totalement chaotique[8]. Son comportement deviendrait imprévisible et son inclinaison pourrait brusquement varier de 0 degré (la Terre se tiendrait droite) à 85 degrés (elle serait presque couchée dans le plan de l'écliptique). Ces changements d'inclinaison entraîneraient des modifications climatiques profondes, nocives pour la vie sur Terre. Si la Terre se tenait droite, la quantité de lumière et de chaleur solaires reçues en chaque point du globe serait la même toute l'année (en négligeant les petites variations dues au fait que l'orbite terrestre autour du Soleil n'est pas un cercle parfait, mais une ellipse). En revanche, si elle était couchée dans le plan de l'écliptique (comme la planète Uranus), la moitié de la Terre serait plongée dans l'obscurité et la froideur glaciale d'un hiver de six mois, tandis que l'autre moitié serait exposée aux rayons brûlants d'un Soleil estival torride – situation qui s'inverserait six mois plus tard. Avec de tels extrêmes climatiques qui nous tomberaient dessus sans crier gare (à cause de son comportement chaotique, nous serions incapables de prévoir ce que l'axe de rotation de la Terre pourrait faire), la vie n'aurait eu aucune possibilité de se développer et de prospérer. En

---

8. Voir à ce sujet mon ouvrage, *Le Chaos et l'Harmonie, op. cit.*

stabilisant le caractère inconstant de l'axe de rotation de la Terre, la Lune, fille de la Terre (on pense qu'elle a été arrachée de la croûte terrestre lors de la violente collision d'un gros astéroïde avec la Terre il y a quelque 4,5 milliards d'années), est donc, en fin de compte, responsable de notre présence ici-bas.

Le Soleil chauffe la Terre

La Terre reçoit en moyenne du Soleil une énergie par seconde (ou puissance) de 342 watts par mètre carré (W/m^2), comparable à celle reçue d'une ampoule de 50 watts distante d'une dizaine de centimètres. Une grande partie de ce rayonnement (environ 42 %) est de nature « visible », c'est-à-dire perceptible par nos yeux. L'évolution a en effet doté l'homme (ainsi que de nombreuses autres espèces) d'yeux, merveilleux récepteurs de lumière qui nous permettent de fonctionner et d'évoluer dans un monde illuminé par l'éclat de notre astre. Mais le Soleil émet aussi bien d'autres sortes de lumières, invisibles à nos yeux et qui composent avec la lumière visible ce qu'on appelle le spectre électromagnétique. Notre astre émet des rayons ultraviolets (9 %), responsables des coups de soleil quand nous nous exposons trop à la lumière solaire, et infrarouges (49 %), avec une toute petite dose de rayons gamma, X et radio. Parce que l'atmosphère constitue une couche qui protège la vie des rayons ultraviolets énergétiques et nocifs du Soleil, et qu'elle est opaque à la grande majorité des rayons infrarouges, le rayonnement solaire qui parvient jusqu'au sol terrestre est essentiellement de nature visible. Du rayonnement solaire visible, environ un tiers est réfléchi dans l'espace par les nuages dans la haute atmosphère ou par la surface terrestre, tandis que les deux tiers restants sont absorbés et convertis en chaleur soit au sein de l'atmosphère, soit à la surface du globe. C'est ainsi que les rayons visibles du Soleil viennent nous caresser la peau et réchauffer les objets présents sur Terre durant le jour. Mais la surface terrestre (ou tout autre objet) ne peut absorber indéfiniment de la lumière et de la chaleur solaires et se réchauffer ainsi de plus en plus : sinon, notre planète deviendrait invivable. Au fur et à mesure que le sol se réchauffe, il va lui aussi rayonner de plus en plus. Au bout du compte, la Terre va rayonner dans l'espace autant d'énergie qu'elle en reçoit du Soleil, et un équilibre s'instaure.

Si la Terre n'avait pas d'atmosphère, la température d'équilibre serait d'un frigorifique – 23 degrés Celsius, et notre planète ne serait qu'une boule glacée inhospitalière ! Heureusement pour nous, la Terre possède bel et bien une atmosphère. Celle-ci va exercer un effet de serre qui va lui conférer une température beaucoup plus agréable et propice à la vie. Le vitrage d'une serre laisse passer la lumière visible du Soleil qui chauffe les plantes. Or tout corps chauffé à une température supérieure au zéro absolu (0 degré Kelvin ou – 273 degrés Celsius), qu'il s'agisse de votre corps, du livre que vous tenez entre vos mains, des objets qui vous entourent, rayonne de l'énergie. L'émission et l'énergie du rayonnement sont d'autant plus élevées que la température du corps qui rayonne est élevée. Un objet doté d'une température de quelques dizaines de degrés Celsius rayonne surtout dans l'infrarouge ; celui doté d'une température de quelques milliers de degrés Celsius (comme la surface du Soleil) rayonne surtout dans le visible ; celui doté d'une température de quelques dizaines de milliers de degrés Celsius (comme la surface d'une étoile massive) rayonne surtout dans l'ultraviolet. Les plantes chauffées par le Soleil à quelques dizaines de degrés Celsius émettent donc des ondes infrarouges. Mais, si les vitres de la serre sont transparentes à la lumière visible, elles sont opaques à la lumière infrarouge. La chaleur solaire se retrouve alors emprisonnée, ce qui fait que l'intérieur de la serre est plus chauffé que l'extérieur, permettant aux fruits, légumes et autres fleurs de bénéficier d'une température clémente, même pendant les jours les plus rigoureux de l'hiver[9].

De même, l'atmosphère terrestre contient des gaz dits « à effet de serre ». Leurs structures moléculaires font que ces gaz, à l'instar de la vitre d'une serre, laissent passer la lumière visible, mais absor-

9. Outre l'opacité du verre aux rayons infrarouges, le réchauffement de la serre résulte aussi du fait que les vitres de la serre éliminent les mouvements convectifs de l'air qui causent une perte de chaleur.

bent une grande partie de la lumière infrarouge. Les plus importants sont le gaz carbonique (ou dioxyde de carbone), la vapeur d'eau et le méthane (exhalé par des microbes dans l'estomac des bovins et autres ruminants) (fig. 49). L'atmosphère terrestre exerce un effet

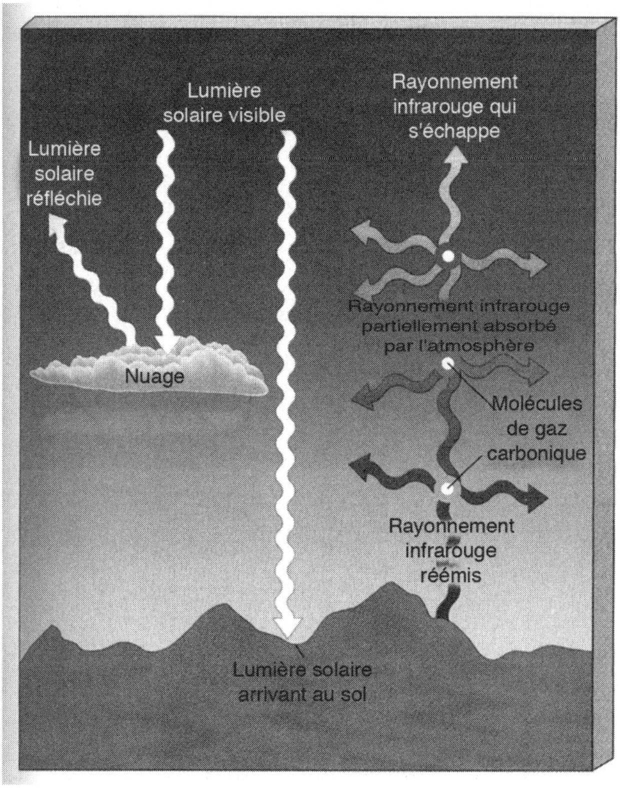

Fig. 49 : L'effet de serre. La lumière solaire non réfléchie par les nuages arrive à la surface de la Terre et la réchauffe. La lumière infrarouge produite par le sol réchauffé est partiellement absorbée par le gaz carbonique dans l'atmosphère, ce qui provoque un réchauffement de la planète.

de serre extrêmement bénéfique qui réchauffe notre planète de quelque 40 degrés supplémentaires, permettant à la vie de s'y développer. Au lieu d'un frigorifique – 23 degrés, la température moyenne y est un très agréable et printanier 17 degrés. Si bien qu'au lieu d'être une boule de glace dépourvue de vie, la Terre est recouverte aux trois quarts d'océans liquides, ce qui lui vaut son joli nom de « planète bleue ». Au lieu de paysages désertiques et glacés s'étendant à perte de vue, s'offrent à nos yeux prairies, forêts et champs de fleurs qui mettent du baume à l'âme.

Un « effet de serre » catastrophique

Comme il existe un bon et un mauvais cholestérol, il y a un bon et un mauvais « effet de serre ».

L'effet de serre qu'exerce l'atmosphère terrestre joue un rôle bénéfique certain pour notre planète. Mais ce qui est bénéfique à petites doses peut devenir mortel à fortes doses. L'homme doit bien veiller à ne pas perturber l'équilibre que notre écosphère a si patiemment instauré pendant des milliards d'années, en provoquant un soudain emballement de cet effet de serre. La teneur du principal gaz à effet de serre dans l'atmosphère terrestre, le gaz carbonique, est pour l'instant très faible : de l'ordre de 0,03 %. Mais une élévation de cette teneur pourrait avoir des conséquences catastrophiques sur l'équilibre écologique de notre planète et la rendre invivable. Les échantillons de glace prélevés dans l'Antarctique, véritables mémoires des temps anciens, nous racontent que, alors que la teneur en gaz carbonique de l'atmosphère terrestre était à peu près constante dans les périodes préindustrielles, elle a augmenté abruptement vers 1850, quand l'ère industrielle a commencé. Depuis lors, elle a crû de 30 % et continue de croître d'environ 0,5 % chaque année. La concentration du gaz carbonique n'a jamais été aussi élevée depuis 420 000 ans. Cette augmentation est sans nul doute due à l'activité inconsidérée de l'homme qui ne cesse de brûler toujours plus de pétrole et de charbon pour faire rouler toujours plus de voitures et fabriquer toujours plus de produits avec ses usines.

Dans le même temps, les relevés météorologiques nous disent que la température de la Terre n'a cessé en moyenne de s'élever à partir de l'ère industrielle, lentement au cours des cent premières années, puis à un rythme accéléré. Cette augmentation presque simultanée de la teneur en gaz carbonique et de la température globale ne saurait être fortuite. De fait, c'est l'accroissement du taux de gaz carbonique dans l'atmosphère qui a causé le réchauffement global : les mesures montrent que les variations de température suivent celles du gaz carbonique comme leur ombre. Au cours du siècle écoulé, la Terre s'est réchauffée d'environ 0,6 degré ; si l'homme persiste à jouer la politique de l'autruche, à ne rien changer à sa manière de vivre et à continuer à déverser des tonnes de gaz carbonique dans l'atmosphère de sa planète, on prévoit que les deux cents années à venir verront une augmentation de la température moyenne du globe de 2 à 5 degrés. Ces quelques degrés supplémentaires seront suffisants pour entraîner la montée du niveau des océans, due à l'expansion thermique du volume de l'eau et à la fonte des banquises polaires, provoquant des inondations côtières catastrophiques et submergeant des îles entières. Paris et Los Angeles seront submergées et les Maldives disparaîtront sous les eaux. Le climat chaud deviendra extrême : vagues de chaleur (plus fortes encore que la canicule qui a tué des milliers de personnes âgées durant l'été 2003 en France), feux de forêt, sécheresses, inondations, tempêtes et ouragans (comme Katrina qui a dévasté La Nouvelle-Orléans en 2005) deviendront de plus en plus violents et se succéderont sans répit.

Les températures seront plus brûlantes au cœur des continents que près ou dans les océans, et le réchauffement sera plus marqué aux hautes latitudes. Tandis que des périodes de sécheresse sans pareilles s'abattront sur des régions comme le Bassin méditerranéen ou l'Afrique du Sud, d'autres régions comme l'Inde ou l'Indonésie, connaîtront des pluies diluviennes et des inondations dévastatrices. L'extrême humidité régnant dans ces régions favorisera le développement d'innombrables colonies de moustiques, vecteurs de maladies. Paludisme, dengues et autres fièvres hémorragiques toucheront une grande partie des populations [10]. L'effet de serre pourrait s'emballer et transformer la Terre en une véritable fournaise. Nous avons un exemple de ce processus juste à nos portes, sur notre voisine la planète Vénus : la teneur en gaz carbonique dans l'atmosphère vénusienne s'est emballée jusqu'à atteindre

10. Pour une description détaillée de ces catastrophes annoncées pour la Terre, voir mon ouvrage *Origines, op. cit.*

96,5 %, ce qui a provoqué un gigantesque effet de serre sur cette planète. La température moyenne en surface y est de 457 degrés Celsius, soit plus de quatre fois et demie celle de l'eau bouillante ! Le plomb y fondrait en un rien de temps. L'homme sera-t-il assez sage pour épargner un tel sort à sa planète ?

La Terre rayonne la chaleur qu'elle a emmagasinée en son sein

La Terre n'est pas seulement chauffée par le Soleil, elle se chauffe aussi en partie par l'énergie qui se dégage de l'intérieur d'elle-même. Cette énergie n'est pas d'origine nucléaire, comme chez les étoiles. Les planètes ne possèdent pas un cœur assez chaud pour fusionner l'hydrogène et briller comme les étoiles. Elles se contentent de refléter la lumière de leur astre. La chaleur dégagée par la Terre provient d'éléments radioactifs comme l'uranium, le thorium et le plutonium qui se trouvent en son sein. Ces éléments émettent de la chaleur et de l'énergie sous forme de rayonnements et de particules élémentaires quand leurs noyaux lourds, complexes et instables, se désintègrent spontanément, après un certain temps, pour se transmuter en noyaux plus légers, plus simples et plus stables. Ce processus de désintégration spontanée avec émission de particules et de rayonnements est appelé « radioactivité ». Le temps que met un élément pour se désintégrer dépend de sa nature. Ainsi, en moyene, la moitié d'un ensemble d'atomes d'uranium 238 se désintègre au bout de 4,5 milliards d'années[11]. Pour l'uranium 235, ce temps est de 713 millions d'années ; pour le thorium, de 13,9 milliards d'années, et pour le plutonium, de 2,4 millions d'années. Si l'énergie produite par la désintégration d'un seul atome radioactif est très faible et si le temps de désintégration est extrêmement long, la Terre contient beaucoup d'atomes radioactifs et dispose des millions, voire des

11. On dit alors que la « demi-vie » de l'uranium 238 est de 4,5 milliards d'années. Du fait de la nature non déterministe de la mécanique quantique – la théorie physique qui décrit le comportement des atomes et des particules subatomiques –, nous ne pouvons dire à quel moment précis un certain atome va se désintégrer. Nous pouvons seulement prédire que, au bout d'un certain temps, un ensemble d'atomes va se désintégrer.

milliards d'années nécessaires à la désintégration de ses éléments radioactifs. C'est en partie grâce à cette énergie et à cette chaleur d'origine radioactive (on l'appelle « énergie géothermique ») que notre planète conserve un cœur chaud et reste géologiquement active : elles sont à l'origine des « fureurs » des volcans et des mouvements des plaques tectoniques à l'œuvre à sa surface.

Au total, l'intérieur de la Terre émet un flux de chaleur de 0,87 W/m^2, soit près de 400 fois moins que les 342 W/m^2 qu'elle reçoit du Soleil ! S'il n'y avait que la chaleur géothermique pour chauffer la Terre, celle-ci n'aurait qu'une température moyenne de – 243 degrés Celsius, soit à peine une trentaine de degrés de plus que la température frigorifique de l'espace intergalactique (– 270 degrés). C'est seulement grâce à la bienfaisante chaleur du Soleil que la température fait un énorme saut de 220 degrés pour passer à – 23 degrés. Et c'est finalement l'effet de serre exercé par l'atmosphère terrestre qui fournit, nous l'avons vu, les 40 degrés supplémentaires pour doter la Terre de sa très agréable température moyenne de 17 degrés.

Le rayonnement radioactif naturel qui émane de la Terre crée-t-il un danger pour notre santé ? Risque-t-il d'accroître l'incidence des cancers ? Cela ne semble pas être le cas : aucune étude n'a pu mettre en évidence un risque quelconque dû à la radioactivité naturelle.

Bilan en rayonnements de la Terre

Avec ces différentes sources de rayonnement, la Terre ne court-elle pas le danger d'être surchauffée et de voir sa température s'élever indéfiniment ? La réponse est assurément non, car notre planète a su trouver des moyens judicieux et efficaces pour rayonner autant d'énergie qu'elle en reçoit du Soleil, établir un équilibre thermique approprié et maintenir à sa surface une température constante.

Pour en avoir le cœur net, faisons son bilan en rayonnements. Des 342 W/m^2 reçus du Soleil, essentiellement sous forme de lumière visible (nous avons vu que la grande majorité des rayons ultraviolets et infrarouges sont bloqués par l'atmosphère), environ 30 % (107 W/m^2) sont réfléchis par l'atmosphère et le sol ; le reste

(235 W/m^2) est absorbé par les nuages (67 W/m^2) et la surface terrestre (168 W/m^2), et converti en chaleur. La chaleur absorbée par le sol chauffe l'air en contact avec ce dernier, et l'air chauffé réémet 24 W/m^2 vers l'espace. La chaleur du sol sert aussi à évaporer l'eau, ce qui occasionne une perte additionnelle de 78 W/m^2. Quant à la chaleur dégagée par la surface terrestre réchauffée par les rayonnements solaire et géothermique (350 W/m^2), elle est émise sous forme de rayonnement infrarouge. La plus grande partie de ce rayonnement infrarouge (324 W/m^2) est absorbée par les gaz à effet de serre dans l'atmosphère et réémise vers la surface terrestre. Seule une très petite partie (26 W/m^2) est perdue dans l'espace. Au total, la Terre réémet donc 107 + 24 + 78 + 26 = 235 W/m^2 vers l'extérieur. C'est exactement le montant qu'elle reçoit du Soleil : ouf, la température de notre havre cosmique ne va pas continuer à croître indéfiniment ! Du moins si l'homme ne vient pas perturber ce subtil et délicat équilibre par son activité inconsidérée [12]...

Les taches solaires et le prix du blé

Si la beauté fleurie du printemps et les ocres de l'automne, si le vent glacial de l'hiver et les douces soirées de l'été, si donc la ronde des saisons résulte du fait que la Terre est inclinée et ne reçoit pas la même quantité de lumière et de chaleur au cours de son périple annuel autour de notre astre, si le réchauffement de la Terre n'est pas constant au cours de l'année, qu'en est-il de la quantité de lumière émise par le Soleil ? Se peut-il que celle-ci varie et déclenche alors des catastrophes climatiques sur notre planète ?

La luminosité du Soleil a certes varié au cours de sa vie passée. Il y a 4,5 milliards d'années, il venait de naître et son mouvement de contraction, à partir du nuage interstellaire originel, n'était pas terminé. Son cœur était moins chaud et moins dense, et il brûlait moins de combustible d'hydrogène. La température en son cœur était de 10 millions de degrés Kelvin, juste assez pour déclencher la

---

12. Les chiffres utilisés ici pour faire le bilan en rayonnements de la Terre sont extraits de l'article « Le Soleil et la Terre », par Christian Ngô, dans *Soleil*, Fayard/Cité des sciences et de l'industrie, Paris, 2004, p. 100.

fusion nucléaire ; celle de sa surface, de 4 500 degrés, soit 1 500 de moins que sa température actuelle ; son rayon était d'un million de kilomètres, et sa brillance seulement des deux tiers de sa luminosité actuelle. Au bout de quelque 50 millions d'années, le jeune Soleil s'est enfin stabilisé avec un rayon de 696 000 kilomètres pour devenir l'astre actuel, avec des températures plus brûlantes : 20 millions de degrés au centre, 6 000 à la surface, et une luminosité environ 30 % supérieure. Depuis lors, le Soleil semble en équilibre stable, la poussée du rayonnement intérieur qui tend à le faire éclater étant exactement contrebalancée par sa gravité qui tend à le comprimer.

Qu'en est-il de la luminosité du Soleil actuel ? Elle n'est pas tout à fait constante. Mais sa variation est bien moindre : non pas de 30 %, comme pour le jeune Soleil, mais de moins de 1 %. C'est l'astronome germano-britannique William Herschel (1738-1822), découvreur de la planète Uranus, qui le premier a mis en avant l'inconstance du Soleil par un raisonnement assez ingénieux. Il avait observé que les taches solaires découvertes par Galilée n'étaient pas permanentes, mais qu'elles apparaissaient et disparaissaient au fil du temps. Herschel pensa très justement que le nombre de ces taches solaires était lié à l'activité du Soleil, que le Soleil possédait d'autant plus de taches qu'il était plus actif. Il eut l'idée de tester son hypothèse en corrélant le nombre de taches solaires observées à la surface de notre astre avec... le prix du blé ! Son raisonnement était le suivant : plus le rayonnement solaire est intense, plus les récoltes de blé sont abondantes, et plus le prix du blé baisse. Le nombre de taches solaires doit être ainsi anti-corrélé avec le prix du blé ! Mais quand il présenta sa théorie à ses augustes collègues de la Royal Society de Londres en 1801, nul n'en crut un traître mot : la brillance du Soleil ne pouvait varier. La croyance en l'immuabilité aristotélicienne des cieux avait la vie dure !

De l'inconstance du Soleil

Pourtant, Herschel avait raison. La luminosité du Soleil n'est pas constante. Mais il a fallu attendre plus d'un siècle et demi pour que son intuition géniale soit vérifiée. Des mesures précises effectuées par des satellites à la fin des années 1970 ont en effet mis en évidence de très faibles variations de la brillance du Soleil, de l'ordre de 0,1 %. Le Soleil est légèrement plus brillant quand le nombre de taches solaires est à son maximum, et légèrement moins brillant quand ce nombre est à son minimum. L'intervalle de temps séparant deux maxima ou deux minima est de onze ans en moyenne, comme la durée du cycle des taches solaires. On pense que ces taches marquent l'emplacement où les lignes du champ magnétique à l'intérieur du Soleil émergent en surface : le champ magnétique des taches solaires est en effet mille fois supérieur au champ moyen. Les taches solaires apparaissent par paires, avec des polarités opposées : une avec une polarité positive, l'autre avec une polarité négative. Le cycle des taches solaires semble être lié à un réarrangement périodique du champ magnétique solaire – approximativement tous les onze ans. Les pôles magnétiques du Soleil inversent alors leurs polarités, le pôle Nord devenant le pôle Sud, et *vice versa*. Les taches solaires sont aussi les endroits où le Soleil manifeste ses fureurs : langues de feu, arches de lumière appelées « protubérances » (fig. 14 cahier couleur), et surtout éruptions qui éjectent des milliards de tonnes de matière (protons et électrons) dans l'espace. Les fureurs du Soleil sont par conséquent aussi corrélées avec le cycle de onze ans des taches solaires. Ainsi notre astre est-il le plus actif et le plus brillant quand il y a le plus de taches solaires à sa surface, et le moins actif et le moins brillant quand il y en a le moins.

Mais si la brillance du Soleil va de pair avec le nombre de taches solaires, celles-ci étant des zones plus froides (de 1 500 degrés Kelvin) et plus sombres que les autres régions de l'astre, nous pouvons nous demander pourquoi le Soleil est à son plus brillant quand le nombre de taches solaires sombres est à son maximum et non à son minimum. Cela s'explique par le fait que les taches solaires sont invariablement entourées de zones brillantes beaucoup plus chaudes où la température est de quelque 2 000 degrés Kelvin supérieure à la température solaire moyenne. Au maximum de l'activité solaire, nous recevons ainsi sur Terre environ 0,1 % de plus de lumière, soit 0,3 W/m^2 de plus que la moyenne de 342 W/m^2, et à son minimum, 0,3 W/m^2 de moins. Ces variations sont minimes : comparé à d'autres étoiles de même masse, le Soleil témoigne plutôt d'un comportement calme et stable pour ce qui est de sa brillance. À plus long terme, au fur et à mesure que le Soleil vieillira, la température en son cœur s'accroîtra, il brûlera davantage de carburant hydrogène et augmentera en taille et en luminosité. Mais ces changements ne vont pas survenir du jour au lendemain : les calculs prévoient que notre astre va croître en brillance d'environ 50 %, mais sur une très longue période de quatre milliards d'années. Pour les milliers d'années à venir, l'espèce humaine n'aura pas à se soucier d'un Soleil plus lumineux et plus chaud.

Le Soleil et le climat terrestre

Une si petite variation de brillance peut-elle affecter le climat sur Terre ? Une puissance de 0,3 W/m^2 correspond à celle d'une ampoule électrique de 50 watts placée à 4 mètres de distance. Pas de quoi fouetter un chat, direz-vous. Pourtant, certains chercheurs ont suggéré que même de menues différences de lumière solaire reçue peuvent être à l'origine de profonds bouleversements climatiques sur Terre. Ils pensent qu'une diminution du nombre des taches solaires et donc de l'activité solaire pourrait déclencher de « petits âges glaciaires », avec un refroidissement global allant de 0,5 à 1 degré. Il y eut ainsi une longue période d'inactivité solaire, de 1645 à 1715, appelée le « minimum de Maunder », d'après le nom de l'astronome anglais qui l'a étudiée. Cette période où il y eut très peu de taches solaires à la surface du Soleil semble assez bien correspondre au « petit âge glaciaire » qui plongea l'Europe du Nord dans un long hiver glacial à la fin du XVIIe siècle (fig. 50). Il semble aussi qu'il y ait corrélation entre le cycle solaire de vingt-deux ans (à la fin d'un cycle de onze ans, les taches solaires ont leurs polarités

Fig. 50 : Le petit âge glaciaire à la fin du XVIIe siècle en Europe. Ce tableau dépeint une scène d'été qui a tout d'une scène d'hiver dans la Hollande du XVIIe siècle. Ce petit âge glaciaire est relié à une absence de taches solaires à la surface du Soleil.

inversées ; il faut donc deux cycles de onze ans, soit vingt-deux ans, pour qu'elles recouvrent leurs polarités initiales) et des périodes de sécheresse sur la planète. Ainsi, en Amérique du Nord, des périodes de sécheresse s'étalant sur une durée de trois à six ans ont coïncidé avec le commencement des huit cycles solaires passés. La plus récente est survenue à la fin des années 1950. Pourtant, la période de sécheresse censée advenir au début des années 1980 n'a pas été nettement au rendez-vous.

D'autres chercheurs ont imputé le réchauffement global observé au cours du siècle écoulé à une augmentation de l'activité du Soleil. Bien qu'il soit très difficile de modéliser en détail les interactions complexes entre l'atmosphère, les continents et les océans, les calculs montrent qu'une augmentation de 0,1 % du rayonnement du Soleil au cours du siècle dernier a pu provoquer tout au plus un réchauffement de 0,2 degré sur un siècle, ce qui est loin du 0,6 degré observé. D'ailleurs, si la faute du réchauffement global revient au Soleil et non aux gaz à effet de serre déversés en quantités immodérées par l'homme dans son écosphère, comment expliquer que les variations de la température globale suivent comme leur ombre celles de la teneur en gaz carbonique dans l'atmosphère terrestre ? Comme l'a si bien dit Shakespeare dans son *Jules César* : « La faute n'est pas dans les étoiles, mais en nous-mêmes ! »

La lumière, l'eau et le vent

La Terre, « planète bleue », est la seule dans le système solaire à avoir près des trois quarts de sa surface recouverts d'eau. Elle est la seule à se trouver à la bonne distance du Soleil pour qu'il n'y fasse ni trop chaud (comme sur Mercure et Vénus), ce qui se traduirait par une évaporation complète de l'eau, ni trop froid, ce qui transformerait toute eau en glace comme sur les plus grosses lunes de Jupiter, Callisto et Ganymède. La Terre se trouve juste dans la zone « habitable », celle qui permet que l'eau reste à l'état liquide et fasse éclore la vie. Les océans, fleuves et rivières s'étendent sur près de 72 % de la surface du globe, soit 360 millions de kilomètres carrés. Les océans s'arrogent la part du lion du volume de l'eau terrestre : 1,4 milliard de kilomètres cubes d'eau (ou 1,4 milliard de millions de tonnes d'eau) résident en leur sein, soit 97,4 % du volume total. Les eaux douces ne contribuent que pour 2,6 %, dont 2 % se trouvent emprisonnées sous forme de glace au sommet des montagnes enneigées et dans les calottes polaires. Quant à la vapeur d'eau présente dans l'atmosphère terrestre et qui se condense de temps à autre pour nous arroser de pluie, elle ne contribue que pour un minuscule 0,001 % au volume total de l'eau[13]. L'eau constitue donc le composé chimique le plus abondant sur Terre.

C'est aussi le plus vital. C'est l'eau qui a permis l'éclosion de la vie. En effet, c'est dans la mer que celle-ci a pris son essor. L'océan est par excellence l'endroit propice au développement de la vie : par sa densité, l'eau non seulement favorise les rencontres cellulaires, mais sert aussi de protection contre les rayons ultraviolets nocifs du jeune Soleil. Ce bouclier aquatique était essentiel, car il y a quelque deux milliards d'années, quand la vie sur Terre en était encore à ses balbutiements, l'oxygène était absent et l'atmosphère terrestre n'avait pu développer la couche d'ozone qui nous protège aujourd'hui des rayons ultraviolets solaires. L'eau n'est pas seulement à l'interface entre ciel et terre, entre l'atmosphère et le sol, elle est aussi le composant principal des êtres vivants : nous sommes consti-

13. Christian Ngô, *Soleil, op. cit.*

tués à 70 % d'eau. Sans eau, ni les plantes ni les animaux ne pourraient exister ni survivre.

La lumière et la chaleur du Soleil s'adonnent en permanence aux jeux de l'évaporation et de la condensation avec les grandes réserves d'eau que sont les océans, afin de façonner le climat et sculpter la forme des continents. Le rayonnement solaire chauffe l'eau des océans et la transforme en vapeur. Pour vaporiser l'eau, il faut lui fournir beaucoup d'énergie. Il ne suffit pas de chauffer l'eau à une température de 100 degrés ; il faut lui donner au surplus de la chaleur (dite de vaporisation) nécessaire pour casser les liaisons moléculaires de l'eau liquide. À l'inverse, quand la vapeur se condense, cette grande quantité de chaleur est restituée. C'est le principe de la cuisine à la vapeur : elle est basée sur la chaleur « latente » de condensation de la vapeur. De même, d'énormes quantités d'énergie entrent en jeu pendant l'évaporation et la condensation de l'eau sur Terre. Chaque jour, plus de 1 000 milliards de tonnes d'eau s'évaporent et rejoignent l'atmosphère. L'eau s'organise en nuages, ensembles de petites gouttes de pluie en équilibre avec la vapeur d'eau, qui se déplacent au gré des vents. Ces nuages se condensent en pluie au-dessus de la mer, redistribuant ainsi sous forme de précipitations la chaleur solaire prélevée. L'eau retombe dans les océans, est vaporisée de nouveau, et un nouveau cycle recommence. Certains nuages migrent vers les continents et ce sont les terres qui cette fois sont arrosées. L'eau de pluie ruisselle sur les pentes, donnant naissance aux ruisseaux, aux rivières et autres fleuves qui se jettent à leur tour dans la mer, bouclant la boucle. L'eau de pluie peut aussi s'infiltrer dans le sol, alimentant ainsi les nappes phréatiques. Elle dissout certains éléments chimiques des roches, exerçant par là un effet d'érosion mécanique qui efface les aspérités du paysage de la Terre.

Relâchant la chaleur pendant l'hiver et l'accumulant pendant l'été, les océans jouent un rôle fondamental dans la régulation du climat terrestre. Ainsi, les dix premiers centimètres de la surface des océans sont suffisants pour absorber et transformer en chaleur tout le rayonnement du Soleil. Ce qui fait que la température moyenne de l'eau des océans est toujours supérieure à celle de l'air ambiant : elle est de 17,5 degrés contre 15 pour l'air. Parce que de gigantesques quantités d'énergie solaire entrent en jeu pour chauffer ou refroidir l'eau des océans, ceux-ci jouent un rôle de régulateur thermique sur notre planète. Les variations de température n'y sont jamais extrêmes. Si les continents peuvent manifester des différences de température allant jusqu'à 40 degrés entre l'hiver et l'été, la température de l'eau à la surface des océans ne varie jamais de plus de 5 degrés. La chaleur accumulée pendant l'été et rejetée dans l'atmosphère pendant l'hiver explique pourquoi la saison hivernale est toujours plus douce dans une zone côtière qu'à l'intérieur des terres. C'est aussi la raison pour laquelle la France, en grande partie bordée de mers, bénéficie d'un climat tempéré.

Le vent et les courants marins doivent eux aussi leur existence à la lumière du Soleil. Le vent souffle quand des différences de pression atmosphérique – le poids de la colonne d'air au-dessus de nos têtes – s'établissent entre une région et une autre. Plus l'air est chaud, plus il se dilate et devient moins dense et plus léger, plus il monte et moins sa pression est importante. Plus il est froid, plus il devient dense et lourd, plus il descend et plus sa pression est élevée. Les différences de pression résultent donc de différences de température de l'air. L'air cherche naturellement à égaliser les pressions. Il se déplace donc parallèlement au sol à partir des zones de haute pression (les anticyclones) vers celles de basse pression (les dépressions). Ce sont ces mouvements d'air qui sont à l'origine du vent qui nous rafraîchit par les jours torrides d'été et qui accentue les morsures glaciales de l'hiver. Les mouvements d'air sont aussi responsables des courants marins : l'air chaud des tropiques s'élève et se dirige vers les pôles où, refroidi, il redescend vers l'équateur, produisant ainsi du vent à la surface des océans, lequel engendre des courants qui transportent les eaux chaudes des basses latitudes vers les hautes latitudes, et les eaux froides dans le sens opposé.

La lumière et la vie

Nous ne savons toujours pas, aujourd'hui, comment la vie a surgi sur Terre il y a quelque 3,8 milliards d'années, comment l'assemblage de poussières d'étoiles inanimées a pu donner naissance à des êtres animés. La vie a-t-elle surgi à la surface de la Terre, comme le pensait Charles Darwin (1809-1882), père de la théorie de l'évolution des espèces ? Celui-ci a décrit ainsi son apparition : « Nous pourrions concevoir que dans quelque petite mare chaude, en présence de toutes sortes d'ammoniac et de sels phosphoriques, de lumière, de chaleur, d'électricité, etc., un composé protéique se forme chimiquement, prêt à subir des changements encore plus complexes[14]. » Dans ce scénario, la lumière joue un rôle essentiel. C'est elle qui donne la chaleur et l'énergie nécessaires à l'émergence des premières cellules de vie ; c'est elle qui, avec le concours des astéroïdes qui bombardent sans cesse la Terre à ses débuts, chauffe la « mare chaude ».

Mais la découverte d'« extrémophiles », organismes qui peuvent proliférer dans des environnements si chauds (les thermophiles), si acides (les acidophiles) ou si salés (les halophiles) qu'ils défient l'imagination, a jeté le doute sur le scénario de la « mare chaude » cher à Darwin. À la fin des années 1970, une équipe d'océanographes a découvert au fond de l'océan Pacifique, dans la crevasse des Galapagos, à quelque 2,5 kilomètres sous la mer, une faune extraordinaire de crabes, vers géants et autres bactéries qui pullulent aux alentours d'énormes cheminées volcaniques, dans un environnement totalement dépourvu de lumière. Les cheminées rejettent dans l'océan des fluides volcaniques qui remontent des entrailles de la Terre, et l'eau de mer est chauffée à quelque 110 degrés, soit plus que la température de l'eau bouillante[15]. Les thermophiles, qui peuvent prospérer jusqu'à des températures de 170 degrés, ne ressemblent certainement pas aux formes de vie qui nous sont

14. Lettre écrite au botaniste Joseph Dalton Hocker, reproduite dans *The Life and Letters of Charles Darwin*, éd. F. Darwin, vol. 2, D. Appleton, New York, 1887.

15. Mais la mer ne bout pas pour autant, car la température d'ébullition est supérieure à 100 degrés aux immenses pressions qui ont cours au fond des océans.

familières. Si certains animaux du désert peuvent supporter des températures brûlantes de quelque 50 degrés, passé ce seuil, humains, bêtes et plantes commencent littéralement à cuire. Une chaleur excessive fait que les protéines perdent leurs formes et que les enzymes deviennent inopérantes. C'est ce qui arrive à un œuf quand vous le plongez dans de l'eau bouillante : il devient blanc et dur.

Outre les températures infernales qui règnent aux alentours des cheminées volcaniques, les fonds sous-marins sont plongés dans une obscurité totale ; la lumière solaire ne peut pénétrer à des profondeurs supérieures à deux kilomètres. Avant la découverte des thermophiles, les biologistes estimaient que la lumière solaire était indispensable à toute forme de vie. Les plantes dépérissent sans lumière, et les animaux dépendent à leur tour de la consommation de plantes ou d'autres animaux pour leur survie. Force est de conclure que ce genre de raisonnement ne peut s'appliquer aux thermophiles. On pense qu'ils tirent leur énergie vitale non de la lumière solaire, mais directement du liquide volcanique chaud éjecté par les cheminées sous-marines.

Dans les années qui ont suivi, des forages pétroliers ont révélé que les thermophiles n'existent pas seulement aux environs des cheminées volcaniques, mais aussi sous le fond des océans et à de grandes profondeurs (de 0,5 à 3 kilomètres) sous la terre ferme, là encore en des endroits d'où la lumière est totalement absente. D'autre part, des études ont montré que les gènes des thermophiles ressemblent comme deux gouttes d'eau à ceux des plus anciens organismes connus de l'arbre de la vie, les archébactéries. D'où l'idée que la vie a pu commencer dans les profondeurs des océans, dans un environnement extrêmement chaud, dépourvu de lumière, pour remonter ensuite à la surface.

La vie est-elle née dans les profondeurs océanes sans l'aide de la lumière ?

L'atmosphère de la Terre primitive avant l'apparition de la vie, il y a quelque 4 milliards d'années, était irrespirable, voire nocive :

dépourvue d'oxygène, elle était riche en méthane, ammoniac, eau, hydrogène, dioxyde de carbone, azote et autres gaz malodorants. L'environnement était très hostile : chauffée par l'intense bombardement des astéroïdes, la surface du globe avait encore une température d'environ 100 degrés Celsius. Température torride, certes, mais beaucoup moins élevée que les 1 500 degrés qui prévalaient 500 millions d'années plus tôt, quand le taux de bombardement des astéroïdes était à son maximum. En se condensant, la vapeur d'eau tombait en trombe sous forme de pluies diluviennes, donnant naissance aux premiers océans. Les orages se déchaînaient en permanence, ponctués d'éclairs fulgurants qui illuminaient le ciel. Les volcans déversaient leurs brûlantes coulées de lave sur un sol surchauffé. En outre, notre planète recevait de copieuses doses de lumière ultraviolette du jeune Soleil, car la couche d'ozone protectrice n'existait pas encore, l'oxygène n'ayant pas encore fait son apparition. Dans un tel environnement, la vie avait-elle la moindre chance de surgir ?

En 1953, pour en avoir le cœur net, Stanley Miller, jeune étudiant américain faisant sa thèse de doctorat dans le laboratoire du chimiste Harold Urey, décida de reproduire en laboratoire les conditions de la Terre primitive. Il remplit un ballon scellé d'un mélange de méthane, d'ammoniac, d'hydrogène et d'eau, censé reproduire l'atmosphère primitive, et le soumit à des décharges électriques pour simuler les éclairs des orages primitifs. L'eau était continuellement recyclée par évaporation et condensation à travers le mélange afin de simuler l'océan primitif. Le résultat dépassa ses espérances : au bout de deux jours, le mélange prit une teinte rouge-brun ; l'analyse de cette « soupe primordiale » révéla la présence de molécules organiques (comme le formaldéhyde) et de plus d'une douzaine d'acides aminés, dont six constituent les briques des protéines dans toutes les formes de vie actuelles ! L'euphorie fut grande : il semblait qu'on était sur la bonne voie pour recréer les premiers balbutiements de la vie en laboratoire !

Mais aujourd'hui, plus de cinquante ans après, l'enthousiasme est retombé. Et cela, pour une raison principale : on pense depuis le milieu des années 1980 que l'atmosphère primitive de la Terre n'a pas été constituée d'hydrogène et d'autres composés hydrogénés tels que le méthane et l'ammoniac, mais plutôt de gaz carbonique et d'azote moléculaire, comme les atmosphères de Mars et Vénus. Or, si l'on remplace le méthane par le gaz carbonique et que l'on répète l'expérience de Miller, les acides aminés se font désespérément absents ! L'hypothèse de l'émergence de la vie dans une « mare chaude » à la surface de la Terre, telle que Darwin l'envisageait, n'a donc plus le vent en poupe.

Avec la découverte des extrémophiles, on s'est tourné vers l'hypothèse d'une vie surgie dans les sombres profondeurs océaniques, tellement loin au-dessous de la surface de l'eau que la lumière solaire ne peut plus y parvenir. Dans ce scénario, la vie née dans les profondeurs serait ensuite remontée à la surface. À preuve : les gaz toxiques chauffés à plus de 300 degrés que dégagent les cheminées volcaniques sous-marines, là où les extrémophiles prospèrent, ne sont pas sans rappeler ceux qu'on pense être présents aux tout premiers instants de la Terre – gaz carbonique, hydrogène, azote, méthane et autres produits hydrogénés. Or, en répétant l'expérience de Miller avec le mélange des gaz exhalés par les cheminées volcaniques sous-marines, et ce dans des conditions similaires de température et de pression, des acides aminés ont pointé le bout de leur nez !

La vie aurait-elle bien commencé dans le noir des profondeurs océanes, sans la présence de la lumière solaire ? Même si cela était vrai, le chemin serait encore très long pour aller des acides aminés inertes au premier organisme vivant, capable de se reproduire et d'évoluer ! Pour l'heure, la question de savoir comment l'inanimé est devenu animé demeure un des problèmes les plus mystérieux et fondamentaux de la biologie moderne.

Des plantes qui se nourrissent d'air

Que la vie ait surgi en profondeur ou à la surface de la Terre, ou encore, troisième hypothèse, qu'elle ait été apportée sur Terre par des comètes ou des astéroïdes (hypothèse dite de la « panspermie[16] »), que la lumière ait joué ou non un rôle dans sa naissance, une chose est sûre : seule une source d'énergie abondante et relativement constante comme celle fournie par la lumière de notre astre, combinée à une atmosphère qui ait la capacité de retenir une majeure partie de cette énergie, peut donner à notre planète bleue un climat assez stable pour permettre l'éclosion et le développement de la vie pendant les quelque 3,8 milliards d'années qui ont suivi son entrée en scène. De tous les événements survenus pendant cette longue période mouvementée, l'invention de la photosynthèse a été peut-être la plus marquante et la plus importante. Non seulement elle a permis de convertir l'énergie solaire en énergie chimique – conversion qui est à la base du métabolisme de tous les organismes vivants –, mais elle a aussi modifié de fond en comble l'apparence de notre planète en permettant aux vertes armées des plantes d'envahir les continents et d'y prospérer. Elle a déclenché un changement si profond que toutes les formes vivantes à la surface de la Terre dépendent aujourd'hui de la lumière du Soleil – soit directement, soit indirectement, *via* un produit de la photosynthèse, l'oxygène – pour subsister. Sans lumière, la vie à la surface de la Terre serait impossible.

Non seulement les plantes vertes nous apportent du baume à l'âme, mais elles nous maintiennent en vie en moissonnant la lumière solaire pour fabriquer de la nourriture. En enrichissant l'atmosphère en oxygène, elles nous permettent de respirer. Comment les plantes ont-elles pu inventer et perfectionner ce tour de passe-passe ? Par ce processus appelé photosynthèse, réaction biochimique la plus importante et la plus indispensable pour notre survie sur Terre. Les scientifiques ont éprouvé des difficultés à déchiffrer ses mystères et ont mis quelque quatre siècles avant d'obtenir la réponse définitive. La raison en est que l'un des gaz impliqués dans la photosynthèse, le gaz carbonique, est invisible et plutôt rare dans l'atmosphère terrestre.

Il y a plus de trois cent cinquante ans, le médecin et chimiste flamand Jan Baptist van Helmont (1579-1644) a été le premier à

---

16. Voir Trinh Xuan Thuan, *Origines*, *op. cit.*, chapitre V.

s'interroger sur le mode de nutrition des plantes. Il planta un jeune saule dans un pot et observa la croissance de l'arbre en notant soigneusement le poids de l'arbre, de la terre dans laquelle il était planté, de l'eau qui servait à l'arroser, etc. Au bout de cinq ans, le poids de l'arbre avait augmenté de quelque 70 kilogrammes, mais le poids de la terre était resté presque le même. Helmont en déduisit que le gain en poids de l'arbre devait venir de l'eau. Ironie du sort : bien que ce chimiste flamand fût celui qui donna aux « gaz » leur nom générique (dérivé du grec *khaos*, « masse confuse »), il pensait que ceux-ci étaient des corps inertes qui ne pouvaient en aucun cas influencer le métabolisme de son saule. L'idée qu'une plante pût se nourrir d'air était à cent lieues de son esprit !

Il fallut attendre jusqu'au XVIIIe siècle pour que les chimistes français Antoine Laurent de Lavoisier (1743-1794) et britannique Joseph Priestley (1733-1804) procèdent enfin à l'identification chimique des gaz dans l'air. Grâce à cette connaissance, Priestley démontra que les plantes utilisent des gaz atmosphériques dans leur métabolisme, mais de façon contraire aux animaux ou au processus de combustion. Au lieu de consommer de l'oxygène, comme il en va dans la respiration des êtres vivants ou dans la combustion, les plantes consomment du gaz carbonique et rejettent de l'oxygène (fig. 51). Comme Priestley le résuma succinctement : « L'air utilisé par une bougie qui brûle est régénéré par une plante qui grandit. »

Des plantes qui captent la lumière solaire

À la fin du XVIIIe siècle, on pensait naïvement que l'oxygène venait tout simplement de la dissociation du gaz carbonique (CO_2) : les plantes retenaient le carbone (C) tout en évacuant l'oxygène (O_2). On imagina une réaction chimique du type : $6\ CO_2 + 6\ H_2O$ + énergie solaire $\rightarrow C_6H_{12}O_6 + 6\ O_2$. Six atomes de carbone dans la plante se combinent avec six molécules d'eau (H_2O) – eau que la plante absorbe du sol par ses racines – pour donner une molécule de sucre (ou hydrate de carbone) et six atomes d'oxygène. Si le bilan numérique des atomes impliqués dans la réaction chimique était correct, le mécanisme imaginé était faux. Un siècle et demi s'écoula avant

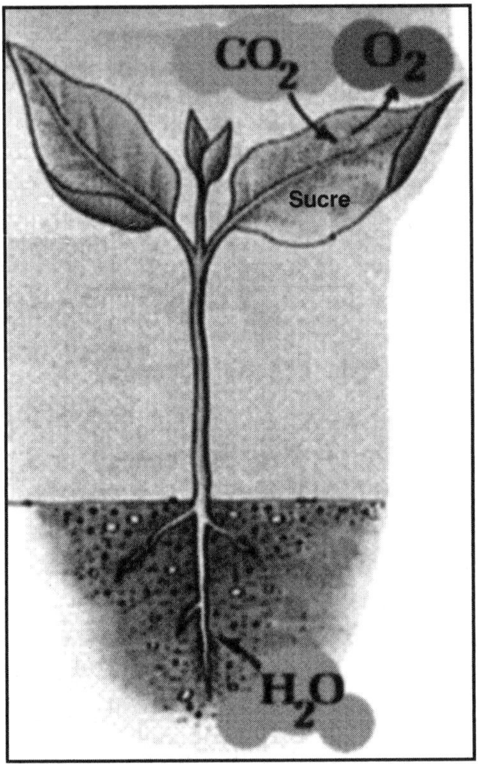

Fig. 51 : La photosynthèse des plantes. En absorbant de l'eau du sol et du gaz carbonique de l'air, les plantes fabriquent de l'oxygène et des sucres.

que – grâce surtout aux travaux du chimiste américain Melvin Calvin (1911-1997), prix Nobel de chimie en 1961 – on s'aperçût que l'oxygène ne venait pas, en fait, de la dissociation du gaz carbonique, mais de celle de l'eau. On sait aujourd'hui qu'il se passe deux réactions distinctes : une réaction « lumineuse » qui convertit l'énergie de la lumière solaire en énergie chimique et la stocke sur de petites molécules (portant des noms barbares comme ATP et NADPH), et une réaction « sombre » qui n'a pas besoin de lumière mais qui utilise l'énergie chimique produite par la réaction lumineuse pour convertir le gaz carbonique en molécules organiques (celles qui contiennent du carbone). C'est la régulation de cette activité qui fait que nos plantes prospèrent et grandissent, pour notre plus grand bonheur.

Chez la plupart des plantes, les deux réactions sont spatialement séparées, mais se déroulent simultanément. Certaines plantes, comme les cactus dans les déserts, ferment néanmoins leurs pores pendant le jour pour minimiser leur perte d'eau par évaporation, et ne les ouvrent que la nuit venue pour absorber du gaz carbonique. La réaction lumineuse se passe alors le jour et la réaction sombre, la nuit. L'appareil photosynthétique des plantes est une des machines moléculaires les plus complexes qui soient, nécessitant plus d'une douzaine de molécules qui doivent être arrangées dans un ordre spécifique pour permettre le passage des électrons d'une molécule à une autre. La photosynthèse s'accomplit à l'intérieur de minuscules structures en forme de lentilles appelées « chloroplastes », elles-mêmes contenues dans de plus grandes structures, les cellules végétales. Les chloroplastes abritent des pigments, notamment ceux de la chlorophylle (du grec *chlôros*, « vert », et *phylon*, « feuille »), intimement associés à des protéines. La structure atomique de la chlorophylle fait qu'elle absorbe les parties rouge et bleue de la lumière solaire, mais laisse passer le reste. C'est pourquoi les plantes se parent de cette couleur verte, située entre le bleu et le rouge dans la lumière décomposée de notre astre, d'une longueur d'onde moyenne de 500 nanomètres, qui nous ravit les yeux.

Les pigments de chlorophylle captent la lumière solaire sous forme de photons pour la transformer en énergie chimique. Les principales étapes de la réaction lumineuse sont les suivantes : les photons solaires poussent les électrons des pigments à circuler le long d'une chaîne de transporteurs moléculaires, ce qui nécessite un approvisionnement en nouveaux électrons. Ce renouvellement d'électrons se fait par dissociation des molécules d'eau, composées chacune de deux atomes d'hydrogène et d'un atome d'oxygène. L'eau dissociée libère des électrons, des protons (rappelons qu'un atome d'hydrogène est constitué d'un proton et d'un électron) et de l'oxygène. L'oxygène est évacué, tandis que les protons provenant de la dissociation de l'eau déclenchent l'action de petites molécules d'ATP (sigle d'« adénosine triphosphate »), dont l'énergie chimique va être utilisée dans la réaction sombre pour la synthèse de sucres vitaux (des molécules organiques contenant du carbone) à partir du gaz carbonique. En fin de compte, grâce à l'énergie solaire, le carbone passe du CO_2 de l'air dans le sucre des plantes, tandis que l'oxygène de l'eau est libéré.

Les plantes utilisent seulement 0,06 % de l'énergie dispensée par le Soleil à la Terre, soit $9,6 \times 10^{14}$ kilowatts-heure, mais c'est déjà quatre fois plus que nous n'en consommons pour nos propres besoins. En consommant cette énergie, les vertes populations nourrissent l'entière biosphère, incluant plus de six milliards d'humains, ceux-ci constituant une biomasse qui dépasse déjà de plus de cent fois celle de toute espèce animale ayant jamais vécu sur Terre.

La révolution de l'oxygène

Comment les cellules végétales ont-elles pu développer un mécanisme aussi sophistiqué pour se servir de la lumière solaire et transformer du gaz carbonique et de l'eau en sucre et en oxygène ? En fait, elles ont hérité du mécanisme de photosynthèse développé par des bactéries d'antan. Il y a quelque 3,8 milliards d'années (la date d'apparition des premières cellules n'est pas très bien connue), une bactérie primitive, ancêtre commun à tout le monde vivant, a fait son apparition sur Terre. Cet ancêtre universel était en effet une bactérie unicellulaire. La cellule, unité fondamentale de la vie, est enveloppée d'une très fine membrane de quelques dizaines de millioniêmes de millimètre d'épaisseur. Celle-ci n'est pas hermétique, mais permet un échange constant de matière, d'énergie et d'information avec l'extérieur. Comme tout être vivant, la bactérie a besoin pour vivre d'énergie et de nourriture. Parce que l'atmosphère primitive est dépourvue d'oxygène, la respiration – inhalation d'oxygène – n'est pas viable. À l'instar des thermophiles qui batifolent aujourd'hui autour des cheminées hydrothermales sous-marines, les premières bactéries ont probablement dû satisfaire leurs besoins en énergie en utilisant l'énergie chimique des écoulements volcaniques. La réaction chimique du sulfure de fer avec l'hydrogène sulfuré est en effet source d'énergie sous forme d'hydrogène. Cet apport d'énergie permet aux extrémophiles de transformer des composés minéraux en matière organique.

Mais ce processus de chimiosynthèse n'est pas très efficace. Au fil du temps, par le jeu de l'évolution et de la sélection naturelle, la machinerie cellulaire s'est perfectionnée pour produire de l'énergie plus efficacement. Certains descendants de la cellule ancestrale universelle ont développé la respiration et la photosynthèse « anaérobies » (sans oxygène). Puis d'autres micro-organismes bleuâtres appelés cyanobactéries (du grec *kyanos*, « bleu ») ont inventé la photosynthèse aérobie (avec oxygène) que nous connaissons aujourd'hui. Ces cyanobactéries aiment à s'associer en chaînes multicellulaires qui ressemblent à certaines plantes marines primitives, les algues vertes. D'où le nom plus commun donné aux cyanobactéries : les « algues bleues ». Elles sont apparues il y a environ 3,5 milliards d'années, comme en témoigne l'âge des stromatolithes, roches stratifiées nées de la superposition de colonies bactériennes en Afrique et en Australie.

Les cyanobactéries vont dissocier l'eau des océans pour se fournir en hydrogène. Mais elles ont un grave problème à régler : se débarrasser de l'oxygène libéré par ce processus, car celui-ci constitue pour des êtres anaérobies un redoutable poison, capable de détruire certains composants cellulaires essentiels tels que l'ADN. Les premières cyanobactéries ne possédaient aucune défense contre les effets nocifs de l'oxygène. Un holocauste s'ensuivit, mais ce fut une lente extermination s'étendant sur un milliard d'années, et la vie, entre-temps, eut loisir de développer des stratégies de survie et de s'adapter.

Il y a environ 2,5 milliards d'années, par le jeu de la sélection naturelle et des mutations génétiques, furent enfin mises au point des enzymes qui permirent aux cyanobactéries survivantes de rejeter l'oxygène vers l'extérieur. Ayant résolu ce problème, les bactéries ont commencé alors, avec l'aide de la lumière solaire, à convertir l'eau et le gaz carbonique en matière nutritive et en oxygène. L'oxygène libéré a oxydé le fer présent dans l'eau de mer.

C'est d'ailleurs grâce à des gisements de sédiments riches en fer oxydé (ou rouillé) qu'on a pu dater cette époque cruciale de l'invention de la photosynthèse par les cyanobactéries. Les plus âgés de ces gisements datent d'environ 2,5 milliards d'années.

Aux alentours de – 1,9 milliard d'années, l'activité volcanique ayant considérablement diminué, la quantité de fer rejetée par les volcans et dissoute dans l'eau de mer s'est réduite à peau de chagrin. L'oxygène, ne pouvant plus se combiner avec le fer, s'est accumulé dans les océans et a fini par gagner l'atmosphère. Dans le milliard d'années qui a suivi, celle-ci s'est enrichie progressivement en oxygène pour se stabiliser au niveau qu'on lui connaît aujourd'hui : environ 21 % de son volume total en oxygène. Quant aux autres composantes de l'atmosphère que nous inhalons, ce sont, rappelons-le, l'azote (78 %), l'argon (0,9 %), le gaz carbonique (0,03 %) et une petite pincée de vapeur d'eau variant de moins de 0,1 % dans les régions désertiques jusqu'à 3 % dans les contrées humides.

Un trou dans la couche d'ozone

La Terre ne reçoit pas du Soleil que de la lumière bénéfique. Nous avons vu que ce dernier nous envoie des rayons très énergétiques, surtout des rayons ultraviolets (fig. 52), mais aussi une petite dose de rayons gamma et de rayons X. Bien qu'ils ne représentent que 9 % de la lumière solaire, les rayons ultraviolets ont la capacité de détruire les cellules vivantes. Nous sommes tous familiarisés avec les risques de cancer de la peau quand, pour le vain plaisir d'un corps bronzé, nous l'exposons trop au Soleil. Mais, si les rayons ultraviolets sont nocifs, ils se rachètent en nous aidant à fabriquer le « parasol » qui nous protège de leurs effets. Les rayons ultraviolets solaires sont en effet assez énergétiques pour casser dans l'atmosphère un certain nombre de molécules d'oxygène, libérant des atomes d'oxygène qui se combinent alors avec d'autres molécules d'oxygène pour former des molécules d'ozone.

L'ozone est une forme d'oxygène qui contient trois atomes (O_3) au lieu des deux (O_2) qui caractérisent celui que nous respirons.

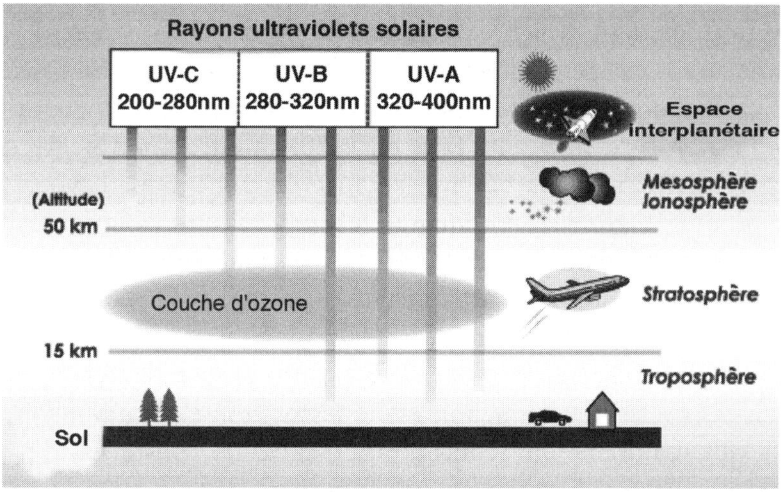

Fig. 52 : Les rayons ultraviolets solaires. Si la couche d'ozone nous protège de la lumière solaire ultraviolette la plus énergétique et la plus nocive (la lumière ultraviolette de type C et une grande partie de la lumière ultraviolette de type B), elle laisse passer une partie de la lumière de type B et celle de type A, dont nous devons nous protéger.

La couche d'ozone se situe à des altitudes comprises entre 15 et 50 kilomètres au-dessus de la surface terrestre, dans la basse stratosphère. L'air y est tellement raréfié que si l'on comprimait toute la couche d'ozone pour qu'elle soit à même pression que l'air à la surface de la Terre, elle n'aurait plus qu'une épaisseur d'environ 3 millimètres ! La couche d'ozone s'est formée il y a quelque 400 millions d'années, quand les vertes armées des plantes ont quitté les océans, envahi la terre ferme et enrichi l'atmosphère terrestre en oxygène par le jeu de la photosynthèse. Elle joue un rôle extrêmement important pour la vie sur Terre, car elle nous protège des rayons ultraviolets les plus énergétiques du Soleil (ceux de type C) en les absorbant. Sans la couche d'ozone, nous souffririons tous de cancers de la peau. En somme, le Soleil nous envoie un rayonnement qui a l'extrême amabilité de fabriquer lui-même le bouclier destiné à nous protéger des actions néfastes de... ce même rayonnement !

En 1986, grâce à des images satellite, le monde apprit avec consternation que l'atmosphère terrestre s'était « déchirée » au-dessus de l'Antarctique, créant ce qui est maintenant connu comme le « trou dans la couche d'ozone » (fig. 15 cahier couleur). Ce « trou » n'est pas complètement vide ; c'est une région où la concentration d'ozone n'a pas cessé de décroître : en 1995, elle n'était plus que la moitié de ce qu'elle était en 1970. Là encore, on pense que c'est l'activité humaine qui en est cause. L'ozone, nous l'avons vu, est produit naturellement quand les rayons ultraviolets solaires brisent l'oxygène moléculaire en deux atomes d'oxygène, ceux-ci se combinant ensuite avec un troisième. La molécule d'ozone (O_3), une fois formée, est de nouveau cassée par le rayonnement ultraviolet en une molécule d'oxygène (O_2) et un atome d'oxygène (O). Entre ces cycles de production et de destruction s'instaure un équilibre qui maintient une concentration d'ozone constante. Or, on s'est aperçu que l'homme pollue de manière inconsidérée l'atmosphère par des substances comme le chlore et le brome. Le chlore provient de molécules complexes appelées « chlorofluorocarbones » ou CFC, développées dans les années 1930 et utilisées dans les réfrigérateurs (nous connaissons le CFC qui sert d'agent frigorifique sous le nom de « fréon ») et les pulvérisateurs. Le brome est dérivé de produits utilisés dans les extincteurs ou certains produits désinfectants employés dans l'agriculture. Ces substances étrangères rompent l'équilibre des cycles de production et de destruction au sein de la couche d'ozone, favorisant les destructions sur les productions (un seul atome de chlore peut détruire environ 100 000 molécules d'ozone) et créant ainsi un « trou » dans le bouclier naturel de la Terre. La présence des CFC a réduit le niveau d'ozone global de l'ordre de 5 % depuis 1970.

Heureusement pour notre santé, et à la différence du problème du réchauffement global, l'humanité a pris assez rapidement conscience de l'urgence de celui-ci. Ainsi a pu être signé en 1987 le protocole de Montréal aux termes duquel les plus grands pays industriels s'engagent à réduire progressivement l'utilisation des CFC et d'autres produits qui détruisent la couche d'ozone. On a pu mesurer depuis 1995 une nette diminution de ces produits néfastes dans l'atmosphère terrestre. Mais parce que les CFC sont des produits très stables (leur temps de vie est de un à deux cents ans), on ne s'attend pas à ce que le « trou » dans la couche d'ozone se résorbe de sitôt. Du moins ne va-t-il plus continuer à s'agrandir. Les projections disent que le niveau d'ozone global ne recouvrera pas son niveau des années 1970 avant 2050.

Si l'ozone joue un rôle si bénéfique en absorbant les rayons ultraviolets solaires, et si nous nous inquiétons à juste titre de sa destruction, vous vous demandez peut-être pourquoi, par les jours de grande chaleur, en été, nous sommes préoccupés par sa surproduction et les météorologues lancent des « alertes à l'ozone ». L'ozone est-il bon ou mauvais pour notre santé ? C'est qu'il y a ozone et ozone : il ne faut pas confondre ! L'ozone haut dans l'atmosphère nous protège des rayons ultraviolets nocifs ; il joue sans conteste un rôle bénéfique. En revanche, l'ozone au sol, que nous respirons, est assurément toxique. Cet ozone est le produit de réactions chimiques déclenchées par l'intense rayonnement solaire de l'été à partir des gaz qui sortent des pots d'échappement des voitures dans les villes (c'est pourquoi il nous faut éviter de conduire et prendre plutôt les transports en commun par les jours de forte chaleur) et aussi à partir d'engrais dans les campagnes. Il irrite nos yeux, chatouille nos muqueuses, fait du mal à nos poumons. Il est à éviter.

Trop de Soleil peut nuire à la santé

Si la couche d'ozone nous protège de la lumière solaire ultraviolette la plus énergétique et la plus nocive (celle dont la longueur d'onde est comprise entre 200 et 280 nanomètres, et appelée ultraviolet de type C), elle n'en laisse pas moins passer des rayons ultraviolets qui ont moins d'énergie, certes (ceux de type B ont une longueur d'onde variant de 280 à 320 nanomètres, ceux de type A une longueur d'onde comprise entre 320 et 400 nanomètres) (fig. 52), mais qui ont toutefois des incidences certaines sur notre santé. Le corps a des moyens de se défendre contre une exposition limitée aux rayons solaires : les cellules de l'épiderme s'emplissent alors d'un pigment coloré appelé « mélanine ». Celle-ci absorbe les rayons ultraviolets et protège en partie les cellules de la peau contre leur agressivité. À cause de sa couleur foncée, elle est responsable de ce bronzage tant prisé par les femmes occidentales, mais plutôt redouté par les femmes orientales (en Asie, une peau trop hâlée est associée au travail manuel sous le soleil des campagnes). Il existe deux types de mélanine : une rouge et une noire, qui fait que nous réagissons différemment au Soleil. Certains bronzent très facilement, alors que d'autres deviennent rouges comme des tomates ! La mélanine rouge est mille fois moins efficace pour absorber les rayons ultraviolets que la noire. Elle est présente en grande quantité chez les roux, qui ont en conséquence une peau particulièrement sensible au Soleil. En revanche, les personnes à peau noire résistent beaucoup mieux à l'agression des rayons ultraviolets solaires. Entre ces deux extrêmes, toutes les gradations de couleur de peau et de résistance au Soleil sont possibles.

Mais si la mélanine arrête les deux tiers des rayons ultraviolets, elle en laisse quand même passer un bon tiers. Les rayons qui ne sont pas arrêtés ont la faculté de détruire les cellules de la peau si celle-ci en reçoit à trop fortes doses. Les personnes qui ont attrapé des « coups de soleil » après une journée à la plage peuvent en témoigner. Quand elles ont été exposées trop longuement à des rayons ultraviolets solaires, les cellules de la peau agressées activent un système de défense : les vaisseaux sanguins se dilatent afin que les substances censées réparer la zone endommagée diffusent plus rapidement vers l'épiderme. Cette dilatation comprime les terminaisons nerveuses de la peau, la rendant rougeâtre et douloureuse. De la fièvre peut même survenir, car les cellules endommagées libèrent leurs toxines dans le sang. Des millions de cellules meurent, la peau se met à peler. Au bout d'un certain temps, de nouvelles cellules sont produites qui les remplacent, la peau reprend un aspect normal, et tout rentre dans l'ordre, hormis le cuisant souvenir de ces quelques jours où la peau faisait mal.

Une trop grande exposition au Soleil peut aussi produire une élévation de la température du corps, une chute de la tension artérielle et des maux de tête. Ces « coups de chaleur » sont particulièrement dangereux pour les personnes âgées et les bébés. Pendant les vagues de chaleur, il convient donc de s'hydrater en abondance et de limiter le plus possible ses activités physiques.

Quand les rayons ultraviolets attaquent l'ADN

Si des expositions limitées à la lumière solaire sont en général sans conséquences, la peau se réparant vite, si elles peuvent même être bénéfiques pour la santé, comme nous le verrons, des expositions longues et fréquentes peuvent entraîner des effets mortels. Des cancers de la peau peuvent ainsi survenir. Les rayons ultraviolets non arrêtés par la mélanine peuvent s'attaquer à l'ADN des cellules et le dérégler. Situé dans le noyau cellulaire, l'ADN, par sa structure en double hélice, porte en soi le code génétique, les instructions programmées qui permettent la synthèse des protéines qui, grâce à leurs remarquables pouvoirs catalytiques, sont à la base de la chimie de la vie. L'ADN est l'objet de constantes attaques qui se traduisent par de nombreuses lésions. Ainsi, après une journée ensoleillée à la plage, l'ADN d'une seule cellule de la peau peut subir entre 100 000 et un million de lésions ! Généralement, celles-ci seront sans conséquences, car notre corps recèle un système de défense extrêmement efficace contre ces attaques : des enzymes viennent réparer les dégâts et les cellules endommagées redeviennent comme neuves. Mais si l'exposition à la lumière solaire est trop forte ou trop fréquente, les lésions peuvent se révéler très importantes, et la réparation imparfaite. Se produisent des mutations génétiques, qui changent les instructions programmées et font que les bons ordres ne sont plus donnés. Si cela se produit pour ceux des gènes qui contrôlent la multiplication des cellules (les « oncogènes »), ces dernières, au lieu de se multiplier à un rythme contrôlé, le font de manière anarchique et prolifèrent en cancer. En fait, les lésions causées au gène p53 – l'un des 30 000 gènes que contient notre ADN – par les rayons ultraviolets B constituent une importante étape initiale pour le déclenchement d'un cancer de la peau. L'absorption de rayons ultraviolets par d'autres molécules de la peau peut aussi entraîner un affaiblissement général du système immunitaire, ce qu'on appelle l'« immunosuppression », favorisant davantage encore la multiplication anarchique des cellules cancéreuses.

Il existe deux grandes catégories de cancers de la peau : les carcinomes et les mélanomes. Les premiers sont les plus courants (environ 90 % des cas, soit 2 millions de personnes dans le monde chaque année) et, heureusement, les moins graves. Généralement, la tumeur est localisée dans la peau et prend l'apparence de taches rosées qui ressemblent à de l'eczéma. Une simple intervention chirurgicale permet de l'enlever. Mais si l'intervention n'est pas faite à temps, la tumeur peut s'enfoncer plus profondément dans la peau, s'infiltrer dans les vaisseaux sanguins et lymphatiques : le carcinome a alors muté en sa forme beaucoup plus dangereuse et mortelle, le mélanome. Environ 200 000 personnes en sont atteintes chaque année à travers le monde. Le mélanome se manifeste d'abord par des grains de beauté aux formes et couleurs changeantes. Détecté à temps, il peut être traité par la chirurgie avec l'aide de la chimiothérapie et de la radiothérapie afin d'enrayer la multiplication des cellules cancéreuses [17].

Se protéger contre le Soleil

Trop d'exposition au Soleil peut aussi provoquer d'autres maux, heureusement moins graves que les cancers de la peau. Il s'agit de maladies des yeux. Ainsi, en montagne, la lumière ultraviolette B est plus intense, car elle a traversé une moindre couche d'atmosphère et a été moins absorbée ; cet effet est encore renforcé par la réflexion de la lumière par la neige. Ce qui fait que certains skieurs ayant commis l'imprudence de ne pas protéger leurs yeux souffrent d'une brûlure de la cornée appelée « ophtalmie des neiges ». Ce « coup de soleil » aux yeux se manifeste par des larmoiements, des douleurs, des troubles de la vision qui peuvent aller jusqu'à une cécité temporaire. Heureusement, ces symptômes disparaissent d'eux-mêmes après quelques jours passés dans l'obscurité. Par contre, l'absorption répétée de rayons ultraviolets peut être à l'origine d'une opacité du cristallin de l'œil (ou « cataracte ») qui risque de conduire jusqu'à la cécité. Environ 20 % des cataractes sont dues à l'exposition aux

17. Christian Ngô, *Soleil*, *op. cit.*

rayons ultraviolets ; il s'agit de la première cause de cécité au monde[18]. On la corrige en remplaçant le cristallin par intervention chirurgicale.

Il est maintenant communément admis que trop de Soleil peut nuire à la santé. Les personnes qui s'y exposent pour une durée prolongée doivent se protéger avec des lotions solaires. Mais si certaines de ces lotions nous protègent efficacement des coups de soleil, elles n'arrêtent pas tous les rayons ultraviolets A qui sont à l'origine des cancers de la peau et de l'affaiblissement du système immunitaire. Il vaut donc mieux ne pas rester trop longtemps exposé directement à la lumière de notre astre. On ne peut bronzer sans endommager certaines cellules de la peau. Les jolies femmes si fières de leurs peaux dorées paient un lourd tribut : une peau prématurément âgée et ridée, avec des risques de mélanome et autres formes de cancers de la peau. Si de nombreuses personnes continuent à croire au mythe de la peau hâlée comme signe de vitalité et de bonne santé, aux yeux du dermatologue la peau en parfaite santé est au contraire celle qui n'a pas été exposée de manière immodérée aux rayons solaires.

La lumière solaire empêche nos os de se déformer

Si nous avons parlé des méfaits d'une trop grande et longue exposition du corps aux rayons solaires, il est évident que notre santé et notre bien-être n'en dépendent pas moins de façon fondamentale de la lumière du Soleil. Sans elle, nous serions tous rabougris, rachitiques ! En effet, les rayons solaires favorisent la synthèse de la vitamine D, qui joue un rôle important dans la régulation du taux de calcium dans notre organisme et dans sa fixation sur nos os. C'est elle qui favorise la croissance des os chez les enfants, maintient la bonne condition des os et des dents chez les adultes, et empêche l'ostéoporose et les fractures chez les personnes âgées. Une carence en vitamine D se traduit par une minéralisation incomplète des

18. Peter A. Ensminger, *Life under the Sun*, Yale University Press, New Haven, 2001.

tissus osseux et des cartilages, ce qui provoque des retards de croissance et de développement, des douleurs et des malformations. Bien que la vitamine D soit présente dans maints produits alimentaires – lait, céréales, beurre et autres poissons gras –, ces aliments ne nous fournissent environ que le tiers de ce dont nous avons besoin. Il nous faut le concours des rayons solaires pour fabriquer directement le reste dans la peau avec l'aide du cholestérol qui y est présent. Une personne à la peau claire a besoin d'une exposition moyenne aux rayons solaires d'environ 15 minutes chaque jour tout au long de l'année ; une personne à la peau noire, d'environ 45 minutes. Mais ce n'est là qu'une moyenne, car la vitamine D peut être mise en réserve. Ainsi, une bonne exposition au Soleil pendant les longues journées d'été suffit à constituer des réserves et à pallier l'absence d'exposition durant les jours plus courts de l'hiver. Dans les contrées situées à très haute ou très basse latitude, qui possèdent de longs hivers, la lumière des lampes à quartz peut remplacer pendant un certain temps les rayons solaires.

En sus de maintenir nos os en bon état, la vitamine D paraît aussi avoir un important pouvoir anticancéreux. Des études statistiques montrent que, dans les régions les plus ensoleillées, les cancers de toutes sortes – ceux du sein, du côlon, de la prostate, de l'estomac, de l'utérus, etc. – sont moins fréquents. On dit même que la fréquence des scléroses en plaques ou des diabètes y est beaucoup moins élevée. En tout cas, une chose est sûre : le Soleil est essentiel pour notre santé ! Seulement, comme de toutes les bonnes choses, il convient de ne pas en abuser.

Le Soleil agit sur notre moral

Si le Soleil joue un rôle fondamental dans notre bien-être physique, il est non moins important pour notre équilibre psychique. Il a un effet certain sur notre moral. Les jours sans nuages où il resplendit de toute sa brillance dans le firmament d'un bleu immaculé nous mettent du baume au cœur et emplissent notre âme d'allégresse. En revanche, ce sont souvent le spleen et le blues qui s'en emparent quand le Soleil se cache derrière une épaisse couche de nuages pour ne laisser filtrer qu'une lumière morne et grise. C'est aussi un fait que notre état d'esprit varie selon les saisons. Les jours qui raccourcissent à la fin de l'automne et annoncent la venue de l'hiver nous plongent dans un indicible sentiment de perte et de regret de la lumière d'été, alors que les premiers balbutiements du printemps où les jours recommencent à prendre l'avantage sur les nuits nous mettent en joie. Comme l'a écrit la poétesse américaine Emily Dickinson (1830-1886), « il est une certaine lumière des après-midi d'hiver qui oppresse ». Cette vague sensation de malaise, Victor Hugo (1802-1885) l'exprime également dans *Les Misérables* : « L'hiver change en pierre l'eau du ciel et le cœur des hommes. » Les médecins connaissent bien ce phénomène : dès qu'arrivent les premiers jours de l'hiver, le nombre des cas de dépression augmente. Et leur fréquence est plus élevée dans les contrées à hautes latitudes, où l'hiver est considérablement plus long qu'aux basses latitudes. Les femmes y sont particulièrement sensibles : elles sont quatre fois plus nombreuses à souffrir de « dépressions hivernales » que les hommes, alors que les dépressions non liées aux variations saisonnières sont seulement deux fois plus fréquentes chez les femmes que chez les hommes.

Comme pour notre moral quotidien, ces dépressions hivernales, que les médecins appellent « désordres affectifs saisonniers », semblent liées au manque de Soleil et donc de lumière. Pour en avoir le cœur net, en 1985, une équipe de chercheurs américains a traité des patients souffrant de dépression saisonnière avec deux grosses lampes : une brillante qui émet 2 500 lux (un lux est l'unité de flux lumineux) de lumière blanche, approchant le niveau de lumière d'un jour nuageux tard dans l'après-midi, et une autre, beaucoup moins brillante, émettant 500 lux d'une très faible lumière jaune. Les résultats ont été sans équivoque : l'intense lumière blanche soulage la dépression des patients, tandis que la faible dose de lumière jaune reste sans effet. La luminothérapie est aujourd'hui utilisée pour traiter les dépressions saisonnières. Une exposition d'une heure tous les matins à de grosses lampes (entre 2 500 et 10 000 lux) qui dégagent une lumière équivalant à celle d'une journée de printemps ensoleillée semble suffire à alléger les patients de leurs maux dans plus de six cas sur dix[19]. Pendant les séances de luminothérapie, il faut bien sûr faire attention à filtrer les rayons ultraviolets et infrarouges, et veiller à porter des lunettes pour ne pas endommager sa rétine.

Une horloge biologique interne réglée sur la lumière

Comme chez tous les animaux, il existe en chacun de nous une horloge interne. Les expériences montrent que, même isolés de notre environnement habituel (comme enfermés sous terre dans une grotte), le métabolisme de notre corps (éveil, sommeil, élimination urinaire, besoin de manger, etc.) continue à fonctionner selon un rythme qui n'est pas très éloigné de celui d'une journée, soit une période correspondant plus ou moins à vingt-quatre heures. Ce rythme biologique interne est appelé « rythme circadien » (du latin *circa,* « environ », et *dies,* « jour »). Nous ressentons les effets de cette horloge circadienne interne chaque fois que nous prenons l'avion et traversons des fuseaux horaires pour nous rendre d'un continent à un autre. Notre horloge biologique est réglée sur le rythme du jour et de la nuit de l'endroit d'où nous venons ; il nous faudra plusieurs jours pour que nous ne ressentions plus les effets de cette affection des temps modernes appelée *jet lag* ou « décalage horaire », et pour que notre métabolisme s'ajuste au nouveau rythme du jour et de la nuit de notre lieu de destination. En général, pour que notre horloge interne se réajuste, il nous faudra au plus une journée pour chaque fuseau horaire traversé. Ainsi, comme il existe un décalage horaire de six heures entre New York et Paris, il faudra un maximum de six jours pour que le métabolisme d'un voyageur qui traverse l'Atlantique s'adapte tout à fait à son nouvel environnement.

Quel est le mécanisme responsable de notre rythme circadien ? Puisque celui-ci a une période d'environ vingt-quatre heures, il est certainement lié à la succession du jour et de la nuit, donc à la présence ou à l'absence de lumière. Les chercheurs ont trouvé que

---

19. P.A. Ensminger, *Life under the Sun, op. cit.*

l'absorption de la lumière par certaines cellules nerveuses de la rétine déclenche des impulsions chimiques et électriques qui sont transmises à des amas de cellules nerveuses situés à la base du cerveau, au-dessus du croisement en X de nos nerfs optiques. Ces amas constituent une structure appelée « noyau suprachiasmatique » (du grec *khiasma* qui signifie croisement). Chez l'homme comme chez les autres mammifères, c'est ce noyau de cellules nerveuses qui joue le rôle d'horloge interne réglée sur la lumière. Cette horloge interne agit sur une autre structure, la glande pinéale, de la taille d'un petit pois, localisée en plein milieu de notre cerveau, entre le cortex, le tronc cérébral et le cervelet. Dans son fameux schéma dualiste d'un esprit distinct du corps, qui contemple de l'intérieur de celui-ci le spectacle de la réalité extérieure, René Descartes (1596-1650) avait pensé – à tort – que cette glande pinéale était le point de contact entre l'esprit et le corps. Mais, si la glande pinéale n'est pas l'endroit où l'esprit entre en contact avec le corps, elle joue un rôle extrêmement important dans notre rythme circadien. En 1958, une équipe de chercheurs américains a démontré, par l'étude de la glande pinéale de quelque 250 000 vaches, que celle-ci synthétisait une nouvelle hormone qu'on baptisa du nom de « mélatonine », cette dernière ayant l'étrange propriété de décolorer les cellules de la peau des grenouilles (cellules appelées « mélanophores »).

Une hormone nommée mélatonine

Mais la mélatonine joue un rôle autrement plus important pour notre bien-être que de décolorer la peau des grenouilles ! Dans les années 1960 et 1970, des études biologiques ont montré que le taux de mélatonine chez les animaux, qu'ils soient diurnes ou nocturnes, augmente durant la nuit, mais diminue dans la journée, donc qu'il varie en fonction de la quantité de lumière à laquelle sont exposés les animaux. Ainsi, l'exposition à une très faible source de lumière artificielle de l'ordre de 50 lux, similaire à celle du crépuscule, suffit à supprimer la production de mélatonine chez nombre de mammifères. Ces études ont été étendues aux êtres humains à partir des années 1980 et il a été démontré qu'il suffit d'une exposition de l'homme à une source de lumière artificielle d'environ 100 lux pour que la synthèse de mélatonine dans son corps soit supprimée. Ainsi, chez l'être humain, la mélatonine est sécrétée selon un cycle de vingt-quatre heures : elle est libérée en abondance pendant la nuit, ce qui nous plonge dans le sommeil, alors que son taux est très faible durant le jour, ce qui nous permet de rester éveillés et de vaquer à nos diverses activités. En modifiant le rythme circadien, la mélatonine peut aussi aider les voyageurs transcontinentaux à vaincre leur *jet lag*. Ainsi, avaler une pilule de mélatonine a deux effets : non seulement elle agit comme un somnifère, nous plongeant dans les bras de Morphée, mais elle stimule aussi la glande pinéale, l'incitant à sécréter plus de mélatonine et remettant ainsi à l'heure notre horloge interne. Une pilule de 5 milligrammes de mélatonine prise chaque soir avant d'aller se coucher pendant les quatre jours qui suivent le vol suffit.

Le taux de mélatonine dans le corps peut aussi expliquer en partie les dépressions saisonnières : pendant l'hiver, les nuits sont plus longues, le Soleil se lève plus tard, le taux de mélatonine reste donc plus longtemps élevé. Ce qui fait que nous éprouvons une sensation générale de léthargie, d'indolence, de fatigue, et que nous manquons de ressort. Ce défaut d'entrain peut conduire, dans les cas extrêmes, à la dépression. En général, les problèmes disparaissent d'eux-mêmes avec le retour du printemps, quand le jour reprend l'avantage sur la nuit. D'autant plus que, dès l'instant où d'importantes quantités de lumière frappent l'œil, un influx nerveux est transmis au cerveau, qui se traduit par la production de sérotonine, une substance chimique appelée « neurotransmetteur » qui transmet les signaux électriques entre les neurones du cerveau, et qui a des vertus antidépression. De même, la luminothérapie, en supprimant la production de la mélatonine, aide à guérir les dépressions saisonnières.

Si la mélatonine agit pour compenser le *jet lag* et nous remonter le moral, ses autres pouvoirs, tant vantés par les médias et les marchands de « suppléments diététiques », sont plus douteux. On a doté la mélatonine de mille vertus, plus extraordinaires les unes que les autres. On a prétendu qu'elle pouvait ralentir notre vieillissement et même nous rajeunir, améliorer notre vie sexuelle, nous aider à maigrir, empêcher le développement du cancer, guérir les maladies du cœur, la maladie d'Alzheimer, etc. Aucun de ces prétendus pouvoirs miraculeux qui ont fait la une des journaux vers le milieu des années 1990 n'a jamais été démontré scientifiquement.

Les bactéries ont aussi une horloge interne

Une question se pose : si l'horloge interne humaine est réglée par la présence ou l'absence de lumière transmise par nos yeux au cerveau, cela veut-il dire que seuls les êtres qui possèdent des systèmes visuels et cérébraux développés peuvent avoir des rythmes circadiens ? Des bactéries primitives dont la durée de vie est inférieure à vingt-quatre heures ne doivent-elles pas être dépourvues de rythmes circadiens ? C'est ce que les biologistes ont cru jusqu'à la fin des années 1980, quand, à leur grand étonnement, ils ont découvert que les cyanobactéries, celles qui ont inventé la photosynthèse, possèdent elles aussi une horloge interne avec un cycle d'activité d'environ... vingt-quatre heures ! Ainsi, les réponses d'organismes primitifs à la présence ou à l'absence de lumière ne semblent aucunement dépendre du développement d'un système visuel. Les chercheurs pensent que certains gènes spécifiques de ces bactéries sont responsables de leur horloge interne.

L'étude des rythmes circadiens s'est aussi portée sur les insectes, en particulier sur la drosophile, plus communément connue sous le nom de « mouche du vinaigre ». Là aussi, les biologistes ont trouvé une horloge interne rythmée par des variations périodiques de la concentration de certaines protéines et de gènes messagers appelés ARN[20].

Du point de vue de l'évolution biologique, quel est l'avantage de l'horloge interne ? Pourquoi la plupart des organismes développés, en haut de l'arbre de la vie, en possèdent-ils une ? Une raison invo-

---

20. Michael Gross, *Light and Life*, Oxford University Press, Oxford, 2002.

quée est l'utilisation de la position du Soleil dans le ciel par les oiseaux et les insectes pour s'orienter. Parce que le Soleil change d'emplacement dans le firmament au fur et à mesure que les heures s'égrènent, il n'est utile comme point de repère spatial que si l'on connaît également le moment de la journée. D'où la nécessité d'une horloge biologique interne. Aujourd'hui, l'homme ne se sert plus du Soleil pour s'orienter, mais il a hérité cette horloge interne de ses lointains ancêtres.

Si l'on peut trouver des raisons plausibles pour justifier la présence d'une horloge interne réglée sur la présence et l'absence de la lumière chez les êtres développés, il est néanmoins beaucoup plus difficile d'imaginer à l'heure actuelle pourquoi des organismes primitifs tels que la bactérie auraient eux aussi besoin de régler leur rythme interne sur la lumière.

Les vertes armées à la conquête des continents

Nous avons vu que nous (comme tous les autres animaux) devons notre existence à l'invention de la photosynthèse par les bactéries primitives. Celle-ci produit non seulement des sucres, premier maillon de la chaîne alimentaire, mais aussi de l'oxygène. Cet oxygène nous permet de respirer, mais est également à l'origine de la couche d'ozone qui protège la Terre et ses habitants des effets nocifs des rayons ultraviolets du Soleil. L'apparition de cette couche d'ozone a modifié de fond en comble l'aspect de notre planète en permettant aux vertes armées des plantes de coloniser la Terre. Il y a quelque 400 millions d'années, en effet, la couche d'ozone nouvellement constituée rendant désormais la vie possible sur les vastes continents rocheux, les organismes marins se sont élancés à la conquête des terres. Les algues vertes ont quitté leur habitat liquide pour affronter les rigueurs de la terre ferme. Probablement fut-ce parce que certaines étendues d'eau, coupées des océans, s'asséchèrent. Les plantes ont alors inventé la vascularisation, développant dans leurs tiges les canaux qui permettent à l'eau et aux minéraux du sol de remonter des racines jusqu'à leurs autres parties et, inversement, aux produits photosynthétiques de descendre vers les racines.

Une fois sur les continents, certaines plantes grandirent en taille, acquirent un tronc robuste et se transformèrent en arbres atteignant une hauteur d'une douzaine de mètres et un diamètre de près d'un mètre. Survinrent de profonds changements climatiques provoqués par l'eau puisée dans le sol par les vertes armées. L'atmosphère devint plus humide, les pluies plus abondantes, les terres plus aptes à retenir l'humidité. Une grande partie des terres se couvrirent de marais tropicaux abritant une végétation luxuriante. Les restes fossiles des plantes de cette époque sont très riches en carbone. C'est pourquoi cette époque où l'on assista à une débauche de végétation, entre 360 et 286 millions d'années avant notre ère, est connue sous le nom de *carbonifère*. Le charbon et le pétrole qui subviennent aujourd'hui pour une large part à nos besoins énergétiques sont principalement issus de cette époque. Après le carbonifère vint le *permien*, qui s'étend de 286 à 250 millions d'années avant notre ère et qui vit un froid glacial et une sécheresse extrême s'abattre sur notre planète. Une grande partie des plantes fut alors décimée. Seules purent survivre celles qui avaient su développer une stratégie de reproduction par dissémination non pas de spores, relativement fragiles, mais de graines, plus résistantes. Parmi les survivants du grand cataclysme se trouvent les conifères, ancêtres des pins, cyprès et autres séquoias actuels. Par le jeu du hasard des mutations génétiques et de la sélection naturelle, la nature continua d'expérimenter avec de nouvelles formes et couleurs de plantes. Elle a ainsi inventé les fleurs il y a quelque 100 millions d'années, et d'innombrables touches de couleur sont venues égayer le vert uniforme des vastes prairies et des forêts primitives[21].

Les poumons de la Terre et la biodiversité en danger

Les vertes espèces que la nature a si patiemment développées et entretenues pendant des centaines de millions d'années sont aujour-

21. Christian de Duve, *Poussière de Vie*, Fayard, Paris, 1996.

d'hui en danger, et cela, à cause de l'inconscience et de la cupidité des hommes. Pour faire face à une démographie galopante et pour nourrir toujours plus de bouches, l'homme ne cesse d'abattre arbres et forêts afin de conquérir davantage de terres cultivables. Mû par l'appât du gain, il n'arrête pas de convertir les arbres en papier et en meubles qui décorent ses habitations. Depuis 1950, plus de 30 % des forêts de conifères et 45 % des forêts tropicales ont été ainsi éliminées. Déjà 14 % de la superficie de la plus grande forêt tropicale existant sur Terre, l'Amazonie, ont été effacés. Les forêts tropicales de la côte atlantique du Brésil, de Madagascar et des Philippines n'occupent déjà plus que le dixième de leur superficie initiale ! Toutes les deux secondes, des morceaux de forêt tropicale équivalant à la surface d'un terrain de football sont rayés de la surface du globe.

Cette déforestation à outrance a pour grave conséquence de diminuer la capacité de notre planète à se préserver de l'accumulation de gaz carbonique. Celui-ci, en s'accumulant dans l'atmosphère et en exerçant son redoutable effet de serre, menace de réchauffer notre havre terrestre jusqu'à le rendre invivable. Nous avons vu que, par la magie de la photosynthèse, les arbres et autres végétaux absorbent le gaz carbonique de l'atmosphère et utilisent la lumière solaire pour le convertir en oxygène. Les forêts jouent donc le rôle de « poumons » de la Terre – ou plutôt de poumons « inversés » car, à l'inverse de la photosynthèse, la respiration nous fait inhaler de l'oxygène pour exhaler du gaz carbonique. Les forêts et autres plantes vertes compensent ainsi la consommation d'oxygène et la production de gaz carbonique des autres êtres vivants. En les rasant, nous rompons ce fragile équilibre. Si les trois quarts de l'augmentation de la teneur en gaz carbonique dans l'atmosphère terrestre proviennent de la combustion de carburants fossiles par les hommes, le quart restant est dû à la destruction des forêts tropicales.

La biodiversité en danger

Non seulement la destruction inconsidérée des poumons de la Terre accroît l'accumulation de gaz carbonique dans l'atmosphère et aggrave le réchauffement de la planète, mais elle entraîne encore une perte irrémédiable de la biodiversité. Les forêts tropicales sont sans conteste les lieux où se manifeste la plus grande biodiversité sur Terre : elles abritent les plus riches faunes et flores du globe. Bien qu'elles n'occupent qu'environ 6 % des terres émergées, elles constituent l'habitat de plus de la moitié des organismes vivants connus sur notre planète. Sur 10 kilomètres carrés de la forêt d'Amazonie, on trouve plus d'espèces animales et végétales que dans l'Europe entière ! Les attaques portées contre les forêts tropicales et autres destructions d'habitats naturels, auxquelles se sont ajoutées la pollution de l'environnement et la chasse, ont provoqué une véritable hécatombe des espèces, qu'elles soient végétales ou animales. Chaque jour qui passe, quelque 75 d'entre elles disparaissent de la surface de la Terre, soit environ 3 par heure et 27 000 par an ! Si rien n'est fait pour enrayer le rythme actuel d'extinction, au moins un cinquième de ces espèces auront disparu de notre globe en l'an 2030, et la moitié vers la fin du XXIe siècle [22].

Cette réduction de la biodiversité constitue un grave danger. En détruisant les autres espèces, nous courons le risque de nous détruire nous-mêmes, car la vie est interdépendante. Elle subsiste grâce à une série de processus complexes qui sont tous interconnectés. Par exemple, nous dépendons de certaines bactéries qui décomposent la matière organique des déchets animaux et végétaux en humus, ce qui lui permet d'être recyclée et de nourrir la Terre. Parce que nous n'avons pas une idée très précise des espèces qui sont essentielles à notre survie, nous ne pouvons nous permettre de les annihiler. Nous sommes d'autant plus vulnérables que nous sommes situés tout en haut de la chaîne alimentaire et que nous dépendons des services d'autres espèces qui, elles, peuvent fort bien se passer de notre présence.

D'autre part, la biodiversité joue un rôle primordial pour notre santé et notre bien-être. La nature regorge d'extraordinaires richesses pharmaceutiques : une grande partie des remèdes que nous utilisons pour lutter contre les maladies dérivent de plantes sauvages. Nous demandons à la nature, pour guérir certains de nos

---

22. Edward O. Wilson, *The Future of Life*, Knopf, New York, 2002.

maux, de nous faire bénéficier de la sagesse qu'elle a accumulée au cours de milliards d'années d'évolution, après d'innombrables tâtonnements.

Dans l'histoire du vivant, des millions d'espèces ont appris à développer, par le hasard des mutations génétiques et de la sélection naturelle, les produits chimiques nécessaires pour tuer les parasites présents dans leur corps et enrayer les maladies. Nous avons appris à interroger cette gigantesque base de données que représentent les espèces vivantes pour développer nos antibiotiques, vaccins et autres antidépresseurs. Maintenir la biodiversité est essentiel à cette interrogation. Qui sait si l'un des organismes qui vont disparaître demain pour toujours ne contient pas en lui la substance miracle qui va guérir le cancer ou le sida ?

Mais, au-delà de cette préoccupation somme toute égoïste, consistant à préserver la « pharmacopée » naturelle pour guérir nos maux, perdre de la biodiversité c'est aussi détruire irrémédiablement des chapitres majeurs du Grand Livre de la vie avant qu'il ne puisse être lu. C'est priver pour toujours l'humanité d'informations irremplaçables sur l'histoire biologique de ses origines[23].

Le Soleil, fantastique générateur d'énergie

La vie a besoin d'énergie pour subsister et se reproduire. Le Soleil mérite bien son appellation d'« astre de vie » en ce qu'il est à l'origine de la quasi-totalité des sources d'énergie qui nourrissent et entretiennent la vie sur Terre. En effet, l'énergie solaire que les plantes vertes transforment en matière vivante par la magie de la photosynthèse peut être récupérée pour nos besoins en énergie. Ainsi, depuis les balbutiements de l'humanité, l'homme sait qu'il lui suffit de brûler du bois, la matière compacte et fibreuse des vaisseaux transporteurs de sève qui constituent le tronc, les branches et les racines des plantes, pour se chauffer et faire cuire sa nourriture. Mais la combustion du bois libère bien moins d'énergie que les sources maintenant en vogue : charbon, pétrole et gaz natu-

23. Trinh Xuan Thuan, *Origines*, *op. cit.*

rel. On les appelle combustibles « fossiles » parce qu'ils proviennent de restes de plantes décomposées. Avec la révolution industrielle et l'invention de la machine à vapeur, vers la fin du XVIIIe siècle, l'homme a commencé à utiliser du charbon pour faire marcher ses bateaux, ses trains à vapeur, et se répandre sur toute la surface du globe. L'année 1890 vit l'entrée en scène du moteur à explosion qui s'alimentait non plus en charbon, mais en pétrole, autre produit de la décomposition de la matière végétale. Grâce à cette invention, les hommes se mirent à sillonner les routes à bord de petites boîtes métalliques appelées voitures. Depuis lors, l'amour immodéré des hommes pour leurs esclaves mécaniques n'a fait que décupler, et les besoins de pétrole destiné à alimenter ces boîtes roulantes voraces et les machines qui peuplent les usines se sont faits toujours plus grands et pressants. Bois, charbon, pétrole ou gaz naturel : autant de produits qui assurent notre survie, notre confort et notre bien-être, et autant de cadeaux que le Soleil a faits à l'humanité grâce aux bons offices de la photosynthèse.

Le Soleil est un fantastique générateur d'énergie. Grâce au brasier nucléaire situé en son cœur, il produit quelque 300 milliards de milliards (300×10^{18}) de kilowatts-heure par seconde[24], soit autant que 100 milliards de bombes atomiques d'une mégatonne chacune. On l'a vu, si toute cette énergie tombait sur la Terre, il suffirait de six secondes pour faire s'évaporer tous les océans, ou de trois minutes pour faire fondre l'écorce terrestre. Si toutes ces catastrophes ne nous tombent pas dessus, c'est que la Terre, occupant un tout petit volume d'espace, ne reçoit, heureusement pour notre santé, qu'une insignifiante partie de cette énorme énergie lumineuse : environ un dixième de milliardième de l'énergie émise par le Soleil, soit 30 milliards de kilowatts-heure par seconde. La plus grande partie de l'énergie solaire est perdue dans l'espace. Mais l'infime partie qui arrive sur Terre est plus que suffisante pour subvenir

24. Nous sommes tous familiers du kilowatt-heure, puisque c'est l'unité d'énergie qu'utilise notre compagnie d'électricité pour nous facturer. C'est l'énergie équivalant à celle qui doit être dépensée pour remonter une tonne d'eau à une hauteur de 360 mètres.

à nos besoins : l'énergie totale consommée par l'humanité entière est inférieure à 0,01 % de l'énergie solaire reçue. Rappelons que, de l'énergie solaire qui arrive sur Terre, environ 30 % sont réfléchis dans l'espace et 45 % convertis en chaleur. Des 25 % qui restent, la majeure partie (24 %) alimente les cycles hydrologiques d'évaporation et de condensation de l'eau.

L'énergie du végétal

Comment la nature a-t-elle pu concentrer et stocker l'énergie solaire dans les combustibles fossiles ? Elle a fait appel au monde végétal, qui constitue environ 90 % de la matière vivante de notre planète et dont le passe-temps favori est, nous l'avons vu, de faire de la photosynthèse. Pour produire ce carbone que nous brûlons à tout-va afin de satisfaire nos besoins en énergie, les plantes doivent consommer de l'air, de l'eau et de l'énergie solaire.

Les quantités consommées sont impressionnantes : ainsi, la production d'un kilo de bois sec requiert que l'arbre piège le gaz carbonique de 4 000 mètres cubes d'air, soit le volume d'une grande maison ! Quant à l'eau, elle se trouve dans le sol et doit être amenée jusqu'aux feuilles, là où se déroule la photosynthèse. Le Soleil vient de nouveau à la rescousse : en faisant évaporer l'eau, il crée une sorte d'effet de succion qui fait monter la sève depuis les racines jusqu'aux feuilles. Quand le Soleil ne chauffe pas assez, un autre mécanisme est mis à contribution : les racines concentrent en elles les minéraux du sol, ce qui crée un appel d'eau qui pousse la sève vers le haut. À nouveau, les quantités d'eau qui entrent en jeu sont considérables : au cours d'une même journée, un séquoia fait monter sur une hauteur de 100 mètres environ 2 tonnes d'eau, soit plus que son poids ! Et ce n'est pas fini : pour satisfaire ses besoins en eau, l'arbre doit accumuler assez de réserves et développer un réseau de racines qui exploitent un volume de sol étendu, dépassant quelques centaines de mètres cubes de terre. Enfin, le végétal a besoin d'énergie pour grandir et prospérer. Or, bien que l'énergie solaire utilisée par les plantes pour la photosynthèse soit énorme –

environ 18 millions de kilowatts-heure par seconde –, elle ne constitue que 0,06 % de l'énergie solaire que reçoit la Terre[25].

L'« or noir » est le résultat d'un improbable concours de circonstances

L'or noir vient en grande partie de cadavres d'organismes marins (plancton) et, pour une faible partie, d'organismes terrestres charriés par les rivières ou de plantes poussant au fond des mers. À leur mort, la très grande majorité (99,9 %) de ces organismes se décomposent, et leur matière est recyclée. Ainsi, au fur et à mesure que des milliers de milliards de générations d'algues bleues et d'autres organismes microscopiques lacustres vivent leur vie et meurent, ils tombent vers les fonds, s'y mélangent avec des pollens, des spores et divers morceaux de bois. En général, les bactéries aérobies, adaptées à un environnement riche en oxygène, se mettent tout de suite à l'œuvre pour s'attaquer, telles des charognes, à ces organismes morts et y puiser leur nourriture. Après leur besogne, il ne reste que du gaz carbonique et de l'eau. Une grande partie de ce gaz carbonique et de cette eau est consommée par de nouvelles générations d'organismes vivants, et le reste est dispersé dans l'atmosphère et les océans.

Toutefois, une infime partie (0,1 %) de ces organismes marins et lacustres morts se retrouvent dans un milieu dépourvu d'oxygène et échappent à ce recyclage. Cela se produit quand, très occasionnellement, un endroit riche en débris de matière vivante gisant au fond d'un lac, d'un delta ou d'une mer est soudainement enseveli sous une épaisse couche de sédiments. Par exemple, à la suite d'une pluie diluvienne, les rivières et les fleuves peuvent charrier d'énormes quantités de sable et de boue qui se déposent ensuite très rapidement au fond de leurs lits. Ces couches de sable et de boue bloquent le passage de l'oxygène, ce qui protège les débris de matière morte de l'oxydation. Il existe néanmoins, nous l'avons vu, des bactéries anaérobies qui n'ont nul besoin d'oxygène pour prospérer. Ce sont elles qui vont s'attaquer aux débris enfouis pour y

25. Christian Ngô, *Soleil, op. cit.*

extraire l'oxygène et l'azote nécessaires à leur survie. Ce faisant, elles éliminent des débris quasiment tous les glucides (composants constitués de carbone, d'hydrogène et d'oxygène), les lipides (des acides gras) et les protéines. Seuls échappent à leur action de très grosses molécules de kérogène (du grec *kêros*, « cire ») qu'elles ne peuvent assimiler et qui forment une sorte de vase insoluble de couleur brun-noir.

Avec le temps, et si les conditions de pression et de température sont favorables, le kérogène va se transformer en cet « or noir » tant prisé par les hommes et qui sert à alimenter leurs usines, leurs voitures, leurs avions. Au fil du temps, les sédiments continuent à s'accumuler et le kérogène produit par les bactéries anaérobies se retrouve sous très haute pression à cause du poids des kilomètres de sédiments entassés au-dessus. Il est aussi chauffé à des températures très élevées. Comme toutes les personnes qui sont descendues dans une mine le savent, il fait plus chaud dans les entrailles de la Terre. Cette chaleur est principalement due au rayonnement radioactif de certains éléments de la croûte terrestre. En moyenne, la température croît de 3 degrés tous les 100 mètres, ce qui fait qu'elle est de 60 degrés à 2 kilomètres, et de 120 degrés à 4 kilomètres sous terre. Après avoir été soumis à ces conditions extrêmes de pression et de température pendant des dizaines de milliers, voire des centaines de milliers d'années, le kérogène se transforme en libérant du gaz carbonique et de l'eau. Le résultat est un liquide épais et noir constitué d'hydrocarbures, c'est-à-dire de molécules composées uniquement d'hydrogène et de carbone. Ce liquide appelé « pétrole » est aujourd'hui l'objet de toutes les convoitises.

Mais, passé une certaine profondeur et une certaine pression, le pétrole ne subsiste pas. Ses molécules se dissocient en hydrocarbures plus légers, et le pétrole laisse la place au gaz dit « naturel ». C'est ainsi que, généralement, les gisements de pétrole se trouvent entre 2 et 3 kilomètres sous terre, tandis que les gisements de gaz se situent au-delà d'une profondeur de 3,5 kilomètres. Lorsque la pression du gaz devient trop élevée, la roche se fissure et pétrole et gaz se faufilent par les interstices pour remonter à la surface. Si le pétrole ne rencontre aucun obstacle sur son chemin, il émerge et, là, des colonies de bactéries s'empresseront de le dégrader en bitume, produit que nous utilisons pour revêtir nos routes. La remontée directe à la surface est donc nuisible au pétrole. Pour que celui-ci ne se dégrade pas, il faut qu'il rencontre sur son chemin vers le haut des roches imperméables, des couches de marne ou d'argile, par exemple, qui le piègent et le font s'accumuler sous terre. C'est là que les chercheurs d'« or noir » viendront le chercher.

Si ce liquide noir est si précieux, c'est que sa genèse requiert la conjonction de trois circonstances géologiques. D'abord, un lit très riche en matière organique que la nature a rapidement recouvert de sédiments pour le protéger de la dégradation par oxydation. Ensuite, des conditions de pression et de température (quelque 120 degrés) très particulières pour obtenir juste la bonne cuisson pendant le bon intervalle de temps (des dizaines de milliers, voire des centaines de milliers d'années). La recette est si délicate, ces conditions de pression et de température doivent être si bien réglées qu'on n'a jamais pu les reproduire en laboratoire. Enfin, il faut que le pétrole soit piégé de manière adéquate pour ne pas remonter directement à la surface. Il est si rare que ces trois conditions surviennent simultanément sur la planète que la fraction du volume total de débris organiques sur Terre à avoir été convertie en pétrole et emmagasinée dans un gisement souterrain est infime : de l'ordre de 2 %. D'où l'extrême rareté de l'or noir, notre grande difficulté à en trouver toujours plus pour assouvir nos besoins croissants en énergie, et les conflits géostratégiques entre les pays qui en possèdent et ceux qui n'en ont pas aux fins de se l'approprier.

Le charbon, forme d'énergie solaire fossilisée

Il y a environ 300 millions d'années, les continents sur Terre ne s'étaient pas encore séparés, mais étaient unis dans un vaste supercontinent appelé Pangée. Le climat était si chaud et humide que ce supercontinent était recouvert d'une végétation luxuriante qui s'étendait à perte de vue. D'immenses forêts de fougères géantes (de 30 mètres de haut) tapissaient de larges zones marécageuses où pullulaient les premières créatures amphibies, lesquelles avaient quitté l'environnement marin pour se lancer à la conquête de la terre ferme. Des vapeurs et des odeurs nauséabondes flottaient partout, résultant de la putréfaction et de la décomposition d'innombrables couches de feuilles, de mousses et autres débris végétaux accumulés au fond des marécages et des lagunes au fil du temps. Les jours chauds prirent fin (la température moyenne sur Terre est plus fraîche aujourd'hui, car nous vivons à la fin d'une période glaciaire), les continents se séparèrent et entamèrent leur dérive. Avec le temps, le compost miasmatique des débris végétaux créé du temps de Pangée fut enseveli sous des mètres de boue et de sable. Comme pour le pétrole, sous les effets conjugués d'une pression élevée et de hautes températures, à l'abri de l'oxygène de l'air, le compost a commencé à se transformer pour devenir minerai : une sorte de pierre noire rocheuse que nous appelons « charbon ».

Tout comme le pétrole, le charbon représente une forme concentrée de stockage de l'énergie solaire, puisqu'il résulte de la décomposition de restes d'organismes qui, de leur vivant, ont utilisé la lumière solaire pour subsister. Ainsi, quand vous employez du charbon pour faire un barbecue, vous utilisez de l'énergie solaire concentrée que la Terre a patiemment emmagasinée pendant des centaines de millions d'années. En partie parce qu'il est solide – une sorte de roche faite à partir de la vie –, le charbon se préserve beaucoup plus longtemps que le pétrole. On pense que, du charbon qui a été formé sur notre planète, la quasi-totalité subsiste encore, à l'exception de celui qui a déjà été extrait et brûlé par les hommes.

Du fait qu'elle nous a principalement laissé le carbone en héritage, l'ère géologique qui va de 360 à 286 millions d'années avant notre ère et qui a produit la grande majorité de notre pétrole et de notre charbon est appelée *carbonifère*. Et parce que ces combustibles résultent des fossiles d'anciens organismes vivants, qu'ils sont en quelque sorte des formes d'énergie solaire fossilisée, ils portent le nom de « carburants fossiles ». On retrouve d'ailleurs de temps à autre des fossiles de fougères ou de feuilles incrustés dans des morceaux de charbon.

Dépendant de l'âge du gisement, donc de la profondeur, de la pression et de la température, les débris végétaux recouverts de boue et de sable se métamorphosent en des types de charbon de qualité plus ou moins grande, contenant plus ou moins de carbone. Le premier stade de la sédimentation mène à la tourbe, qui n'est rien de plus que de l'humus très compacté. Charbon de qualité médiocre, la tourbe brûle moins bien que le bois et a un pouvoir calorifique faible. Les couches de tourbe sont situées juste au-dessous du fond des marécages et sont les plus pauvres en carbone : sa teneur n'est que de l'ordre de 50 %. À des profondeurs, températures et pressions plus élevées, la tourbe devient lignite. Celui-ci est composé pour environ 70 % de carbone et se trouve à environ un kilomètre sous terre. Le pouvoir calorifique du lignite est supérieur à celui de la tourbe, mais reste en moyenne trois fois moindre que celui de la houille, qualité de charbon suivante. Celle-ci, résultant de la compression du lignite, est composée à 85 % de carbone. Elle se trouve à environ 3 kilomètres sous terre et est la forme la plus abondante et la plus utilisée de charbon. En brûlant, elle dégage beaucoup de chaleur, mais aussi une grande quantité de fumée. Enfin, à de plus hautes pressions et températures, à quelque 6 kilomètres de profondeur, vient l'anthracite, composé à plus de 90 % de carbone, qui constitue la meilleure qualité de charbon. C'est un charbon avec une très faible teneur en matières volatiles (moins de 6 à 8 %), et qui brûle donc sans fumée en dégageant beaucoup de chaleur.

Les formations de charbon produisent aussi du gaz, en particulier au stade de la houille. Le méthane (ou « grisou ») peut envahir les mines de charbon et, en se mélangeant à l'air, exploser au contact d'une flamme. Ce sont les fameux « coups de grisou » si redoutés des mineurs et qui ont été responsables de la mort de dizaines de milliers de travailleurs du charbon au siècle dernier.

Des énergies non renouvelables qui polluent l'environnement

Les réserves de pétrole, de gaz et de charbon ne sont pas illimitées. Elles sont en train de s'épuiser rapidement et, plus grave encore, ne sont pas renouvelables. La connaissance du pétrole date de l'Antiquité. Les Anciens l'utilisaient pour des applications très variées : les Égyptiens s'en servaient pour la conservation des momies, les Chinois pour fabriquer des briques et chauffer les maisons, d'autres encore pour calfater les coques de leurs navires. Mais l'utilisation des combustibles fossiles prend vraiment son essor avec la révolution industrielle, vers la fin du XVIIIe siècle. Avec l'invention de la machine à vapeur, l'homme apprend à convertir en travail la chaleur du charbon brûlé. Avec l'invention du moteur à explosion et de l'automobile, le pétrole va supplanter le charbon comme combustible fossile le plus utilisé. Le premier puits moderne a été foré en 1859 en Pennsylvanie, aux États-Unis. Le pétrole pourvoit à l'heure actuelle à 40 % de nos besoins énergétiques, tandis que gaz et charbon en satisfont chacun de l'ordre de 25 %. Le charbon est aujourd'hui surtout utilisé dans les centrales thermiques pour produire de l'électricité : l'eau chauffée y est transformée en vapeur, laquelle active des turbines connectées à un générateur électrique.

En un peu plus de cent cinquante ans, nous avons déjà consommé une bonne partie des réserves de combustibles fossiles que la nature a mis patiemment des centaines de millions d'années à fabriquer. Il faudra des centaines d'autres millions d'années pour renouveler ces réserves. C'est un temps dont l'homme ne dispose pas. Par inconscience et cupidité, il ne cesse de se livrer à une débauche de dépenses d'énergie pour produire et consommer toujours plus. L'homme est la seule espèce vivant sur Terre à consommer plus d'énergie qu'il ne lui en faut pour vivre et se reproduire. Aujourd'hui, les habitants des pays développés dépensent pour leur transport et leur confort presque cent fois l'énergie nécessaire à leur métabolisme ! Au rythme frénétique actuel de notre consommation d'énergie, on estime que les réserves de pétrole (surtout localisées au Moyen-Orient) et de gaz (principalement au Moyen-Orient et dans l'ancienne Union soviétique) seront épuisées vers 2100. Quant au charbon, qui est le combustible le plus abondant et le mieux réparti géographiquement sur Terre (ses plus grosses réserves étant situées aux États-Unis et dans l'ancienne Union soviétique), il offrira un répit, mais lui aussi sera épuisé vers l'an 2300[26].

Mais, même si les réserves en carburants fossiles étaient illimitées, l'urgence est grande de trouver et développer des sources d'énergie plus respectueuses de l'environnement. En effet, la consommation effrénée de combustibles fossiles a sérieusement perturbé l'équilibre de notre écosphère. La combustion du pétrole et du charbon a déversé des tonnes de gaz carbonique dans l'atmosphère terrestre, exacerbant l'effet de serre et entraînant un réchauffement de la planète, avec des conséquences potentielles catastrophiques pour la survie de notre espèce et de bien d'autres[27]. Le gaz carbonique que les fougères du carbonifère ont si serviablement ôté de l'air il y a quelque 300 millions d'années y a été ainsi restitué dans sa quasi-totalité. Ce rejet dû à l'activité humaine représente la moitié des rejets effectués dans l'atmosphère terrestre, soit environ 7 milliards de tonnes par an. À l'échelle du globe, la combustion du charbon pour produire de l'électricité est une importante source de gaz carbonique. Sur ce plan, la France fait exception, car son électricité est à 90 % d'origine nucléaire ou hydraulique. De ce fait, un Français est responsable en moyenne de presque trois fois moins d'émissions de gaz carbonique qu'un Américain. La combustion du pétrole pour alimenter nos voitures et celle des combustibles fossiles pour chauffer nos maisons, nos bureaux, et faire fonctionner nos usines, contribuent aussi à l'augmentation de l'effet de serre. Le gaz carbonique produit par l'activité humaine est responsable à 60 % de l'accroissement constaté de l'effet de serre.

L'autre gaz à effet de serre lié lui aussi à l'activité humaine et qui a un impact important sur l'environnement est le méthane. Sa contribution à l'augmentation de l'effet de serre est de 20 %. Il provient surtout de l'élevage, en particulier de l'estomac des vaches

26. Christian Ngô, *Soleil*, *op. cit.*
27. Trinh Xuan Thuan, *Origines*, *op. cit.*

(une vache laitière produit en moyenne 90 kilogrammes de méthane par an), mais aussi des ordures ménagères ou encore des rizières. Le reste de la hausse de l'effet de serre est dû à des gaz moins abondants dans l'atmosphère comme les fameux chlorofluorocarbones (CFC) utilisés jadis dans la réfrigération et la climatisation, et progressivement interdits depuis 1987 à cause de leur effet destructeur sur la couche d'ozone.

Avec le tarissement des puits de pétrole et l'envol des prix du carburant, la tentation sera grande, à terme, de redonner la première place au charbon, avec toutes les conséquences néfastes qui y sont liées sur le plan écologique : des poussières de houille qui se disséminent dans l'air et se déposent dans les poumons des hommes ; la fumée qui obscurcit le ciel et noircit les façades des maisons ; des oxydes toxiques de soufre et d'azote qui acidifient la pluie et la neige, menaçant la santé des hommes en même temps que celle des lacs, rivières et forêts, et rongeant les beaux monuments en marbre dans les villes[28]. Ces coûts humains et environnementaux élevés sont inacceptables et doivent être évités à tout prix.

Stocker la chaleur solaire

L'humanité est donc partie à la recherche d'autres sources d'énergie qui soient « propres », c'est-à-dire respectueuses de l'environnement. Directement ou indirectement, ces sources dérivent presque toutes de l'énergie solaire. Au contraire du pétrole, du charbon et du gaz naturel, elles doivent être renouvelables : à l'échelle des temps humains, leur consommation ne doit pas aboutir à une diminution perceptible ou à une disparition des ressources naturelles, étant fondées sur une source quasi inépuisable, l'énergie du Soleil[29]. Nous

28. Ce pouvoir destructeur vient du fait que la houille contient du soufre qui, libéré dans l'atmosphère, se combine avec la vapeur d'eau pour former de l'acide sulfurique. Il est difficile et cher d'éliminer le soufre de la fumée. Il est aussi trop coûteux de substituer l'anthracite, qui contient très peu de soufre, à la houille.

29. Bien sûr, le Soleil épuisera ses réserves d'hydrogène dans quelque 4,5 milliards d'années et mourra d'ici quelque 5 milliards d'années. Nos arrière-arrière... petits-enfants devront alors partir à la recherche d'une nouvelle source d'énergie, c'est-à-dire d'un nouveau Soleil.

avons vu que celui-ci nous envoie environ 10 000 fois plus d'énergie que nous n'en consommons. Il suffirait donc à l'homme d'en capter 0,01 % pour couvrir tous ses besoins énergétiques. Pourtant, l'énergie solaire reste le parent pauvre des sources d'énergie actuellement exploitées. En France, en 2002, elle ne compte que pour 0,01 % dans l'énergie totale consommée, loin derrière d'autres sources d'énergie propres et renouvelables comme les biocarburants, le bois ou l'hydroélectrique.

L'énergie solaire peut être exploitée de deux manières : soit sous forme de chaleur, à l'aide de capteurs solaires, soit en la convertissant en électricité, à l'aide de piles dites photovoltaïques. Pour l'instant, la première méthode est la plus efficace et la plus facile à mettre en œuvre. Dans les régions ensoleillées, au ciel généralement dépourvu de nuages, certaines demeures sont équipées de capteurs à eau (ou chauffe-eau) qui s'échauffent en captant le rayonnement solaire. Ce faisant, ils émettent des rayons infrarouges qui sont piégés par une vitre comme dans une serre. La chaleur ainsi emmagasinée est communiquée à de l'eau mise en réserve dans un ballon, et l'eau chaude, dont la température peut atteindre 60 degrés, sert ensuite à divers besoins domestiques comme les douches ou autres lavages de vaisselle, au réchauffement des radiateurs ou même à faire fonctionner les systèmes de climatisation. Mais l'inconvénient avec l'énergie solaire, c'est que le Soleil n'est pas toujours au rendez-vous. L'ensoleillement d'une région dépend fortement de sa latitude : les régions septentrionales reçoivent moins de chaleur que les régions tropicales. Même à l'échelle de la France, l'ensoleillement annuel de la Côte d'Azur est presque le double de celui de Paris ! Quand le Soleil ne répond pas présent, il faut faire appel à une autre source d'énergie comme l'électricité, le gaz ou d'autres combustibles fossiles. Mais, même en comptant le coût de ces énergies supplémentaires, la facture énergétique peut être réduite de moitié, voire plus, dans les régions ensoleillées. Pour pallier les périodes de non-ensoleillement, il est nécessaire de développer des stratégies de stockage de la chaleur solaire. L'eau constitue un bon moyen de le faire. On a aussi recours à certains sels qui ont le pouvoir de garder la chaleur cent fois mieux que l'eau.

Pour bénéficier de l'énergie solaire dans les régions ensoleillées, l'architecture bioclimatique, qui remonte aussi loin que l'époque de Jules César, a été remise au goût du jour. On prête davantage attention à l'orientation des différences pièces d'une maison en fonction de la position du Soleil aux différents moments de la journée, ainsi qu'à l'isolation. On installe des doubles vitrages, des volets, etc., afin de limiter les pertes de chaleur. L'architecture bioclimatique lutte aussi contre les surchauffes par la mise en place de pare-soleil ou d'une ventilation nocturne. Ce type de protection est surtout utile dans les pays chauds, car il réduit considérablement les besoins et donc les coûts de climatisation ; il faut en effet trois fois plus d'énergie pour refroidir une maison de un degré que pour la réchauffer du même chiffre !

À plus vaste échelle, on a édifié de gigantesques centrales solaires équipées d'immenses miroirs pouvant totaliser une superficie d'une dizaine de milliers de mètres carrés. Le principe est simple : les miroirs font converger les rayons solaires en une zone focale, portant un fluide à une température de 100 à 300 degrés. En France, la centrale solaire Thémis, à Targasonne, dans les Pyrénées-Orientales, en est un exemple. Les rayons solaires concentrés chauffent un fluide composé de sels fondus qui peuvent stocker la chaleur pendant cinq heures ou bien la transmettre à un générateur de vapeur d'eau qui actionne des turbines, produisant ainsi de l'électricité. Mais l'opération n'est pas rentable : l'électricité produite par Thémis est quelque 50 fois plus chère que celle produite par des sources d'énergie conventionnelles comme le nucléaire ou le gaz. Ce qui a sonné le glas de Thémis en 1986. Pendant quelque temps, la centrale a été convertie en observatoire et ses immenses miroirs ont été orientés par des astrophysiciens vers d'autres astres que le Soleil. D'autres centrales solaires fonctionnent de par le monde, par exemple en Espagne, en Italie ou aux États-Unis (en Californie). L'électricité californienne est 10 fois moins chère qu'à Thémis, surtout parce qu'on n'y a pas prévu de dispositif de stockage de l'énergie solaire : la centrale a recours au gaz dès que le Soleil brille... par son absence.

Convertir la lumière solaire en électricité

L'autre moyen de tirer directement parti de l'énergie solaire est de la convertir en électricité à l'aide de photopiles. C'est ce qu'on appelle l'énergie photovoltaïque. Le principe en a été découvert en 1839 par le physicien français Antoine Becquerel (1788-1878). Celui-ci constate que si l'on illumine un verre empli d'une solution acide et qu'on y plonge une paire d'électrodes en platine, il se crée un courant électrique. En 1877, on démontre que le même phénomène survient dans un solide : l'illumination d'une cellule de sélénium produit aussi un courant électrique. Mais le taux de conversion de l'énergie lumineuse en énergie électrique par une photopile de sélénium reste très faible. Il a fallu attendre jusqu'aux années 1950, avec l'avènement de la photopile de silicium, pour que ce taux de conversion devienne acceptable : environ 6 %. Les photopiles de silicium ont continué à se perfectionner grâce à l'investissement dans la recherche et le développement de deux industries différentes : d'une part, l'industrie de la microélectronique, le silicium étant aussi à la base des transistors utilisés dans tous les produits électroniques de la vie moderne (systèmes stéréo, lecteurs de disques compacts ou autres téléviseurs) ; d'autre part, l'industrie spatiale, qui a besoin des photopiles pour alimenter en énergie les nombreux satellites mis en orbite autour de la Terre, la lumière solaire abondant en effet dans l'espace. Les photopiles sur le marché possèdent actuellement un rendement variant entre 12 et 17 % ; certains modèles en laboratoire atteignent même les 25 %.

Le coût du silicium n'a cessé de diminuer : d'un facteur de 10 tous les sept ans. Mais il reste élevé, ce qui veut dire que l'électricité produite par les photopiles revient encore trop cher : elle est 10 fois plus onéreuse que celle produite grâce aux énergies fossiles ou nucléaires. Même si l'installation de panneaux solaires à base de silicium coûte moins cher que le raccordement à un réseau électrique, l'investissement est encore trop important pour les pays en voie de développement où les besoins sont les plus pressants. Se pose aussi le problème du stockage : d'immenses installations sont en effet nécessaires afin de ne pas interrompre le ravitaillement en énergie pour les besoins nocturnes, quand le Soleil n'est plus visible. Ce qui rend le coût de l'énergie photovoltaïque encore plus élevé. Se pose d'autre part un problème pratique : il faut une grande, voire très grande surface de panneaux solaires pour recueillir l'énergie nécessaire. Ainsi, pour faire face aux seuls besoins énergétiques des États-Unis (sans compter le stockage), il faudrait des panneaux solaires couvrant 37 450 kilomètres carrés, soit environ 0,4 % de la surface de ce pays, ou encore un quinzième de la superficie de la France. Pour satisfaire aux besoins de l'Hexagone, il faudrait quelque 4 000 à 5 000 kilomètres carrés de panneaux, soit près de la moitié de sa surface bâtie ! En prenant en compte les besoins de stockage, c'est en fin de compte 3 % de la surface de la France qui devrait être couverte de panneaux solaires ! Un objectif qui n'est pas près d'être atteint...

Pour recueillir la lumière solaire de manière plus efficace et donc diminuer la surface totale nécessaire des panneaux solaires, la NASA a imaginé à la fin des années 1960 de placer des centrales solaires en orbite autour de la Terre. Dans l'espace, ces centrales pourraient capter le rayonnement solaire sans qu'il soit absorbé par l'atmosphère terrestre. En orientant soigneusement les panneaux, on pourrait ainsi recueillir en moyenne huit fois plus d'énergie solaire par mètre carré qu'à la surface du globe. Cette énergie serait ensuite transmise sur Terre avec un rendement d'environ 50 %, *via* un faisceau de micro-ondes (celles qu'émettent nos fours). Pour permettre cette opération, les centrales solaires spatiales seraient placées sur une orbite géostationnaire à 36 000 kilomètres au-dessus de nos têtes. Faisant le tour de la Terre en exactement un jour, elles seraient toujours au-dessus de la station réceptrice terrestre malgré la rotation de notre planète. Bien sûr, l'énergie du faisceau ne serait pas dirigée vers un seul point focal, mais serait répartie sur une surface de plusieurs kilomètres carrés de cellules réceptrices, ce qui réduirait l'intensité du faisceau à la valeur relativement faible d'une centaine de watts par mètre carré. Cela permettrait d'éviter, en cas de perte de contrôle du faisceau, que celui-ci se transforme en rayon de la mort pour les Terriens !... Mais la volonté politique n'a pas suivi : près de quarante ans après, les centrales solaires orbitales restent à l'état de projet.

Le souffle du vent

En sus de nous envoyer de la lumière en abondance pour que les Terriens en manque d'énergie puissent directement la convertir en chaleur ou en électricité, le Soleil est aussi indirectement à l'origine d'autres sources d'énergie renouvelables, celles qui ne s'épuisent pas à l'échelle des temps humains. L'une d'elles, qui a attiré beaucoup l'attention ces dernières années, est l'énergie éolienne, ainsi nommée d'après le nom du dieu grec du vent, Éole. C'est notre astre qui, en dernière instance, est responsable du vent car, en chauffant de manière inégale les régions de basses et hautes latitudes, il crée des différences de pression entre les diverses zones du globe. Comme la nature abhorre ces inégalités de pression atmosphérique, elle va, pour les réduire, déplacer les masses d'air des zones de haute pression vers celles de basse pression, créant ainsi la douce brise qui nous rafraîchit par les jours brûlants de canicule, ou bien les vents soufflant en tempête qui sont la hantise des marins. Les hommes ont su mettre à profit ce souffle de la nature depuis les temps les plus reculés. En capturant le vent avec des toiles tendues sur les mâts de leurs navires, ils ont pu ainsi aller sur l'eau plus vite et plus loin qu'en pagayant avec la seule force de leurs bras, et franchir les océans pour découvrir des continents inconnus. Sur terre, en exploitant l'énergie de mouvement du vent grâce à la rotation de pales et en la convertissant en énergie mécanique par des engrenages reliés à ces pales, les Anciens savaient déjà se servir de l'énergie éolienne pour moudre leurs grains ou remonter l'eau des puits. Ces instruments d'antan sont les lointains ancêtres des moulins à vent. Aujourd'hui, ces derniers ont été supplantés par les éoliennes, appelées aussi « aérogénérateurs », qui transforment l'énergie de mouvement du vent en électricité par le couplage de leurs pales à un rotor, lui-même relié par un système d'engrenages à un générateur de courant électrique appelé « alternateur ».

La puissance électrique – l'énergie fournie par unité de temps –

d'une éolienne dépend de la vitesse du vent. Plus le vent souffle fort, plus les pales tournent vite, et plus la puissance fournie est grande. Celle-ci varie comme le cube de la vitesse du vent. Que le vent souffle deux fois plus vite, et la puissance augmente d'un facteur 8. La vitesse du vent dépend à son tour de l'altitude. À 50 mètres, le vent souffle de 25 à 35 % plus vite qu'au ras du sol, ce qui engendre une puissance double. C'est une des raisons pour lesquelles les éoliennes modernes sont si hautes : leurs pales peuvent être situées à une centaine de mètres au-dessus du sol afin de leur permettre de capter un vent plus rapide. Mais qui dit haut, dit lourd : une éolienne de 85 mètres de haut pèse près de 300 tonnes ! Les éoliennes doivent avoir des fondations en conséquence. Pour qu'une éolienne soit performante, la vitesse du vent doit être d'au moins 7 mètres par seconde, soit 25 kilomètres à l'heure. Les éoliennes atteignent leur puissance maximale quand le vent souffle de 14 à 20 mètres par seconde, soit à une vitesse de 50 à 70 kilomètres à l'heure. La puissance d'une seule éolienne est de 1,5 mégawatt, assez pour satisfaire les besoins énergétiques de quelque 600 foyers domestiques.

L'énergie éolienne est seulement deux à trois fois plus chère que celle dérivée des énergies fossiles ou nucléaires, et trois à quatre fois moins chère que l'énergie voltaïque. Exception faite d'objections d'ordre esthétique (d'aucuns estiment que les champs d'éoliennes défigurent les paysages) et du bruit qu'elles engendrent, l'énergie du vent n'a pas d'impact environnemental grave. Est-ce donc la solution magique pour résoudre nos problèmes d'énergie ? La réponse pour le moment est non, car il y a un grand *hic* : le vent n'est pas constant, il souffle par intermittences. À un moment donné, ce peut être le calme plat, tout comme il peut faire tempête. Vous vous dites qu'à quelque chose malheur est bon, que les vents violents peuvent du moins servir à produire beaucoup d'électricité. Détrompez-vous ! Quand le vent souffle trop fort, les pales tournent trop vite et se brisent. Il faut donc les faire pivoter afin de réduire leur vitesse de rotation, ce qui diminue d'autant l'énergie électrique fournie. Comme la vitesse du vent varie entre le jour et la nuit[30], et d'un jour à l'autre au gré des changements météorologiques, il faut prévoir, comme pour l'énergie solaire, des dispositifs de stockage, ou d'autres sources d'électricité au cas où le vent viendrait à faire défaut. Les puissances actuelles des éoliennes sont encore si faibles que la quantité d'énergie stockée devrait être considérable. Les moyens traditionnels de stockage comme les batteries ne font pas l'affaire, car celles-ci seraient par trop volumineuses et onéreuses. Pour l'heure, l'énergie éolienne reste donc surtout une énergie de complément. Elle ne pourra occuper une place centrale que si les éoliennes deviennent plus efficaces et si l'on résout les problèmes de stockage. Le Danemark, champion mondial de la consommation de l'énergie éolienne, ne produit encore qu'un peu moins de 20 % de son énergie grâce au vent.

La force de l'eau

Le Soleil est indirectement à l'origine d'une autre source d'énergie renouvelable, celle due à la force du courant de l'eau. En effet, notre astre est responsable de l'évaporation de l'eau des océans qui, transportée par les vents au-dessus des terres, tombe sous forme de pluies dans les rivières. Celles-ci alimentent à leur tour les lacs, ce qui permet aux hommes de construire des barrages et d'utiliser le mouvement de l'eau pour actionner turbines et alternateurs, et produire de l'électricité. Comme pour le vent, l'idée d'exploiter les courants d'eau pour produire de l'énergie est venue très tôt. Les premiers moulins à eau sont apparus en Chine et en Occident entre le IVe et le IIIe siècle avant J.-C. Équipés au début de simples roues verticales à palettes auxquelles étaient attachés des godets pour faire monter l'eau, ils se sont perfectionnés au fil du temps. L'invention des engrenages au temps des Romains et des arbres à cames au Moyen Âge, afin de connecter la roue mue par le courant d'eau à des meules, va permettre non seulement de moudre le grain, mais aussi d'actionner des pompes, des foreuses et autres monte-charge.

30. Au cours d'une même journée, la vitesse du vent est assez constante à une altitude comprise entre 30 et 70 mètres ; mais, au-dessus de 70 mètres, elle est plus élevée la nuit et, au-dessous de 30 mètres, elle est plus élevée le jour.

Les moulins à eau vont dès lors se multiplier. Mais le coup de grâce leur est donné par l'invention de la machine à vapeur au XIXe siècle.

Néanmoins, l'eau n'a pas dit son dernier mot, et l'homme va trouver un autre moyen d'exploiter sa force. À la fin des années 1820, il transforme la roue en turbine et, cinquante ans plus tard, il la couple avec un générateur d'électricité en contrebas d'un barrage qui retient l'eau d'un lac. Dès que les vannes sont ouvertes, l'eau tombe en trombe et, en actionnant les turbines, son énergie mécanique est transformée en électricité. La centrale hydraulique est née. Aujourd'hui, quelque 45 000 barrages disséminés à la surface du globe fournissent environ un cinquième de l'électricité consommée de par le monde, soit environ 2,4 millions de mégawatts. En France, environ 15 % de l'électricité est d'origine hydraulique. Avant l'avènement de l'énergie nucléaire dans l'Hexagone, ce chiffre s'élevait à 60 %. En Europe, aux États-Unis, au Canada, le potentiel hydroélectrique est déjà exploité à 70 %. Mais dans les deux pays les plus peuplés du monde (un habitant sur cinq de la planète est chinois, et un sur six est indien), dont la croissance économique effrénée requiert toujours plus d'énergie, environ les deux tiers du potentiel hydroélectrique ne sont pas encore exploités, et la production hydroélectrique devrait y monter en flèche au cours des prochaines années. D'ici à l'an 2050, la demande chinoise en électricité devrait augmenter de quelque 2,6 milliards de watts, ce qui requerrait de construire l'équivalent de quatre usines électriques de 300 mégawatts chaque semaine pendant les quarante-cinq prochaines années ! Quant à l'Inde, sa demande en énergie a augmenté encore plus vite que celle de la Chine : elle a plus que doublé entre 1980 et 2001. Malgré cela, près de la moitié de la population indienne n'a pas encore accès régulièrement à l'électricité [31].

La force de l'eau est encore utilisée d'une autre façon. Les marées, le mouvement de flux et de reflux des océans, peuvent aussi engendrer de l'électricité. À marée montante, des turbines couplées à des générateurs électriques sont actionnées par l'eau qui vient de la mer vers les terres, et à marée descendante le contraire se produit avec

31. *Time*, 3 avril 2006.

les turbines tournant en sens inverse. C'est l'énergie marémotrice. La première usine marémotrice du monde a été construite en France en 1966 sur l'estuaire de la Rance. En fait, l'énergie marémotrice vient moins de notre astre diurne que de la Lune. Et ce n'est pas une énergie de nature lumineuse qui est responsable du va-et-vient des océans, mais une énergie de nature gravitationnelle. En effet, c'est notre satellite qui, par l'attraction qu'il exerce sur l'eau des océans, est le principal responsable de leur mouvement de va-et-vient. Le Soleil joue sur ce plan un rôle moins important : son pouvoir de déplacer les océans n'est que d'environ la moitié du pouvoir lunaire[32].

L'énergie verte

Par la magie de la photosynthèse, les plantes convertissent l'énergie lumineuse du Soleil en énergie chimique. Et, bien que le rendement photosynthétique des plantes soit faible (la quantité d'énergie chimique produite est bien moindre que la quantité d'énergie solaire absorbée), le végétal, constituant 90 % du vivant, représente une quantité considérable d'énergie chimique stockée. Nous avons déjà vu comment l'homme, pour ses besoins énergétiques, a exploité pétrole, gaz et autres carburants fossiles combustibles non renouvelables que la nature a mis des centaines de millions d'années à fabriquer à partir de l'enfouissement et de la décomposition de débris végétaux. Mais, pour alléger nos besoins en énergies fossiles, nous avons aussi la possibilité d'utiliser des végétaux non fossiles qui se renouvellent en permanence (à condition de n'en point abuser !). Cette énergie renouvelable, qui respecte l'environnement, est qualifiée de « verte », et le bois, la paille et autres déchets organiques qui nous la fournissent par leur combustion sont appelés des « biocombustibles ».

Les hommes ont utilisé le bois depuis la nuit des temps pour se chauffer, cuire leurs aliments et s'éclairer. Cependant, la densité énergétique du bois est trois fois moindre que celle du pétrole.

32. Cf. Trinh Xuan Thuan, *Le Chaos et l'Harmonie*, *op. cit.*

D'autre part, le bois brûle d'autant mieux et dégage d'autant moins de fumée qu'il est plus sec. Or le taux d'humidité du bois stagne à 15 à 20 % même après deux années de séchage naturel. D'où la naissance de l'industrie de la fabrication du charbon de bois. Le bois y est chauffé à plus de 200 degrés, évaporant l'eau qu'il contient, et se transforme ainsi en charbon de bois d'un poids inférieur de 30 % à son poids initial. Le charbon de bois a une concentration énergétique double de celle du bois et dégage notablement moins de fumée en brûlant. Comparés aux combustibles fossiles, le bois et les biocombustibles en général ont l'avantage de dégager moins de gaz carbonique, et donc de moins contribuer à l'effet de serre et au réchauffement global. Leur utilisation présente enfin d'autres avantages : les coupes régulières des forêts pour s'approvisionner en bois concourent à leur entretien. Le bois constitue aujourd'hui encore une source d'énergie non négligeable dans bon nombre de pays du tiers monde. Mais il ne pourra jamais suffire aux besoins des pays industrialisés.

L'énergie végétale peut être aussi utilisée sous forme de biocarburants pour faire marcher nos voitures et autres machines équipées de moteurs à explosion. Les biocarburants sont des alcools issus de la fermentation de végétaux riches en sucre, tels la canne à sucre, la betterave, le blé ou le maïs. L'éthanol qui résulte de ce processus ne peut cependant être utilisé que dans des moteurs adaptés, car sa combustion requiert deux fois moins d'air que celle de l'essence. Dans un moteur normal, il doit être utilisé sous forme de dérivé mélangé à de l'essence. Les plantes dites « oléagineuses » (du latin *oleagineus*, « olivier »), tels le soja, l'arachide, le tournesol ou le colza, dont les graines broyées, pressées et raffinées donnent des huiles végétales pures, peuvent être aussi à l'origine de biocarburants. Ces huiles, traitées à l'alcool (le méthanol), produisent des esters (molécules résultant de l'action d'un alcool sur un acide organique) qui, mélangés dans une proportion de 5 à 20 % avec du gazole, peuvent servir de carburants pour propulser nos petites boîtes roulantes sur les autoroutes. Mais, en dépit de leurs avantages écologiques certains (moins d'émissions de gaz carbonique), les biocarburants sont encore loin de pouvoir supplanter l'essence : ils coûtent à l'heure actuelle encore deux à trois fois plus cher que le carburant dérivé de l'or noir.

Le feu nucléaire

Il ne fait aucun doute que les énergies renouvelables sont beaucoup plus respectueuses de l'environnement que les énergies fossiles non renouvelables. Mais même les énergies dites propres ne sont pas tout à fait dépourvues d'effets environnementaux. En effet, si le fonctionnement d'une centrale solaire ou d'une éolienne n'est source d'aucune pollution, leur construction, en revanche, est source de déchets. En transformant la lumière solaire en électricité, la centrale solaire ne rejette dans l'atmosphère aucun gaz à effet de serre. Mais, pour l'édifier, il faut transporter du béton, du ciment et autres matériels. La fabrication des parties électroniques et mécaniques des panneaux photovoltaïques nécessite une certaine consommation d'énergie et de matières premières, laquelle est inévitablement accompagnée de rejets de déchets. De ce point de vue, l'énergie nucléaire est plus propre que l'énergie solaire : les rejets de gaz carbonique liés à la construction d'une centrale nucléaire sont bien moindres (d'un facteur compris entre 5 et 15) que ceux associés à la mise en chantier d'une centrale solaire, car elle ne requiert pas, comme celle-ci, l'installation de kilomètres carrés de panneaux solaires[33].

Mais l'énergie nucléaire n'est pas sans poser ses propres problèmes environnementaux. L'homme ne sait pas encore imiter le Soleil en dupliquant sur Terre les réactions nucléaires qui ont lieu au cœur de notre astre. Le Soleil produit son énergie, nous l'avons vu, en fusionnant quatre par quatre des noyaux d'hydrogène (ou protons) en noyaux d'hélium. Si nous pouvions la produire sur Terre, cette énergie de fusion serait une source d'énergie idéale, car sa production ne pollue pas et l'hydrogène est disponible en quantités quasi illimitées dans l'eau de nos océans. Mais faire fusionner

33. Christian Ngô, *Soleil, op. cit.*

des protons requiert des températures qui dépassent les 10 millions de degrés. La matière chauffée à de telles températures, si elle n'est pas emprisonnée comme à l'intérieur d'une étoile, s'emballe et se disperse, et la fusion des noyaux ne peut s'effectuer. Le Soleil ne connaît pas ce problème, sa masse fantastique produisant une énorme gravité qui confine naturellement l'hydrogène surchauffé en son cœur. Les scientifiques travaillent sans relâche en vue d'apprendre à contenir la matière chauffée à plus de 10 millions de degrés et d'extraire l'énergie de la fusion nucléaire de l'hydrogène. Pour pouvoir reproduire le feu du Soleil sur Terre, Européens, Japonais, Canadiens et Russes se sont associés pour construire dans le sud de la France un énorme réacteur à fusion thermonucléaire appelé ITER (International Thermonuclear Experimental Reactor).

L'homme dispose déjà de l'énergie nucléaire. Mais cette énergie provient non pas de la fusion d'atomes d'hydrogène, mais de la fission d'atomes d'uranium. Or la production d'énergie à partir de la fission atomique souffre d'un grave inconvénient : alors que la fusion nucléaire est propre, la fission nucléaire laisse inévitablement des déchets radioactifs qui peuvent être à l'origine de cancers et de malformations génétiques. Le stockage de ces déchets radioactifs pose problème, car leur durée de vie s'étale sur des millions, voire des milliards d'années. Non seulement nous serions affectés par leurs rayons nocifs, mais nos arrière-arrière... petits-enfants, très loin dans le futur, le seraient eux aussi. D'autre part, la maîtrise technologique des centrales nucléaires n'est pas aussi sûre que certains ingénieurs et scientifiques veulent bien nous le faire accroire : les accidents des centrales nucléaires de Three Mile Island, aux États-Unis, en 1979, et de Tchernobyl, en Ukraine, en 1986, sont venus nous le rappeler.

Changer notre mode de vie

Autre exemple d'une énergie propre qui fait du tort à l'environnement par le biais de l'installation nécessaire à sa production : l'énergie hydraulique. Si celle-ci ne rejette dans l'atmosphère aucun produit toxique ou à effet de serre, elle n'est pas pour autant exempte de graves conséquences environnementales. Les lacs créés artificiellement par la construction de barrages inondent et détruisent forêts, prairies et autres habitats naturels, déplaçant les personnes et toutes les autres espèces vivant dans ces régions. Les barrages entravent la migration de poissons comme le saumon ou l'anguille. En changeant de débit, les cours d'eau n'arrivent plus à charrier les sédiments, provoquant la prolifération d'algues. À preuve le plus grand barrage du monde, celui des Trois Gorges, sur le Yang-Tsé-Kiang, en Chine, dont la construction a commencé en 1994. Haut de 185 mètres et long de plus de 2 kilomètres, il aura une puissance de 18 700 mégawatts (fig. 53). Quand il sera achevé (en 2009), il subviendra aux besoins d'électricité de tout l'est (incluant Pékin, la capitale) et le centre de la Chine. Le lac artificiel associé au barrage, d'une superficie d'environ 1 000 kilomètres carrés, a englouti quelque 13 villes et 4 500 villages, et délogé environ 2 millions de personnes.

Fig. 53 : Le barrage hydraulique des Trois-Gorges sur le Yang-Tsé-Kiang en Chine. Il subviendra aux besoins en énergie de l'est et du centre de la Chine, mais sa construction a déplacé environ deux millions de Chinois et détruit de vastes habitats naturels.
© Li Ming / Phototex / CameraPress / Gamma.

Cela dit, même si les énergies propres sont accompagnées de déchets indésirables et d'effets pas toujours favorables à l'environnement, il est certain que leur contribution à la pollution de la planète reste insignifiante, comparée à celle des combustibles fossiles qui, de leur extraction à leur transport et à leur utilisation, restent les champions en la matière. Mais ces gros pollueurs ne vont plus longtemps occuper le devant de la scène. Leurs réserves sont en train de s'épuiser rapidement. Dans moins de quelques centaines d'années, l'homme va réduire à néant des réserves de combustibles que la nature a mis des centaines de millions d'années à élaborer. Pour sauver notre écosphère et assurer notre survie, il nous faudra non seulement avoir recours à d'autres sources d'énergie, renouvelables et plus respectueuses de l'environnement, mais aussi refréner notre insatiable besoin de toujours plus d'énergie pour produire et consommer sans cesse davantage. Il nous faudra changer profondément notre mode de vie.

L'arche colorée de l'arc-en-ciel

Le Soleil n'est pas seulement source de vie, de lumière et d'énergie ; il est aussi source de splendeur et d'émerveillement. En jouant avec les gouttelettes d'eau, les molécules d'air et les cristaux de glace, en rebondissant à la surface des grains de poussière, des arbres et des montagnes, en se reflétant sur les eaux des océans et des lacs, en se faufilant dans les nuages et les brumes, sa lumière est à l'origine de spectacles naturels de grande beauté qui nous apaisent le cœur et nous mettent du baume à l'âme. Une beauté qui nous console souvent et parfois nous sauve. Nous vivons dans un monde de merveilles optiques et le ciel est une toile majestueuse où jouent couleurs et lumières les plus surprenantes et les plus inattendues.

Un de ces spectacles parmi les plus magiques, et sans doute le plus évanescent, est l'arc-en-ciel, cette arche multicolore qui surgit au milieu des gouttes de pluie à la fin d'un orage. Une arche dont la taille majestueuse, l'harmonie de couleurs, la perfection de la forme commandent l'admiration et même la révérence. Un spectacle qui constitue une sorte de pont entre poésie et science. L'arc-en-ciel a en effet inspiré poètes et artistes depuis des temps immémoriaux, et les plus grands esprits scientifiques se sont attelés à déchiffrer ses mystères. Si le poète anglais William Wordsworth (1770-1850) laisse éclater son bonheur : « Mon cœur bondit à la vue d'un arc-en-ciel. Il en fut ainsi quand ma vie commença, il en est de même maintenant que je suis homme, il en sera de même quand je serai un vieillard », le physicien et philosophe français René Descartes (1596-1650) chante la beauté de l'arche colorée tout en jetant sur elle un regard scientifique : « L'arc-en-ciel est une merveille tellement remarquable de la nature que c'est un cas idéal pour appliquer ma méthode. » Il a fallu attendre jusqu'au début du XIXe siècle pour comprendre certains aspects majeurs de l'arc-en-ciel. Pourtant, il subsiste à ce jour des mystères non résolus concernant ce magnifique objet de lumière. Sa compréhension a requis les outils mathématiques les plus sophistiqués et toutes les connaissances modernes sur la nature de la lumière. On a dû prendre en compte non seulement sa nature ondulatoire, sa capacité à diffracter et à produire des franges d'interférence, mais aussi sa nature corpusculaire.

Les caractéristiques qui font la gloire de l'arc-en-ciel sont non seulement sa taille impressionnante et son éblouissante splendeur, mais également sa rareté, son apparition et sa disparition tout aussi soudaines. Après une averse, quand le Soleil réapparaît dans le ciel, tournez vite la tête de l'autre côté. L'arc-en-ciel apparaît toujours dans la direction antisolaire, celle qui est opposée à notre astre. Le Soleil et la pluie doivent coexister dans le ciel pour que l'arche colorée daigne se montrer. Lors d'un orage d'été, le ciel est plus propice à son apparition, car un carré de ciel bleu illuminé par le Soleil peut alors se montrer à travers les nuages tandis que le ciel est le plus souvent sombre et couvert lors d'une tempête hivernale. Mais si la présence des deux protagonistes est une condition *sine qua non*, elle n'est pas toujours suffisante : même avec le Soleil et la pluie réunis, l'arc-en-ciel peut aussi bien ne pas apparaître, car d'autres facteurs peuvent intervenir.

L'épaisseur de l'arche colorée est environ quatre fois plus étendue que la taille angulaire de la pleine Lune, soit de l'ordre de 2 degrés. Ses extrémités forment avec l'endroit d'où vous la contemplez un angle de près de 90 degrés. L'arche est toujours parfaitement circulaire, mais, à moins que nous ne la contemplions du ciel, à bord d'un avion par exemple, nous ne pourrons jamais apercevoir le cercle entier, une partie étant toujours dissimulée sous l'horizon. Le rayon de l'arche est invariablement de 42 degrés. Si vous joignez mentalement par une ligne droite le centre du cercle de l'arche (appelé point antisolaire), vos yeux et le Soleil, cette ligne va transpercer le sol, car le centre est en général situé au-dessous de l'horizon (fig. 54). Ce qui veut dire que vers la fin de la journée, à cause

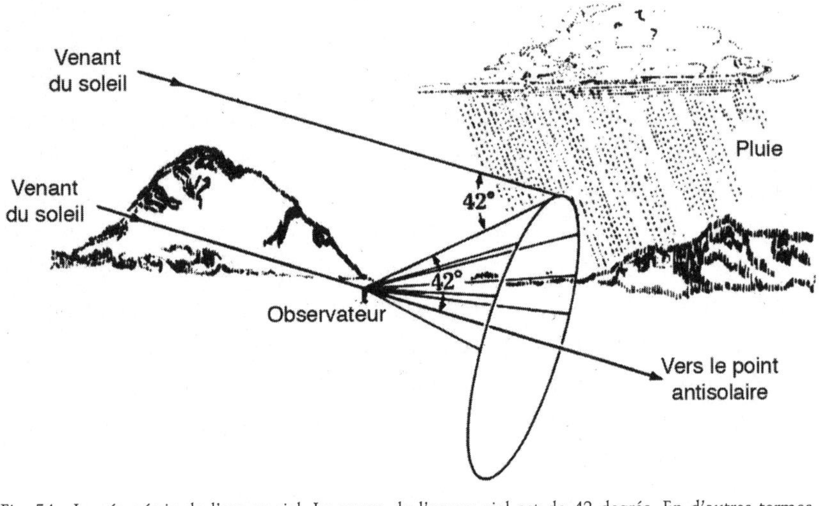

Fig. 54 : La géométrie de l'arc-en-ciel. Le rayon de l'arc-en-ciel est de 42 degrés. En d'autres termes, la ligne joignant le soleil, les yeux de l'observateur et le point antisolaire (le centre du cercle de l'arc-en-ciel), est l'axe d'un cône de rayons visuels dont l'angle est de 42 degrés.

de l'alignement Soleil-yeux-centre, plus le Soleil descend vers l'horizon, plus l'arche et son centre remontent vers l'horizon, l'arc-en-ciel prenant la forme d'un demi-cercle au moment précis où le Soleil se couche en disparaissant sous l'horizon. En revanche, cela veut aussi dire que si le Soleil monte à plus de 42 degrés au-dessus de l'horizon, l'arc-en-ciel disparaît complètement au-dessous de l'horizon et n'est plus visible. La possibilité de contempler un arc-en-ciel dépend ainsi de la hauteur du Soleil dans le ciel, donc du moment de la journée. Vous avez plus de chances de contempler un arc-en-ciel en début de matinée ou en fin de soirée : le Soleil étant plus bas dans le ciel à ces moments, le point antisolaire est situé tout près de l'horizon et une moitié de l'arc-en-ciel presque totalement au-dessus de l'horizon. La position du Soleil dans le ciel dépend aussi de la latitude de l'endroit où vous vous trouvez, et de la saison. À une certaine heure de la journée, le Soleil monte moins haut dans le ciel en hiver qu'en été. Aux hautes latitudes, le Soleil monte plus haut dans le ciel en été qu'aux basses latitudes ; l'inverse se produit en hiver. C'est pourquoi, sous nos latitudes, personne n'a jamais vu en été un arc-en-ciel en milieu de journée, quand le Soleil est haut dans le ciel, à plus de 42 degrés au-dessus de l'horizon.

Mon arc-en-ciel n'est pas le vôtre

La grande particularité de l'arc-en-ciel, c'est le festival de couleurs qu'il offre à nos yeux éblouis. L'ordre de ces couleurs est invariable. Le rouge se trouve toujours au bord supérieur, au sommet de l'arche ; puis viennent successivement, de haut en bas, l'orange, le jaune, le vert, le bleu, avec le violet au bord inférieur (fig. 16 cahier couleur). En réalité, les couleurs ne changent pas de manière abrupte, mais évoluent graduellement, se fondant délicatement les unes dans les autres. Comme nous le verrons, c'est la façon dont nos yeux sont constitués qui fait que nous divisons les couleurs de l'arc-en-ciel en groupes distincts.

Les arcs-en-ciel sont d'une variété époustouflante. Pas un ne ressemble à l'autre. L'épaisseur relative des bandes colorées et leur brillance varient de toutes les manières possibles. Le même arc-en-ciel peut changer d'apparence d'un instant à l'autre. Occasionnellement, une arche secondaire accompagne l'arche primaire ; elle est moins brillante et apparaît plus haut dans le ciel, mais avec des couleurs dont l'ordre est inversé : c'est maintenant le violet qui est au bord supérieur et le rouge qui est au bord inférieur. Le rayon de l'arche secondaire est naturellement plus grand, égal à 51 degrés. L'arche secondaire est environ deux fois plus épaisse que l'arche primaire, de l'ordre de 4 degrés. Si vous faites bien attention, vous constaterez que l'espace entre les deux arches primaire et secondaire est nettement plus sombre que le ciel environnant. Même si la seconde arche n'est pas visible, vous verrez que le ciel au-dessus de l'arche primaire est moins illuminé que celui d'en dessous. Cette zone sombre entre les deux arches est appelée « bande sombre d'Alexandre », d'après le nom du philosophe grec Alexandre d'Aphrodise qui, en l'an 200 av. J.-C, l'a décrite le premier. Parfois, mais plus rarement, vous verrez qu'un arc étroit et peu intense borde l'intérieur de l'arc primaire, près de sa partie la plus élevée. En des occasions encore plus rares, au même endroit vous pourrez observer non pas un seul, mais toute une série de tels arcs. Ce sont les arcs dits « surnuméraires ».

Toutes ces subtilités échappent presque totalement aujourd'hui à nos yeux de citadins dont le ciel pollué n'a plus rien à voir avec la pureté de la toile céleste que les Grecs pouvaient jadis contempler. Immergés dans un bain quotidien d'images qui déferlent sans cesse de toutes parts, de scènes changeantes dont nos postes de télévision nous abreuvent à satiété, évoluant dans un environnement où les yeux rencontrent, plus souvent que le ciel bleu, des murs de béton et des nuages noircis par les gaz polluants échappés de nos voitures, éblouis la nuit par la lumière artificielle des néons, notre regard a perdu beaucoup de son acuité. En fait, nous ne savons plus regarder. Pour l'arc-en-ciel, qui peut dire spontanément, sans réfléchir, si le rouge est sur la bordure inférieure ou supérieure ? Je suis toujours déçu quand certains étudiants, participant à mon cours sur « L'astronomie pour les poètes », à l'université de Virginie, sont incapables de me préciser la phase lunaire du moment. Pourtant, il leur suffirait de lever les yeux vers le ciel et de contempler...

Les observations les plus simples sont souvent les plus révélatrices de vérité. Pour ce qui est de l'arc-en-ciel, une observation importante est qu'il possède toujours une forme circulaire, quel que soit le site d'où on l'observe. Une conclusion fondamentale en découle : l'arc-en-ciel ne peut être matériel, ce doit être un pur objet de lumière. En effet, s'il était un objet tangible, comme une arche de métal coloré plantée dans le sol, son apparence devrait changer en fonction de l'endroit d'où on le contemple : de face, il aurait exactement la forme d'arc de cercle à laquelle nous sommes habitués, mais, de biais, il prendrait une forme ovale, et de côté il apparaîtrait comme une ligne mince. Or ce n'est pas le cas : l'arc-en-ciel garde obstinément sa forme circulaire, quelle que soit notre position, comme si nous le regardions toujours de face. La conclusion est surprenante, mais inéluctable : il n'existe pas un seul, mais d'innombrables arcs-en-ciel, un pour chacune de nos positions et orienté de telle façon que nous le voyons toujours de face. Mon amie, qui admire à mes côtés le spectacle de l'arche colorée, voit en réalité un autre arc-en-ciel que le mien. En poussant le raisonnement à l'extrême, on peut même dire que chacun de mes yeux voit un arc différent !

L'arc-en-ciel n'est donc pas un objet matériel, mais le résultat d'un jeu de lumière qui change avec la position de l'observateur. À cause de son immatérialité, sa parfaite circularité et sa symétrie ne pourront jamais être altérées. Vous objecterez que l'arc-en-ciel doit bien posséder une certaine tangibilité, puisque vous pouvez capter facilement son image avec votre appareil photographique. Mais une caméra fonctionne exactement comme votre œil : l'image de l'arche colorée est projetée sur un film ou un détecteur électronique au lieu de l'être sur la rétine. Capter l'image de quelque chose n'est pas une preuve irréfutable de son existence concrète. En revanche, parce que l'arc-en-ciel n'est pas matériel, vous ne le verrez jamais se refléter ni dans l'eau des lacs, ni dans des miroirs. Fantôme évanescent, l'arc-en-ciel est comme un spectre qui hante l'air.

Une réalité évanescente et intangible

Parce que l'arc-en-ciel n'est pas un objet matériel, parce que sa nature est impermanente, parce qu'il n'est que le produit de la lumière qui vient de derrière nous, parce qu'il devient autre lorsque nous nous déplaçons, nous ne pourrons jamais l'attraper ni le toucher de nos mains. Ses extrémités, qui paraissent plantées dans le sol, demeurent à tout jamais insaisissables. Dans les temps anciens, une superstition anglaise disait qu'au pied de chaque arc-en-ciel se trouvait enseveli un fabuleux trésor. Aujourd'hui encore, certaines personnes pensent qu'elles peuvent aller à l'emplacement précis des extrémités de l'arc-en-ciel et y déterrer d'inépuisables richesses.

À cause de son immatérialité, l'arc-en-ciel a souvent servi de métaphore pour illustrer certaines bizarreries de la mécanique quantique, la théorie physique née au début du XXe siècle et qui rend compte du comportement de la lumière et des particules subatomiques. Une de ces bizarreries concerne la nature même de la lumière. Tout comme l'arc-en-ciel, la lumière n'a pas d'existence propre, puisque, nous l'avons vu, c'est l'observateur qui détermine sa nature : si celui-ci désactive son équipement et ne la traque pas, la lumière prend son habit d'onde. Mais qu'il mette son instrument en marche et procède à une mesure, et la lumière revêt son aspect de particule. L'observateur joue ainsi un rôle primordial dans la façon dont les choses nous apparaissent. La « réalité » sur laquelle nous agissons est de nature purement empirique. Celle qui peut exister indépendamment de nos mesures et de nos observations nous échappe totalement. Pour utiliser le terme du physicien français Bernard d'Espagnat, la réalité indépendante de l'observateur est « voilée[34] ».

D'Espagnat compare la réalité empirique dépendante d'un observateur au phénomène de l'arc-en-ciel, et illustre cette comparaison par le conte suivant. Les habitants d'une île située au milieu d'une rivière contemplent un arc-en-ciel. Cette arche multicolore leur semble aussi réelle que toutes les choses qu'elle surplombe. À l'une des extrémités de l'arche se trouve un peuplier ; à l'autre, le toit d'une ferme. Les habitants de l'îlot n'ont aucun doute sur la réalité de l'arc-en-ciel : ils sont persuadés qu'il serait là, exactement au même endroit, même s'ils fermaient les yeux ou venaient à disparaître. Pourtant, s'ils pouvaient quitter leur îlot et circuler en voiture sans quitter des yeux l'arc-en-ciel, ils constateraient que la position de ce dernier n'est nullement fixe, et que ses deux extrémités ne se situent pas toujours à l'emplacement du peuplier et de la ferme : la position de l'arc-en-ciel dépend de celle de l'observateur, tout comme l'habit que revêt la lumière – particule ou onde –

34. Bernard d'Espagnat, *Le Réel voilé*, Fayard, Paris, 1994.

dépend de la mesure ou de l'absence de mesure de l'expérimentateur.

Le bouddhisme a souvent eu aussi recours à l'exemple de l'arc-en-ciel pour illustrer un de ses concepts fondamentaux : celui de « vacuité ». La vacuité ne signifie pas le néant, comme on l'a souvent cru à tort en Occident, mais l'absence d'existence propre des choses. Dans le langage imagé et poétique du bouddhisme, ceux qui s'attachent au concept d'une existence solide de la réalité sont comme des enfants qui courent après un arc-en-ciel dans l'espoir de l'attraper pour s'en vêtir. L'arc-en-ciel, objet lumineux mais immatériel, symbolise non seulement l'union de la vacuité et des phénomènes, mais aussi l'interdépendance, autre concept fondamental du bouddhisme : il résulte de l'interaction entre un rideau de pluie et des rayons de soleil sans que jamais rien accède réellement à l'existence. Dès que l'un de ces éléments vient à manquer, l'arc-en-ciel disparaît sans que rien ait véritablement cessé d'être[35].

À chaque goutte d'eau son arc-en-ciel

Aristote (384-322 av. J.-C.) fut le premier, dans ses *Météorologiques*, à tenter de fournir une explication rationnelle de l'arc-en-ciel. La symétrie circulaire de l'arche ne pouvait qu'attirer l'attention du philosophe, car, pour l'école grecque, la géométrie et les formes circulaires devaient régner dans le ciel. « Dieu est géomètre » : telle était la devise de l'Académie de Platon (427-348 av. J.-C.). Ainsi, tout comme les orbites des planètes ne pouvaient être que des cercles parfaits[36], l'arc-en-ciel se devait d'être parfaitement circulaire. Si Aristote ne perçut pas correctement les origines de l'arc-en-ciel – il pensait que c'était le résultat d'une réflexion inhabituelle de la lumière du Soleil par des nuages –, son explication de la forme circulaire de l'arche était juste et a survécu, intacte, jusqu'à nos

35. Matthieu Ricard et Trinh Xuan Thuan, *L'Infini dans la paume de la main*, Nil-Fayard, Paris, 2000, chapitre 7.

36. Ce qui est faux : l'astronome allemand Johannes Kepler (1571-1630) a démontré que les orbites planétaires ont la forme d'une ellipse, avec le Soleil à l'un des foyers de celle-ci.

jours. Il comprit pertinemment que seule une forme circulaire pouvait préserver la même relation géométrique entre le Soleil, l'observateur et tout point de l'arc-en-ciel. Aristote était donc conscient que l'arche ne pouvait être un objet matériel doté d'une localisation bien spécifique dans le ciel, mais le résultat d'un jeu de lumière dépendant de la direction du regard. La géométrie permit au philosophe grec de fournir une explication correcte de la forme de l'arche, tout en se trompant sur sa cause exacte. Quant aux diverses couleurs de l'arc-en-ciel, il pensait qu'elles étaient dues à divers états d'affaiblissement de la lumière : la lumière la plus affaiblie avait une couleur bleue, tandis que le rouge correspondait à celle qui l'était le moins.

Après Aristote, les choses en restèrent là pendant quelque dix-sept siècles. En 1266, le philosophe et savant anglais Roger Bacon (1220-1292) fut le premier à mesurer le rayon de 42 degrés de l'arc primaire. Lui aussi comprit que chaque arc-en-ciel était différent selon l'observateur. Le philosophe joua également un rôle précurseur important dans la promotion de la méthode expérimentale dans les sciences. Selon lui, pour percer les mystères de la nature, il ne suffisait plus de s'en remettre aux enseignements d'Aristote et de la Bible, il fallait aussi expérimenter et mesurer. Ces vues hérétiques lui valurent des années d'emprisonnement. Un de ses contemporains, le dominicain allemand Théodoric de Freiberg (1250-1310), fut le suivant à se pencher sur la nature de l'arc-en-ciel. Son livre *De l'arc-en-ciel et des impressions causées par les rayons lumineux*, publié en 1304, compte parmi les contributions majeures à la physique du Moyen Âge. Dans son ouvrage, Théodoric rejette l'explication aristotélicienne d'un arc-en-ciel résultant de la réflexion collective de toutes les gouttes de pluie dans un nuage, mais avance que chaque goutte de pluie individuelle est responsable de son propre arc-en-ciel. Cette idée fondamentale va permettre de percer le secret de l'arche colorée. Elle démontre le pouvoir d'une pensée « atomiste » qui parvient à expliquer des phénomènes macroscopiques à partir du comportement de ses constituants microscopiques. La théorie aristotélicienne de l'arc-en-ciel comme dû à la réflexion de la lumière par des nuages entiers était vouée à l'échec aussi sûrement que l'étaient les théories de la matière avant l'introduction des atomes.

Des réflexions et des réfractions dans une goutte d'eau

Comme Bacon, Théodoric est un adepte de la méthode expérimentale. Pour percer les secrets de l'arc-en-ciel, il s'adonne à des expériences avec un globe en verre rempli d'eau qui simule une goutte d'eau. Bien que le globe soit d'une taille énorme, comparée à celle de la goutte de pluie, l'analogie est parfaite, ce qui lui permet d'étudier en détail la trajectoire des rayons lumineux à l'intérieur. Fort des résultats de ses expériences, le moine allemand démontre que l'arche primaire de l'arc-en-ciel est le produit de rayons de lumière qui pénètrent une goutte d'eau et subissent une première réfraction lors de l'entrée de la lumière de l'air dans la goutte d'eau, une réflexion interne à la paroi intérieure de la goutte d'eau, puis une deuxième réfraction lors de la sortie de la lumière de la goutte d'eau vers l'extérieur.

Pour comprendre les réfractions, il faut se souvenir que la lumière ne se déplace à vitesse constante que dans le vide. En fait, cette vitesse, égale à environ 300 000 kilomètres par seconde, est une des constantes fondamentales de la nature. Mais que la lumière pénètre dans un milieu matériel, et sa vitesse change en fonction des propriétés de ce milieu. Celui-ci est caractérisé par un « indice de réfraction » qui est le rapport de la vitesse de la lumière dans le vide à celle qu'elle connaît dans ce milieu. Pour l'air, cet indice est légèrement supérieur à 1, ce qui veut dire que la vitesse de la lumière dans l'air est très légèrement inférieure à celle qu'elle a dans le vide, et pour l'eau il est d'environ 1,33, la vitesse de la lumière dans l'eau étant d'environ 25 % inférieure à celle qu'elle a dans le vide. Quand la lumière passe de l'air dans l'eau, elle ralentit et sa trajectoire est déviée : elle subit une première réfraction[37]. Après avoir été réflé-

37. Nous avons vu que l'angle de déviation subi par la lumière quand elle passe d'un milieu dans un autre est déterminé par la loi de Snell – d'après Willebrord Snell qui l'a formulée en 1621. Cette loi dit que le rapport des sinus des angles

chie par la paroi intérieure de la goutte d'eau, la lumière sort de l'eau pour rentrer dans l'air, subissant ainsi une deuxième réfraction.

Théodoric parvint aussi à fournir une explication de l'arche secondaire : celle-ci est le produit non pas d'une, mais de deux réflexions internes de la lumière dans la goutte d'eau, en sus des deux réfractions qu'elle connaît à son entrée dans la goutte d'eau et à sa sortie. Comme une partie de la lumière se perd à chaque réflexion, l'arche secondaire est moins lumineuse que l'arche primaire.

Quant à l'existence de la bande sombre d'Alexandre, elle se comprend facilement. Les gouttes d'eau ne peuvent ni produire, ni détruire de la lumière. La lumière qu'elles concentrent dans les deux arches primaire et secondaire est prélevée sur la région d'espace qui sépare les deux arches. C'est pourquoi celle-ci apparaît sombre.

Les gouttes d'eau n'ont pas de queue en pointe

À ce point, vous devez vous demander si une goutte d'eau a bien la forme sphérique que lui a prêtée Théodoric : nous avons tous vu dans les bandes dessinées des artistes représenter des gouttes d'eau – celles qui sortent d'un robinet mal fermé ou encore les larmes d'un individu – avec une forme plutôt ovale et une petite queue en pointe. Cette représentation est on ne peut plus erronée. Quiconque a étudié tant soit peu de physique sait que la mythique goutte d'eau avec une queue en pointe ne saurait exister dans la nature, même pour le plus bref instant. La nature n'aime pas les rugosités ni les aspérités. Les forces qui donnent sa forme à la goutte d'eau (celles dites de « tension de surface ») empêchent la formation de tout angle à sa surface. Au contraire, elles vont tout faire pour minimiser cette surface, ce qui se traduit par une goutte sphérique. La goutte d'eau dotée d'une pointe à son extrémité doit être reléguée au cimetière des faux concepts !

---

d'incidence et de réfraction est égal au rapport des indices de réfraction des deux milieux.

Une autre objection nous vient cependant à l'esprit : la gravité fait que les gouttes de pluie tombant vers le sol mouillent les imprudents qui se promènent sans parapluie. Si les gouttes d'eau sont responsables de l'arc-en-ciel, pourquoi celui-ci reste-t-il majestueusement en place, sans s'effondrer ? Théodoric n'est pas décontenancé et tient une réponse toute prête : ce ne sont pas les mêmes gouttes de pluie qui sont à l'origine de l'arche colorée. Au fur et à mesure que certaines gouttes tombent vers le sol, d'autres viennent les remplacer. Ainsi, non seulement mon arc-en-ciel est différent de celui de mon voisin, mais ce que je crois être le même arc-en-ciel est en réalité une succession d'arcs-en-ciel différents causés par des gouttes de pluie qui se succèdent.

Théodoric incorpore dans sa théorie la démonstration d'Aristote de la circularité de l'arc-en-ciel. Il développe l'idée que la forme de l'arche colorée est complètement déterminée par la relation géométrique entre le Soleil, les yeux de l'observateur et la goutte de pluie. Ainsi, toutes les gouttes situées le long d'un cercle dans une direction opposée au Soleil et dont le centre forme une ligne droite avec celui-ci et les yeux de l'observateur ont une relation géométrique semblable ; elles doivent donc posséder la même couleur, et c'est pourquoi des cercles colorés concentriques font notre ravissement[38].

Descartes et les secrets de l'arc-en-ciel

Malgré ses succès spectaculaires pour déchiffrer les mystères de l'arc-en-ciel, Théodoric avait laissé bien des questions en suspens. En particulier, il ne pouvait expliquer pourquoi le rayon de l'arche primaire autour du point antisolaire était invariablement de l'ordre de 42 degrés, quelle que fût la distance séparant les gouttes d'eau de l'observateur, qu'elle fût d'un mètre ou de dix kilomètres. D'autre part, il y avait la question cruciale des différentes couleurs de l'arc-en-ciel : le moine allemand pensait que chacune résultait d'un affaiblissement de la lumière dans une goutte d'eau différente.

38. Hans Christian von Bayer, *Rainbows, Snowflakes and Quarks*, Random House, New York, 1984.

Mais, dans ce cas, qu'est-ce qui changeait dans la goutte d'eau pour qu'elle produisît des affaiblissements variés et donc des couleurs différentes ?

Théodoric vivait à une époque où l'imprimerie n'était pas encore inventée, et ses idées ne connurent pas une grande diffusion. Ses livres, méticuleusement recopiés à la main, furent rangés sur les étagères des bibliothèques des monastères et commencèrent à accumuler de la poussière. Ses résultats furent ainsi oubliés pendant trois siècles. Il fallut attendre jusqu'au XVIIe siècle pour que le philosophe et physicien français René Descartes (1596-1650) les redécouvre enfin de manière totalement indépendante et en utilisant le même raisonnement.

Descartes publie en 1637 ses découvertes sur l'arc-en-ciel dans son *Discours des météores* (à cette époque, « météore » désigne tout phénomène situé entre Terre et Lune), qui fait suite à son fameux *Discours de la méthode* publié la même année. Le Français ajoute une contribution importante : en se fondant sur les lois de la réfraction de la lumière, il arrive à démontrer que la majorité des rayons solaires émergent des gouttes de pluie responsables de l'arche primaire, après une réflexion et deux réfractions, dans une direction privilégiée : avec un angle d'environ... 42 degrés (fig. 55). Pour la première fois, une explication est donnée au rayon de l'arche primaire. Descartes va plus loin : il se penche aussi sur le problème de l'arche secondaire. Il démontre que si les rayons lumineux subissent deux réflexions en plus des deux réfractions lors de leurs entrées et sorties d'une goutte de pluie, ils ressortent dans une direction préférentielle d'environ 51 degrés, valeur observée du rayon de l'arche secondaire (fig. 56).

Le magicien Newton et la lumière décomposée

Mais, malgré toute son ingéniosité, Descartes ne parvint pas non plus à donner une explication satisfaisante des couleurs de l'arc-en-ciel. Il les attribua de manière erronée au mouvement de rotation des « grains » de lumière, les différentes couleurs étant produites par des particules tournant plus ou moins vite sur elles-mêmes. Le

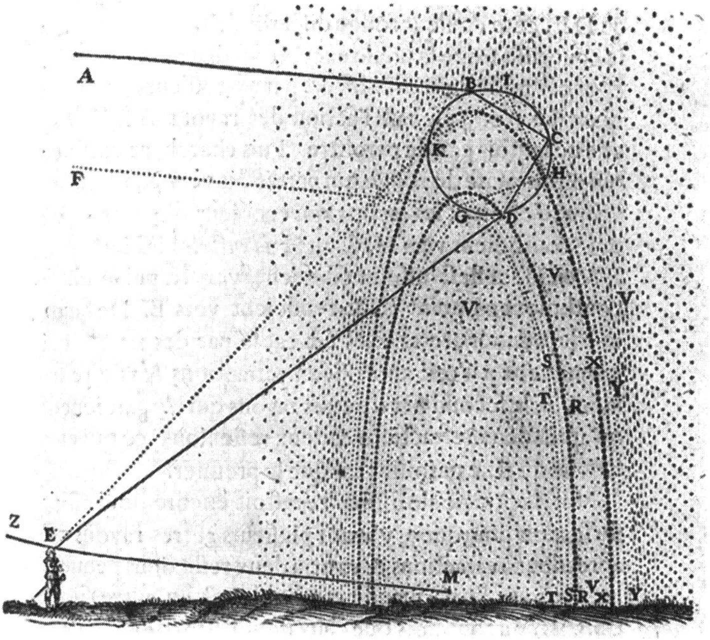

Fig. 55 : La théorie de l'arc-en-ciel de Descartes dans son *Discours des météores* (1637). Le cercle représente une goutte d'eau de pluie. L'arche primaire dont le rayon est de 42 degrés est causée par deux réfractions et une réflexion de la lumière solaire dans la goutte de pluie, tandis que l'arche secondaire, dont le rayon est de 51 degrés, est causée par deux réfractions et deux réflexions dans la goutte d'eau.

mystère des couleurs de l'arc-en-ciel dut attendre la venue du magicien Isaac Newton (1642-1727) pour être résolu. En cette année fatidique (1666) où il découvrit aussi le principe de la gravitation universelle et le calcul infinitésimal, le jeune physicien anglais de vingt-trois ans décompose avec un prisme la lumière blanche du Soleil en ses couleurs arc-en-ciel. Il démontre ainsi non seulement que la lumière blanche est un mélange de couleurs, mais aussi que l'indice de réfraction d'un prisme (ou d'une goutte d'eau) est différent pour chaque couleur : la lumière est déviée différemment selon sa couleur (ou sa longueur d'onde), effet que les physiciens appellent « dispersion ». Parce que la lumière est dispersée, chaque composante de couleur donne une arche légèrement différente. Ce que nous croyons être une seule et unique entité « arc-en-ciel » n'est donc qu'une collection d'arches de couleurs différentes, légèrement décalées les unes par rapport aux autres. Les rayons angulaires des

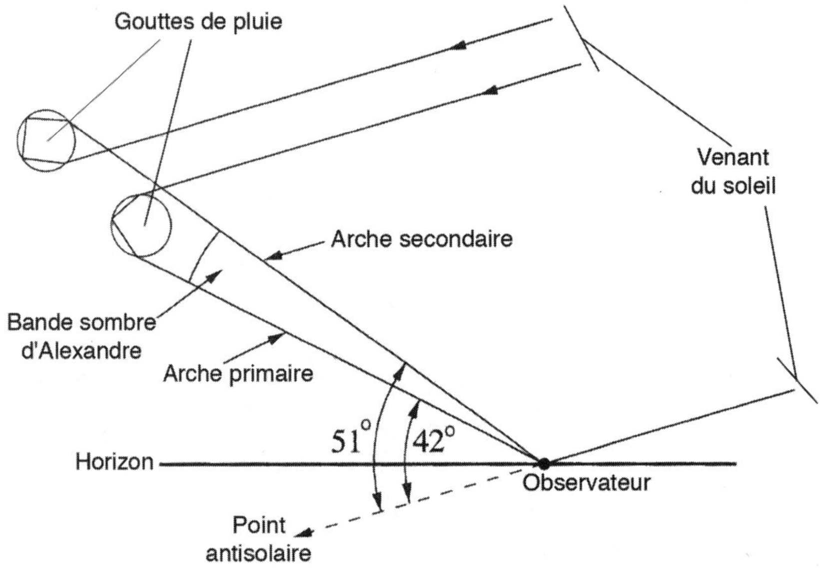

Fig. 56 : Diagramme montrant le détail du parcours des rayons solaires responsables des arches primaire et secondaire de l'arc-en-ciel. Les deux cercles représentent des gouttes de pluie. La zone dépourvue de lumière entre les arches primaire et secondaire est la « bande sombre d'Alexandre ».

arches primaire et secondaire varient donc légèrement en fonction de la couleur de la lumière. Ainsi, pour la lumière rouge dotée d'une longueur d'onde de 800 nanomètres, l'angle est de 42,60 degrés pour l'arche primaire et de 49,92 degrés pour l'arche secondaire. Pour la lumière violette dotée d'une longueur d'onde de 400 nanomètres, ces angles deviennent 40,51 et 53,73 degrés[39]. Les largeurs angulaires de l'arche primaire (de l'ordre de 2 degrés) et de l'arche secondaire (d'environ 4 degrés) ne sont autres que les différences entre les angles de déviation des couleurs rouge et violette.

Le mystère des arcs surnuméraires

À eux deux, Descartes et Newton ont percé la quasi-totalité des mystères de l'arc-en-ciel. Mais, malgré tout leur génie, ils ne sont

39. Voir la table 4.1 de David Lynch et William Livingston, *Aurores, Mirages, Éclipses*, Dunod, Paris, 2002, p. 113.

pas parvenus à expliquer l'existence des arcs « surnuméraires », cette série d'arcs étroits et peu intenses qui se manifestent très rarement mais qui bordent parfois l'intérieur de l'arche primaire, près de sa partie la plus haute. C'est que les deux hommes avaient une vision corpusculaire de la lumière : des flux de particules qui se propagent en ligne droite. L'optique géométrique, qui stipule que la lumière se déplace en ligne droite, était suffisante pour rendre compte des propriétés majeures de l'arc-en-ciel. Mais l'explication du phénomène apparemment mineur des arcs surnuméraires échappait par là aux deux physiciens. Une vue plus sophistiquée de la lumière était requise. Il fallut donc attendre l'arrivée de Thomas Young (1773-1829), avec sa vision ondulatoire de la lumière (1803), pour être enfin à même d'élucider l'énigme des arcs surnuméraires.

Le même physicien anglais, on s'en souvient, avait découvert le phénomène des interférences grâce à sa célèbre expérience des deux fentes : ajouter de la lumière passant par une fente à de la lumière passant par une autre fente peut produire non seulement une lumière plus brillante, mais aussi de l'obscurité ! Deux rayons de lumière déviés par une goutte d'eau se comportent exactement comme ceux passant par les deux fentes de Young. À des rayons angulaires très proches du rayon d'environ 41 degrés de l'arc-en-ciel, les trajectoires des deux rayons lumineux sont très peu différentes, et ils s'ajoutent. À des rayons angulaires plus grands, la différence entre les trajectoires des deux rayons augmente, et ils s'annulent. À des rayons encore plus grands, ils se renforcent à nouveau. Et ainsi de suite. Ces interférences successivement constructrices et destructrices se traduisent par une série de bandes alternativement brillantes et obscures qui ne sont autres que les arcs surnuméraires.

L'espacement entre les arcs surnuméraires dépend de la taille des gouttes d'eau. Lorsque celle-ci augmente, les arcs numéraires se rapprochent. Quand les gouttes de pluie sont d'un diamètre supérieur à un millimètre, les arcs ne sont plus séparés et leurs couleurs se mélangent. Lors d'une averse, les gouttes de pluie ne sont pas toutes de la même taille. Si bien que les interférences causées par une goutte de pluie d'une certaine taille se mêlent aux interférences d'autres gouttes de tailles différentes, mélange qui les annule et les rend invisibles. C'est la raison pour laquelle les arcs surnuméraires sont si difficiles à percevoir. Si par chance ils sont visibles, ils apparaissent invariablement près de la partie la plus haute de l'arche primaire. Pourquoi ? La réponse réside dans la taille et la forme des gouttes de pluie, qui varient en fonction de leur altitude. Au fur et à mesure que les gouttes de pluie tombent vers le sol, elles grossissent et s'aplatissent. Pour s'en rendre compte, il suffit de lever les yeux pendant une averse et de regarder à la verticale. On constate que les plus grosses gouttes sont déformées et oscillent de manière frénétique. Ces gouttes plates à basse altitude ne peuvent être à l'origine d'interférences lumineuses et c'est pourquoi les arcs surnuméraires n'apparaissent que près de la partie la plus haute de l'arc-en-ciel, là où les gouttes d'eau sont encore sphériques.

Des fragments d'arc-en-ciel au coin des rues

La lumière blanche décomposée n'apparaît pas seulement dans le ciel à la fin d'une averse orageuse. Des fragments d'arc-en-ciel peuvent se manifester dès que la lumière solaire a l'occasion de jouer avec des gouttes d'eau. On peut les repérer dans les endroits les plus inattendus et dans les circonstances les plus variées. Pour les surprendre, il suffit d'ouvrir les yeux et de savoir s'abandonner à la beauté de la nature. Ainsi, par une journée ensoleillée, en début de matinée, allez contempler une verte prairie couverte de rosée. Vous verrez la lumière du jour jouer avec la rosée et la prairie scintiller de mille feux. Vous observerez que les gouttes d'eau suspendues à la pointe des brins d'herbe exhibent les unes des reflets d'un blanc intense, les autres de magnifiques fragments d'arc-en-ciel. Concentrez votre attention sur les toiles d'araignée éparpillées çà et là dans la prairie ; elles aussi sont couvertes de rosée, ce qui donne lieu à de ravissants fragments d'arc-en-ciel.

Allez au bord de la mer et vous verrez parfois des arcs se manifester dans l'écume des vagues. Si vous prenez un bateau, n'oubliez pas d'admirer depuis la proue du navire les « arcs marins » dans les vagues créées par le sillage. Allez contempler des cascades dans les Pyrénées ou les Alpes, ou les chutes du Niagara à la frontière entre les États-Unis et le Canada, et vous aurez peut-être la chance de vous voir offrir en prime le merveilleux spectacle d'un arc-en-ciel produit par les retombées de l'eau (fig. 17 cahier couleur). Des fragments d'arc-en-ciel peuvent aussi surgir au coin des rues lorsqu'un conducteur trop pressé fonçant à toute allure dans une flaque vous asperge. Vous pouvez même vous créer un arc-en-ciel personnel en remplissant votre bouche d'eau et en la recrachant, ou, mieux encore, en vous adonnant à l'arrosage ! L'arc-en-ciel le plus facile à observer quand le Soleil brille est en effet celui du jet du système d'arrosage dont vous avez équipé votre jardin. En fait, l'eau n'est pas toujours indispensable et une goutte de sève d'arbre ferait aussi bien l'affaire : on peut également y apercevoir un fragment d'arc-en-ciel, à condition de la regarder sous le bon angle et que le Soleil soit présent. Dans toutes ces situations, la séquence des couleurs de l'arc-en-ciel est toujours la même : du rouge au bord supérieur au violet au bord inférieur, car la physique sous-jacente ne change pas.

La connaissance scientifique n'exclut pas la beauté ni la poésie

Les recherches sur l'arc-en-ciel se sont poursuivies aux fins de le décrire de manière de plus en plus quantitative[40]. Car la science procède par une sorte de régression à l'infini : derrière chaque réponse apportée se cache une nouvelle question. Ainsi, en 1975, pour rendre compte d'une seule couleur de l'arc-en-ciel, un chercheur a proposé d'utiliser une formule comprenant plus de 1 500 termes complexes ! Mais, en essayant de trop comprendre et de tout rationaliser, ne risquons-nous pas de tuer toute beauté, toute poésie ? C'est en tout cas l'avis du poète John Keats (1795-1821), l'un des grands romantiques anglais, qui écrivit en 1820 :

---

40. H. Moyses Nussenzveig, *The Theory of the Rainbow*, Scientific American, Avril 1977, p. 116.

Do not all charms fly
At the mere touch of cold philosophy ?
There was an awful rainbow once in heaven :
We know her woof, her texture ; she is given
In the dull catalogue of common things.
Philosophy will clip an angel's wings,
Conquer all mysteries by rule and line,
Empty the haunted air, the gnomed mine –
Unweave a rainbow.

[Tous les charmes ne s'envolent-ils pas
Au simple contact de la froide philosophie ?
Il y eut un majestueux arc-en-ciel dans le ciel :
En connaissant sa nature et sa texture
Nous le réduisons à une chose ordinaire.
La philosophie coupe les ailes des anges,
En conquérant tous les mystères
Elle vide l'air des fantômes et les mines des gnomes,
Et détruit l'arc-en-ciel.]

Quand Keats parle avec dérision de la « froide philosophie », il s'agit bien sûr de la « philosophie naturelle » que nous désignons aujourd'hui sous le nom de « science ». Keats n'était pas le seul à penser que trop de science pouvait nuire à la poésie. L'Allemand Goethe (1749-1832) était aussi d'avis que l'analyse des couleurs de l'arc-en-ciel par Newton « atrophiait le cœur de la nature ».

Je ne partage pas cette opinion. Connaître la nature scientifique de l'arc-en-ciel ou de tout autre phénomène naturel ne peut en aucun cas diminuer le prix qu'on attache à leur splendeur. Au contraire, une connaissance approfondie de la nature nous inspire encore davantage d'émerveillement, de révérence et de respect devant sa beauté et son harmonie. La magnificence de la nature ne peut jamais laisser l'observateur scientifique indifférent. Parce que la compréhension de l'interdépendance de différents événements et des relations de cause à effet entre différentes composantes d'un tout donne de la cohérence et de la logique à ce qui, au premier abord, ne semble être qu'une série de faits ou de choses totalement déconnectés les uns des autres, le sentiment d'admiration devant la nature s'en trouve encore renforcé. La science nous permet de nous relier au monde tout autant que l'art, la poésie et la spiritualité.

La lumière du jour

Le vaisseau spatial Terre est doté d'une remarquable couche atmosphérique qui l'enveloppe comme un cocon. Cette couche semble être réglée pour être juste assez épaisse pour protéger la vie des rayons ultraviolets nocifs du Soleil, permettre son éclosion et son développement, et juste assez mince pour laisser passer la partie visible de la lumière de notre astre nécessaire à son entretien. En sus de protéger la vie, la couche atmosphérique est telle qu'elle nous offre, en prime, le magnifique spectacle de la voûte étoilée, la nuit, et de la vaste étendue du ciel bleu, le jour. Que notre atmosphère soit plus épaisse (comme sur Vénus, où l'atmosphère pèse environ 90 fois plus), et elle deviendrait une couverture nuageuse opaque qui empêcherait les Terriens de faire des observations astronomiques à partir du sol. Qu'elle soit plus mince, et non seulement la vie sur Terre ne serait plus possible, mais le ciel bleu et la merveilleuse variété des jeux de la lumière solaire avec les nuages, entre autres phénomènes optiques, ne feraient plus notre bonheur.

Par un jour ensoleillé et sans nuages, quand le Soleil brille de tous ses feux, il semble que rien ne puisse entraver le voyage de la lumière solaire et qu'elle nous parvienne intacte au sol. Pourtant, une grande partie ne nous arrive pas. Nous avons vu qu'environ 30 % de cette lumière est réfléchie dans l'espace. Quant au rayonnement restant (70 %) qui pénètre dans l'atmosphère, il est atténué de deux façons : soit absorbé, soit réorienté en d'autres directions, phénomène appelé « diffusion ». L'absorption réduit la quantité de lumière qui nous parvient, et les choses éloignées nous apparaissent moins lumineuses. La lumière absorbée est convertie en chaleur et réémise sous forme de lumière infrarouge. L'absorption est très sélective ; seules certaines couleurs (ou longueurs d'onde) sont absorbées : cela dépend de la structure atomique de la matière absorbante ; les autres couleurs se comportent comme si de rien n'était. La diffusion, elle, affecte toutes les couleurs, mais de manière inégale. Les agents responsables de l'absorption et de la diffusion sont de minuscules molécules d'air et des grains de poussière qui flottent dans l'atmosphère.

La lumière du jour qui fait la joie des photographes est donc la somme de plusieurs lumières : celle qui vient du Soleil, celle qui émane du ciel, diffusée par l'air et les nuages, et celle qui est réfléchie par le sol.

Pourquoi le ciel est-il bleu ?

Quand nous avons le blues, que la tristesse envahit notre cœur, il suffit parfois de regarder un ciel bleu, ensoleillé et dénué de nuages pour que notre chagrin s'atténue et que notre peine soit moins aiguë. Le ciel bleu apporte un peu de baume à notre âme meurtrie. Nous avons l'impression de nous perdre dans sa profondeur infinie. C'est « quelque chose en quoi votre regard peut pénétrer [...], quelque chose qui n'a pas de surface, mais en quoi nous pouvons nous immerger de plus en plus profondément, jusqu'à nous perdre dans l'infini de l'espace », écrit le critique d'art anglais John Ruskin (1819-1900).

Pourquoi le ciel est-il bleu ? Cette question apparemment naïve, que les enfants posent à leurs parents et qui les énerve parce qu'ils ne connaissent pas la réponse, est pourtant révélatrice de vérité.

Le bleu du ciel ne peut venir d'une lumière qui serait émise par l'atmosphère, car, dans ce cas, cette lumière serait aussi présente la nuit. Or la nuit n'est pas bleue, mais noire. De même, il ne peut être produit par une source de lumière bleue située au-delà de la couche atmosphérique, car, la nuit, le ciel étoilé a un fond d'un noir d'encre. La lumière bleue du ciel doit donc être liée à la lumière solaire. Or celle-ci n'est pas bleue, mais d'un blanc parfait. Elle contient toutes les couleurs, comme Newton nous l'a démontré avec son prisme. Pour que le ciel soit bleu et non pas blanc, il faut que la lumière solaire soit « filtrée » par l'atmosphère avant d'atteindre la Terre, qu'un mécanisme en enlève le rouge, le jaune et les autres couleurs, et ne laisse parvenir à nos yeux que le bleu. Ce filtrage ne peut s'opérer que de deux manières : soit par absorption, soit par diffusion de la lumière solaire. Or il ne peut être causé par l'absorption, puisque la lumière du Soleil, de la Lune ou des étoiles, absorbée lors de son passage à travers l'atmosphère, n'est pas bleue. C'est donc la diffusion de la lumière solaire, c'est-à-dire l'éparpillement d'un rayon incident du Soleil dans toutes les directions possibles, qui est responsable du bleu du ciel (fig. 57).

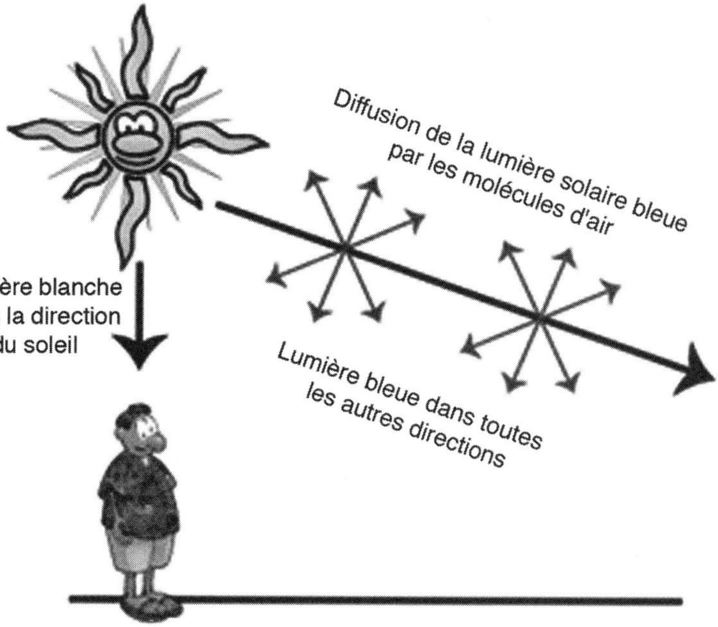

Fig. 57 : Pourquoi le ciel est-il bleu ? Sauf dans la direction du Soleil où la lumière est blanche, le ciel est bleu dans toutes les autres directions à cause de la diffusion de la partie bleue de la lumière du Soleil par les molécules de l'air.

Quelles sont les particules de matière dans l'air qui peuvent ainsi éparpiller (le terme employé par les physiciens est « diffuser ») la lumière et nous donner un ciel bleu ? Se peut-il que ce soit des particules de poussière ? En été, après une longue période de sécheresse, l'air est empli d'innombrables particules de sable et d'argile soulevées du sol et véhiculées par le vent. Le ciel perd alors de son bleu et prend une couleur plutôt blanchâtre. Mais il suffit de quelques violentes averses pour que le ciel se débarrasse de toutes ces particules et recouvre la pureté de son bleu. Les grains de poussière ne peuvent donc être responsables du bleu céleste, puisqu'ils contribuent à le dégrader plutôt qu'à le bonifier. Qu'en est-il des particules d'eau dans l'atmosphère ? Quand elles se congèlent aux hautes altitudes pour emplir l'air de cristaux de glace et donner naissance à des nuages cirrus, le bleu azuréen disparaît aussi pour laisser place à une teinte blanchâtre. Les particules d'eau et de glace ne sont donc pas non plus responsables. Ne restent en lice que les molécules d'air. Celles-ci aiment en effet diffuser la lumière, avec une nette préférence pour la lumière bleue. Plus la longueur d'onde de la lumière est courte, c'est-à-dire plus elle est bleue, et plus elle a de chances d'être diffusée. Ainsi, une particule de lumière bleue a environ dix fois plus de chances d'être diffusée qu'une particule de lumière rouge[41]. Ainsi, lorsque nous regardons dans n'importe quelle direction du ciel, excepté directement vers le Soleil (ce que vous ne devez jamais faire, que ce soit à l'œil nu, avec une paire de jumelles ou avec tout autre appareil d'optique, sous peine de risquer de graves lésions oculaires), il y a plus de chances qu'un photon solaire bleu parvienne à vos yeux qu'un photon rouge. Et c'est pourquoi le ciel est bleu. Quant aux photons solaires rouges et jaunes, étant peu diffusés, ils nous parviennent principalement de la direction de notre astre. Celui-ci paraît néanmoins légèrement rougi, car la diffusion ôte également des photons solaires bleus de la ligne de visée du Soleil.

Avez-vous aussi remarqué que le ciel paraît beaucoup plus lumineux près de l'horizon qu'au-dessus de notre tête ? Même par un jour parfaitement clair, le ciel n'est pas bleu partout. Sa couleur près de l'horizon vire au blanc. C'est la quantité d'air que la lumière solaire doit traverser pour parvenir jusqu'à nos yeux qui en est cause : notre axe de vision traverse une masse d'air beaucoup plus importante quand nous regardons du côté de l'horizon que vers le zénith. Loin de l'horizon, notre ligne de vision traverse une couche

---

41. Le physicien britannique Lord Rayleigh (1842-1919) a démontré que la probabilité pour qu'un photon de lumière solaire soit diffusé par une molécule d'air est inversement proportionnelle à la puissance 4 de sa longueur d'onde.

d'air plus mince, il y a moins de molécules d'air, la lumière solaire n'est diffusée en moyenne qu'une seule fois, et le ciel est bleu. En revanche, près de l'horizon, notre ligne de vision traverse une couche d'air plus épaisse, il y a plus de molécules d'air, et la diffusion de la lumière par ces molécules n'est plus simple, mais multiple. Bien sûr, les photons bleus ont toujours plus de chances d'être diffusés que les photons rouges ; mais, à cause du grand nombre des molécules d'air, tous les photons, quelle que soit leur couleur (ou leur longueur d'onde), en rencontrent une tôt ou tard, et leurs trajectoires sont déviées. Les photons de toutes les couleurs sont ainsi diffusés et rediffusés tant de fois avant d'atteindre nos yeux qu'ils se mélangent parfaitement. C'est pourquoi le ciel près de l'horizon est de même couleur que le Soleil : blanc.

Le bleu des montagnes

J'habite la ville universitaire de Charlottesville, en Virginie, qui est à un peu plus d'une heure de voiture du massif montagneux des Appalaches, lequel s'étend de l'Alabama à l'estuaire du Saint-Laurent, au Canada. J'ai donc souvent le plaisir d'aller faire des balades en montagne et d'emprunter un chemin qui me mène jusqu'à l'une des cimes surplombant la belle vallée du Shenandoah. Du haut de ce sommet, le regard embrasse des chaînes de montagnes qui se succèdent à perte de vue. Ce spectacle transporte. Les montagnes éloignées apparaissent teintées de bleu, d'un bleu qui semble d'autant plus accentué et d'une luminosité d'autant plus faible que le relief est plus distant. Nous sommes tous familiarisés avec le bleu des montagnes, et ce n'est pas un hasard si, de par le monde, plus d'une douzaine de crêtes portent le nom de « Montagnes bleues » : dans le Maine, dans l'Oregon, en Australie ou encore à la Jamaïque. Le massif des Appalaches ne fait pas exception. Son sommet a pour nom « Blue Ridge », la « Crête bleue ». Les peintres ont souvent été fascinés par ce bleu des montagnes. Ils ont tenté de le reproduire depuis les temps les plus reculés : on connaît des fresques murales datant de l'Empire romain sur lesquelles des montagnes bleues sont peintes dans le lointain. Les tableaux des peintres flamands du XVe siècle, comme Jan van Eyck (1390-1441), sont réputés pour leur utilisation de différentes nuances de bleu pour représenter les paysages à l'arrière-plan.

Pourquoi les montagnes éloignées nous apparaissent-elles bleues ? Couvertes de forêts, elles devraient être colorées en vert. Le fait qu'au loin nous les voyions bleues plutôt que vertes est à nouveau une conséquence de la diffusion de la lumière solaire par les molécules d'air situées entre nous et la montagne. En sus de la lumière réfléchie par la montagne, nous voyons aussi la « lumière de l'air ». Parce qu'un photon bleu a plus de chances d'être diffusé qu'un photon rouge, cette lumière de l'air est bleue et produit une sorte de voile bleu entre les montagnes et nous. La quantité de lumière de l'air dépend naturellement de la distance qui nous sépare des montagnes. Quand l'une de ces dernières est relativement proche, la lumière solaire réfléchie par elle parvient aisément à nos yeux et nous la voyons à travers un voile bleu qui lui confère sa couleur bleutée. Tout le lointain paysage environnant semble être lui aussi coloré de subtiles nuances bleues qui se mêlent harmonieusement les unes aux autres. Seuls le rouge des toitures et la verdure des prairies proches, à l'avant-plan, rompent avec cette symphonie de bleus. Mais que la montagne soit assez éloignée, et la diffusion devient multiple (la lumière solaire subit plusieurs diffusions successives), ce qui fait que sa lumière se trouve diffusée hors de notre axe de vision, et nous ne la voyons plus. La lumière de la montagne est alors remplacée par celle de l'air. Ce qui fait que, même par une journée très claire, quand l'air est d'une grande pureté, nous ne pouvons pas discerner le relief au-delà d'une certaine distance.

Les montagnes peuvent aussi disparaître de notre vue quand le Soleil est haut dans le ciel. Notre astre crée alors une énorme quantité de lumière de l'air, diminuant d'autant le contraste des montagnes et les rendant invisibles. Mais si le Soleil descend bas dans le ciel, la lumière de l'air s'atténue et les montagnes se manifestent de nouveau à notre vue. C'est le même phénomène qui se passe quand, debout sur une plage lors d'un coucher de Soleil, nous voyons une île ou un rivage apparaître soudain dans le lointain alors qu'ils étaient invisibles dans la journée à cause d'une trop forte luminosité de l'air.

Le frémissement de l'air et de la lumière

Que l'air qui s'étend entre nous et les objets lointains joue un grand rôle dans la façon dont ceux-ci nous apparaissent, le peintre et savant italien Léonard de Vinci (1452-1519) l'avait déjà perçu il y a quelque cinq siècles. Pratiquant à la fois l'art et la science au plus haut degré, il fut le premier à codifier les règles de la perspective en peinture, cette technique qui nous permet de représenter sur une surface à deux dimensions des objets à trois dimensions tels que regardés à partir d'un lieu donné. Le peintre italien distingua trois sortes de perspectives : la première, la plus familière, est la perspective linéaire, qui traduit le fait que les objets apparaissent plus petits quand ils sont plus éloignés[42] ; la deuxième est la perspective « aérienne », qui traduit le fait que plus un objet est éloigné, plus il apparaît indistinct ; la troisième est la perspective de couleur, qui traduit le fait que la couleur des objets change avec leur distance. Léonard perçut très correctement que les deux dernières perspectives ont affaire avec la couche d'air qui sépare l'observateur de l'objet : « Plus un objet est éloigné, plus son image aura de la peine à pénétrer l'air [qui le sépare de l'observateur] [...] et plus sa couleur sera modifiée par la couleur de [cet] air transparent. » En termes modernes, la perspective aérienne est due à l'absorption de la lumière par les fines particules flottant dans l'air, et la perspective de couleur est due à la diffusion de certaines couleurs de la lumière par ce même air. L'utilisation de la perspective de couleur a atteint son apogée chez le peintre anglais William Turner (1775-1851), qui orchestra la dissolution des formes dans le frémissement de l'air, de l'eau et de la lumière.

42. La taille angulaire d'un objet décroît comme l'inverse de sa distance.

L'air n'est pas invisible

Le spectacle de la Terre et du ciel par un jour clair à travers le hublot d'un *jet* fendant l'air à quelque 10 kilomètres au-dessus du sol est toujours d'une grande splendeur. Le firmament, les montagnes, les fleuves semblent se dissoudre dans une vaste symphonie bleutée. Que n'aurait pas donné Turner – qui, une fois, s'attacha au mât d'un navire en pleine tempête pour mieux observer les couleurs de la mer déchaînée – pour voyager à bord d'un avion et contempler les jeux de lumière du Soleil avec la Terre et le ciel ! Vous avez dû observer que, vu d'avion, le ciel apparaît plus foncé que depuis le sol. L'explication en est simple : la lumière du ciel est déterminée, on l'a vu, par la quantité de molécules d'air qui se trouvent sur notre axe de vision : plus il y a de ces molécules d'air, plus le ciel est brillant, et moins il est foncé. Parce que l'air est moins dense en altitude, il y a moins de molécules d'air sur notre ligne de visée quand nous regardons par le hublot de l'avion, l'air est moins lumineux et le ciel paraît d'un bleu plus foncé. Si vous poussez à l'extrême l'expérience et supprimez toutes les molécules d'air, il n'y aura plus aucune lumière bleue diffusée pour éclairer le ciel et celui-ci deviendra d'un noir d'encre. C'est ce qui se passe dans l'espace ou à la surface de la Lune, où l'air est totalement absent. C'est pourquoi le ciel vu de l'espace ou de la Lune par les astronautes est toujours d'un noir complet.

Contrairement à ce que nous pensons, l'air n'est donc pas invisible. Nous le percevons constamment par le bleu du ciel et des montagnes lointaines. Si le bleu nous touche profondément, c'est que nous ressentons intuitivement que c'est la couleur du fluide vital, celle de la substance que nous inhalons dans nos poumons et qui nous maintient en vie. « Le bleu est la couleur désignée par Dieu pour être source de délices ! » s'exclame le poète anglais John Ruskin. Quand nous levons les yeux vers le firmament, notre regard ne se perd pas dans l'infini. Au contraire, il rencontre une mince couche d'atmosphère d'un bleu lumineux, projetée contre le fond noir de l'espace, sorte de liquide amniotique qui nous protège de la froideur et des rayons nocifs de l'espace interstellaire pendant que nous vaquons à nos activités journalières [43].

L'éblouissante beauté des couchers de Soleil

Nous avons tous été subjugués par la spectaculaire beauté des couchers de Soleil, par ce festival de tons jaunes, orangés et rouges qui illuminent le ciel juste avant que l'astre disparaisse sous l'horizon. Même les animaux n'y sont pas insensibles. On a vu des bandes de chimpanzés rester pantois d'admiration devant les feux rougeoyants du crépuscule. Qu'est-ce qui fait que, lorsque le Soleil s'approche de l'horizon, sa couleur passe du blanc éblouissant à un jaune brillant, puis à un orange magnifique avant de finir dans un rouge profond ?

De nouveau, c'est l'interaction de la lumière de notre astre diurne avec des molécules d'air et des particules présentes dans l'atmosphère terrestre qui est responsable de ces merveilleux spectacles. La couleur de l'astre est en effet déterminée par le nombre d'interactions que la lumière solaire a subies dans sa trajectoire avant de parvenir jusqu'à nos yeux. Quand le Soleil est haut dans le ciel, cette trajectoire est relativement courte, la lumière rencontre relativement moins de molécules d'air et de particules, elle est peu diffusée ou absorbée, et le Soleil conserve son blanc originel. Mais quand, à la tombée de la nuit, notre astre descend sur l'horizon, la trajectoire est plus longue, la lumière solaire interagit avec davantage de molécules d'air et de particules avant de nous parvenir, sa brillance est moindre et sa couleur s'en trouve modifiée. Une large fraction des photons bleus est diffusée hors du faisceau des rayons du Soleil, ce qui diminue la brillance du disque solaire. Quand la lumière bleue est soustraite de la lumière solaire blanche, celle-ci vire au jaune et à l'orange. Outre la diffusion de la lumière bleue par les molécules d'air, les molécules d'ozone présentes dans l'atmosphère contri-

43. La quasi-totalité (99 %) de l'atmosphère terrestre est située à moins de 30 kilomètres d'altitude, soit 0,5 % du rayon de la Terre (6 378 kilomètres). Si nous ramenions notre planète à la taille d'une orange, l'atmosphère serait moins épaisse que la peau de cette orange.

buent aussi au rougeoiement du Soleil en absorbant fortement le bleu et le vert.

Mais les molécules d'air et d'ozone ne sont pas les seules responsables de cette explosion de teintes rouges et orangées. De fines particules disséminées dans l'atmosphère, produites par l'activité humaine, comme les grains de poussière et les particules de fumée, ou de façon naturelle, comme les gouttelettes d'eau au-dessus de l'océan, jouent aussi un rôle important. En effet, les particules extrêmement ténues, de diamètre inférieur à 100 nanomètres, diffusent également la lumière bleue [44]. En enlevant la lumière bleue de notre ligne de vision, ce sont les molécules d'air et les fines particules qui sont les agents de ces feux rougeoyants que la nature nous offre en spectacle. Comme le nombre de ces particules varie d'un jour à l'autre et d'un endroit à l'autre, il n'y a pas deux couchers de Soleil qui se ressemblent.

Les nuages, qui ne sont autres que des collections de gouttelettes d'eau, diffusent aussi la lumière du Soleil couchant. Ils contribuent au spectacle en se colorant de teintes jaunes et orangées et en prenant des formes d'une infinie variété. La journée finissante est soudain glorifiée par une palette de nuées aux parements de lumière rouge orangé. Les couchers de Soleil les plus spectaculaires surviennent quand il y a des bandes de nuages légers disséminés à l'horizon (fig. 18 cahier couleur). Les nuages ne doivent pas être trop épais ; sinon ils deviennent opaques, bloquent la lumière du Soleil, et le spectacle est fichu.

Lueurs crépusculaires et volcans

La nuit ne tombe pas tout de suite quand le Soleil disparaît sous l'horizon. Le ciel continue d'être éclairé pendant un bref moment encore : c'est le crépuscule ou demi-jour. Quand notre astre descend

44. La probabilité de diffusion d'une particule de lumière par un grain de poussière est inversement proportionnelle à sa longueur d'onde, ce qui veut dire qu'un photon bleu a environ deux fois plus de chances qu'un photon rouge d'être diffusé par un grain de poussière. À comparer avec la probabilité de diffusion d'une particule de lumière par une molécule d'air, qui est inversement proportionnelle à la longueur d'onde à la puissance 4.

à 6 degrés en dessous de l'horizon, nous ne pouvons plus lire à la lumière du jour. À – 12 degrés, les contours des objets qui nous entourent deviennent indistincts et, à – 18 degrés, c'est l'obscurité totale. Durant le crépuscule, si nous tournons notre regard vers l'horizon ouest, dans la direction du Soleil couchant, nous pouvons admirer une bande jaunâtre et orangée qui s'attarde. C'est l'arche crépusculaire qui s'étend sur environ 90 degrés de part et d'autre de l'emplacement du Soleil. Ses couleurs sont d'autant plus contrastées que le Soleil est plus bas sous l'horizon et que le ciel est plus sombre au zénith. À la limite entre la bande jaunâtre et le ciel bleu, des teintes vert-turquoise peuvent surgir, offrant à la vue un mélange de couleurs de toute beauté. Quand je me rends dans un observatoire pour recueillir la lumière du ciel, avant de m'installer dans la salle de commande du télescope et de me préparer pour une nuit d'observations, je ne me lasse jamais de prendre quelques précieuses minutes pour m'imprégner du spectacle grandiose que sont le coucher du Soleil et le crépuscule qui le suit.

De nouveau, nous devons le spectacle de la lumière crépusculaire à la diffusion de la lumière solaire par l'atmosphère : bien que le Soleil soit au-dessous de l'horizon, il éclaire toujours l'air qui se trouve au-dessus. L'arche crépusculaire est jaune parce que la composante bleue de la lumière du Soleil est soit diffusée, soit absorbée. L'arche embrasse l'horizon parce qu'il existe davantage de molécules dans cette direction pour diffuser la lumière qu'il n'y en a directement au-dessus de nos têtes. Pourquoi le ciel conserve-t-il sa couleur bleue au zénith pendant toute la durée du crépuscule, alors que presque toutes ses autres régions ont changé de couleur ? C'est la couche d'ozone, à une dizaine de kilomètres d'altitude, qui en est responsable : elle filtre la lumière solaire, absorbant fortement le rouge, l'orange et le jaune, mais laissant passer le bleu.

Les éruptions volcaniques exercent une influence certaine sur l'intensité de la lueur crépusculaire. Nous le savons depuis l'éruption cataclysmique du Krakatoa, en Indonésie, en 1883. Une île fut rayée de la carte et 30 000 personnes perdirent la vie dans le raz de marée qui succéda à l'éruption. Pendant les mois suivants, les habitants de l'hémisphère Nord purent observer des couchers de Soleil anormalement empourprés, de fortes lueurs crépusculaires, entre autres phénomènes atmosphériques rares. C'est que le volcan a propulsé des tonnes de cendres et d'aérosols chargés de soufre dans l'atmosphère. Les particules les plus lourdes sont retombées rapidement, mais les plus fines sont restées en suspension dans l'air et ont été disséminées par les vents sur le globe entier. Pendant les couchers de Soleil, elles jouent le rôle de diffuseurs de lumière et nous offrent des couchers de Soleil et des crépuscules d'une beauté sans pareille. Ainsi les Américains et les Canadiens ont-ils eu aussi droit à de magnifiques spectacles de lumière, à la tombée de la nuit, après l'éruption du Pinatubo, aux Philippines, en 1991.

Le « rayon vert »

Un phénomène fameux associé aux couchers de Soleil et qui revêt souvent une dimension quasi mythique, voire mystique, dans l'imagination populaire, est celui du « rayon vert ». Selon une vieille légende écossaise, ceux qui ont vu le « rayon vert » ne se tromperont jamais plus dans les affaires de cœur. Le cinéaste français Éric Rohmer (né en 1920), fin observateur des émois du cœur et de la confusion des sentiments de ses contemporains, a réalisé un film entier sur ce thème. Le romancier français Jules Verne (1828-1905), pour sa part, a porté sur le phénomène un regard plus scientifique, mais non dénué de poésie. Écoutons la description lyrique et enthousiaste qu'il en fait dans son roman d'amour *Le Rayon vert*[45] :

« Avez-vous quelquefois observé le soleil qui se couche sur un horizon de mer ? Oui ! Sans doute. L'avez-vous suivi jusqu'au moment où, la partie supérieure de son disque effleurant la ligne d'eau, il va disparaître ? C'est très probable. Mais avez-vous remarqué le phénomène qui se produit à l'instant précis où l'astre radieux lance son dernier rayon, si le ciel, dégagé de brumes, est alors d'une pureté parfaite ? Non ! Peut-être ? Eh bien, la première fois que vous trouverez l'occasion – elle se présente très rarement

45. Jules Verne, *Le Rayon vert*, Livre de Poche, Paris, 2005.

– de faire cette observation, ce ne sera pas, comme on pourrait le croire, un rayon rouge qui viendra frapper la rétine de votre œil, ce sera un rayon “vert”, mais d’un vert merveilleux, d’un vert qu’aucun peintre ne peut obtenir sur sa palette, d’un vert dont la nature, ni dans la teinte si variée des végétaux, ni dans la couleur des mers les plus limpides, n’a jamais reproduit la nuance ! S’il y a du vert dans le paradis, ce ne peut être que ce vert-là, qui est sans doute le vrai vert de l’Espérance ! »

C’est d’ailleurs grâce au roman de Jules Verne que le grand public prit conscience du phénomène. Étrangement, le rayon vert était pratiquement ignoré avant 1882, date de publication de l’ouvrage de Verne, excepté dans quelques rares rapports restés confidentiels. Ainsi, l’astronome français Camille Flammarion (1842-1925) n’en souffle mot dans son ouvrage *L’Atmosphère. Météorologie populaire*, paru en 1872, où il décrit pourtant avec force détails le coucher du Soleil et la tombée de la nuit. C’est seulement après sa « popularisation » par le romancier français qu’observations, articles, thèses et autres traités commencèrent à déferler. Aujourd’hui, le phénomène est bien établi et sa nature bien comprise. Il existe même des sites Internet entiers qui lui sont consacrés [46].

Selon Jules Verne (et la croyance populaire), le rayon vert ne se manifeste que très rarement. L’héroïne du roman, Helena Campbell, mise d’ailleurs sur cette rareté pour repousser les avances du ridicule prétendant au nom loufoque d’Aristobulus Ursiclos, que sa famille voudrait lui imposer : elle lui dit qu’elle n’acceptera de devenir sa femme qu’après avoir vu le rayon vert. En fait, celui-ci n’est pas si rare que cela : il suffit de le capter au bon endroit et au bon moment. Meilleures conditions pour observer le rayon vert : un coucher de Soleil montrant de préférence des tons jaunes plutôt que rouges, quand le ciel est clair et dégagé, avec le minimum de poussières et autres particules, et sur un horizon bas. Comme le rayon vert s’observe mieux à basse altitude, avec un horizon dégagé, la mer est l’endroit idéal pour le voir, depuis le rivage ou sur le pont

46. Voir par exemple le site de l’astronome Jacques Crovisier : http ://www.lesia.obspm.fr/~crovisier/JV/verne_RV.html.

d'un bateau. Le rayon vert apparaît avec des intensités différentes à chaque coucher (ou lever) de Soleil. La difficulté consiste à l'attraper au bon moment, car il ne dure que le temps d'un ou deux tics de votre montre. Cette brièveté est la raison même pour laquelle il est difficile d'observer le rayon vert quand le Soleil se lève : il est impossible de savoir à l'avance l'endroit précis où vont émerger les premiers rayons. Quand le bord supérieur du disque solaire apparaît au-dessus de l'horizon, le temps que nos yeux repèrent le point lumineux et se tournent vers lui, le rayon vert est déjà venu et parti. Il n'est pas non plus aisé de le capter lors d'un coucher de Soleil, car le rayon vert fait son apparition au moment où la lumière du jour décroît rapidement. Comme le flash vert s'étend sur un angle d'environ une minute d'arc (l'angle que fait une pièce d'un euro à 140 mètres de distance), nous pouvons l'observer à l'œil nu ; la lumière atténuée du Soleil couchant ne présente aucun danger pour nos yeux (fig. 19 cahier couleur).

Le Soleil au-dessus de l'horizon n'est qu'un mirage

Si Jules Verne a « médiatisé » le rayon vert, les explications qu'il en donne dans son roman par la bouche du pédant Aristobulus Ursiclos sont erronées. Pour rendre compte de la couleur verte, le personnage invoque soit une coloration des rayons solaires par l'eau (« Ce dernier rayon que lance le Soleil au moment où le bord supérieur de son disque effleure l'horizon, s'il est vert, c'est peut-être parce qu'au moment où il traverse la mince couche d'eau, il s'imprègne de sa couleur »), soit la théorie selon laquelle la couleur verte est complémentaire de la couleur rouge (« À moins que ce vert ne succède tout naturellement au rouge du disque, subitement disparu, mais dont notre œil a conservé l'impression, parce que, en optique, le vert en est la couleur complémentaire ! »). Le romancier revient sur cette théorie de la couleur complémentaire dans son ouvrage *En Magellanie*, écrit en 1897-1898 et publié sous le titre *Les Naufragés du Jonathan* en 1908[47] : « L'astre radieux venait de prendre contact

47. Voir le site Internet de Jacques Crovisier, déjà cité.

à l'horizon. Élargi par la réfraction, il fut bientôt réduit à une demi-sphère dont les derniers faisceaux illuminèrent le ciel, puis il n'en resta plus qu'un liséré ardent qui allait se noyer sous les eaux. Et alors s'échappa ce rayon d'un vert lumineux, la couleur complémentaire du rouge disparu. »

Les explications fournies ci-dessus ne sont pas les bonnes. Pourtant, Verne est passé tout près de l'explication exacte : dans le passage précédent, il a mentionné le mot magique de « réfraction » sans savoir que c'est bien elle qui est la clé du mystère du rayon vert. Lors de notre évocation de l'arc-en-ciel, nous avons vu que quand la lumière change de milieu, par exemple lorsqu'elle passe de l'air dans une goutte d'eau, sa trajectoire est déviée : elle subit une réfraction. De même, la lumière solaire est réfractée – sa trajectoire est courbée – quand elle quitte l'espace pour pénétrer dans l'atmosphère terrestre. C'est l'indice de réfraction de l'atmosphère – le rapport de la vitesse de la lumière dans le vide à sa vitesse dans l'atmosphère – qui détermine cette courbure. Cet indice dépend de la couleur de la lumière, de la nature des atomes et molécules d'air, et de leur densité. Dans le vide spatial, il est égal à 1 pour toutes les couleurs, mais il augmente graduellement, en descendant dans l'atmosphère, au fur et à mesure que la densité de l'air augmente et que la vitesse de la lumière décroît. L'indice de réfraction atteint ainsi la valeur de 1,0002941 pour la lumière verte dans l'air pur, au niveau de la mer[48].

La réfraction atmosphérique nous joue des tours optiques bien surprenants. Ainsi, elle fait que nous voyons le Soleil, la Lune et les étoiles toujours légèrement plus hauts dans le ciel qu'ils ne le sont vraiment. Quand le Soleil se couche au-dessus de l'océan et que sa partie inférieure semble toucher l'eau, il est en réalité déjà entièrement sous l'horizon. La raison en est que, dans l'air sec et pour ce qui concerne la lumière jaune, l'angle de réfraction à partir de l'horizontale pour un observateur situé au niveau de la mer est de 39 minutes d'arc, alors que le disque solaire tout entier ne sous-tend qu'un angle de 30 minutes d'arc (ou un demi-degré). Le Soleil

48. D. Lynch et W. Livingston, *Aurores, Mirages, Éclipses*, *op. cit.*, p. 44.

que nous voyons juste au-dessus de l'horizon avant qu'il ne disparaisse pour la nuit n'est donc qu'un mirage ! Nous pouvons nous en rendre compte en chronométrant le mouvement du Soleil à travers le ciel. Ce mouvement semble ralentir quand le Soleil descend près de l'horizon. Pourtant, le Soleil est censé se déplacer exactement à la même vitesse, le mouvement apparent de notre astre dans le ciel n'étant pas dû à une rotation du Soleil, mais à celle de la Terre. Or celle-ci est constante [49]. Le mouvement du Soleil paraît ralentir du fait de la réfraction atmosphérique. Celle-ci devient plus importante quand le Soleil descend bas sur l'horizon, la lumière devant traverser un air plus dense. Cette réfraction accrue courbe davantage les rayons solaires et donne l'impression que notre astre est plus longtemps au-dessus de l'horizon qu'il ne l'est vraiment.

Un Soleil aplati et déformé

N'avez-vous jamais remarqué qu'à quelques degrés au-dessus de l'horizon le Soleil et la pleine Lune n'apparaissent plus du tout circulaires, mais sensiblement aplatis ? C'est encore un autre tour optique que nous joue la réfraction atmosphérique. L'air devient de plus en plus dense vers les basses altitudes à cause du poids des couches supérieures qui le compriment. Or le Soleil, nous l'avons vu, a un diamètre angulaire de 30 minutes d'arc, ce qui veut dire que la lumière provenant du bas du Soleil doit traverser un air plus dense que celle provenant du haut, et est donc plus déviée. La partie basse de notre astre est ainsi plus décalée vers le haut relativement à sa partie supérieure, ce qui lui donne une apparence aplatie (fig. 19 cahier couleur). L'aplatissement dépend à la fois de l'altitude de l'observateur, de la position du Soleil et des variations de température de l'atmosphère (un air chauffé est moins dense). Dans des conditions normales de température et avec un ciel clair, l'aplatisse-

---

49. La rotation de la Terre n'est pas rigoureusement constante sur la longue durée. La Lune exerce un rôle de frein sur la rotation terrestre par le biais des marées des océans dont elle est cause. Ce ralentissement est très faible, de l'ordre de 0,002 seconde sur un siècle. Voir Trinh Xuan Thuan, *Le Chaos et l'Harmonie*, *op. cit.*, p. 74, version poche.

ment du Soleil est de l'ordre de 20 % (le rapport des axes est de 0,8 à 1). Il est plus important vu du haut d'une montagne, à cause de la quantité d'air supplémentaire que la lumière doit traverser pour parvenir de l'horizon jusqu'à l'observateur, ce qui augmente la réfraction de la lumière solaire. L'aplatissement de notre astre peut alors atteindre jusqu'à 40 % (le rapport des axes est de 0,6 à 1).

Ainsi, près de l'horizon, non seulement le Soleil paraît plus haut dans le ciel, mais il a aussi une apparence plus aplatie. Dans des circonstances exceptionnelles, l'image du Soleil peut même être déformée et fragmentée. Cette forme irrégulière est due à nouveau au jeu surprenant de la réfraction de la lumière par l'atmosphère. Elle se manifeste quand celle-ci n'est pas homogène, mais présente des variations localisées et stratifiées en densité aux basses altitudes, ou des inversions de température inhabituelles, par exemple quand l'air chaud surmonte l'air froid, alors qu'en général la température de l'air diminue avec l'altitude.

Les mirages, ou la réalité n'est pas là où on l'attend

Plus généralement, tous les phénomènes de mirages – une flaque d'eau qui miroite sur l'autoroute et qui disparaît quand notre voiture s'en approche, une oasis bordée de palmiers en plein désert où le voyageur assoiffé espérait se désaltérer et qui, à son grand désespoir, s'évanouit quand il y parvient, des montagnes qui semblent être suspendues en l'air ou des châteaux qui paraissent flotter dans le ciel – sont la conséquence du jeu de réfraction de la lumière avec l'atmosphère. Un mirage n'est autre que l'image réfractée de quelque chose qui existe vraiment, mais qui, en réalité, n'est pas là où on le voit. Ainsi, on l'a vu, le mirage du Soleil qui paraît au-dessus de l'horizon alors qu'il est en réalité au-dessous. Les mirages surgissent dans les endroits où se trouvent superposées des couches d'air de températures différentes : dans les déserts, sur les banquises, ou encore à la surface d'une autoroute où l'asphalte surchauffé par le Soleil réchauffe l'air froid. Si nous ouvrons l'œil, nous pouvons même surprendre des mirages au-dessus d'un toit de voiture, par jour de grosse chaleur, ou même près d'un grille-pain ! Les différences de température de l'air provoquent des différences de densité (l'air chaud est moins dense, l'air froid est plus dense), donc des différences d'indice de réfraction qui font que la trajectoire de la lumière est courbée, créant des mirages et autres promesses d'eau qui ne se matérialisent jamais...

Le « rayon vert » et l'image décomposée du Soleil

Après avoir fait connaissance avec la réfraction de la lumière et les illusions optiques qu'elle peut produire, revenons-en au mystère du « rayon vert ». Celui-ci est surtout le résultat de la réfraction de la lumière solaire, mais aussi de son absorption et de sa diffusion. Nous avons vu que, l'indice de réfraction dépendant de la longueur d'onde, chaque lumière est déviée d'un angle légèrement différent selon sa couleur, phénomène que les physiciens appellent « dispersion ». À proximité de l'horizon, la dispersion atmosphérique produit des images séparées du disque solaire pour chaque couleur, légèrement décalées les unes par rapport aux autres dans la direction verticale. La réfraction étant plus importante aux courtes longueurs d'onde, l'image violette du Soleil se situe légèrement plus haut dans le ciel que l'image bleue, laquelle est légèrement plus haute que l'image verte, et ainsi de suite jusqu'à l'image rouge. Comme le déplacement de chaque image est très faible par rapport au diamètre du Soleil, les images se chevauchent, excepté pour le bord supérieur qui est violet et le bord inférieur qui est rouge.

Les derniers rayons solaires visibles avant la disparition de notre astre sous l'horizon devraient avoir la couleur du bord supérieur, c'est-à-dire violet. En d'autres termes, nous devrions observer un rayon violet et non pas un rayon vert. Alors, pourquoi diable ce fameux rayon est-il vert et non violet ? C'est ici que l'absorption et la diffusion interviennent. Elles agissent pour ôter certaines couleurs à la lumière solaire qui parvient à nos yeux. Ainsi, l'absorption par la vapeur d'eau atmosphérique ôte une grande partie du jaune et de l'orange. La diffusion par les molécules d'air et les fines particules en suspension dans l'atmosphère enlève, nous l'avons vu, le bleu et le violet du faisceau lumineux. Ne restent donc en course que le vert au bord supérieur et le rouge au bord inférieur. Quand tout a disparu sous l'horizon, hormis le bord supérieur, nous voyons un flash vert (fig. 19 cahier couleur). En de rares occasions, quand l'air est extrêmement clair et que ne s'y trouvent que très peu de particules, le bleu n'est presque pas diffusé et c'est un flash bleu plutôt que vert qui vient frapper nos yeux.

La durée du rayon vert dépend en grande partie du temps que le Soleil met à disparaître sous l'horizon. Ce temps dépend à son tour de l'angle suivant lequel le Soleil descend vers l'horizon, et cet angle dépend lui-même de la latitude de l'endroit d'où l'on contemple la tombée de la nuit. Ce laps de temps est très court à l'équateur, où le Soleil descend perpendiculairement à l'horizon. Quand je retourne au Vietnam, pays proche de l'équateur (il s'étend du 9e au 23e parallèle), je suis toujours surpris par la transition abrupte entre le jour et la nuit. Le temps mis à disparaître par le Soleil est plus long en été, aux hautes latitudes, car dans ces contrées le Soleil approche l'horizon sous un angle plus oblique et disparaît plus lentement sous l'horizon. Sous nos latitudes, le rayon vert peut durer plusieurs secondes. Si vous allez vers l'extrême Nord (ou Sud), dans les régions polaires où le Soleil en été ne se couche jamais totalement (le jour y dure six mois !), notre astre balaie l'horizon nord (ou sud) tout en ne montrant que son bord supérieur. Le rayon vert peut alors être vu pendant plusieurs minutes, voire plusieurs dizaines de minutes. Durant l'expédition de l'amiral américain Richard Byrd (1888-1957) au pôle Sud en 1929, le rayon vert a été visible de façon intermittente, entre les glaces flottantes, pendant quelque trente-cinq minutes, alors que le Soleil, se levant pour la première fois après la longue nuit polaire, balayait l'horizon.

La couleur de l'eau

Avec d'infinies variations de couleur, le spectacle de l'eau jouant avec la lumière est toujours un bonheur pour les yeux. Le bleu profond de l'océan nous remplit d'allégresse, alors que ses teintes grises des jours de mauvais temps nous inclinent à la mélancolie. Qui n'a pas été enchanté par le bleu turquoise des lagons de la mer des

Caraïbes, ou transporté par le rouge orangé des paysages océaniques quand le Soleil se couche ? Même un verre d'eau nous remplit d'admiration par sa transparence parfaite. Où qu'elle soit, l'eau semble prendre, selon les circonstances, mille couleurs changeantes et évanescentes. Possède-t-elle une couleur propre ? Si oui, quelle est-elle ? Ou qu'est-ce qui fait qu'elle peut arborer mille couleurs pour notre plus grand plaisir ?

Si l'eau a des couleurs si variées, si changeantes, c'est parce que la lumière qu'elle envoie ou renvoie à nos yeux, et qui fait que nous la voyons, est la somme de trois lumières bien distinctes. La lumière d'une étendue d'eau peut venir de sa surface, de son milieu ou de son fond. Elle peut être de la lumière réfléchie, diffusée ou réfractée. Ainsi, un rayon lumineux qui vient du Soleil peut soit être réfléchi par la surface de l'eau, soit entrer dans l'eau en subissant une première réfraction à la surface et, une fois à l'intérieur de l'eau, être diffusé par l'eau et réfracté une seconde fois en sortant de l'eau pour rentrer dans l'air. Ou le rayon solaire peut être réfracté une première fois à la surface de l'eau, traverser l'eau avant d'être réfléchi par le fond et réfracté une seconde fois à l'interface entre eau et air. C'est l'infinie variété de la combinaison de ces trois différentes sortes de lumière qui donne lieu à la gamme illimitée des couleurs de l'eau. En fonction des circonstances, une des lumières peut dominer. Par exemple, en eau profonde et claire, la lumière réfléchie par le fond est négligeable, et c'est surtout la lumière réfléchie à la surface de l'eau qui mène le bal ; la couleur de l'eau est alors essentiellement celle du ciel réfléchi. En eau peu profonde et claire, c'est la lumière réfléchie par le fond qui importe, et c'est donc surtout la couleur du fond qui détermine celle de l'eau. En revanche, en eau trouble, la principale lumière est celle qui est diffusée par les sédiments en suspension près de la surface.

L'eau possède-t-elle néanmoins une couleur propre ? La réponse est oui si l'eau est suffisamment profonde pour que la lumière réfléchie soit négligeable, comme c'est le cas pour les océans. L'eau y a une couleur intrinsèque, et celle-ci est bleue. Cette couleur bleue est le résultat des effets combinés de la diffusion et de l'absorption de la lumière solaire par les masses d'eau océaniques. L'absorption joue un rôle essentiel, car un océan qui se contenterait de diffuser aurait une couleur blanchâtre, toute la lumière blanche du Soleil qui entre dans l'eau devant à la fin en ressortir. La diffusion est non moins importante, car un océan qui ne ferait qu'absorber serait noir comme de l'encre. En effet, dans ce cas, la seule façon pour la lumière de ressortir serait d'atteindre le fond de l'océan et d'y être réfléchie. Cette longue trajectoire jusqu'au fond océanique se traduirait par une absorption totale de la lumière. Seule la diffusion des photons permet à la lumière de ressortir et de frapper nos yeux sans avoir à toucher le fond et sans être complètement absorbée. Si la couleur de l'eau est bleue, c'est parce que les molécules d'eau absorbent préférentiellement l'orange et le rouge par rapport au bleu et au violet. En fait, le pic de transparence de l'eau se situe dans le bleu-vert, à une longueur d'onde de la lumière d'environ 480 nanomètres.

Parce que l'absorption est d'autant plus importante que la lumière traverse davantage d'eau, plus la masse d'eau est conséquente, plus sa couleur bleue sera prononcée. Ainsi, quand la masse d'eau est très faible, comme dans une goutte ou même un verre d'eau, l'absorption est pratiquement absente, et l'eau est claire comme du cristal. Mais quand vous remplissez d'eau votre baignoire, vous percevez déjà une couleur bleu très pâle. En effet, une couche d'eau de un mètre absorbe déjà 10 % du jaune et 20 % du rouge, contre 1 % pour le bleu. L'eau d'une piscine est encore plus bleue, et celle de l'océan franchement bleue. À 10 mètres de profondeur sous la surface de la mer, 60 % du jaune et 90 % du rouge sont absorbés, contre 20 % seulement du bleu. Quand vous descendez à de très grandes profondeurs océaniques, toute la lumière est absorbée, et l'eau devient noire. La prochaine fois que vous ferez de la plongée sous-marine, n'oubliez pas de constater comme la couleur bleue de l'océan devient de plus en plus foncée au fur et à mesure que vous descendez en profondeur.

La planète bleue et l'écume blanche

Vous me direz que vous n'avez nul besoin de faire de la plongée sous-marine pour voir une mer bleue. Sans jamais avoir à vous mouiller les pieds, vous pouvez parfaitement admirer les teintes bleutées de la surface de l'océan debout sur le rivage, ou à bord d'un bateau ou d'un avion. Et vous aurez absolument raison, car ce n'est ni l'absorption ni la diffusion de la lumière du Soleil qui sont les principales responsables de la couleur des océans, mais la réflexion du ciel par la surface de l'eau. C'est parce que le ciel est bleu que la couleur des océans qui recouvrent les trois quarts de la Terre est bleue, ce qui vaut à celle-ci le doux et joli surnom de « planète bleue ». Cette réflexion de la lumière du ciel s'opère de mille façons. La surface de l'océan est constamment mouvante et changeante, modulée par le vent et la géographie des rivages. Mais que le ciel vienne à se couvrir, et l'océan prend une teinte grisâtre et triste. Ce gris résulte du mélange de la lumière bleu pâle diffusée, qui vient de sous la surface de l'eau, avec la lumière blanche du dessus, en provenance des nuages. Quand le Soleil se couche, l'océan, réfléchissant le ciel crépusculaire, se pare d'innombrables teintes orangées et rouges. Le fond de l'océan n'exerce pas d'influence directe sur sa couleur au-delà d'un mètre de profondeur. Mais, près des côtes, quand l'eau est claire et peu profonde, la lumière réfléchie par le fond parvient jusqu'à nos yeux et, se mêlant à la lumière bleue du ciel réfléchie par la surface de l'eau, confère à la mer une teinte d'un vert magnifique.

La couleur de l'eau est aussi affectée par la présence de menues particules. Même l'eau des lacs de montagne parmi les plus purs contient des particules sédimentaires en suspension qui, selon la nature spécifique des minéraux dont elles sont constituées, diffusent la lumière d'une couleur donnée et confèrent à l'eau une coloration particulière. Ainsi, c'est le limon en suspension provenant des glaciers qui donne aux lacs de montagne leur jolie coloration turquoise. Celle-ci résulte du mélange du bleu propre à l'eau et de la teinte blanchâtre issue de la diffusion de la lumière solaire par le limon.

Une question se pose : si la couleur propre à l'eau est le bleu, pourquoi l'écume, cette « mousse » qui apparaît dans une eau agitée, est-elle si blanche (fig. 20 cahier couleur) ? Comment expliquer la couleur de l'écume des vagues qui se brisent sur une plage, ou de l'eau qui tombe en trombe dans les chutes du Niagara ? Cela tient au fait que l'écume n'est pas formée seulement d'eau, comme nous le pensons un peu trop naïvement, mais de bulles d'air entourées d'eau. Ces bulles d'air diffusent la lumière. Elles ont des diamètres très variés, allant de quelques centaines de nanomètres jusqu'à plusieurs millimètres. En fonction de sa taille, chaque bulle d'air diffuse une lumière d'une certaine couleur, mais la somme de toutes les couleurs résultant de la diffusion par toutes les bulles prises ensemble est le blanc. Le même phénomène se produit quand vous broyez un matériau coloré en poudre : quelle que soit sa couleur propre, les très fines particules qui en résultent apparaissent blanches. Vous comprenez maintenant pourquoi la mousse du champagne – pourtant jaunâtre – est toujours blanche : sa belle couleur résulte de l'effet collectif de la diffusion de la lumière par l'ensemble des bulles de champagne...

La symphonie des nuages

Corps blancs et cotonneux flottant dans l'immensité du ciel, les nuages nous offrent une symphonie de formes plus étranges les unes que les autres, qui fait notre enchantement (fig. 21 cahier couleur). Ils nous proposent un spectacle d'une infinie variété qui, en rompant la monotonie d'un ciel bleu à perte de vue, égaie le firmament. Mais qu'est-ce au juste qu'un nuage ?

Ensemble de très fines particules maintenues en suspension dans l'atmosphère par des mouvements verticaux de l'air, un nuage est généralement constitué de gouttelettes d'eau ou de cristaux de glace de taille variant entre 1 et 100 microns environ (un micron vaut un millionième de mètre). À cause de la gravité, toutes ces particules dérivent lentement vers le bas. Les plus grosses, celles de 100 microns, tombent à la vitesse de quelque 30 centimètres par seconde. Au-delà de 100 microns, les gouttes d'eau deviennent trop lourdes pour rester en suspension dans l'air : elles tombent alors sous forme de brume ou de pluie. Quant aux gouttes d'eau les plus fines, celles de l'ordre du micron, elles sont trop peu lourdes pour tomber jusqu'au sol ; leur vitesse de descente étant seulement d'une fraction de millimètre par seconde, elles sont indéfiniment ballottées dans l'air au gré des caprices des vents.

Bien qu'ils soient très visibles dans le ciel, les nuages sont des entités extrêmement ténues[50]. Un cumulus peut contenir mille gouttelettes par centimètre cube, mais celles-ci sont très espacées, ce qui fait que ce nuage (comme tous les autres) occupe un grand volume. En revanche, si vous rassemblez toutes les gouttes d'eau du cumulus, elles n'occuperaient qu'un milliardième du volume du nuage : tout le reste n'est que de l'air.

Les nuages se forment quand l'air devient « saturé » d'humidité, c'est-à-dire quand il y a dans l'atmosphère plus de vapeur d'eau que l'air ne peut en contenir. L'air chaud peut contenir plus de vapeur d'eau que l'air froid. Ainsi, au niveau de la mer, l'air saturé à 23 degrés Celsius contient 23 grammes de vapeur d'eau par mètre cube, alors qu'il en contient presque cinq fois moins (moins de 5 grammes par mètre cube) à 0 degré[51]. On peut se demander pourquoi les formes si étranges des nuages sont aussi distinctes. Pourquoi leurs contours ne sont-ils pas plus diffus, leurs bords moins prononcés ? Dans la mesure où les nuages résultent du flot vertical de l'air, la réponse réside dans la façon dont l'air monte vers le ciel. Les nuages ont des formes nettes parce que l'air ne remonte pas en flot continu, mais par « paquets d'air » discontinus.

Alors que très peu de choses dans la nature sont vraiment blanches, les nuages nous donnent une parfaite illustration de cette couleur. Ils ont même couleur que l'écume de l'eau, et principalement pour la même raison : la diffusion de la lumière solaire par de petits corps sphériques. En effet, les nuages sont en quelque sorte

50. Selon la façon dont ils se développent et selon leur altitude, les nuages sont classés en dix catégories différentes : altocumulus, altostratus, cirrocumulus, cirrostratus, cirrus, cumulonimbus, cumulus, nimbo-stratus, strato-cumulus et stratus.

51. Voir D. Lynch et W. Livingston, *Aurores, Mirages, Éclipses*, *op. cit.*

l'« inverse » de l'écume : alors que les premiers sont des ensembles de gouttes d'eau entourées d'air, la seconde est faite de bulles d'air entourées d'eau. Les gouttes d'eau et les bulles d'air ont un comportement très semblable pour ce qui concerne la diffusion de la lumière. Si chaque goutte d'eau (ou chaque bulle d'air) d'une taille spécifique diffuse une couleur particulière, la diffusion par l'ensemble des gouttes d'eau dans un nuage, selon toute la gamme des tailles possibles, fait que toutes les couleurs sont représentées et qu'elles s'additionnent pour donner du blanc. Cela est particulièrement vrai pour les nuages épais où la lumière solaire qui y entre rencontre maintes gouttelettes d'eau et est déviée plusieurs fois d'affilée (c'est la « diffusion multiple ») avant de ressortir. La diffusion de la lumière par des cristaux de glace est plus complexe, parce que ceux-ci ne sont pas sphériques, mais irréguliers ; en définitive, le résultat est néanmoins le même : les nuages de glace sont aussi blancs.

Les sombres nuées de l'orage

Levez les yeux vers le ciel et contemplez un groupe de cumulus. Certains sont brillants et d'une blancheur immaculée ; d'autres, plus sombres, de couleur plutôt grisâtre. N'en déduisez pas que les cumulus sombres sont composés de gouttes d'eau plus sales que celles des cumulus blancs ! La teinte sombre des nuages n'a rien à voir avec leur saleté, mais plutôt avec leur éclairage : ils paraissent plus sombres parce qu'ils sont moins éclairés, comparés aux nuages environnants. Un nuage peut être moins éclairé parce qu'il est dans l'ombre de nuages voisins, ou parce qu'il est plus fin que d'autres. En effet, outre son éclairage, l'autre facteur déterminant la luminosité d'un nuage est son épaisseur, d'où découle sa transparence. Pour un nuage épais, la diffusion multiple de la lumière solaire est importante. Si aucune source de lumière n'éclaire le nuage par-derrière, sa luminosité sera principalement déterminée par la lumière tombant sur lui par-devant et qui est ensuite diffusée et redirigée vers nous. En pleine lumière, il paraîtra alors intensément blanc.

Considérez, en revanche, le cas d'un nuage peu épais. Il transmettra une partie de la lumière du ciel bleu derrière lui, tandis que la plus grande partie de la lumière solaire directe arrivant par-devant le traversera sans être renvoyée vers nos yeux. La lumière du ciel transmise à travers le nuage est alors bien pâlotte et faiblarde, comparée à l'éclatante et blanche luminosité des nuages environnants, et le nuage fin apparaît plutôt gris.

C'est aussi la diffusion multiple qui est responsable de l'aspect sombre et menaçant des nuées d'orage. Tant qu'un nuage d'orage continue d'accumuler des gouttes d'eau et de grandir, il présente un aspect brillant. Mais lorsque le cumulus « mûrit », c'est-à-dire lorsqu'il cesse de grandir et de s'élever dans les airs, sa partie supérieure (appelée « enclume », à cause de sa forme relativement aplatie) s'obscurcit. Si nous prenons des rides avec l'âge, les cumulus, eux, s'assombrissent. Et cela, parce qu'au fil du temps leurs gouttes d'eau grossissent et diminuent en nombre, rendant la diffusion multiple de la lumière moins efficace.

Voyons comment.

Les gouttes d'eau d'un « jeune » nuage sont ténues. Mais, au fur et à mesure que le temps passe, elles entrent en collision et s'agglomèrent avec d'autres pour devenir plus grosses. En augmentant de taille, elles perdent moins d'eau par évaporation, comparativement aux petites gouttes, ce qui préserve leur grosseur. Mais, en s'agglomérant, leur population diminue. Considérons l'exemple de deux nuages d'âges différents, mais contenant la même quantité d'eau par centimètre cube. Le « vieux » nuage a des gouttes d'eau de 50 microns de diamètre, alors que celles du « jeune » nuage ont un diamètre dix fois inférieur, de 5 microns. Le volume d'une goutte d'eau sphérique du vieux nuage est donc mille fois plus grand que celui d'une goutte d'eau du jeune nuage. Puisque les deux nuages recèlent exactement la même quantité d'eau par centimètre cube, cela veut dire qu'il y a mille fois moins de gouttes d'eau par centimètre cube dans le vieux nuage que dans le jeune. Or la capacité d'une goutte d'eau à diffuser la lumière est proportionnelle à sa surface, donc au carré de son diamètre. Une petite goutte d'eau du jeune nuage est par conséquent cent fois moins efficace pour diffuser la lumière qu'une grosse goutte d'eau du vieux nuage. Mais, malgré cette efficacité réduite, la diffusion de la lumière par les petites gouttes dans un gramme d'eau du jeune nuage est en fin de compte dix fois plus importante que celle par les grandes gouttes du vieux nuage, à cause de l'abondante population des premières[52] ! Comme dans la compétition mondiale, la démographie joue ici un grand rôle : même si un pays a une main-d'œuvre moins qualifiée, il finit par l'emporter à cause du grand nombre de ses habitants, car, au bout du compte, la main-d'œuvre y revient moins cher ! Parce que la diffusion multiple est moins efficace au fur et à mesure que le nuage vieillit, celui-ci s'assombrit de plus en plus. C'est pourquoi les nuages d'orage emplis de grosses gouttes menaçantes ont une apparence sombre et grise.

La foudre et la colère des dieux

Les orages donnent lieu à des spectacles de lumière terrifiants, parfois dangereux, mais non dépourvus d'une certaine beauté : il s'agit bien entendu des éclairs. Le flash de l'éclair, qui ne dure qu'une fraction de seconde, est toujours suivi d'un grondement de tonnerre. Nous percevons l'éclair avant le tonnerre, parce que la vitesse de la lumière est de loin supérieure à celle du son. La lumière de l'éclair nous parvient à une vitesse très légèrement inférieure à 300 000 kilomètres par seconde (la vitesse de la lumière dans l'air pur, au niveau de la mer, est de 0,03 % inférieure à sa vitesse dans le vide), alors que le son nous parvient à une vitesse de 0,34 kilomètre par seconde de moins que celle de la lumière (vitesse du son = 300 000 km/s – 0,34 km/s). Si vous notez le temps écoulé entre l'éclair et le grondement du tonnerre, vous pouvez ainsi déduire son éloignement (en kilomètres) : il vous suffira de multiplier ce temps (en secondes) par 0,34. En général, le délai n'est pas supérieur à une minute, le tonnerre ne pouvant être entendu à plus

52. Cet exemple est pris dans D. Lynch et W. Livingston, *Aurores, mirages, éclipses*, *op. cit.*

d'une vingtaine de kilomètres à la ronde. L'éclat lumineux d'un éclair n'est pas constant, mais fluctue rapidement. Ce scintillement signifie que l'éclair n'est pas dû à un événement unique, mais à une succession de plusieurs coups de foudre de très courte durée, très peu espacés dans le temps. Un éclair peut ainsi être composé de vingt-cinq coups de foudre distincts, chacun durant environ un dixième de microseconde. Quand le vent souffle en rafales, il arrive que la trajectoire de la foudre soit poussée de côté, produisant tout un défilé d'éclairs (fig. 22 cahier couleur).

Vue de l'espace par des satellites placés en orbite, la Terre plongée dans la nuit révèle des régions où l'activité orageuse est presque continue. La plupart des orages se produisent au-dessus des continents. Les éclairs ou coups de foudre qui les accompagnent sèment mort et destruction à travers le globe plus qu'aucun autre événement météorologique. La foudre frappe quelque part sur terre environ 100 fois chaque seconde. Rien que sur le territoire américain, elle tue une centaine de personnes et en blesse à peu près le double chaque année. Les dégâts causés aux bâtiments et aux navires par la foudre ont été considérablement réduits grâce à l'invention du paratonnerre, mais il est plus difficile de protéger gens et bêtes pris dans un orage. Se réfugier dans une voiture est une bonne idée, car sa carrosserie métallique forme une sorte de « cage » isolatrice qui protège des courants électriques. Mais les arbres des forêts seront toujours à la merci de la foudre et des incendies qu'elle provoque.

Quelle est l'origine de cette foudre (fig. 58) qui se manifeste par des lignes de feu en zigzag descendant du ciel vers la terre au milieu de vents qui soufflent en tempête, d'une pluie battante et de coups de tonnerre effrayants, comme pour châtier les hommes de leurs péchés ? Tous les anciens mythes interprétaient la foudre comme l'expression de la colère divine. Les Grecs se représentaient Zeus, divinité suprême de l'Olympe, comme tenant la foudre dans sa main et faisant régner l'ordre et la justice sur Terre en la projetant sur ceux qu'il désirait punir. Pour les Romains, la foudre était la manifestation du déplaisir de Jupiter et, pour les Indiens, elle exprimait celui d'Indra.

Fig. 58 : La tour Eiffel comme un gigantesque conducteur de charges électriques. Cette photo de la tour Eiffel frappée par la foudre est l'une des plus anciennes montrant l'effet de la foudre dans un environnement urbain. Elle a été prise le 3 juin 1902, à 21 h 20 par M. G. Loppé, et est publiée dans le *Bulletin de la Société astronomique de France* de mai 1905.

C'est le philosophe romain athée et matérialiste Lucrèce (v. 98-55 av. J.-C.) qui, le premier, mit en doute l'interprétation de la foudre comme expression de la colère des dieux, et lui chercha une explication scientifique. C'est que, dans le cadre d'une explication mythique, il ne pouvait trouver de réponse satisfaisante à nombre de questions qu'il se posait. Si la foudre était vraiment le moyen utilisé par Jupiter pour punir les méchants, pourquoi frappait-elle indistinctement bons et méchants ? se demandait Lucrèce. Pourquoi frappait-elle aussi en plein milieu du désert où il n'y a âme qui vive ? Pourquoi le dieu du ciel, de la lumière, de la foudre et du tonnerre gaspillerait-il ainsi sa puissance ? Pourquoi Jupiter frappait-il de temps à autre les magnifiques temples érigés à sa gloire alors qu'il aurait dû au contraire les préserver ? Pourquoi ne se mettait-il jamais en colère et ne lançait-il pas ses coups de foudre quand le ciel était beau et ensoleillé ? Pourquoi montrait-il une prédilection pour les endroits élevés, la foudre s'abattant plus souvent sur les cimes des montagnes que sur les plaines ? À défaut de réponses, Lucrèce préféra se tourner vers une explication scientifique. Il proposa une théorie où la foudre et le tonnerre étaient causés par des nuages entrant en collision. Pour lui, la foudre était comme une sorte de feu ressemblant à un feu de bois, ce qui n'était pas si déraisonnable quand on songe aux incendies de forêts qu'elle déclenche. Ce n'est que bien plus tard qu'on comprit que les étincelles de la foudre peuvent fort bien être à l'origine d'un feu sans être elles-mêmes des flammes.

Dompter la foudre

L'étude expérimentale de la foudre n'a vraiment commencé qu'en 1750 avec le physicien et homme politique américain Benjamin Franklin (1706-1790)[53]. Celui-ci voulut tester l'hypothèse selon laquelle la foudre est de nature électrique. Cette hypothèse, fondée sur l'observation que les éclairs, dans un orage, sont très semblables à des étincelles électriques, avait été précédemment avancée par plusieurs scientifiques, dont l'illustre Isaac Newton. Dans une lettre à la Royal Society de Londres, l'auguste Académie des sciences anglaise, le physicien américain proposa l'expérience suivante : du sommet d'une tour élevée, attirer l'électricité d'une nuée orageuse du ciel vers la Terre grâce à une longue tige métallique. Franklin ne pouvait faire l'expérience lui-même, car la ville de Philadelphie où

53. Benjamin Franklin fut l'un des signataires, avec Thomas Jefferson, de la Déclaration d'indépendance américaine en 1776.

il résidait ne possédait pas encore de tour assez haute. Le défi ne fut pas relevé par les savants britanniques, mais il le fut en France où les travaux scientifiques de Franklin étaient suivis et admirés. Le Français Thomas François d'Alibard (1703-1799) réussit en 1752 à attirer des étincelles électriques du ciel grâce à une tige en fer d'une douzaine de mètres plantée dans un jardin de Marly-la-Ville, près de Paris. La démonstration que les nuées orageuses contiennent de l'électricité fit la une des journaux de l'époque et fut qualifiée de « plus grande découverte depuis celles de Sir Isaac Newton ».

Entre-temps, Benjamin Franklin avait trouvé une autre façon, fort ingénieuse, de réaliser sa fameuse expérience : s'il ne pouvait amener une tige métallique en haut d'une tour, il pouvait attirer l'électricité d'une nuée orageuse en attachant une clé métallique à un cerf-volant ! Ce faisant, lui aussi réussit à attirer la foudre du ciel. Esprit éminemment pratique, il vit d'emblée comment utiliser sa découverte pour protéger les maisons contre la foudre : il suffisait d'installer une tige métallique sur le toit d'un bâtiment pour attirer les charges électriques du ciel et les canaliser vers le sol où elles perdraient leur pouvoir destructeur. C'est l'invention du paratonnerre, qui contribua encore plus à la gloire de Franklin. Vers la fin de 1752, non seulement la maison du physicien américain en était équipée, mais aussi de nombreux bâtiments publics et églises dans les colonies américaines. Quand il fut nommé ambassadeur des tout jeunes États-Unis en France, l'homme qui avait dompté la foudre fut la coqueluche des belles femmes dans les salons parisiens et son immense prestige lui valut bien des succès diplomatiques (et amoureux !).

Comme toutes les grandes inventions, celle de Franklin a traversé les siècles : les paratonnerres qui équipent les bâtiments d'aujourd'hui ressemblent comme deux gouttes d'eau à celui de leur inventeur, sauf qu'au lieu d'une seule pointe, un système contemporain de paratonnerres est constitué de plusieurs pointes, couvrant toute la toiture et les arêtes du bâtiment à préserver. Mais la théorie de l'électricité de Franklin n'eut pas une aussi heureuse longévité. Le physicien pensait que l'électricité était un fluide. Ce concept était populaire à son époque, et certains mots du vocabulaire de l'électricité que nous utilisons de nos jours le reflètent encore : nous parlons ainsi d'un *courant* électrique. Il est maintenant bien établi que l'électricité n'est pas un fluide, mais un flux d'un grand nombre de particules identiques appelées « électrons », chacune portant une charge élémentaire négative. Franklin avait pourtant anticipé la nature particulaire de l'électricité en écrivant de manière prophétique : « La matière électrique est constituée de particules extrêmement fines, puisqu'elle peut pénétrer la matière ordinaire, même les métaux les plus denses, avec une telle facilité et liberté qu'elle ne rencontre aucune résistance. » Mais cette idée était trop en avance sur son temps, et fut balayée par la popularité de la théorie de l'électricité comme fluide.

Des décharges électriques dans l'air

Aujourd'hui, on pense qu'un éclair surgit quand la nature tente de neutraliser les différences de champ électrique qui se créent au sein de nuages ou bien entre des nuages et la Terre au cours d'un orage. L'idée est la suivante : en chutant vers le sol, les gouttes de pluie se scindent et deviennent électriquement polarisées. En se divisant, la partie inférieure de la goutte, plus grosse, se charge positivement, tandis que sa partie supérieure, plus fine, se charge négativement. Si de forts vents verticaux portent les plus fines gouttes vers le haut du nuage, les plus grosses gouttes descendent vers le bas du nuage, emportées par leur gravité, créant une différence de polarité : le haut du nuage est chargé négativement tandis que le bas l'est positivement. Le sol situé sous un tel nuage se chargera, lui, négativement. Ces différences de polarité créent des différences de potentiel électrique (quantité qui mesure le travail produit par le champ électrique). La nature « hait » ces différences et les abolit en se déchargeant électriquement, produisant ainsi des coups de foudre. Les décharges électriques entre un nuage et le sol donnent lieu à des « éclairs au sol ». Celles qui surviennent à l'intérieur d'un même nuage ou entre deux nuages sont responsables d'« éclairs intranuages ». Lucrèce était sur la bonne voie : ce sont bien les nuages qui sont à l'origine des éclairs ; seulement, ce ne sont pas des collisions entre nuages, mais des gouttes d'eau électriquement polarisées dans les nuages qui produisent le phénomène. Quant au grondement du tonnerre, il résulte des ondes de choc déclenchées dans l'atmosphère par les décharges électriques.

Nous ignorons encore, aujourd'hui, pourquoi l'éclair suit un chemin en zigzag totalement imprévisible quand il descend vers le sol. Dans son trajet du ciel vers la Terre, il emprunte maintes petites ramifications et bifurcations. À proximité du sol, certaines décharges électriques peuvent dévier du chemin originel, créant des éclairs « en fourche » ou « dendritiques » (fig. 22 cahier couleur). Un éclair de lumière, nous l'avons vu, n'est pas un événement unique, mais une succession d'éclairs individuels. Ces multiples éclairs, bien qu'empruntant le même chemin, se distinguent par de subtiles différences qui révèlent les caractéristiques de la décharge électrique. Grâce à des séquences de photographies captant l'évolution temporelle des éclairs d'orage, on s'est aperçu que le premier éclair comporte de nombreuses ramifications qui ne sont plus présentes dans les suivants. À cause de sa géométrie particulière, si irrégulière, un éclair est ce qu'on appelle un « objet fractal », c'est-à-dire un objet dont le nombre de dimensions ne peut être exprimé par un nombre entier, mais par un nombre fractionnaire. Sa dimension n'est ni 1, comme une ligne droite, ni 2, comme une surface, mais est entre les deux[54].

Les éclairs qui relient les nuages au sol nous semblent posséder des couleurs différentes. C'est à nouveau la diffusion et l'absorption atmosphérique qui entrent en jeu : elles rougissent les éclairs les plus éloignés.

Certaines éruptions volcaniques peuvent aussi donner lieu à des éclairs. Là encore, des décharges électriques en sont responsables : les cendres qui résultent de l'éruption d'un volcan, en se frottant les unes contre les autres, libèrent des charges électriques positives et négatives, ce qui crée des différences de polarité au sein du nuage volcanique. Ces différences sont abolies par l'irruption d'éclairs.

---

54. Cf. mon ouvrage, *Le Chaos et l'Harmonie*, *op. cit.*, pp. 168-175, version poche.

La magie des aurores boréales

Ce sont également des particules électriques qui sont à l'origine des spectacles lumineux de toute beauté que sont les aurores boréales. Leur majestueuse grandeur ne laisse pas de nous éblouir. Les aurores boréales, terme qui signifie « lumières du Nord », sont des lueurs multicolores et diffuses qui se déplacent lentement dans le ciel et qu'on ne peut observer que dans les zones de hautes latitudes, quand le ciel nocturne est clair et dégagé, sombre et dépourvu de Lune (fig. 23 cahier couleur). Elles existent aussi dans l'hémisphère Sud, où elles prennent naturellement le nom d'« aurores australes ». Incontestablement l'une des plus belles manifestations lumineuses de la nature, ces aurores nous offrent un festival de couleurs féeriques qui nous laissent pantois d'admiration. Leurs couleurs, leurs formes, leurs mouvements semblent varier à l'infini. Si elles sont souvent de couleur vert-jaune, toutes les teintes du violet au rouge ont été observées. Quant à leurs formes, elles peuvent dessiner des lignes courbes (ce sont les « arcs auroraux »), de longs rayons presque rectilignes, constituer des taches homogènes qui ne sont pas sans rappeler la forme des nuages, prendre l'apparence de voiles dépourvus de motifs recouvrant une grande partie du ciel, ou encore revêtir l'aspect de gigantesques bandes ressemblant à des rideaux plissés dont le bord inférieur est net, mais le bord supérieur diffus. Leurs mouvements lents, faciles à suivre des yeux, tels les gestes ralentis d'un danseur de ballet, sont des plus fascinants. Elles peuvent onduler comme les vagues d'un océan, vaciller ou pulser.

Les aurores se subdivisent en deux catégories : celles qui sont diffuses et celles qui sont discrètes. Les aurores diffuses sont constamment présentes, mais, sauf en cas de luminosité accrue du ciel nocturne, elles passent la plupart du temps inaperçues. Ce sont les aurores dites discrètes qui, étant les plus visibles, sont responsables des spectacles qui nous enchantent tant. Elles sont plus spectaculaires quand l'activité du Soleil est à son maximum, c'est-à-dire quand les taches solaires sont les plus nombreuses à la surface de notre astre. En effet, nous l'avons vu, le nombre de taches solaires croît et décroît périodiquement selon un cycle de onze ans en moyenne. Or les taches solaires sont les emplacements où le Soleil manifeste ses humeurs. Ses fureurs sont à leur paroxysme lorsque culmine le cycle solaire. Les taches sont les endroits où surviennent les éruptions solaires, véritables explosions de surface qui éjectent des milliards de tonnes de matière (protons et surtout électrons) dans l'espace. Cette matière vient s'ajouter au vent solaire, flot constant de particules résultant de l'évaporation des couches supérieures de la couronne solaire à quelque 10 millions de kilomètres au-dessus de la surface de l'astre. Quand le vent solaire atteint la magnétosphère de la Terre, ces particules chargées électriquement, en grande majorité des électrons, sont guidées le long des lignes de champ magnétique de la Terre vers les pôles magnétiques Nord et Sud. Elles interagissent alors avec les atomes et les molécules d'air de l'atmosphère, les dissociant, les excitant à des niveaux d'énergie supérieurs ou les ionisant (c'est-à-dire leur enlevant des électrons). En se désexcitant de manière spontanée (elles aiment être au plus bas niveau d'énergie possible) ou en se recombinant avec des électrons dans l'air, les atomes et les molécules émettent des lumières de couleurs variées. L'ensemble de ces lumières nous offre le spectacle des aurores qui fait notre ravissement.

L'atmosphère que nous respirons est composée à 78 % d'azote et à 21 % d'oxygène (le reste étant composé d'argon, de gaz carbonique et de vapeur d'eau). C'est l'émission lumineuse de l'atome d'oxygène, avec une longueur d'onde de 557,7 nanomètres, qui est responsable de la couleur vert-jaune. Quant au rouge, il vient soit de l'oxygène atomique, soit de l'azote moléculaire.

L'altitude et la forme des aurores dépendent de la profondeur à laquelle les particules du vent solaire pénètrent dans l'atmosphère. Les bandes aurorales s'étendent en général sur des milliers de kilomètres de long et plusieurs centaines de kilomètres de large, mais leur épaisseur n'est que de quelques centaines de mètres.

Parce qu'elles résultent de l'interaction de particules chargées, guidées par les lignes de champ magnétique de la Terre, avec l'atmosphère, les aurores boréales (ou australes) apparaissent presque invariablement dans une zone quasi circulaire centrée sur le pôle magnétique terrestre Nord (ou Sud). Ainsi, en Amérique du Nord, si vous vivez dans la ville de Barrow, en Alaska, ou dans celle de Churchill, au Canada, vous pouvez contempler des aurores boréales toutes les nuits. Mais que vous vous éloigniez du pôle magnétique et descendiez à de plus basses latitudes, et le pourcentage de nuits où vous pourrez admirer une aurore boréale décroîtra de façon drastique. Il est de 18 % à Calgary, au Canada, de 10 % à Oslo, en Norvège, de 9 % à Montréal, au Québec, de 4 % à New York et de 0,5 % à Los Angeles, aux États-Unis, de 0,1 % à Rome, en Italie, et de 0,01 % à Tokyo, au Japon[55]. Pourquoi, à des latitudes aussi basses que New York (environ 40 degrés), le pourcentage n'est-il pas nul, mais reste-t-il aussi élevé que 4 % ? C'est que, pendant une période particulièrement active du Soleil, les lignes du champ magnétique terrestre sont surchargées de particules solaires et se déforment, permettant à ces particules de migrer jusqu'à des latitudes relativement basses. Ainsi, pendant les périodes de grande activité solaire, les habitants du sud des États-Unis ont pu occasionnellement contempler une aurore boréale. En tout cas, si vous voulez admirer l'un des plus beaux spectacles qui soient dans la nature, sautez dans un avion à destination des régions polaires dès qu'il y a eu une éruption solaire majeure ! De préférence, allez vers le pôle Nord, car dans l'hémisphère Sud il n'existe pas vraiment de bon site d'observation en dehors de l'Antarctique.

*

* *

Après avoir vu comment la lumière est source de toute vie sur Terre, comment elle contrôle notre santé et dicte notre humeur, comment elle est à l'origine de toutes les sources d'énergie existantes, comment elle est responsable de toutes les couleurs qui nous entourent, de ces chefs-d'œuvre naturels qui font que la vie vaut la peine d'être vécue – le ciel bleu, la mer azurée, les couchers de soleil

55. D. Lynch et W. Livingston, *Aurores, mirages, éclipses*, *op. cit.*, p. 66.

rougeoyants, les nuages blancs –, comment elle nous donne à voir en spectacle le merveilleux arc-en-ciel, la fantastique aurore boréale, il est temps de nous pencher sur les diverses façons dont l'homme a su dompter la lumière pour améliorer son bien-être et communiquer avec ses semblables, et, ce faisant, transformer la planète en un village global.

Chapitre 6

La lumière domptée : du feu de Prométhée aux enseignes de néon, des lasers et fibres optiques à la téléportation et à l'ordinateur quantiques

Le don du feu

Deux grands événements ont marqué la période préhistorique et changé le cours de l'humanité : la découverte du feu et l'invention de l'agriculture. Dans le premier cas, l'homme capture le feu qui vient du ciel et apprend à en produire à volonté sur Terre. Dans le second cas, la lumière est mise au service de l'homme par l'intermédiaire des plantes : par la magie de la photosynthèse, celles-ci lui fournissent la nourriture dont il a besoin. La civilisation n'aurait pas vu le jour sans ces deux inventions. Parce que le feu joue un si grand rôle dans l'histoire de l'humanité, toutes les cultures ont élaboré un mythe pour le célébrer. On y retrouve souvent le même thème de l'homme faible et misérable, en proie aux rigueurs de l'hiver et à la férocité des bêtes sauvages, luttant désespérément contre le froid et la faim, et d'un personnage divin qui prit pitié de ces pauvres créatures humaines et qui, pour leur venir en aide, déroba une parcelle du feu du ciel pour leur en faire don. Ce faisant, il encourut la punition du Roi des cieux. Ainsi, dans la mythologie grecque, c'est Prométhée qui vola quelques bribes du feu du Soleil pour les offrir aux hommes. Zeus, roi des dieux, le condamna à être enchaîné à un rocher sur le Caucase où un rapace venait lui dévorer le foie ; supplice qui se renouvelait chaque jour, puisque le foie se reconstituait la nuit, et qui ne prit fin que grâce à Héraclès, qui tua le vautour.

Les fossiles archéologiques nous disent que l'homme a commencé à domestiquer le feu il y a quelque 500 000 ans. Sur des sites aussi géographiquement distants que la Hongrie ou la Chine, les paléontologues ont trouvé dans des cavernes des traces de cendres et des morceaux de bois et d'os fossilisés dans de la pierre, témoins silencieux d'anciens feux de camp allumés il y a un demi-million d'années par nos ancêtres. Les chercheurs ont donné à ces conquérants du feu le nom d'*Homo erectus,* parce qu'ils se tenaient droit et marchaient debout. Ces lointains aïeux n'avaient probablement pas encore inventé le langage et communiquaient avec leurs semblables par des sons gutturaux, à la manière des chimpanzés d'aujourd'hui. Ils vivaient en Afrique, en Asie, peut-être aussi en Europe, pendant la période relativement chaude qui s'étend entre les deuxième et troisième glaciations de l'âge glaciaire. L'*Homo erectus* ne payait pas de mine : haut d'à peine un mètre cinquante, sa boîte crânienne avait une forme intermédiaire entre celle du singe et la nôtre. Le volume de son cerveau n'était que des deux tiers du nôtre, mais c'était déjà assez de matière grise pour que cet être doué de curiosité et de courage fît une des découvertes les plus importantes de l'histoire de l'humanité : celle du feu.

Comment notre ancêtre a-t-il dompté le feu ? Probablement celui-ci est-il venu du ciel, comme le mythe de Prométhée nous le dit : un jour, lors d'un orage, la foudre s'est abattue sur un arbre, l'enflammant, et déclenchant un incendie qui s'est ensuite répandu dans les herbes de la savane où évoluait cet homme préhistorique. Peut-être la curiosité a-t-elle alors poussé un jeune *Homo erectus* à s'emparer d'une branche ou d'un rameau en flammes et à découvrir la sensation de brûlure.

Nos ancêtres ont vite appris à dompter le feu. Ils ont allumé des feux de camp la nuit pour éloigner les fauves menaçants. Notre peur de l'obscurité date probablement de ces temps immémoriaux où l'homme ne savait pas encore contrôler la lumière et où les ténèbres regorgeaient de mille dangers. Non seulement le feu éclaire, mais il chauffe aussi. La chaleur du feu a permis aux tribus primitives de quitter leurs habitats d'origine, les chaudes contrées d'Afrique, pour se lancer à la conquête de régions plus froides et se répandre de par le monde. Avec le feu, l'homme primitif a pu en quelque sorte transporter avec lui la chaleur tropicale des savanes africaines partout où il allait. C'est cette chaleur du feu qui lui a permis de survivre aux rigueurs des interminables hivers, longs de plusieurs milliers d'années, de l'âge glaciaire. Avec le feu, nos ancêtres ont pu cuire leurs aliments. Non seulement la cuisson tue dans la nourriture tous les microbes générateurs de maladies, mais elle ramollit les aliments et les rend plus faciles à mastiquer et à digérer, ce qui permet à l'homme primitif d'y passer moins de temps et d'en consacrer davantage à chasser, à explorer ou simplement à se reposer. Alors qu'un gorille passe toute sa journée à mâcher des plantes pour nourrir son organisme impressionnant, il suffit de quelques minutes à un être humain pour ingurgiter la nourriture cuite qui lui est indispensable. Le moindre besoin de mâcher a sans doute provoqué une évolution de l'apparence physique de nos ancêtres : leur mâchoire est devenue plus petite en même temps que leur cerveau s'est élargi. Y a-t-il eu là une relation de cause à effet ? En tout cas, la physionomie, proche de celle du singe, d'*Homo erectus* s'est transformée en un faciès plus humain, celui d'*Homo sapiens*.

Mais peut-être la conséquence la plus importante de la conquête du feu est-elle que, pour la première fois dans l'histoire de l'humanité, l'homme a accès à une source d'énergie indépendante de celle produite par le métabolisme de ses cellules. Le feu comme source d'énergie lui permet de dépasser ses limites biologiques, de transcender la force de ses muscles ou de ceux des animaux qu'il a domestiqués. Il va le propulser sur la voie de la civilisation.

Le paradis perdu : la découverte de l'agriculture

Une autre découverte va jouer un rôle non moins capital dans l'évolution de l'humanité. Il y a environ 10 000 ans, nos ancêtres découvrent un moyen inédit et extrêmement efficace d'utiliser la lumière pour subsister. Cette découverte va transformer des bandes de chasseurs nomades en fermiers sédentaires. Elle va permettre aux humains de se multiplier presque à volonté, faire passer la population mondiale de quelque 100 000 jusqu'à plus de 6 milliards d'habitants aujourd'hui. C'est la découverte de l'agriculture.

En fait, les humains ont simplement redécouvert là ce que la vie, au stade des algues bleues, a déjà inventé par le jeu des mutations génétiques et de la sélection naturelle, il y a quelque 3,5 milliards d'années : l'utilisation de la lumière solaire, de l'air, du sol et de l'eau pour produire de la nourriture, par la magie d'un processus que les hommes appelleront plus tard « photosynthèse ». Grâce à ce mélange d'ingrédients, les plantes, nous l'avons vu, ont la capacité de fabriquer des aliments comestibles ; avec l'agriculture, l'homme a appris à exploiter cette merveilleuse capacité des végétaux. Il cultive des plantes qui fabriquent des aliments, et les consomme pour se nourrir.

L'agriculture sonne le glas de la chasse. Une fois que l'homme comprit qu'il pouvait semer des graines de manière délibérée et planifiée et moissonner les plantes qui en résultaient pour se constituer un stock de nourriture, la nécessité d'aller chasser pour avoir de quoi se mettre sous la dent ne se fit plus sentir, et les chasseurs devinrent fermiers. L'idée d'une activité agricole eut tant de succès qu'elle se répandit partout sur le globe, comme un feu de forêt se propageant sans contrôle. Ce changement de mode de vie eut de profondes répercussions sur la psyché des humains. Après tout, pendant la quasi-totalité de l'existence de l'espèce humaine, à commencer par *Homo erectus,* il y a un demi-million d'années, nos ancêtres avaient toujours été des chasseurs. C'est seulement pendant les cent derniers siècles – un clin d'œil, comparés aux cinq mille qui précédèrent – que l'homme a délaissé la chasse pour s'installer dans des villages et s'adonner à l'agriculture. Les structures familiales et sociales, les codes éthiques et moraux élaborés autour d'une activité de chasse nomade ont dû alors être révisés de fond en comble pour s'adapter à la nouvelle activité. Certains commentateurs ont même perçu la disparition de la chasse comme une sorte de paradis perdu (« paradis » est un mot d'origine persane qui signifie « réserve de chasse »). Pour eux, le récit biblique de l'expulsion d'Adam et Ève du paradis n'est autre qu'une évocation nostalgique de cette perte. Adam, qui pouvait nommer tous les animaux de l'Éden (un chasseur doit bien connaître ses proies), se tourna alors vers les fruits (la pomme défendue d'Ève) et les plantes pour subsister[1].

Avec la découverte de l'agriculture, les humains s'installèrent pour devenir « fils de la terre ». Alors que la notion de « propriété » était complètement étrangère aux tribus nomades (les terres sur lesquelles elles chassaient n'appartenaient à personne), elle fit son entrée en force dans la société agricole. Il y a encore quelques centaines d'années, celui qui possédait une terre était aussi propriétaire des gens qui vivaient dessus. Tout cela créait des écarts de richesse et de pouvoir énormes entre ceux qui possédaient des parcelles ou des domaines et ceux qui en étaient dépourvus. Néanmoins, malgré ces bouleversements sociaux et la nostalgie d'un paradis perdu, les avantages de l'agriculture l'ont largement emporté sur les inconvénients. À preuve : les tribus qui se sont détournées de la chasse pour s'adonner à une activité agricole ne sont jamais revenues en arrière. L'agriculture permettait aux hommes d'extraire considérablement plus de nourriture d'une parcelle de terre donnée. Alors que chasser un cerf nécessitait une équipe entière d'hommes répartis sur une superficie de plusieurs kilomètres carrés, ces mêmes hommes mettant en culture un terrain beaucoup plus restreint pouvaient produire assez de subsistance pour nourrir des centaines de personnes et d'animaux domestiques.

La civilisation n'a donc pas pu se développer sans ce double rôle de la lumière : par l'intermédiaire du feu, elle a permis aux premiers hommes d'échapper à la voracité des bêtes sauvages nocturnes et

1. Ben Bova, *The Beauty of Light*, Wiley Science Editions, New York, 1988.

de transporter avec eux de la chaleur pour conquérir le monde ; par l'intermédiaire des plantes comestibles, elle leur a permis de quitter la vie nomade, de s'établir, de construire et de créer.

La lumière artificielle

L'histoire de l'homme est une succession sans fin de dépassements de ses limites biologiques, d'utilisations de son intelligence pour aller au-delà des possibilités permises par son corps. Nous ne pouvons courir aussi vite qu'une antilope, mais, avec nos voitures, nos trains, nous pouvons aller plus vite que n'importe quel animal. Nous n'avons pas d'ailes, mais, avec nos avions, nos fusées, nos navettes spatiales, nous pouvons voler plus haut que n'importe quel oiseau. Nous avons besoin d'air pour respirer, mais, avec nos scaphandres spatiaux alimentés en oxygène, nous avons pu marcher sur la surface dépourvue d'atmosphère de la Lune. Nous sommes des créatures diurnes, et pourtant nous n'interrompons plus nos activités quand le Soleil n'est plus au-dessus de l'horizon, car nous avons inventé la lumière artificielle.

La conquête du feu a été la première étape dans cet irrésistible élan vers l'usage de la lumière : les feux de camp n'avaient pas seulement pour fonction d'éloigner les prédateurs nocturnes, leur éclairage allongeait aussi artificiellement la journée des hommes préhistoriques jusque tard dans la nuit, leur permettant de vaquer à leurs activités bien après que le Soleil eut disparu sous l'horizon.

L'homme a vite appris à utiliser des torches et des flambeaux pour s'éclairer. Ces torches produisaient de la lumière artificielle en brûlant des graisses animales ou des huiles végétales. Elles ont constitué la principale source d'éclairage pendant la période préhistorique, jusqu'à ce que les bougies puis les lampes viennent les suppléer à l'ère moderne. On pense que les artistes qui ont travaillé sur les merveilleuses peintures rupestres paléolithiques dans les grottes de Chauvet, de Lascaux, d'Altamira et autres cavernes situées dans le sud de la France et le nord-est de l'Espagne, il y a quelque 30 000 à 11 000 ans avant notre ère, s'éclairèrent avec des « lampes » qui brûlaient des graisses animales. Une chose est sûre : pour accomplir leur œuvre magnifique, les peintres du paléolithique furent obligés d'utiliser une lumière artificielle, car la lumière solaire ne pouvait s'introduire dans les profondeurs enténébrées de ces grottes. Des lampes datant de cette lointaine période ont été retrouvées des milliers d'années après. La plupart sont faites de simples pierres de calcaire ayant une forme concave, naturelle ou taillée, qui retenait le combustible. De la lumière artificielle ou de l'art rupestre, lequel est venu en premier ? Très probablement la lumière artificielle, car les hommes-chasseurs de Cro-Magnon éclairaient déjà leurs grottes avec des torches, bien avant que le « saut quantique » intervenu dans le nombre de leurs connexions neuronales ait fait naître en eux le sens du sacré ainsi que le désir de représenter le sublime et la beauté.

Les bougies ne fonctionnent pas dans les stations orbitales

Les lampes à base de graisses animales et d'huiles végétales ont éclairé la vie des hommes tout au long de leur histoire. Vers l'an 1400 av. J.-C., les prêtres égyptiens honoraient Râ, le dieu-Soleil, avec des lampes en bronze ou en terre cuite qui brûlaient de l'huile d'olive. Quinze siècles plus tard, les vestales entretenaient le feu sacré à Rome grâce à des lampes équipées de mèches en amiante. L'étape suivante fut l'entrée en scène de la bougie. Son origine reste obscure. Peut-être est-elle née en Afrique, où des noix à huile enfilées sur des brindilles de bois étaient brûlées pour fournir de la lumière. Les premières bougies de cire firent leur apparition plusieurs siècles av. J.-C. et sont attribuées aux Phéniciens et aux Étrusques. Quelle que soit son origine, la bougie dont, au début, l'utilisation était exclusivement réservée aux rituels religieux, devint la principale source d'éclairage artificiel en Europe dès le Moyen Âge. Son invention permettait de fournir un bon éclairage pendant une durée relativement longue. Constituée d'une mèche faite de fibres de coton tressées emprisonnée dans un bâton de cire (de la cire d'abeille ou bien de la paraffine, produit dérivé du pétrole), la bougie est une merveille d'ingéniosité qui, pour fonctionner, fait entrer en jeu maints phénomènes physiques. Quand la bougie est allumée, c'est d'abord la mèche qui brûle. La chaleur dégagée fait fondre la cire autour de la flamme. La cire passe alors de l'état solide à l'état liquide et est absorbée par la mèche. Un phénomène de « capillarité » fait que la cire liquide monte jusqu'à la flamme en se faufilant par les interstices entre les fibres de coton de la mèche. (C'est le même phénomène de capillarité qui fait que, si vous mouillez juste un petit coin d'une serviette en papier, vous voyez la tache humide s'y étendre d'elle-même.) Arrivée à la flamme, la cire brûle et part littéralement en fumée, et c'est cette combustion qui permet d'entretenir la flamme. La bougie fonctionne ainsi par la magie d'un cycle continu dans lequel la cire passe successivement de l'état solide à l'état liquide, puis à l'état gazeux. Mais, au bout d'un moment, la capillarité n'est plus assez forte pour amener une quantité suffisante de cire jusqu'à la flamme. La mèche brûle alors un peu, ce qui la raccourcit et la fait descendre à un niveau plus bas où la cire est plus abondante et où la combustion peut repartir de plus belle. C'est ainsi que, au fil de son usage, la bougie et sa mèche raccourcissent de plus en plus.

La flamme est la raison d'être de la bougie : c'est elle qui éclaire. C'est elle aussi qui crée l'ambiance romantique ou nostalgique d'un dîner d'amoureux, ou qui symbolise notre foi et notre dévotion dans la nef d'une église. Si vous observez bien la flamme d'une bougie, vous constaterez qu'elle comporte deux parties : une partie bleue en bas, une partie jaune en haut. C'est dans la partie bleue qu'a lieu la combustion, laquelle n'est autre qu'une réaction chimique combinant la cire de la bougie avec l'oxygène de l'air pour donner de l'eau et des oxydes de carbone. Cette réaction produit une grande quantité d'énergie qui se dégage sous forme de chaleur. Le combustible – ici la cire – qui arrive par la mèche est porté à très haute température et brûle. Quand une substance est soumise à des températures aussi élevées, sa structure moléculaire est détruite. Les molécules d'hydrocarbure présentes dans la cire se décomposent : tandis que les atomes d'hydrogène se combinent avec les atomes d'oxygène de l'air pour former des molécules d'eau, les atomes de carbone, étant non combustibles, sont libérés ; poussés vers le haut par le courant d'air chaud, ces produits gazeux, qui sont en quelque sorte les reliquats de la combustion, deviennent incandescents et émettent une lumière jaune. La partie jaune de la flamme de la bougie n'est donc que l'éclat lumineux d'atomes de carbone dansant dans l'air[2].

Vous êtes-vous jamais demandé pourquoi la flamme d'une bougie avait la forme d'un cône pointant vers le ciel ? Cela est dû à la... gravité ! En effet, les gaz émis dans la combustion et l'air qui se trouve dans la flamme sont portés, on l'a dit, à de très hautes températures. Or l'air chaud, étant moins dense que l'air environnant, plus froid, monte. C'est en vertu du même principe qu'on chauffe l'air des montgolfières pour les faire s'élever haut dans le ciel. Il suffit, pour s'apercevoir de la montée de l'air chaud, de placer la main assez haut au-dessus de la bougie : on sent une intense chaleur. Or, parce que la nature a horreur du vide, quand l'air chaud s'en va, de l'air frais vient d'en bas le remplacer. Cet air frais apporte du ravitaillement en nouvel oxygène, l'ancien oxygène s'étant consumé avec le combustible. La flamme peut ainsi continuer de brûler. Pour ce faire, elle doit être continuellement alimentée à la fois en combustible (la cire) et en carburant (l'oxygène). Et c'est le courant d'air chaud qui monte de bas en haut le long du bâton de cire, dans une direction déterminée par la gravité terrestre, qui modèle la flamme de la bougie en forme de cône pointant vers le ciel. Imaginez-vous maintenant en apesanteur dans une cabine spatiale orbitant autour de la Terre : il n'existerait plus de direction privilégiée, ce qui veut dire que si un astronaute venait à allumer une bougie, sa flamme serait non plus pointue, mais ronde ! Elle s'éteindrait très vite, car à cause de l'absence de gravité, il n'existerait plus de courant d'air montant le long du bâton de cire pour

---

2. Pour une description remarquable des processus physiques et chimiques à la base du fonctionnement d'une bougie, voir le texte d'une conférence grand public donnée par le physicien anglais Michael Faraday à l'Académie royale de Grande-Bretagne lors des fêtes de Noël 1859 et 1860, *The Chemical History of a Candle,* in Mary Elizabeth Bowen et Joseph A. Mazzeo, *Writing about Science*, New York, Oxford University Press, 1979, pp. 7-19.

ravitailler la flamme en oxygène nouveau. Une fois consommé l'oxygène autour de la bougie, la flamme, à court de carburant, s'éteindrait. Autant dire qu'en cas de panne d'électricité, il vaut mieux que les astronautes ne comptent pas sur les bougies !

Les lampes à huile et les baleines

Au XVIIIe siècle, une meilleure compréhension de la combustion – réaction chimique associant l'oxygène de l'air au carbone pour produire de l'énergie et du gaz carbonique – permit de fabriquer des lampes plus efficaces, donnant un meilleur éclairage. Le Français Antoine Lavoisier (1743-1794), un des fondateurs de la chimie moderne, envoya une fois pour toutes aux oubliettes la théorie séculaire du phlogistique (du grec *phlogos,* « flamme »), hypothétique matériau supposé être dégagé dans la combustion et laissant un résidu de cendres. Lavoisier démontra que ces cendres étaient en réalité un composé d'oxygène, et que ce dernier jouait un rôle essentiel dans la combustion. Malgré ses brillants travaux scientifiques[3], Lavoisier connut une fin tragique à cause de ses activités d'administrateur : fermier général à partir de 1778, il avait fait construire autour de Paris la barrière d'octroi, droit perçu sur certaines denrées à leur entrée dans la ville, ce qui le rendit impopulaire ; sous la Terreur, il fut condamné et guillotiné avec d'autres anciens fermiers généraux.

Inspiré par la démonstration de Lavoisier que l'air joue un rôle fondamental dans la combustion, un de ses élèves, le chimiste suisse François Argand (1750-1803), mit au point en 1783 une lampe à huile dotée d'une mèche creuse qui permettait d'amener davantage d'air – composé pour un cinquième d'oxygène – à l'intérieur de la flamme. D'autre part, il eut l'idée d'entourer la mèche d'une enceinte de verre de forme cylindrique, analogue à une cheminée, ce qui permettait de produire un courant d'air contrôlé pour alimenter la flamme en oxygène au lieu de la laisser brûler naturellement

3. Outre sa découverte de la composition de l'air et de l'eau, du rôle de l'oxygène dans la combustion et la respiration, Lavoisier effectua les premières mesures calorimétriques, énonça les lois de conservation de la masse et des éléments, et contribua à créer une nomenclature chimique rationnelle.

comme dans le cas d'une bougie. L'enceinte de verre protégeait aussi la flamme des courants d'air, ce qui lui conférait une stabilité remarquable. Argand inventa également un mécanisme destiné à élever ou descendre la mèche, permettant de contrôler la taille de la flamme et donc l'intensité de l'éclairage. La lampe à huile d'Argand s'imposa d'emblée. Sa flamme, nourrie par l'apport supplémentaire d'oxygène, brûlait à une température plus élevée que celle des lampes précédentes, ce qui se traduisait par une lumière plus brillante et plus blanche, les particules de carbone présentes dans la fumée, qui atténuaient la lumière des lampes antérieures, se trouvant consumées. Les lampes d'Argand envahirent les villes pour éclairer leurs artères. Les capitales européennes comme Londres et Paris, la Ville-Lumière (ainsi appelée du fait que l'éclairage des rues y a connu une longue histoire remontant à Louis XIV, lequel l'ordonna par décret dès 1667), se parèrent de mille éclats, et leurs habitants purent s'adonner à la lecture jusque tard dans la nuit. Jusqu'à la fin du XIXe siècle, les lampes d'Argand continuèrent aussi à équiper les phares servant à guider la navigation des navires.

En ce temps-là, l'huile de baleine était le meilleur combustible sur le marché. Ce qui déclencha un véritable massacre de cétacés pour alimenter les lampes du monde entier. C'est seulement la découverte du pétrole en Pennsylvanie vers la fin du XVIIIe siècle qui sauva *in extremis* les baleines d'une extinction complète : c'est désormais l'huile de pétrole brut, beaucoup plus abondant et incomparablement moins cher, qui va être utilisée. Juste après la découverte du pétrole bon marché vint celle du « gaz de houille », nommé aussi « gaz d'éclairage ». Fabriqué en chauffant de la houille ou de la sciure de bois à l'abri de l'air pendant plusieurs heures à 1 100 degrés Celsius, le gaz de houille est surtout utilisé pour l'éclairage des rues, des lieux publics et des logements. Le remplacement de l'huile par le gaz engendre une innovation importante : un système de distribution du combustible dont le modèle jouera un rôle fondamental dans le cas de la lumière électrique encore à venir. En effet, chaque lampe d'Argand possédait auparavant sa propre réserve d'huile. Avec le gaz d'éclairage vint l'idée d'un réseau de lampes toutes reliées à un réservoir central de combustible. Dès 1815, des milliers de kilomètres de tuyaux amenèrent le gaz d'une station centrale aux lampes disposées dans les rues et les demeures londoniennes. Le règne de la lampe d'Argand se prolongea jusqu'à environ 1880 : à partir de cette date, elle subit la concurrence de l'électricité jusqu'à être en fin de compte détrônée par la nouvelle reine de l'éclairage artificiel.

Une lumière qui ne provient plus de l'éclat des flammes

Jusqu'à l'avènement de l'ampoule électrique, l'éclairage artificiel de l'homme, des premiers feux de camp d'*Homo erectus* jusqu'aux lampes à gaz, provenait toujours de l'éclat de flammes. Torches, bougies, lampes à huile et autres becs de gaz engendraient tous de la lumière par combustion d'un matériau, ce qui n'était pas sans comporter quelque danger. Des flammes qui brûlent à l'air libre peuvent se révéler dangereuses à cause des risques d'incendie. Le gaz qui alimente les lampes peut dégager des fumées toxiques. Il peut aussi être à l'origine de déflagrations mortelles. L'introduction du système d'éclairage électrique par l'inventeur américain Thomas Edison (1847-1931) change la situation de fond en comble.

Largement autodidacte et prolifique, Edison a été surnommé l'« inventeur de l'invention ». La légende dit que l'Américain fut l'auteur d'une invention mineure tous les dix jours et d'une invention majeure tous les six mois ! Sans cesse il mettait au jour un engin après l'autre – phonographe, stylo électrique, projecteur de films et autres télégraphes, etc. – qui tous captivaient et enflammaient l'imagination du public. Plus d'un millier de brevets déferlèrent de son laboratoire de Menlo Park, dans le New Jersey, où il avait établi la première « usine à inventer » du monde. Des douzaines de scientifiques et d'ingénieurs travaillaient en chœur dans son laboratoire. Edison est ainsi le fondateur de la recherche industrielle moderne. De toutes ses nombreuses inventions, ce fut sans doute l'éclairage électrique qui connut le plus grand impact.

Edison ne fut pas l'inventeur de la lampe électrique elle-même, comme on le croit souvent à tort. Celle-ci avait fait son apparition des décennies avant même que l'Américain ne se fût penché sur le problème. Dès le XIXe siècle, le chimiste et physicien anglais Sir Humphry Davy (1778-1829) avait remarqué que l'électricité pouvait engendrer de la lumière. En 1801, en fixant deux électrodes de carbone sur une batterie électrique et en les mettant bout à bout, moyennant une séparation de quelques centimètres, il observa qu'une étincelle électrique se produisait entre les deux extrémités. Le courant électrique portait les particules de carbone à incandescence, ce qui consumait les électrodes et donnait naissance à une lumière blanche. Mettant à profit les travaux de Davy, le chimiste britannique Sir Joseph Swain (1828-1914) réalisa en 1860 une lampe à incandescence à filament de carbone. Mais ces lampes étaient des objets encombrants, peu commodes à utiliser, qui servaient surtout à l'éclairage des rues ou à d'autres applications très spécialisées. Elles nécessitaient des armées d'ingénieurs pour les mettre en place, et des bataillons de techniciens pour les faire fonctionner. Comme Davy l'avait montré, la lumière produite par ces lampes venait de l'étincelle électrique qui apparaît entre les deux électrodes en carbone lorsqu'un courant électrique y est injecté. Un réflecteur oriente ensuite la lumière vers la zone à éclairer de manière à ce qu'elle soit la plus brillante et intense possible.

Ces lampes, on l'a dit, étaient trop difficiles à manier pour les néophytes et trop volumineuses pour être installées à l'intérieur des maisons. À Paris, les organisateurs de l'Exposition universelle de 1889 voulurent même édifier à proximité du Pont-Neuf une énorme tour de quelque 400 mètres de haut au sommet de laquelle on eût placé d'énormes lampes à incandescence qui eussent éclairé tout Paris. Fort heureusement pour l'esthétique de la capitale, ces plans ne se concrétisèrent jamais et c'est la tour Eiffel qui fut construite à la place. Si Paris renonça à cette tour d'éclairage électrique, plusieurs villes américaines, dont New York, se lancèrent dans l'aventure. Les résultats furent très décevants : au mieux, l'éclairage était une pâle imitation de celui dispensé par la Lune.

Apporter la lumière électrique aux masses

Le rêve d'Edison était non pas d'éclairer les villes avec des lampes électriques juchées en haut de grandes tours, mais d'apporter la lumière électrique aux masses – en d'autres termes, à électrifier le monde entier. Mais comment introduire la lumière électrique dans les foyers ? Le génie d'Edison est d'avoir compris que les lampes électriques ne seraient jamais utiles en elles-mêmes, mais qu'il fallait les intégrer à un système complet qui rendrait l'éclairage électrique pratique et désirable. L'inventeur américain prit consience qu'une lampe ne serait utile et facile à utiliser que si elle était reliée à des stations génératrices d'électricité et à un réseau de distribution de cette dernière.

Les générateurs d'électricité avaient fait leur apparition dès les années 1830. Fort de ses études sur l'électromagnétisme, le physicien anglais Michael Faraday (1791-1867) avait inventé une petite machine appelée « dynamo », qui engendrait de l'électricité, sans penser qu'elle révolutionnerait un jour le monde. Un soir, à l'issue d'une de ses conférences publiques, une dame vint lui demander : « Monsieur, vos travaux sur l'électricité sont des plus intéressants. Mais à quoi servent-ils ? » Faraday lui répondit imperturbablement : « Madame, c'est comme si vous me demandiez quelle est l'utilité d'un nouveau-né. Je n'en ai aucune idée ! » Et il ajouta ironiquement : « Une chose est certaine, en tout cas : quoi qu'il arrive, le gouvernement ne manquera pas de le taxer ! » Faraday ne croyait pas si bien dire. En apportant la lumière électrique aux foyers du monde entier, Edison allait démontrer de façon spectaculaire la prescience de Faraday à propos de son invention « inutile ». En 1879, l'inventeur de génie fit fonctionner un système de trente lampes destinées à éclairer Menlo Park, au New Jersey, où il avait installé son laboratoire. Trois ans plus tard, ce fut tout un quartier de Manhattan qui fut éclairé par la fée Électricité. New York entra ainsi dans l'histoire comme le premier complexe urbain à être doté d'un réseau d'éclairage électrique. Et, bien entendu, les gouvernements successifs ne se privèrent pas de taxer allégrement la consommation électrique de leurs ressortissants.

La première lampe à incandescence est pour l'essentiel une ampoule de verre d'où l'air a été évacué. À l'intérieur se trouve un filament ténu, fait d'un matériau qui conduit l'électricité. Quand un courant passe dans le filament, les électrons qui constituent ce courant se heurtent aux atomes du matériau conducteur, ce qui fait vibrer ces derniers. Or, qui dit agitation atomique plus grande dit température plus élevée. Le filament s'échauffe à quelque 2 500 degrés Celsius et émet de la lumière blanche, ce qui permet d'éclairer les pièces des demeures[4]. En 1879, les premières lampes à incandescence étaient dotées de filaments en carbone. Mais, laissé à l'air libre, le carbone s'oxyde et se consume. Pour empêcher cette oxydation, Edison plaça le filament de carbone dans un globe de verre où il avait fait le vide. Les premières ampoules électriques avaient une durée de vie de quelque 40 heures. Pour augmenter la durée de vie des ampoules, Edison continua d'expérimenter avec divers types de filaments faits en différents matériaux. En 1880, il trouva que des filaments en bambou carbonisé avaient une durée de vie de près de 180 heures ! Ils servirent jusqu'en 1889, date à laquelle d'autres matériaux prirent la relève. À partir de 1912 et jusqu'à nos jours, les filaments sont faits de tungstène, métal qui possède le plus haut point de fusion parmi tous ceux susceptibles d'être utilisés pour l'éclairage électrique, et qui a un long temps de vie. Cette longévité est encore supérieure quand l'ampoule est remplie d'un gaz inerte (qui ne risque pas de s'enflammer) comme l'azote ou l'argon. L'ampoule peut également contenir un gaz dit « halogène » aux propriétés chimiques bien définies, tel le fluor, le chlore, le brome ou

4. Un corps chaud émet une lumière plus intense et plus énergétique, avec une longueur d'onde plus courte, quand il est porté à une plus haute température. Ainsi, votre plaque chauffante chauffée à 100 degrés Celsius, la température de l'eau bouillante, émet de la lumière infrarouge invisible. Si vous augmentez la température à 700 degrés, la plaque émet de la lumière rouge : elle prend alors un teint rouge vif. Au fur et à mesure que la température s'accroît, vient s'y ajouter de la lumière orange, verte, bleue, etc., jusqu'à ce qu'elle devienne blanche à 2 500 degrés Celsius.

encore l'iode[5]. On l'appelle alors une ampoule halogène (du grec *halos*, qui signifie « sel » – celui-ci contenant des atomes de chlore – et *gène*, qui signifie « créateur »). En réagissant avec le tungstène qui s'évapore du filament, le gaz halogène permet de limiter les dépôts de tungstène sur les parois de verre de l'ampoule, et en se décomposant à proximité du filament, de le régénérer et d'allonger sa durée de vie.

Les recherches continuent en vue de produire des ampoules électriques encore plus efficaces, plus économiques pour le consommateur et... plus profitables pour le fabricant. Outre la longévité de l'ampoule entrent en jeu d'autres considérations comme la brillance et la couleur de la lumière qu'elle émet (dupliquer exactement celles de la lumière solaire n'est pas possible). Les lampes à incandescence d'aujourd'hui ont un temps de vie d'environ 1 000 heures et produisent une lumière plus jaune que la lumière solaire, mais plus blanche que celle des bougies ou des lampes à huile. Le verre des ampoules peut être aussi traité pour donner une lumière plus colorée ou plus douce. Malgré des avancées technologiques certaines, la lampe à incandescence comporte néanmoins une limite fondamentale : une grande partie de l'énergie électrique dépensée est dilapidée en chaleur plutôt qu'en lumière visible.

L'éclairage sans relief des néons

Si la lampe à incandescence constitue le principal mode d'éclairage artificiel de la vie moderne, elle n'est pas la seule sur le marché. La lampe fluorescente joue aussi un rôle. Celle-ci revêt généralement la forme d'un long et étroit cylindre rempli d'un gaz à basse pression tel que le néon, l'argon ou le sodium – ce qui donne à la lampe son autre nom générique de « néon », même si le gaz utilisé n'est pas nécessairement ce dernier. Quand on y applique un certain voltage électrique, les atomes de gaz reçoivent de l'énergie et sont « excités », c'est-à-dire qu'un de leurs électrons passe à un niveau d'énergie supérieur. Au bout d'un bref instant, l'atome excité se

5. Ces gaz halogènes figurent dans la colonne 17 du tableau périodique des éléments chimiques. Ils sont sous forme de molécules diatomiques qui possèdent 7 électrons dans leur couche électronique la plus extérieure.

désexcite spontanément et l'électron repasse à un niveau d'énergie inférieur, ce qui se traduit par une émission de lumière, phénomène appelé « fluorescence ». Le physicien Antoine Becquerel (1788-1878), qui partagea en 1903 un prix Nobel de physique avec Pierre et Marie Curie pour la découverte de la radioactivité, fut l'un des premiers à fabriquer une lampe fluorescente en 1867. Mais celle-ci n'apparut sous sa forme commerciale qu'en 1933, lors de l'Exposition du centenaire de la ville de Chicago, aux États-Unis.

Dans une lampe fluorescente, un atome de gaz émet une lumière d'une couleur caractéristique, laquelle dépend de sa structure et de ses niveaux d'énergie. C'est grâce à des gaz de nature différente que les enseignes publicitaires s'ornent ainsi des couleurs les plus variées afin d'attirer notre attention et de nous inciter à acheter les produits ou services les plus superflus. Ainsi le néon est-il responsable du rouge, l'argon du bleu et du vert, le krypton de l'orange et du vert, le xénon du bleu, et la vapeur de sodium du jaune. Mais où diable est passée la lumière blanche, dans ce festival de couleurs ? C'est pourtant une lumière proche de la lumière solaire que la plupart des tubes à néon produisent et que nous désirons pour éclairer notre intérieur. À moins d'avoir des goûts très particuliers, nous ne voulons certes pas de la lumière bleu-vert dans notre salon, ni rouge dans notre chambre à coucher. Nous ne voulons certes pas subir la vue des lèvres noires ou des joues grisâtres que ce genre d'éclairage prête à nos visages. Mais comment produire une lumière blanche ? Le gaz qui emplit les lampes à fluorescence que nous utilisons dans nos foyers est la vapeur de mercure (ou de sodium). Quand un certain voltage électrique y est appliqué, la vapeur de mercure, excitée, produit de la lumière bleu-vert. Celle-ci est interceptée par une couche de phosphore qui recouvre l'intérieur du tube. Les photons ainsi interceptés excitent les atomes de phosphore et font que leurs électrons passent à des niveaux d'énergie supérieurs. Quand les atomes de phosphore se désexcitent, ces électrons repassent à des niveaux d'énergie inférieurs et émettent des photons. La structure des atomes de phosphore et leurs niveaux d'énergie sont tels que les photons ainsi émis ont des énergies caractéristiques de la lumière blanche.

Les lampes à fluorescence sont plus efficaces que celles à incandescence, car elles convertissent une fraction plus élevée de la puissance électrique en lumière : si elles produisent un maximum de lumière avec un minimum de chaleur, c'est que, pour émettre cette lumière, elles ne dépendent plus du chauffage d'un filament en métal, comme dans le cas de la lampe à incandescence. Elles peuvent en outre adopter n'importe quelle forme, ce qui rend la tâche plus facile aux concepteurs d'enseignes publicitaires. Mais leur éclairage a une particularité : il est « plat », c'est-à-dire dépourvu de relief. La lumière de la flamme d'une bougie ou d'une lampe à incandescence souligne les contours des objets et produit des ombres, tandis qu'une lampe fluorescente en crée fort peu. Si les longs tubes fluorescents sont excellents sur nos lieux de travail, à cause de leur éclairage uniforme, ils sont nuls, en revanche, pour créer une ambiance douce et paisible : un dîner à la chandelle est infiniment plus romantique qu'un repas au néon !

La lumière artificielle nous isole de la nature

L'invention de l'éclairage électrique par Edison a changé le monde. Les lampes électriques offrent beaucoup plus de sécurité que des flammes dansant à l'air libre. Ce qui ne veut pas dire que les risques d'électrocution avec les lignes électriques n'existent pas. D'autre part, une fois les usines génératrices d'électricité et les réseaux de distribution mis en place, l'électricité peut servir à infiniment plus de choses que le simple éclairage artificiel. La vie moderne s'effondrerait s'il n'y avait plus d'électricité. Nous dépendons d'elle aussi bien pour cuire nos aliments, pour passer l'aspirateur, pour ouvrir la porte de notre garage, pour activer l'interphone, pour actionner l'ascenseur, que pour réguler la température de notre domicile à l'aide d'un thermostat électrique. C'est elle qui nous permet de remplir nos salons des notes de musique d'une symphonie de Mozart quand nous branchons notre chaîne haute-fidélité. C'est elle qui nous permet de nous relier au reste du monde. Il suffit de presser un bouton de notre téléviseur pour que les images de l'humanité entière déferlent dans notre salle de séjour. C'est l'électricité qui active l'ordinateur sur lequel je tape ces lignes, qui me permet de me connecter aux coins les plus reculés du globe et d'avoir accès aux informations les plus variées par Internet. L'électricité est si omniprésente dans nos vies que nous ne nous apercevons même plus de son existence. Nous y sommes tellement habitués que nous n'avons plus conscience des bienfaits qu'elle nous dispense. Sauf quand il y a panne de courant, que nous restons bloqués dans un ascenseur, que nous ne pouvons plus écouter notre morceau de musique favori, que nous sommes incapables de nous connecter à Internet, que nous pestons contre les désagréments que tout cela nous cause.

L'éclairage électrique a radicalement changé l'aspect des villes et le mode de vie urbain. Il a rendu les rues plus sûres. L'activité humaine ne s'y arrête plus à la tombée de la nuit. La lumière artificielle a littéralement transformé la nuit en jour. L'homme naît, vit et meurt dans un bain continuel de lumière naturelle et/ou artificielle. La lumière électrique a de surcroît conféré à certaines villes un aspect esthétique certain. Il suffit de contempler les bâtiments éclairés en bord de Seine, ou d'admirer la dentelle de fer illuminée de la tour Eiffel, la nuit, pour se rendre compte que Paris mérite bien son surnom de « Ville-Lumière ». Malheureusement, plus d'un siècle après qu'Edison a fait fonctionner son réseau de trente lampes, l'électricité n'est encore pas à la portée de tout le monde ; il n'est que de regarder une photo du monde prise la nuit par un satellite de la NASA : alors que les lumières de la plupart des pays du Nord brillent de tous leurs feux, la grande majorité des pays du Sud restent désespérément plongés dans l'obscurité (fig. 59).

Cela dit, malgré ses indéniables avantages, la lumière artificielle nous a dissociés de notre environnement, ce qui constitue à mon avis une déperdition considérable. Parce que notre éclairage n'obéit plus aux rythmes du Soleil et de la Lune, nous avons perdu le contact intime que nos ancêtres possédaient avec le ciel et la nature. L'éclat des néons et des lampes à incandescence a privé l'homme urbain du magnifique spectacle de la voûte étoilée. Ce n'est qu'en me rendant dans les observatoires, pour recueillir la lumière du ciel

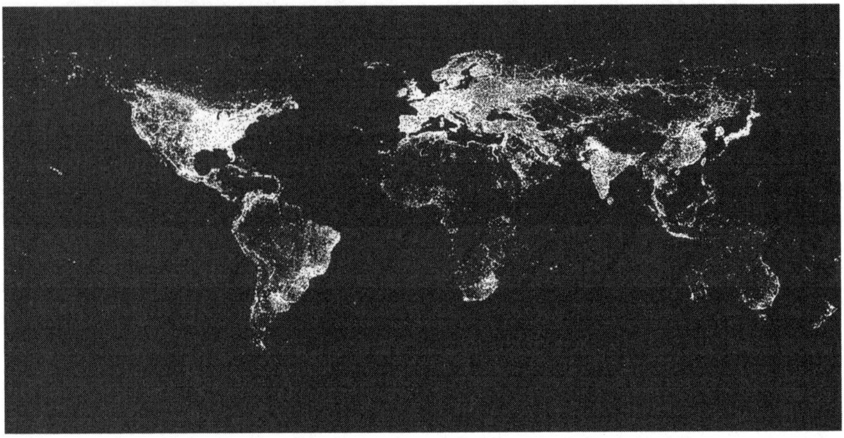

Fig. 59 : La Terre vue la nuit. Bien que l'électricité soit commodité courante dans la grande majorité des pays du Nord, une grande partie des pays du Sud reste désespérément plongée dans l'obscurité (photo NASA).

loin du bruit et de la fureur des hommes, que je puis encore m'imprégner des signaux lumineux qui nous viennent des temps les plus reculés. Mais même ces observatoires sont menacés par la lumière artificielle. L'expansion continuelle des grandes villes grignote peu à peu l'espace autour de ces sites privilégiés où l'homme peut encore entrer en contact avec le cosmos. Par exemple, à l'observatoire du mont Wilson, dans la banlieue de Los Angeles, où l'astronome américain Edwin Hubble découvrit en 1923 la nature des galaxies et en 1929 l'expansion de l'univers, la pollution lumineuse engendrée par la ville est telle que les galaxies ne peuvent plus y être observées. L'homme aura-t-il la sagesse de refréner son insatiable désir de construire et d'illuminer toujours plus, en sorte que nos arrière-petits-enfants puissent encore contempler le ciel dans toute sa splendeur ?

Quand la lumière interagit avec la matière

Après l'avènement de l'ampoule électrique en 1879, il fallut attendre quelque quatre-vingts ans avant l'arrivée de l'innovation suivante, le laser (acronyme de l'anglais « Light Amplification by Stimulated Emission of Radiation », ou amplification de la lumière par l'émission stimulée de rayonnement). Les lasers sont aujourd'hui omniprésents dans nos vies. Ils sont fréquemment utilisés dans la recherche scientifique : par exemple, ces faisceaux de lumière très intenses nous aident à sonder la structure d'atomes isolés. Les militaires se sont mis aussi de la partie, travaillant d'arrache-pied à mettre au point un système de lasers qui, pensent-ils, nous protégera des missiles balistiques nucléaires en les détruisant en plein vol avant qu'ils n'atteignent leurs cibles. En médecine, les applications ne manquent pas non plus : ainsi, les chirurgiens se servent de rayons laser pour recoller la rétine détachée des malvoyants et leur rendre la vue. Dans les usines, le laser est utilisé pour couper, mesurer, souder, entre maintes autres tâches mécaniques. Pour creuser un tunnel, les ingénieurs emploient un système de lasers destiné à maintenir leurs machines dans le droit chemin afin qu'elles creusent dans la bonne direction. Les lasers jouent aussi un rôle primordial dans les télécommunications : des faisceaux de laser envoient chaque seconde d'innombrables signaux de téléphone et de télévision à travers les océans et continents pour nous relier les uns aux autres. Le laser a également investi la vie quotidienne : c'est un faisceau laser qui lit nos disques compacts et qui permet à la musique de venir nous mettre du baume à l'âme.

Le laser est un enfant de la mécanique quantique, théorie née au début du XXe siècle, qui décrit le comportement des plus petites unités de masse et d'énergie – le mot latin *quantum* signifie « unité » –, et qui, avec la relativité d'Einstein, constitue l'un des deux piliers de la physique moderne. La lumière, nous l'avons vu, a joué un rôle fondamental dans la genèse de cette théorie de l'infiniment petit. En l'an 1900, le physicien allemand Max Planck (1858-1947) s'était penché sur le problème apparemment tout simple de la distribution en couleurs de la lumière émise par un corps chauffé à certaine température. La physique classique qui, depuis les travaux de Faraday et de Maxwell, considérait la lumière comme une onde électromagnétique, était incapable d'expliquer la répartition des couleurs observée. Bien malgré lui, Planck dut renoncer au postulat de la physique classique d'une onde continue de lumière et dut postuler, en désespoir de cause, que la lumière rayonnée par un corps chaud n'a pas une structure d'onde continue, mais discontinue. Seule une structure discontinue en « grains » ou « photons » de lumière pouvait en effet rendre compte des observations. Dans un de ses quatre articles publiés lors de la miraculeuse année 1905 et qui allaient changer la face du monde, Einstein apporta de l'eau au moulin de Planck. Pour expliquer l'effet photoélectrique, cette propriété des métaux consistant en l'éjection d'électrons de leur surface quand ils sont soumis à l'action d'un faisceau lumineux, Einstein dut lui aussi postuler que la lumière absorbée par le métal se présentait sous forme de grains de lumière, chacun doté d'une énergie égale au produit de la fréquence du rayonnement par un nombre appelé aujourd'hui « constante de Planck ».

Si la lumière a acquis une nature discontinue, la matière n'est pas en reste. Le physicien danois Niels Bohr (1885-1962) a proposé dès l'année 1913 un modèle d'atome où les électrons ne peuvent plus virevolter autour du noyau atomique là où bon leur semble, mais sont dans l'obligation de demeurer sagement sur des orbites bien définies, à des distances déterminées du noyau et avec des énergies bien précises. Les orbites des électrons prennent ainsi des airs « quantiques ». Si la lumière et la matière sont toutes deux de nature discontinue, comment l'une peut-elle interagir avec l'autre ? Einstein nous fournit la réponse dans un article fondamental daté de 1917, publié un peu plus d'un an après son monumental article sur la relativité générale. Il y décrit comment les atomes de matière peuvent absorber ou émettre de la lumière. Quand un photon est absorbé, un électron de l'atome saute de son orbite initiale à une orbite supérieure caractérisée par une plus grande énergie (fig. 60a). On dit que l'atome est « excité ». Le photon absorbé possède une énergie qui est exactement égale à la différence énergétique entre les orbites initiale et supérieure. Au bout d'un court instant, l'atome se désexcite de façon spontanée, sans intervention d'aucune force extérieure, et l'électron repasse à une orbite d'énergie inférieure, plus proche du noyau. Un photon est alors émis, dont l'énergie est de nouveau exactement égale à la différence d'énergie entre les orbites originale et finale. C'est ce qu'on appelle l'« émission spon-

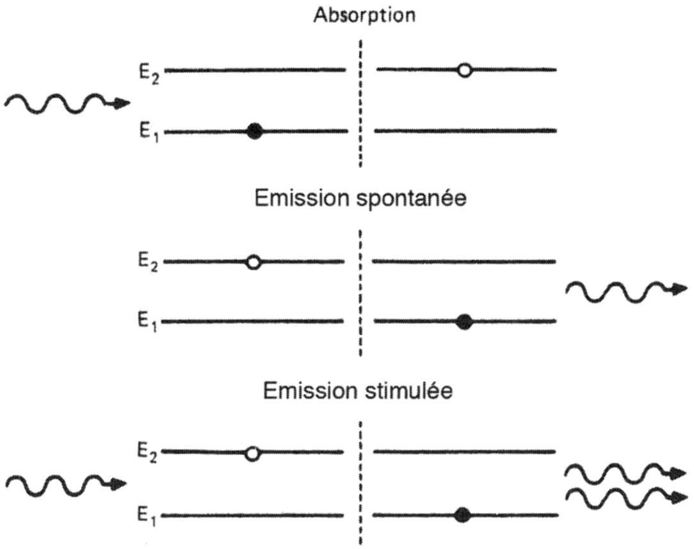

Fig. 60 : Les trois façons dont les atomes interagissent avec la lumière. E1 représente un niveau d'énergie inférieur et E2 un niveau d'énergie supérieur d'un atome. Les cercles désignent des électrons, et les lignes ondulées représentent des photons. L'absorption (a) et l'émission spontanée (b) de photons sont des processus courants dans la nature. L'émission stimulée (c) de photons est à la base du laser.

tanée » (fig. 60b). Ce sont ces deux processus qui sont, nous l'avons vu, à la base du fonctionnement des lampes à néon : les électrons du courant électrique excitent les atomes du gaz néon ; quand les atomes se désexcitent, des photons ultraviolets sont émis, qui viennent à leur tour exciter le phosphore qui recouvre l'intérieur des tubes ; en se désexcitant à son tour, le phosphore fournit la lumière qui nous éclaire.

Einstein ajoute un troisième type d'interaction entre la lumière et la matière. Il considère l'éventualité où l'atome est déjà « excité » quand il est frappé par un photon. Dans ce cas, l'atome ne va pas devenir encore plus excité ; au contraire, l'interaction avec le photon fait que l'électron excité redescend à un niveau d'énergie inférieur, avec émission d'un deuxième photon. Quant au photon original, il n'est pas absorbé, mais ressort de l'atome comme si de rien n'était. Bilan net : l'entrée d'un seul photon dans un atome excité se traduit par la sortie de deux. Einstein nous montre ainsi comment obtenir deux photons pour le prix d'un seul, c'est-à-dire comment « amplifier » la lumière. Le physicien appelle ce processus « émission stimulée » (fig. 60c). Il est à la base du principe du laser.

Le maser ou lumière micro-onde amplifiée

Quand Einstein introduisit le phénomène de l'émission stimulée dans son article de 1917, il pensait qu'il s'agissait là d'une curiosité intéressante de la nature, mais qu'aucune application pratique ne pouvait en résulter. Et il avait de bonnes raisons de le penser : les atomes excités ne courent pas les rues, car ils ont une vie très brève. Ils se désexcitent spontanément après quelques millionièmes de seconde, en émettant un photon. En effet, la nature est paresseuse et aime à s'en tenir au niveau d'énergie le plus bas possible. En d'autres termes, il est extrêmement rare que les atomes demeurent assez longtemps « excités » pour qu'une émission stimulée puisse se produire. Les choses en restèrent là jusqu'en 1951, quand plusieurs physiciens – les Américains Charles Townes (né en 1915) et Joseph Weber (1919-2000) et les Russes Alexandre Prkhorov (né en 1916) et Nikolaï Bassov (né en 1922) – comprirent indépendamment mais presque en même temps qu'ils pouvaient, grâce à des techniques ingénieuses et à un appareillage nouveau, produire d'importants ensembles d'atomes excités parmi lesquels la population des électrons serait inversée : au lieu de se trouver sur des orbites avec la plus basse énergie possible, ils seraient sur des orbites supérieures. Une telle situation provoquerait une avalanche de photons. En effet, un premier photon stimulerait l'émission d'un deuxième ; ces deux photons stimuleraient à leur tour deux autres électrons, ce qui entraînerait l'émission de deux autres photons, soit un total de quatre photons qui produiraient à leur tour quatre autres photons, soit un total de huit, etc. Un seul photon aura donné naissance à une foultitude d'autres photons : la lumière aura été considérablement amplifiée.

En 1953, Charles Townes et son équipe de l'université de Columbia (New York), en illuminant un gaz de molécules d'ammoniaque, furent les premiers à réussir à fabriquer un instrument capable d'amplifier la lumière. Cet instrument amplifiait non pas de la lumière visible, mais de la lumière micro-onde (de même nature que celle émise par votre four à micro-onde), d'une longueur d'onde de 1,25 centimètre, soit une fréquence de 24 000 mégahertz. C'est la raison pour laquelle ce premier appareil ne s'appela pas « laser », mais « maser », acronyme de l'expression anglaise « Microwave Amplification by Stimulated Emission of Radiation », signifiant « amplification de la lumière micro-onde par l'émission stimulée de rayonnement ». Dans des conditions d'équilibre normales, certaines molécules d'ammoniaque absorbent de l'énergie micro-onde tandis que d'autres en émettent, les énergies absorbée et émise ayant exactement la même fréquence. La situation est analogue à celle d'une banque où quelques clients viendraient déposer de l'argent tandis que d'autres en retireraient autant. Dans ces conditions d'équilibre, l'énergie migre constamment d'une molécule à une autre, ce qui la rend trop désorganisée pour être utile. Townes et son équipe parvinrent à établir des conditions de non-équilibre dans lesquelles un grand nombre de molécules d'ammoniaque deviennent excitées en même temps, ce qui leur permet d'émettre des photons simultanément, produisant ainsi une énergie beaucoup plus organisée et utile. C'est comme si tous les clients de la banque décidaient de retirer leur argent au même instant ! Fort heureusement, la banque moléculaire est constamment réapprovisionnée en nouvelle énergie, ce qui l'empêche de se retrouver à sec...

Bien que le maser ait représenté une invention fantastique, il n'a pas entraîné la grande révolution technologique escomptée. Étant trop chers à construire, trop difficiles à faire fonctionner, les masers sont surtout utilisés dans les radars et autres radiotélescopes, c'est-à-dire dans des situations où les récepteurs radio doivent être réglés sur une fréquence extrêmement précise. Ainsi les astronomes qui se servent du gigantesque radiotélescope d'Arecibo, de 300 mètres de diamètre, sur l'île de Porto Rico, dans la mer des Caraïbes, pour écouter d'éventuels signaux de civilisations extraterrestres, utilisent des masers afin de régler leur fréquence d'écoute[6]. Toutefois, l'in-

6. La nature sait aussi fabriquer des masers : les astronomes ont découvert des masers naturels dans des régions de formation stellaire dans la Voie lactée. Dans certaines conditions de densité et de température, dans le milieu interstellaire, des

vention du maser fut, avec l'article de 1917 d'Einstein sur la lumière stimulée, à l'origine d'un domaine totalement nouveau de la physique : l'électronique quantique. Surtout, elle fraya la voie à l'avènement d'un autre instrument qui va amplifier non plus la lumière micro-onde, mais la lumière visible, et qui, cette fois, va révolutionner à la fois la technologie et notre mode de vie : le laser.

Le laser ou la lumière visible amplifiée

Comment amplifier la lumière visible ? Comment arriver à remplacer le « m » de « micro-onde » dans *maser* par le « l » de « lumière » dans *laser* ? Il fallait trouver des types d'atomes ou de molécules qui pouvaient être non seulement excités par la lumière visible, mais maintenus assez longtemps dans cet état d'excitation sans que l'émission spontanée se produise, de sorte que quelques photons dotés d'une énergie (ou longueur d'onde) appropriée aient le temps de déclencher l'émission stimulée à partir de la population entière des atomes ou des molécules excités, engendrant ainsi une cascade de photons. La course à qui allait être le premier à réaliser cet exploit fut acharnée. Elle fut remportée en 1960 par le physicien américain Theodore Maiman (né en 1927), travaillant au laboratoire de recherches Hughes qui surplombe la célèbre plage de Malibu, en Californie. Pour créer son laser, Maiman eut l'idée d'utiliser un cristal de rubis, cette pierre précieuse transparente d'un rouge vif nuancé de rose ou de pourpre, qui orne les phalanges ou les cous des élégantes. Le cristal de rubis résulte d'une combinaison d'oxyde d'aluminium et de chrome. Le rubis est d'autant plus rouge qu'il recèle plus d'atomes de chrome. Maiman fixa son choix sur un rubis de couleur rose pâle contenant environ 0,5 % de chrome, le façonnant en un cylindre miniature de 4 centimètres de long et de 0,5 centimètre de diamètre. Les deux bouts du cylindre de rubis furent polis et partiellement recouverts d'une couche d'argent qui

---

inversions de populations d'électrons dans certaines molécules de gaz (comme celles de l'eau) se produisent, engendrant des masers cosmiques.

les transforma en miroirs capables de réfléchir la lumière jusqu'à une certaine intensité.

Pour exciter les atomes de chrome et créer une inversion de population, le physicien illumina brièvement le cristal de rubis avec une intense lampe flash, similaire à celle qui équipe votre appareil photo. Les électrons dans les atomes de chrome ainsi excités se retrouvent dans un niveau d'énergie dit « métastable » : ils peuvent rester dans cet état pendant quelques millièmes de seconde, ce qui représente une éternité (disons un temps des milliers de fois plus long) par rapport au temps usuel de désexcitation spontanée (de quelques millionièmes de seconde). Les événements, ensuite, se précipitent. Quelques atomes de chrome à l'état métastable se désexcitent spontanément, émettant les premiers photons qui vont déclencher l'avalanche d'autres photons, c'est-à-dire l'amplification de la lumière, qui va suivre. Ces premiers photons vont se heurter à d'autres atomes de chrome qui se trouvent encore, quant à eux, à l'état métastable. Parce que ces photons ont exactement l'énergie requise (égale à la différence entre l'énergie du niveau métastable et celle du niveau le plus bas), ils vont provoquer l'émission stimulée de ces atomes métastables. Chaque fois qu'un photon heurte un atome de chrome métastable, un autre photon doté d'exactement la même énergie est produit. Ces deux photons vont se heurter à deux autres atomes de chrome métastables, produisant deux autres photons de même énergie, et ainsi de suite. Les photons vont ainsi se démultiplier. Une fois nés, ils se déplacent selon des trajectoires rectilignes dans toutes les directions possibles. Un grand nombre d'entre eux s'échappent du cylindre de rubis, hormis ceux qui se déplacent le long de l'axe du cylindre. Atteignant les extrémités du cylindre, ils sont réfléchis par les miroirs et repartent dans la direction opposée, se heurtant à d'autres atomes métastables et déclenchant encore plus d'émission stimulée. La population des photons ne cesse donc de croître au fur et à mesure qu'ils sont réfléchis d'un bout à l'autre du cylindre par les deux miroirs opposés. Tous ces événements se déroulent à une allure d'enfer, l'espace de quelques millionièmes de seconde. Quand l'avalanche des photons dépasse une certaine intensité, ceux-ci passent à travers le miroir partiellement recouvert d'argent, à une extrémité du cylindre de rubis, et nous voyons un rayon laser en sortir (fig. 61). L'homme a inventé là ce dont les auteurs de science-fiction ont si souvent rêvé : un faisceau de lumière qu'il peut contrôler à volonté.

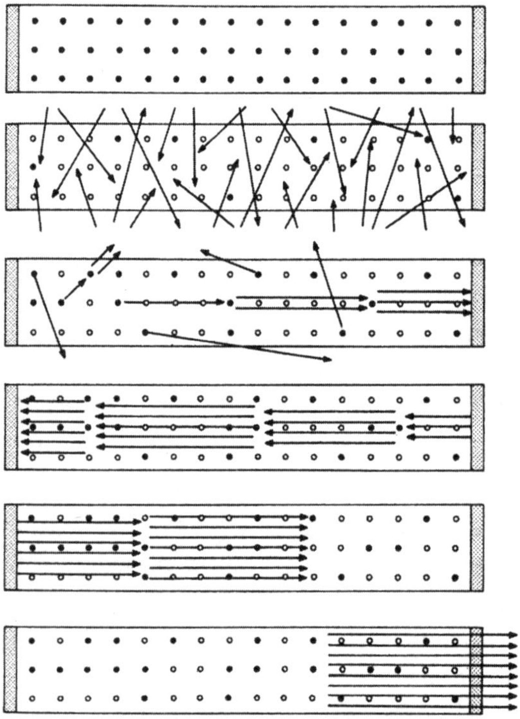

Fig. 61 : Le fonctionnement d'un laser. Les cercles noirs indiquent des atomes non stimulés et les cercles blancs représentent des atomes stimulés. Les flèches indiquent les trajectoires des photons. Un grand nombre de photons s'échappent, hormis ceux qui se déplacent le long de l'axe du cylindre. Ce dernier est équipé de miroirs à ses deux extrémités. Au fur et à mesure que les photons sont réfléchis par les deux miroirs, ils incitent les atomes excités à produire plus d'émission stimulée. Quand le nombre des photons dépasse une certaine limite, un rayon laser est émis.

La pureté de couleur de la lumière laser

La lumière d'un laser ne s'apparente pas aux autres sortes de lumière. Elle a des qualités particulières et exceptionnelles qui la classent dans une catégorie à part. D'abord, elle est extrêmement intense : plus encore que celle du Soleil. Ainsi, notre astre émet environ 7 kilowatts par centimètre carré de surface, soit l'équivalent de l'émission de 70 ampoules électriques de 100 watts concentrée sur la surface d'un timbre poste. Un faisceau laser d'un centimètre carré de section peut avoir un flux énergétique de plus d'un million de watts. Si vous concentrez l'énergie dans des faisceaux laser encore plus minces, leur puissance peut atteindre jusqu'à des centaines de millions de watts par centimètre carré. Cette puissance extrême résulte du fait que, dans un laser, un pourcentage très élevé des atomes excités contribue en même temps à produire de la lumière, à la différence d'une lampe ordinaire – comme la lampe flash qui a servi à exciter les atomes de chrome – où seuls quelques atomes participent à la production de photons à un instant donné. Le fonctionnement du laser illustre bien l'adage populaire : « L'union fait la force. » La situation est analogue à celle qu'on voit sur un stade de football : si les spectateurs font du bruit sans aucune coordination, vous ne percevez qu'un bruit de fond ; mais si la foule crie à l'unisson, vous entendez une immense clameur s'élever des gradins.

La deuxième particularité qui caractérise la lumière laser est la pureté de sa couleur. Sa lumière est monochromatique, c'est-à-dire d'une seule couleur. Si vous la faites passer à travers un prisme, elle n'est pas décomposée mais ressort intacte, ce qui n'est pas le cas des autres lumières. Nous avons vu que la lumière blanche du Soleil est la somme de toutes les couleurs de l'arc-en-ciel. Les lampes à incandescence et à fluorescence émettent elles aussi une lumière composée de plusieurs couleurs. La couleur du laser est pure, car tous les photons du faisceau ont exactement la même énergie. En effet, dans un laser, tous les atomes sont identiques, ce qui veut dire que les niveaux d'énergie des électrons à l'intérieur des atomes sont rigoureusement les mêmes, et que le photon émis quand un électron dans un atome passe d'un niveau d'énergie supérieur (celui qui correspond à l'état excité) à un niveau d'énergie inférieur possède exactement la même énergie (ou longueur d'onde, ou fréquence) que tous les autres photons issus du même processus dans d'autres atomes. Si la lumière solaire est analogue à la musique qui résulte de l'ensemble d'instruments variés composant l'orchestre et produisant la gamme complète des notes, la lumière laser est semblable au son produit par tous les musiciens jouant invariablement la même note sur le même instrument.

Après le travail pionnier de Maiman sur le laser au rubis, des centaines d'autres types de laser déferlèrent sur le marché. Leur variété est impressionnante. La couleur de la lumière laser est fonction de l'état du matériel utilisé pour produire le faisceau – solide (comme le rubis), liquide ou gazeux (comme un mélange d'hélium et de néon, l'argon, le gaz carbonique, voire l'air). Des matériaux semi-conducteurs (des matériaux non métalliques, qui conduisent imparfaitement l'électricité) comme ceux qui constituent les puces dans les ordinateurs, tel le silicium, ont été eux aussi mis à contribution pour fabriquer des lasers. Les faisceaux, quant à eux, peuvent être continus ou épouser la forme de pulsations très courtes, avec une durée de seulement quelques nanosecondes (une nanoseconde vaut un milliardième de seconde). Certains lasers émettent de la lumière non visible, de nature infrarouge, ultraviolette ou X. Mais, quelle que soit sa nature, cette lumière reste toujours obstinément monochromatique. Pour exciter les atomes, on a utilisé non seulement de la lumière visible (comme dans le cas de Maiman), mais aussi des courants électriques ou des réactions chimiques.

Réfléchir la lumière d'un laser n'ont à la surface de la Lune

Tous les photons d'un faisceau laser n'ont pas seulement la même couleur, ils sont aussi en phase les uns avec les autres. Il faut se souvenir que la particule « photon » a également une nature ondulatoire. « Être en phase » signifie que les ondes électromagnétiques associées aux photons ont toujours la même amplitude et la même forme, que la distance entre deux crêtes ou deux creux d'une onde est toujours la même, qu'elles sont toutes perpendiculaires à leur direction de propagation. Pareilles à des soldats marchant dans un défilé, elles sont toujours impeccablement alignées les unes sur les autres. On dit que la lumière du laser est spatialement « cohérente ».

Elle est aussi cohérente dans le temps, car l'intervalle de temps entre le passage d'une crête d'une onde et celui de la suivante est toujours identique. La situation est radicalement différente pour les vagues qui viennent se briser et mourir sur une plage de sable en bord de mer. Chaque vague est différente de la suivante : certaines sont énormes, d'autres modestes ; certaines déferlent à une cadence rapide, d'autres sont plus espacées dans le temps. Vous ne verrez jamais des vagues « cohérentes » sur une plage. La cohérence de la lumière laser a permis de l'utiliser en métrologie, la science des mesures. Sa longueur d'onde étant de l'ordre d'un demi-micron (un demi-millionième de mètre), la lumière laser réfléchie sur les surfaces d'objets permet d'y mesurer des structures hautes seulement d'une fraction de micron.

La dernière propriété distinguant la lumière laser des autres types de lumière est sa directivité. Les faisceaux laser sont très étroits : leur diamètre est à peine celui d'un crayon. Plus remarquable encore, le faisceau maintient sa minceur tout en se propageant sur de très longues distances. Il se disperse fort peu, ce qui le différencie à coup sûr du comportement de la lumière normale qui se disperse énormément, y compris sur de courtes distances. Pour vous en convaincre, il suffit de prendre votre torche électrique, d'aller dehors dans la nuit et de la braquer : vous constaterez que le faisceau lumineux devient invisible après quelques mètres à peine, du fait de sa dispersion. En revanche, des faisceaux laser d'une puissance de quelques watts seulement ont allégrement franchi la distance Terre-Lune (384 000 kilomètres), ont été réfléchis à la surface de notre satellite, et s'en sont retournés sur la Terre. Ce voyage extraordinaire n'est possible que parce que le faisceau laser maintient sa directivité tout en se propageant et ne se disperse pas de façon immodérée. Un faisceau laser qui va de la Terre à la Lune passe de la taille d'un crayon à celle d'un cercle de quelques kilomètres de diamètre. Cet élargissement du faisceau laser, qui peut paraître considérable au premier abord, ne l'est plus quand on prend conscience que cette dispersion ne correspond qu'à 0,001 % de la distance Terre-Lune.

En mesurant le temps que met la lumière laser pour accomplir un trajet aller-retour, les astronomes peuvent dresser la cartographie du relief de la Lune : si le faisceau laser est réfléchi par la cime d'une montagne, ce temps sera légèrement plus court ; en revanche, si le faisceau est réfléchi par une vallée, ce temps sera légèrement plus long. Dans les années 1970, les astronautes des missions Apollo ont laissé sur la Lune des réflecteurs spéciaux capables de réfléchir un faisceau laser (fig. 62a). La lumière laser réfléchie peut être observée à l'aide des télescopes installés sur Terre (fig. 62b). En mesurant le temps aller-retour d'un faisceau laser réfléchi par les réflecteurs laissés sur la Lune et en multipliant par la vitesse de la lumière pour obtenir la distance Terre-Lune, les astronomes ont pu déterminer l'orbite de la Lune autour de la Terre à quelques centimètres près. Relativement à la distance Terre-Lune, cela correspond à une précision de l'ordre du dixième de milliardième. En faisant ce genre de mesures à partir de continents différents, les astronomes ont même pu mesurer la vitesse de dérive des plaques continentales : cette vitesse est de quelques centimètres par an, semblable à celle à laquelle poussent vos ongles.

L'eau lourde

Doué de ses quatre propriétés si particulières – intensité, pureté de couleur, cohérence et directivité –, le laser a envahi nos usines, nos laboratoires, nos hôpitaux, nos supermarchés et nos salons. C'est un faisceau laser qui lit le code-barres des produits que nous achetons et qui informe la caissière (ou plutôt l'ordinateur dont elle dispose) de leur prix. Les chirurgiens se servent du laser pour soigner les cataractes (une opacité du cristallin de l'œil qui peut entraîner la perte de la vue), souder les vaisseaux sanguins des humains, ou encore guérir les ulcères de la peau. Le laser est aussi utilisé en chirurgie esthétique pour supprimer des grains de beauté ou des tatouages dont les propriétaires ne veulent plus sur leur corps. En irradiant le sang stocké dans des banques de sang par des faisceaux laser, des virus aussi variés et dangereux que ceux du sida, de la rougeole ou de l'herpès peuvent être éliminés. En les éclairant par

a

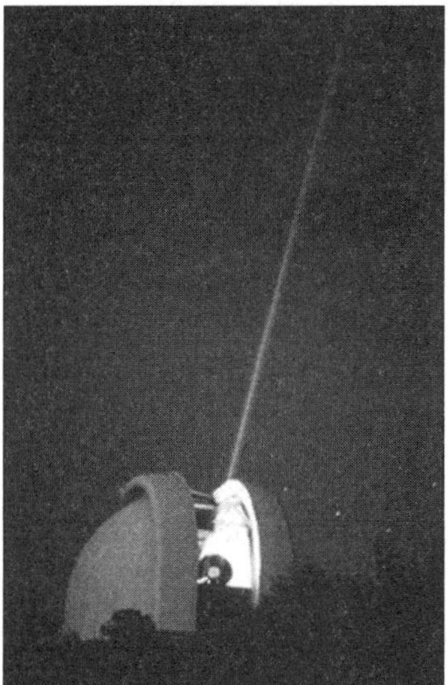

b

Fig. 62 : Un faisceau laser réfléchi par la Lune (a) : Les astronautes de la mission Apollo 14 en février 1971 ont laissé sur la Lune un réflecteur composé de 10 x 10 panneaux de 3,8 centimètres de côté. D'autres réflecteurs ont été laissés à d'autres lieux d'alunissage au cours d'autres missions Apollo (en particulier Apollo 11, le premier alunissage). (b) Un faisceau laser émis de l'observatoire McDonald au Texas, États-Unis, vers la Lune. Ce rayon laser va être réfléchi par l'un des réflecteurs laissés sur la Lune et revenir à l'observatoire. En mesurant le temps mis par le faisceau laser pour revenir sur Terre (le temps aller-retour est de l'ordre de 2,5 secondes), les scientifiques ont pu déterminer la distance Terre-Lune avec une précision de 2,5 centimètres.

des flashes de lumière laser d'une durée d'un millionième de milliardième (10^{-15}) de seconde, les scientifiques peuvent observer en direct la danse submicroscopique des atomes en train de s'assembler ou de se dissocier.

Le laser a aussi été utilisé pour chauffer la matière à de très hautes températures afin d'engendrer de l'énergie nucléaire par la fusion de protons, comme au cœur des étoiles. Les astres brillent, nous l'avons vu, parce qu'ils fusionnent quatre par quatre les protons en leur cœur pour fabriquer des noyaux d'hélium. Dans ce processus, une minuscule fraction (0,7 %) de la masse des quatre protons est convertie en énergie selon la fameuse formule d'Einstein (l'énergie d'une masse est égale au produit de cette masse par le carré de la vitesse de la lumière). À cause de leur charge électrique positive, les protons se repoussent. Ils ne peuvent fusionner dans les creusets stellaires que grâce aux énormes températures (plus de 10 millions de degrés) qui y règnent. Qui dit températures élevées dit mouvements violents, ce qui permet aux protons de vaincre leur répulsion électromagnétique et de fusionner. Quelle source de protons utiliser sur Terre, et comment les chauffer à de très hautes températures pour leur permettre de vaincre leur répulsion électromagnétique et de fusionner en sorte de convertir une partie de leur masse en énergie ? Aux pressions réalisables sur Terre, d'une dizaine de milliards de fois moindres qu'au cœur du Soleil, la température doit être supérieure à 100 millions de degrés pour obtenir une fusion efficace. Comme sources de protons, les physiciens utilisent généralement le deutérium et le tritium, des isotopes de l'hydrogène qui fusionnent plus facilement que ce dernier. Un isotope est une variante d'un élément chimique qui a un ou plusieurs neutrons de plus ou de moins dans son noyau. Ainsi, alors que le noyau d'hydrogène est composé d'un seul proton, le noyau du deutérium est formé d'un proton et d'un neutron, et celui du tritium d'un proton et de deux neutrons. Une molécule d'eau est constituée de deux atomes d'hydrogène et d'un atome d'oxygène ; remplacez les deux atomes d'hydrogène par deux atomes de deutérium, et vous obtiendrez de l'« eau lourde » (le noyau de deutérium est plus lourd que celui de l'hydrogène, puisqu'il contient un neutron en extra). L'eau lourde possède les mêmes propriétés chimiques que l'eau ordinaire, et vous pouvez la boire sans nuire à votre santé, à ceci près qu'étant plus lourde elle tend à perturber le mécanisme interne de votre oreille, responsable de votre sens de l'équilibre. Après avoir bu de l'eau lourde, vous marcherez en titubant, comme si vous étiez ivre.

Le laser et l'énergie nucléaire de fusion

Le deutérium existe à l'état naturel sur Terre. On le trouve dans l'eau des rivières, des fleuves et des océans de notre planète. Dans ces étendues d'eau, il existe un atome de deutérium pour 6 000 atomes d'hydrogène, soit 35 grammes de deutérium par mètre cube d'eau. Remplissez un verre d'eau et vous obtiendrez assez d'atomes de deutérium pour produire par fusion nucléaire l'équivalent en énergie de 500 000 barils de pétrole ! En effet, la fusion nucléaire a la faculté de produire de l'énergie à profusion. Quatre kilomètres cubes d'eau peuvent engendrer autant d'énergie que tous les gisements de pétrole de la planète ! Pensez que chaque fois que vous tirez la chasse d'eau de votre toilette, environ 15 000 kilowatts-heure d'énergie de fusion potentielle se perdent... Comme le volume total de l'eau des océans est de loin supérieur à un milliard de kilomètres cubes, la fusion nucléaire est à même de satisfaire aux besoins en énergie de l'humanité entière pendant les millénaires à venir[7].

Nous ne savons pas encore produire de l'énergie de fusion thermonucléaire à grande échelle. Malgré des investissements considérables, la fusion nucléaire n'est malheureusement pas plus proche de nous qu'elle ne l'était il y a quelques décennies. Mais les recherches vont bon train. Le laser a été mis à contribution dans cette recherche. On a bombardé des pilules d'environ 2 millimètres de diamètre, contenant quelques milligrammes de deutérium et de tritium, avec des pulsations de lumière laser. Une dizaine de faisceaux laser, avec leur lumière extrêmement concentrée, frappent simultanément la pilule dans toutes les directions, la faisant imploser et élevant le

7. Ben Bova, *The Beauty of Light*, *op. cit.*

mélange deutérium-tritium à des pressions et à des températures assez fortes pour déclencher la fusion des protons. L'espace de quelques milliardièmes de seconde, la puissance libérée par le système de lasers est supérieure à celle combinée de toutes les centrales électriques des États-Unis ! Mais, alors que le confinement de la matière ionisée (qu'on appelle « plasma » car, à de telles températures, les chocs violents entre les atomes de deutérium et de tritium font qu'ils perdent leurs électrons ; nous nous retrouvons alors avec un mélange d'électrons libres chargés négativement et de noyaux atomiques chargés positivement, appelés « ions ») est naturel dans les étoiles à cause de leurs grandes masse et gravité, nous ne savons pas encore confiner la matière chauffée à de telles températures. Celle-ci s'emballe, se disperse, et les réactions nucléaires s'arrêtent au bout d'à peine un milliardième de seconde (une nanoseconde). La fusion par laser peut seulement engendrer de l'énergie par courtes pulsions, ce qui n'est pas pratique pour produire de l'énergie en grande quantité. Mais la lumière laser, en chauffant la matière à de très hautes températures et en déclenchant la fusion nucléaire, aide les physiciens à produire de la matière extrêmement chaude et à apprendre à la confiner par des champs magnétiques intenses, afin de pouvoir construire un jour des réacteurs thermonucléaires de fusion capables d'engendrer assez d'énergie à des fins commerciales. Le réacteur de recherche ITER (qui signifie « la Voie » en latin, mais qui est aussi le sigle d'« International Thermonuclear Experimental Reactor »), projet international dont l'Europe, le Japon, les États-Unis et la Russie font partie, et qui est en cours de construction en France à Cadarache, dans les Bouches-du-Rhône, est un exemple de ces machines où les physiciens tentent de confiner la matière chauffée par de très puissants champs magnétiques.

La musique stéréo et les ondes soniques déphasées

Une des applications les plus fascinantes du laser est incontestablement l'holographie (du grec *holos*, « entier », et *graphos*, « écriture »), la science qui permet de produire des images en relief, en trois dimensions, sans avoir à utiliser de lentilles. L'idée fut conçue en 1947 par le physicien britannique d'origine hongroise Dennis Gabor (1900-1979). Celui-ci, travaillant avec des microscopes électroniques, pensait qu'il était possible de reconstruire des images en relief à l'aide des faisceaux d'électrons utilisés dans ces microscopes. Quoique Gabor eût réussi à démontrer les principes de l'holographie, travail pour lequel il reçut le prix Nobel de physique en 1971, la réalisation pratique d'un hologramme dut attendre jusqu'à l'avènement du laser.

Pour comprendre ce qu'est un hologramme, il faut nous rappeler ce que l'expérience des deux fentes de Thomas Young nous a appris : quand une onde lumineuse en rencontre une autre, un phénomène d'interférence se produit. Si les deux ondes issues d'une même source lumineuse ont parcouru exactement la même distance, leurs crêtes (et leurs creux) sont en phase (la différence de phase est zéro) et s'additionnent. En revanche, si une onde a à parcourir une distance légèrement supérieure (ou inférieure), elle va arriver légèrement déphasée par rapport à l'autre onde. Par exemple, les creux d'une onde peuvent rencontrer les crêtes de l'autre, et les deux ondes s'annulent alors l'une l'autre ; la différence de phase est alors exactement de 180 degrés, et ajouter de la lumière à de la lumière peut ainsi se traduire par de l'obscurité. L'intensité de la somme des deux ondes lumineuses varie donc d'un maximum à un minimum quand la différence de phase varie de 0 à 180 degrés.

Nous avons tous éprouvé ce phénomène d'interférence quand nous écoutons un orchestre symphonique dans une salle de concert, ou tout simplement quand nous nous détendons dans notre salle de séjour en écoutant la musique émise par le système stéréo. En effet, le son se propage par des ondes soniques dans l'air tout comme la lumière se propage par des ondes lumineuses. Dans une grande salle de concert, le son nous parvient de multiples directions, directement des divers instruments joués par les musiciens sur scène, mais aussi par réflexion sur la surface du plafond et des murs. Parce que nos deux oreilles sont séparées dans l'espace par la largeur de notre visage, la grande majorité des sons de l'orchestre parviennent à une de nos oreilles une fraction de seconde plus tôt ou plus tard qu'à l'autre. Le son de chaque instrument parvient ainsi à notre cerveau, transmis par nos oreilles, avec une légère différence de phase, laquelle est analysée par nos neurones pour situer le son dans l'espace. Un son qui ne possède pas de différence de phase sera situé centralement. En revanche, un son associé à une grande différence de phase sera placé à droite ou à gauche, tandis qu'un son avec une différence de phase de signe contraire sera placé du côté opposé. Si les divers sons de l'orchestre sont enregistrés par un seul microphone, seules la hauteur, l'intensité et le timbre des sons seront préservés, tandis que la phase des ondes soniques sera totalement perdue. Mais, si le concert est enregistré par deux ou plusieurs microphones placés à des endroits séparés bien choisis, la phase des ondes soniques sera elle aussi préservée. Ce qui fait que, quand vous écoutez cet enregistrement sur votre lecteur de CD avec une paire d'enceintes ou plusieurs, la sensation de sons émanant de divers instruments distribués dans l'espace est restituée : c'est ce qu'on appelle l'effet stéréo.

Les hologrammes : des images à trois dimensions

L'exemple des sons émis par un orchestre nous a montré que si les relations de phases entre les diverses ondes soniques peuvent être préservées, la relation spatiale entre les emplacements d'où proviennent ces ondes peut être reconstituée. Il en va de même pour les ondes lumineuses, et c'est ce qui constitue le principe des hologrammes. Dans le cas de ces derniers, l'information reliée aux phases des ondes lumineuses qui rebondissent sur un objet est enregistrée sur une plaque photographique, ce qui se traduit par un motif d'interférences. Ce motif peut ensuite être décodé pour restituer la structure spatiale de l'objet.

Nous pouvons comprendre le phénomène plus en détail en comparant un hologramme avec une image photographique ordinaire. Pour cette dernière, une lentille – celle de votre appareil photo – est nécessaire pour faire converger les rayons lumineux sur un film (ou un détecteur électronique) et y former une image. Chaque point de l'objet photographié correspond à un point unique de l'image, et *vice versa*. Pour une photographie normale, seules les informations concernant la couleur de l'objet et l'intensité de la lumière en chaque point de cet objet sont enregistrées. L'information des phases des ondes lumineuses est perdue. Ce qui veut dire que si une partie du film se révèle déficiente, la partie correspondante de l'image de l'objet est irrémédiablement perdue. La situation est radicalement différente dans le cas d'une image holographique. Celle-ci est produite à partir d'un faisceau laser qui est divisé en deux parties : la première partie, le « faisceau objet », est dirigée vers l'objet à photographier et est réfléchie par ce dernier vers le film ; l'autre partie, le « faisceau de référence », est réfléchie par un miroir et va directement sur le film sans jamais rencontrer l'objet (fig. 63). Les deux faisceaux laser, en interagissant, produisent le fameux « motif d'interférences » qui est

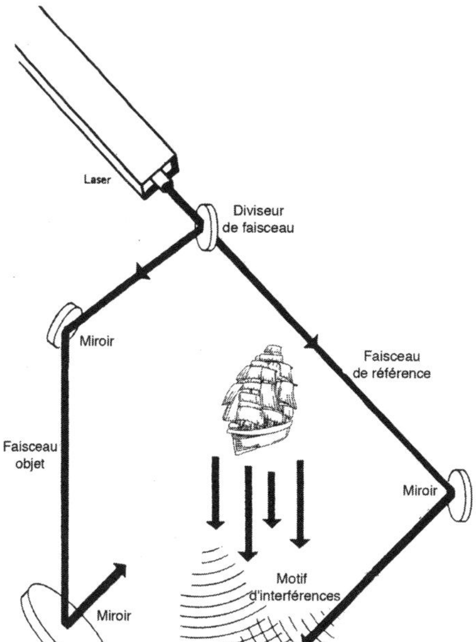

Fig. 63 : Principe d'un hologramme. Pour produire l'hologramme d'un objet (ici la maquette d'un bateau), le faisceau laser est divisé en deux parties : le faisceau objet est dirigé sur l'objet et le faisceau de référence parvient au film sans aucune interaction avec l'objet. Les deux faisceaux, en se rencontrant, produisent un motif d'interférences qui est enregistré par un film (ou un détecteur électronique). Ce motif contient toute l'information nécessaire pour reproduire une image à trois dimensions de l'objet.

enregistré par le film. Le dessin des interférences ne ressemble en rien à l'objet original. Il présente plutôt un aspect similaire à celui de la surface de l'eau d'une mare dans laquelle on a jeté une poignée de cailloux, avec une multitude d'ondes circulaires concentriques qui se recoupent les unes les autres. Ce dessin en apparence sans queue ni tête contient pourtant toute l'information des phases des ondes lumineuses nécessaire pour reproduire l'objet en trois dimensions. Il joue en quelque sorte le rôle du « négatif » d'une photographie ordinaire.

Pour produire le « positif » ou, en d'autres termes, pour lire les interférences et reconstruire l'objet en relief, il suffit d'éclairer le motif d'interférences par un faisceau laser de même nature que celui qui a servi à créer ce motif. La lumière ordinaire, celle que dégage la flamme d'une bougie, celle d'une lampe à incandescence ou celle du Soleil, est faite d'ondes lumineuses marquées par des phases désordonnées, et elle n'est d'aucune utilité pour lire le motif d'interférences et récupérer l'information des phases. Au contraire, nous l'avons vu, la lumière d'un laser est « cohérente ». Les atomes à son origine ont été stimulés de telle façon qu'ils émettent de la lumière tous ensemble au même moment, si bien que toutes les ondes lumineuses d'un laser sont parfaitement en phase et sont des agents idéaux pour récupérer l'information des phases dans le « négatif ». C'est pourquoi la réalisation du premier hologramme dut attendre l'avènement du laser. Quand le dessin d'interférences est éclairé par un faisceau laser, l'objet apparaît à trois dimensions, suspendu dans l'air comme par magie. L'image holographique présente un aspect étrangement réel : vous pouvez même la contourner et découvrir des parties de l'objet qui n'étaient pas évidentes vues de face, comme dans le cas d'un objet réel. C'est seulement quand vous essayez de toucher l'objet, et que votre main traverse l'hologramme comme si de rien n'était, que vous vous rendez compte qu'elle ne possède aucune substance et n'est qu'une image.

Le caractère holistique de l'hologramme et de l'univers

Plus curieux encore que leur nature immatérielle, les images holographiques possèdent une autre propriété tout à fait surprenante et extraordinaire : chaque partie d'un hologramme contient toute l'information de l'hologramme entier. Ce qui n'est pas du tout le cas pour une image ordinaire. Ainsi, si quelqu'un venait à découper une partie du négatif d'une photo de vous, par exemple la partie qui a enregistré l'image de votre bras, la photo qui en résulterait vous montrerait amputé d'un bras. En revanche, si une personne vient à ôter une partie du dessin des interférences qui constitue le « négatif » holographique, et si vous éclairez la partie restante par un faisceau laser, vous obtiendrez non pas une partie de l'hologramme, mais celui-ci en entier, quoique d'une brillance moindre, et avec des perspectives plus limitées. Cela parce que, dans le cas d'un hologramme, il n'existe plus de relation unique entre une partie de la scène photographiée et une partie du négatif, comme dans un négatif ordinaire. La scène entière est enregistrée en tous points du négatif holographique. En d'autres termes, chaque partie de l'hologramme contient le tout.

Ce phénomène a une conséquence inouïe : les ondes lumineuses imprègnent tout l'univers, elles voyagent sans relâche, se réfléchissant d'un objet à l'autre, rebondissant d'un endroit à l'autre, s'interférant sans cesse les unes avec les autres. Elles créent ainsi des motifs d'interférences qui changent et évoluent en permanence au fil du temps, recelant d'inépuisables trésors d'informations sur tous les objets avec lesquels elles ont interagi sur leurs parcours. La forme géométrique des objets rencontrés, leurs dispositions spatiales, leurs séparations, tout cela est encodé dans les motifs d'interférences que tracent les innombrables ondes lumineuses qui peuplent l'univers. La matière ayant aussi une nature ondulatoire – rappelez-vous la découverte du physicien français Louis de Broglie (1892-1987) –, celle-ci participe également à l'élaboration de ce vaste réseau d'interférences. L'univers peut ainsi être considéré comme baigné par un ample motif codé de matière et d'énergie. Chaque région d'espace, si minuscule soit-elle (elle peut être aussi infime que la taille d'un photon, égale à la longueur de l'onde qui lui est associée), contient des informations sur la totalité du passé et a la faculté d'influencer les événements à venir. Nous sommes alors conduits à une vue holistique stupéfiante du cosmos, celle d'un univers holographique infini dans lequel chaque région est perçue selon une perspective différente, mais contient inévitablement le tout.

Tout comme l'expérience EPR (Einstein-Podolsky-Rosen) qui nous dit que si deux particules ont interagi, elles se maintiennent en contact par une mystérieuse et omniprésente influence, le concept d'un univers holographique nous contraint à dépasser nos notions habituelles de temps et d'espace : chaque partie contient le tout et le tout reflète chaque partie. Le livre que vous tenez entre vos mains, les objets qui vous entourent, ces roses parfumées, ces statues de Rodin, ces tableaux de Cézanne, tous les objets que nous identifions comme autant de fragments de réalité portent la totalité enfouie en eux grâce à ce vaste réseau d'interférences d'ondes lumineuses qui baigne tout l'univers. L'intuition poétique rejoignant parfois la démonstration scientifique, le poète anglais William Blake (1757-1827) a superbement exprimé cette globalité cosmique par ces vers magnifiques dans *Augures d'Innocence*[8] :

Voir un univers dans un grain de sable
Et un paradis dans une fleur sauvage
Tenir l'infini dans la paume de sa main
Et l'éternité dans une heure.

Le laser, les CD et autres DVD

Le laser nous permet aussi de développer des systèmes optiques de stockage d'information. Dans ces systèmes, nous utilisons la lumière pour stocker l'information sur un support matériel, mais également pour la lire. Vous vous dites que ces systèmes sont bien compliqués et que vous ne risquez jamais de les rencontrer dans la vie quotidienne. Détrompez-vous ! Chaque fois que vous écoutez

8. William Blake, *Auguries of Innocence*, in *Complete Writings of William Blake*, éd. Geoffrey Keynes, New York, Oxford University Press, 1985.

de la musique sur un CD (Compact Disc) ou voyez un film sur un DVD (sigle de l'anglo-américain « Digital Versatile Disc », disque numérique à usages variés), vous employez un système optique de stockage d'information. Le principe de ces systèmes est simple : un faisceau laser imprime l'information sur le disque – une symphonie de Beethoven ou un western de John Ford ; un autre faisceau laser est utilisé pour la lire. Sur une mince pellicule sensible à la lumière déposée sur un disque qui tourne rapidement sur lui-même sont gravés des milliards de petits trous qui représentent une sorte de code numérique de la musique ou du film. En d'autres termes, l'intensité des sons ou des images est traduite en une série de nombres qui, à leur tour, sont représentés par des trous. Pour graver ces trous minuscules, le diamètre du faisceau laser doit être aussi faible qu'un micron (un millionième de mètre). Les trous ainsi produits forment un motif, une sorte de braille microminiaturisé qui peut être lu par un autre laser. Ils sont gravés sur le CD le long d'un sillon en spirale qui peut atteindre quelque 5 kilomètres de longueur.

La lecture se fait de la façon suivante : quand la lumière laser infrarouge éclaire un trou, une partie pénètre jusqu'au fond du trou et est réfléchie par ce fond, tandis que l'autre partie est réfléchie par la surface autour de ce trou. Quand les deux ondes lumineuses se combinent, elles peuvent être soit en phase, les crêtes de l'une correspondant aux crêtes de l'autre, ce qui entraîne une interférence constructive et une augmentation d'intensité ; soit déphasées, les crêtes de l'une correspondant aux creux de l'autre, ce qui entraîne une interférence destructive et une diminution d'intensité de la lumière réfléchie. En revanche, si la lumière incidente ne rencontre pas de trou, la lumière réfléchie ne diminue pas d'intensité. Cette diminution ou non-diminution d'intensité est lue par un détecteur dans le lecteur CD. Les variations d'intensité sont communiquées à la partie électronique du système qui les convertit en une série de 0 et de 1, reflétant le code binaire enregistré sur le CD. Cette information est ensuite utilisée pour reconstituer presque parfaitement les sons ou les images originaux, ce qui nous permet d'écouter une sonate de Mozart comme (ou presque) si l'orchestre jouait dans notre salle de séjour, ou de voir un film avec des images d'une qualité confinant à la perfection. Le laser qui « lit » est bien sûr d'une puissance moindre que celui qui a perforé les trous, afin de ne pas créer de trous supplémentaires ni d'endommager le CD ou le DVD. Quand vous mettez en route un CD ou un DVD, si l'on excepte le faisceau laser qui le « caresse » très légèrement, rien ne touche directement le disque, ce qui fait qu'il ne s'use pas, à l'inverse des microsillons d'antan (ces derniers, lus à l'aide d'une aiguille, émettaient à l'occasion des craquements et autres parasites qui nuisaient à l'audition).

Vestiges des années 1950, les 33 et 45-tours n'auront pas résisté longtemps à l'invasion des CD, qui n'ont fait leur apparition qu'en 1983. Balayés par le vent numérique, les disques vinyle appartiennent aujourd'hui au passé et sont presque tombés dans l'oubli. Leurs pochettes colorées sont devenues objets de collection. De même, la cassette vidéo VHS, star de la fin des années 1970 (elle a fait son apparition en 1977), est en voie d'extinction, et il devient de plus en plus difficile de trouver de quoi alimenter son magnétoscope. Le DVD, avec ses qualités audio et vidéo, sa facilité d'emploi, a pris très vite le dessus. Les CD et DVD ont aussi séduit par leur compacité, leur capacité à stocker un maximum d'informations sur une superficie minimale, celle d'un disque de seulement 12 centimètres de diamètre. Un CD peut stocker des millions de « bits » (le bit est l'unité élémentaire d'information qui ne peut prendre que deux valeurs distinctes : 0 et 1), soit le contenu en information d'une symphonie complète. Un DVD de même taille peut stocker environ mille fois plus d'information, soit des milliards de bits, ou le contenu numérique d'un film de deux heures. L'époque où les disques vinyle et autres cassettes vidéo monopolisaient nos étagères est bien révolue !

La lumière véhicule l'information

Mais la lumière ne sert pas seulement à stocker et à lire l'information. Elle joue aussi un rôle fondamental pour la véhiculer. Nous avons vu qu'elle nous permet de communiquer avec le cosmos. Les télescopes sont de grands « yeux » qui captent la lumière des astres lointains. Parce que la propagation de la lumière n'est pas instantanée, voir loin, c'est voir tôt. Les télescopes sont ainsi des machines à remonter le temps qui permettent à l'astronome de reconstituer l'histoire de l'univers. La lumière fait davantage : elle offre aux humains la possibilité de communiquer entre eux et de transformer la planète en un village global interconnecté. En effet, la lumière est le messager idéal par excellence : elle voyage plus vite que n'importe quel autre objet dans l'univers. Nos ancêtres en avaient conscience : la lumière a été utilisée pour véhiculer de l'information depuis les temps les plus reculés. Quand nous parlons, nous accompagnons nos mots par maintes expressions du visage et autant de gestes des mains et du corps. Ce langage du corps est communiqué par la lumière à notre interlocuteur. Dans des langues comme le français ou l'italien, les gestes et l'expression du visage renforcent considérablement le message verbal. Quand le parler direct n'était pas possible, les anciens se servaient de miroirs, de la fumée de feux de bois, de signaux de sémaphore pour envoyer des messages codés. Tous ces signaux étaient véhiculés par la lumière.

Les communications modernes ne reposent plus sur des signaux de sémaphore ou des miroirs. L'utilisation de la lumière dans les communications repose aujourd'hui essentiellement sur deux inventions : l'une est le laser, avec lequel nous avons déjà fait connaissance ; l'autre est la fibre optique, filament de verre extrêmement pur, plus fin qu'un cheveu humain, capable de transporter la lumière laser sur des milliers de kilomètres. L'Américain Alexander Graham Bell (1847-1922), inventeur du téléphone, avait très tôt perçu le potentiel de la lumière pour véhiculer l'information. Il avait conçu un engin appelé « photophone » qui utilisait la lumière réfléchie du Soleil pour transmettre la voix. Les ondes soniques déclenchées par la voix faisaient vibrer un miroir qui transmettait ensuite des pulsations de lumière solaire réfléchie modulées par ces vibrations à un récepteur qui reproduisait la voix. C'était la lumière qui transmettait l'information dans le photophone, alors que l'électricité, courant d'électrons, joue ce rôle dans le téléphone. Mais Bell ne réussit jamais à dompter la lumière. Avec la technologie de son époque, l'électricité était beaucoup plus fiable que la lumière pour véhiculer l'information, et c'est donc le téléphone qui s'imposa pour relier les hommes entre eux. Les réseaux de câbles téléphoniques commencèrent à envahir les paysages urbains et à défigurer les campagnes. Pourtant, de ces deux inventions, Bell considérait le photophone comme la plus importante, puisque la lumière était beaucoup moins coûteuse à transporter que l'électricité. Il voulut même donner à sa seconde fille le nom de Photophone, celle-ci étant née quelques jours après la première démonstration de l'appareil en février 1880 ; mais Madame Bell y mit un ferme veto, fort heureusement pour ladite fille.

La lumière tombe avec l'eau

L'intuition de Bell s'est pourtant révélée juste. À l'orée du XXIe siècle, la lumière est en passe de détrôner l'électricité comme moyen privilégié de communication entre les hommes. Nous communiquons déjà entre nous à la vitesse de la lumière : décrochez un combiné téléphonique, et votre voix est véhiculée à 300 000 kilomètres par seconde par des pulsations de lumière le long de fragiles fibres de verre, au moins pendant une partie du parcours. La révolution dans la télécommunication par fibres optiques a été d'une vitesse foudroyante : pendant à peine plus de deux décennies, à la fin du XXe siècle, un immense réseau de fil de laiton, alliage de cuivre et de zinc, utilisé pour transporter les électrons qui alimentaient les réseaux téléphoniques d'antan, a été remplacé par plus de 100 millions de kilomètres de fibres optiques qui véhiculent la lumière.

L'histoire des fibres optiques commence avec les expériences du physicien irlandais John Tyndall (1820-1893). Il éclaire un jet d'eau qui jaillit d'une citerne. L'eau décrit un arc gracieux en tombant vers le sol. Tyndall remarque que la lumière ne traverse pas l'eau en continuant sa trajectoire rectiligne, mais tombe aussi vers le sol en épousant la courbe de l'eau. C'est comme si la lumière était emprisonnée par l'eau, comme si celle-ci constituait en quelque sorte un

« tuyau de lumière ». En effet, quand la lumière se propage dans un milieu dense tel que l'eau, elle est réfléchie lorsqu'elle atteint la frontière entre ce milieu et un milieu moins dense – l'air, dans le cas présent. La frontière entre l'eau et l'air agit comme la surface réfléchissante d'un miroir. Mais attention : ce processus, appelé « réflexion interne totale » de la lumière, ne se produit que si celle-ci arrive à la frontière eau-air sous un angle rasant. Sous des angles trop ouverts, la lumière franchit cette frontière comme si de rien n'était, et se perd dans l'espace. En d'autres termes, la lumière ne reste emprisonnée dans un « tuyau », qu'il soit constitué d'eau ou de verre, que si le tournant qu'elle emprunte n'est pas trop abrupt. Elle s'échappe dès que le virage devient trop marqué.

Les fibres optiques : de ténus filaments de verre porteurs de lumière

Le laser fit son apparition en 1960. Des chercheurs américains travaillant aux laboratoires Bell de la compagnie téléphonique AT & T (American Telephone and Telegraph) saisirent d'emblée l'énorme potentiel des lasers comme véhicules de l'information. En effet, nous le verrons, les ondes de lumière peuvent transporter des millions de fois plus d'information que les signaux électriques circulant dans des fils de cuivre. Mais comment transporter la lumière d'un laser optique à travers l'atmosphère terrestre sur de vastes distances ? Le brouillard, la pluie, la neige, la pollution, l'humidité : tout cela absorbe, atténue, déforme un faisceau laser. C'est cette même « atténuation » atmosphérique qui fit que le photophone de Bell ne put marcher, et qui fait qu'au milieu d'un épais brouillard vous ne pouvez y voir à un mètre, ou que par un jour humide, en été, votre regard ne porte pas à plus d'un kilomètre. Il fallait trouver un moyen de protéger la lumière laser contre les intempéries et autres fluctuations atmosphériques pendant son voyage. Il fallait construire à cette fin des conduits spéciaux de lumière.

L'eau ne constitue pas un moyen très pratique pour emprisonner la lumière. Le verre l'est beaucoup plus. Les fibres optiques en verre furent donc mises à contribution pour véhiculer la lumière. Mais il fallait d'abord résoudre deux problèmes technologiques de taille, tous deux conspirant à réduire l'intensité de la lumière durant son voyage à l'intérieur d'une fibre optique. D'une part, la surface du verre n'est jamais parfaitement lisse ; il existe inéluctablement des rugosités qui laissent échapper la lumière. Nous avons vu que la paroi du verre ne réfléchit totalement la lumière que si celle-ci l'approche sous des angles rasants. Si l'angle est trop ouvert, la lumière passe au travers du verre comme si de rien n'était. Une fibre de verre ne peut guider la lumière et l'aider à négocier un tournant que si ce dernier n'est pas trop abrupt. Que l'angle de déflection soit trop grand, et la lumière s'échappe. Or les rugosités du verre peuvent faire que la lumière frappe la paroi sous de tels angles. D'autre part, tout verre contient des impuretés qui absorbent une partie de la lumière. Vous pouvez vous en rendre compte quand vous contemplez un morceau de verre épais. Il affiche une couleur légèrement verte, parce que les impuretés y ont absorbé la partie rouge de la lumière solaire. Ces deux effets conjugués faisaient que, au début des années 1960, les scientifiques ne pouvaient envoyer de la lumière à une distance de 100 mètres sans qu'elle soit complètement absorbée.

La première percée technologique vint au jour en 1966 quand des chercheurs britanniques eurent l'idée de fabriquer des fibres optiques dont le cœur, fait d'un verre de grande densité, et qui guide le voyage de la lumière, est revêtu d'une couche de verre extérieure de moindre densité. Le diamètre du cœur de la fibre de verre est de l'ordre de 4 à 8 microns, soit de 10 à 20 fois plus ténu qu'un cheveu humain ! Quant au diamètre extérieur, il est de l'ordre de 125 microns (un peu plus épais qu'un cheveu humain, dont le diamètre est de l'ordre de 75 microns) ! La couche extérieure protège la lumière guidée des rugosités de la surface de la fibre, ce qui permet sa réflexion interne totale. Même si un photon ne voyage pas exactement au centre de la fibre optique, cette réflexion interne totale[9] le ramène vers la région centrale, telle une boule de billard qui rebondit sur les parois tapissées du plateau.

---

9. C'est aussi celle-ci qui fait qu'un diamant brille de tous ses feux afin de rehausser la beauté de celle qui le porte.

Des fibres optiques très pures

Quant au problème des impuretés, la solution est venue en 1970 lorsque des chercheurs américains de la compagnie Corning réussirent, par une technique spéciale, à fabriquer des fibres de verre d'une extrême pureté, capables de transporter la lumière sur un kilomètre avant qu'elle ne soit absorbée à 99 %. Cette distance, qui au premier abord semble faible, a une signification précise : c'est celle qui sépare les stations nécessaires pour « re-booster » le signal téléphonique quand celui-ci est transmis électroniquement. Si des signaux transmis par câbles téléphoniques peuvent être ré-énergisés tous les un ou deux kilomètres, il ne doit pas être plus difficile de le faire dans le cas des fibres optiques. À chaque station, un détecteur de lumière recevrait le signal, et un laser l'amplifierait de nouveau et l'enverrait, complètement revigoré, sur le prochain segment du voyage. Mais il y a un hic ! Jusque-là, les lasers fiables étaient chers, volumineux et encombrants, ce qui rendait très onéreuse leur installation tous les kilomètres dans un réseau de fibres optiques. Il existait bien une catégorie de lasers extrêmement compacts et bon marché : les lasers semi-conducteurs. Les semi-conducteurs sont des matériaux, comme le silicium ou le germanium, qui conduisent imparfaitement l'électricité. Vous avez certainement vu des diodes semi-conductrices électroluminescentes (en anglais « light-emitting diode » ou « LED »), composantes électroniques qui émettent de la lumière lorsqu'elles sont parcourues par un courant électrique. On les utilise pour l'affichage électronique de données. C'est grâce à des LED que votre montre numérique vous donne l'heure, ou que votre calculatrice de poche affiche le résultat de votre multiplication. Ces diodes peuvent aussi être utilisées pour produire des lasers. Les premiers lasers semi-conducteurs avaient fait leur apparition dès 1963, mais ils n'étaient pas fiables et avaient la mauvaise habitude de tomber en panne au bout de seulement quelques minutes quand on les faisait fonctionner à température ambiante. Plusieurs laboratoires de par le monde engagèrent une course acharnée pour trouver le semi-conducteur qui donnerait un laser fiable, lequel opérerait de façon continue à température normale. Par une heureuse conjonction de la science et de la technologie, l'équipe des laboratoires Bell annonça une telle découverte en mai 1970, soit à peine un mois après l'annonce par l'équipe de Corning de la fabrication de fibres optiques très pures.

Tous les éléments nécessaires pour mettre en place un réseau de communication par fibres optiques étaient maintenant réunis : des lasers semi-conducteurs ténus émettant de la lumière « cohérente » capable de véhiculer plus d'un milliard de bits d'information par seconde, des fibres optiques capables de transporter des signaux lumineux sur des distances de plusieurs kilomètres sans les absorber complètement, des stations équipées de diodes laser pour re-booster les signaux lumineux tout au long de leur parcours. Dans l'histoire de la technologie, le développement des systèmes de communication par fibres optiques est certainement l'un des épisodes qui a pris le moins de temps entre le moment de leur invention en laboratoire et celui de leur mise en service sous forme d'un réseau profitable. Il n'a fallu qu'une décennie entre l'invention des premières composantes et le succès commercial. Dès 1980, des systèmes de fibres optiques ont commencé à véhiculer les conversations téléphoniques. On n'a eu besoin que d'un peu plus de deux décennies, à la fin du XXe siècle, pour remplacer la grande majorité des câbles téléphoniques par des fibres optiques sillonnant la planète entière (fig. 24 cahier couleur). Les câbles en cuivre mis en service dès 1866 consistaient en 1 500 paires de fils électriques et pouvaient transporter simultanément environ 10 000 communications téléphoniques. Les fibres optiques d'aujourd'hui peuvent en véhiculer simultanément dix fois plus ! Parlez dans votre téléphone, et votre voix sera transportée par des pulsations de lumière le long de frêles fibres de verre sur des centaines, voire des milliers de kilomètres ! La technologie n'a pas cessé de progresser pour réduire de plus en plus la perte de lumière dans les fibres. En 1983, les ingénieurs des laboratoires Bell ont transmis un signal optique sur une distance de quelque 160 kilomètres sans avoir à le re-booster. Les fibres sont aujourd'hui si transparentes que, si l'eau des océans l'était autant, le fond des plus profonds abysses serait visible depuis la surface.

Les « machines à lumière » à venir

La révolution de la technologie de la lumière amorcée dans les années 1960 ne s'est jamais ralentie. Au contraire : elle n'a cessé de s'accélérer. La première génération des « machines à lumière », nées avec l'invention du laser et celle de la fibre optique, est fondée sur des composantes non seulement optiques, mais aussi électroniques. Dans ces machines qualifiées d'« optoélectroniques », les électrons jouent un rôle aussi important que celui des photons. Ce sont eux qui assurent le guidage de la lumière. Mais déjà pointent à l'horizon les « machines à lumière » de deuxième génération. Ces machines « purement optiques » ont l'ambition de se dispenser totalement des services de l'électronique et de ne s'appuyer que sur la lumière. Dans ces machines, c'est la lumière elle-même qui va guider la lumière.

Même si ces machines purement optiques n'ont pas encore réalisé leurs pleines potentialités, se profilent déjà dans l'imagination débridée des chercheurs les « machines à lumière » de troisième génération, les « machines quantiques ». Celles-ci seront aussi fondées exclusivement sur la lumière. Elles exploiteront l'étrange et merveilleux comportement des photons dans le monde des atomes, celui que régit la mécanique quantique [10].

Pour comprendre ces vagues de révolutions à venir, il nous faut examiner en détail le rôle des électrons et des photons dans une « machine à lumière ». Dans celles de première génération, les machines optoélectroniques, la lumière et l'électron forment un couple complémentaire. Chacun assume une tâche différente selon ses compétences. Ainsi, les électrons sont responsables du contrôle des opérations dans la machine, alors que la lumière est chargée de charrier l'information. Cette division du travail est dictée par les propriétés physiques très différentes de l'électron et du photon, la particule de lumière. Une différence notable concerne la charge électrique : l'électron est chargé négativement, tandis que le photon est

10. David D. Nolte, *Mind at Light Speed : A New Kind of Intelligence*, New York, The Free Press, 2001.

neutre, ce qui fait qu'un électron repousse ses congénères par une force électrique, alors qu'un photon ne le fait pas. Cette propriété rend les électrons idéaux pour assurer des opérations de contrôle : il suffit, par exemple, de modifier le nombre d'électrons en jeu pour permettre ou empêcher leur flot dans le canal d'un transistor. En revanche, le photon est nul comme agent de contrôle, parce qu'il n'interagit pas avec d'autres photons. Deux faisceaux de lumière peuvent passer l'un à travers l'autre sans s'affecter le moins du monde. C'est d'ailleurs la raison pour laquelle des « sabres laser » qui s'entrechoquent, comme on en voit dans des films de science-fiction comme *La Guerre des étoiles* ou *La Revanche du Jedi*, ne peuvent exister : ils passeraient l'un à travers l'autre. (Il y a d'autres invraisemblances concernant ce sabre laser : le faisceau laser ne devrait pas être visible ; on ne le voit que dans une atmosphère où de minuscules grains de poussière absorbent la lumière et la diffusent en toutes directions. D'autre part, le faisceau laser n'est pas limité en taille : il se propage en ligne droite jusqu'à ce qu'il soit absorbé par un objet – ce qui risquerait d'endommager le vaisseau spatial et d'avoir des conséquences catastrophiques – ou réfléchi par un miroir...)

Mais la même propriété qui fait que les électrons sont d'excellents agents de contrôle fait qu'ils sont de bien piètres messagers. Leur propension à interagir les uns avec les autres par la force électromagnétique fait que, quand nous voulons envoyer une certaine information d'un endroit à un autre par l'intermédiaire d'électrons, cette information est inévitablement contaminée par d'autres informations véhiculées par d'autres flots d'électrons dans le même canal. Ce qui veut dire que si les électrons étaient utilisés pour véhiculer l'information, quand vous téléphonez, vous entendriez mille autres conversations se dérouler en même temps, ce qui serait on ne peut plus gênant. Par contraste, les photons, parce qu'ils s'ignorent superbement les uns les autres, sont d'excellents messagers ; voyageant à la vitesse de la lumière, ils peuvent coexister avec des centaines d'autres signaux transportés par d'autres photons sans être jamais perturbés. L'information transmise arrive toujours intacte, sans être jamais affectée par des interférences électromagnétiques.

Miniaturisation à outrance

Mais si, en termes de communication, les photons l'emportent haut la main sur les électrons, ces derniers présentent l'avantage d'être extrêmement petits par rapport aux premiers. La taille d'un photon est de l'ordre de la distance entre deux crêtes (ou deux creux) successives de l'onde qui lui est associée, autrement dit de l'ordre de sa longueur d'onde. Celle-ci est d'environ un micron (un millionième de mètre), la lumière utilisée dans les fibres optiques étant généralement de nature infrarouge pour minimiser son absorption par le verre. Quant aux électrons, les ondes qui leur sont associées ont une longueur d'onde inférieure à un nanomètre (un milliardième de mètre), soit mille fois moins qu'une particule de lumière. Pourquoi la taille des particules qui circulent dans les circuits électroniques est-elle si importante ? C'est parce que plus celle-ci est petite, plus le diamètre des fils transportant les électrons est infime (grâce à la technologie actuelle, les fils ont un diamètre d'un dixième de micron, soit dix fois moins que la longueur d'onde de la lumière), plus la taille des machines électroniques utilisant les services des électrons peut être réduite, plus le temps mis par les signaux à voyager et transmettre l'information d'une composante électronique à une autre est raccourci, et plus la vitesse opérationnelle (par exemple, la rapidité de calcul d'un ordinateur) est grande.

La quête du Graal de l'électronique consiste donc à fabriquer des composantes de plus en plus petites, à entasser de plus en plus de transistors dans un volume de plus en plus restreint. Les progrès accomplis dans la miniaturisation ont été fulgurants. La croissance du nombre de transistors intégrés à une puce électronique a été exponentielle, ce nombre doublant tous les vingt-quatre mois. Ce taux de miniaturisation a été annoncé par l'ingénieur américain Gordon Moore (né en 1929), cofondateur de la compagnie de puces électroniques Intel, dès 1965. En plus de quarante ans, depuis le lancement du premier microprocesseur – une composante électronique miniaturisée dont tous les éléments sont rassemblés en un seul circuit intégré, et qui est à la base de tous nos ordinateurs –, la « loi de Moore » n'a cessé d'être confirmée. Le premier microprocesseur, en 1971, possédait 2 300 transistors. En 2006, une puce de même taille en contient 230 millions ! Au fil du temps, satisfaire à la loi de Moore est devenu l'objectif principal des ingénieurs de la Silicon Valley. Cette miniaturisation à outrance favorise pour l'heure l'utilisation des électrons comme messagers dans les machines optoélectroniques. Avec la technologie actuelle, les photons ne prennent le relais en tant que messagers que pour des séparations supérieures à une distance critique d'un mètre. Ainsi, les communications entre ordinateurs d'un même réseau se font par la lumière voyageant par des fibres optiques. Mais les chercheurs travaillent avec acharnement à réduire cette distance critique à un centimètre, à un millimètre, voire à un micron, la longueur d'onde de la lumière : celle-ci va bientôt envahir les boîtiers des ordinateurs pour véhiculer l'information entre deux circuits intégrés, voire entre deux puces.

Le cuivre transmet aussi des signaux à la vitesse de la lumière

Les électrons messagers circulent le long de fils de cuivre. De tous les métaux usuels, le cuivre est celui qui offre le moins de résistance au courant électrique. Ce qui veut dire que l'information peut être envoyée très loin, très rapidement. À quelle vitesse ? Vous vous dites que, puisqu'un électron possède une masse, sa vitesse est moindre que celle du photon et que l'information véhiculée par les fils de cuivre doit voyager à une vitesse inférieure à celle de la lumière. Grave erreur ! Car le cuivre transmet lui aussi l'information à la vitesse de la lumière ! Ce n'est pas parce que les électrons dans les fils de cuivre voyagent à la vitesse de la lumière : ils ne le font pas. En effet, les signaux ne sont pas convoyés par le déplacement physique des électrons d'un bout à l'autre du fil de cuivre ; c'est la force électrique agissant sur les électrons qui voyage et transmet l'information. Cette force est engendrée par les ondes du champ électrique qui, elles, voyagent à la vitesse de la lumière. La situation est analogue à celle d'un tuyau rempli d'eau : si vous poussez l'eau à un bout du tuyau, vous la verrez sortir à l'autre bout ; ce ne sont pas les molécules d'eau que vous avez poussées qui ont voyagé tout au long du tuyau pour ressortir à l'autre bout, mais une onde de pression. Quelle est la vitesse de propagation de cette onde ? C'est la vitesse du son dans l'eau, qui est de 1 480 mètres par seconde. Les signaux électriques voyagent aussi le long des fils de cuivre, et ils le font à la vitesse de la lumière. Ce n'est donc pas en remplaçant les électrons par des photons, et les fils de cuivre par des fibres optiques, que nous allons gagner du temps dans la transmission de l'information ! Le photon et l'électron se trouvent sur un pied d'égalité quant à la vitesse de transport de l'information. Mais, comme nous l'avons vu, les électrons gagnent haut la main pour ce qui concerne leur taille, donc celle des composantes qui les véhiculent.

Ainsi, dans les « machines à lumière » optoélectroniques de première génération, celles qui ont surgi dans les dernières décennies du XXe siècle et qui dominent le marché à l'orée du XXIe, les électrons et les photons se partagent harmonieusement la tâche selon leurs compétences respectives. Les électrons, doués pour contrôler les opérations sur de faibles distances, mais mauvais pour le transport de l'information sur de grandes distances du fait de leur charge électrique, se chargent de contrôler les fonctions de distribution et d'aiguillage dans les minuscules composantes électroniques – par exemple, faire passer le courant électrique dans tel ou tel transistor –, tandis que les photons, doués pour communiquer, mais impotents dans le contrôle des opérations du fait de leur absence de charge électrique, assurent le transport de l'information.

L'ère photonique

Mais le photon est en passe de prendre la place de l'électron, y compris même dans les opérations de contrôle. Nous sommes en train de vivre une révolution et, presque subrepticement, sans tambour ni trompette, nous allons passer de l'ère électronique à l'ère photonique. C'est, nous l'avons vu, le photon qui est à la base des lasers semi-conducteurs et du réseau tentaculaire de fibres optiques, qui rend possible le stockage de quantités fantastiques d'information, qui sert de fondement au système global de communication baptisé « autoroutes de l'information », et qui connecte les ordinateurs du monde entier dans un réseau appelé Internet. Dans cet immense réseau, les photons voyagent à la vitesse de la lumière à travers des centaines de millions de kilomètres de fibres de verre, celles-ci ayant remplacé les fils de cuivre d'antan qui transportaient les électrons. Ce n'est pas que la technologie électronique soit devenue tout à coup obsolète – nos systèmes hi-fi recèlent encore maintes composantes électroniques, et nos ordinateurs numériques battent sans cesse des records en matière de vitesse, de capacités de stockage et de calcul. Seulement, dans certaines situations, le photon est simplement plus performant que l'électron. Il va même investir l'ordinateur, jusque-là chasse gardée de l'électron.

L'épopée humaine est une histoire sans fin de conquêtes technologiques destinées à remplacer le travail des hommes par celui des machines. Au début de la révolution industrielle, la force brute de la vapeur servait à faire tourner des roues pour activer des machines et faire avancer des locomotives. Plus tard, la vapeur a servi à faire tourner des générateurs électriques qui activaient à leur tour des moteurs : l'électron a ainsi fait son entrée triomphale dans l'esprit humain. Mais l'électron a fait plus : il a donné naissance à une nouvelle technologie de communication qui a permis de relier les hommes entre eux. Il a rendu possible l'invention du télégraphe, du téléphone et de la télévision. Il est aussi à l'origine de l'ordinateur moderne. Grâce à cette invention, l'homme peut désormais déléguer certaines tâches mentales (comme le calcul) à une machine. L'ancêtre des ordinateurs est la machine à calculer mécanique conçue au XVIIe siècle par les mathématiciens et philosophes français Blaise Pascal (1623-1662) et allemand Gottfried Leibniz (1646-1716). Au XIXe siècle, le mathématicien et inventeur anglais Charles Babbage (1792-1871) fut le premier à énoncer le principe de l'ordinateur moderne, qu'il appelait « machine à différences » car celle-ci était basée sur le calcul différentiel. Babbage travailla une grande partie de sa vie à la construction d'un ordinateur mécanique, extraordinaire ensemble de rouages et d'engrenages activés par une machine à vapeur, qu'il n'arriva jamais à parachever. C'est seulement quand les électrons remplacèrent les engrenages que l'ordinateur acquit la faculté d'adaptation, la vitesse d'exécution et la capacité de stockage que nous lui connaissons aujourd'hui. Mais, pour ce qui est du transport de l'information, l'électron a des limites, comparé au photon : si ce dernier peut véhiculer d'énormes quantités d'information par rapport au premier, c'est parce qu'il peut vibrer à des fréquences beaucoup plus élevées.

La capacité de la lumière à véhiculer l'information

La capacité d'une onde lumineuse à transporter l'information est liée à sa fréquence : le nombre d'ondes à passer en une seconde en un point de l'espace. Chaque système de communication, que ce soit deux boîtes en fer-blanc reliées par une ficelle, un réseau téléphonique, une station de radio ou une chaîne de télévision, est caractérisé par une bande passante : l'intervalle de fréquence dans lequel ce système peut transmettre un signal sans lui faire subir de distorsion notable. Plus la bande passante est large, plus la quantité d'information qui peut être véhiculée est importante.

Pour mieux comprendre cela, prenons l'exemple de l'arc-en-ciel. Ses couleurs, nous l'avons vu, vont du rouge au violet, correspondant à des fréquences de 400 000 à 750 000 gigahertz (un gigahertz vaut un milliard de hertz). Le hertz est l'unité de fréquence correspondant à la fréquence d'une onde dont la période – le temps séparant le passage de deux crêtes ou creux consécutifs d'une onde lumineuse en un point de l'espace – est égale à une seconde. L'intervalle de fréquence de l'arc-en-ciel est la différence entre les fréquences maximale et minimale, soit 350 000 gigahertz. Nos yeux, sensibles à l'ensemble des couleurs (ou fréquences) de l'arc-en-ciel, nous permettent de voir l'arche multicolore dans toute sa glorieuse beauté. Supposez en revanche que nos yeux soient seulement sensibles à la couleur rouge, soit à l'intervalle de fréquence entre 400 000 et 450 000 gigahertz : la « bande passante » de nos yeux ne serait plus que de 50 000 gigahertz. Nous ne verrions plus que la partie rouge de l'arc-en-ciel, ou le rouge éclatant des coquelicots des champs. Le ciel bleu, la mer azurée, les roses parfumées, les vertes prairies disparaîtraient de notre univers visuel. Celui-ci serait alors bien plus morne et uniforme. L'information que nous recevrions du monde serait considérablement appauvrie.

Il en va de même pour tout autre système qui transmet de l'information. Prenons par exemple les stations de radio et de télévision qui diffusent des ondes AM et FM. Les ondes radio AM (sigle de l'anglais « amplitude modulation ») ont une fréquence de centaines de kilohertz, et à chaque station de radio AM est assignée une bande passante de 10 kilohertz, ce qui est la moitié de celle de nos oreilles (qui est de 20 kilohertz). En revanche, les ondes FM (sigle de l'anglais « frequency modulation ») ont des fréquences de plusieurs mégahertz (un mégahertz vaut un million de hertz), et les stations FM ont des bandes passantes de 200 kilohertz, ce qui peut accueillir facilement tous les sons que peut capter l'ouïe humaine (fig. 32). La bande passante supérieure des stations FM fait que la musique qu'elles diffusent est autrement plus riche et fidèle que celle des stations AM. Quant à l'information infiniment plus riche et complexe diffusée par les chaînes de télévision (outre le son, il y a les images), elle requiert une bande passante vingt-cinq fois plus large que celle d'une station radio FM, soit 5 mégahertz. Si la chaîne souhaite diffuser des programmes à haute définition, il lui faudra une bande passante encore 6 fois plus grande, donc de 30 mégahertz. Nous verrons que ces bandes passantes qui paraissent larges ne sont rien, comparées à celles des ondes de lumière utilisées pour véhiculer l'information.

La représentation binaire de la connaissance

L'âge de l'information repose sur la prise de conscience fondamentale que toute connaissance, qu'elle soit représentée textuellement – par des manuscrits, des romans, des poèmes ou des formules mathématiques – ou de façon picturale – les *Nymphéas* de Monet ou les pommes de Cézanne –, peut être exprimée par des séries composées de seulement deux chiffres, 1 et 0 : ce qu'on appelle la représentation binaire. Le philosophe et savant allemand Gottfried Leibniz fut l'un des premiers à tenter de concevoir un langage symbolique universel capable d'exprimer l'ensemble de la connaissance, dans l'espoir que ce langage symbolique stimulerait la découverte de nouveaux concepts et de vérités encore insoupçonnées. Son invention du calcul infinitésimal, à la même époque que Newton, était liée à ce grand projet. La notation standardisée que nous utilisons aujourd'hui en calcul infinitésimal, en particulier celle de la différentielle et de l'intégrale, lui est presque exclusivement due ; elle a supplanté la notation beaucoup plus incommode conçue par Newton. Leibniz comprit vers 1700 que notre système de numérotation décimale ne pouvait être unique. Cette notation, qui repose sur dix chiffres de 0 à 9, pouvait sembler naturelle, mais Leibniz se rendit compte que le système décimal n'avait rien de magique et que chaque quantité pouvait être exprimée grâce à un nombre arbitraire de caractères, le système le plus élémentaire étant bien sûr le système binaire, utilisant seulement deux chiffres : 0, que Leibniz associait au vide, et 1, qu'il attribuait à Dieu.

Le langage binaire est parfaitement adapté à l'ordinateur électronique. Il n'est pas aisé de construire une machine qui opère de dix façons différentes pour représenter chacun des dix chiffres du système décimal. Il est beaucoup plus facile d'en construire un qui n'ait que deux états possibles : un état « allumé », correspondant à 1, et un état « éteint », correspondant à 0. L'ordinateur moderne est en effet un immense système d'interrupteurs qui peuvent être allumés ou éteints de façon extrêmement rapide, selon des instructions codées. L'état de ces interrupteurs est communiqué à l'ordinateur entier et résulte d'une série d'impulsions électriques correspondant à 1 ou d'arrêts représentant 0. Plus les impulsions électriques arrivent rapidement ou, en d'autres termes, plus la fréquence du courant électrique est élevée, et plus le nombre d'éléments binaires (désignés par l'expression anglaise *binary digit*, en abrégé « bit ») envoyés par seconde est élevé, plus l'ordinateur est performant. Ainsi, un ordinateur doté d'une fréquence de 600 mégahertz est beaucoup plus rapide que celui qui n'a qu'une fréquence de 100 mégahertz.

Le bit, brique de l'information

Le « bit » constitue la brique fondamentale destinée à coder toute information. Chaque ensemble d'éléments peut être ainsi traduit en une séquence équivalente de bits. Considérons par exemple les 8 chiffres allant de 0 à 7. Dans un système binaire, si nous adoptons pour règle que, de droite à gauche, un « 1 » a la valeur 1 en première position, la valeur 2 en deuxième position et la valeur 4 en troisième position, et qu'un « 0 » a la valeur 0 quelle que soit sa position, ces chiffres peuvent être codés comme suit : 0 = 000, 1 = 001, 2 = 010, 3 = 011, 4 = 100, 5 = 101, 6 = 110 et 7 = 111. Nous n'avons eu besoin que d'une série de 3 bits pour construire le code précédent. En d'autres termes, pour 8 chiffres, il existe en tout $8 = 2^3$ façons différentes de combiner des 1 et des 0. Plus généralement, pour coder un système de N éléments en 1 et 0, le nombre requis de bits par série est égal au nombre de fois qu'il faut multiplier 2 par lui-même pour obtenir N. Autrement dit, $N = 2^b$, où b est le nombre de bits par série. Ainsi, pour coder un ensemble de 16 éléments, il faut 4 bits par série ; pour un ensemble de 32 éléments, il faut 5 bits par série, et ainsi de suite.

Cette approche est transparente si le nombre total d'éléments est égal à une puissance de 2. Mais qu'en est-il s'il ne l'est pas ? Par exemple, comment coder de façon binaire l'alphabet latin qui comporte 26 lettres ? Le nombre 26 n'est pas une puissance de 2. En fait, $26 = 2^{4,7}$. Le nombre moyen de bits par série requis pour coder l'alphabet latin est un nombre non entier, égal à 4,7. Parce que les bits fractionnaires n'existent pas, il nous faut donc utiliser une série de 5 bits (5 est le nombre entier le plus proche de 4,7 et qui lui soit supérieur) : cela permettra non seulement de coder les 26 lettres de l'alphabet, mais aussi d'y ajouter quelques signes de ponctuation. De même, pour coder tout nombre compris entre 1 et 200, il nous suffira d'utiliser une série de 8 bits, car $200 = 2^{7,644}$, et 8 est le nombre entier le plus proche de 7,644 et qui lui soit supérieur.

Le code binaire est idéal pour les ordinateurs électroniques. Mais son utilité dépasse le cadre du pur calcul. Les bits peuvent être aussi utilisés pour représenter des mots, des phrases, des romans entiers.

Ils peuvent exprimer des sons ou, s'il s'agit d'une image ou d'un tableau, des intensités de lumière ou des couleurs. Pour représenter des textes, il suffit d'assigner à chaque lettre de l'alphabet une série de 1 et 0, comme nous l'avons vu. La représentation binaire des lettres n'est d'ailleurs pas une idée nouvelle. L'inventeur américain Samuel Morse (1791-1872) a conçu dès 1832, en connexion avec son télégraphe électrique, son propre code binaire, consistant en des séries de points et de tirets. Établissant d'abord la fréquence relative des diverses lettres dans la langue anglaise, Morse attribua à chaque lettre des séquences de tirets longs et courts, les séquences les plus courtes étant réservées aux lettres les plus fréquemment utilisées. Ainsi la lettre E, qui revient le plus souvent, se vit conférer un court tiret, lequel devint plus tard un point.

Le son numérisé et compressé

Une symphonie de Beethoven, un morceau de jazz de John Coltrane ou toute autre musique peuvent être aussi enregistrés sous la forme d'un code numérique binaire qui représente l'amplitude du son en fonction du temps. La musique est échantillonnée à une fréquence de 44,1 kilohertz, ce qui veut dire que l'échantillonnage doit se faire toutes les 11,3 microsecondes. Cette fréquence correspond à une largeur de bande de 20 kilohertz, celle de l'ouïe humaine. L'amplitude du son numérisé peut prendre n'importe quelle valeur entière comprise entre 1 et 65 536. Puisque 65 536 = 2^{16}, cela signifie que chaque échantillon est caractérisé par 16 bits. Un débit de 16 bits toutes les 11,3 microsecondes correspond à un flot d'information d'environ 1,41 mégabit par seconde[11].

Mais, en pratique, quand vous allez sur Internet pour télécharger un morceau de musique, le débit d'information qui parvient dans votre ordinateur est bien moindre, et cela, parce que la musique recèle une considérable redondance qui peut être mise à profit pour réduire le nombre de bits nécessaires à la transmission du morceau. Par exemple, il y a de la redondance dans les passages quasi silen-

11. David Nolte, *Mind at Light Speed, op. cit.*

cieux où la totalité des 16 bits n'est pas requise pour un rendu complet de la musique. D'autres passages contenant beaucoup de basses (son caractérisé par de basses fréquences) n'ont nul besoin d'être échantillonnés toutes les 11,3 microsecondes, laps de temps plus approprié pour les hautes fréquences. D'où l'utilisation de codes de compression destinés à réduire le débit de bits devant être transmis par le Net avant que votre morceau de musique favori ne soit stocké sur le disque dur de votre ordinateur. Le fichier de données audio très populaire connu sous le nom de « MP3 » représente un excellent exemple de cette technique de compression. Le sigle « MP3 » est une abréviation de « MPEG niveau audio 3 », où MPEG signifie en anglais « Moving Picture Experts Group » (« groupe des experts pour les images mouvantes ») ; c'est le nom d'un groupe de travail chargé de produire des normes internationales pour les compressions audio et vidéo. Le MP3, qui utilise des modèles psycho-acoustiques sophistiqués fondés sur notre connaissance de la reconstitution des sons par notre cerveau à partir de ce qui entre dans nos oreilles, permet de compresser un morceau de musique de 1,41 mégabit par seconde jusqu'à 64 kilobits par seconde pour la musique stéréo, et 32 kilobits par seconde pour la musique mono, soit respectivement des facteurs de compression de 20 et 40.

Les images sont des mosaïques électroniques

De même que le son, une image peut être « numérisée », c'est-à-dire traduite en nombres. Quand vous scannez une image, vous en faites une traduction numérique : l'image est décomposée en une multitude d'éléments ou « pixels » (abrégé de l'anglais *picture element*, « élément d'une image »). Un pixel représente le plus petit élément indépendant d'un système d'imagerie. Ainsi, pour un film photographique, un pixel est un grain de cristal d'argent. Pour votre caméra numérique ou vidéo, ce serait un minuscule senseur de photons en silicium. Pour l'écran de votre ordinateur, ce serait un point brillant de lumière. Plus spécifiquement, une photo enregistrée sur film contient environ 10 millions de pixels par centimètre carré ; celle prise par une caméra numérique, environ 100 000 pixels par centimètre carré, soit 100 fois moins ; et celle que vous contemplez sur un écran d'ordinateur à haute définition, environ 2 000 pixels par centimètre carré, soit encore 50 fois moins. À l'évidence, à l'heure actuelle, la photo sur film l'emporte encore haut la main sur la technologie électronique, les images sur film montrant beaucoup plus de détails (le terme technique est « résolution »). Toutefois, l'imagerie numérique accomplit des progrès à pas de géant, et le jour où elle va rattraper l'imagerie sur film n'est plus très éloigné.

Les pixels constituent une sorte de mosaïque électronique dont chaque élément est caractérisé par une série de nombres qui décrivent par exemple sa localisation dans l'image ou les proportions de bleu, de vert et de rouge qu'il contient, ces dernières informations permettant de reconstituer son intensité lumineuse et sa couleur. Dans le monde binaire, il n'existe aucune distinction entre *Guerre et Paix* et *La Joconde* quand il est question de leur stockage ou de leur transmission. Pour Internet, tous deux sont des flots de bits qui diffèrent seulement par leur contenu en information. Un livre de 300 000 mots comme celui que vous tenez entre vos mains a un contenu en information d'environ 3 millions de bits (ou 3 mégabits), à supposer que nous le codions de manière efficace. Un film est autrement plus gourmand en bits, parce qu'il est composé d'une succession d'images. Prenons par exemple l'image numérique d'une caméra vidéo typique. Elle comprend 320 × 240 pixels, soit un total de 76 800 pixels. L'intensité de chacune des trois couleurs fondamentales – rouge, jaune et bleu – pour chaque pixel peut être encodée par 8 bits. Si la caméra vidéo prend 30 images par seconde, cela correspond à un taux total d'information de 55 mégabits par seconde. Et c'est sans compter avec l'« interfoliage », technique qui consiste à protéger les images contre les risques de perte de données lors de leur transmission par des réseaux de communication à haut débit. L'interfoliage porte le débit d'information à quelque 165 mégabits par seconde. Le MP3 peut ensuite compresser les images d'un facteur 50 (il y a une certaine redondance dans le fait que les choses immobiles, comme une chaise, un arbre, une montagne, ne changent pas d'une scène à l'autre), ce qui ramène le débit d'information à environ 3 mégabits par seconde. Autrement dit, si nous pouvons disposer d'une ligne de communication qui débite 6 mégabits par seconde, nous pouvons télécharger et voir à volonté tout film qui a jamais été réalisé.

Des logiciels intelligents, mais gourmands en bits

Imaginons une famille de quatre personnes vaquant à leurs diverses activités à la maison après dîner. Tous sont connectés à Internet et reçoivent des données par la Toile d'une façon ou d'une autre. La mère est dans son bureau en train de télécharger tous les articles existant sur la Toile concernant les légendes et les mythes du Vietnam ; en même temps, elle regarde un film sur l'écran de télévision à haute définition ; ce qui requiert un débit total de données d'environ 10 mégabits par seconde. Le père est dans son atelier en train de fabriquer un placard. Simultanément, il regarde un programme de menuiserie qu'il a commandé à un service listé sur Internet et qui lui arrive sur la Toile à un débit de 6 mégabits par seconde. Le fils est dans sa chambre en train de travailler avec un simulateur de vol sur son écran de télévision à haute définition, afin d'obtenir son brevet de pilote ; l'entraînement technique est fourni à distance par le département d'aéronautique d'une université de la côte Ouest des États-Unis. Il est connecté à un ordinateur de cette université et utilise un débit d'environ 400 mégabits par seconde. Ce débit élevé est nécessaire pour les graphiques à haute résolution incorporés dans son simulateur de vol. La fille est en téléconférence avec une équipe composée de plusieurs de ses camarades de classe pour élaborer le projet de construction d'un bâtiment dans sa classe d'architecture. Chaque membre de l'équipe dispose d'une caméra vidéo et d'un bloc à dessins électronique qui lui permet de suivre les réactions et les tracés des participants en temps réel. Cet usage d'Internet correspond à un débit d'environ 50 mégabits par seconde. L'utilisation d'Internet par cette famille (qui ne sera pas si atypique dans un proche avenir) requiert donc un débit total inférieur à 500 mégabits par seconde. Multipliez dans une ville ce besoin par des milliers, voire des millions de personnes qui veulent toutes voir des films, faire du shopping, prendre des cours à distance, consulter des encyclopédies ou simplement communiquer en se servant d'Internet, et le taux requis se chiffrera à quelques centaines de gigabits (10^9 bits) ou de térabits (10^{12} bits) par seconde.

Le précédent bilan n'a pas pris en compte les logiciels du futur appelés « agents intelligents », qui seront extrêmement gourmands en débit. Ces agents intelligents seront des programmes qui rechercheront sur la Toile les informations destinées à l'utilisateur en prenant en compte son profil personnel, ses préférences et ses goûts. La Toile est un fabuleux instrument de recherche d'informations, mais la qualité de ces informations est hautement variable, allant du meilleur au pire. Parce qu'Internet a grandi jusqu'à prendre des proportions gargantuesques, contenant tout ce que vous voulez savoir sur n'importe quel sujet – et plus encore ! –, la vraie information est devenue paradoxalement plus inaccessible. Il faut savoir séparer le bon grain de l'ivraie, et c'est précisément ce que feront ces agents intelligents qui fonctionneront vingt-quatre heures sur vingt-quatre. Ils filtreront l'information sur Internet pour en extraire les perles de sagesse et de savoir au milieu des tonnes de détritus produits chaque jour. Le besoin le plus pressant d'Internet est, à l'heure actuelle, une gestion intelligente de l'information. Les logiciels de recherche les plus performants d'aujourd'hui, comme Google, seront des dinosaures par rapport à ces agents intelligents du futur. Ceux-ci requerront facilement un débit d'un gigabit (un milliard de bits) par seconde, soit plusieurs fois la consommation totale de notre famille type [12].

La vitesse limite des électrons dans les semi-conducteurs

Face à cette demande toujours croissante de débit, donc de bandes passantes toujours plus larges, face à la voracité en bits des futurs agents intelligents, que faire ? Nous avons vu que l'électronique a été et sera, dans un futur proche, le contrôleur majeur de tous les systèmes de calcul et d'information. Grâce à leurs interac-

12. David Nolte, *Mind at Light Speed, op. cit.*

tions électriques intenses, les électrons sont les agents de choix pour assumer ce rôle.

Les machines électroniques sont déjà ultra-rapides. Il n'est que de contempler le processeur de votre ordinateur, qui peut atteindre la fréquence très élevée d'un gigahertz. Depuis les balbutiements d'Internet, dans les années 1960, jusqu'à très récemment, c'était plus que suffisant pour nos besoins en télécommunication. Mais Internet demande maintenant des bandes passantes de l'ordre du térahertz (10^{12} hertz), alors que la limite des machines électroniques est de l'ordre de 100 gigahertz, soit dix fois moins. La seule technologie capable de fournir des taux de térabits par seconde sur de longues distances terrestres est celle des fibres optiques. Mais ces fibres ne peuvent à elles seules résoudre le problème. Pour dépasser la limite des 100 gigahertz, il faut trouver moyen de remplacer les électrons par les photons comme agents de contrôle.

Dans les machines optoélectroniques de première génération, celles dont nous disposons désormais, il existe une étroite collaboration entre électrons et photons, avec une stricte répartition des tâches : les électrons contrôlent – ce sont eux qui engendrent la lumière, la modulent, la détectent –, tandis que les photons jouent exclusivement le rôle de messagers véhiculant l'information. Cette collaboration étroite se traduit par une incessante conversion de l'énergie électronique en lumière, et *vice versa*. Mais les composantes électroniques sont fondamentalement limitées dans leur vitesse de fonctionnement, et ce, pour plusieurs raisons. D'abord, l'électron possédant une masse, sa vitesse est toujours inférieure à celle de la lumière, ce qui veut dire qu'il met du temps pour voyager à l'intérieur des composantes électroniques. Même si la taille de ces composantes ne cesse de diminuer à vue d'œil (souvenez-vous de la loi de Moore...), leurs vitesses de fonctionnement restent inférieures au potentiel offert par les fibres optiques. D'autre part, les électrons ne sont pas libres de se déplacer à leur gré à l'intérieur de semi-conducteurs comme le silicium. Ils sont attachés aux atomes par des liaisons chimiques. Une minuscule proportion d'électrons (un sur un million) sont alors introduits dans le semi-conducteur, attachés à des matériaux qualifiés de « dopants », comme le phosphore. Ces électrons additionnels peuvent circuler plus librement dans le semi-conducteur, mais pas tout à fait sans entraves, car ils sont soumis à la force électrique des électrons attachés par les liaisons chimiques. Sous l'action de la force du champ électrique, un électron peut accélérer jusqu'à atteindre une vitesse maximale de 100 kilomètres par seconde dans le silicium (ou dans d'autres semi-conducteurs comme le gallium ou l'indium), soit seulement 0,03 % de la vitesse de la lumière.

Quelle est la fréquence correspondant à cette vitesse maximale ? Considérons par exemple une modeste puce électronique de la taille d'un dixième de micron. Un électron voyageant à la vitesse maximale de 100 kilomètres par seconde la traverserait en 10^{-12} seconde (ou une picoseconde), ce qui correspondrait à une bande passante d'environ 100 gigahertz, bien inférieure à la bande passante de 30 térahertz que peuvent offrir les fibres optiques en silice. Étant donné qu'il existe une limite à la vitesse des électrons, pour minimiser le temps de parcours des électrons, pouvons-nous réduire arbitrairement la taille des puces autant que nous voulons ? Une puce plus petite correspondrait à des temps de parcours plus brefs des électrons, et donc à des fréquences plus élevées. Mais, de nouveau, nous nous heurtons ici à des limitations dues à la fois à la physique de la lumière et à la technologie. La fabrication des puces se fait, à l'heure actuelle, par une technique appelée « lithographie optique » : au lieu de reproduire par impression des dessins tracés à l'encre ou à l'aide d'un crayon gras sur une pierre calcaire, on projette par le dessin des circuits électroniques sur un semi-conducteur en utilisant la lumière ultraviolette. Parce que ce processus de photolithographie est de nature optique, il est sujet à la loi de diffraction, ce qui limite la taille minimale à pouvoir être gravée à la moitié de la longueur d'onde de la lumière ultraviolette, soit une taille d'un dixième de micron. Nous nous retrouvons donc là devant le même mur de la fréquence maximale de 100 gigahertz. La loi de Moore, qui a jusqu'ici décrit avec précision le taux de miniaturisation des composantes électroniques, prédit que les transistors verront leur taille se réduire jusqu'à atteindre un dixième de micron vers l'an 2012.

Le contrôle de la lumière par la lumière

Pour franchir le mur des 100 gigahertz et satisfaire les demandes toujours croissantes d'Internet pour des fréquences et des bandes passantes plus élevées, il nous faut donc nous tourner vers des machines purement optiques dans lesquelles l'électron n'aura plus droit de cité et où le photon ne se contentera plus de jouer un rôle passif de messager, mais prendra la place de l'électron dans le contrôle des opérations. Le transistor va disparaître et de merveilleux engins optiques – fibres couplées ou rangées de miroirs – aux formes nouvelles et au comportement surprenant le remplaceront. Dans ces nouvelles machines, on n'assistera plus à cette incessante conversion de l'énergie électronique en lumière, et *vice versa*, conversion qui coûte si cher en efficacité et en vitesse. En effet, aucun processus de conversion ne saurait être efficace à 100 %. Pour les machines optoélectroniques qui reposent à la fois sur l'électron et le photon, l'efficacité est de 70 % ; les 30 % restants de l'énergie sont dissipés en chaleur. Non seulement ce processus de conversion prend du temps et ralentit la transmission de l'information, mais il gaspille de l'énergie. Des machines purement optiques dirigeant le flot de l'information optique sans jamais avoir à la convertir en courant électrique ne pâtiront pas de tels inconvénients.

Mais comment diable la lumière peut-elle être à même de contrôler la lumière ? Dépourvu de charge électrique, un photon ne peut influencer la trajectoire d'un autre photon par l'intermédiaire de la force électrique. Sans masse, il ne peut empêcher un autre photon d'être exactement au même endroit que lui. Pourtant, pour prendre le contrôle des opérations, un photon doit absolument pouvoir interagir avec ses congénères. Bien que cela soit impossible dans le vide – un faisceau laser traverse un autre faisceau laser comme si de rien n'était –, la lumière peut interagir avec la lumière grâce à un intermédiaire : si elle se propage dans un matériau dit « non linéaire ».

Le comportement d'un objet est appelé « linéaire » quand une de ses propriétés, par exemple sa longueur, varie en proportion de la force qui lui est appliquée. Ainsi, si un ressort est dans un régime linéaire, il s'étire 2 ou 5 fois plus quand on lui applique une force 2 ou 5 fois supérieure. Mais, passé une certaine longueur, ce n'est plus le cas : on a tellement de mal à l'étirer qu'il ne s'allonge plus en proportion de la force qui lui est appliquée. Le ressort est alors passé dans un régime « non linéaire ».

Considérons un faisceau de lumière qui traverse un matériau non linéaire. Le champ électrique associé à la lumière tire les électrons dans une direction privilégiée (on appelle cela une polarisation non linéaire). Un deuxième faisceau qui traverse ce même matériau « sent » cette direction privilégiée et amende en conséquence son comportement, modifiant sa vitesse de propagation. Le premier faisceau de lumière a changé le comportement du second. L'interdiction faite aux photons d'interagir avec d'autres photons a été contournée par le biais d'électrons polarisés dans un milieu non linéaire.

La première expérience de contrôle de la lumière par la lumière date de 1961, soit juste un an après l'invention du laser. Le physicien américain Peter Franken (1928-1999) eut l'idée de faire passer un faisceau de lumière laser rouge à travers un cristal de quartz ayant des propriétés non linéaires. Il vit en émerger non pas un seul faisceau, mais deux : le faisceau rouge originel, mais aussi un autre faisceau laser, de couleur ultraviolette celui-ci, couleur dont la longueur d'onde est exactement la moitié de celle de la lumière rouge (ou dont la fréquence est le double de la fréquence de la lumière originelle). Pour la première fois, par l'intermédiaire d'un matériau non linéaire, la lumière avait engendré de la lumière. Cette expérience marque la naissance du domaine de recherches appelé « optique non linéaire ». Grâce à un choix judicieux de cristaux – ceux-ci constituant par excellence des matériaux non linéaires –, nous savons aujourd'hui utiliser des faisceaux laser pour en engendrer d'autres, avec ou non la même fréquence. Nous pouvons faire en sorte que deux faisceaux lumineux échangent des photons entre eux, ou utiliser un faisceau pour modifier la trajectoire d'un autre, toujours par l'intermédiaire de matériaux non linéaires. Dans ces matériaux, les faisceaux ne sont plus indépendants, mais interdépendants.

Des machines purement optiques

Confier le contrôle aux photons et éliminer les électrons de la scène procure bien des avantages. Parce qu'il n'y a plus de conversion entre électrons et photons, ou *vice versa*, l'efficacité approche les 100 %. Et aucun temps n'est perdu, puisque l'information est toujours portée par des photons qui se déplacent à la vitesse de la lumière.

Mais vous vous doutez bien que les choses ne sont pas aussi simples qu'elles y paraissent. Puisque les systèmes purement optiques sont si merveilleux et que l'optique non linéaire est née juste un an après le laser, pourquoi nos systèmes de communication ne sont-ils pas tous déjà purement optiques à l'heure qu'il est ? Pourquoi leurs contrôles sont-ils encore de nature optoélectronique ? En fait, lors de la première expérience d'optique non linéaire, en 1961, l'efficacité n'était que d'un cent-millionième : bien maigrichon par rapport à l'efficacité de 70 % de la conversion optoélectronique ! Mais les progrès ont été ultra-rapides. À force de travail, les physiciens peuvent atteindre aujourd'hui une efficacité de près de 100 % pour la production et le contrôle de la lumière par des matériaux non linéaires.

Il y a cependant un hic, et de taille ! Pour atteindre à de telles efficacités, il faut une lumière très intense. En effet, des champs électriques conséquents sont nécessaires pour déclencher des variations du matériau suffisantes pour affecter le comportement d'un autre faisceau de lumière. Cela requiert un faisceau laser qui concentrerait un kilowatt d'énergie sur une surface d'un centimètre carré. Un faisceau laser d'une telle intensité ferait fondre toute cible s'il demeurait trop longtemps braqué sur elle. En particulier, le cristal qui l'engendre fondrait en un rien de temps, comme glace au soleil. Il faut donc produire des faisceaux laser très intenses, mais de très courte durée, qui viennent sous forme de pulsations, avec beaucoup de temps morts entre celles-ci pour laisser refroidir le matériau. À l'heure actuelle, les physiciens savent utiliser un matériau non linéaire pour produire des pulsations laser qui ne durent que quelques picosecondes (une picoseconde = 10^{-12} seconde) ou, mieux encore, que quelques femtosecondes (une femtoseconde = 10^{-15} seconde). Pour ces pulsations laser ultra-courtes, l'énergie reste la même, mais l'intensité, c'est-à-dire l'énergie par unité de temps, devient extrêmement élevée, le temps s'étant rétréci à l'extrême. Ainsi, une pulsation laser d'une picoseconde (capable de transmettre un débit de données d'un térabit, ou 10^{12} bits par seconde) avec la très faible énergie d'un microjoule atteindrait à son maximum une puissance d'un mégawatt. Les physiciens savent maintenant contrôler des faisceaux de lumière avec des lasers dont l'énergie est si faible qu'elle suffirait à peine à éclairer une chambrette [13].

Par une heureuse convergence de la physique et de la technologie, un type de matériau particulièrement propice aux interactions non linéaires est le verre. Les fibres optiques en verre qui sillonnent déjà une bonne partie du globe constituent un milieu particulièrement propice pour faire interagir la lumière avec la lumière par des effets non linéaires, sans avoir à dépenser beaucoup d'énergie. En effet, le cœur d'une fibre optique a un diamètre inférieur à 8 microns et la lumière, quand elle est focalisée sur une si petite surface, peut devenir extrêmement intense, condition *sine qua non* pour des interactions non linéaires conséquentes. D'autre part, les faisceaux de lumière qui voyagent dans les fibres optiques peuvent interagir sur des distances de l'ordre de 100 kilomètres. Même si les effets non linéaires du verre sont très faibles, ces petites interactions peuvent s'additionner au long du trajet pour devenir considérables. Enfin, les fibres optiques peuvent se trouver « dopées » par des impuretés comme les atomes d'un élément rare appelé « erbium », qui leur confèrent une propriété extrêmement importante : éclairées par un

13. David Nolte, *Mind at Light Speed*, *op. cit.*

faisceau de lumière ayant une longueur d'onde de près d'un micron, elles amplifieront deux faisceaux de lumière ayant une longueur d'onde de 1,5 micron. Or cette dernière est la longueur d'onde « magique » pour les communications par fibres optiques, car c'est celle pour laquelle l'absorption de la lumière par ces fibres est à son minimum. Ces propriétés conjuguées de déperdition minimale et d'amplification de la lumière ont fait des fibres optiques dopées à l'erbium les premières composantes entièrement optiques à entrer dans le domaine commercial : installées sous terre ou au fond de l'océan, elles transportent déjà d'innombrables signaux de télécommunication. Ce sont notamment elles qui nous permettent de surfer sur Internet.

Le parallélisme de la lumière et de l'image

L'Internet photonique va donc bientôt remplacer l'Internet électronique. Cet Internet fondé entièrement sur la lumière se dispensera des bons et loyaux services de l'électronique. À l'heure actuelle, ce sont encore des ordinateurs électroniques sophistiqués qui sont chargés de la tâche éminemment complexe de router et trier les divers signaux, de distribuer et envoyer à bon port les informations. Au fur et à mesure que cette tâche s'est complexifiée, des algorithmes basés sur l'intelligence artificielle ont été mis à contribution pour optimiser les programmes de contrôle afin qu'ils prennent des décisions rapides sur les chemins les plus courts à emprunter. Quand Internet va devenir entièrement optique, cette intelligence artificielle va migrer sur des machines fondées exclusivement sur la lumière. Le réseau composé entièrement de fibres optiques utilisera des faisceaux laser pour moduler d'autres faisceaux laser, dirigeant les uns et les autres vers des destinations différentes dépendant de l'information codée dans ces faisceaux.

Jusqu'ici, la communication par fibres optiques a été purement de nature numérique : l'information est convertie en bits, transmis séquentiellement sous forme de séries de 1 et de 0. Le signal qui sort d'une fibre optique n'a donc rien de visuel, et l'image convertie en une série de chiffres doit être reconstituée. Dans les futures « machines à lumière », les images remplaceront les bits comme unités d'information. Notre monde visuel est en effet rempli d'images que l'œil extrait de notre environnement. Tout comme il est plus rapide de transmettre l'information sans avoir à convertir des électrons en photons, et *vice versa*, il est plus efficace de transmettre des images restant à l'état d'images plutôt que de les convertir en une série de chiffres, puis de reconvertir ces chiffres en images.

Dans ces conditions, nous pourrons pleinement exploiter le « parallélisme » des images, c'est-à-dire le fait que l'information visuelle est transmise en parallèle, et non en série. Par exemple, quand je regarde par ma fenêtre, je vois simultanément la rue, les écureuils qui gambadent dans les arbres, une voiture qui passe, une dame qui promène son chien. Je ne perçois pas les éléments de cette scène séquentiellement, mais en même temps. C'est ce parallélisme de l'image qui fait que celle-ci est plus efficace pour transmettre l'information que le langage verbal, qui n'est après tout qu'une succession de mots. La sagesse populaire l'a reconnu : « Une image vaut mille mots. » Afin de satisfaire notre insatiable besoin d'informations, les « machines à lumière » de deuxième génération exploiteront à fond ce parallélisme de la lumière et de l'image pour gagner davantage encore en efficacité.

Mais, au moment même où les machines purement optiques de deuxième génération se mettent en place, voici déjà que pointent à l'horizon les machines de troisième génération, les machines quantiques, celles qui, au-delà de la physique classique, vont exploiter les merveilleuses et étranges lois de la mécanique quantique et accomplir des choses si extraordinaires qu'elles font parfois violence à notre bon sens.

Star Trek et la téléportation

Un des concepts de machines quantiques parmi les plus étonnants est certainement celui qui concerne la « téléportation quantique ». Le concept de téléportation a été introduit dans l'imaginaire populaire dans les années 1960 par la série télévisée américaine de science-fiction *Star Trek* qui, bien qu'ayant connu un succès mitigé lors de sa diffusion originelle en 1966, est devenue par la suite une série culte tant aux États-Unis qu'en France et en d'autres pays européens. L'action se passe au XXIIIe siècle et la série raconte les aventures du capitaine Kirk et de son équipage sillonnant l'espace interstellaire à bord du vaisseau spatial *Enterprise*. Une des phrases les plus mémorables de la série est certainement : « *Beam me up, Scotty !* » (Téléportez-moi, Scotty !), ordre que le capitaine Kirk donne à son ingénieur en chef pour le « téléporter » à bord de l'*Enterprise*, hors de danger, quand la situation à la surface d'une quelconque planète est devenue par trop périlleuse. Pour les producteurs et réalisateurs de la série, le concept de téléportation constituait une trouvaille géniale et peu onéreuse afin de transporter les héros d'un endroit à un autre sans avoir à mettre en scène de coûteuses séquences d'atterrissage et de décollage du vaisseau spatial. De surcroît, la téléportation faisait rêver les téléspectateurs : il suffisait de pénétrer dans une chambre et d'actionner un commutateur pour que les contraintes de l'espace et de la gravité soient abolies. La question ne s'en pose pas moins : la téléportation est-elle possible dans le contexte des lois physiques connues ? La réalité peut-elle un jour rejoindre la science-fiction ?

Pour répondre à ces questions, il nous faut définir ce que nous entendons par « téléportation ». Dans l'esprit des auteurs de science-fiction, téléporter c'est scanner un objet (ou un individu) pour déterminer sa composition détaillée et envoyer cette information à un endroit éloigné où reconstituer l'objet ou l'individu « téléporté ». De deux choses l'une : ou l'objet est complètement « dématérialisé », et ses atomes et molécules envoyés en même temps que le plan d'organisation servent à reconstituer l'objet à distance ; ou de nouveaux atomes et molécules sont disponibles sur le lieu de destination, et ceux-ci sont organisés exactement de la même façon que les atomes et molécules originels pour élaborer une réplique à l'identique de l'objet. Comme nous le verrons, c'est plutôt le second terme de l'alternative qui est privilégié par la physique. En d'autres termes, une machine à téléporter agirait comme un fax, à ceci près qu'elle transmettrait aussi bien des objets en trois qu'en deux dimensions, qu'elle produirait une exacte copie au lieu d'un fac-similé approximatif, et qu'elle détruirait l'original pendant qu'il est scanné. Certains auteurs de science-fiction ont considéré la possibilité que l'original soit conservé en même temps que la copie, si bien que l'intrigue en vient à se corser quand original et clone se rencontrent. Toutefois, nous verrons que la téléportation quantique, telle que la physique l'envisage à l'heure actuelle, n'autorise pas cette éventualité.

La téléportation d'un individu constitue un problème de taille. Le corps humain contient quelque 10^{28} atomes (10^{28} noyaux et environ 15 fois plus d'électrons) et chaque atome est caractérisé par de nombreux paramètres (sa position, sa vitesse, son spin, ses niveaux d'énergie, etc.) qui doivent être intégralement transmis pour reproduire la personne en question en un autre endroit. L'information relative à chaque atome équivaut à 100 bits, ce qui veut dire que les atomes d'une personne donnée représentent une masse d'information d'environ 1 000 milliards de milliards de milliards de bits (10^{30} bits). Supposons que nous voulions stocker toutes les données physiques du corps humain sur des disques durs d'une capacité de 10 gigabytes chacun (le byte ou mot-machine est l'unité utilisée par les ordinateurs et vaut 8 bits) : il nous en faudrait quelque 10 milliards de milliards (10^{19}) ! Si vous les entassiez les uns sur les autres, vous obtiendriez une pile de disques durs d'une hauteur de quelque 10^{13} kilomètres, soit 10 000 années-lumière, près de la moitié de la distance du système solaire au centre de la Voie lactée ! Même à supposer que vous disposiez du matériel et de l'espace nécessaires pour stocker l'information et de l'énergie électrique requise pour graver toute cette information sur disques et pour la relire, il faudrait un temps extrêmement long pour transmettre l'information. En effet, même si vous envoyiez cette information au rythme d'un térabit (10^{12} bits) par seconde, limite de la technologie actuelle, la pauvre personne à téléporter aurait à attendre, pour l'être, quelque 30 milliards d'années, soit trois fois l'âge actuel de l'univers !

Le clonage quantique n'est pas possible

Avec la technologie actuelle, les chances de pouvoir téléporter « à la *Star Trek* » une personne d'un endroit à un autre paraissent bien éloignées ! Mais vous pouvez aussi vous dire que le nombre astronomique de bits à transmettre n'est après tout qu'une question d'échelle ; or, avec le temps, les problèmes d'échelle sont souvent résolus par des ingénieurs inspirés pourvu que les lois de la physique le leur permettent. Ainsi, envoyer un homme sur la Lune constituait un projet qui semblait hors de portée des hommes il y a seulement un siècle. En admettant qu'une machine à téléporter puisse un jour être inventée, d'autres questions fondamentales se posent.

D'abord, est-il possible, en principe, de considérer un objet et de déterminer sa composition avec une précision suffisante pour utiliser cette information aux fins de reconstituer l'objet téléporté à l'endroit désiré ? Dans un univers gouverné par les lois de la physique classique, la réponse est un oui sans équivoque : il suffit de mesurer avec la plus grande exactitude les propriétés de chaque particule constituant l'objet – sa position, sa vitesse, son spin, son énergie, etc. Mais, dans un monde gouverné par les lois de la mécanique quantique, celui des atomes, l'acte de mesure est un acte perturbateur et violent qui modifie la nature de la réalité. Avant l'acte de mesure, chaque propriété de l'objet (sa position, sa vitesse, etc.) pouvait être caractérisée par une myriade de valeurs, chacune de celles-ci ayant une certaine probabilité – donnée par la fonction d'onde – de se matérialiser : l'objet est dans ce qu'on appelle un « état de superposition quantique », une multitude de possibilités coexistant pour lui. Mais, dès que l'observateur actionne son instrument de mesure, cette myriade de possibilités se réduit à une seule. L'acte de mesure projette l'état inconnu de l'objet, lequel était une superposition d'états, en un seul de ces états. Il a effacé l'information sur tous les autres états.

A priori, la duplication complète d'un objet n'est donc pas possible. Pour dupliquer, il faut en principe observer afin de connaître les propriétés qui doivent être dupliquées. Mais, parce que l'acte d'observation modifie ces propriétés, nous ne pourrons jamais les connaître telles qu'elles étaient avant l'acte de mesure, ni donc les dupliquer. Le clonage quantique et donc la téléportation quantique semblent *a priori* impossibles. C'est ce que l'on appelle le « théorème de l'impossibilité du clonage quantique ». Cette impossibilité résulte non pas de la complexité du problème, mais de limitations fondamentales inhérentes à la mécanique quantique.

Des photons qui restent en contact et qui font toujours le même choix

Les choses en restèrent là jusqu'au début des années 1990. En 1993, une équipe internationale de physiciens menée par Charles Bennett, du Watson Research Center de la compagnie IBM, et Gilles Brassard, de l'université de Montréal, trouva un moyen extrêmement ingénieux de contourner l'interdiction du clonage quantique et d'utiliser les étranges et merveilleuses propriétés de la mécanique quantique pour téléporter des particules de lumière. L'idée est simple, mais... lumineuse ! Elle repose sur les caractéristiques de photons dits « intriqués », c'est-à-dire qui ont interagi ensemble. Souvenez-vous : nous avons rencontré de tels photons lorsque nous avons évoqué l'expérience conçue par Einstein, Podolsky et Rosen (EPR) en 1935, et réalisée pour la première fois par le physicien Alain Aspect et son équipe en 1982. L'expérience EPR démontre qu'une paire de photons intriqués est liée par une relation intime et étrange qui transcende nos notions habituelles d'espace. Dans cette expérience, chacun des photons de la paire tourne en principe avec une certaine probabilité autour d'un axe de rotation orienté d'un angle quelconque. Par exemple, un angle de 0 degré correspondrait à un spin horizontal ; un angle de 90 degrés, à un spin vertical. Quand l'instrument de mesure est actionné, chaque photon peut en principe « choisir » au hasard parmi les multiples possibilités de direction de spin qui s'offrent à lui. Pourtant, quelle que soit la direction du spin (par exemple 45 degrés) choisie par le photon mesuré, l'autre photon de la paire adopte instantanément la même direction, quelle que soit la distance qui les sépare. L'expérience a été réalisée pour une paire de photons séparés de 10 kilomètres, mais il n'y a aucune raison de penser que le résultat ne serait pas le même si les photons se trouvaient aux deux bouts de l'univers, séparés par plusieurs dizaines de milliards d'années-lumière.

La physique classique nous dit que les choix des deux photons devraient être totalement indépendants : les mesures des deux photons étant faites simultanément (c'est-à-dire avec une différence de temps inférieure à 3 dixièmes de milliardième de seconde, la précision des horloges atomiques les plus sophistiquées), les photons n'ont pu communiquer par des signaux lumineux et coordonner leurs choix. Or ce n'est pas le cas. La corrélation est toujours parfaite ; les choix sont toujours les mêmes. C'est comme si vous, à Paris, et votre ami Bob, à New York, jouiez à pile ou face avec des pièces de monnaie. Vous seriez en droit de crier au miracle si, à chaque fois que votre pièce tombe pile à Paris, la pièce de votre ami Bob, de l'autre côté de l'Atlantique, faisait exactement de même sans qu'il y ait aucune communication entre vous. Comment expliquer le fait que l'un des photons (A) « sache » toujours instantanément ce que l'autre (B), interagissant avec l'instrument de mesure, décide ? Il faut admettre que les deux photons font partie d'une même réalité globale, quelle que soit la distance qui les sépare. B n'a nul besoin d'envoyer un signal à A, car les deux grains de lumière font partie d'un même tout. La mécanique quantique élimine toute idée de localisation. Elle confère un caractère holistique à l'espace. Les physiciens appellent cela la « non-localité » ou « non-séparabilité ».

La téléportation quantique et les particules intriquées

Comment utiliser la non-séparabilité ou l'intrication quantique pour réaliser la téléportation de photons ? L'ingénieuse idée de Charles Bennett, de Gilles Brassard et de leurs collaborateurs est la suivante. Supposez que je veuille téléporter les propriétés du photon A de mon domicile à Charlottesville à celui de mon ami Bruno à Paris. En particulier, je souhaite lui téléporter l'information relative au spin du photon A afin que Bruno puisse se procurer un photon dont les probabilités décrivant la direction du spin soient identiques à celles de A. Je ne peux évidemment pas mesurer le spin de A et téléphoner le résultat à Bruno : ma mesure affecterait le spin de A et ce que j'observerais ne serait pas l'état de A antérieur à mon observation. Alors, que faire ?

Bennett, Brassard et leurs collègues arrivent à la rescousse : ils nous suggèrent, à Bruno et à moi, de nous procurer chacun un photon – B pour moi, C pour Bruno. Les deux photons B et C ont cependant une particularité : ils font partie d'une paire de photons intriqués, qui ont interagi ensemble. En d'autres termes, si je venais à mesurer la direction du spin de B et si Bruno faisait de même pour C de l'autre côté de l'Atlantique, nous trouverions exactement le même résultat. Le prochain pas consisterait à mesurer non pas directement le spin de A – cela ferait trop violence à l'état du photon que je veux téléporter à Bruno –, mais une propriété commune à A et à B, ce qui serait moins traumatisant pour A. Par exemple, la mécanique quantique me permet d'effectuer une mesure jointe pour voir si A et B ont le même spin le long de l'axe vertical (ou d'un axe épousant n'importe quel autre angle) sans avoir à mesurer le spin de chacun des deux photons A et B pris individuellement. Avec une telle mesure commune à A et à B, la direction du spin de A me reste inconnue. Tout ce que je sais, c'est comment le spin de A est lié à celui de B. Mais parce que B et C (le photon de Bruno à Paris) sont intriqués, je sais par la même occasion comment le spin de A est lié au spin de C. Je puis alors, par un simple coup de téléphone, communiquer cette information à Bruno. Ce qui permet à ce dernier de manipuler C en sorte que son spin soit le même que celui de A. Dans le cas le plus simple, si ma mesure révèle que le spin de B est identique à celui de A, j'en déduirai que le spin de C est lui aussi identique à celui de A, et j'aurai donc accompli avec succès mon projet de téléportation de A : A reste à Charlottesville, mais a été cloné en C à Paris. Ce qui est vrai pour le spin l'est aussi pour toutes les autres propriétés de A, par exemple la probabilité que A ait telle énergie ou telle autre, telle vitesse ou telle autre, etc. À la fin, j'aurai téléporté tout l'état quantique de A, défini par ses diverses propriétés, de Charlottesville à Paris (fig. 64a).

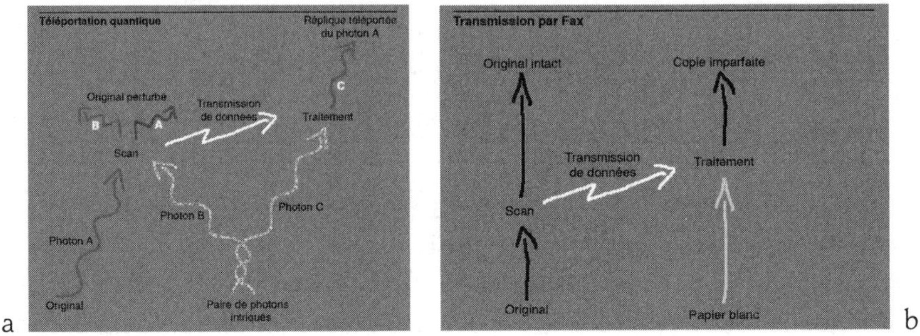

Fig. 64 : La téléportation quantique. (a) Afin de contourner l'interdiction du clonage quantique du photon A, les scientifiques Charles Bennett, Gilles Brassard et leurs collaborateurs ont utilisé une paire de photons intriqués, B et C. Le résultat d'une mesure commune à A et B est ensuite transmise de manière classique (par téléphone ou par fax par exemple) à un autre endroit où, par la magie de l'intrication quantique, une réplique téléportée de A peut être produite. (b) Ce processus de téléportation quantique est fondamentalement différent de la transmission par fax. L'original reste intact dans l'appareil du fax, tandis que l'état original du photon A est détruit par la mesure commune à A et B. D'autre part, la qualité du fax est inférieure à celle de l'original, tandis que l'état quantique de la réplique téléportée est en tout point semblable à celui de l'original.

À ce point, vous émettrez sûrement une objection : même si une mesure commune à A et à B est moins perturbante pour A, et même si, à la fin, j'obtiens une relation entre le spin de A et celui de B, il n'empêche que la relation dont il s'agit est celle d'après la mesure, et non d'avant celle-ci. Or les spins de A et de B après la mesure sont certainement différents de leurs spins originels en raison de la perturbation causée par l'acte d'observation. À première vue, nous nous retrouvons à nouveau empêchés de procéder à un clonage quantique. N'avons-nous donc rien gagné en introduisant notre paire de photons intriqués ?

La réponse est un « si ! » emphatique, car le photon C vient à la rescousse. En effet, par la magie de l'intrication quantique, la perturbation que j'ai causée à B par ma mesure à Charlottesville s'est trouvée instantanément reflétée dans l'état de C à Paris. Disposant de C, Bruno peut isoler l'effet de la perturbation causée par mon acte de mesure. Quand je lui téléphone le résultat sur la relation entre les spins de A et de B après ma mesure, Bruno peut en quelque sorte, grâce à C, soustraire l'effet perturbateur de ma mesure de cette relation et retrouver la relation originelle, celle d'avant cet acte. La paire de photons intriqués B et C a donc permis de contourner avec succès l'interdiction du clonage quantique et de téléporter un photon d'un endroit à un autre [14].

La téléportation quantique ne peut dépasser la vitesse de la lumière

La téléportation quantique nécessite donc une paire de photons intriqués et deux étapes fondamentales. La première consiste à effectuer une mesure conjointe du photon à téléporter et de l'un des photons intriqués. La perturbation causée par la mesure se reflète directement sur l'autre photon, celui qui se trouve à l'endroit éloigné, non par communication de l'information, mais par la pure magie de l'intrication quantique. Si la première étape est un processus strictement quantique, la seconde relève seulement de la physique classique. Le résultat de la mesure est communiqué à l'endroit éloigné par un moyen conventionnel qui nous est familier – téléphone, fax, e-mail, etc. – et dont la vitesse est inférieure à celle de la lumière (fig. 64a). Ainsi, bien que l'acte de mesure sélectionne un état précis parmi la myriade de possibilités qui s'offrait avant l'observation, et alors que cet état est instantanément répercuté sur le photon éloigné, aucune information n'est envoyée avant que je ne communique avec Bruno par un procédé purement classique. Parce que la téléportation quantique dépend d'un mécanisme classique, elle ne peut se dérouler à une vitesse supérieure à celle de la lumière. Elle est ainsi compatible à la fois avec l'interdiction d'aller plus vite que la lumière émise par la relativité générale, et avec notre notion conventionnelle de relation de cause à effet [15]. Elle est aussi compatible avec la loi d'impossibilité du clonage quantique et avec toute autre loi physique connue.

La téléportation quantique est aussi remarquable à d'autres titres.

---

14. C.H. Bennett, G. Brassard, C. Crépeau, R. Jozsa, A. Peres et W.K. Wooters, « Teleporting an unknown quantum state via dual classical and Einstein-Podolsky-Rosen channels », *Physical Review Letters*, 70, 1895-1899, 1993.

15. Envoyer des signaux à une vitesse supérieure à celle de la lumière risquerait d'engendrer des situations où l'effet viendrait avant la cause, ce qui conduirait à des paradoxes du genre : je peux empêcher la rencontre de mes parents et annuler ainsi ma naissance.

D'abord, l'état quantique originel du photon A à Charlottesville étant irrémédiablement modifié par ma mesure, seul le photon C à Paris est dans cet état originel. Ce qui veut dire qu'il n'existe pas deux copies indépendantes du photon A originel, mais une seule : celle qui se trouve à Paris. La téléportation quantique est donc fondamentalement différente du fonctionnement du fax. Pour ce dernier, l'original est scanné, l'information extraite est envoyée par une ligne téléphonique et reproduite de façon approximative sur papier à l'autre bout de la ligne (fig. 64b). L'original reste inchangé dans l'appareil du fax, alors qu'il est modifié dans la téléportation quantique. Par ailleurs, la qualité du fax est invariablement inférieure à celle de l'original, tandis que l'état quantique du photon C est en tous points semblable à celui du photon A originel. L'autre propriété remarquable de la téléportation quantique concerne le fait que je n'ai aucunement besoin de connaître l'état quantique de A pour le téléporter. Le photon C à Paris a exactement les mêmes probabilités d'avoir son spin dans une direction ou dans une autre que le photon A à Charlottesville avant ma mesure, mais je ne connais pas ces probabilités-là. Pour réaliser la téléportation de A, tout ce que j'ai besoin de savoir, c'est le résultat de la mesure conjointe de A et de B. L'intrication quantique se charge du reste.

La téléportation en pratique

Vous vous doutez bien que mettre en pratique la téléportation quantique n'est pas chose aisée. Il y a bien des difficultés techniques à surmonter. Il faut d'abord savoir créer une paire de photons intriqués, technique qui n'a été maîtrisée qu'au début des années 1990. Ainsi, quand on envoie un photon de lumière laser polarisée (terme signifiant que le champ électrique de cette lumière ne vibre pas dans n'importe quelle direction perpendiculaire à la direction de propagation de la lumière, mais dans une direction privilégiée) à travers certains types de cristaux, il engendre une paire de photons intriqués de moindre énergie. Ensuite, il faut savoir procéder à des mesures communes à une paire de photons, ce qui est une autre paire de manches[16]. Ces difficultés techniques ont été surmontées en 1997 par les équipes du physicien autrichien Anton Zeilinger à l'université d'Innsbruck, en Autriche, et du physicien italien A. Francesco De Martini, à l'université de Rome, en Italie. La première téléportation d'une particule a alors enfin été réalisée. Dans l'expérience d'Innsbruck, l'état quantique d'un photon a pu être téléporté correctement une fois sur quatre essais.

Le chemin à parcourir entre la téléportation d'une seule ou de plusieurs particules quantiques (jusqu'ici, on a pu téléporter quatre particules à la fois, ces particules étant le plus souvent des photons) et celle d'objets macroscopiques, constitués de milliards de milliards de milliards de particules, est, vous l'aurez deviné, encore très long. Pour l'heure, le but semble même hors de portée. Mais qui sait ? L'imagination créatrice des hommes est sans bornes et peut-être un jour la téléportation d'objets macroscopiques et de personnes en chair et en os sera-t-elle possible. En attendant, examinons les ressources dont nous devrions disposer pour réaliser l'exploit de téléporter une personne avec la technique des photons intriqués précédemment décrite.

Nous avons vu que le corps humain contient quelque 10^{28} atomes. Cela veut dire que si je demandais à mon ami Bob de me téléporter de Charlottesville au domicile de Bruno à Paris, il faudrait procurer à Bob et à Bruno non pas une seule paire de photons intriqués, mais, à chacun, une chambre entièrement remplie de quelques centaines de milliards de milliards de milliards (10^{29}) de particules comprenant protons, neutrons, électrons et autres particules élémentaires, toutes les particules présentes dans la chambre de Charlottesville étant intriquées avec celles présentes dans la chambre de Paris. Il va sans dire que si les expérimentateurs commencent à savoir fabriquer une seule ou plusieurs paires de

16. Les physiciens appellent ce type de mesure commune à une paire de photons une « mesure d'état de Bell », ainsi nommée d'après le physicien irlandais John Bell (1928-1990). Celui-ci a conçu en 1964 un théorème mathématique connu sous le nom d'« inégalité de Bell », qui a permis de tester expérimentalement les propositions d'Einstein, Podolsky et Rosen (EPR).

photons intriqués, en fabriquer assez pour remplir une chambre entière est à l'heure actuelle bien au-delà des éventualités les plus folles.

Il faudrait, ensuite, inventer un appareil qui saurait procéder à des mesures de propriétés communes aux particules présentes dans mon corps et à celles qui s'agitent et dansent dans la chambre de Charlottesville. Par la magie de l'intrication quantique, les perturbations que Bob crée en effectuant ses mesures à Charlottesville se trouvent instantanément répercutées dans les propriétés des particules intriquées dans la chambre de Paris. Procéder à une mesure commune à une paire de photons relève pour l'heure de l'exploit. Y procéder pour des centaines de milliards de milliards de milliards de paires n'est pour l'instant qu'un rêve on ne peut plus éloigné.

Après cela, Bob devrait communiquer à Bruno le résultat de toutes ses mesures pour que celui-ci puisse manipuler les particules dans la chambre de Paris et les rendre identiques à celles dans la chambre de Charlottesville. Nous avons vu qu'une telle entreprise n'est pas une mince affaire. Bob devrait communiquer à Bruno quelque 10^{30} éléments d'information. Même s'il était assez fortuné pour payer une aussi astronomique facture de téléphone, avec la technologie de transmission téléphonique la plus performante d'aujourd'hui il lui faudrait quelque 30 milliards d'années pour transmettre toute cette information, soit une durée 300 millions de fois supérieure à celle d'une vie humaine.

On l'a vu, le rêve de téléporter une personne ou tout autre objet macroscopique relève pour l'heure de la science-fiction, du moins si l'on s'y prend à la manière de la téléportation d'une seule particule.

L'être téléporté est-il la même personne que moi ?

En admettant même que la téléportation de personnes puisse être réalisée dans un avenir très lointain, une question d'ordre philosophique se pose : la personne assemblée à Paris par Bruno est-elle exactement la même personne que j'étais à Charlottesville avant que les mesures de Bob n'aient perturbé l'état quantique de mes atomes ? Bien sûr, mon double est exactement composé des mêmes particules, avec rigoureusement les mêmes états quantiques qui prévalaient avant les perturbations introduites par les mesures de Bob. Selon la mécanique quantique, les propriétés de chaque particule élémentaire sont identiques à celles de toute autre particule élémentaire. Un électron a la même masse, la même charge électrique, le même spin total, etc., que tout autre électron. Ces propriétés définissent totalement la particule, et il n'en existe pas d'autres. Ce qui peut différer entre deux particules de même espèce, c'est leur état quantique : elles peuvent par exemple posséder différentes probabilités d'être en tel ou tel endroit, d'avoir telle ou telle vitesse, de voir leur spin pointer dans telle ou telle direction. La téléportation reproduisant à l'identique non seulement les particules, mais aussi leurs états quantiques, cela suffit-il pour dire que le double résultant de ma téléportation est exactement moi ?

Après tout, au cours de notre vie, les cellules qui nous composent sont remplacées en permanence par de nouvelles. Or nous ne perdons pas pour autant notre personnalité. Si je troque tous mes atomes de carbone et d'oxygène contre d'autres atomes de carbone et d'oxygène, je suis encore moi. En définitive, ce qui importe, ce n'est pas tant les atomes en eux-mêmes que la façon dont ils sont organisés. La situation reste-t-elle la même si je troque la totalité de mes atomes contre d'autres ? Mon double aurait la même taille, le même poids, la même couleur d'yeux et de cheveux, son corps dégagerait la même odeur naturelle, mais ses pensées, ses convictions religieuses, ses préférences philosophiques, son goût pour certains types de femmes, ses préférences gastronomiques, bref, tous ces attributs qui définissent ma personnalité seraient-ils encore les mêmes que les miens ?

Si la réponse est oui, cela supposerait que l'âme, la conscience, le sentiment de transcendance, les émotions, les jugements moraux et esthétiques sont de nature exclusivement matérielle, et que l'amour ou la haine, la compassion ou la jalousie ne sont qu'affaires d'atomes et de molécules, de flux chimiques et d'impulsions électriques. Bien que cela puisse être le cas, cette conception purement matérialiste, qui amène à la conclusion que mon double, constitué des mêmes particules et des mêmes états quantiques, est bien moi, est pour l'heure fort loin d'avoir été démontrée par la biologie moderne.

Comment déjouer la piraterie informatique avec des nombres premiers ?

La téléportation de personnes et d'objets macroscopiques semble impossible pour le moment comme pour un futur très éloigné. Mais une telle entreprise ne constitue peut-être pas, à l'heure actuelle, la meilleure application des étranges et merveilleuses propriétés de la mécanique quantique. Les physiciens pensent de façon plus réaliste que nous pouvons utiliser les propriétés des particules intriquées non pour téléporter des objets macroscopiques, mais pour envoyer en toute sécurité les clés de cryptage de messages secrets ou pour transmettre l'information dans les ordinateurs quantiques à venir.

Avec tous les achats qui se font déjà en ligne chaque jour par Internet, dont le nombre ne cesse de croître, avec tous les numéros de cartes de crédit qui sont enregistrés à la fin de chaque transaction, les problèmes de sécurité informatique se font de plus en plus sentir. Nous avons tous lu des articles de presse décrivant des piratages informatiques de banques de données. La cryptographie quantique va rendre la tâche des pirates informatiques infiniment plus difficile, voire impossible. À l'heure actuelle, chaque fois que vous effectuez un achat avec votre carte de crédit, l'information nécessaire est brouillée grâce à un code de cryptage fondé sur la multiplication de deux grands nombres premiers, ceux qui ne sont divisibles que par 1 et par eux-mêmes. Multiplier deux grands nombres est facile, mais l'opération inverse – décomposer un très grand nombre en un produit de deux nombres premiers, ce qu'il faut faire pour disposer du code secret (ou de la « clé cryptographique ») – est une autre paire de manches. Ainsi, avec un ordinateur portable et un algorithme efficace, il faut quelques secondes pour factoriser en un produit de deux nombres premiers un nombre de 12 chiffres qui, en notation binaire, nécessite 40 bits. Cela semble un laps de temps très court, mais ne chantez pas trop vite victoire, car le temps nécessaire pour factoriser un nombre en nombres premiers croît de façon exponentielle avec la grandeur de ce nombre. Ainsi, pour factoriser un nombre de 128 bits, l'ordinateur portable prendrait plusieurs millions d'années ! Même avec les outils mathématiques les plus efficaces et les ordinateurs actuels les plus puissants, il faudrait un temps plus long que l'âge de l'univers pour factoriser un nombre de 2 048 bits ! C'est pourquoi obliger des pirates potentiels à factoriser des nombres gigantesques en nombres premiers pour pouvoir décoder les données cryptées constitue une excellente façon de garantir la sécurité informatique.

Ce mode de cryptage – appelé RSA, d'après les initiales de ses concepteurs, Ronald Rivest, Adi Shamir et Leonard Adleman – est aujourd'hui presque universellement utilisé pour la transmission de données électroniques. Ainsi, si je veux échanger des messages cryptés avec Bruno, je lui communique par une voie de communication non sécurisée deux nombres que j'ai choisis, un qui est le produit de deux très grands nombres premiers, l'autre qui est un nombre quelconque. Se servant de ces deux nombres, Bruno élabore un message crypté qui m'est aussi communiqué par une voie de communication non sécurisée. Bien qu'à la fois les deux nombres et le message codé ne soient pas tenus secrets, le message de Bruno ne peut être déchiffré que par quelqu'un ayant la capacité de factoriser en ses deux facteurs premiers le grand nombre que j'ai choisi – en l'occurrence, moi. Avec leur puissance constamment accrue, les ordinateurs les plus performants à l'heure actuelle peuvent factoriser en un laps de temps raisonnable des nombres de 129 chiffres, représentés par 429 bits. C'est pourquoi, dans le schéma RSA, des clés cryptographiques de 512 bits sont maintenant couramment utilisées.

Mais ces clés publiques ne sont jamais tout à fait protégées contre les attaques des pirates informatiques, compte tenu des avancées continuelles de la puissance des ordinateurs et des progrès constants dans les techniques mathématiques de la théorie des nombres. Confrontés à cette situation, les informaticiens ont commencé à se tourner vers la cryptographie quantique. Celle-ci constitue, nous le verrons, un moyen totalement sécurisé d'envoyer des messages, car toute tentative de piratage ou d'espionnage se trouve immédiatement détectée.

Des clés cryptographiques publiques et privées

Le but de la cryptographie est de transmettre en toute sécurité une information à laquelle son destinataire seul peut avoir accès. Jusqu'à très récemment, cette sécurité dépendait du caractère secret des procédures de cryptage et de décryptage. Toutefois, nous utilisons aujourd'hui, pour crypter et décrypter, des algorithmes qui ne sont plus secrets, mais publics, et qui peuvent être révélés à n'importe quelle personne sans pour autant compromettre la sécurité des cryptogrammes. Cela est accompli grâce à ce qu'on appelle une « clé » qui doit être fournie avec le texte à crypter et avec le cryptogramme à décrypter. La confidentialité de ce dernier dépend entièrement du caractère secret de cette clé. Mais, pour élaborer cette clé, les deux correspondants qui ne partagent initialement aucune information secrète doivent pouvoir communiquer en toute sécurité, à un moment donné, par un canal fiable auquel ne peuvent accéder des intrus. Or, selon les lois de la physique classique, la sécurité ne peut jamais être absolue. Même si cela peut être très difficile en pratique, la transmission d'une clé classique risque d'être « écoutée » sans que les correspondants s'aperçoivent qu'une tierce partie est en train d'espionner leur échange de clé.

Les mathématiciens se sont donc mis en devoir de résoudre le problème de l'échange sécurisé de clés cryptographiques. Les années 1970 virent l'ingénieuse invention du schéma des clés publiques. Dans ce schéma, les correspondants n'ont nul besoin de se mettre d'accord sur un code secret avant d'envoyer le message. Ils fonctionnent suivant le principe d'un code qui est comme un coffre-fort à deux clés : une publique pour le fermer, une privée pour l'ouvrir. N'importe qui peut fermer le coffre-fort, mais une seule personne peut l'ouvrir. Tout le monde peut déposer un message dans le coffre-fort, mais une seule personne peut y avoir accès. Ce schéma exploite le fait que certaines opérations mathématiques sont plus faciles dans un sens que dans l'autre. Il est ainsi beaucoup plus facile de multiplier deux grands nombres premiers (par exemple 18 313 et 22 307) que de décomposer un grand nombre (tel que 408 508 091) en un produit de deux nombres premiers (dans la pratique, le nombre utilisé est beaucoup plus grand). Le schéma précédent contourne donc habilement le problème de la sécurité de l'échange de clés cryptographiques en l'évacuant complètement ! Mais la sécurité de schémas comme le RSA repose totalement sur la difficulté d'accomplir certaines opérations mathématiques (comme la décomposition d'un grand nombre en deux nombres premiers), difficulté qui, nous l'avons vu, risque de disparaître d'un jour à l'autre avec les progrès des mathématiques et ceux des ordinateurs. Cette éventualité n'est pas si éloignée (peut-être d'ici quelques décennies ?), car des travaux récents, nous le verrons plus loin, ont montré que les ordinateurs quantiques peuvent « factoriser » infiniment plus vite que les ordinateurs classiques.

La cryptographie quantique

Le problème de la sécurité de l'échange de clés cryptographiques est donc remis sur la table, et c'est la mécanique quantique qui vient à la rescousse. Alors que, dans la cryptographie classique, des techniques mathématiques sont utilisées pour empêcher les intrus d'accéder aux messages codés, dans la cryptographie quantique ce sont les lois mêmes de la physique qui protègent l'information. Au moins deux grandes approches de la cryptographie quantique ont été adoptées.

La première repose sur un principe bien connu de la physique quantique : le principe d'incertitude énoncé en 1927 par le physicien allemand Werner Heisenberg (1901-1976). Selon cette loi fondamentale, il n'est pas possible d'observer une propriété quantique d'une particule (comme un photon) sans en perturber une autre. En utilisant ce principe, il est possible de garantir qu'un canal de communication, par exemple une fibre optique, n'est pas écouté. En effet, les physiciens américain Charles Bennett et canadien Gilles Brassard (les mêmes qui ont travaillé sur la téléportation quantique) et leurs collaborateurs ont imaginé en 1984 un protocole de distribution quantique de clés de cryptage dont l'inviolabilité est garantie par le principe d'incertitude. Dans ce protocole, j'envoie un à un une série de photons à Bruno par une fibre optique reliant Charlottesville à Paris. Je connais parfaitement l'état de polarisation (la direction de vibration du champ électrique) de chaque photon. À leur réception à Paris, Bruno mesure à son tour la polarisation de chaque photon et me téléphone ensuite le résultat d'une partie de ses mesures. J'utilise celles-ci pour tester l'inviolabilité de la ligne de transmission. Si les mesures de Bruno sont conformes aux polarisations que j'ai notées, la fibre optique est sûre. Autrement, elle est espionnée : en effet, toute mesure – ou écoute – perturbe irrémédiablement les photons et modifie leur état quantique... Bien que le principe d'incertitude ne puisse pas empêcher l'« écoute » de la fibre optique par un intrus, il révèle inévitablement la présence de ce dernier, quelles que soient la subtilité ou la sophistication de ses efforts pour se dissimuler. Le message est « pollué » dès que l'on tente de capter le moindre photon. Il est irrémédiablement altéré par toute tentative d'espionnage (fig. 65).

L'autre approche en cryptographie quantique fait appel à des paires de photons intriqués, qui ont interagi et demeurent indéfectiblement liés l'un à l'autre. Bruno comme moi sommes fournis en paires de photons intriqués sur lesquels chacun de nous effectue des mesures de polarisation. Un intrus qui espionnerait notre communication devrait intercepter un photon, procéder à une mesure puis l'envoyer de nouveau sur son chemin pour essayer de ne pas révéler sa propre présence. Mais, comme dans le cas précédent, les lois de la mécanique quantique ne le lui permettent pas : l'acte de mesure d'un photon d'une paire par l'intrus détruit irrémédiablement sa corrélation quantique avec l'autre photon de la paire, révélant à Bruno et à moi la présence d'un espion sur notre ligne de communication. C'est seulement quand nous sommes certains que nous disposons d'une ligne sécurisée que nous procédons à l'échange de clé nécessaire pour crypter et décrypter nos messages.

La mise en pratique de la cryptographie quantique par des paires

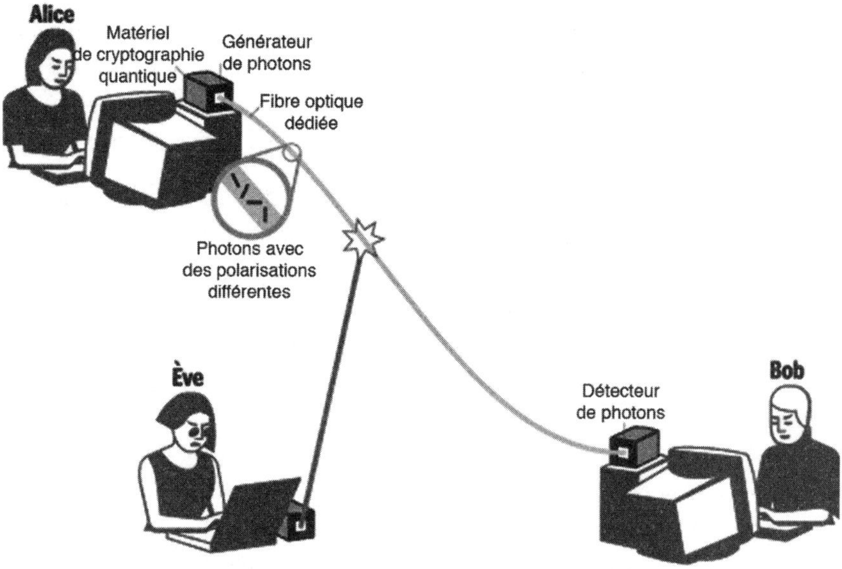

Fig. 65 : La cryptographie quantique. Alice envoie à Bob par une fibre optique des photons dont elle connaît parfaitement l'état de polarisation. Ève « écoute » la fibre. Mais, ce faisant, le principe d'incertitude en mécanique quantique fait qu'elle perturbe inévitablement l'état de polarisation des photons, révélant à Alice et Bob la présence d'un intrus qui espionne leur ligne de communication.

de photons intriqués est en passe de devenir réalité. Nous avons vu qu'à Genève le physicien suisse Nicolas Gisin et son équipe ont pu envoyer en 1997 des paires de photons intriqués dans une fibre optique sur une distance de 10 kilomètres, sans perdre leurs corrélations quantiques. D'autres expériences ont réussi à envoyer de l'information quantique à travers plusieurs kilomètres d'air. Parce que la partie la plus dense de l'atmosphère terrestre se trouve à une altitude de moins de 10 kilomètres, la voie est ouverte à la communication quantique par satellite.

Si la cryptographie quantique est sur le point de sortir des tours d'ivoire et des laboratoires pour devenir la première technologie quantique commercialement exploitable, elle est aussi extrêmement importante d'un autre point de vue : son développement est intimement lié à celui de l'ordinateur quantique. En effet, contrairement à la cryptographie classique par des clés publiques, qui ne sera plus sûre et n'aura plus lieu d'être dès que l'ordinateur quantique aura fait son apparition, la cryptographie quantique ne sera pas menacée, quant à elle, par l'avènement de ce dernier.

Le bit quantique est comme une porte à la fois ouverte et fermée

Le concept d'ordinateur quantique est apparu quand les scientifiques se sont mis à réfléchir sérieusement sur les limites fondamentales que les lois de la physique pouvaient imposer à une machine à calculer. Ils étaient avertis de la loi de Moore selon laquelle la miniaturisation croissante des transistors fait que leur nombre dans une puce électronique double tous les vingt-quatre mois. Les physiciens se sont rendu compte qu'avec cette continuelle diminution de la taille des circuits intégrés dans une puce, un jour viendra où la taille des éléments individuels de ces circuits ne dépassera guère celle de quelques atomes. Or, à l'échelle atomique, la physique classique perd pied et le comportement des circuits intégrés devient quantique. D'où l'idée d'un ordinateur fondé exclusivement sur les principes de la mécanique quantique.

En 1982, le prix Nobel de physique américain Richard Feynman (1918-1988), un des physiciens les plus créatifs de sa génération, fut l'un des premiers à se pencher sur le problème de la mise au point d'un système quantique capable de calculer beaucoup plus vite qu'un ordinateur classique. Écoutons ses paroles prophétiques : « Au lieu de nous plaindre que la simulation des phénomènes quantiques dépasse la capacité de nos ordinateurs actuels, utilisons la puissance de calcul des phénomènes quantiques pour construire des ordinateurs plus puissants que nos ordinateurs actuels ! » Feynman a aussi réfléchi à la manière dont une telle machine pourrait servir à simuler des événements quantiques, tant et si bien qu'un physicien serait à même de l'utiliser pour procéder à des expériences en physique quantique [17].

Depuis ses balbutiements au début du XIXe siècle avec Charles Babbage (1791-1871), l'ordinateur a fait bien du chemin. Mais, malgré des progrès fantastiques, l'appareil qui trône sur votre

17. Richard P. Feynman, *International Journal of Theoretical Physics*, 21, 467, 1982.

bureau n'est pas fondamentalement différent de son ancêtre qui occupait une salle entière avec ses 300 tonnes, ses quelque 20 000 tubes à vide et ses 700 kilomètres de fils électriques ! Bien que les ordinateurs classiques soient devenus beaucoup plus compacts et calculent infiniment plus vite, leur fonctionnement n'a guère changé : ils se bornent à manipuler et interpréter séquentiellement des séries de bits. Le bit, nous l'avons vu, est l'unité fondamentale de l'information, représentée par un 1 ou un 0 dans l'ordinateur. Tout système qui n'a que deux états possibles peut être représenté par un bit. Une pièce de monnaie qu'on lance en l'air et qui retombe sur pile ou sur face, une lampe qui est éteinte ou allumée, une porte qui est ouverte ou fermée : voilà des exemples de ces systèmes à deux états. De ce monde binaire sont bannies les pièces de monnaie qui retombent sur leur tranche et sont donc à la fois sur pile et sur face, les portes qui sont entrouvertes, les lampes dont on peut varier l'intensité de façon continue. Aucune réponse qui n'est pas « noir » ou « blanc » n'est permise.

L'ordinateur quantique, lui, rompt avec l'ordinateur classique. L'unité d'information quantique est non pas un bit, mais un bit quantique ou « qubit ». Tout comme un bit classique est décrit par son état (0 ou 1), un qubit est lui aussi caractérisé par son état quantique. Un qubit peut être dans deux états quantiques qui correspondent aux 1 et 0 du bit classique. Par exemple, dans un atome à deux niveaux d'énergie, l'électron peut être soit au niveau supérieur, soit au niveau inférieur. Un photon peut avoir une polarisation soit horizontale (l'angle est de 0 degré), soit verticale (l'angle est de 90 degrés). Rien de très nouveau jusqu'ici. Toutefois, en mécanique quantique, tout objet qui peut être dans deux états différents peut être aussi dans une multitude d'autres états appelés « superpositions ». Ces états sont dotés simultanément, à des degrés divers, des propriétés des deux états classiques précédents. Prenons par exemple un photon dont la polarisation est à un angle de 45 degrés. Ce photon possède à la fois les propriétés du photon à polarisation horizontale (0 degré) et celles du photon à polarisation verticale (90 degrés). En d'autres termes, sa polarisation est simultanément horizontale et verticale. C'est comme si nous disions que la pièce de monnaie est retombée à la fois sur pile et sur face, que la porte est à la fois ouverte et fermée, que la lampe est à la fois allumée et éteinte. Dans le monde classique, on penserait que nous avons perdu la raison si nous faisions ce genre de déclarations, mais, dans le monde quantique, ces superpositions d'états constituent la règle. Dans cet univers étrange régi par des lois qui bafouent le bon sens, le photon dont la polarisation est à 45 degrés a bien des polarisations horizontale et verticale à la fois, tout comme un photon peut, on l'a vu, passer par deux fentes à la fois dans l'expérience de Young.

Le parallélisme de l'ordinateur quantique

En d'autres termes, un qubit peut exister dans un état correspondant à 0 ou à 1, comme un bit classique, mais aussi dans des états correspondant à la fois à 0 et à 1. Mais, en ce qui concerne l'ordinateur quantique, la puissance des qubits ne dérive pas d'un qubit isolé, mais d'une collection d'entre eux. Nous pouvons comparer par exemple le contenu en information de deux bits classiques à celui de deux qubits. Une paire de bits classiques peut être arrangée de quatre façons différentes : 00, 01, 10 et 11. Dans un ordinateur classique, un seul et unique arrangement peut être traité à la fois. Pour traiter les quatre, l'ordinateur doit les considérer un à un, en séquence. La situation est radicalement différente dans un ordinateur quantique : pour les deux qubits, les quatres combinaisons existent en même temps. Une seule superposition quantique inclut simultanément toutes les possibilités. Par rapport à l'ordinateur classique, l'ordinateur quantique a en calcul une économie d'un facteur 4.

Cette économie est d'autant plus grande que la collection de qubits est plus élevée. Un système de trois qubits pourra opérer sur $2^3 = 8$ configurations en même temps. En d'autres termes, chaque fois que l'on ajoute un qubit à un ordinateur quantique, le nombre d'états qu'il traite simultanément, et donc sa puissance de calcul, doublent. Avec N qubits, l'ordinateur quantique peut opérer simultanément sur 2^N configurations différentes. Par exemple, pour $N = 200$, il existe

$2^{200} = 10^{60}$ configurations distinctes. Un ordinateur classique aura à considérer séquentiellement les 10^{60} cas les uns après les autres, chaque cas étant représenté par une liste de 200 « 1 » et « 0 », tandis qu'une machine quantique aura seulement à définir 200 qubits, et les 10^{60} configurations seront simultanément traitées, en parallèle. À chaque tic de l'horloge de l'ordinateur, une opération quantique pourra calculer non pas un seul état quantique, mais 2^{200} états simultanément. Augmenter le nombre de qubits accroît ainsi de façon exponentielle le « parallélisme quantique » du système. Grâce à un bon algorithme, nous pouvons exploiter ce vaste parallélisme d'un ordinateur quantique, conséquence de la superposition des états quantiques, pour résoudre certains problèmes en une petite fraction du temps qu'il faudrait à un ordinateur classique. Dans notre exemple d'un système de 200 qubits, l'ordinateur quantique prendrait le même temps pour accomplir le même travail qu'un superordinateur classique doté de 10^{60} processeurs séparés, à supposer qu'une telle machine puisse être construite !

D'après le physicien anglais David Deutsch, de l'université d'Oxford[18], un ordinateur de 100 qubits permettrait de simuler le fonctionnement du cerveau humain, et un ordinateur de 300 qubits, l'évolution de l'univers entier ! En effet, puisque $2^{300} = 10^{90}$, un ordinateur quantique pourrait gérer en même temps 10^{90} informations, soit plus que le nombre d'atomes contenus dans l'univers observable ! Cette conclusion sur la simulation de l'univers est néanmoins controversée. Si l'univers entier peut être simulé dans ses moindres détails par un ordinateur de 300 qubits, nous nous retrouvons dans la situation paradoxale où une partie serait capable de décrire le tout. Pour échapper à ce paradoxe, Deutsch propose deux solutions, avec une préférence pour la seconde : soit il existe une loi fondamentale, encore inconnue, qui nous empêchera d'atteindre la limite d'un ordinateur à 300 qubits ; soit il existe une infinité d'univers parallèles (au sens prêté à ce mot par le physicien Hugh Everett qui a émis l'idée que l'univers se subdivise en deux chaque fois qu'il y a choix ou décision : dans un univers, le chat de Schrö-

18. David Deutsch, *The Fabric of Reality*, New York, Allen Lane, 1997.

dinger serait mort, dans un autre il serait vivant ; dans un univers, le photon passerait par la fente gauche, dans un autre il passerait par la fente droite, etc.), et c'est dans ces univers parallèles que se déroulent l'immense majorité des calculs quantiques, car le nôtre ne dispose pas, à lui seul, des ressources suffisantes pour les permettre.

L'ordinateur quantique et les nombres premiers

L'ordinateur quantique peut donc calculer en une seule opération un nombre inimaginable d'états [19]. Mais un problème fondamental se pose : comment allons-nous lire les résultats de ces calculs ? Nous avons vu que l'observation ou la mesure d'une superposition d'états quantiques ne donne qu'une seule et unique réponse. Dans l'expérience des fentes de Young, quand l'instrument de mesure est actionné, le photon passe soit par la fente gauche, soit par la fente droite, pas par les deux à la fois. Quant au chat de Schrödinger, quand nous pénétrons dans la chambre pour constater son état, il est soit mort, soit vivant, pas les deux à la fois. Dans le cas de l'ordinateur quantique, peu importe que l'état de superposition quantique soit la combinaison de 2 ou de 10^{60} états différents. Quand cette superposition d'états est observée, une seule réponse est choisie parmi une myriade de possibilités : c'est ce qu'on appelle l'« effondrement de la fonction d'onde » en mécanique quantique. Pour examiner la totalité des 10^{60} états, il faudrait procéder à des mesures sur 10^{60} systèmes identiques. Le nombre de ces mesures est exactement égal au nombre d'opérations qu'un ordinateur classique devrait effectuer pour traiter le même problème.

L'ordinateur quantique n'est-il donc qu'un miroir aux alouettes ? Si nous ne pouvons accéder qu'à la description d'un seul état à la fois, qu'avons-nous gagné par rapport à l'ordinateur classique ? Le vaste parallélisme du calcul quantique est-il vraiment d'un quelconque apport s'il s'évapore dès que nous regardons les résultats ?

---

19. Plus correctement, un « ordinateur quantique » devrait être appelé « calculateur quantique », car il traite l'information non pas séquentiellement, selon un certain ordre, comme un ordinateur classique, mais simultanément.

Si cette information existe réellement, mais que nous ne pouvons y avoir accès, de quelle utilité est-elle ?

Jusqu'au milieu des années 1980, l'ordinateur quantique paraissait être une entité purement théorique, sans aucune utilité pratique, qui ne passionnait qu'une poignée de physiciens. En 1985, l'Anglais David Deutsch trouva une manière ingénieuse d'utiliser à la fois tous les résultats de l'état superposé, sans toutefois les détruire [20]. L'idée était de ne pas demander à l'ordinateur quantique de répondre aux questions en parallèle, mais de faire en sorte que toutes les réponses interfèrent les unes avec les autres afin de produire une seule réponse collective. Deutsch réussit aussi à démontrer que tout processus physique peut être modélisé à la perfection par un ordinateur quantique, ce qui fait qu'un tel ordinateur est un ordinateur universel, dépassant de loin les capacités d'un appareil classique.

Le travail de Deutsch passa d'abord inaperçu, parce qu'on ne savait trop encore quel genre de problème pratique un ordinateur quantique pouvait bien résoudre. À l'instar des personnages de Pirandello en quête d'un auteur, l'ordinateur quantique était à la recherche d'un problème à résoudre. Ce problème lui fut offert sur un plateau en 1994 par le physicien américain Peter Shor, des laboratoires de la compagnie téléphonique Bell. Celui-ci avait décidé de s'attaquer au problème de la décomposition de grands nombres en un produit de deux grands nombres premiers. Nous avons vu que toute la cryptographie actuelle (le schéma RSA) repose sur ce problème de factorisation, que la résolution de celui-ci pourrait avoir des conséquences dévastatrices sur le monde de la finance et du commerce, et, par ricochet, sur la stabilité politique des États : les transferts d'argent de compte en compte et autres transactions financières ne seraient plus sécurisés. Les services d'espionnage et de contre-espionnage, ainsi que l'armée, seraient eux aussi affectés : les messages codés ne seraient plus à l'abri des agents secrets ennemis. Shor démontra qu'un ordinateur quantique, en utilisant le parallélisme quantique et le principe d'interférence, pouvait en

20. David Deutsch, *Proceedings of the Royal Society of London*, Series A, 400, 97, 1985.

principe résoudre aisément ce problème de factorisation. Le physicien trouva que la clé du problème consistait à repérer des motifs répétitifs dans des séquences de nombres. Or, tout motif répétitif peut être décrit en termes d'ondes, et les ondes interfèrent. Ce qui lie directement le problème de la factorisation des grands nombres en nombres premiers au concept d'interférence quantique de Deutsch. En fin de compte, Shor a réussi à produire un algorithme quantique capable, en principe, de déchiffrer tous les codes présents et futurs fondés sur la factorisation de grands nombres en nombres premiers.

Pour autant, la catastrophe annoncée – la mort de la cryptographie classique, et les bouleversements qui s'ensuivent – n'est pas encore advenue. Pourquoi ? Parce que, pour élaborer des algorithmes quantiques, il faudrait des ordinateurs quantiques. Or ceux-ci n'existent pour l'heure que dans l'imagination fertile des physiciens. Il y a encore nombre de problèmes à résoudre et d'obstacles à surmonter avant qu'un ordinateur quantique puisse faire son apparition. Mais les recherches en ce sens progressent à grands pas, et le moment n'est peut-être plus si éloigné où, après les machines optoélectroniques de première génération et les machines purement optiques de deuxième génération, le premier représentant de la troisième génération de « machines à lumière », l'ordinateur quantique, verra le jour.

Le hardware quantique

Les problèmes restant à surmonter pour que l'ère des ordinateurs quantiques advienne enfin sont de taille : non seulement les qubits doivent être créés et avoir un support matériel (ce que l'on appelle le *hardware*), mais ils doivent être protégés des inévitables perturbations causées par l'environnement, qui tendent à détruire les très fragiles superpositions quantiques. D'autre part, il faut savoir construire des machines qui produisent des qubits intriqués, qui permettent à des qubits de contrôler d'autres qubits, et où la lumière joue un rôle prépondérant. Comme nous l'avons vu, le contrôle de la lumière par la lumière n'est pas chose aisée. Les photons n'aiment pas interagir les uns avec les autres. Même si on les force à interagir par le biais d'un milieu non linéaire, la tâche reste extrêmement difficile.

Le développement du *hardware* servant au calcul quantique n'en est encore qu'à ses balbutiements. Plusieurs chemins ont été frayés et divers projets d'ordinateurs quantiques solides, liquides ou même gazeux ont été avancés. La matière et la lumière ont été mises toutes deux à contribution. Par exemple, les scientifiques ont réussi à créer un qubit en utilisant un électron piégé dans une cage d'atomes. Quand cet électron (qu'on appelle « point quantique ») est éclairé par une impulsion laser d'une longueur d'onde et d'une durée bien déterminées, il passe dans un état excité. Une seconde impulsion laser provoque sa chute dans un état normal. Les états « normal » et « excité » représentent les états 0 et 1 d'un qubit. Si l'impulsion laser est moitié moins longue, l'électron passe dans une superposition d'états « normal » et « excité » simultanément. D'autres techniques recourent à la polarisation d'une lumière laser, voire à des atomes ou à des molécules individuels comme supports d'information.

Une des techniques parmi les plus intéressantes et les plus en vogue à l'heure actuelle fait appel à la résonance magnétique nucléaire (RMN). Celle-ci, grâce aux champs magnétiques intenses engendrés par de puissants aimants, permet de détecter les changements de spin d'un noyau atomique correspondant aux états 0 et 1. Le cœur d'un ordinateur quantique fondé sur la technique RMN est composé d'une « soupe » ou d'une « tasse » de molécules liquides, et ses qubits sont représentés par les noyaux atomiques de ces molécules (fig. 66). En lieu et place des puces et des circuits intégrés, le cœur de l'ordinateur du futur sera peut-être constitué d'un liquide transparent contenant des milliards de milliards de molécules dans un solvant liquide[21]. Un tel ordinateur a été réalisé en 1998 par le chercheur sino-américain Isaac Chuang, de la compagnie IBM, avec des molécules liquides de chloroforme dont le

21. On appelle un tel support matériel liquide *wetware* (matériel « mouillé »), par contraste avec le *hardware* d'un ordinateur classique.

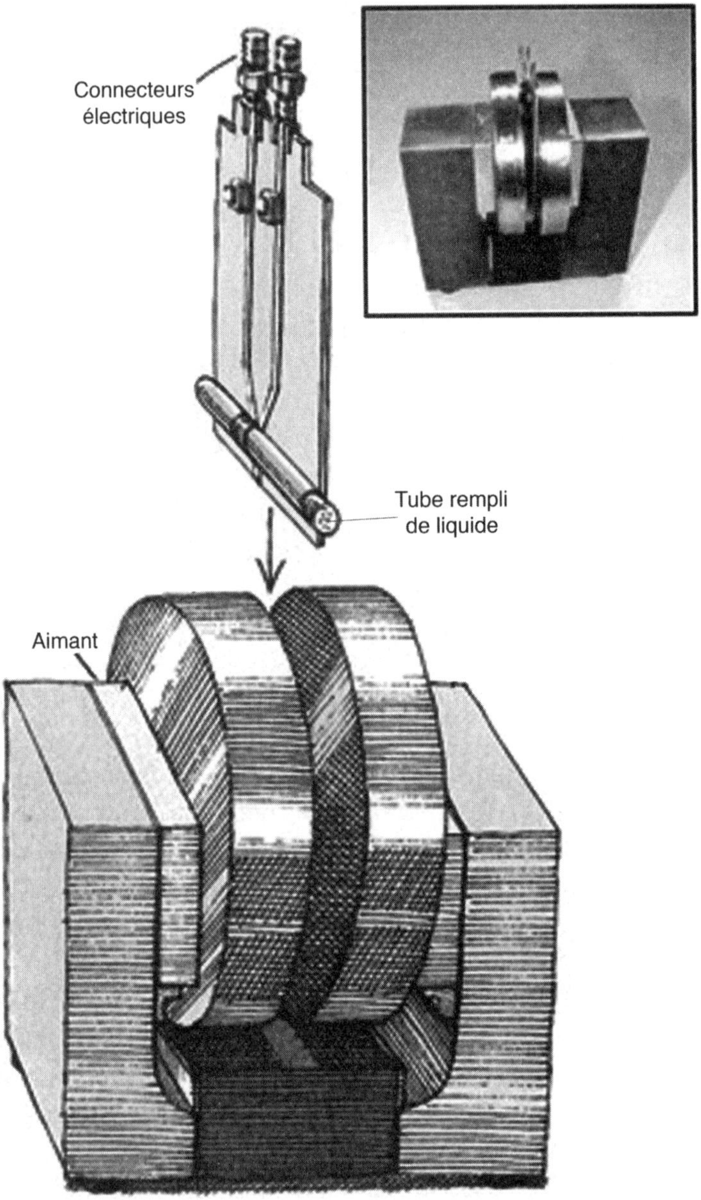

Fig. 66 : Ordinateur quantique fondé sur la résonance magnétique nucléaire (RMN). Le cœur d'un tel ordinateur quantique est composé d'un tube rempli d'un liquide, comme le chloroforme, qui contient des milliards de milliards de molécules. Chaque molécule agit comme un petit ordinateur quantique. Grâce aux champs magnétiques intenses provenant de puissants aimants, la RMN permet de détecter des changements de spin d'un noyau atomique, correspondant, par exemple, aux états 0 et 1.

volume total ne dépassait pas celui d'un dé à coudre. Cet ordinateur quantique était à deux qubits et pouvait calculer les différentes périodicités d'une fonction. Pour créer des ordinateurs quantiques plus performants, il faut un plus grand nombre de qubits, donc davantage de molécules et de noyaux atomiques. En 2001, Chuang et son équipe sont parvenus à créer un système à sept qubits, ce qui leur a permis de factoriser le nombre 15 (= 3 x 5) grâce à l'algorithme de Shor. Ce qui semble au premier abord un bien maigre résultat ne l'est plus quand on prend en compte le fait que, pour l'obtenir, il faut contrôler pas moins d'un milliard de milliards de molécules ! Les machines à sept qubits sont les plus gros ordinateurs quantiques existant à l'heure actuelle. Avec la technique RMN, aller au-delà des ordinateurs de quinze ou vingt qubits ne semble pas possible. En effet, les signaux magnétiques qui mesurent l'orientation des spins des noyaux et donc leurs états quantiques diminuent d'intensité au fur et à mesure que le nombre de bits augmente, faiblissant environ de moitié pour chaque qubit supplémentaire.

D'autres sortes de hardware ont été utilisées. Par exemple, on a fixé des qubits dans des semi-conducteurs : les qubits sont créés avec des électrons confinés dans des nanostructures (des structures de l'ordre d'un milliardième de mètre) semi-conductrices, ou avec des noyaux associés à des impuretés monoatomiques. Une autre technique encore consiste à utiliser des photons piégés dans des cavités optiques. Ce ne sont donc pas les idées qui manquent ! Mais tous les stratagèmes visant à construire un ordinateur quantique se heurtent à un problème fondamental qui limite sa durée de vie : celui de l'interaction de l'ordinateur avec son environnement.

L'influence de l'environnement sur un ordinateur quantique

L'élément clé du calcul quantique est la superposition des états quantiques et l'interférence cohérente de ces états durant les opérations de calcul. Mais l'ordinateur quantique n'est pas isolé : il est situé dans un environnement et interagit inévitablement avec lui. Cette interaction provoque une « décohérence » de l'état quantique du système, ce qui introduit des erreurs dans le calcul. Il faut donc allonger autant que possible le temps de cohérence de l'ordinateur quantique, ce qui représente un formidable défi technologique. Pour l'instant, le temps de cohérence le plus long est obtenu avec des ions emprisonnés (les ions sont des atomes ayant perdu ou gagné un ou plusieurs électrons, et donc chargés positivement ou négativement). Ce temps est de l'ordre d'une milliseconde, ce qui est très court. Et ce temps raccourcit d'autant plus que le nombre de qubits, et donc le nombre d'ions emprisonnés, augmente.

Une découverte théorique importante a permis en 1995 de rendre ce problème de décohérence moins sévère. Elle a introduit la possibilité de corriger les erreurs de calcul causées par la décohérence et d'obtenir des résultats fiables. De nouveaux protocoles ont ainsi surgi, qui utilisent les états intriqués pour réparer l'information portée par les états quantiques et endommagée par la décohérence. Ces schémas de correction d'erreurs semblent constituer la bouée de sauvetage de l'ordinateur quantique.

Il reste donc encore un très long chemin à parcourir avant que l'ordinateur quantique puisse rivaliser, dépasser et supplanter les ordinateurs numériques d'aujourd'hui. Nombre d'obstacles demeurent à surmonter. Il faut d'abord découvrir des méthodes visant à combattre les effets destructeurs de la décohérence et à maintenir les états quantiques superposés aussi longtemps que possible. Ensuite, il faut développer une architecture optimale pour le hardware de l'ordinateur quantique. Enfin, il faut inventer des algorithmes quantiques (comme celui de Shor) pour utiliser à bon escient l'immense puissance de calcul de ces ordinateurs du futur. Ces tâches demanderont du temps. Mais nous disposons de ce temps. Nous n'avons pas besoin dans l'immédiat d'ordinateurs quantiques et nous pouvons encore nous passer, pour nos calculs, du parallélisme quantique. Grâce à plus de deux décennies d'intuitions géniales et de recherches imaginatives, les problèmes qui restent à résoudre sont plus d'ordre technologique que théorique. Il ne fait aucun doute que l'ordinateur quantique va un jour prochain bouleverser la vie des hommes.

Mais les ordinateurs quantiques ne sont pas le seul fait des humains. Des ordinateurs quantiques existent également à l'état naturel. Ainsi, les « trous noirs » et l'univers entier sont eux aussi des ordinateurs quantiques.

Le « trou noir » comme ordinateur quantique

Quel rapport entre un trou noir et un ordinateur ? Ce qui semble au premier abord une question dépourvue de sens est au contraire un sujet d'investigation on ne peut plus sérieux pour le physicien. Pour celui-ci, tout système physique, que ce soit un rocher, une planète, une étoile, une galaxie, voire l'univers entier, enregistre et traite de l'information, c'est-à-dire agit comme une machine à calculer. Chaque électron, photon ou toute autre particule élémentaire stocke des données sous forme de bits, et chaque fois que deux de ces particules interagissent il y a transformation de ces bits. Cette convergence de la physique et de la théorie de l'information est une conséquence directe du principe de base de la mécanique quantique : la nature est discontinue, ce qui veut dire que tout système physique peut être décrit par un nombre fini de bits (ou de qubits). Ainsi, le spin de chaque particule peut être orienté vers le haut ou vers le bas, correspondant aux valeurs 0 ou 1 d'un bit. Il peut aussi changer d'orientation, simulant ainsi une simple opération de calcul. Le système est discontinu non seulement dans l'espace, mais aussi dans le temps : il faut un laps de temps minimal pour effectuer le changement d'orientation du spin d'une particule. Ce laps de temps est déterminé par le principe d'incertitude de Heisenberg : plus l'énergie fournie est grande, plus le temps est court.

Le trou noir, prison de lumière qui résulte de l'effondrement gravitationnel d'un objet massif, semble à première vue faire exception à la règle. Il absorbe une grande quantité d'information, celle qui caractérise tout objet tombant dans sa bouche béante. Par exemple, si vous chutez dans un trou noir, l'information que celui-ci engloutit comprend votre masse, votre taille, les vêtements que vous portez, la couleur de vos yeux, etc. Jusqu'au début des années 1970, on pensait que cette information était perdue, une fois franchi le rayon de non-retour du trou noir. En 1974, en appliquant les lois de la mécanique quantique au trou noir, le physicien anglais Stephen Hawking a démontré que celui-ci n'est pas tout à fait « noir », mais qu'il rayonne. Dans l'analyse initiale de Hawking, ce rayonnement était chaotique et ne comportait aucune information utilisable. Si vous tombez dans le gouffre du trou noir et que vous êtes reconverti en rayonnement émis par le trou noir, ce rayonnement ne pourra être utilisé pour vous reconstruire. Ce qui posait problème, les lois de la mécanique quantique étant supposées préserver l'information. Plusieurs physiciens ont donc argué que le rayonnement émis par un trou noir n'est pas totalement désordonné, mais qu'il contient de l'information. En 2004, Hawking s'est rallié à ce point de vue selon lequel le rayonnement d'un trou noir est une version hautement élaborée de l'information tombée dans son gouffre. Mais la discussion n'est pas close, et le débat sur cette question fait encore rage.

Admettons que le raisonnement précédent soit correct ; il implique que, si la matière une fois tombée dans la bouche béante du trou noir ne peut plus en ressortir, son contenu en information, lui, le peut. Une façon d'expliquer pourquoi c'est le cas consiste à faire de nouveau appel à des photons intriqués. Une paire de photons intriqués se matérialise juste au-delà du rayon de non-retour du trou noir. Le premier photon s'échappe des griffes du trou noir, tandis que le second retombe dans son gouffre, happé par la singularité, la région au centre du trou noir où le champ gravitationnel et la courbure de l'espace deviennent infinis. La chute du deuxième photon dans le gouffre du trou noir est comme un acte de mesure. Et parce que les deux photons sont intriqués, la mesure du photon à l'intérieur du trou noir est instantanément répercutée sur l'autre photon, à l'extérieur du trou noir, ce qui se traduit par un transfert de l'information de l'intérieur du trou noir vers l'extérieur. L'information est bel et bien manipulée à l'intérieur du trou noir, ce qui fait que celui-ci se comporte en somme comme un ordinateur.

Comment un trou noir fonctionne-t-il en pratique comme un ordinateur ? Il suffit d'encoder des données sous forme de matière et d'énergie et de les envoyer dans la bouche béante du trou noir.

En interagissant les unes avec les autres, les particules qui tombent dans le gouffre effectuent des calculs pendant un certain temps avant d'accéder à la singularité. Cette information est communiquée à l'extérieur par les paires de photons intriqués. Ce qui advient ensuite à la matière quand elle est comprimée dans la singularité nous échappe encore, car nous ne disposons pas d'une théorie de la gravité quantique.

Prenons par exemple un trou noir avec une masse d'un kilogramme. Son rayon de non-retour, qui varie en proportion de sa masse, est d'un milliardième de milliardième de milliardième de mètre (10^{-27} mètre), soit un millionième de millionième du rayon d'un proton. En convertissant sa masse en énergie par la fameuse formule d'Einstein, $E = mc^2$, et en répartissant cette énergie dans des bits, le trou noir peut accomplir 10^{51} opérations par seconde. Quant à la capacité de stockage de données du trou noir, elle est de 10^{16} bits. Le trou noir est un processeur ultra-rapide, car le temps mis pour modifier l'état d'un bit et donc exécuter une instruction n'est que de 10^{-35} seconde, soit le temps mis par la lumière pour traverser le trou noir. La communication est donc aussi rapide que le calcul. L'« ordinateur trou noir » agit comme une seule unité. Au fur et à mesure qu'il rayonne, sa masse diminue, car c'est elle qui est convertie en rayonnement. Après avoir émis des rayons gamma pendant un très bref millième de milliardième de milliardième de seconde (10^{-21} seconde), le trou noir disparaît dans un flash de rayonnement. Des Terriens pourront dès lors capter ces rayons gamma et décoder les résultats des calculs du trou noir !

Par comparaison, un ordinateur conventionnel ne peut accomplir que 10^9 opérations par seconde, soit des millions de milliards de milliards de milliards de milliards de fois moins que le trou noir d'un kilogramme, et stocker 10^{12} bits, soit 10 000 fois moins que le trou noir. Mais l'ordinateur classique a l'avantage de ne pas exploser au bout d'un très court instant ! On peut s'étonner que le trou noir ne puisse stocker que relativement peu d'information. Cela est dû à son extrême gravité. Quand la gravité est négligeable, la capacité de stockage varie en proportion du nombre de particules, donc avec le volume. Mais quand la gravité est dominante, elle lie les particules ensemble, si bien que, collectivement, celles-ci sont moins capables de stocker de l'information : au lieu d'être proportionnelle au volume, la capacité de stockage du trou noir varie dès lors seulement comme sa surface.

L'univers comme ordinateur ultime

Non seulement de minuscules trous noirs peuvent agir comme des ordinateurs, mais la plus grande entité de toutes, l'univers entier, le peut aussi. L'univers a 13,7 milliards d'années d'existence et sa partie observable, limitée par l'horizon cosmologique, s'étend dans l'espace sur quelques dizaines de milliards d'années-lumière. Pour que le résultat d'un calcul nous soit accessible, il faut qu'il se déroule dans l'univers observable. Le contenu en matière et énergie de l'univers comprend la matière ordinaire visible et invisible des étoiles et des galaxies (4 %), la matière noire exotique (26 %), et l'énergie noire responsable de l'accélération de l'univers (70 %). Les calculs montrent que le nombre total d'opérations qui ont pu se dérouler depuis la naissance de l'univers est de l'ordre de 10^{123}. La capacité totale de stockage de l'information par la matière et la lumière conventionnelle, tels les neutrinos ou les photons [22], est de 10^{92} bits. Quant à la masse noire et à l'énergie noire, les astrophysiciens n'ayant aucune idée de leur nature, on ne peut évidemment calculer leur capacité à stocker l'information. Mais il est à parier que leur contenu en information est bien moindre que celui de la matière lumineuse. Alors que cette dernière doit effectuer un nombre inimaginable d'opérations pour engendrer l'univers riche et varié dans lequel nous évoluons, la matière noire et l'énergie noire ont une tâche somme toute beaucoup plus facile : fournir la masse manquante de l'univers ou accélérer le taux de l'expansion universelle est en effet, sur le plan du calcul, beaucoup plus simple.

Quels calculs effectue l'univers ? Il se calcule lui-même. En effet, il calcule, conformément aux lois de la physique, sa propre histoire :

22. La matière et la lumière peuvent stocker le plus d'information quand elles sont sous forme de particules dépourvues de masse, comme les photons, ou très légères, comme les neutrinos.

le big bang, la phase inflationnaire, le rayonnement fossile, les champs électromagnétiques, les particules élémentaires, les étoiles, les galaxies, les planètes, les bactéries, les coquelicots des champs, les bêtes sauvages, les êtres humains, etc. Parce que l'univers calcule, l'univers est[23].

Après avoir vu comment l'homme a dompté la lumière, explorons enfin comment la lumière est perçue et interprétée par le cerveau de l'homme, et comment elle a contribué à enrichir son univers spirituel et artistique.

---

23. Pour plus de détails sur les trous noirs et l'univers comme ordinateurs, voir Seth Lloyd et Y. Jack Ng, « Black Hole Computers », *Scientific American*, novembre 2004.

Chapitre 7

Lumière artistique, lumière spirituelle : l'œil et le cerveau

La lumière et le cerveau

Nous baignons quotidiennement dans un bain de lumière, qu'elle soit naturelle, comme celle du Soleil, ou artificielle, comme celle des lampes électriques. Cette lumière nous conditionne de deux manières : sur le plan non seulement physiologique, comme nous l'avons vu, mais aussi psychologique. La lumière nous met dans un certain état d'esprit, elle induit en nous une certaine humeur. Et cela, parce que toute lumière perçue par nos yeux passe nécessairement par le filtre de nos neurones, parce que tout signal lumineux qui frappe notre rétine est interprété par notre cerveau. Notre état intérieur est intimement lié à l'environnement extérieur par l'intermédiaire de la lumière. C'est cette action de la lumière extérieure sur l'intériorité de l'homme qui est à la base de la démarche artistique et technique des peintres, des photographes et des cinéastes. Ceux-ci tentent de recréer sur une toile ou sur la pellicule, grâce aux jeux de la lumière et de l'ombre, des couleurs et des formes, un climat psychologique qui nous touche au plus profond. À cause de son caractère à la fois corporel et incorporel, la lumière joue aussi, de manière métaphorique, un grand rôle dans les traditions spirituelles de l'homme.

L'œil envoie en permanence les signaux qu'il capte dans l'environnement vers notre cerveau, et celui-ci fait à son tour partir des signaux de commande aux divers organes du corps. Ces signaux sont véhiculés par des impulsions électriques engendrées par des cellules nerveuses individuelles appelées neurones. La puissance totale de cette activité électrique est infime, de l'ordre de deux centièmes de watt : il faudrait la puissance électrique combinée de 2 500 personnes pour allumer une seule lampe électrique de 50 watts ! Pourtant, ce cerveau si peu puissant électriquement est peut-être l'un des objets les plus complexes de l'univers. Capable d'éprouver de l'amour ou du mépris, de la compassion ou de la haine, de composer *La Flûte enchantée*, d'écrire *À la recherche du temps perdu*, de peindre *Guernica* ou de réaliser *Citizen Kane*, le cerveau humain est si complexe que le plus puissant des superordinateurs actuels semble, par comparaison, être un simple jouet.

Tous les chemins mènent à la vision

Dans les océans primordiaux d'il y a quelque 3 milliards d'années, des organismes unicellulaires ont développé la capacité de réagir à la lumière. Par le jeu de l'évolution et de la sélection naturelle, certains protozoaires, amibes et autres paramécies, se sont dotés dans leur cellule unique d'une région spéciale contenant un pigment photosensible qui possède la propriété de changer d'état chimique chaque fois qu'il est exposé à la lumière. Ce pigment, de couleur jaune ou rouge, est le plus souvent une protéine de molécule de carotène[1]. Certains invertébrés multicellulaires ont davantage encore progressé sur la voie de la vision : ils ont développé une lentille rudimentaire en même temps qu'un ensemble de cellules sensibles à la lumière. La lentille a pour fonction de concentrer la lumière afin que les cellules puissent réagir à des intensités de lumière plus faibles et discriminer de manière plus fine entre diverses intensités de lumière.

Les yeux primitifs de ces invertébrés les ont dotés d'une nouvelle capacité : celle de connaître la direction d'où provient la lumière.

1. Le carotène est présent chez les végétaux, surtout dans la carotte. C'est pourquoi les parents soucieux de la bonne vision de leurs enfants les poussent souvent à consommer des carottes, entre autres légumes.

Ainsi, une lumière qui serait plus intense du côté gauche de l'œil viendrait de ce côté-là. Grâce à la multiplication de cellules photosensibles derrière la lentille, l'œil peut ainsi discerner les mouvements d'une source de lumière (ou d'ombre) qui traverse le champ de vision. Dans cet œil primitif, il n'y a pas encore formation d'image, si bien que l'organisme est incapable de dire si l'objet en mouvement est une proie possible, un prédateur ou bien un partenaire potentiel. Si sa fonction originelle est de concentrer la lumière sur les cellules réceptrices, la lentille va néanmoins évoluer jusqu'à pouvoir finalement focaliser la lumière et former une image sur une surface courbe appelée rétine. Les cellules photoréceptrices reliées à la rétine augmentent considérablement en nombre afin de pouvoir traiter la quantité d'informations accrue associée à une image donnée. La dernière étape sur le chemin de la vision concerne le développement du cerveau : les images formées sur la rétine sont traduites en impulsions nerveuses, et celles-ci transmises à un cerveau qui les interprète [2].

Un très grand nombre d'espèces ont parcouru ces diverses étapes dans leur évolution vers la vision. Ainsi, les mollusques ont développé un système visuel d'une grande complexité. Certaines espèces d'escargots, de mollusques marins à coquille, comme les coquilles Saint-Jacques, le calmar et la pieuvre, ont développé de vrais yeux avec des rétines d'une grande sophistication, comparables à ceux des humains. Les araignées possèdent des yeux remarquablement similaires à ceux des escargots les plus avancés. Dans la mesure où leurs familles ont évolué indépendamment, il ne fait aucun doute qu'araignées et escargots ont développé leur système visuel de façon totalement autonome. Pourtant, en parcourant des chemins différents, ils sont arrivés à la même destination, ils ont convergé vers le même système de vision. C'est ce qu'on appelle en biologie le phénomène de « convergence » : des espèces différentes arrivent à la même solution pour résoudre le même problème. Ainsi, le système oculaire a évolué maintes fois de façon indépendante : on

2. Il existe des espèces où les yeux ne sont pas accompagnés d'un cerveau : c'est le cas des méduses.

distingue au moins quinze chemins différents que diverses espèces ont empruntés pour aboutir à un système visuel comprenant une lentille liée à des cellules photoréceptrices[3].

Des yeux « caméra » et des yeux composés

Je regarde autour de la chambre où j'écris. Mon chien est allongé à côté. Un moustique virevolte dans la chambre, quêtant l'instant propice où se poser sur mon bras dénudé afin de me soutirer quelques gouttes de sang. Les deux animaux peuvent me voir : le chien avec les pupilles dilatées de ses yeux « caméra », le moustique avec ses yeux « à facettes » ou « composés ».

Il existe en effet deux types d'yeux. Les vertébrés, y compris les chiens, les chats, les humains, possèdent des yeux qui fonctionnent comme un appareil photographique, projetant une seule image inversée non pas sur un film ou un détecteur électronique, comme dans le cas d'une caméra, mais sur une membrane appelée rétine. En revanche, les insectes adultes et les crustacés (comme le crabe) possèdent des yeux composés. Ceux-ci sont faits de milliers, voire de dizaines de milliers de lentilles rassemblées de façon compacte (fig. 67), chacune connectée à des cellules photoréceptrices par une sorte de tube qui ressemble à une fibre optique. Avec des milliers d'images transmises simultanément à leur cerveau, les insectes sont extrêmement sensibles à tout mouvement dans leur champ de vision. Toute personne qui a essayé en vain d'écraser une mouche ou un moustique en est bien consciente. L'existence de ces deux types d'yeux nous rappelle que, malgré le phénomène de la convergence, les solutions trouvées par diverses espèces à un même problème d'évolution biologique ne sont pas nécessairement uniques, mais qu'il peut en exister plus d'une.

Une question se pose : des deux solutions proposées par l'évolution biologique – yeux « caméra » ou yeux composés –, y en a-t-il une qui soit meilleure que l'autre ? Il est vrai que certains crustacés

3. Pour une discussion du phénomène de convergence en biologie, voir Simon Conway Morris, *Life's Solution : Inevitable Humans in a Lonely Universe*, Cambridge, Cambridge University Press, 2003.

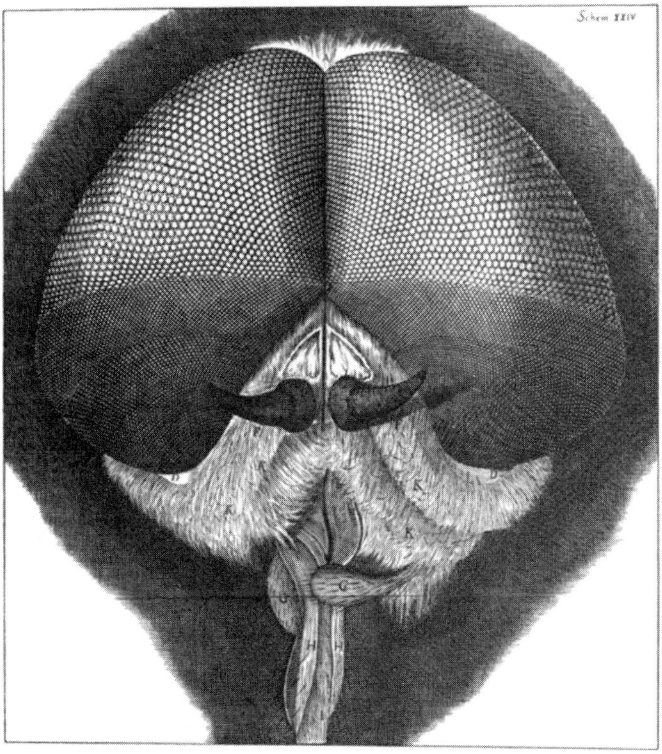

Fig. 67 : Dessin des yeux composés d'un frelon par Robert Hooke (*Micrographia* 1664). Ceux-ci sont composés de milliers de lentilles reliées à des cellules photoréceptrices. Comparés aux yeux « caméra » composés d'une seule lentille comme ceux des humains, les yeux composés ou « à facettes » ont une résolution angulaire bien inférieure. Mais ils possèdent un grand champ de vue et sont très sensibles à tout mouvement.

vivant en profondeur, dans des régions sous-marines où la lumière peine à pénétrer, sont particulièrement aptes à collecter de très faibles quantités de lumière. Il est aussi vrai que, dans les yeux composés, la partie réceptrice de la lumière peut être accrue en augmentant la surface et en assemblant les lentilles individuelles de façon encore plus compacte. Mais il y a une limite à la taille minimale des lentilles. Si celles-ci deviennent trop petites, elles ne peuvent plus collecter assez de lumière pour permettre à l'organisme de voir et de fonctionner. Les yeux composés doivent devenir très volumineux et encombrants sitôt qu'il y a abondance de lumière. Ainsi, les calculs suggèrent que si nous avions des yeux composés et que nous voulions bénéficier d'une vision équivalant à celle que nous possédons avec nos yeux « caméra », notre œil composé devrait avoir entre 1 et 12 mètres de diamètre[4] (fig. 68) ! Il y a

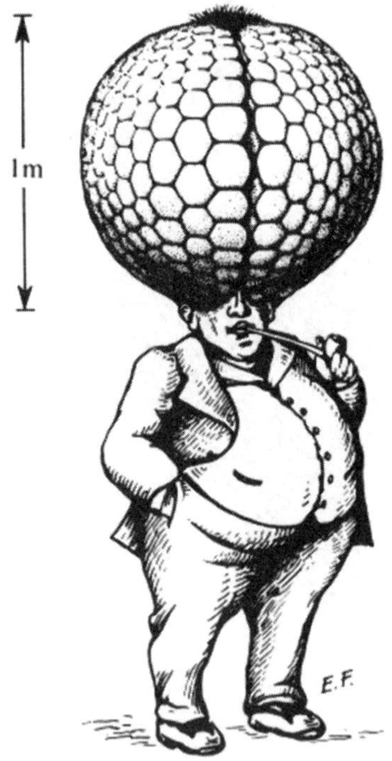

Fig. 68 : L'homme et les yeux composés. Pour parvenir à une vision équivalant à ses yeux « caméra » (par exemple la même résolution angulaire), une personne devrait avoir des yeux composés d'au moins un mètre de diamètre.

donc fort à parier que si des extraterrestres existent sur des planètes éloignées, leurs yeux ne sont pas composés comme ceux des insectes, mais qu'ils ont des yeux « caméra » comme vous et moi. Malgré leurs différences certaines, cela ne veut pas dire que les yeux « caméra » des humains et les yeux composés des insectes fonctionnent de façon radicalement différente. Ils partagent bien des points communs. Ainsi, le processus de coordination entre la vision et la locomotion, qui permet l'interception d'une proie ou d'un partenaire chez les insectes, ressemble fort à celui des humains. La vision binoculaire qui permet de voir en relief a évolué indépendamment chez nombre d'insectes autant que chez les oiseaux et les mammi-

4. Simon Conway Morris, *op. cit.*

fères. Il existe également des convergences dans l'architecture moléculaire de la vision : les protéines essentielles à la vision, telles celles de la rhodopsine, se retrouvent aussi bien chez les humains que chez les insectes.

L'œil, merveilleux instrument d'optique

L'œil humain compte parmi les yeux « caméra » les plus sophistiqués qui soient dans le règne animal. Il a la forme d'un globe. Chez un bébé, ce globe a un diamètre d'environ 1,3 centimètre. Il croît jusqu'à atteindre environ 90 % de sa taille adulte (de 2,5 centimètres) à l'âge de treize ans, et pèse alors quelque 7 grammes. Curieusement, les yeux des plus gros animaux sur Terre ne sont pas beaucoup plus grands que les yeux humains. Ainsi, une baleine de 30 mètres de longueur a des yeux à peine trois fois plus grands que ceux des humains[5] ! Apparemment, cette petite taille est suffisante pour recueillir toute la lumière dont la baleine a besoin.

L'œil humain est un merveilleux instrument d'optique (fig. 69). Sa fonction consiste à projeter des images de l'extérieur sur une membrane sensible à la lumière située à l'arrière : la rétine. Celle-ci traduit à son tour les zones d'ombre et de lumière et l'intensité des couleurs de l'image en un langage compréhensible pour le cerveau, celui des impulsions électriques. Les composantes de l'œil impliquées dans la formation de l'image sont, de l'extérieur vers l'intérieur, la cornée, l'iris et le cristallin. Contrairement à une idée reçue, la lentille qu'est le cristallin n'est pas le principal élément responsable de la focalisation des rayons de lumière à l'intérieur de l'œil. Ce rôle est assumé à 70 % par la cornée, coque protectrice transparente du cristallin : en effet, la focalisation des rayons lumineux dépend des différences de densité à l'interface de deux milieux transparents. Or la différence de densité entre l'air et la cornée est environ trois fois supérieure à celle qui existe entre le cristallin et l'humeur vitreuse, la substance transparente et visqueuse qui emplit

5. Les baleines sont des mammifères comme nous. Elles ont quitté la terre ferme pour s'installer dans les océans il y a quelque 50 millions d'années.

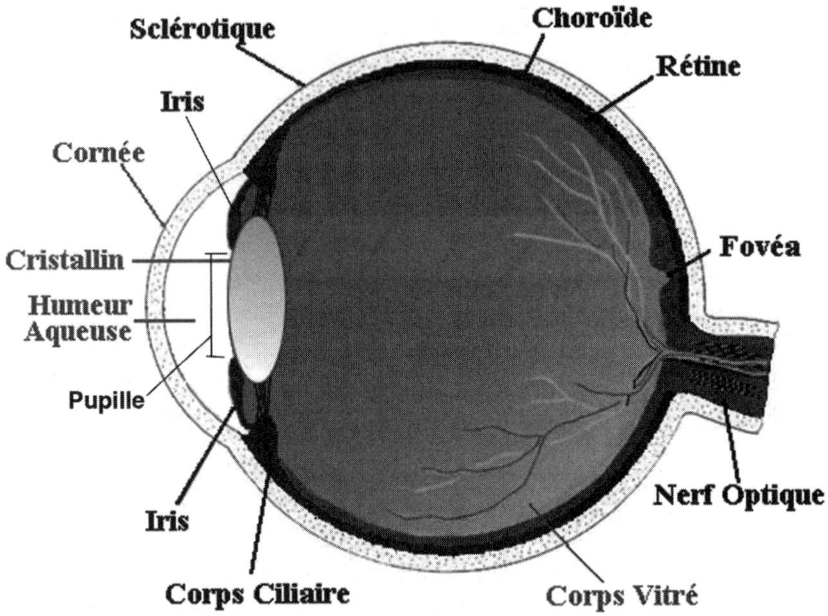

Fig. 69 : Anatomie de l'œil humain. L'œil humain est composé de deux lentilles optiques, la cornée et le cristallin qui dirigent la lumière vers la rétine. Celle-ci contient des cellules photosensibles dont les prolongements nerveux forment le nerf optique.

le globe de l'œil à l'arrière du cristallin. Avec l'âge, la cornée tend à durcir et à devenir irrégulière, ce qui peut rendre la focalisation de la lumière moins bonne, et donc les images moins nettes : c'est ce qu'on appelle l'astigmatisme. Dans certains cas, la cornée peut même devenir opaque ; par le passé, cela menait inexorablement à la cécité. Grâce aux techniques de la chirurgie moderne, notamment aux lasers qui ont remplacé les scalpels, une nouvelle cornée peut être transplantée si un donneur vient à être trouvé. Des cornées artificielles en plastique ont aussi été utilisées.

Si la cornée est principalement responsable de la convergence des rayons de lumière dans l'œil, c'est au cristallin et à lui seul que revient la tâche de contrôler la focalisation de la lumière pour nous permettre de voir loin ou près. Il le fait par l'intermédiaire des muscles ciliaires qui, en augmentant ou diminuant la pression exercée sur la lentille, font légèrement varier sa courbure. Le cristallin est donc responsable des fins ajustements qui font que la vision humaine est si précise pour des distances si variées. Sans ces ajustements, l'œil ne pourrait voir de façon nette qu'à une seule distance donnée ; tout le reste serait complètement indistinct.

À nouveau, ici, l'évolution biologique a trouvé différentes solutions pour résoudre un même problème : si les mammifères accomplissent généralement leur focalisation fine en modifiant la courbure de leur cristallin, d'autres animaux ont recours à des techniques différentes. Ainsi, les oiseaux prédateurs qui volent à haute altitude, comme les faucons et les aigles, doivent pouvoir repérer leurs proies – une souris, un lièvre – à des milliers de mètres de distance et garder une image nette de leurs victimes tout en s'en approchant. Pour ce faire, ces oiseaux prédateurs changent non pas la courbure de leur lentille, mais celle de la cornée elle-même. Quant aux mollusques comme les pieuvres, ils aplatissent leurs yeux tout entiers pour pouvoir rapprocher la lentille de la rétine. Les poissons, eux, déplacent la lentille vers l'avant ou l'arrière à la manière de l'oculaire d'un télescope.

Situé entre la cornée et le cristallin, l'iris est une membrane circulaire qui joue le rôle d'un diaphragme ; il contrôle la quantité de lumière qui entre dans l'œil en se contractant ou en se dilatant. C'est aussi la partie colorée de l'œil, responsable des yeux bleu clair des Scandinaves ou de ceux, brun foncé, des Asiatiques. L'iris réagit non seulement à la quantité de lumière qu'il reçoit, mais aussi à l'état chimique et émotionnel du corps. Ainsi, la peur ou la surprise peuvent l'élargir ou le rétrécir. Une personne qui a pris des narcotiques doit souvent porter des lunettes pour protéger un iris par trop dilaté, ce qui rend ses yeux trop sensibles à la lumière.

Percé au milieu de l'iris est un orifice par lequel la lumière pénètre dans l'œil : la pupille. Celle-ci apparaît toujours noire, quelle que soit la couleur de l'iris, car elle ne reflète pratiquement aucune lumière. Son ouverture est plus ou moins grande selon la quantité de lumière reçue. Dans l'obscurité, la pupille peut s'élargir jusqu'à une ouverture maximale de 7 millimètres de diamètre chez les jeunes personnes, maximum qui décroît jusqu'à 4 millimètres quand on vieillit. Dès qu'elle est exposée à une lumière vive, la pupille rétrécit jusqu'à environ 3,5 millimètres chez les jeunes gens.

Le monde en couleurs

Non seulement l'homme voit, mais il voit en couleurs. Celles-ci apportent une dimension supplémentaire à notre vision, car il est plus facile de distinguer deux objets de couleurs différentes que de même couleur. Cette capacité a certainement aidé nos lointains ancêtres à repérer plus facilement leurs prédateurs, et a donc contribué à leur survie. De ce point de vue, la vision humaine est différente de celle de la plupart des mammifères, car ceux-ci ne distinguent pas bien les couleurs. Ainsi, quand un matador agite un tissu rouge devant un taureau, cela a pour résultat d'exciter davantage les spectateurs que la bête ! Le matador aurait pu provoquer la même charge du taureau s'il avait agité devant lui une étoffe de couleur grise. Si les chiens, chats, vaches, chevaux et autres animaux domestiques ont un très faible sens des couleurs, nos cousins les plus proches, chimpanzés et autres singes, partagent en revanche notre capacité d'apprécier un monde multicolore. Peut-être, à l'époque où ils évoluaient dans les forêts, il y a des millions d'années, nos ancêtres avaient-ils besoin de la vision en couleurs pour pouvoir distinguer les fruits du feuillage touffu et déterminer s'ils étaient en assez bon état pour être consommés. La prochaine fois que vous irez au supermarché et que vous tournerez et retournerez un fruit pour discerner ses défauts éventuels avant de l'acheter, pensez que vous utilisez votre sens des couleurs de la même manière que vos très lointains ancêtres !

D'autres espèces encore sont sensibles à des couleurs que nous ne voyons pas. Ainsi, les abeilles peuvent percevoir la lumière ultraviolette qui nous est invisible. Si nous avions des yeux pareils à ceux des abeilles, nous verrions certaines fleurs exhiber des rayures ultraviolettes pointant vers des cœurs riches en nectar, telles les flèches d'orientation aux abords des pistes d'atterrissage des aéroports. Cette sensibilité de la vision humaine dépend des photorécepteurs de la rétine située à l'arrière de l'œil humain. Celle-ci enregistre les images à la façon d'un film ou d'un détecteur électronique dans un appareil photographique. Sa couche interne est composée de nombreux photorécepteurs de deux sortes – les cônes et les bâtonnets –, ainsi que de cellules qui traitent et acheminent l'information visuelle vers le cerveau. La rétine est en quelque sorte une excroissance du cerveau. Dans un fœtus humain, elle fait d'ailleurs initialement partie du cerveau. C'est seulement plus tard qu'elle se dispose en avant de la boîte crânienne de l'enfant et qu'elle se différencie en organe récepteur de la lumière. Les yeux ne sont donc pas seulement connectés au cerveau, ils en font partie intégrante ! Nous voyons le monde non seulement avec nos yeux, mais aussi avec notre cerveau.

L'intime connexion entre l'œil et le cerveau

Cette intime connexion entre l'œil et le cerveau a été perçue par le peintre et inventeur italien Léonard de Vinci (1452-1519) dès le XVe siècle. Pour l'artiste, l'œil est la fenêtre de l'âme. Bien que la vision ne soit qu'un des cinq sens qui permettent à l'homme d'appréhender le monde, Léonard considère qu'elle est la reine des sens : c'est par ses yeux que l'homme peut le mieux contempler l'œuvre infinie de Dieu. Au cours de ses dissections anatomiques à la fois du cerveau humain et de l'œil, il remarque que tous deux sont constitués de tissus similaires, et que chaque œil est connecté au cerveau par un nerf optique. Celui-ci aboutit au cerveau en un endroit que Léonard identifie avec le « siège de l'âme », là où l'image visuelle est interprétée et traduite en connaissance et en conscience. Léonard découvre aussi que les deux nerfs optiques qui partent de chacun des yeux se croisent dans une structure appelée aujourd'hui « chiasma optique ». Le peintre interprète correctement la convergence des deux nerfs optiques comme la preuve que les images des deux yeux se combinent pour ne former qu'une seule image mentale. Pour Léonard, l'œil fonctionne comme un appareil photographique. Mais cela pose un grave problème : les images projetées sur la rétine ne peuvent qu'être à l'envers, alors que manifestement nous voyons le monde à l'endroit. Léonard pense de manière erronée que c'est la lentille du cristallin qui rétablit les images dans le bon sens (fig. 4). Quoique conscient du lien intime entre l'œil et le cerveau, il n'est jamais venu à l'esprit de Léonard que c'est le cerveau lui-même qui remet les choses en ordre et fait que nous voyons le monde à l'endroit ! Léonard a été sur la bonne voie en identifiant le nerf optique comme conduit de l'information visuelle au cerveau, mais il n'a pu deviner que les images du monde extérieur sont envoyées au cerveau sous forme de messages codés et comprimés grâce aux bons offices de la rétine.

La caractéristique la plus importante de la rétine est qu'elle est faite de neurones présentant de nombreuses analogies avec ceux du cerveau[6]. Il y a trois couches distinctes de neurones dans la rétine (fig. 70). En allant de l'avant vers l'arrière, la lumière doit traverser d'abord une première couche de cellules ganglionnaires rétiniennes dont les axones forment le nerf optique, puis une deuxième couche de cellules dites bipolaires, avant d'arriver enfin à la dernière couche des cellules photoréceptrices qu'on appelle cônes et bâtonnets (fig. 25 cahier couleur). Ces photorécepteurs sont des neurones très courts possédant un segment externe de forme cylindrique pour les bâtonnets, de forme conique pour les cônes. Curieusement, la structure de la rétine semble suivre une logique inversée, la lumière ayant à traverser plusieurs couches de neurones et de synapses avant d'atteindre les cônes et les bâtonnets. La raison en est probablement d'ordre évolutionniste : les photorécepteurs ont besoin d'énergie pour fonctionner ; or cette énergie est fournie par le sang, qui est opaque à la lumière. La solution trouvée par l'évolution a été de fixer les photorécepteurs sur la choroïde, la structure située derrière la rétine, qui est richement vascularisée et hors du trajet de la lumière[7].

La perception est un processus quantique

La première étape dans le processus de vision se déroule dans la couche des cônes et des bâtonnets. On dénombre en moyenne 6 millions de cônes et 120 millions de bâtonnets dans un œil

6. Le neurone est l'unité fonctionnelle du système nerveux. Il est composé d'un corps cellulaire et de prolongements (axone et dendrites).

7. Pour une bonne discussion sur la relation intime entre l'œil et le cerveau, voir Richard L. Gregory, *Eye and Brain*, Princeton University Press, Princeton, 1997.

Fig. 70 : Structure de la rétine. Celle-ci suit une sorte de logique inversée. La lumière doit traverser des couches de fibres nerveuses, de cellules ganglionnaires et bipolaires avant même d'arriver aux cellules photoréceptrices, les cônes et les bâtonnets. Le nerf optique n'est pas directement relié aux photorécepteurs mais au cerveau, au moyen des cellules ganglionnaires et bipolaires qui peuvent être considérées comme faisant partie de celui-ci. L'œil et le cerveau sont donc intimement liés.

humain. Les bâtonnets dominent dans les régions périphériques de la rétine. Ils contiennent des molécules de rhodopsine sensibles à la lumière. La molécule de rhodopsine résulte de la combinaison de la protéine opsine avec une molécule de pigment appelée rétinal. C'est cette dernière qui donne à la rhodopsine la couleur signalée par son autre nom : « pourpre rétinien ». Parce que le rétinal est associé à la vitamine A, les personnes qui manquent de cette vitamine souffrent de troubles de la vision. Quand une molécule de rhodopsine absorbe un photon (l'énergie du photon doit être égale à la différence entre deux niveaux d'énergie de la molécule), elle se brise en ses composantes rétinal et opsine, et ce changement photochimique déclenche une chaîne d'événements qui débouche sur une impulsion électrique envoyée par le nerf optique au centre visuel du cerveau. Ce processus fait qu'un seul photon suffit pour que nous voyions. La vision est essentiellement un processus quantique, la molécule de rhodopsine étant un objet quantique avec des états d'énergie bien spécifiques. Nos yeux sont des photorécepteurs quantiques qui détectent des quanta d'énergie.

La rhodopsine est régénérée à partir de ses composantes par les cellules nerveuses qui utilisent la chaleur du corps comme source d'énergie. Ce processus de régénération est naturellement plus efficace dans l'obscurité, mais, même quand la lumière est présente, la régénération des molécules de rhodopsine se poursuit en même temps que leur destruction, établissant un équilibre dynamique qui fait que nous continuons à voir. Cependant, quand nos yeux sont fatigués, nous les fermons instinctivement, ce qui rend le processus de régénération plus efficace. Le sommeil est lui aussi régénérateur : quand nous dormons, le corps régénère assez de rhodopsine pour les besoins de la vision pendant la journée suivante. La stimulation par la lumière d'un grand nombre de molécules de rhodopsine dans les bâtonnets se traduit ensuite par une excitation des synapses neuronales de la couche adjacente de neurones dans la rétine, celle des cellules bipolaires. Une seule cellule bipolaire reçoit les excitations de plusieurs bâtonnets, créant des interconnexions complexes reliant la couche des photorécepteurs à celle des cellules bipolaires. Les interconnexions reliant les cellules bipolaires aux ganglions nerveux sont encore plus complexes. C'est grâce à ces connexions neuronales que l'information est extraite de l'image formée sur la rétine, qu'elle est condensée, comprimée et finalement transmise au cerveau.

Les bâtonnets sont capables de détecter une lumière beaucoup plus faible que les cônes ; c'est pourquoi ils jouent un rôle essentiel dans la vision nocturne. Nous avons tous remarqué que, quand nous passons d'un endroit éclairé à l'obscurité de la nuit, nous commençons par ne pas pouvoir distinguer très bien les choses. Mais, au bout de quelques minutes, nos yeux s'adaptant au noir, le paysage nocturne se dessine. Les expériences montrent que si nous restons une demi-heure dans l'obscurité, nos yeux deviennent capables de voir des objets environ 10 000 fois moins éclairés que ceux immergés dans un éclairage normal : les bâtonnets assument entièrement la tâche de la vision quand la lumière devient trop faible pour les cônes. Mais, parce que les cônes ne sont pas activés, les choses apparaissent la nuit sans couleur. En effet, alors que les bâtonnets sont responsables de la vision du relief, c'est grâce aux cônes que nous percevons les couleurs.

Je constate souvent cette fabuleuse capacité des yeux à s'adapter à l'obscurité quand je vais dans les observatoires recueillir la lumière cosmique. Durant la nuit, pendant que le télescope enregistre la lumière d'une lointaine galaxie, je sors de la salle de contrôle, chaude et éclairée, où les images du ciel sont retransmises sur un écran de télévision par la magie de l'électronique, pour m'octroyer le plaisir de contempler en direct la voûte céleste. Les premières minutes, plongé dans le noir profond de la nuit, mes yeux distinguent seulement les étoiles les plus brillantes. Mais, au bout d'une dizaine de minutes, mes yeux s'adaptant à l'obscurité et mes bâtonnets entrant en action, c'est le firmament entier qui scintille d'innombrables sources lumineuses.

Les cônes et les couleurs

Les cellules en forme de cônes sont les plus nombreuses dans la région centrale de la rétine. Ce sont elles qui font que nous percevons un monde coloré. Il existe trois types de cônes, chacun contenant un pigment sensible à une couleur particulière : il y a une sorte de cône qui absorbe la lumière bleue, une autre qui absorbe la lumière verte, une autre encore qui absorbe la lumière rouge. Ces trois types de cônes sont responsables de toute la palette de couleurs qui nous entoure, le bleu, le rouge et le vert constituant les couleurs primaires. Chez les mammifères, il est presque certain que nous sommes les seuls, avec nos cousins primates, à jouir d'un monde en couleurs. Le monde des chats et des chiens n'est fait que d'un gris uniforme. Curieusement, nombre d'animaux dits « inférieurs », comme les oiseaux, les poissons, les reptiles et les insectes (telles les abeilles et les libellules), ont en revanche un sens très développé des couleurs. Ainsi les poulets et les pigeons, et même la peste des maisons, les cafards, perçoivent un monde coloré ! Leurs rétines possèdent même quatre types de pigments au lieu des trois nôtres. Cela veut-il dire qu'un cafard perçoit un monde plus bigarré que les humains ? Probablement non, car, nous l'avons vu, nous voyons à la fois avec nos yeux et avec notre cerveau, et nos capacités mentales sont autrement plus développées que celles des cafards ! Malgré leurs quatre pigments, ceux-ci sont absolument insensibles à la couleur rouge. Ainsi, s'ils ont investi votre demeure et que vous vouliez repérer leur nid, une bonne tactique consiste à équiper vos lampes d'ampoules rouges : vous pourrez les voir tandis que vous leur resterez invisible !

Des anomalies génétiques provoquant le dysfonctionnement des cônes responsables d'une couleur primaire font que certaines personnes sont aveugles à cette couleur. Pareil dysfonctionnement peut résulter de l'absence d'un pigment ou de l'incapacité des cônes à communiquer les signaux au cerveau. Il peut concerner soit une seule couleur primaire (le rouge, le vert ou le bleu), soit deux d'entre elles ou les trois. L'aveuglement au rouge est appelé « protanomalie », celui au vert « deutéranomalie », celui au bleu « tritanomalie » (du grec signifiant première, deuxième et troisième anomalie de vision). Les personnes aveugles au rouge ne peuvent distinguer entre le rouge et le vert, affection plus connue sous le nom de « daltonisme », d'après le nom du chimiste anglais John Dalton (1766-1844) qui fut le premier à décrire, à la fin du XVIIIe siècle, la non-perception ou la confusion des couleurs chez certaines personnes. Lui-même souffrait de cette anomalie : il s'aperçut qu'il ne pouvait distinguer les produits chimiques par leurs couleurs, alors que ses collègues le faisaient on ne peut plus facilement.

Pourquoi a-t-il fallu attendre aussi longtemps pour que l'aveuglement aux couleurs affectant certaines personnes soit enfin reconnu ? Peut-être parce que nous n'avons pas directement accès aux sensations de couleurs éprouvées par une autre personne. Quand je parle à un ami d'un ciel bleu ou d'un coquelicot rouge, comment puis-je savoir si sa perception du bleu ou du rouge est exactement la même que la mienne ? La plupart des personnes aveugles à certaines couleurs vivent des vies tout à fait normales sans que leur entourage se rende compte qu'il existe quelque chose d'inhabituel dans leur vision.

Le daltonisme, ou confusion entre les couleurs rouge et vert, est l'anomalie la plus courante. Plus de 10 % des individus en sont affectés. En revanche, la confusion entre le vert et le bleu est beaucoup plus rare. Les anomalies de la vision sont généralement héréditaires et touchent principalement les hommes. En effet, si un homme sur dix est daltonien, seulement 1 % des femmes le sont. Et ce, parce que le jeu des gènes fait qu'une femme ne peut être daltonienne que si ses deux parents le sont aussi, cas de figure relativement rare, alors qu'un homme peut être daltonien si son père est normal et sa mère daltonienne, cas de figure relativement plus fréquent.

Thomas Young et les trois couleurs primaires

Un problème se pose si la vision normale est « trichromatique », c'est-à-dire fondée uniquement sur trois types de cônes, chacun doté d'un pigment sensible à une couleur différente, le bleu, le rouge et le vert. Pourquoi, dans ce cas, le monde ne nous apparaît-il pas seulement en trois couleurs ? Un être humain doté d'une vision normale est capable de distinguer des centaines de nuances de couleurs. Comment trois couleurs primaires peuvent-elles être à elles seules responsables des innombrables tonalités que nous percevons ? Si chaque teinte ou nuance correspondait à un récepteur distinct, il devrait en exister plus de deux centaines, et non pas seulement trois !

C'est le physicien anglais Thomas Young (1773-1829) – le même qui découvrit qu'ajouter de la lumière à de la lumière peut donner de l'obscurité – qui, en 1801, fut le premier à se pencher sur ce problème. Il avait bien remarqué que nous voyons presque aussi bien dans une lumière monochromatique (d'une seule couleur) que dans une lumière blanche comprenant toutes les couleurs de l'arc-en-ciel. Ce qui veut dire que la densité des récepteurs ne peut être beaucoup réduite dans le cas d'une lumière monochromatique, ce qui serait le cas si chaque nuance de couleur était perçue par un récepteur différent. Comme il semble improbable que chaque point photosensible de la rétine contienne une multitude de récepteurs vibrant à l'unisson avec chaque sorte de lumière colorée, Young eut l'extraordinaire intuition de postuler qu'il n'y avait que trois couleurs primaires, le rouge, le vert et le bleu (ou violet), au lieu des sept postulées par Newton dans son *Opticks*. Le physicien alla encore plus loin : il maintint que ce n'étaient pas les couleurs qui étaient élémentaires, comme le pensait son illustre prédécesseur, mais plutôt les perceptions de l'œil. Il fut ainsi le premier à lier la perception des couleurs à un processus physiologique. Écoutons le grand physicien écossais James Clerk Maxwell (1831-1879) lui rendre hommage quelque soixante-dix ans plus tard : « Cela semble presque un truisme de dire que la couleur est une sensation ; et pourtant Young, en reconnaissant cette vérité élémentaire, fut le premier à établir une théorie cohérente des couleurs. À ma connaissance, Thomas Young fut le premier, en partant du fait connu qu'il existe trois couleurs primaires, à rechercher une explication de ce fait non pas dans la nature de la lumière, mais dans la constitution de l'homme. »

Pour vérifier son intuition, Young se livra à une remarquable série d'expériences fondées sur le constat d'une propriété fondamentale des couleurs : elles peuvent être mélangées. Ce qui peut sembler évident à première vue ne l'est plus si nous constatons que l'œil se comporte de façon très différente de l'oreille. Deux sons distincts ne peuvent être mélangés pour donner un troisième son pur et différent, alors que nous pouvons facilement mélanger deux lumières pour en obtenir une troisième. C'est cette propriété des sons de ne point se mélanger qui fait que, en écoutant un orchestre symphonique, nous pouvons aisément distinguer le son d'une harpe de celui d'un violon ou d'un piano. En mélangeant seulement trois sortes de lumières, la lumière rouge, la verte et la bleue (ou violette), Young a démontré qu'il était possible de reproduire toutes les nuances de couleurs, toutes les tonalités chromatiques en ajustant leurs intensités relatives. Il a pu aussi reproduire la couleur blanche – mais non la noire.

Les idées pionnières de Young furent plus tard reprises et développées par le physicien et physiologiste allemand Hermann von Helmholtz (1821-1894). La théorie trichrome de Young et de Helmholtz est aujourd'hui acceptée par la plupart des chercheurs pour rendre compte de notre perception des couleurs : il existe trois sortes de photorécepteurs (les cônes) qui sont sensibles au rouge, au vert et au bleu (ou violet), et toutes les couleurs du monde extérieur sont perçues par notre cerveau grâce à une combinaison des signaux de ces trois types de photorécepteurs.

La partie la plus sensible de l'œil

Les fibres nerveuses sortent de l'œil par le nerf optique. À ce point de sortie, la rétine est interrompue, il n'y a plus de photorécepteurs et la lumière qui frappe cet endroit n'est plus perçue. C'est ce qu'on appelle la « tache aveugle ». Son existence est essentielle pour que l'œil puisse transmettre l'information qu'il reçoit au cerveau par le canal du nerf optique. Sans la tache aveugle, nous ne pourrions pas voir ! À proximité de cette tache se trouve la tache jaune, ou fovéa, petite dépression dans la rétine où la couche des cellules nerveuses est plus aplatie et laisse passer plus facilement la lumière jusqu'aux photorécepteurs. D'une taille à peine supérieure à un millimètre, la fovéa ne contient aucun bâtonnet, mais exclusivement des cônes assemblés de manière très dense. C'est là que notre acuité visuelle est la meilleure. Quand nous fixons une personne ou un objet, nous bougeons inconsciemment nos yeux de telle façon que la fovéa soit dans l'alignement de cette personne ou de cet objet, comme lorsqu'un chasseur oriente son fusil dans la direction de sa cible. Si l'objet contemplé est trop grand, nous bougeons nos yeux de manière à le « scanner » entièrement avec la fovéa. Pendant que vous lisez cette phrase, vos yeux bougent ainsi de telle façon que la fovéa passe au-dessus de chaque lettre et de chaque mot pris individuellement.

Mais, pour percevoir les couleurs et les images, les cônes doivent être exposés à une lumière suffisamment brillante. Ils ne sont pas très efficaces pour percevoir des objets de faible luminosité. Pour cela, il faut faire appel aux bâtonnets qui, on s'en souvient, sont situés non pas dans la région centrale de la fovéa, mais autour d'elle, dans les régions périphériques. C'est pourquoi, pour percevoir des objets de faible luminosité, il vaut mieux ne pas les regarder directement, mais « du coin de l'œil », afin que la lumière provenant de l'objet tombe sur les bâtonnets, lesquels sont beaucoup plus sensibles à une lumière de faible intensité.

Je puis personnellement vous assurer que cette technique marche à merveille : je l'ai pratiquée maintes fois lors de mes débuts en astronomie, il y a une trentaine d'années, quand les images des objets célestes n'étaient pas encore retransmises sur un écran de télévision et quand l'astronome lorgnait encore directement dans le télescope pour repérer des étoiles ou des galaxies de très faible brillance. Les bâtonnets jouent ainsi un rôle essentiel dans notre vision périphérique (celle des objets situés aux alentours) et dans notre vision nocturne.

Le cerveau humain est l'aboutissement d'une longue histoire

Comment les signaux lumineux captés par les photorécepteurs de la rétine nous permettent-ils de voir ? Comment le cerveau convertit-il en images les messages véhiculés par les nerfs optiques ? Pour répondre à ces questions, il faut nous pencher sur la structure du cerveau.

Jusqu'à ce que nous entrions en contact avec des intelligences extraterrestres, le cerveau humain est la structure la plus complexe connue dans l'univers. Il contient quelques centaines de milliards de cellules nerveuses appelées neurones, chacune de quelques millioniemes de millimètre de diamètre. C'est autant que le nombre d'étoiles dans une galaxie, ou le nombre de galaxies dans l'univers observable. Le cerveau est une jungle impénétrable de neurones interconnectés. Si tous les axones présents dans notre cerveau étaient mis bout à bout, ils s'étendraient sur plusieurs centaines de milliers de kilomètres. Chacun des centaines de milliards de neurones compte en moyenne entre 1 000 et 10 000 connexions ou synapses, ce qui fait que chaque neurone peut en même temps recevoir des signaux de milliers d'autres neurones et en envoyer à un nombre aussi élevé. Notre cerveau contient ainsi plus de 100 000 milliards de synapses : tous les ordinateurs du monde connectés ensemble n'auraient pas sa puissance de traitement de l'information.

Le cerveau humain est l'aboutissement d'une longue histoire. Il est composé de trois parties interconnectées, chacune apparue plus tôt chez des animaux « inférieurs » et chacune correspondant à une étape majeure de l'évolution. La partie la plus ancienne est le cerveau reptilien, qui a probablement évolué il y a quelque 400 millions d'années. Non seulement ce cerveau reptilien contrôle le rythme de la respiration et celui des battements du cœur, mais il est aussi à l'origine de notre agressivité, de notre sens de la territorialité et des hiérarchies sociales. Le cerveau reptilien est entouré par le cerveau limbique, que nous partageons avec les autres mammifères et qui a évolué entre – 300 et – 200 millions d'années. Ce cerveau limbique régule la température du corps et la tension artérielle. Il est aussi le site des émotions, de l'affectivité et du désir sexuel. Il est responsable de l'instinct de conservation qui nous incite à nous nourrir, à nous défendre et à nous reproduire. Enfin, couronnant le tout, vient le cortex (du mot latin signifiant « écorce ») qui représente environ 85 % de notre cerveau et qui contient plus de neurones que n'importe quelle autre de ses parties. Le cortex a probablement commencé à évoluer il y a plusieurs dizaines de millions d'années, mais il est passé à la vitesse supérieure il y a environ un million d'années, avec l'émergence des humains. Parmi toutes les espèces, nous possédons le cortex le plus développé. La surface du cortex humain est de quelque 2 200 centimètres carrés et, pour résider dans la boîte crânienne d'un volume de moins d'un litre et demi, il doit être maintes fois plié et replié sur lui-même.

C'est dans le cortex que les pensées naissent, que les décisions sont prises, que les souvenirs du passé surgissent, que le futur est planifié, que le sentiment religieux et le sens de la transcendance prennent forme. C'est là aussi que se trouve le centre de la vision. À l'arrière du cortex cérébral est situé le lobe occipital (« occipital » signifie en latin « vers l'arrière ») ; les signaux visuels de la rétine y sont traités et transformés en images. C'est la raison pour laquelle ce lobe occipital est aussi appelé « cortex visuel ». On pense que le cerveau y engendre aussi les images mentales qui apparaissent dans nos rêves au cours du sommeil.

La dernière étape de l'évolution du cerveau humain est la spécialisation des deux hémisphères. Elle est survenue entre – 4 et – 1 million d'années. L'hémisphère gauche est plus impliqué dans le langage, le sens mathématique et le raisonnement logique ; l'hémisphère droit, dans la représentation spatiale des formes ainsi que dans les sens artistique et poétique. Mais, tout comme les cerveaux reptilien, limbique et cortical forment un tout interconnecté, les deux hémisphères sont reliés par un « pont » composé de quelque 300 millions de fibres nerveuses, le « corps calleux », et fonctionnent de manière interdépendante[8].

L'embouteillage de l'information

Comment les signaux lumineux reçus par la rétine sont-ils acheminés des yeux jusqu'au cortex visuel ? Un neurone est doté d'un noyau et fonctionne comme un appareil émetteur-récepteur miniature. Le récepteur consiste en arborescences touffues appelées « dendrites » (du grec *dendron*, arbre) ; l'émetteur, en une fibrille appelée axone, qui se divise à son extrémité en de nombreuses ramifications (fig. 71). Celles-ci sont reliées aux dendrites des neurones adjacents par des régions de contact appelées synapses. L'information va toujours dans le même sens : des dendrites du premier neurone à son axone, puis aux dendrites du deuxième neurone, et

8. Pour une description plus détaillée du cerveau, voir Trinh Xuan Thuan, *Origines, op. cit., chap. VI.*

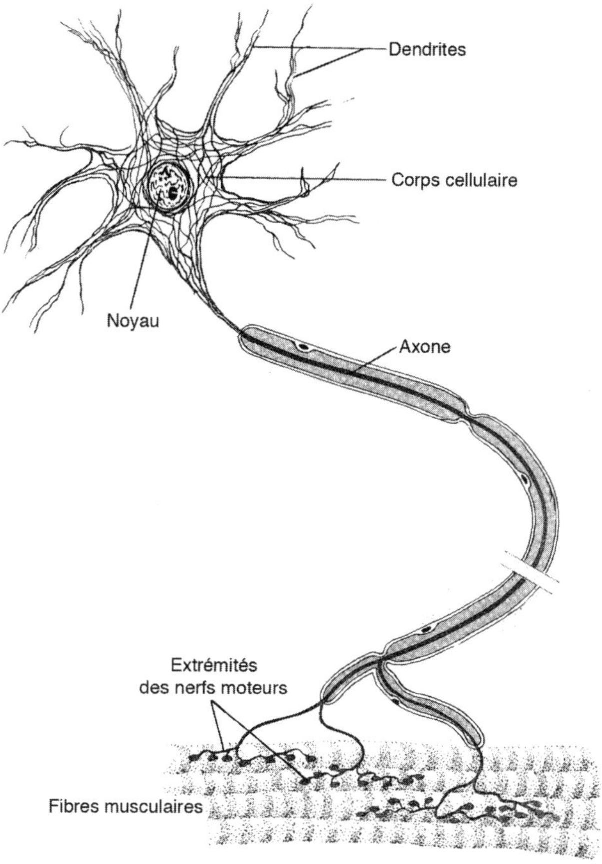

Fig. 71 : Une cellule nerveuse appelée neurone. Un neurone est doté d'un noyau, d'un corps cellulaire et d'un axone. Les informations reçues des cellules photoréceptrices de la rétine sont transmises au corps cellulaire par les nombreuses dendrites. Certaines de ces informations vont faire que le neurone déclenche une impulsion électrique, d'autres informations vont l'inhiber.

ainsi de suite. Les neurones sont de minuscules usines électrochimiques extrêmement sophistiquées. La lumière reçue par les cellules rétiniennes (les cônes et les bâtonnets) est convertie en impulsions électriques. Une impulsion, quand elle parvient à l'extrémité d'un axone, déclenche la libération de certains produits chimiques qui franchissent une synapse pour être captés par la dendrite d'un neurone adjacent. Quand les produits chimiques atteignent une concentration critique, le neurone adjacent envoie un signal électrique le long de son axone, et le processus se répète à la prochaine synapse.

Un problème se pose à l'étape suivante, celle de la transmission de l'information par le nerf optique. Un embouteillage de l'information se crée. En effet, la rétine humaine contient environ 120 millions de bâtonnets et 6 millions de cônes, soit 126 millions de neurones au total. Or il existe seulement un million d'axones dans le nerf optique pour transmettre les signaux au cerveau[9]. Ce qui veut dire que, en moyenne, l'information qui tombe sur 126 photorécepteurs dans la rétine ne peut être transmise que par un seul axone d'une cellule ganglionnaire dans le nerf optique. Chaque fibre de nerf optique reçoit les stimulations d'une pléthore de cônes et de bâtonnets, à l'instar d'un câble téléphonique qui reçoit plusieurs conversations en même temps. Cette situation fait qu'un très faible signal lumineux reçu par des milliers de bâtonnets est aussi bien perçu par le cerveau qu'un signal lumineux intense reçu par quelques cellules. Les nerfs optiques additionnent les signaux lumineux émanant d'une multitude de cellules rétiniennes pour rendre notre vision plus sensible.

Éditer et comprimer l'information

Comment l'œil gère-t-il cet embouteillage de l'information ? En l'éditant et en la comprimant. En effet, dans un champ visuel, il existe toujours de l'information redondante. Quand vous regardez la photo d'un ciel bleu, vous n'avez nul besoin d'examiner chaque coin de ciel bleu pour vous rendre compte de l'apparence du ciel. Vos yeux sont plutôt attirés par un changement, par exemple là où le ciel bleu est interrompu par les cimes enneigées d'une montagne. « Changement » est ici le mot clé. Pour réduire l'information contenue dans une image à ses composantes basiques les plus intéressantes, l'œil ne répond qu'aux changements intervenant dans l'espace et le temps. Il ignore tout ce qui est statique et immobile,

9. « Seulement » est ici d'un emploi relatif. Par comparaison avec le nerf optique, le nerf auditif ne contient que 30 000 fibres nerveuses.

tout ce dont les caractéristiques ne varient pas spatialement ni temporellement. Quelque chose qui bouge, un paysage qui change, voilà ce qui attire l'œil. Dans un ciel totalement dépourvu de nuages et d'un bleu immaculé qui n'en finit pas, rien ne retient le regard. C'est quand les nuages y dessinent de jolis dessins, ou que la pente d'une montagne brune se profile à l'horizon, rompant la monotonie de l'azur déployé à perte de vue, que le regard est attiré. Cette propension à ne réagir qu'aux changements – un oiseau qui vole, une fourmi qui se déplace, des bâtiments qui se dressent à l'horizon – permet à la rétine d'éditer et de comprimer l'information, d'accomplir ce qu'on appelle la« convergence de l'information ».

Mais, pour mesurer un changement – par exemple le passage spatial de l'ombre à la lumière, ou le déplacement d'une personne allant d'un endroit à un autre –, il est nécessaire que la lumière détectée en un lieu soit comparée à celle détectée en un autre lieu ou à un instant différent. Ce qui se passe localement doit être rapporté à ce qui se passe ailleurs dans le temps et dans l'espace. Le local doit être rapporté au global.

Ce genre de comparaison requiert des connexions latérales entre les cellules nerveuses. Une cellule bipolaire est ainsi connectée latéralement à de nombreux photorécepteurs. Il existe aussi de nombreuses connexions latérales dans les couches synaptiques. Pour bien détecter le moindre changement, les connexions neuronales sont aménagées de manière ingénieuse, selon une architecture dite de « centre-périphérie » (de l'anglais *center-surround*). Les neurones des différentes couches de la rétine recouvrent chacun une région de notre champ visuel appelée « champ récepteur ». Dans la configuration « centre-périphérie », les photorécepteurs au centre du champ récepteur de la cellule ganglionnaire provoquent une réaction directe de celle-ci à la lumière – ils l'excitent – tandis que, au contraire, ceux qui se trouvent à la périphérie du champ récepteur inhibent sa réaction. Pour un champ récepteur illuminé de manière uniforme, les deux effets s'annulent, si bien que la cellule ganglionnaire ne transmet aucune impulsion nerveuse au nerf optique. En revanche, dès qu'il y a changement d'illumination ou de couleur, la compensation n'est pas exacte, et un signal est envoyé. Par exemple, si la partie droite du champ récepteur est plongée dans l'obscurité tandis que le reste est illuminé, l'excitation du centre ne peut être contrebalancée par l'inhibition de la partie de droite, ce qui produit une nette excitation de la cellule ganglionnaire.

Les mouvements dans le champ de vision sont détectés de façon similaire par des changements non dans l'espace, mais dans le temps. Parce que l'information n'est transmise au nerf optique que s'il y a changement, elle est éditée et donc comprimée de manière notable. Cette compression de l'information est analogue à celle que subit un film vidéo téléchargé sur l'Internet : toute information redondante en est supprimée. Curieusement, le facteur de compression de 126 exercé par la rétine est approximativement égal à celui des techniques de compression standard utilisées pour l'Internet, tel le MP3...

Le voyage de l'information des yeux au cerveau

Mais la compression de l'information par la rétine ne constitue qu'un début. L'information comprimée doit être ensuite acheminée de la rétine au cerveau pour que la cognition survienne et pour que nous comprenions ce que nous regardons. Les impulsions nerveuses des deux rétines circulant le long des deux nerfs optiques, celle de gauche et celle de droite, passent d'abord par un système connecteur situé juste derrière les deux yeux et appelé « chiasma optique » (fig. 72). Sa fonction est d'unifier les signaux de l'œil droit avec ceux de l'œil gauche de telle façon que chaque hémisphère du cerveau reçoive non pas l'information d'un seul œil, mais celle, combinée, des deux yeux. Comme Léonard de Vinci l'avait compris, le « chiasma optique » est responsable du fait que nous ne voyons qu'une seule image au lieu de deux. Comme il est situé au croisement en X des deux voies optiques, la route de l'information va changer de côté à son niveau. Ainsi, la moitié gauche du champ visuel sera traitée par l'hémisphère cérébral droit, et la moitié droite par l'hémisphère cérébral gauche.

La deuxième étape sur le chemin vers la cognition est le « corps

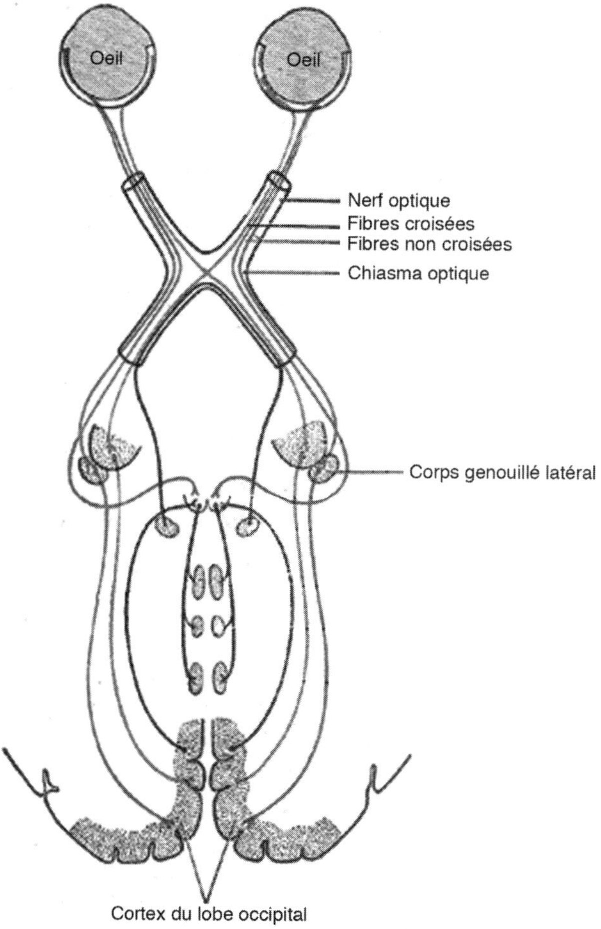

Fig. 72 : Du chiasma optique au cerveau. Le chiasma optique unifie les signaux de l'œil droit avec ceux de l'œil gauche afin que chaque hémisphère du cerveau reçoive l'information combinée des deux yeux.

genouillé latéral ». Une importante différenciation des fonctions des ganglions se produit à cette étape. Ceux-ci se répartissent en deux catégories principales : les ganglions qui ont pour fonction de préciser le « quoi », et ceux qui définissent le « où ». Les ganglions « quoi » ne sont sensibles qu'à des caractéristiques telles que la forme et la couleur, tandis que les ganglions « où » ne réagissent qu'au mouvement. Les ganglions « quoi » constituent la grande majorité (80 %) de la population totale, tandis que les ganglions

« où » n'en représentent que 10 %, les 10 % restants étant composés de ganglions aux fonctions moins bien définies. Cette inégale répartition des tâches reflète le fait qu'il est beaucoup plus difficile de déterminer la nature d'une chose que de savoir où elle est.

L'extrême spécialisation des cellules du cortex visuel

Après avoir passé par plusieurs autres relais, les signaux électriques parviennent enfin au cortex visuel, mince enveloppe de matière grise d'environ 2 millimètres d'épaisseur. Les impulsions nerveuses ont accompli leur voyage des yeux jusqu'au cortex visuel à la vitesse d'environ 11 kilomètres à l'heure – une vitesse de tortue, comparée à celle de nos ordinateurs électroniques, mais suffisamment adéquate pour nos sens humains.

Une grande partie de la connaissance du fonctionnement du cortex visuel vient de l'étude des cerveaux de rats et de singes. Des techniques d'imagerie du cerveau ont montré de grandes similarités entre la structure corticale des macaques et la nôtre. L'étude de cerveaux humains endommagés y a aussi contribué de façon importante. En observant comment les dégâts physiques causés à un cerveau affectent la vision, on a pu localiser divers endroits du cortex visuel responsables de tel ou tel aspect de la vision.

Le cortex visuel est composé de six couches de cellules ayant des fonctions extrêmement spécialisées : certaines ne sont sensibles qu'aux couleurs, d'autres qu'à des discontinuités abruptes dans le champ de vision, d'autres encore qu'à l'angle formé par deux lignes qui se rencontrent. Cette extrême spécificité des fonctions des cellules du cortex a été démontrée par les biologistes David Hubel (1926-) et Torsten Wiesel (1924-), prix Nobel de médecine en 1981, en insérant des électrodes dans des cerveaux de chats. Chaque cellule du cortex visuel des félins ne réagit qu'à une figure géométrique déterminée, par exemple une ligne droite ayant une orientation précise. Une cellule adjacente répondrait à une autre ligne droite ayant une orientation différant de quelques degrés. Ainsi, des formes et des orientations très précises ne sont reconnues que par des cellules spécifiques. C'est comme si le cortex visuel était constitué de millions et de millions d'observateurs spécialisés à l'extrême, formés à ne reconnaître qu'un seul et unique détail, quelle que soit la scène visionnée. C'est l'addition de ces millions de mini-images dans le cortex visuel qui fait qu'en fin de compte surgit dans notre conscience l'image d'un magnifique coucher de soleil ou celle des lignes d'une statue de Rodin. Cette spécialisation à outrance des cellules corticales a même donné naissance, chez certains chercheurs en cognition visuelle, à la plaisanterie selon laquelle il doit exister une cellule « grand-mère » logée quelque part dans notre cortex. Celle-ci ne serait activée dans notre cerveau que si notre grand-mère apparaît dans notre champ de vision ! Cette boutade recèle néanmoins une part de vérité, car les primates se montrent extrêmement doués pour reconnaître les membres de leur famille. Peut-être leur cortex a-t-il été spécifiquement structuré pour cette fonction aux fins d'avantages évolutifs évidents.

Le miracle de la conscience

L'information arrivant au cortex visuel est traitée et raffinée de telle sorte que toutes les données de l'objet contemplé – ses couleurs, sa taille, sa forme, sa localisation, sa distance, sa relation avec le contexte spatial – soient assemblées et organisées en une image cohérente. De nouveau, l'environnement joue là un rôle très important. Ainsi, la sensation de couleurs résulte de la comparaison par le cerveau de la lumière émanant de l'objet contemplé avec celle des objets qui l'entourent. L'œil perçoit non seulement les couleurs des objets, mais aussi toutes les subtiles nuances et gradations de couleurs, en comparant entre eux tous les objets présents dans le champ de vision. Si les cônes de la rétine détectent les couleurs, c'est le cortex visuel qui, en les comparant les uns avec les autres, nous confère la faculté de discriminer finement entre de très subtiles nuances de couleurs. Combien de fois avons-nous voulu prendre une photographie d'une scène splendide avec le sujet dans l'ombre devant un fond lumineux – et combien de fois n'avons-nous pas été déçus par le résultat : une photo montrant un sujet noir et indistinct sur un fond surexposé ! C'est qu'aucune pellicule photographique, aucun détecteur numérique n'est capable de faire ce que nos yeux font tout naturellement : extraire les caractéristiques d'une scène présentant de très grandes différences de brillance. Et s'ils peuvent le faire, c'est qu'ils ne sont pas seulement sensibles à une intensité locale (le sujet dans l'ombre), mais aussi aux intensités environnantes (le fond lumineux). Chez les vertébrés, la magie de la vision survient parce que ce qu'une cellule « voit » et communique au cerveau dépend de ce que voient les cellules voisines. La brillance et la couleur de tout ce que nous voyons dépendent de l'environnement tout entier, car l'information n'est pas une propriété locale, mais globale.

Une fois assemblée de façon cohérente par le cortex visuel, l'image est envoyée à l'hippocampe (du grec *hippos*, « cheval », cette structure ayant une forme similaire à celle de l'animal marin dont la tête rappelle celle d'un cheval) situé à la face inférieure du lobe temporal du cerveau. Parce que l'hippocampe est le lieu de stockage de la mémoire, la nouvelle information peut être comparée avec celle déjà stockée, afin de répondre à des questions telles que : est-ce que cette nouvelle image correspond à quelque chose que j'ai déjà vu ? à quelle catégorie appartient-elle ? est-ce quelque chose qui m'est hostile et que je dois fuir ? est-ce que je connais cette personne ? dois-je lui sourire et lui parler, ou bien m'en éloigner ? Quand les réponses sont connues, l'information est communiquée en quelques fractions de seconde à la totalité du cortex cérébral. Les autres cellules grises sont sollicitées : considérez cette situation, qu'en pensez-vous ? quelle action dois-je entreprendre pour y faire face ? Finalement, une décision est prise. Le cortex envoie alors les impulsions nerveuses nécessaires pour activer les contrôles moteurs des muscles et faire en sorte que le corps réagisse de manière appropriée à cette décision. Ce qui se traduira par un cri de frayeur suivi d'une fuite éperdue devant un danger, ou par un sourire et une main tendue afin de dire bonjour à une vieille connaissance.

À chaque étape du chemin visuel vers la cognition – de la réception de la lumière par les photorécepteurs dans la rétine de l'œil, en passant par les impulsions électriques émises par les cellules rétiniennes, par la compression des signaux, leur mélange dans le chiasma optique et leur transmission au corps genouillé latéral, jusqu'à leur dissémination dans le cortex visuel –, l'information originelle est devenue de moins en moins identifiable. Elle a été soumise à un vrai processus de déconstruction et décomposée en maintes parties disséminées dans les multiples plis et replis du cortex. Et pourtant, c'est cette déconstruction de l'image qui permet au cerveau de recomposer l'image et de réaliser la magie de la vision. L'image originelle est issue d'une réalité bien tangible, régie par les lois de la physique. Pourtant, ce que nous percevons comme réalité visuelle est codé sous la forme d'oscillations et d'ondes d'excitation neurales qui se propagent dans notre cerveau. Comment cet ensemble d'ondes peut déboucher sur le miracle de la conscience reste l'un des plus profonds mystères auxquels se trouve confrontée la science moderne.

La persistance de la vision

L'œil et le cerveau sont, nous l'avons vu, en alerte permanente pour repérer des changements. Sur l'autoroute, une lumière qui clignote attire beaucoup plus l'attention qu'une lumière constante. Cela est très probablement dû à des raisons d'avantage évolutif : changement signifie souvent danger, mais aussi opportunité.

Quand la rétine est stimulée par un flash de lumière très bref, l'activité nerveuse dans le cerveau ne s'arrête pas après que la source lumineuse s'est éteinte. Quelle que soit la durée du flash, les neurones restent excités pendant encore quelque 15 à 18 centièmes de seconde, et nous continuons à voir : c'est le phénomène des « images différées ». Nous avons tous perçu des images différées à la suite d'un flash photographique ou après avoir tourné les yeux par inadvertance vers le disque brillant du Soleil. C'est ce qu'on appelle la « persistance » de la vision.

Les hommes ont exploité cette propriété pour créer un nouveau mode d'expression artistique, un autre moyen de raconter des histoires, une façon inédite de donner physiquement à voir : le cinéma. Le but de ce septième art est de nous divertir, mais aussi de nous émouvoir, de nous donner à réfléchir, à méditer et à penser. La recette consiste à créer l'illusion du mouvement à partir d'une série d'images statiques. Pour cela, chaque image individuelle doit rester sur la rétine pendant un certain laps de temps, et le temps qui sépare deux images successives doit être assez court pour que le cerveau puisse les relier, créant ainsi l'illusion de mouvements continus.

Allez dans un night-club et observez un danseur qui se déhanche sous la lumière d'un stroboscope. C'est un appareil qui émet des éclairs de lumière réguliers avec une fréquence voisine de celle des mouvements du danseur. Du fait de la persistance des impressions lumineuses, nous avons le sentiment que ceux-ci sont fortement ralentis malgré l'agitation frénétique de ce dernier. Amusez-vous à augmenter graduellement la fréquence des flashes. Avec une fréquence de moins de 5 flashes par seconde, vous ne verrez qu'une série d'images où le danseur paraît immobile, comme suspendu dans le temps et l'espace : le laps de temps pendant lequel les neurones ne sont pas activés est trop long pour que le cerveau puisse lier ensemble les images successives. Augmentez la fréquence des flashes : le danseur est alternativement éclairé et plongé dans l'obscurité. Ce n'est qu'en atteignant une fréquence d'environ 40 flashes par seconde que l'œil ne peut plus percevoir le noir entre les flashes. La lumière semble alors être continue et les mouvements du danseur normaux.

La magie du cinéma

Le cinéma repose sur le même principe : on projette sur l'écran une série d'images statiques à une cadence assez rapide pour que le cerveau puisse les relier et créer l'impression de mouvements continus. Les vieilles caméras d'antan étaient activées à la main et produisaient des films muets projetés à la fréquence de 16 images par seconde. Cette fréquence n'était pas suffisante et il en résultait un tressautement des images des plus dérangeants. Il suffit de visionner *Le Voyage dans la lune* (1902) de Georges Méliès ou les premiers films de Charlot pour s'en rendre compte, même si ce défaut n'enlève rien à la remarquable fantaisie poétique de ces films novateurs. Avec l'introduction du son à la fin des années 1920, l'industrie du cinéma a adopté le standard de 24 images par seconde. Dans un cinéma moderne, les films sont projetés à une cadence de 48 images par seconde, car chaque image est projetée deux fois pour rendre les saccades encore moins perceptibles. À cette fréquence, l'œil ne peut plus percevoir le noir entre les images, et tous les mouvements apparaissent fluides. Les images reçues par la rétine ne se chevauchent pas, que ce soit au rythme de 24 ou de 48 images par seconde. Le cortex visuel compare une image avec celle qui la suit et, si les deux ne sont pas très différentes l'une de l'autre, il les « connecte » pour donner l'impression d'un mouvement continu.

Ce principe a été utilisé à bon escient par Walt Disney, Hayao Miyazaki et d'autres créateurs de dessins animés pour notre plus vif plaisir et émerveillement. Les dessinateurs produisent des milliers de dessins individuels, chacun différant très légèrement du précédent. Si on les projette à une cadence de 48 dessins par seconde, on voit Blanche-Neige danser avec les sept nains, ou la Belle au bois dormant réveillée par le baiser du Prince charmant. Les images de télévision sont elles aussi fondées sur le même principe : elles se renouvellent au rythme de 60 images par seconde, assez élevé pour que le téléspectateur ne perçoive pas de discontinuité entre les images.

La fréquence critique au-delà de laquelle le tressautement n'est plus perceptible dépend de l'éclairage de la salle dans laquelle se déroule la projection du film. Ainsi, dans une salle très peu éclairée, cette fréquence critique peut être aussi faible qu'une image par seconde, mais, dans une salle très éclairée, aussi élevée que 60 images par seconde. Si vous avez l'idée saugrenue de faire une projection dans un endroit très éclairé, un rythme de 24 images par seconde donnera des images saccadées. Mais, dans les conditions normales d'une salle obscure, cette fréquence est bien supérieure à la fréquence critique et est donc parfaitement adéquate. En d'autres termes, dans ces conditions, si une lumière s'allume et s'éteint toutes les 20 millisecondes (ou moins), nous ne la verrons pas clignoter.

Ce que l'œil humain perçoit dépend ainsi en grande partie de l'éclairage. Et cela, parce qu'il peut percevoir des intensités lumineuses variant de la source la plus faible, dans une chambre quasi obscure, à des lumières des millions de milliards (10^{15}) de fois plus brillantes, faculté que ne possède aucun autre senseur biologique connu.

Des yeux qui bougent sans relâche

L'œil n'est jamais au repos. Ainsi, pendant que vous lisez ces lignes, l'image de la page remplie de mots du livre que vous tenez entre vos mains va et vient à une vitesse considérable sur votre rétine. Ce mouvement de va-et-vient frénétique est causé par le constant mouvement de vos yeux. Même si vous décidez de fixer votre regard sur un emplacement particulier de la page, l'image va continuer à bouger. De surcroît, pendant que vous lisez une ligne, votre regard saute rapidement d'un endroit à un autre au lieu de la parcourir de façon continue. Ces mouvements involontaires des yeux sont distincts de ceux que vous commandez de manière consciente.

Avec une image qui ne cesse de se mouvoir sur la rétine, le fait que nous arrivions à voir paraît relever du miracle. Pourquoi le monde ne semble-t-il pas défiler à toute vitesse devant nos yeux ? Pourquoi n'avons-nous pas le vertige ? Pourquoi le monde ne nous apparaît-il pas flou, indistinct ? La réponse à ces questions est la même que celle que nous avons énoncée lorsque nous nous demandions pourquoi nous ne voyons pas le monde à l'envers, les images du monde extérieur étant inversées sur la rétine. Si nous voyons le monde à l'endroit, et s'il nous apparaît stable, net et distinct, c'est parce que c'est le cerveau qui est responsable de la perception visuelle. Les muscles oculaires responsables des mouvements incessants de l'image transmettent l'information concernant leur comportement au cerveau ; celui-ci combine ces signaux moteurs avec les sensations d'équilibre et de mouvement régulées par l'oreille interne pour nous donner la perception d'un monde stable et solide.

Ces mouvements frénétiques et involontaires de l'œil sont nécessaires pour détecter les variations d'éclairage qui sont à la base de la vision. Les réseaux neuronaux de la rétine sont, nous l'avons vu, des capteurs de ces changements. Toute variation spatiale de luminosité constitue une source d'excitation des neurones. En plus de ces changements spatiaux, les mouvements des yeux les informent aussi des changements temporels. Une image parfaitement stationnaire sur la rétine ne causerait aucune excitation des cellules ganglionnaires, et aucun signal ne serait donc transmis au cerveau.

Pour en avoir le cœur net, les scientifiques ont utilisé un appareil de projection spécial pour produire une image stationnaire sur la rétine d'une personne en dépit des mouvements incontrôlés de ses yeux. L'appareil suit les mouvements des yeux de la personne et fait en sorte que l'image bouge exactement de la même façon que les yeux, la rendant stationnaire par rapport à la rétine. La personne rapporte que, si une image est visible initialement, elle disparaît au bout d'une à trois secondes alors même qu'elle est encore présente sur la rétine. Le verdict est sans appel : l'œil est un détecteur de changements et est incapable de percevoir des images stationnaires. Il ignore tout ce qui, dans une image, ne change pas avec le temps, tout comme les champs récepteurs « centre-périphérie » des neurones rétiniens ignorent la majeure partie d'une image uniformément éclairée. C'est une autre façon, pour l'œil, de comprimer l'information et de contribuer au taux de compression de 126 requis pour transmettre les données des nombreux photorécepteurs de la rétine aux beaucoup moins nombreux axones ganglionnaires qui constituent le nerf optique.

Les mouvements chaotiques et involontaires des yeux empêchent donc le monde visuel de disparaître quand vous le fixez du regard. Nous deviendrions fous si, chaque fois que notre attention se porte sur quelque chose – les détails d'un tableau de Monet, les lignes d'un corps de femme, le mécanisme délicat d'une montre –, cette chose venait à s'évanouir ! La situation serait d'autant plus frustrante que, sans ces mouvements des yeux, plus vous vous concentreriez sur un objet, plus celui-ci vous échapperait. Vous ne pourriez voir que les choses sur lesquelles vous ne dirigez pas directement votre attention. Mais ce qui vous importe le plus vous serait invisible !

Que se passe-t-il avec vos yeux tandis que vous lisez une ligne de ce texte ? Ils se fixent d'abord en un endroit pour une durée d'environ 200 millisecondes, temps pendant lequel ils oscillent furieusement de part et d'autre selon une période de 10 à 20 millisecondes (qui correspond à une fréquence de 50 à 100 hertz), puis une brusque saccade d'une durée de 30 millisecondes les fait se porter à un autre endroit, et ainsi de suite. Supposons que la ligne contienne dix mots ; pour un texte relativement simple, un lecteur type marquera cinq temps d'arrêt par ligne, chaque temps incluant deux mots. Pour un texte plus ardu (comme, peut-être, celui que vous êtes en train de lire), un arrêt par mot sera nécessaire, ce qui requerra dix arrêts par ligne. En général, le nombre de temps d'arrêt par seconde reste assez constant, de l'ordre de cinq. Un texte difficile en demandera davantage par ligne, et donc plus de temps pour être lu. Les 200 millisecondes que dure un temps d'arrêt est le laps de temps nécessaire pour que le cerveau puisse élaborer la perception visuelle menant à la compréhension.

Des yeux qui continuent à bouger pendant le sommeil

Toutes nos visions ne viennent pas exclusivement de l'observation du monde extérieur. Nous créons aussi dans notre tête des paysages imaginaires ; endormis, nous élaborons également dans nos rêves des scènes et des drames mentaux qui ne se sont jamais déroulés « pour de vrai », mais qui paraissent bel et bien réels. Notre cortex visuel possède apparemment la faculté de pouvoir être stimulé par la mémoire de personnes et d'événements passés, et de les connecter en un scénario plus ou moins cohérent pour non seulement reproduire des scènes du passé, mais aussi créer des situations jamais vécues ou des paysages fantastiques jamais perçus. Fait extraordinaire, quand nous rêvons et construisons des scénarios imaginaires durant notre sommeil, nos yeux bougent aussi. Les neurophysiologistes s'en sont aperçus quand, mesurant l'activité électrique des milliards de neurones du cerveau avec des électrodes fixées sur la tête de sujets endormis – activité électrique associée au rêve –, ils ont observé que les yeux bougeaient par saccades sous les paupières closes, ces mouvements ne durant que quelques instants avant de disparaître puis de réapparaître peu après. Nos yeux bougent quand nous rêvons, alors même que notre cerveau ne s'en sert pas pour visionner le monde. L'intime connexion entre les yeux et le cerveau subsiste alors même que nous sommes dans les bras de Morphée !

Le sommeil associé au rêve et aux mouvements des yeux est appelé « sommeil paradoxal ». Il fut découvert en 1961 par le neurophysiologiste français Michel Jouvet. Les Anglo-Saxons le nomment de manière plus descriptive « sommeil REM » (sigle de « Rapid Eye Movement » : « mouvement rapide des yeux »). Pendant la phase paradoxale, les mouvements oculaires sont accompagnés non seulement d'une grande activité cérébrale, mais aussi d'un sommeil très profond et d'une grande atonie musculaire : le dormeur est très difficile à réveiller et son corps devient mou. Le sommeil paradoxal est vital chez tous les mammifères et les oiseaux : sans lui, ils meurent. Chez l'être humain, quatre ou cinq cycles de sommeil d'une durée d'environ 90 minutes chacun se succèdent pendant la nuit. Chaque cycle comporte cinq phases distinctes. Le dormeur est dans un « sommeil lent » durant les quatre premières phases, mais l'activité électrique du cerveau, des yeux et des muscles oculaires se déclenche dans la phase 5, d'à peu près 20 à 25 minutes. Les périodes de sommeil paradoxal surviennent donc environ toutes les 90 minutes, quatre ou cinq fois pendant la nuit, séparées par des périodes de sommeil lent. La durée totale du sommeil paradoxal est d'une centaine de minutes toutes les vingt-quatre heures.

Le cerveau est incapable de traiter toute l'information visuelle

Quelle est la quantité d'informations qui pénètre dans nos yeux quand nous regardons le monde ? Il existe environ 200 000 champs récepteurs ganglionnaires associés à la région de la fovéa de la rétine humaine. Nous avons vu qu'un temps d'arrêt de 200 millisecondes (ou 0,2 seconde) est nécessaire au traitement de l'information visuelle par le cerveau. Étant donné que l'œil peut distinguer plus de 100 nuances de gris entre le noir et le blanc, ce qui correspond à un contenu en informations de l'ordre de 7 bits ($2^7 = 128$), l'information est communiquée au cortex visuel par le nerf optique à un débit de 7 millions (= 7 × 200 000/0,2 seconde) de bits par seconde, comparable au débit utilisé pour télécharger un film sur l'Internet.

Ce débit est extrêmement élevé. Par comparaison, tout le texte que vous lisez dans cet ouvrage ne représente qu'environ 2 millions de bits d'information, soit trois fois moins que la quantité envoyée au cerveau par seconde. Cela veut-il dire que vous pouvez absorber toute l'information contenue dans ce livre en une fraction de seconde ? Évidemment non ! Il vous faudra des journées entières, voire des semaines, pour lire, voire relire ce texte. Le taux selon lequel vous absorbez l'information contenue dans ce livre est bien inférieur au taux de 7 millions de bits par seconde selon lequel l'information remonte par le nerf optique au cerveau. Qu'est-ce qui fait que la lecture du livre est si lente ? Ce ralentissement est bien sûr causé par le cerveau lui-même : il faut non seulement qu'il traite l'information qui lui est communiquée par les yeux, mais qu'il l'assimile et la comprenne. Des études neurophysiologiques de réaction à des stimulations visuelles montrent que la capacité du cerveau humain à reconnaître des mots est un bien pâle 25 bits par seconde, soit 280 000 fois moindre que le débit de l'information communiquée au cerveau ! Cette capacité de compréhension semble valoir non seulement pour les mots d'un texte, mais aussi pour les éléments d'une image[10]. Même si, selon l'adage populaire, une image vaut mille mots, chacune requiert de nombreux temps d'arrêt, ce qui demande en définitive autant de temps que pour lire mille mots. Il existe une limite aux capacités cognitives de l'homme. Qu'arrive-t-il aux 7 mégabits d'informations transmises par le nerf optique au cerveau à chaque seconde si ne sont utilisés que 25 bits par seconde ? Est-ce que le cerveau jette au rebut toute cette information ? Cela ne semble pas probable. S'il conserve l'information, où est-elle

10. David D. Nolte, *Mind at Light Speed, op. cit.*

stockée, et à quoi sert-elle ? Pour l'heure, nul ne connaît la réponse à ces questions.

Les cerveaux gauche et droit collaborent de façon intime

Le cerveau qui nous permet d'appréhender le monde n'est pas seulement le centre de nos facultés analytiques, il est aussi le siège de nos sens poétique et artistique. L'hémisphère gauche est principalement responsable de nos aptitudes verbales et de notre connaissance rationnelle des choses. Il est impliqué dans le raisonnement logique, le sens mathématique, le langage. En revanche, l'hémisphère droit nous procure une connaissance intuitive, non verbale, des choses. Il est responsable de notre représentation spatiale des formes et de notre sensibilité à la poésie et à la beauté. Connectés par les quelque 300 millions de fibres nerveuses du corps calleux, les deux hémisphères collaborent harmonieusement pour former un tout.

La lumière a affaire à la fois avec le cerveau gauche et avec le droit. Nous utilisons le gauche pour étudier les propriétés physiques de la lumière ; mais cette dernière suscite aussi en nous des émotions diverses, ce qui fait intervenir le cerveau droit. Quand nous ne dormons pas, nous évoluons en permanence dans un bain de lumière. Parce que nous naissons, vivons et mourons dans une alternance de lumière solaire et de lumière artificielle, la lumière n'est pas seulement un sujet d'études scientifiques et techniques pour l'homme, elle influe aussi profondément sur ses émotions. Les jeux de lumière et d'ombre conditionnent l'être humain aussi bien physiologiquement que psychologiquement. Les artistes – peintres, photographes, cinéastes – ont su reproduire la lumière soit en la figeant sur des toiles ou sur des photographies, soit en la dynamisant dans des films pour susciter en nous les émotions les plus variées. En se servant de la lumière pour créer un climat psychologique donné, les artistes ont su éveiller l'intériorité de l'homme et y susciter des échos.

Une description purement mécanique, électromagnétique et matérialiste de la lumière et de ses couleurs, telle que celle défendue par Newton et ses successeurs, ne pouvait rendre compte de ces émotions ni de cette intériorité. Le grand poète et écrivain allemand Johann Wolfgang von Goethe (1749-1832) (fig. 73) s'est élevé, au début du XIXe siècle, contre cette description par trop mécaniste et réductionniste de la lumière. Il a voulu lui donner une représentation plus holistique, prenant davantage en compte les sentiments et émotions de l'homme. En termes modernes, il a cherché à faire intervenir à la fois le cerveau gauche et le cerveau droit pour bâtir une théorie de la lumière.

Fig. 73 : Portrait de Johann Wolfgang von Goethe. Poète, dramaturge et romancier allemand de génie, figure emblématique du mouvement romantique au XVIIIe siècle, Goethe s'intéressa aussi beaucoup à la lumière et aux couleurs. Son *Traité des couleurs*, publié en 1810, est généralement considéré comme un grand traité d'esthétique moderne. Il y affirme la primauté des couleurs sur les formes.

Goethe et la lumière esthétique

Cette réaction contre la domination du mécanicisme et de l'atomisme prônés par Newton et ses disciples s'est déroulée en Allemagne dans un climat politique et intellectuel tout à fait particulier. Les guerres napoléoniennes et la désintégration politique ont alors considérablement affaibli la nation allemande. Un regain de ferveur patriotique a poussé à développer une culture nationale propre, différente de celles des autres pays. On a assisté à un rejet du rationalisme, de la croyance au progrès et aux idées atomistiques et mathématiques nouvelles propres à la révolution scientifique. On a voulu mettre à la place des idées anciennes venues de la Grèce antique ou du passé médiéval mythique de la vieille Allemagne. Ces mouvements néo-hellénistiques et romantiques s'élèvent contre les idées mécanistes et réductionnistes de Newton. Le philosophe Friedrich Hegel (1770-1831) déclare que trois pommes ont joué un rôle néfaste dans l'histoire humaine : celle d'Ève, qui a eu pour conséquence l'expulsion du paradis ; celle de Pâris, qui a été à l'origine de la guerre de Troie ; celle qui est tombée sur Newton. Le but de ce mouvement romantique est de construire une philosophie de la nature fondée sur des métaphores et des analogies destinées à exprimer la « grande interdépendance des choses ». Un concept central de cette philosophie naturelle est celui de « polarité », ou dualisme : celui du corps et de l'esprit, du microcosme et du macrocosme, de l'électricité et du magnétisme, des acides et des alcalis. Autre concept : celui d'une constante progression de la nature vers des niveaux supérieurs. Pour Goethe, ces deux concepts sont les deux moteurs de la nature, dont il s'est servi pour élaborer sa théorie des couleurs.

L'intérêt de Goethe pour la lumière et les couleurs date de ses voyages en Italie, entre 1786 et 1790, sous le ciel méditerranéen à la luminosité si particulière. Le poète allemand a rapporté de ces voyages maintes expériences et impressions visuelles. Il a notamment été frappé par l'effet que produisent les couleurs des tableaux des peintres de l'école vénitienne : le rouge donne une chaude impression d'embrasement et de flamboyance, tandis que le bleu suggère au contraire une froide sensation de calme et de sérénité. Il existe donc une division naturelle des couleurs entre celles qui sont chaudes et d'autres qui sont froides.

Goethe se met alors à réfléchir sur l'utilisation des couleurs par les peintres. Y a-t-il une base esthétique pour cette utilisation, ou bien les couleurs sont-elles simplement choisies pour reproduire l'apparence des choses ? Ces choix sont-ils dictés seulement par les goûts de l'artiste qui, à leur tour, sont conditionnés par les coutumes, les préjugés, les conventions artistiques ? Le poète est surpris par les difficultés que les artistes éprouvent à exprimer les harmonies des couleurs qu'ils utilisent : « J'entendais parler de couleurs chaudes et froides, de couleurs qui se rehaussent mutuellement, et de bien d'autres choses encore, mais tout cela se confondait en un étrange tourbillon. » Goethe entend découvrir le principe unitaire des couleurs – principe qui, il en a l'intuition, leur conférerait une dimension à la fois morale et esthétique. L'entrée de Goethe dans le monde des couleurs a été motivée par des raisons d'ordre moins scientifique qu'artistique.

Les couleurs, actes et souffrances de la lumière

Outre ses prolifiques activités littéraires et poétiques, le grand écrivain allemand s'est profondément intéressé à la lumière. De 1790 jusqu'à la fin de sa vie, en 1832, Goethe a passé une quarantaine d'années à l'étudier non seulement pour arracher aux couleurs leurs secrets, mais aussi pour élaborer une méthode d'appréhension du monde qui convienne mieux à son tempérament, une vision qui allie à la fois objectivité et subjectivité, science et art. Il a consigné ses observations et conclusions sur la lumière dans son fameux *Zur Farbenlehre* (Traité des couleurs[11]), publié en 1810 (fig. 26 cahier couleur). Cet ouvrage synthétise les travaux non seulement de physiciens et de chimistes, mais aussi d'artistes et de philosophes. Mettant en relation toutes les branches de la science naturelle, Goethe

11. Johann Wolfgang von Goethe, *Traité des couleurs*, traduction de Henriette Bideau, Paris, Triades, 1980.

espère non seulement atteindre une « unité plus complète de la connaissance physique », mais aussi aboutir à une meilleure mise en perspective de l'art. Il caresse l'ambition de donner une « histoire de l'esprit humain en miniature ».

Long de quelque 1 400 pages dans l'édition originale de Munich, le *Traité des couleurs* est peut-être l'ouvrage le plus volumineux jamais écrit sur les couleurs. Il se compose de trois parties : une première partie didactique ; une deuxième partie polémique qui traite de la controverse opposant Goethe aux défenseurs de la théorie des couleurs de Newton ; une troisième partie historique qui discute de la genèse de ses idées. Goethe considère son *Traité des couleurs* comme son œuvre la plus accomplie, dépassant en importance son *Faust*, ses poèmes, ses pièces de théâtre et ses romans. Quatre ans avant sa mort, il confie à son secrétaire : « Je n'ai pas de prétentions quant à mes qualités de poète. Il y a eu d'excellents poètes parmi mes contemporains, et de meilleurs encore qui ont existé avant moi et qui viendront après moi. Mais je suis fier d'être le seul et unique à avoir approché la vérité en ce qui concerne la difficile science des couleurs. »

Dans le premier chapitre de la partie didactique, Goethe développe un thème qui lui est cher : celui des « couleurs physiologiques ». Il le fait non pas en décrivant des expériences de laboratoire, mais en racontant des anecdotes personnelles. Au contraire du physicien qui décrit la vérité médiate de la science, le poète fait appel à la vérité immédiate de l'impression sensorielle. Pour Goethe, l'observation des phénomènes empiriques est indissociable d'une vision poétique du monde. Écoutons-le : « Un soir, me trouvant dans une auberge, je vis entrer une servante aux formes plantureuses, au teint blanc éblouissant, aux cheveux noirs, et vêtue d'un corselet écarlate. Je la fixai attentivement tandis qu'elle se tenait à une certaine distance de moi, dans la pénombre. Dès qu'elle fut sortie, je distinguai sur le mur blanc en face de moi un visage noir entouré d'une auréole claire, et les vêtements de la silhouette nettement dessinée étaient d'un beau vert marin. » Par cette anecdote, Goethe entend démontrer que les couleurs naissent de la rencontre et du dialogue entre lumière et obscurité : il est assis dans la salle éclairée de l'auberge à contempler la servante dans la pénombre, et voit un visage noir entouré de lumière. Pour le poète, les couleurs sont « les actes et les souffrances de la lumière », elles « agissent » ou « pâtissent ».

Cette idée de l'origine des couleurs à partir des archétypes fondamentaux « lumière » et « obscurité » n'est pas nouvelle. Elle date d'Aristote (384-322 av. J.-C.) qui, dans ses *Météorologiques*, a déjà exprimé l'idée que les couleurs sont dues à un affaiblissement de la lumière, qu'elles se répartissent entre les extrêmes de la lumière et de l'obscurité selon qu'elles sont plus ou moins assombries. Cette notion d'un contraste élémentaire entre le clair et le foncé ne joue bien sûr aucun rôle dans la théorie corpusculaire de la lumière et des couleurs de Newton.

L'immersion de Goethe dans le monde de la lumière a d'ailleurs été provoquée par l'observation de cette interaction entre le clair et l'obscur. Le poète raconte les circonstances dans son ouvrage *Confession des Verfassers* (Confession de l'auteur). À son retour d'Italie en 1788, il a emprunté du matériel optique à un ami dans l'espoir de répéter les expériences de Newton sur la lumière. Il n'a jamais trouvé le temps de les réaliser et le matériel a langui plusieurs mois dans un placard, jusqu'à ce que son ami réclame le retour de son équipement. Juste au moment de le rendre, Goethe prend impulsivement un prisme et le tient devant lui afin de voir enfin de ses propres yeux ce « célèbre phénomène des couleurs » découvert par Newton : la décomposition tant vantée de la lumière blanche par un prisme. Il s'est attendu à voir les sept couleurs de l'arc-en-ciel projetées sur le mur blanc en face de lui. Mais, à sa grande stupéfaction, il ne voit à travers le prisme que du blanc, excepté à l'emplacement de la croisée sombre de la fenêtre. C'est seulement là où la lumière du ciel et l'obscurité du cadre se rencontrent que les couleurs surgissent dans toute leur glorieuse beauté, avec du rouge et du jaune d'un côté, du bleu et du violet de l'autre. Goethe en conclut que les couleurs ne résultent pas seulement de la décomposition de la lumière, comme Newton l'a pensé, mais aussi de l'interaction de la lumière avec l'obscurité.

La loi du changement nécessaire

Si vous voulez reproduire l'effet optique perçu par Goethe sur la servante de l'auberge, placez un petit objet brillamment coloré devant vous sur un papier blanc. Fixez-le pendant une trentaine de secondes, puis ôtez cet objet. Vous verrez flotter devant vous l'image d'un objet identique à celui que vous venez d'enlever, mais d'une autre couleur, celle qui est complémentaire de la couleur originale. C'est ce qu'on appelle une « image différée », illusion optique qui se produit après que vous avez regardé un bref instant une source brillante de lumière. Ce phénomène est lié à la persistance de la vision qui, nous l'avons vu, est à la base du cinéma et des dessins animés. C'est Aristote qui a été le premier à décrire le phénomène des images différées dans son ouvrage sur les rêves. Les objets brillants sont à l'origine d'images différées sombres ; les objets sombres, d'images différées brillantes. Pour Goethe, cette dualité de la lumière et de l'obscurité est dictée par ce qu'il appelle la « loi du changement nécessaire ». Selon lui, cette loi ne s'applique pas seulement à la vision, mais aussi à tous les autres sens, ainsi qu'à notre nature spirituelle. C'est seulement parce que l'œil est associé à un sens éminent, la vision, que la loi du changement nécessaire vaut de manière si évidente pour les couleurs.

Deux couleurs sont dites complémentaires quand leur mélange optique donne la couleur blanche. Ainsi le vert est-il la couleur complémentaire du rouge, le violet du jaune, l'orangé du bleu. Goethe pense que l'œil, stimulé par une certaine couleur, cherche à « compléter le cercle de couleurs » en donnant à percevoir sa couleur complémentaire. Un objet rouge induit une image verte, et *vice versa*. L'œil associe ainsi les couleurs complémentaires pour donner une image unifiée du tout selon la loi du changement nécessaire. Cette loi prend d'autant plus de signification que la couleur complémentaire peut apparaître non seulement décalée dans le temps par rapport à la couleur originale, mais aussi simultanément à elle, comme dans le phénomène des ombres colorées. Pour vous en rendre compte, éclairez un même objet avec deux sources différentes de lumière, une de couleur blanche, l'autre de couleur rouge, et examinez les ombres projetées par l'objet sur un écran. Vous vous attendriez à voir une ombre entourée de lumière blanche, une autre entourée de lumière rouge, et une zone intermédiaire comportant un mélange de lumière blanche et de lumière rouge donnant un rouge pâle. Or, à votre vive surprise, vous verrez du vert apparaître à la place de la lumière blanche, alors qu'aucune source de lumière verte n'est présente ! L'œil a remplacé le blanc par le vert, couleur complémentaire du rouge. Changez la lumière rouge en lumière bleue, et le blanc est remplacé par l'orangé, couleur complémentaire du bleu.

Ces phénomènes physiologiques de l'œil sont aujourd'hui connus sous le nom d'« adaptation chromatique ». Ils sont la preuve que la vision est active et que nous voyons non seulement avec nos yeux, mais aussi avec notre cerveau. Au lieu de rejeter ces illusions optiques comme dénuées d'importance pour la compréhension de la lumière, Goethe en fait au contraire la base de sa théorie : « Les illusions optiques nous mènent à la vérité », insiste-t-il.

Des couleurs chaudes et froides

Goethe développe son système des couleurs à partir du contraste élémentaire entre le clair et l'obscur. Pour lui, seuls le jaune et le bleu sont entièrement purs, « sans rien rappeler d'autre ». Le jaune est « tout proche de la lumière », tandis que le bleu est « tout proche de l'ombre ». Entre ces deux pôles opposés viennent s'ordonner toutes les autres couleurs (fig. 26 cahier couleur). Comme chacune de nos perceptions du monde extérieur est affectée par notre monde intérieur – nos souvenirs, nos expériences passées, nos joies, nos peines –, les couleurs du monde extérieur produisent un effet sensoriel qui influe sur notre monde intérieur. Autrement dit, les couleurs ne sont pas objectives, mais subjectives. Pour prendre les termes de Goethe, elles sont « comme des contenus conscients de qualités sensorielles ». D'où la notion de couleurs « chaudes » et « froides ». Le jaune suggère « clarté, force, proximité et élan » ; le bleu, « obscurité, faiblesse et éloignement ». Le jaune est « prestigieux et noble » ; il évoque « une atmosphère d'activité, de vie et d'effort ». En revanche, le bleu engendre « un sentiment d'inquiétude, de faiblesse et de nostalgie ». Le jaune nous communique une sensation de chaleur ; le bleu, une sensation de froid.

Fort de cette mise en perspective sensorielle et morale des couleurs, Goethe s'essaie à mettre de l'ordre dans l'esthétique. Il range les couleurs dans les catégories du « puissant » et du « doux ». L'effet de puissance se manifeste quand les tons jaunes, rouge-jaune et pourpres dominent, comme lors d'un coucher de soleil. L'effet de douceur surgit quand le bleu et les couleurs voisines sont présents : ainsi lorsque nous contemplons un ciel sans nuages. Un coloris harmonieux, qui met du baume à l'âme, naît du fait que « toutes les couleurs sont en équilibre les unes par rapport aux autres ». Cette conception de la lumière fondée sur les deux couleurs polaires jaune et bleu, nées du dialogue entre lumière et obscurité, Goethe l'appelle « phénomène primordial ». La lumière possède ainsi, pour le poète, un caractère mystique : c'est la manifestation du divin.

Goethe et Newton : deux approches complémentaires de la lumière

L'approche de Goethe est radicalement différente de celle de Newton. Le poète refuse de définir la lumière en termes mécanicistes et réductionnistes. Pour lui, toute tentative d'expliquer la nature intrinsèque de la lumière par des théories abstraites, en la manipulant par des prismes ou en la décomposant en particules, est stérile. Pour percer sa nature propre, il vaut mieux, selon lui, adopter une méthode empirique, c'est-à-dire observer et cataloguer tous les effets de la lumière dans le milieu naturel. Se fondant sur son expérience de romancier, Goethe est bien conscient qu'on ne décrit pas un personnage à l'aide de théories psychologiques, mais en racontant comment il agit, parle, marche, exprime ses émotions, etc. De même, si nous voulons connaître la nature intime de la lumière, aussi bien physique que spirituelle, il nous faut observer ses actions et son comportement, « ses actes et ses souffrances », par la contemplation des couleurs. Ainsi, ce qui est simple pour Newton – par exemple la lumière rouge pure, lumière « monochromatique » dotée d'une longueur d'onde bien déterminée – est compliqué pour

Goethe, car une telle lumière est artificielle : il faut la préparer à grands frais en décomposant la lumière blanche par un prisme en ses différentes composantes de couleur. En revanche, pour le poète, la lumière blanche est simple, car elle est disponible naturellement et instantanément sans aucune préparation, tandis que pour Newton elle est complexe, car composée d'un mélange de toutes les couleurs.

Comme Newton et les autres scientifiques, Goethe se fonde sur l'observation pour tirer ses conclusions. Mais il regarde les phénomènes de la vision et de la perception dans leur totalité, de manière holistique, tandis que Newton et ses successeurs les approchent de manière réductionniste. Ces deux points de vue sont-ils contradictoires, s'excluent-ils l'un l'autre ? Je ne le pense pas. Le réductionnisme a été essentiel dans l'avancée de la science occidentale. Parce que la nature est complexe, la réduire à ses plus simples éléments a permis de progresser. La méthode réductionniste nous permet d'assembler l'une après l'autre les pièces du puzzle sans avoir à le connaître en son entier. Et il faut rendre hommage à Newton d'avoir eu le génie d'isoler des parcelles de réalité, les plus porteuses de signification, pour reconstituer le tout. Goethe a eu tort en déclarant haut et fort, dans la partie polémique de son *Traité des couleurs*, que Newton s'était trompé. Cette déclaration lui valut l'indifférence, l'opposition, voire l'hostilité du monde scientifique, et attira les foudres des chercheurs sur son ouvrage. Écoutons la ferme condamnation du physicien Thomas Young : « Une débâcle culturelle s'ensuivrait si l'on devait prendre au sérieux une telle œuvre dont la valeur démonstrative est semblable à celle d'un almanach rempli de rêveries, d'épigrammes et de satires. »

Mais Goethe a aussi éminemment raison quand il affirme que le problème des couleurs ne saurait se résumer à celui d'une simple décomposition de la lumière. Il n'a pas tort quand il avance que les couleurs doivent être restituées dans leur humanité sensible – un objet coloré n'étant pas seulement perçu par l'œil, mais aussi par le cerveau –, que la vérité de la lumière est matérielle tout autant qu'immatérielle, qu'elle relève autant du sens de la vision que du domaine de l'esprit. En ce sens, le livre de Goethe ne devrait pas être considéré comme un traité de physique, mais comme un grand traité d'esthétique moderne sur les couleurs. En voulant approfondir la relation liant les peintres aux couleurs, en voulant comprendre la façon dont ceux-ci se servent de la lumière et des couleurs pour susciter des états d'âme et des émotions, Goethe a été l'un des premiers à insister sur le fait que l'art et la science sont connectés de manière intime. Si le *Traité des couleurs* fut ignoré ou rejeté par la communauté scientifique, on ne saurait donc s'étonner qu'il ait recueilli l'adhésion des artistes et philosophes. Dans les décennies qui suivirent, des penseurs tels que les Autrichiens Ludwig Wittgenstein (1889-1951) et Rudolf Steiner (1861-1925), des artistes tels que le peintre russe Wassily Kandinsky (1866-1944) furent de fervents défenseurs des idées de Goethe sur la lumière.

Les approches de Goethe et de Newton sur la lumière sont complémentaires. Si Goethe place l'homme au centre de sa théorie, Newton l'en exclut totalement. Pour le poète, la lumière naturelle ne suffit pas pour voir ; celle de l'intelligence est aussi nécessaire. La vision requiert également l'imagination et l'intuition, qui sont les « sens propres de l'homme ». « L'œil est formé par la lumière et pour la lumière, de manière à ce que la lumière intérieure émerge pour rencontrer la lumière extérieure », déclare Goethe. D'autre part, il est évident que l'approche purement réductionniste de Newton, qui consiste à subdiviser la réalité en mille morceaux, ne saurait constituer le mot de la fin. La science de la complexité a montré qu'il existe dans la nature de nombreux systèmes qui, considérés dans leur ensemble, possèdent des propriétés « émergentes » qui ne peuvent être déduites de l'étude des composantes individuelles [12]. Par exemple, nous ne pouvons déduire l'existence de la vie de la seule étude de particules inanimées. Par ailleurs, l'expérience Einstein-Podolsky-Rosen montre que la réalité n'est pas locale, mais globale. Deux particules qui ont interagi sont en contact permanent par une sorte de mystérieuse interaction. L'une « sait » instantanément ce que l'autre fait, même si elles sont situées aux deux bouts

12. Voir mon ouvrage *Le Chaos et l'Harmonie, op. cit.*

de l'univers [13]. Une approche globale et holistique des choses, avec l'homme jouant le rôle central d'observateur – rôle aussi conféré par la mécanique quantique –, est donc nécessaire. Mais cela ne veut pas dire que l'approche holistique exclut l'approche réductionniste : elles sont toutes deux indispensables, car elles se complètent pour nous aider à percer les secrets de la nature.

Les couleurs véhiculent des sens cachés

Comme Goethe l'a déclaré haut et fort dans son *Traité des couleurs*, les couleurs possèdent une dimension sensible et émotionnelle qui ne peut être dissociée de l'homme, de la société et de la culture au sein desquelles il évolue. Les couleurs véhiculent des codes, des sens cachés, des tabous et préjugés auxquels nous obéissons de manière inconsciente, qui modifient notre perception de la réalité et influent sur notre comportement, notre vocabulaire, nos sentiments et même notre imaginaire. Parce que les sociétés et les cultures diffèrent les unes des autres et parce qu'elles évoluent dans le temps, le sens que véhiculent les couleurs ne peut être universel. Ainsi, si le bleu est la couleur préférée des Occidentaux – chez les femmes aussi bien que chez les hommes, indépendamment de leur milieu professionnel, social et de leur pays d'origine, en France autant qu'aux États-Unis, en Nouvelle-Zélande autant qu'en Sicile –, c'est la couleur rouge qui est prisée par les Orientaux, aussi bien au Japon qu'au Vietnam. D'autre part, la signification des couleurs n'est pas immuable : celles-ci ont une histoire mouvementée qui remonte à la nuit des temps et qui reflète celle des hommes. Ainsi, en Occident, le bleu n'a pas toujours été plébiscité. Il est absent dans les magnifiques fresques multicolores du paléolithique, dans les grottes de Lascaux et de Chauvet en France, dans celles d'Altamira en Espagne, où, il y a environ 10 à 30 000 ans, l'homme a tenté pour la première fois d'exprimer en images son sens nouveau de la transcendance et du sacré. Dans l'Antiquité, le bleu n'a pas le statut de vraie couleur, au contraire du noir, du blanc et du rouge.

13. Cf. *ibid.*

Malgré son omniprésence dans la nature méditerranéenne – le ciel et la mer sont bleus –, il ne joue aucun rôle dans la vie symbolique, sociale et religieuse des Romains. Pour eux, c'est la couleur des Germains, les barbares du Nord. Le vocabulaire des langues romanes reflète ce rejet de la couleur bleue : il n'y a pas de mots pour la décrire et, lorsque les langues romanes ont voulu l'exprimer, elles ont été obligées d'aller puiser dans les langues germanique (*bleu* vient de *blau*) et arabe (*azur* vient de *azraq*). Quant aux Grecs, ils n'ont jamais mentionné le bleu dans leurs écrits, si bien que certains philologues du XIXe siècle se sont même demandé sérieusement s'ils n'avaient pas une maladie des yeux qui les empêchait de voir le bleu !

Cette situation perdure jusqu'au XIIe siècle, quand le bleu revient en force grâce à la connotation religieuse et spirituelle qui lui est attribuée. Le Dieu des chrétiens est lumière, et celle-ci est bleue ! Le culte de la Vierge prend aussi son essor et, parce qu'elle habite le ciel, ses vêtements sont représentés en bleu (fig. 27 cahier couleur). Pour la première fois dans l'histoire de la peinture occidentale, le ciel prend la couleur bleue, au lieu des teintes blanches, rouges ou dorées qui le caractérisaient auparavant. Quant à la Vierge, on la peint revêtue d'un manteau ou d'une robe bleue. Vers 1140, quand l'abbaye de Saint-Denis est reconstruite, inaugurant le style gothique, on utilise force couleurs, en particulier le bleu, pour dissiper les ténèbres. Un produit très cher, le cafre (connu plus tard sous le nom de bleu de cobalt), est mis à contribution pour colorer les vitraux. Il va se diffuser partout en France, en particulier à Chartres où il est d'ailleurs connu comme le « bleu de Chartres ».

Le blues et les blue jeans

Divinisé, le bleu envahit dès lors non seulement les vitraux et les œuvres d'art, mais aussi la société. Puisque la Vierge s'habille de bleu, le roi de France doit le faire également. Puisque le roi le fait, les seigneurs ne doivent pas demeurer en reste. En quelques générations, le bleu devient la couleur préférée des aristocrates, poussant les teinturiers à rivaliser d'ingéniosité pour réaliser des tissus bleus plus magnifiques les uns que les autres. Puis le bleu va poursuivre son chemin victorieux. Vers le XVIe siècle, la vague moraliste à l'origine de la Réforme influe aussi sur les couleurs. Elle va consacrer certaines couleurs comme dignes et morales, à l'inverse d'autres qui ne le sont pas. Les teintes noires, grises et bleues sont promues dans le vêtement masculin. Ces couleurs austères que les hommes d'affaires arborent encore aujourd'hui remontent donc à cette lointaine époque de la Réforme. Le bleu continue cependant son avancée triomphante. C'est au XVIIIe siècle qu'il devient la couleur préférée des Européens. Ce qui pousse la technique à aller encore plus de l'avant : dans les années 1720, un pharmacien de Berlin découvre par accident le célèbre bleu de Prusse qui va permettre aux teinturiers et aux peintres de varier à l'infini la gamme des nuances foncées du bleu. D'autre part, l'indigo, qui a l'avantage de coûter moins cher (car produit par les esclaves), et qui est doté d'un fort pouvoir colorant, est importé en grande quantité des Antilles et d'Amérique centrale.

Le bleu envahit alors tous les domaines. Son avancée est aidée en Allemagne par le mouvement romantique, qui voit dans le bleu la couleur de la mélancolie. Goethe publie en 1774 *Les Souffrances du jeune Werther*, qui connaît un immense retentissement auprès de la jeunesse européenne. Celle-ci s'habille en bleu, comme son héros. Ce sentiment de mélancolie que les romantiques allemands ont associé au bleu a traversé les océans et les siècles. On en trouve un écho dans l'appellation d'une forme de musique populaire des Noirs américains, le *blues*. Cette musique, caractérisée par un rythme lent et lancinant, évoque le chagrin, la nostalgie, les peines de cœur – sentiments que les Français associent non pas au bleu, mais à une autre couleur, le noir, comme dans l'expression « broyer du noir ». Un autre coup de pouce est donné au bleu grâce à l'apparition aux États-Unis d'un nouveau type de vêtement qui va envahir le monde entier : le *jean*. Inventé en 1850 à San Francisco par un tailleur juif, Levi-Strauss, le *jean* est à l'origine un pantalon fait de toile teinte à l'indigo. La toile utilisée pour fabriquer le vêtement venait initialement du port de Gênes. Le mot américain pour « venant de Gênes » est *genoese*, devenu *jean* par la suite. Le vêtement a ensuite acquis le nom de son étoffe, devenant *blue jeans*. Le nom est demeuré, même si le matériau dont il est fait a ultérieurement changé. Entre 1860 et 1865, Levi-Strauss a eu l'idée de remplacer la toile originelle par un matériau moins lourd et moins rugueux appelé *denim*, lui aussi teint à l'indigo et importé d'Europe. L'origine du mot *denim* n'est pas certaine, mais une explication possible est qu'il résulte de la contraction du français « serge de Nîmes », qui désigne une étoffe fabriquée dans la région nîmoise à partir du XVIIe siècle. La signification sociale des *blue jeans* va évoluer au fil du temps : d'un vêtement de travail porté par les travailleurs, les mineurs et les cow-boys, il est devenu un vêtement de loisir dans les années 1930 aux États-Unis, puis, pendant une courte période, dans les années 1960, un symbole de rébellion. Il est maintenant adopté par les jeunes et les moins jeunes du monde entier, en partie parce qu'il est associé au mythe américain, mais surtout parce qu'il est solide, sobre, pratique et confortable à porter.

Si le bleu est la couleur préférée des Occidentaux, c'est parce qu'il est associé, Goethe l'a dit, à une sensation de calme et de sérénité. C'est une couleur consensuelle, non conflictuelle, qui ne fait pas de vagues et emporte l'adhésion de tous, individus aussi bien qu'organisations. À preuve : les organismes internationaux tels que l'ONU, l'Unesco ou encore l'Union européenne ont tous adopté un emblème bleu[14]. J'avoue aussi pour ma part un certain faible pour le bleu : c'est non seulement la couleur du ciel et de la mer, mais aussi celle des étoiles massives qui abondent dans les galaxies naines bleues que j'étudie.

Le rouge, couleur du feu et du sang

Le bleu étant une couleur réputée « froide », qu'en est-il de la couleur « chaude » selon Goethe, le rouge ? Si le bleu est discret, le rouge impose sa présence et veut se faire voir. Si le bleu est sage et

---

14. Pour une étude exhaustive sur la couleur bleue, voir Michel Pastoureau, *Bleu. Histoire d'une couleur*, Paris, Seuil, 2000.

raisonnable, le rouge est insolent, orgueilleux, plein de violences et de fureurs. Si le bleu a eu des débuts timorés, voire inexistants, le rouge s'est imposé très tôt. Son succès presque instantané fut sans doute dû à la maîtrise précoce de la chimie du rouge. Il y a environ 30 000 ans, les artistes du paléolithique se servaient déjà de la terre ocre rouge pour parer de teintes rouges les magnifiques bestiaires des grottes de Lascaux et de Chauvet (fig. 28 cahier couleur). Comme fournisseurs de pigments rouges sont ensuite venus la garance, herbe dont la racine fournit une substance colorante rouge, puis certains métaux comme l'oxyde de fer ou le sulfure de mercure.

Symboliquement, parce qu'il est la couleur du feu et du sang, le rouge évoque la religion (les flammes de l'enfer, le sang versé par le Christ), mais aussi la guerre. Il est donc associé en Occident au pouvoir et est une marque de puissance chez les laïcs aussi bien que chez les religieux. Dans la Rome impériale, l'empereur, les centurions, certains prêtres étaient tous vêtus de rouge. À partir des XIIIe et XIVe siècles, le pape et les cardinaux commencèrent à s'habiller de rouge, acte symbolique signifiant qu'ils étaient prêts à verser leur sang pour le Christ. Mais quand vient la Réforme, au XVIe siècle, l'insolence du rouge ne va pas de pair avec le puritanisme des réformateurs protestants. Ceux-ci déclarent la couleur rouge immorale, d'autant plus que c'est celle des « papistes ». Le rouge est banni des habits de tout bon protestant. À l'exception des cardinaux et des membres de certains ordres de chevalerie, les hommes ne s'habilleront plus de rouge à partir du XVIe siècle. Cet « interdit » du rouge va s'accentuer au fil des siècles. Pendant longtemps, les prostituées furent obligées de porter une pièce de vêtement rouge pour qu'on pût les distinguer. La robe des juges en France est rouge, de même que les gants et le capuchon du bourreau. Dès le XVIIIe siècle, un chiffon ou un drapeau rouge signifie « danger » et « interdiction ». Aujourd'hui, nous devons nous arrêter quand le feu de signalisation passe au rouge. Cette symbolique de la prohibition est aussi présente dans les panneaux d'interdiction ou, sur les stades, dans le « carton rouge ». La symbolique du feu et du sang se retrouve quant à elle dans le rouge des voitures de pompiers, dans le « téléphone rouge », l'« alerte rouge » ou encore la Croix-Rouge.

En Asie, le rouge a une bonne connotation, celle de la chance et de la prospérité. Ainsi, les lanternes rouges en Chine symbolisent la santé, le bonheur, la prospérité. Pendant la fête du Têt, le Nouvel An vietnamien, les parents donnent à leurs enfants des enveloppes rouges contenant de l'argent pour leur souhaiter bonheur, joie et santé pour l'année à venir. Les pétards qui égaient de leurs crépitements la fête du Nouvel An sont aussi colorés de rouge. Cette connotation associant la joie et la fête, le luxe et la prospérité à la couleur rouge se retrouve également en Occident : pendant les fêtes de Noël, magasins et théâtres se parent de rouge, et l'habit du Père Noël est de cette couleur.

Par une étrange inversion de l'histoire, le rouge qui symbolise le pouvoir et l'aristocratie a aussi pris une signification totalement opposée, celle du rouge révolutionnaire et prolétarien. Le 17 juillet 1791, pendant la Révolution française, une foule de Parisiens se rassemble au Champ-de-Mars pour réclamer la destitution du roi Louis XVI. Les autorités hissent un drapeau rouge pour demander à la foule de se disperser. Sans crier gare, les gardes nationaux se mettent à tirer dans la foule, faisant une cinquantaine de morts. Le drapeau rouge, « teint du sang de ces martyrs », deviendra dès lors le symbole des peuples opprimés et de la révolution en marche de par le monde. Les pays communistes l'adoptent l'un après l'autre : la Russie soviétique en 1918, la Chine populaire en 1949, le Vietnam en 1954...

Une couleur n'est là que parce qu'on la regarde

En dehors du bleu tranquille et du rouge flamboyant, combien y a-t-il d'autres couleurs de base ? Nous avons vu que, pour le physicien, chaque couleur est définie par sa longueur d'onde : la couleur rouge a une longueur d'onde moyenne de 0,65 micron, alors que celle de la couleur bleue est de 0,42 micron. Et c'est parce que la lumière est déviée différemment par un prisme selon sa longueur d'onde que la lumière blanche est décomposée en les sept couleurs de l'arc-en-ciel : le violet, l'indigo, le bleu, le vert, le jaune, l'orangé et le rouge. Pour le neurophysiologiste moderne, la théorie trichrome de Thomas Young et de Hermann von Helmholtz selon laquelle il n'existe dans la rétine que trois types de cônes récepteurs, ceux qui sont sensibles au bleu, au vert et au rouge, est maintenant généralement acceptée. Toutes les autres couleurs et nuances du monde extérieur sont perçues par notre cerveau grâce à une combinaison des signaux transmis par ces trois types de photorécepteurs.

Mais, dans la vie quotidienne, les couleurs définies de façon neurophysiologique ou physique ne nous parlent pas. Si elles affectent notre humeur, nos sentiments, nos émotions, ce n'est pas parce que la lumière tombe sur tel ou tel cône sensible à telle ou telle couleur, ou parce que sa longueur d'onde est grande ou petite ; c'est parce que chacune d'elles est associée à un ensemble de symboles et de conventions inhérent à la société et à la culture dans lesquelles nous évoluons. Goethe l'a très bien dit : « Une couleur que personne ne regarde n'existe pas ! » « Une robe rouge est-elle encore rouge lorsque personne ne la regarde ? » s'interroge-t-il. La réponse est évidemment non : les couleurs n'existent pas sans perception, puisque c'est nous qui les interprétons avec notre cerveau !

Dans cette optique nouvelle où l'homme joue un rôle central, quelles sont alors les couleurs de base qui nous parlent ? Il y a six couleurs que n'importe quel enfant vous énumérera de manière spontanée : le bleu et le rouge, avec lesquels nous avons déjà fait connaissance, mais aussi le vert, le blanc, le noir et le jaune. Ces six couleurs sont fondamentales en ce sens qu'elles sont les seules à pouvoir être définies de manière abstraite sans faire appel à une référence concrète dans la nature – à la différence des « semi-couleurs », comme le rose, le violet, le marron ou l'orangé, qui doivent leurs noms à une fleur ou à un fruit. Comme le bleu et le rouge, les autres couleurs fondamentales sont également lourdes de symbolisme et de conventions ; elles aussi possèdent une histoire mouvementée qui remonte à la nuit des temps.

Le vert écologique

Le vert est une couleur chimiquement instable et volatile. Le colorant vert, qui s'obtient facilement à partir de diverses matières végétales – feuilles, racines, fleurs et autres écorces –, tient mal aux fibres, ce qui fait que les tissus verts prennent vite un aspect délavé. En peinture, le vert issu des végétaux tels que l'aulne ou le poireau s'use à la lumière. C'est la couleur qui s'efface en premier sur les vieilles photos. Cette volatilité chimique du vert a fait de lui le symbole de l'instabilité et de l'aléatoire : il représente tout ce qui bouge et change, et, par extension, tout ce qui est lié au jeu, à la chance, au destin. Ce n'est pas un hasard si les tables de jeu dans les casinos, sur lesquelles vous placez vos jetons ou vos cartes et où le croupier lance ses dés, sont tapissées de vert. La coutume a vu le jour dès le XVIe siècle dans les casinos de Venise. Dans le monde du sport où le mouvement est roi et d'où la chance n'est pas absente, le vert est aussi prédominant : il n'est que de contempler la couleur des courts de tennis, ou celle des tables de ping-pong. Le vert étant associé aux jeux et à l'argent, ce n'est peut-être pas non plus un hasard si le dollar, le roi des billets de banque, est de couleur verte. Mais la chance est à double face : elle peut être bonne ou mauvaise. Le vert représente la fortune, mais également l'infortune, le positif aussi bien que le négatif. C'est ce côté négatif et inquiétant du vert que l'on retrouve dans la représentation verdâtre, au Moyen Âge, des démons, des serpents, des dragons et autres créatures maléfiques. Avant l'ère de la conquête spatiale, on a assisté dans l'imaginaire populaire à une hantise des « petits hommes verts » venant de Mars pour conquérir la Terre et asservir les hommes. Le vert est aussi souvent présenté comme la couleur complémentaire du rouge. Celle-ci étant la couleur de l'interdit, le vert est devenu celle du permis. Cela est surtout évident dans les systèmes de signalisation destinés aux voitures, aux trains et aux bateaux : nous nous arrêtons devant un feu rouge, mais passons au vert.

Mais le vert est surtout à la mode aujourd'hui du fait de sa connotation écologique, de son association avec l'idée de nature. Nous ne pouvons pas lire un journal sans voir un article sur le parti Vert, ni écouter la radio ou regarder la télévision sans qu'on nous parle d'espaces verts. Même les poubelles, autant en France qu'en Amérique, sont colorées en vert, cette couleur évoquant la nature et la propreté. Le vert est devenu (avec le blanc) le symbole de l'hygiène, de la lutte contre les immondices et les déchets industriels. D'après les sondages d'opinion, le vert est devenu la deuxième couleur préférée des Occidentaux derrière le bleu. S'il a le vent en poupe, c'est parce que le public est de plus en plus sensibilisé aux périls écologiques – le réchauffement global par l'effet de serre, la déforestation, la destruction de la biodiversité – qui pèsent sur notre havre cosmique et qui menacent la survie de l'homme et des autres espèces sur la planète. Pourtant, cette association du vert avec la nature, qui nous semble si évidente de nos jours, n'a fait son entrée dans la conscience occidentale qu'assez récemment, à partir de la fin du XVIIIe siècle. Durant l'Antiquité et le Moyen Âge, et même pendant la Renaissance, la nature a été principalement associée aux quatre éléments : eau, feu, air et terre, concept qui remonte à l'époque d'Aristote, et la végétation verdoyante n'a pas occupé une place prépondérante dans l'imaginaire collectif. C'est peut-être l'Islam qui, le premier, a connecté le vert à l'idée de nature. Au temps de Mahomet, tout espace verdoyant dans un environnement désertique est associé au paradis, et la légende rapporte que le Prophète lui-même aime à porter un turban et un étendard verts. Le vert n'a véritablement pris son essor en Occident qu'avec le mouvement romantique. À partir de la fin du XVIIIe siècle, puis au XIXe, le romantisme fait prévaloir le sentiment et l'imagination sur la raison, et préconise le retour à la nature en s'élevant contre la mécanisation et l'industrialisation. Bien qu'ayant une prédilection pour le bleu, Goethe, figure des plus emblématiques du romantisme, attribue au vert des vertus apaisantes. Le poète recommande à ses lecteurs l'utilisation de papiers peints verts pour décorer l'intérieur des appartements, en particulier les chambres à coucher !

Le blanc pur et transcendant

Dans l'inconscient collectif, le blanc est souvent associé non pas à une couleur, mais à une absence de couleur. Ce sentiment d'une équivalence entre le blanc et l'incolore est peut-être né du fait que l'imprimerie utilise le papier blanc comme son principal support. Le sentiment du blanc associé à un manque ou à une absence se retrouve souvent dans le langage courant : tout comme nous disons qu'une page est blanche quand elle est dépourvue de texte, nous nous plaignons d'une nuit blanche parce qu'elle est sans sommeil. Une balle à blanc ne contient pas de poudre, un chèque en blanc n'a pas de montant précisé et une voix blanche est sans timbre. Ce sentiment est bien sûr trompeur : avec ses prismes, Newton a démontré que la lumière blanche est la somme de toutes les couleurs et qu'elle est bel et bien une couleur à part entière.

Parce que le blanc est associé à l'absence de tache ou de souillure, il est presque universellement considéré comme la couleur de la propreté, de la pureté et de l'innocence. Dans les régions de hautes latitudes où se produit la ronde des saisons, ce sentiment de propreté immaculée du blanc est aussi évoqué par la neige. La contemplation d'un paysage enneigé couvert de poudre blanche non seulement nous suggère la pureté, mais nous emplit de calme et de sérénité. En Occident, la robe blanche de la mariée suggère l'innocence et la virginité. Un vêtement blanc sur une peau féminine est susceptible d'éveiller le désir chez certains hommes. Mais cette association du blanc avec la virginité et le désir n'est pas universelle. En Asie, la mariée est vêtue de rouge, couleur de la chance et du bonheur. L'idée de paix liée au blanc est contenue dans le symbole du drapeau blanc au cours d'une bataille : dès la guerre de Cent Ans, aux XIVe et XVe siècles, on l'a utilisé pour demander l'arrêt des combats. Quant à l'idée de propreté suggérée par le blanc, nous la retrouvons dans la couleur des étoffes qui touchent notre corps. Le blanc a été pendant très longtemps la couleur des draps, des sous-vêtements et autres linges de toilette. Outre ce symbolisme, il est une raison pratique d'utiliser le blanc pour le linge : par le passé, le fait de laver les étoffes à l'eau bouillante provoquait souvent une déperdition de leurs coloris, à l'exception de la couleur blanche, stable et solide. De nos jours, les draps ne sont plus exclusivement blancs : certains arborent des couleurs douces, dans les tons pastel, ou des rayures – on rompt ainsi la couleur douce par le blanc pour l'atténuer davantage –, voire carrément des teintes vives comme le rouge ou le jaune ! Néanmoins, le blanc continue à être synonyme de propreté et de pureté : il n'est que de voir les innombrables publicités pour les lessives qui nous vantent toutes un linge plus blanc que blanc ! Ce n'est pas non plus par accident que nos réfrigérateurs, nos baignoires, nos lavabos sont généralement de couleur blanche. Celle-ci est par excellence la couleur de l'hygiène.

Si le blanc est la couleur de la pureté et de l'innocence associées à l'enfance, c'est aussi celle des cheveux des personnes âgées. Le blanc est donc également la couleur de la vieillesse, celle de la sagesse et de la sérénité. On retrouve là le symbolisme de la paix associée au drapeau blanc, mais il ne s'agit plus d'une paix extérieure, mais intérieure. Le blanc de la mort et du linceul rejoint le blanc de l'innocence de l'enfance. Cette symbolique de la mort est évidente en Asie et dans une partie de l'Afrique, où le blanc est couleur du deuil.

Parce que le blanc est la couleur de la lumière naturelle, celle du Soleil, notre astre de vie dans le vaste cosmos, il a aussi une connotation spirituelle et est souvent associé à l'idée de transcendance. En Occident, Dieu est perçu comme une lumière blanche. Les anges, ses messagers, sont eux aussi représentés en blanc. Le blanc est devenu la seconde couleur de la Vierge, longtemps associée au bleu, depuis l'adoption du dogme de l'Immaculée Conception en 1854. C'est peut-être à cause de cette association du blanc avec le transcendant que la lumière primordiale du big-bang est souvent représentée par les dessinateurs comme un éclat de lumière blanche – représentation totalement erronée : la lumière du big-bang, nous l'avons vu, est faite de photons gamma tellement énergétiques que nous n'aurions pu les voir, quand bien même nous aurions été présents !

La couleur blanche des vêtements de deuil en Asie a aussi une signification spirituelle : les Asiatiques pensent que la dépouille du défunt se transforme en un corps de lumière blanche qui s'élève vers l'innocence et la pureté. Mais, dans le domaine du surnaturel, le blanc présente un autre visage beaucoup plus inquiétant : c'est aussi la couleur des fantômes, des revenants, des âmes errantes qui n'ont pas obtenu justice et sépulture de leur vivant et qui reviennent réclamer leur dû. Dès l'Antiquité romaine, apparitions et spectres sont représentés en blanc, et cette tradition se perpétue de nos jours.

Le noir du deuil et du cinéma

Le noir est à la fois le comparse et l'opposé du blanc. Alors que le blanc est lié à la lumière divine, le noir est associé aux ténèbres. Le noir éveille en nous des peurs immémoriales qui remontent aux temps des pré-humains, quand l'obscurité regorgeait de dangers, les bêtes sauvages tapies dans les ténèbres étant prêtes à tout instant à passer à l'attaque. Le noir évoque donc la mort. Cette association est omniprésente dans la Bible : le noir y est lié aux défunts, aux funérailles, ainsi qu'au péché. Le noir est la couleur de la terre, donc du monde souterrain et de l'enfer. Il est devenu en Occident la couleur du deuil. Alors que les Orientaux voient le corps du défunt se transformer en corps de lumière s'élevant vers la pureté, les Occidentaux le voient redevenir cendre et poussière, et retourner à la terre. Les Romains portaient déjà des vêtements de deuil gris, couleur de cendre, et le christianisme a perpétué ce symbolisme du sombre associé à la notion de deuil.

Mais, au fil du temps, le noir a aussi acquis une autre signification plus positive en Occident : il est devenu la couleur de l'humilité et de l'austérité. La Réforme s'élève au XVIe siècle contre les couleurs vives et prône une éthique du sombre et du sévère. Les protestants portent des habits noirs. L'humble couleur du pécheur devient à la mode. Non seulement les ecclésiastiques sont vêtus de noir, mais aussi les princes. De nos jours, le noir est associé au chic et à l'élégance. Le noir de nos smokings et autres tenues de gala a une filiation directe avec le noir princier de la Renaissance. Cette association fait aussi que le noir est devenu couleur de l'autorité. C'est celle des habits des juges et des magistrats. Les limousines des chefs d'État sont souvent noires.

Cette juxtaposition de l'humble, du chic et de l'autorité a stimulé une demande croissante d'étoffes noires et a donné un coup de fouet à la technique de la fabrication du noir. Cette couleur est en effet très difficile à produire de façon chimique. Un mélange de toutes les couleurs donne une couleur grise ou brune plutôt que noire. Les teinturiers italiens du XVIe siècle ont néanmoins réussi à produire toute une gamme de noirs, tant pour les soieries que pour les étoffes de laine.

Au-delà de sa symbolique propre, le noir est presque toujours associé à son contraire, le blanc. S'il est lié à l'absence de lumière, donc à l'angoisse, à la peur et à la mort, le blanc, lui, est lié à la lumière, donc à l'allégresse et à la vie. Le noir et le blanc symbolisent les alternances de désespoir et d'espérance, de chagrin et de joie qui sont le lot de l'existence humaine. Dans le monde des couleurs, le couple noir/blanc occupe une place à part depuis la découverte par Newton, au XVIIe siècle, que le spectre arc-en-ciel de la lumière solaire offre un continuum de couleurs allant du violet au rouge en passant par l'indigo, le bleu, le vert, le jaune et l'orangé, mais ne contenant ni le noir ni le blanc. Ces derniers ne sont plus considérés comme des couleurs à part entière – ce qui, sur le plan scientifique, est évidemment faux !

L'invention de la photographie et l'apparition des premiers films muets en noir et blanc au XIXe siècle renforcent encore dans l'imaginaire collectif l'idée erronée qu'un monde en noir et blanc est un monde sans couleurs, autrement dit un monde sérieux, morne, terne et ennuyeux. D'où l'autre symbole attaché au couple noir/blanc : le sérieux. En bon protestant puritain, le grand magnat américain de l'automobile, Henry Ford, a refusé de produire des voitures d'une autre couleur que noir. D'autres couleurs auraient été trop voyantes et auraient trop manqué de sérieux. Aujourd'hui, cependant, le code est en train de s'inverser. Dans le monde du cinéma, le couple noir/blanc reprend du poil de la bête et est de nouveau à la mode. Certains cinéastes préfèrent le noir et blanc à la couleur pour jouer avec la lumière et son antonyme, l'ombre, et susciter avec plus de force, par ces jeux de contraste entre clarté et ténèbres, atmosphères, émotions et climats divers. Grâce à ce couple noir/blanc, ils pensent qu'ils peuvent mieux évoquer le mystère, le drame, la poésie, la mélancolie ou, au contraire, la légèreté, le bonheur et l'allégresse [15].

Le jaune mal aimé

Le jaune est la dernière des six couleurs de base de la vie quotidienne, ces couleurs qui véhiculent symboles, codes et sens cachés, influant sur nos émotions, notre comportement, notre langage et notre imaginaire, et magnifiant la splendeur et la diversité du monde. En Asie et en Amérique du Sud, le jaune est très prisé et occupe une position privilégiée. Dans les pays asiatiques, il est en général associé à l'idée de pouvoir et de richesse. En Chine, c'est la couleur impériale. Il connote aussi la sagesse et la spiritualité : ainsi, l'habit des moines bouddhistes est ocre jaune. En Occident, le jaune a très longtemps été la mal aimée des couleurs. Pourtant, la situation a récemment commencé à changer et le jaune a connu une amorce de réhabilitation. Cet ancien ostracisme frappant le jaune venait très probablement de sa comparaison défavorable avec la couleur dorée du Soleil, source de lumière et de vie, d'énergie et de chaleur, de puissance et de joie. Cette couleur dorée est aussi celle du métal précieux, qui signifie prospérité et richesse. À côté de l'or, le jaune fait en effet pâle figure : il est éteint et triste, évoque la vieillesse, le déclin, la maladie et la mort. On a le teint jaune quand on est malade du foie. Jaune est aussi la couleur des feuilles qui meurent en automne.

Dans l'imaginaire populaire, le caractère négatif du jaune s'est accentué au fil des siècles. Pour de mystérieuses raisons, il a été associé au Moyen Âge non seulement à la symbolique du déclin, mais aussi à celle du mensonge : le jaune est devenu symbole de félonie, de tricherie et de perfidie. Peut-être est-ce parce que c'est

15. Henri Alekan, *Des lumières et des ombres*, Paris, Le Sycomore, 1984.

aussi la couleur du soufre, qui évoque le diable perfide. En tout cas, dans l'imagerie médiévale, le jaune est associé à l'apôtre Judas qui a livré le Christ à ses ennemis pour trente deniers. Les peintres médiévaux le représentent presque invariablement en robe jaune, bien qu'il n'existe aucune mention de cette couleur dans les Écritures. Les chevaliers félons sont représentés vêtus de jaune. Le jaune devient la couleur des traîtres, des individus malhonnêtes dont on se méfie et que l'on voue à l'infamie. Au Moyen Âge, on peint en jaune les maisons des faux-monnayeurs. Cette réputation malsaine du jaune, associé au déclin et au mensonge, a traversé le temps. Au XIXe siècle, on caricature encore les maris trompés en jaune. D'un briseur de grève qui trahit le mouvement général d'arrêt de travail, on dit qu'il est un « jaune ».

La symbolique du déclin et du mensonge a conduit à une connotation négative encore plus grave, celle de l'exclusion, du bannissement, de l'ostracisme : le jaune est devenu la couleur par laquelle on identifie ceux qu'on veut exclure ou condamner. En instituant le port de l'étoile jaune par les juifs dans les années 1940, les nazis n'ont fait que puiser dans le symbolisme médiéval. En effet, au Moyen Âge, pour identifier les juifs et empêcher les mariages entre chrétiens et juifs, les conciles obligent ces derniers à porter un signe distinctif jaune (parfois rouge) sur leurs vêtements.

Le jaune réhabilité

Malgré sa mauvaise réputation et sa descente aux enfers, le jaune va pourtant amorcer une lente réhabilitation et une revalorisation de son statut à la fin du XIXe siècle, grâce surtout aux artistes et au monde du sport. Alors que le jaune a pratiquement disparu des vitraux des églises à partir du XIIe siècle, laissant la place au bleu et au rouge, et que les peintres de la Renaissance l'utilisent très peu dans la composition de leurs tableaux, il revient sur le devant de la scène avec les peintres impressionnistes. Il n'est que de contempler la symphonie de jaunes dans la *Nuit étoilée* de Vincent Van Gogh (1853-1890), ou l'extraordinaire intensité du jaune des blés ou du Soleil dans ses paysages (ainsi dans les *Tournesols*). Le jaune fait un retour en force, les artistes quittant la lumière artificielle de l'atelier pour découvrir la lumière naturelle du jour. Mais même la lumière artificielle contribue à sa réhabilitation. L'éclairage électrique fait aussi son entrée à la fin du XIXe siècle grâce, nous l'avons vu, au génie de Thomas Edison. Les lampes électriques émettent une lumière jaunâtre qui ne reproduit qu'approximativement la lumière du jour. La présence du jaune dans le monde de la peinture s'accentue encore avec le mouvement fauviste, puis avec l'art abstrait qui préconise la dissolution des formes et la suprématie des couleurs.

Le jaune revient en force dans l'imaginaire populaire grâce aussi au sport. Le vainqueur du Tour de France porte un maillot jaune. Le jaune est associé cette fois non pas au symbolisme du déclin ou de la trahison, mais à celui de l'effort, du courage, de la persévérance, de la ténacité et de la victoire. Le langage populaire utilise maintenant l'expression « maillot jaune » pour désigner un champion dans toute compétition sportive, et pas seulement dans le cyclisme. L'origine de cette expression vient curieusement de la couleur des pages jaunâtres d'un journal sportif appelé *L'Auto*, ancêtre de l'actuelle *Équipe*, et qui lança une campagne publicitaire sur le Tour de France en 1919. La couleur des pages du journal est devenue celle du vainqueur. La popularité planétaire du football a beaucoup aidé elle aussi à la réhabilitation du jaune. En effet, le jaune et le vert sont les couleurs que les équipes de football des pays d'Amérique du Sud privilégient pour leurs maillots. Et comme, à l'heure actuelle, le football mondial est dominé par certaines de ces équipes (comme la brésilienne), le jaune fait un *come-back* remarqué après sa longue descente aux enfers.

La matière grise et la vie en rose

S'il existe six couleurs primaires dans la vie quotidienne – le bleu, le rouge, le vert, le blanc, le noir et le jaune –, celles qui se définissent de façon autonome sans avoir besoin d'une référence dans la nature, il existe aussi des couleurs secondaires qui, au contraire, nécessitent une référence pour se définir, comme une fleur (tels le rose et le violet) ou un fruit (tels le marron et l'orangé). Ces couleurs secondaires sont aussi lourdes de significations et de symboliques. Ainsi, si le rose évoque la douceur (comme dans l'expression « la vie en rose ») et la féminité, voire la mièvrerie (comme dans l'expression « un roman à l'eau de rose »), le marron suggère la pauvreté et l'humilité (c'est la couleur de l'habit des moines en Occident), mais aussi souvent la violence et la brutalité, depuis que les sections d'assaut de Hitler en firent la couleur de leurs uniformes. Le violet est associé à la vieillesse féminine et au demi-deuil, tandis que l'orangé dénote la vitalité, le bien-être, la santé et la joie. Le gris occupe une place à part parmi les couleurs secondaires, car, au contraire des autres, il ne fait référence ni à une fleur, ni à un fruit. Il possède une double symbolique : c'est la couleur de la tristesse et de l'ennui, mais aussi de l'intelligence, comme dans l'expression « matière grise », les neurones qui constituent la surface du cerveau étant de couleur gris rosé.

Outre les couleurs primaires et secondaires, l'œil humain est sensible à quelque deux cents autres nuances colorées. Le langage populaire désigne cette multiplicité de nuances en combinant ensemble deux termes de couleurs (comme dans « rouge-orangé » ou « gris-marron »), en ajoutant un qualificatif au ton de la couleur (comme dans « gris clair » ou « gris foncé »), en se référant à des fruits (comme pour les couleurs « cerise » ou « framboise »), voire à des objets de la vie courante (comme pour les couleurs « sable » ou « ivoire »). Mais, à la différence des couleurs primaires et secondaires, ces nuances ne sont associées à aucune symbolique et possèdent une connotation purement esthétique [16].

Le dialogue entre les arts et les sciences

Les couleurs nous parlent et nous touchent au plus profond. Mais il ne peut y avoir de couleurs sans lumière. C'est avec la lumière, ses variations et ses nuances, que les couleurs sont avivées ou affadies,

16. Le lecteur trouvera plus de détails sur la symbolique des couleurs à travers les âges dans : Michel Pastoureau et Dominique Simonnet, *Le Petit Livre des couleurs*, Paris, Éditions du Panama, 2005 ; Michel Pastoureau, *Les Couleurs de notre temps*, Paris, Christine Bonneton, 2003.

qu'elles captent notre attention ou passent inaperçues. Les découvertes scientifiques sur la nature de la lumière et les mécanismes de la perception ont profondément influencé la manière dont les artistes, ces maîtres de la manipulation des couleurs et de la représentation de la lumière, voient le monde. Les deux derniers siècles ont vu s'instaurer un fructueux dialogue entre les sciences et les arts. Les artistes du XIXe siècle ont été fascinés par la découverte de la nature ondulatoire de la lumière. Prenant conscience que non seulement la lumière se propage comme une onde, mais que le son fait de même, les peintres se sont alors persuadés qu'ils vivaient dans un monde de vibrations qu'il fallait à tout prix reproduire sur la toile à l'aide de lignes et de couleurs. Ils se sont perçus comme des compositeurs chromatiques mélangeant et juxtaposant des couleurs pour exprimer la beauté du monde tout comme un compositeur de musique assemble des sons pour élaborer une symphonie.

On peut se demander pourquoi cette prise de conscience est venue si tard, puisque Young et Fresnel ont établi la nature ondulatoire de la lumière dès la fin du XVIIIe siècle. Mais, entre la science et l'art, il existe toujours un effet retard : il faut un certain temps pour que les découvertes scientifiques soient communiquées au public par des vulgarisateurs de talent et pour qu'elles intègrent la conscience populaire. Mais c'est un retard enrichissant du point de vue artistique, car ce laps de temps permet à l'artiste d'assimiler l'information jusque dans son inconscient et d'interpréter les éléments scientifiques de manière intuitive et poétique.

Dans la seconde moitié du XIXe siècle, l'optique physiologique accomplit d'importants progrès grâce notamment aux travaux du physicien et physiologiste allemand Hermann von Helmholtz (1821-1894). L'idée que l'acte de voir se fait en deux étapes, que la vision ne se passe pas seulement au niveau de l'œil, mais aussi à celui du cerveau, pénètre la conscience des artistes. Ils se rendent compte que non seulement les rayons lumineux produisent une « impression » sur la rétine, mais que cette impression est transmise au cerveau par les nerfs de la rétine où elle est transformée en « sensations ». L'appréhension du réel n'est plus objective, elle devient subjective. Le peintre français Edgar Degas (1834-1917) a ainsi exprimé cette idée : « En peinture, il ne s'agit pas de représenter ce que vous voyez, mais de faire voir ce que vous ressentez aux autres. »

Le frémissement de l'atmosphère et de la lumière

Le peintre anglais Joseph Mallord William Turner (1775-1851) a été le premier à utiliser de main de maître la lumière pour évoquer les impressions et les sensations du réel. Dans une œuvre qui s'est orientée de plus en plus vers la lumière, il commence, après ses voyages en Italie et surtout après sa rencontre avec Venise, la ville des gondoles où la lumière ne cesse de jouer avec les eaux mortes, à dissoudre les formes du réel dans le frémissement de l'atmosphère et de la lumière. Précurseur de l'impressionnisme français par sa maîtrise des jeux de lumière, en particulier dans le ciel et sur l'eau, le peintre anglais s'intéresse moins au réel qu'aux facultés de celui-ci d'évoquer et susciter des émotions. Dans ses peintures, des halos éblouissants de lumière font s'estomper les formes, fusionnant ciel, eau et terre. Dans ses tableaux vénitiens, l'œil peine à distinguer les contours des palais et des canaux, tant il est ébloui par l'éclat de la lumière. La représentation réaliste des monuments cède la place à des peintures saturées de lumière où seuls quelques motifs se dégagent dans un éclaboussement lumineux qui noie les détails, qui ravit ou heurte, mais ne laisse jamais indifférent. De même, dans ses *Vues de la Tamise,* Turner joue avec la lumière et le brouillard de Londres pour rendre le caractère éphémère des couleurs et l'évaporation des formes dans une luminosité qui ne cesse de se modifier au cours de la journée (fig. 29 cahier couleur).

En jouant ainsi avec la lumière, le peintre pousse son art au-delà de la nature même. En explorant à l'infini les reflets, les éclats, les formes lumineuses de la nature, il produit des œuvres qui déconcertent l'œil encore plus que ne le fait la nature elle-même. Car le but de Turner n'est pas de reproduire fidèlement un paysage ou une scène, mais de saisir l'intensité du moment et de recréer toute l'émotion de l'artiste devant le spectacle de la nature et des monuments que l'homme a érigés. En donnant à la nature une âme, non seulement le peintre nous la fait voir, mais il nous montre aussi le travail de son imagination et de sa sensibilité face à cette nature. En cela, il est en parfaite harmonie avec le mouvement romantique en littérature dont Goethe a été l'une des figures les plus marquantes.

La nostalgie d'un monde perdu

La dissolution des formes, l'abandon de la perfection formelle du trait classique, les jeux de lumière introduits dans la peinture par Turner vont trouver leur épanouissement dans le mouvement impressionniste français, dont la personnalité la plus emblématique a sans doute été le peintre Claude Monet (1840-1926). C'est un tableau de Monet qui a d'ailleurs été à l'origine du nom du courant artistique peut-être le plus connu et le plus populaire de l'histoire des arts. Quelque trois décennies avant la fin du XIXe siècle, Monet est un jeune artiste à la recherche d'un nouveau style susceptible de le libérer du carcan du classicisme de l'Académie des beaux-arts. Pour celle-ci, enfermée dans des critères esthétiques rigides et strictement définis, l'idéal de beauté est représenté par les seuls modèles de la sculpture antique. Fuyant la guerre franco-prussienne de 1870, Monet s'installe pour un an à Londres, où il découvre l'œuvre de Turner exposée à la National Gallery. Rentré en France, l'artiste met en pratique les leçons tirées des tableaux du maître : les formes structurelles cédant la place à la primauté de la lumière, l'exploration des reflets et des éclats lumineux sur l'eau, l'éclaboussement de lumière qui noie les détails. Installé au Havre, où il travaille avec le peintre de marines Eugène Boudin (1824-1898), Monet peint de la fenêtre de sa chambre, en 1872-1873, une vue du port au lever du soleil, tableau qui montre « du soleil dans la buée et, au premier plan, quelques mâts de navire pointant ». Il l'envoie à la première exposition des Indépendants, qui doit se tenir en 1874 chez le photographe Nadar, à Paris. Organisé par un groupe d'une trentaine de peintres (dont Eugène Boudin, Paul Cézanne, Edgar Degas, Berthe Morisot, Camille Pissarro, Auguste Renoir et Alfred Sisley), de sculpteurs et de graveurs, ce Salon des Indépendants a été mis sur pied pour faire pièce au refus de leurs œuvres par les expositions officielles. Monet a d'abord appelé son tableau *Marine*. Quand on le presse de donner un titre plus précis à inscrire dans le catalogue de l'exposition, il est bien embarrassé. « Ça ne peut vraiment pas passer pour *Le Havre*, répond-il. Mettez donc : *Impression, soleil levant.* » Dans un article virulent, un critique d'art invente par dérision le terme d'« impressionnisme » pour démolir le tableau. Le terme est resté : les peintres de l'école impressionniste l'ont repris à leur compte lors de leurs expositions suivantes.

Les peintres impressionnistes font de la lumière l'élément essentiel et mouvant de leur peinture. Les lignes sont floues, les traits rapides. Les formes s'estompent et l'on ne voit plus que des visages sans dessin précis, qui perdent souvent leur identité. Les sujets sont choisis dans un quotidien librement interprété selon la vision personnelle de chaque artiste, puisé dans la vie du peintre lui-même ou de ses proches. Monet et Renoir, Degas et Sisley, Pissarro et Morisot sont des artistes différents dont la vision du monde n'est assurément pas la même : les *Jeunes Filles en fleur* de Renoir sont à mille lieues de la *Repasseuse* de Degas. Mais les tableaux des impressionnistes ont pour caractéristique commune de représenter un monde de bonheur tranquille et serein, une sorte d'éden auquel chacun peut accéder, qu'il s'agisse de scènes de vie dans des villes ou des villages, dans des cafés ou des salons, en bord de mer ou sur les rives de la Seine. C'est pourquoi, bien que l'impressionnisme ait choqué à ses débuts – ceux qui l'ont attaqué ont prétendu que la vue de ces tableaux pouvait provoquer des fausses couches chez les femmes ! –, il est devenu le plus populaire de tous les mouvements artistiques. Plus d'un siècle après, l'appétit pour la peinture impressionniste reste intact, ses tableaux se vendent à prix d'or, atteignant des dizaines, voire des centaines de millions de dollars, alors que les scènes qu'ils représentent évoquent un monde nostalgique de plaisirs et de bonheurs perdus qui n'a presque plus rien à voir avec celui d'aujourd'hui.

Saisir le temps qui passe

Les lignes floues, les traits rapides, les visages mal définis, tout cela reflète une nouvelle envie : celle de saisir l'instant. Les impressionnistes introduisent la dimension temporelle dans leur peinture. Ils veulent évoquer un instant précis, empreint d'une luminosité particulière, et exprimer avec leurs pinceaux toutes les impressions qui se rattachent à cet instant. Cet amour de la spontanéité caractérise la vision impressionniste de la représentation du réel. Il faut capter sur la toile ce que Monet appelle l'« instantanéité », l'essence d'une chose à un moment donné. Les modifications que le temps et la lumière changeante impriment à l'aspect des choses doivent être prises en compte. Alors que l'ancienne peinture réaliste se traduit par une simple représentation qui est censée ne pas varier avec le temps, à l'instar des natures mortes, l'impressionnisme souligne la tangibilité des objets et des paysages, qui cessent ainsi d'être des natures mortes pour se transformer au gré de la lumière et du moment de la journée. Dans cette optique, les couleurs ne sont plus caractéristiques de tel ou tel objet, elles évoluent en fonction de l'éclairage. Elles sont les indices extérieurs du temps qui passe. Monet comprend qu'il ne peut recréer l'essence d'un objet qu'en montrant comment son aspect change avec le temps. La nature des choses n'est plus révélée seulement par leurs dimensions spatiales, mais aussi par leur dimension temporelle. Cette intuition artistique de Monet va être validée scientifiquement plus d'une décennie plus tard, quand Albert Einstein dévoilera l'intime connexion entre le temps et l'espace grâce à sa théorie de la relativité restreinte en 1905. Désormais, un physicien ne peut parler de l'un sans faire intervenir l'autre.

Parmi les peintres impressionnistes, aucun n'a représenté la nature de manière plus éloquente que Monet. Si Renoir est le peintre des jeunes filles en fleur, Monet est celui des jardins, des arbres, des fleurs, du ciel et de la mer : « Je suis vraiment l'homme des arbres isolés et des espaces grands ouverts [17]. » À partir de 1888,

17. Cette citation de Monet et les suivantes sont prises du site Internet : http ://www.intermonet.com/œuvre/œuvre.htm.

pour représenter le temps qui passe, il se met à peindre des séries de tableaux représentant le même motif et la même scène, vus de la même position mais à des instants différents de la journée : « Je sais bien que, pour peindre vraiment la mer, il faut la voir tous les jours, à toute heure et au même endroit, pour connaître la vie à cet endroit-là ; aussi, je refais les mêmes motifs jusqu'à quatre et six fois même. » Le peintre a probablement été inspiré par les séries d'estampes japonaises, telles *Les Cent Vues du mont Fuji*, de Hokusai, en vogue dans le monde artistique de l'époque. En 1891, il présente sa première série de peintures : quinze tableaux de meules de foin, réceptacles de lumière illustrant les variations presque infinies des effets lumineux en fonction du moment de la journée et des saisons (fig. 30 cahier couleur). Écoutons le peintre décrire son état d'esprit pendant ce travail sur la série des *Meules* : « Je deviens d'une lenteur à travailler qui me désespère ; mais plus je vais, plus je vois qu'il me faut beaucoup travailler pour arriver à rendre ce que je cherche, l'instantanéité, surtout l'enveloppe, la même lumière répandue partout... Je pioche beaucoup, je m'entête à une série d'effets différents des meules, mais à cette période le soleil décline si vite que je ne peux le suivre... Je n'ai d'autre souhait que de me mêler intimement à la Nature, et je n'aspire à rien d'autre que de travailler et de vivre en harmonie avec ses lois, comme Goethe l'a prescrit. La Nature est Grandeur, Puissance et Immortalité. Comparée à Elle, une créature n'est rien qu'un misérable atome. »

Après avoir investi des meules de foin de couleurs magiques, Monet continue ses études de la lumière en concentrant son attention sur la façade d'une cathédrale gothique. En 1892, il s'installe dans une chambre d'hôtel donnant sur la façade ouest de la cathédrale de Rouen. Pendant toute une année, il réalise une vingtaine de tableaux de la même façade en scrutant le jeu de la lumière et des ombres sur les motifs de l'édifice au fil des heures et des jours. À certains moments, il travaille sur quatorze tableaux à la fois, courant d'une toile à l'autre pour tenter de capter les moindres changements de couleur et de luminosité. Chaque jour il découvre un aspect inédit qu'il doit ajouter aux tableaux, et sa tâche semble ne jamais devoir toucher à sa fin. Dans une lettre à sa femme Alice, il décrit son tourment : « Je suis rompu, je n'en peux plus, et, ce qui ne m'arrive jamais, j'ai eu une nuit remplie de cauchemars : la cathédrale me tombait dessus, elle semblait ou bleue ou rose ou jaune. » Dans une autre lettre, il exprime son découragement devant la difficulté de créer : « Mon séjour ici s'avance, cela ne veut pas dire que je suis près de terminer mes cathédrales. Hélas ! Je ne peux que répéter ceci : que plus je vais, plus j'ai de mal à rendre ce que je sens ; et je me dis que celui qui dit avoir fini une toile est un terrible orgueilleux. Fini voulant dire complet, parfait, je travaille à force sans avancer, cherchant, tâtonnant, sans aboutir à grand-chose, mais au point d'en être fatigué... Je ne pourrai arriver à rien de bon. C'est un encroûtement entêté de couleurs, mais ce n'est pas de la peinture. »

Monet ne fut pas un homme religieux. Dans son obstination à scruter les jeux de lumière sur la façade de la cathédrale de Rouen, à traiter un lieu de culte vénérable de la même manière qu'une meule de foin ou qu'un peuplier, l'artiste semble nous dire que l'acte de voir et de rester conscient, toujours subjectif et changeant, importe plus que n'importe quelle croyance : « Ce n'est pas la lumière et l'ombre qui sont l'objet de ma peinture, mais la peinture placée dans l'ombre et la lumière. »

Mon cœur est à Giverny, toujours et toujours

En 1883, Monet s'installe près du village de Giverny, à environ 80 kilomètres de Paris, où il restera jusqu'à sa mort en 1926. Dans une lettre adressée en 1890 au marchand de tableaux Paul Durand-Ruel, il écrit : « Je serai obligé de vous demander pas mal d'argent, étant à la veille d'acheter la maison que j'habite ou de quitter Giverny, ce qui m'ennuierait beaucoup, certain de ne jamais retrouver une pareille installation ni un si beau pays. » Il y fait construire un jardin d'eau tout en asymétrie et en courbes, inspiré des jardins japonais que Monet connaît par les estampes japonaises dont il est un fervent collectionneur. Passionné de botanique, il y plante des arbres, des fleurs, des saules pleureurs, une forêt de bambous et les fameux nymphéas, et il l'orne d'un superbe pont japonais couvert de glycines. Ce jardin d'eau – son « harem naturel », selon les mots d'un historien d'art – lui servira de sujet pour explorer la lumière et les couleurs durant le restant de ses jours. Il lui procurera les motifs pour les tableaux les plus accomplis de sa carrière : « Je suis dans le ravissement ; Giverny est un pays splendide pour moi... Mon cœur est à Giverny, toujours et toujours... »

L'aménagement du jardin de Monet, tombé en ruine après sa mort mais aujourd'hui restauré et visité par des hordes de touristes du monde entier (un demi-million par an), s'est déroulé en deux étapes. Est venu d'abord le « Clos Normand », la partie devant sa demeure, riche en couleurs, en perspectives et en symétries. N'aimant pas les jardins organisés, Monet y allie les fleurs en fonction de leurs couleurs. C'est seulement en 1893 que, passé la cinquantaine, il s'attelle à la construction de l'autre partie de son jardin, un jardin d'eau situé de l'autre côté de la route, alimenté par un petit cours d'eau, le Ru, une dérivation de l'Epte, affluent de la Seine. Le peintre y fait creuser un bassin d'eau : « Il y avait un ruisseau, l'Epte, qui descend de Gisors, en bordure de ma propriété. Je lui ai ouvert un fossé de façon à remplir un petit étang creusé dans mon jardin. J'aime l'eau, mais j'aime aussi les fleurs. C'est pourquoi, le bassin rempli, je songeais à le garnir de plantes. J'ai pris un catalogue et j'ai fait un choix au petit bonheur, voilà tout. » La construction du bassin d'eau suscite l'opposition des paysans voisins, qui craignent que l'artiste n'empoisonne l'eau en y plantant des espèces végétales bizarres. Monet doit écrire au préfet de l'Eure pour préciser : « Il ne s'agit là que d'une chose d'agrément et pour le plaisir des yeux, et aussi d'un but de motifs à peindre ; je ne cultive dans ce bassin que des plantes telles que nénuphars, roseaux, iris de différentes variétés qui croissent généralement à l'état spontané le long de notre rivière, et il ne peut être question d'empoisonnement de l'eau. » Bien heureusement pour l'histoire de l'art, le préfet se rend aux arguments de Monet et lui accorde son soutien.

Jamais encore un artiste n'a façonné de cette façon la nature avant de la peindre, créant ainsi son œuvre à deux reprises. « Hormis la peinture et le jardinage, je ne suis bon à rien », clame le peintre. Pendant plus de vingt ans, il va puiser son inspiration dans son jardin d'eau. Après la série des ponts japonais, il se consacre à celle des nymphéas : « Tout d'un coup, j'ai eu la révélation des féeries de mon étang. J'ai pris ma palette. Depuis ce temps, je n'ai guère eu d'autre modèle. » Pourtant, il a planté ces nymphéas sans arrière-pensée : « J'ai mis du temps à comprendre mes nymphéas... Je les avais plantés pour le plaisir ; je les cultivais sans songer à les peindre... Un paysage ne vous imprègne pas en un jour... » L'artiste continue de s'évertuer à saisir l'instant et à fixer sur ses toiles la lumière perpétuellement mouvante et les couleurs continuellement changeantes : « On m'apporte les toiles les unes après les autres. Dans l'atmosphère, une couleur réapparaît qu'hier j'avais trouvée et esquissée sur une de ces toiles. Vite, on me passe ce tableau et je cherche autant que possible à fixer définitivement cette vision. Mais, en général, elle disparaît aussi rapidement qu'elle a surgi, pour faire place à une autre couleur déjà posée depuis plusieurs jours sur une autre étude que l'on met instantanément devant moi... Et comme cela toute la journée... »

Des connexions de couleurs sans interruption

Hormis ses préoccupations relatives au temps et à la lumière, Monet introduit aussi dans ses tableaux une novation importante concernant l'espace. Une peinture est une surface plane sur laquelle le peintre a posé un assortiment de pigments colorés. Des indices visuels sont nécessaires pour donner au spectateur l'orientation du tableau : le haut et le bas, la droite et la gauche. Utilisant les lois de la perspective, l'artiste nous donne la notion du près et du lointain. Dès 1891, le travail de Monet s'est déjà éloigné de la profondeur de champ caractérisant ses toiles impressionnistes des débuts. Des scènes à trois dimensions spatiales deviennent bidimensionnelles. L'artiste élimine de plus en plus la profondeur. Déjà, dans sa série des *Peupliers*, le peintre a réduit le paysage à trois bandes colorées plates. Il va encore plus loin dans sa série des *Nymphéas* : « Je cherche à faire quelque chose que je n'ai encore jamais fait, un frisson que ma peinture n'a pas encore donné. »

Monet concentre de plus en plus son attention non pas sur les fleurs ni les nymphéas, mais sur les reflets de l'eau, en quête d'un monde transfiguré par l'élément liquide : « Les effets varient constamment, non seulement d'une saison à l'autre, mais d'une minute à l'autre, puisque les fleurs aquatiques sont loin de constituer toute la scène ; vraiment, elles ne sont que l'accompagnement... L'essentiel du motif est le miroir d'eau dont l'aspect s'altère à chaque moment à cause des lambeaux de ciel qui s'y reflètent et qui lui donnent sa lumière et son mouvement. » L'eau emplit le tableau entier et le ciel n'est plus visible, excepté par réflexion sur la surface liquide. L'artiste s'acharne à fixer sur sa toile les mariages les plus furtifs de l'eau et du ciel : « Ces paysages d'eau et de reflets sont devenus mon obsession. Ils sont bien au-delà de mes pouvoirs de vieux, et malgré tout je veux réussir à traduire ce que je ressens. Je détruis certains tableaux... Je recommence encore... Et j'espère que quelque chose finira par sortir de tant d'efforts. »

L'horizon n'est pas non plus présent. Monet réduit ses tableaux à deux éléments : l'eau, les nymphéas. Dans ses toiles, la distinction entre ce qui est dans l'eau, sur l'eau, et ce qui est réfléchi, devient de plus en plus difficile à effectuer, jusqu'à ce que ces trois éléments ne forment plus qu'un continuum de couleurs. Plus de premier plan ni d'arrière-plan. Au lieu de cela, des connexions de couleurs, sans interruption. Dans des compositions qui repoussent les limites du réalisme pour annoncer l'art abstrait, Monet dessine des formes si indistinctes que tous les indices visuels d'orientation disparaissent. Le peintre est moins intéressé par la géométrie des formes que par le jeu des couleurs. Parce que ses traits ne délimitent plus les contours des objets, les couleurs débordent de partout. L'identité des objets devient moins importante que leurs couleurs.

Seurat et la science de l'art

Si Monet utilise des couleurs qui débordent de tous côtés pour exprimer l'instantanéité et saisir la luminosité et les impressions de l'instant qui passe, le peintre français Georges Seurat (1859-1891) essaie pour sa part de capter le temps dans des tableaux où la spontanéité n'est plus de mise, où tout est soigneusement planifié, ordonnancé, mais qui évoquent un sentiment de beauté et de luminosité tout aussi intense. Seurat élabore son œuvre à une période charnière de l'histoire de l'art, celle qui vient après les débuts de l'impressionnisme et qui précède les grands courants de l'art moderne du XXe siècle. Enfant du positivisme et de l'optimisme scientifique de la seconde moitié du XIXe siècle[18], il trouve très tôt sa voie. Bien heureusement pour l'histoire de l'art, car la vie du peintre est fort brève : de santé fragile, il meurt subitement d'une angine infectieuse à l'âge de trente et un ans. Seurat est l'inventeur d'un style de peinture pur et classique fondé sur la technique du point et donc appelé « pointillisme ». Passionné par le progrès et la science, il est fasciné par les nouvelles découvertes scientifiques relatives à la lumière et à la vision. Il est convaincu que c'est à travers une science de l'art qu'il parviendra à découvrir les lois de l'optique et de la chimie des couleurs. Grâce à la table périodique des éléments, il semble que l'homme ait finalement découvert les constituants fondamentaux de la matière et donc du réel. Si la matière peut être décomposée en particules élémentaires, ne peut-on pas aussi décomposer la vision en ses éléments les plus basiques et élaborer ainsi une grammaire de la vision ?

Dans sa recherche, Seurat est particulièrement influencé par deux ouvrages. Le premier, *La Grammaire des arts du dessin*, est de Charles Blanc. Celui-ci y déclare : « Le devoir de l'artiste est de nous rappeler l'idéal, autrement dit de nous révéler la beauté fondamentale des choses, de découvrir leur essence pure et d'extraire leurs qualités de leur forme confuse et obscure dans la nature. » Seurat y puise l'idée que « la couleur est soumise à des règles, comme la musique », et

18. Cf. Robert Hughes, *The Shock of the New*, New York, Random House, 1980.

que « les touches isolées de couleurs pures, posées directement sur la toile, reconstituent pour l'œil des tons plus lumineux et plus vibrants que si le mélange de couleurs avait été fait préalablement sur la palette ».

Mais Seurat est surtout fasciné par les découvertes sur les couleurs décrites par le chimiste français Eugène Chevreul, directeur de la manufacture des Gobelins, dans son ouvrage *La Loi du contraste simultané des couleurs*, publié en 1839. Selon Chevreul, c'est le mélange de trois couleurs primaires, le bleu, le rouge et le jaune, qui produit toutes les autres couleurs, qualifiées de « binaires ». Ainsi le mélange du jaune et du rouge donne-t-il l'orangé ; celui du bleu et du rouge, le violet ; celui du bleu et du jaune, le vert. La couleur primaire qui n'entre pas dans la composition d'une couleur binaire est sa « complémentaire ». Ainsi le bleu est-il la couleur complémentaire de l'orangé ; le jaune, du violet ; le rouge, du vert. Pourquoi cette appellation de « complémentaire » ? Parce que deux couleurs complémentaires placées l'une à côté de l'autre s'exaltent, alors que, mélangées, elles deviennent ternes. Ainsi un rouge et un vert se renforcent-ils mutuellement, alors qu'un rouge mélangé au vert donne un grisâtre sans éclat. Chevreul démontre ainsi que l'effet terne de certaines teintures sur les tapisseries des Gobelins n'est pas dû à leur mauvaise qualité, mais à un effet subjectif de mélange optique : des fils adjacents de couleurs complémentaires apparaissent ternes et sans contraste. Le chimiste explique que l'œil associe à toute tache de couleur une auréole de couleur complémentaire : une tache orangée est bordée d'un halo bleu, une tache jaune l'est d'une aura violette. L'« interférence » de ces auréoles colorées fait que chaque couleur est perçue différemment selon les couleurs voisines : une couleur n'existe donc pas par elle-même, elle n'est que par rapport à celles qui l'entourent. La perception des couleurs n'est pas le résultat de la détection par les yeux d'une teinte après l'autre, mais la résultante d'un réseau d'interactions et de connexions complexes entre des teintes différentes.

L'œil mélange les couleurs

Seurat utilise les découvertes de Chevreul pour élaborer sa théorie de la « peinture scientifique ». Pour l'artiste, la peinture est un instrument de connaissance du réel au même titre que la science, la religion ou la philosophie. La peinture doit se penser tout en se faisant. Seurat entend appliquer pour la première fois avec une rigueur scientifique le principe de la division des couleurs en petits points qui se mélangent optiquement – ce que le peintre appelle la « touche divisée », ou les historiens de l'art le « divisionnisme » – afin de créer une impression de beauté, d'harmonie, de paix et de silence. Les taches de couleurs sur la toile sont réduites à la taille de points minuscules, ce qui vaut à cette technique son autre nom de « pointillisme ». En peinture, c'est en général le pinceau qui mélange les couleurs. Par son pointillisme, Seurat demande à l'œil du spectateur de faire ce mélange. Quand un tableau pointilliste est contemplé depuis une certaine distance, les points de couleurs ne peuvent plus être distingués, ils se combinent les uns aux autres dans une sorte de grande « fusion optique ». Parce que les variations de tons ne sont plus obtenues en mélangeant des couleurs sur une palette et en les appliquant ensuite sur la toile, l'aspect visuel que Seurat obtient est, aux yeux de certains, à la fois plus brillant et plus pur.

Créer des couleurs en mélangeant d'une part des pigments sur une palette et en sollicitant d'autre part la vision pour fusionner des points de couleurs repose sur deux processus physiques fondamentalement différents :

Lorsque des couleurs sont produites par un mélange de pigments, c'est un processus de soustraction d'une partie de la lumière qui joue : quand la lumière tombe sur un pigment, celui-ci absorbe certaines fréquences (ou énergies) du spectre lumineux incident, lesquelles dépendent de la constitution atomique et des niveaux d'énergie du pigment, et il ne renvoie vers l'œil du spectateur que la lumière qui n'est pas absorbée. Ainsi, un mélange de pigments renvoie vers l'œil l'ensemble des fréquences non absorbées. Quand l'artiste mélange sur sa palette du bleu et du jaune pour produire du vert, l'œil ne voit pas un mélange de lumières bleue et jaune, mais le spectre total des couleurs moins les couleurs absorbées par les pigments. Ainsi, si vous mélangez des pigments de magenta, de jaune et de cyan, les couleurs primaires « soustractives », vous obtiendrez une couleur proche du noir.

En revanche, lorsque Seurat juxtapose des points de couleurs différentes et demande à notre œil et à notre cerveau de faire le mélange de ces différentes sources de lumière (chaque point coloré peut être considéré comme une source de lumière de couleur différente), c'est un processus d'addition et non de soustraction qui entre en jeu. Ainsi, lorsque vous mélangez des faisceaux lumineux de couleurs rouge, verte et bleue, vous obtiendrez une lumière presque blanche, car elle contient la quasi-totalité des fréquences visibles.

L'œil et le cerveau jouent un rôle important, on l'a vu, dans ce processus de mélange. Mêler une lumière rouge avec une lumière verte donne une lumière jaune. Mais la rétine de l'œil ne possède pas un récepteur spécialement sensible au jaune. Le physicien Thomas Young a suggéré en 1801 qu'il n'existe dans l'œil que trois types de récepteurs, ceux sensibles aux trois couleurs primaires – le rouge, le vert et le bleu (ou violet) –, théorie reprise et développée plus tard par le physiologiste Hermann von Helmholtz et qui est généralement acceptée de nos jours. Selon cette théorie, c'est la stimulation combinée des récepteurs rouge et vert et les signaux nerveux envoyés au cerveau qui nous donnent la sensation du jaune. En faisant appel à l'œil et au cerveau, les innombrables points de couleurs différentes qu'il applique sur la toile permettent à Seurat de créer une subtile harmonie de rapports entre les couleurs et les contrastes, les dégradés et les tons, les nuances et les lignes. Pour le peintre, l'harmonie constitue l'essence ou l'âme de l'art, dont la technique ne serait que l'enveloppe physique.

Faire d'un tableau un foyer lumineux

Seurat réalise à l'âge de vingt-cinq ans son plus grand chef-d'œuvre, *Un dimanche après-midi à l'île de la Grande Jatte* – aujourd'hui exposé à l'Art Institute de Chicago –, qui constitue la véritable œuvre fondatrice du pointillisme et le meilleur exemple de la « peinture optique » (fig. 31 cahier couleur). Le peintre dessine d'abord la quarantaine de personnages et animaux qui viennent profiter du beau temps sur cette île de la Seine où l'on retrouve le Tout-Paris populaire, avec ses petits bals, ses guinguettes, ses couples qui flânent et ses enfants qui jouent. Par quelque vingt-six dessins préparatoires et une trentaine de « croquetons », le peintre les met en scène dans un paysage tranquille de fleuve, de bateaux, d'arbres, d'ombres et de lumière. Après maints ajustements dans la composition et l'équilibre du tableau, l'artiste transfère la scène sur une grande toile de 2 mètres sur 3 et commence patiemment à la pointiller d'innombrables petites touches de teintes pures, tâche longue et ardue qui va lui prendre près de deux ans (1884-1886). Maîtrisant totalement son sujet, Seurat sait par avance quelle couleur et quelle touche appliquer, sans avoir besoin de reculer pour juger de l'effet d'ensemble (la taille exiguë de son studio ne le permettrait pas !), bien que son tableau soit destiné à être regardé à une distance de quelques mètres. Les couleurs locales intenses s'entremêlent avec les couleurs complémentaires plus pâles. L'objectif est de faire un tableau qui n'évoque pas seulement la lumière, mais qui devient lui-même un foyer lumineux. En suivant le précepte de Chevreul sur le contraste simultané des couleurs – « deux objets juxtaposés mais diversement colorés n'apparaissent pas sous leur couleur respective, mais d'une teinte résultant de l'influence de la couleur de l'autre objet » –, en décomposant les tons en leurs éléments constitutifs, autrement dit en substituant le mélange optique au mélange des pigments, Seurat réussit une œuvre d'une beauté pure et d'une luminosité prodigieuse, dégageant une impression de dignité, de sérénité et de calme indicibles où le temps semble suspendu.

Présentée à la huitième exposition des Impressionnistes en 1886, *La Grande-Jatte* y tiendra la vedette et exercera une fascination dérangeante sur le public. On se bouscule devant le tableau, moins pour l'admirer que pour s'en moquer et émettre à son endroit des critiques négatives. La toile suscite beaucoup d'incompréhension et d'agitation. On parle de « pluie de confettis », de personnages raides comme des « poupées de bois ». On traite l'auteur du tableau de « petit chimiste ». Seul le critique d'art Félix Fénéon percevra l'importance de l'œuvre et prendra ouvertement parti pour cette nouvelle manière de peindre, qu'il appelle « néo-impressionnisme ». Parmi les peintres impressionnistes, seul Camille Pissarro (1830-1930), qui adoptera plus tard, pour un temps, la technique pointilliste de Seurat, apporte son soutien à l'artiste. En imposant la toile de Seurat à la huitième exposition, Pissarro provoque le retrait de Renoir, Monet et Sisley, qui ne peuvent accepter l'idée d'une peinture fondée sur des principes scientifiques. Pour Renoir, « dans la peinture comme dans les autres arts, il n'y a pas un seul procédé, si petit soit-il, qui s'accommode d'être mis en formule ». Sa sensibilité d'artiste se rebiffe contre l'intrusion de la science dans l'art, contre toute tentative de brider la nature par des théories : « On croit en savoir long quand on a appris des scientifiques que ce sont les oppositions de jaune et de bleu qui provoquent les ombres violettes, mais quand vous savez cela, vous ignorez tout encore. Il y a dans la peinture quelque chose de plus, qui ne s'explique pas, qui est l'essentiel. Vous arrivez devant la nature avec des théories, la nature flanque tout par terre. »

Malgré cette réaction initialement négative et en dépit de la brièveté de la vie de l'artiste, les recherches formelles et chromatiques de Seurat exerceront une influence profonde sur les courants artistiques de l'art moderne à venir. Seurat devient le chef de file du mouvement néo-impressionniste auquel vont adhérer notamment, outre Pissarro, son ami Paul Signac (1863-1935) et, pendant une courte période, Vincent Van Gogh (1853-1890). L'œuvre de Signac va évoluer vers des touches plus larges et porter à son paroxysme la libération des couleurs dont vont s'inspirer le fauvisme et le mouvement expressionniste allemand. Quant au contrôle absolu que Seurat exerce sur sa sensibilité d'artiste pour aboutir à une représentation totalement maîtrisée, et à l'impeccable clarté scientifique de sa conception, ils vont inspirer les peintres cubistes et sont à l'origine de l'art abstrait.

L'art de « creuser une surface »

Le souci de Seurat dans *Un dimanche après-midi à l'île de la Grande Jatte* n'est pas uniquement de mélanger optiquement les couleurs. Le problème de la profondeur spatiale le préoccupe aussi. « La peinture, c'est l'art de creuser une surface », déclare-t-il. En jouant avec les lignes verticales et horizontales, les courbes des ombrelles et des voiles de bateaux, les diagonales des cannes, les ondulations des queues d'un chien ou d'un singe, en répartissant dans l'espace les contrastes entre ombre et lumière, en juxtaposant les points de couleurs, Seurat réussit à créer de profondes différences d'atmosphère et à enfermer l'espace dans une perspective « plate ».

Le problème de la perspective – ou comment représenter un espace à trois dimensions sur une surface à deux dimensions en tenant compte de l'éloignement et de la position des objets par rapport à l'observateur – a hanté de tous temps les artistes. Il y a quelque 15 000 ans, les magnifiques fresques de la grotte de Lascaux, en Dordogne, attestent déjà un souci de la profondeur. Les animaux sont montrés se recoupant, les taureaux les plus lointains étant partiellement cachés par les proches.

La perspective telle que nous la connaissons aujourd'hui est en revanche absente dans l'art égyptien, il y a quelque 5 000 ans. Les artistes de l'Égypte ancienne utilisent des lignes perpendiculaires, verticales et horizontales, pour former un quadrillage et obtenir les proportions voulues. L'art égyptien, caractérisé par la notion d'ordre, se veut avant tout un reflet de la hiérarchie sociale, politique et religieuse. Ainsi, la taille des personnages y est moins déterminée par leurs distances par rapport à l'observateur que par leur rang social : les plus grandes figures ne sont pas nécessairement les plus proches, mais les plus importantes dans la hiérarchie. Le pharaon domine toujours de sa hauteur les autres personnages. Les femmes et les représentants des peuples conquis sont de taille moindre. Les dieux sont plus ou moins imposants selon leur puissance. Chaque personnage (ou chose) n'est pas représenté d'un point de vue particulier et unique, mais de façon à le mettre en valeur et à le rendre le plus reconnaissable possible. Il n'existe ainsi pas d'unité de point de vue. Malgré ce manque de perspective, l'art égyptien est très réaliste, les artistes montrant un sens perfectionniste du détail et une connaissance approfondie de l'anatomie humaine. Les animaux qui symbolisent les divinités sont eux aussi largement représentés.

Au cours des siècles suivants, pendant les périodes grecque et romaine, la technique pour créer l'impression de profondeur n'évolue guère, malgré les apports des Grecs (tel le mathématicien Euclide au IIIe siècle av. J.-C.) à la science de l'optique. La profondeur continue à être suggérée par une méthode qui demeure essentiellement la même que celle appliquée dans les grottes de Lascaux : une apparente diminution de la taille des objets sous l'effet de la distance [19].

L'absence de point de vue unique dans l'art égyptien se retrouve dans l'art oriental. Les artistes orientaux n'ont jamais développé la sacro-sainte perspective linéaire en vigueur dans l'art occidental. Cela ne veut pourtant pas dire qu'ils n'ont pas développé un schéma cohérent d'organisation de l'espace. Mais, au lieu de séparer l'observateur subjectif du monde objectif, comme dans l'art occidental, l'art oriental tient à insérer l'observateur dans la scène observée, à fondre l'homme dans la nature de telle façon que sujet et objet ne forment plus qu'un dans un tout holistique. Au lieu d'établir un point de vue extérieur quelque part devant la toile, le point central, dans l'art oriental, se situe à l'intérieur même du paysage observé. Les paysages chinois ou japonais ne comportent pas d'indices nous signalant l'emplacement de l'observateur, car il n'en est nul besoin (fig. 32 cahier couleur). L'artiste autant que le contemplateur de l'œuvre sont inclus dans le paysage. Cette intégration de l'observateur à la nature permet à l'artiste de ne plus présenter un seul et unique point de vue (celui du peintre et du spectateur immobiles devant une scène statique), mais plusieurs points de vue à la fois. Ainsi, les peintures chinoises et japonaises combinent souvent une vue de haut des paysages et des bâtiments, avec une vue latérale des personnages. Cette multiplicité de points de vue offre certains

---

19. La taille angulaire des objets décroît comme l'inverse de sa distance à l'observateur. Ainsi, un objet dix fois plus éloigné paraîtra dix fois plus petit.

avantages. Elle permet par exemple de représenter des montagnes dans la partie supérieure d'une peinture sans que celles-ci écrasent de leur présence la partie inférieure.

Le point de vue unique et la perspective linéaire

Si les peintures égyptienne et orientale présentent une multiplicité de points de vue, c'est en revanche le point de vue unique qui est à la base de la perspective « linéaire » ou « centrale » en Occident[20]. Celle-ci fait son apparition à l'époque de la Renaissance. C'est l'architecte, ingénieur et sculpteur florentin Filippo Brunelleschi (1377-1446) qui, le premier, en démontre les principes lors d'une célèbre expérience réalisée en 1415 sur la place San Giovanni de Florence, devant le baptistère du même nom. Cette expérience a changé le cours de l'histoire de l'art et est à l'origine d'une véritable révolution esthétique dans la figuration occidentale. Debout près de la porte centrale de la cathédrale de Florence, dos à la nef et faisant face au baptistère, l'architecte tient d'une main un miroir et se sert de l'autre pour appuyer contre son œil une planchette sur le devant de laquelle a été monté un petit dessin du baptistère San Giovanni reproduit fidèlement, selon les lois de la perspective, en se servant d'une ligne d'horizon, d'un point central et de lignes droites convergentes. La planchette est percée d'un petit trou, « pas plus gros qu'une lentille », qui permet à l'architecte de voir l'image du dessin du baptistère réfléchie par le miroir. Brunelleschi démontre que s'il se tient à un endroit précis, il peut exactement superposer le reflet de son dessin avec le vrai baptistère, créant de la sorte une parfaite illusion de la réalité (fig. 74). La perspective linéaire permet ainsi de créer avec une précision scientifique l'illusion de la profondeur. Elle offre la possibilité de représenter le monde sur une surface plane exactement tel que l'œil le voit.

Brunelleschi découvre que, pour obtenir une coïncidence précise entre le dessin et la réalité, il doit se tenir à un seul et unique endroit,

---

20. Le mot « perspective » vient du latin *perspicere* qui veut dire « voir au travers ».

Fig. 74 : La perspective linéaire de Filippo Brunelleschi. Dans une expérience célèbre sur la place San Giovanni de Florence, Brunelleschi démontre que s'il se tient à un endroit précis il peut exactement superposer le reflet d'un dessin du baptistère San Giovanni réalisé selon les lois de la perspective linéaire avec le vrai baptistère. La perspective linéaire permet donc de créer une illusion parfaite de la réalité.

là où le dessin du baptistère a été réalisé. Un seul point de vue est donc possible. La perspective « linéaire » (ainsi appelée car elle repose sur le fait que la lumière se propage en ligne droite) ou « centrale » (il y a un point de vue unique) est aussi dite « géométrique ». Elle repose en effet sur la géométrisation de l'espace, laquelle admet que des lignes parallèles dans la réalité convergent en un point de fuite sur le dessin, et qu'il existe une relation étroite entre ce point de fuite et le point de vue unique et central du spectateur.

Mais Brunelleschi n'est pas versé dans les mathématiques et il revient à un autre architecte florentin, le peintre et humaniste Léon Alberti (1404-1472), de rédiger en 1435 le premier traité sur la perspective, intitulé *Della pittura*, et d'en exposer les fondements géométriques et mathématiques. Alberti explique que la perspective réduit l'homme à un œil, et l'œil à un unique point de vue. À partir de ce point de vue se construit une pyramide visuelle dont l'œil constitue le sommet et la surface plane du tableau où se forme l'image, la base. « Le tableau est une intersection plane de la pyramide visuelle », écrit Alberti. L'architecte élabore ce qu'il appelle la *construzione legittima*, méthode qui consiste à déterminer et à tracer tous les points d'intersection des rayons visuels avec le plan du tableau, ce qui permet une rigoureuse mise en perspective de n'importe quel paysage ou objet.

La perspective linéaire est une conséquence des progrès accomplis dans l'exploration des lois optiques qui régissent le comportement de la lumière et d'une vision du monde qui attribue à l'homme la place centrale dans l'univers. L'univers géocentrique règne en maître au XVe siècle et ne sera remplacé par l'univers héliocentrique de Nicolas Copernic qu'en 1543. Avec l'avènement de la perspective, le monde n'est plus considéré comme un simple reflet de la pensée divine, mais comme un monde physique doté d'un espace réel et humain réglé par les lois rationnelles de l'optique. La perspective apporte la stabilité à l'expérience visuelle, elle remplace le chaos par l'ordre et la cohérence. Jamais un outil aussi puissant pour mettre de l'ordre dans l'expérience de la vision par le moyen d'une illusion n'a encore été inventé. Cela relève presque de la magie : appliquez la méthode de la perspective centrale, et l'illusion de la réalité apparaît comme par un coup de baguette magique sur la toile.

Cézanne et la réorganisation de l'espace

La représentation des objets dans l'espace fondée sur les règles de la perspective linéaire avec point de vue unique évolue fort peu au cours des siècles suivants. Il faut attendre jusqu'au XIXe siècle pour que le peintre français Paul Cézanne (1839-1906) révolutionne l'histoire de la perspective occidentale en introduisant une manière radicalement nouvelle de concevoir l'espace. Le peintre rejette l'idée conventionnelle d'un seul et unique point de fuite (le point d'un dessin en perspective où convergent des droites qui sont parallèles dans la réalité) observé d'un seul point de vue central. Cézanne veut prendre en compte le fait que nous possédons deux yeux, et non pas un seul. D'autre part, il a observé que nos yeux bougent sans relâche, qu'ils ne sont jamais en repos. Nous avons vu que, même si vous décidez de fixer des yeux un objet, son image tressaute sans arrêt d'un côté et de l'autre. Votre tête n'est pas non plus immobile par rapport à l'objet. À chaque moment, elle occupe une position légèrement différente de l'instant précédent, ce qui fait que l'apparence de l'objet en est très légèrement modifiée. Nous ne voyons donc pas les choses selon une seule et unique perspective, mais selon plusieurs perspectives à la fois. La perspective unique est une forme d'abstraction et d'idéalisation. Ce que nous voyons avec nos yeux n'est pas une seule et unique image figée dans le temps, mais plutôt une mosaïque d'images, la somme de plusieurs instantanés. En d'autres termes, il y a constante interaction entre l'observateur et l'objet observé. Ils s'influencent mutuellement. Ce concept préfigure étrangement celui de la mécanique quantique apparue au XXe siècle, selon lequel « c'est l'observation qui crée la réalité ». Parler d'une réalité « objective » pour une particule subatomique, d'une réalité qui existe sans qu'on l'observe, n'a pas de sens, puisqu'on ne peut jamais l'appréhender. La réalité objective dans le monde atomique et subatomique est irrémédiablement modifiée par l'observation et se transforme en réalité « subjective » qui dépend de l'observateur et de son instrument de mesure.

À partir de 1880, les tableaux de Cézanne commencent à s'éloigner de la perspective unique. Ils ne représentent plus un fragment fixe de la réalité telle que perçue par un peintre spectateur immobile, mais plusieurs fragments de réalité observés de deux ou trois points de vue différents. Dans ses magistrales natures mortes, les verres ou les compotiers sont peints sous plusieurs angles différents : certains sont représentés de biais, d'autres de face, d'autres encore de haut en bas. Par exemple, dans son tableau *Nature morte au panier* (1888-1890) (fig. 33 cahier couleur), « les compotiers et les bouteilles ne sont plus d'aplomb, le rebord des tables ne se prolonge plus de part et d'autre de la draperie qui en cache une partie, les pommes sont suspendues en équilibre sur le couvercle incliné d'un coffre... Cette pluralité des points de vue va s'accompagner au fil des années de bien d'autres "hérésies" : rupture d'échelle, fragmentation de la forme, dissociation du dessin et de la couleur, introduction d'éléments abstraits pour caler une composition[21] ». Pourtant, malgré le rejet de la perspective unique, les natures mortes de Cézanne sont d'une cohésion et d'une harmonie remarquables, chaque objet, chaque tache de couleur étant à leur juste place. Malgré les changements de perspective dans un même espace, « rien ne sent la difficulté. Il n'y a guère, dans toute l'histoire de la peinture, d'œuvres plus satisfaisantes à regarder que certaines natures mortes des années 1880, d'autant que le plaisir de l'œil et de l'esprit n'interdit pas l'analyse formelle ou thématique[22] ».

Le cylindre, la sphère et le cône

Le philosophe Maurice Merleau-Ponty décrit ainsi l'équilibre parfait des natures mortes de Cézanne : « Le génie de Cézanne est de faire que les déformations perspectives, par l'arrangement d'ensemble du tableau, cessent d'être visibles pour elles-mêmes quand on le regarde globalement, et contribuent seulement, comme elles le font dans la vision naturelle, à donner l'impression d'un ordre naissant, d'un objet en train d'apparaître, en train de s'agglomérer sous nos yeux[23]. » À l'évidence, comme Cézanne le dit lui-même, le peintre a trouvé « une belle formule » pour réaliser ses natures mortes. Chez l'artiste se révèle constamment un souci de rechercher les formes intrinsèques, essentielles et permanentes, et de les organiser logiquement dans un espace repensé. À l'aide de quelques éléments simples disposés sur une table – des pommes, un couteau, un verre, une bouteille –, Cézanne crée une véritable dramaturgie. Cette recherche des formes essentielles du monde physique – celles des pommes ou de la montagne Sainte-Victoire – fait de Cézanne le précurseur du cubisme. À preuve sa fameuse formule : « Traitez la nature par le cylindre, la sphère, le cône ! »

---

21. Michel Hoog, *Cézanne, puissant et solitaire*, Paris, Découvertes Gallimard, 1989.

22. *Ibid.*

23. Maurice Merleau-Ponty, *Sens et non-sens*, Paris, Gallimard, 1996.

Cézanne continue à expérimenter avec l'espace et la couleur. Il abandonne définitivement la perspective traditionnelle et le modelé par les ombres : « La description des objets et l'agencement des plans échappent à toute règle et construisent un monde cohérent où chaque touche de couleur est déterminée par sa place dans l'ensemble[24]. » Le peintre insiste sur la primauté des formes et des couleurs, et sur leur constante interaction : « Le dessin et la couleur ne sont point distincts ; au fur et à mesure que l'on peint, on dessine ; plus la couleur s'harmonise, plus le dessin se précise. Quand la couleur est à sa richesse, la forme est à sa plénitude. Les contrastes et les rapports de tons, voilà le secret du dessin et du modelé. » Il précise : « Du rapport exact des tons résulte le modelé. Quand ils sont harmonieusement juxtaposés et qu'ils y sont tous, le tableau se modèle tout seul. » Dans ses paysages comme dans ses fameuses vues de la montagne Sainte-Victoire et de la campagne aixoise, c'est l'agencement et la juxtaposition des couleurs qui donnent l'impression de profondeur, les couleurs froides conférant la sensation du lointain, les couleurs chaudes celle du proche. À mesure que son œuvre avance, son art devient de plus en plus abstrait. Les lignes s'estompent de plus en plus, les formes ne sont plus que suggérées. Pour Cézanne, la peinture n'est plus l'art d'imiter un objet par des lignes : « Peindre d'après nature, ce n'est pas copier l'objectif, c'est réaliser ses sensations. » Tout devient contraste coloré : « Il n'y a pas de ligne, il n'y a pas de modelé. Ces contrastes, ce ne sont pas le noir et le blanc qui les donnent, c'est la sensation colorée. » Et c'est l'éblouissement des couleurs qui provoque la sensation de lumière. Cézanne écrit en 1905 : « Les sensations colorantes qui donnent la lumière sont cause d'abstractions qui ne me permettent pas de couvrir ma toile ni de poursuivre la délimitation des objets. »

Jusqu'à la fin de sa vie, le peintre est animé d'une volonté farouche d'exprimer les intenses sensations intérieures qu'il éprouve face au monde extérieur, à rendre harmonieusement « cette magnifique richesse de coloration qui anime la nature » : « Car si la sensation forte de la nature – et certes, je l'ai vive – est la base

24. Michel Hoog, *op. cit.*.

nécessaire de toute conception d'art, sur laquelle reposent la grandeur et la beauté de l'œuvre future, la connaissance des moyens d'exprimer notre émotion n'est pas moins essentielle et ne s'acquiert que par une très longue expérience. »

Donatello parmi les fauves

Les peintures de Cézanne sont restées figuratives. Mais, en accordant la primauté à la couleur, en lui donnant une place nouvelle aussi bien en tant que matière posée par le pinceau sur la toile qu'en tant que vibration, en la mettant au même niveau que la forme pour évoquer la profondeur, le rythme, le mouvement, l'œuvre du peintre des pommes et de la montagne Sainte-Victoire préfigure les grands courants de l'art du XXᵉ siècle. Cézanne est bien le précurseur du mouvement fauviste et celui de l'art abstrait. Le premier va accorder une place prépondérante à la couleur, tandis que le second va jeter aux orties la représentation figurative au profit exclusif des formes et des couleurs.

Le fauvisme naît en 1905 lors d'un Salon d'Automne, sur l'avenue des Champs-Élysées, à Paris. L'événement fit scandale. Son appellation dérive d'une remarque acerbe lancée par un critique commentant les toiles du chef de file, Henri Matisse (1869-1954), et de ses collègues – dont Maurice de Vlaminck (1876-1958), André Derain (1880-1954) et Georges Braque (1882-1963) –, exposées côte à côte avec des sculptures de style italien : « Au centre de la salle, un torse d'enfant et un petit buste en marbre d'Albert Marque, qui modèle avec une science délicate. La candeur de ces bustes surprend au milieu de l'orgie des tons purs : Donatello parmi les fauves ! »

Le style fauviste est caractérisé par la libération de la couleur. Comme chez Seurat et les néo-impressionnistes, certains tableaux fauves juxtaposent les couleurs pures au lieu de les mélanger, laissant à l'œil et au cerveau du spectateur le soin de faire le travail de reconstitution. Le tableau *Luxe, calme et volupté* (1904-1905), de Matisse, en est un remarquable exemple. « En peinture, les couleurs n'ont leur pouvoir et leur éloquence qu'employées à l'état pur », dit Matisse. Et il ajoute : « Le fauvisme est venu du fait que nous nous placions tout à fait loin des couleurs d'imitation, et qu'avec les couleurs pures nous obtenions des réactions plus fortes. » Pour Matisse, la couleur passe avant le dessin : « Au lieu de dessiner le contour et d'y installer la couleur – l'un modifiant l'autre –, je dessine directement dans et avec la couleur. Cette simplification garantit la réunion du dessin et de la couleur, qui ne font plus qu'un. La couleur peut tout. » Outre la pureté des couleurs, parfois brillantes et dissonantes, le style fauviste se distingue par une simplification des formes, un aplatissement de l'espace, une apparence d'improvisation rapide, la sensation crue d'une texture brutale et agressive.

Si le fauvisme porte le recours à la couleur pure à son plus haut degré, il revient à l'art abstrait d'utiliser la couleur pour libérer totalement la peinture de l'expression figurative.

Ne plus imiter les formes naturelles

Nous avons vu que Goethe avait déjà affirmé haut et fort en 1810, dans son *Traité des couleurs*, la primauté des couleurs sur les formes. Selon le poète, la perception des formes n'est pas antérieure à celle des couleurs, mais vient au contraire après. Les couleurs font d'abord leur apparition dans le contraste entre le clair et l'obscur, et c'est seulement en dernier ressort qu'émerge la forme. Ce constat renverse l'un des principes fondateurs de la peinture selon lequel la couleur est subsidiaire au dessin. On peut ainsi dire que la peinture abstraite, où les formes s'estompent pour abandonner la prépondérance aux couleurs, a eu pour point de départ emblématique la publication du *Traité des couleurs* de Goethe. Le poète allemand est d'ailleurs allé plus loin : il a aussi affirmé la nécessité de prendre en compte la dimension spirituelle de la lumière et des couleurs. Un objet coloré n'est pas seulement perçu par l'œil, mais aussi par l'esprit ; la vérité de la lumière n'est pas seulement matérielle, mais aussi immatérielle ; les couleurs n'appartiennent pas qu'au monde extérieur, elles influent aussi sur notre monde intérieur.

Un artiste va être profondément marqué par les idées de Goethe. En revendiquant la primauté du regard spirituel sur la perception objective du réel en peinture, en affirmant la suprématie de l'intériorité sur l'extériorité, il va faire franchir à l'art, en même temps que le Russe Kazimir Malevitch (1878-1935) et le Néerlandais Piet Mondrian (1872-1944), un pas supplémentaire et essentiel pour donner naissance à l'art abstrait. Cet artiste est le peintre russe Wassily Kandinsky (1866-1944).

Né à Moscou dans une famille aisée et cultivée, Kandinsky commence par étudier le droit et l'économie avant de renoncer à sa carrière universitaire pour se consacrer à la peinture. Profondément admiratif de l'art populaire de son pays (certaines de ses premières œuvres peintes à la manière des peintres fauves ont pour sujet des scènes folkloriques russes), l'artiste raconte dans *Regards sur le passé*[25] son choc émotionnel quand, envoyé dans les habitations traditionnelles de la campagne russe pour une mission ethnographique, il a l'impression d'« entrer dans la peinture » en contemplant les images populaires aux couleurs vives et primitives qui décorent les murs d'une isba. Il y a aussi l'éblouissement de l'impressionnisme, grâce auquel l'artiste découvre que l'objet peut ne jouer qu'un rôle secondaire. Lors d'une exposition, le peintre est bouleversé par *Les Meules* de Monet où, écrit-il, « les objets étaient discrédités comme éléments essentiels de la peinture ». Il exprime ainsi son émotion : « Je vécus un événement qui marqua ma vie entière et qui me bouleversa jusqu'au plus profond de moi-même. Ce fut l'exposition des impressionnistes à Moscou – en premier lieu la *Meule* de foin de Monet [...]. Soudain, pour la première fois, je voyais un tableau... Je sentais confusément que l'objet faisait défaut au tableau... Tout ceci était confus pour moi, et je fus incapable de tirer les conclusions élémentaires de cette expérience. Mais ce qui m'était parfaitement clair, c'était la puissance insoupçonnée de la palette qui m'avait jusque-là été cachée et qui allait au-delà de tous mes rêves. » C'est le déclic qui le pousse à s'installer à Munich en 1896 pour suivre des cours de peinture à l'Académie des beaux-arts et s'adonner à une carrière artistique.

Vient ensuite la révélation de l'abstraction. Un soir, rentrant dans son atelier, il découvre « un tableau d'une indescriptible beauté, embrasée d'un rayonnement intérieur », avec « des formes et des

25. Paris, Hermann, 1995.

couleurs dont la teneur lui reste incompréhensible ». Il se rend compte qu'il s'agit de l'un de ses propres tableaux, mais posé par mégarde à l'envers ! Le peintre prend alors conscience que les « objets » nuisent à la peinture et qu'il faut s'affranchir de la fidélité à la réalité visuelle pour communiquer directement le « ressenti », l'émotion intérieure. Seules doivent compter les formes et les couleurs. Pour Kandinsky, « la forme est l'expression extérieure du contenu intérieur », et aucune forme n'est *a priori* meilleure qu'une autre. L'art doit se libérer de la représentation des objets, de sa subordination à la nature. Il doit devenir création en s'affranchissant de l'imitation des formes naturelles. Le Russe peint sa première aquarelle, abstraite et sans titre, en 1910 ; elle est généralement considérée comme la première œuvre de l'art abstrait.

La nécessité intérieure

L'année suivante, en 1911, Kandinsky livre l'état de sa pensée dans son fameux essai *Du spirituel dans l'art et dans la peinture en particulier*[26], premier traité théorique sur l'abstraction, considéré comme l'un des textes fondateurs de l'art moderne. L'artiste n'est pas seulement l'auteur d'une œuvre qui a marqué l'histoire de l'art, il a aussi explicité sa théorie de la peinture abstraite avec une précision et une clarté remarquables. Dans *Du spirituel dans l'art*, l'artiste s'interroge sur les rapports entre l'esprit et l'expression artistique, et analyse la résonance spirituelle de la peinture tout en affirmant la nécessité de s'affranchir de la nature. Adepte de la théosophie, selon laquelle la sagesse divine est omniprésente dans l'univers et en l'homme, Kandinsky conçoit l'abstraction comme la représentation sur la toile d'une réalité seconde constituée de formes spirituelles plus ou moins rattachées aux formes naturelles : « Le monde est rempli de résonances. Il constitue un cosmos d'êtres exerçant une action spirituelle. La matière morte est un esprit vivant. » Pour Kandinsky, le rôle de l'art est d'évoquer les « rythmes basiques » de l'univers par ces formes issues du monde intérieur, celui de l'esprit.

26. Paris, Gallimard, « Folio », 1988.

La référence n'est plus le monde réel – des pommes, des nymphéas ou des corps nus –, mais l'intérieur de l'être, là où se situe l'essence de la création. L'artiste doit préserver à tout prix sur la toile la fraîcheur et la force des images surgies de l'inconscient, sans chercher à en élucider pleinement la signification. Pour Kandinsky, l'art doit être l'expression directe du monde intérieur, et permettre de communiquer une réalité autre que la réalité matérielle. Sa véritable mission est d'ordre spirituel.

La peinture peut s'affranchir des formes et, en s'exprimant seulement par des traits, des taches, des couleurs, toucher notre âme autant que la représentation figurative (fig. 34 cahier couleur). Chaque couleur possède une résonance intérieure qui lui est propre sur l'âme humaine, elle provoque une émotion et une vibration particulières de l'esprit et peut être utilisée indépendamment de la réalité visuelle. Une couleur peut évoquer la chaleur ou la froideur, la clarté ou l'obscurité. Ainsi, le jaune évoque la chaleur, est associé à la terre et recèle une connotation violente et agressive. Au contraire, le bleu évoque le froid, est associé au ciel et recèle une connotation calme et paisible. Le noir suggère le néant et le désespoir, tandis que le blanc suggère un avenir ouvert à toutes les possibilités. Pour Kandinsky, « le noir est comme un bûcher éteint, consumé, qui a cessé de brûler, immobile et insensible comme un cadavre sur qui tout glisse et que rien ne touche plus », tandis que le blanc « sonne comme un silence, un rien avant tout commencement ». Selon le peintre, les deux domaines de l'art et du monde naturel sont régis par des lois distinctes et autonomes ; seul l'art abstrait est capable de mener à bien une synthèse des mondes intérieur et extérieur, et d'aboutir à une compréhension de la grande loi cosmique de l'univers. Par sa peinture « pure », Kandinsky veut atteindre l'absolu.

Pour lui, il existe une « nécessité intérieure » qui constitue le principe de l'art abstrait et donne un fondement à l'harmonie des couleurs et des formes. De façon à la fois mystique et mystérieuse, l'œuvre d'art naît de la nécessité intérieure de l'artiste, pour acquérir ensuite sa propre vie, animée d'un souffle spirituel. Parce que l'art abstrait n'est plus fondé sur une imitation de la nature, c'est ce principe de la nécessité intérieure qui permet d'éviter de succomber à l'art pour l'art, aux formes simplement stylisées, à la pure décoration ou à l'expérimentation gratuite. En d'autres termes, il permet d'empêcher « cet étouffement de toute résonance intérieure, [...] cette dispersion des forces de l'artiste ». La nécessité intérieure confère à l'artiste une liberté illimitée dans la création, mais cette liberté est mal utilisée si elle n'est pas fondée sur une telle nécessité. L'abstraction ne peut donc être une fin en soi, mais doit avoir constamment en vue la création d'une harmonie qui permette de toucher l'âme humaine : « Est beau ce qui procède d'une nécessité intérieure de l'âme. Est beau ce qui est beau intérieurement. » En touchant l'âme du spectateur, Kandinsky veut s'adresser par son art non pas à sa sensibilité, mais à la profondeur de son être. « Quiconque ne sera pas atteint par la résonance intérieure de la forme (corporelle et surtout abstraite) considérera toujours une telle composition comme parfaitement arbitraire », déclare-t-il. Pour l'artiste, « la peinture est un art, et l'art dans son ensemble n'est pas une vaine création d'objets qui se perdent dans le vide, mais une puissance qui a un but et doit servir à l'évolution et à l'affinement de l'âme humaine [...]. Lorsque la religion, la science et la morale sont ébranlées, et lorsque leurs appuis extérieurs menacent de s'écrouler, l'homme détourne ses regards des contingences externes et les ramène sur lui-même ; la fonction de la peinture devient alors d'exprimer le monde intérieur de l'individu, autrement dit son monde spirituel ».

Le temps et la musique

Si l'espace hante Kandinsky et s'il n'a cessé de le meubler de formes et de couleurs, l'art abstrait est aussi un moyen pour lui d'intégrer la dimension temporelle dans ses tableaux. La notion de temps le préoccupe. Dans *Du spirituel dans l'art*, il analyse l'utilisation du clair-obscur chez Rembrandt comme un profond désir de fixer le temps sur la toile. Dans l'autre de ses principaux ouvrages théoriques, *Point et ligne sur plan*[27], il semble distinguer deux cas de

27. Paris, Gallimard, « Folio », 1991.

figure : l'« éternité divine », qui est hors du temps, et le temps humain, fait d'une succession d'instants. Pour l'homme, seul le présent a une réalité palpable. Le passé s'en est allé et s'est perdu dans nos souvenirs. Le futur, encore à venir, n'existe que dans nos rêves et nos espoirs. L'éternité divine, où rien ne se succède et où tout est présent, peut être symboliquement représentée dans un tableau par un point, car l'immobilité du point, l'impossibilité où il est de se mouvoir sur le plan ou hors du plan le placent hors du temps. En revanche, c'est la ligne qui représente le temps humain composé d'une multitude de durées successives. Parce qu'une ligne est tracée par le mouvement d'un point, ce temps humain est indissociable du mouvement. Cette dualité du temps et du non-temps, du mouvement et de l'immobilité, reflète celle du matériel et du spirituel.

Cette notion du temps en mouvement se retrouve dans le langage populaire. Nous disons : « Le temps passe, il s'écoule. » Dans notre esprit, nous nous représentons le temps comme l'eau d'une rivière, le flot d'un fleuve qui passe. Debout sur la rive du présent, nous contemplons le cours du temps qui défile, éloignant les flots du passé et charriant les vagues du futur. C'est cette représentation du mouvement temporel dans l'espace qui nous donne la sensation du passé, du présent et du futur. Pourtant, cette notion du passage du temps psychologique, de son mouvement par rapport à notre conscience immobile, s'adapte mal à la physique moderne. Si le temps a un mouvement, quelle est sa vitesse ? Question évidemment absurde ! D'autre part, la notion selon laquelle seul le présent serait réel et palpable n'est pas compatible avec la destruction du temps rigide et universel par la relativité d'Einstein. Passé et futur doivent être aussi réels que le présent, puisque Einstein nous a appris que, dépendant de leurs mouvements relatifs, le passé d'une personne peut être le présent d'une autre ou encore le futur d'une troisième[28]. Pour le physicien, le temps n'est plus marqué par une succession d'événements. Tous les instants passés, présents et futurs se valent, et il n'y a pas d'instant privilégié. Comme Einstein

28. Pour plus de détails sur la relativité du temps, voir mes ouvrages *La Mélodie secrète, op. cit,* et *Le Chaos et l'Harmonie, op. cit.*

l'a écrit : « Pour nous autres physiciens convaincus, la distinction entre passé, présent et futur n'est qu'une illusion, même si elle est tenace. » Parce que les notions de passé, de présent et de futur sont abolies, le temps n'a plus besoin d'être en mouvement. Le temps physique ne s'écoule pas. Pour reprendre le langage de Kandinsky, il est simplement là, immobile, comme une ligne droite s'étendant à l'infini dans les deux directions.

À cause de sa dimension temporelle, la musique, art éphémère par excellence, a aussi exercé une grande influence sur Kandinsky en particulier et sur l'art abstrait en général. L'artiste est un adepte du concept d'« œuvre d'art totale » propre au compositeur allemand Richard Wagner (1813-1883). Comme l'art abstrait, la musique ne cherche pas à représenter le monde extérieur, mais à exprimer de manière immédiate les sentiments éprouvés par l'âme humaine – ce que Kandinsky appelle, on l'a vu, la « nécessité intérieure ». La peinture de Kandinsky, toute de vibrations et de résonances, est analogue à une symphonie. Reprenant à son compte le mot prophétique de Goethe selon lequel « la peinture doit trouver sa basse continue », Kandinsky met les couleurs et les formes au service de sa composition picturale comme un compositeur met les sons au service de sa composition musicale. Le peintre écrira : « Pensez à la part musicale que prendra désormais la couleur dans la peinture moderne. La couleur, qui est vibration à l'instar de la musique, est à même d'atteindre ce qu'il y a de plus général et, partant, de plus vague dans la nature : sa force intérieure. » L'impact émotionnel de la couleur est donc semblable à celui de la musique. Pour Kandinsky, la répartition des tons colorés, la manière dont il met en mouvement sa peinture, ressemble à une composition musicale. Le peintre utilise d'ailleurs souvent des termes musicaux pour désigner ses œuvres : les « Improvisations » sont ses créations les plus spontanées, celles qui sortent directement de l'inconscient, tandis que les « Compositions » se réfèrent à des œuvres plus élaborées où les images surgies de l'inconscient sont plus travaillées – sans pour autant perdre de leur fraîcheur et de leur force.

Du spirituel dans la lumière

Si Kandinsky a utilisé les couleurs – qui résultent, nous l'avons vu, de la soustraction d'une partie de la lumière incidente par des pigments variés – pour exprimer sa nécessité intérieure et conférer à l'art sa dimension spirituelle, la lumière a été associée au savoir et à la dissipation de l'ignorance dans quasi toutes les cultures anciennes. Que ce soit en Occident ou en Orient, le langage populaire parle d'« illumination intérieure » ou de « lumière de la sagesse » pour décrire l'accès à la connaissance. De même, les expressions « prodiguer ses lumières », « éclairer », « mettre au jour », se réfèrent à l'acquisition d'un savoir. Mais la lumière a surtout une forte connotation spirituelle. Parce qu'elle est « la forme la plus noble du monde matériel », parce qu'elle possède une nature à la fois corporelle et quasi incorporelle (elle se manifeste seulement dans sa rencontre avec un objet), elle a toujours été source d'un riche vocabulaire métaphorique pour nous relier au sacré, à la transcendance et au divin. Ainsi la racine du mot « dieu », dans les langues indo-européennes, porte les connotations de brillant, de jour et de ciel lumineux. Les Grecs associent le monde des dieux et des hommes au monde de la lumière, et celui des morts au royaume des ombres. L'islam, qui pourtant écarte tout culte rendu à un élément naturel, parle du prophète Mahomet comme de la « lumière qui vient de Dieu[29] ». Quant à Allah, il est décrit en ces termes dans le Coran[30] :

Dieu est la lumière des cieux et de la terre !
Sa lumière est comparable à une niche
Où se trouve une lampe.
La lampe est dans un verre ;
Le verre est semblable à une étoile brillante.
[...] Lumière sur lumière !
Dieu guide vers la lumière qui Il veut.

---

29. Marie-Madeleine Davy, Armand Abécassis, Mohammad Mokri et Jean-Pierre Renneteau, *Le Thème de la lumière dans le judaïsme, le christianisme et l'islam*, Berg International éditeurs, 1976.

30. Sourate XXIV : « La lumière », en particulier les versets 35 et 36.

Dans l'Occident chrétien du Moyen Âge, la lumière originelle est présentée comme émanant de Dieu qui en fait don aux hommes. C'est la source de toute lumière naturelle. Le thème de la lumière est omniprésent dans toute la Bible. La Genèse commence par la création divine de la lumière, la séparation du jour et de la nuit, la création du Soleil, de la Lune et des étoiles :

> *Dieu dit : Que la lumière soit ! Et la lumière fut.*
> *Dieu vit que la lumière était bonne ;*
> *Et Dieu sépara la lumière d'avec les ténèbres.*
> *Dieu appela la lumière jour, et Il appela les ténèbres nuit. [...]*
> *Dieu dit : Qu'il y ait des luminaires dans l'étendue du ciel*
> *Pour séparer le jour d'avec la nuit ;*
> *Que ce soient des signes pour marquer les époques, les jours et les années ;*
> *Et qu'ils servent de luminaires dans l'étendue du ciel pour éclairer la terre...*
> *Dieu fit les deux grands luminaires,*
> *Le plus grand luminaire pour présider au jour,*
> *Et le plus petit luminaire pour présider à la nuit ;*
> *Il fit aussi les étoiles.*
> *Dieu les plaça dans l'étendue du ciel pour éclairer la terre,*
> *Pour présider au jour et à la nuit*
> *Et pour séparer la lumière d'avec les ténèbres.*

Quand l'Apocalypse survient, c'est la Jérusalem céleste qui l'illumine de sa splendeur : « Entre ces deux visions cosmiques, les évocations de lumière fourmillent et accompagnent les étapes majeures de la Révélation, ainsi qu'en témoignent ces quelques jalons : buisson ardent que contemple Moïse, colonne de lumière qui guide de nuit la marche des Hébreux au désert, lampe du Temple qu'entretiennent en permanence les descendants d'Aaron, char de feu qui enlève le prophète Élie ; mais elles culminent dans le Nouveau Testament avec le Christ, "Lumière du monde", qui se montre à quelques apôtres dans la gloire éclatante de la Transfiguration[31]. »

---

31. Catherine Vincent, *Fiat Lux. Lumière et luminaires dans la vie religieuse du* XIII*e* *au* XVI*e* *siècle*, Éditions du Cerf, 2004.

La lumière de la connaissance et de l'absolu

Dans la tradition chrétienne, « Dieu est lumière ». Cette formule ne traduit pas une divinisation de la lumière naturelle créée par Dieu. Elle ne veut nullement enfermer la divinité dans l'une de ses manifestations physiques. Pour la distinguer de la « lumière créée », saint Augustin (354-430) l'appelle « lumière incréée », « intelligible » et non « sensible ». Saint Bonaventure (1221-1274), le « métaphysicien de la lumière », utilise les termes *lux* (source de lumière) pour parler de la lumière divine, et *lumen* (lumière rayonnée) pour désigner la lumière naturelle. La lumière divine se distingue de la lumière naturelle par son intensité. Elle est telle qu'elle est insoutenable au regard humain. Elle n'existe pas pour elle-même. Pour saint Bonaventure, la « lumière rayonnée » qui émane de la « source de lumière » rend lumineux (au sens spirituel) les êtres qu'elle touche : l'existence des êtres est un reflet du rayonnement de la divinité. Ce concept de lumière issue d'un point central et réfléchie sur la surface des êtres et des choses s'inspire des études de l'optique et des phénomènes physiques liés à la diffusion de la lumière naturelle par Aristote et ses successeurs. La lumière divine, quand elle touche les êtres, est source de connaissance, car elle illumine leur conscience et leur permet de s'élever vers l'absolu : « Je suis la lumière du monde ; celui qui Me suit ne marche point dans les ténèbres, mais il aura la lumière de la vie[32]. »

De la personne divine, la métaphore lumineuse en est venue au Moyen Âge à s'appliquer à tout ce qui l'environne : le Royaume des cieux autant que les autres êtres qui l'habitent. La Cité céleste est invariablement décrite comme un endroit ruisselant d'une lumière émanant de Dieu. Dans la *Divine Comédie*, Dante (1265-1321) célèbre le paradis en ces termes : « Ô splendeur de vivante lumière éternelle ! » Les hôtes du Royaume des cieux, la Vierge Marie, les anges et les saints, sont irradiés par la lumière divine. Quant aux séraphins, ils portent leur identité d'êtres de lumière dans leur nom même, puisque celui-ci signifie « brûlants ». La

32. Évangile selon saint Jean, VIII, 12.

lumière divine peut faire irruption sur Terre sous la forme de visions ou de miracles. Les Écritures en fourmillent d'exemples : c'est la lumière divine qui terrasse saint Paul sur le chemin de Damas et le laisse aveugle pendant trois jours ; c'est elle qui inonde la prison de saint Pierre au moment de sa délivrance par l'Ange. Quand les hôtes du Royaume céleste, telle la Vierge Marie, se révèlent à leurs fidèles, ils sont invariablement entourés d'une lumière éclatante. La métaphore lumineuse s'applique également à l'ensemble des croyants. Quand le Christ dit : « Vous êtes la lumière du monde », il ne s'adresse pas seulement aux apôtres, mais à la totalité des fidèles pour les exhorter à poursuivre son œuvre de lumière.

En poursuivant l'œuvre du Christ, les élus accèdent, au terme de leur existence terrestre, au Royaume de la lumière et de la félicité éternelle. Un corollaire inévitable de ce concept de Royaume céleste rayonnant de la lumière de Dieu et peuplé d'élus immergés dans l'éclat divin est celui de son contraire : un monde infernal d'où toute lumière divine est bannie et où règne l'obscurité du Mal. Le maître de ce royaume des ténèbres est Lucifer, chef des anges rebelles, qui perpètre ses méfaits dans les ténèbres de la nuit, par opposition aux bonnes œuvres du Christ réalisées dans la lumière du grand jour. Dans ce monde de l'obscurité, les peines de l'enfer s'accompagnent souvent du supplice du feu. Il peut paraître paradoxal que ce monde infernal plongé dans les ténèbres soit associé au feu, générateur de lumière ; mais le feu de l'enfer n'est pas le même que le feu de lumière : c'est « un feu punitif d'une nature particulière qui, puisqu'il est éternel, brûle sans éclairer ni consumer, en durcissant et noircissant les âmes comme de l'argile[33] ».

La lumière de la communion

Pour que les fidèles échappent au royaume des ténèbres et gagnent le monde céleste lumineux, pour qu'ils ne dévient pas du droit chemin ni ne s'éloignent de la lumière de la sagesse, l'Église chrétienne a développé tout un rituel fondé sur la lumière. Afin de

33. Catherine Vincent, *Fiat Lux*, *op. cit.*

symboliser la croyance que Dieu est lumière et que la lumière du Créateur est communiquée à chacune de Ses créatures, une symbolique de la lumière, représentée par des cierges ou d'autres luminaires, a été instaurée. Le cierge tenu par le fidèle – ou par ses proches dans le cas du baptême d'un nouveau-né – accompagne son entrée dans la communion à la lumière du Christ. De même est-il présent lors de l'entrée d'une personne dans les ordres religieux. Au fil du temps, les fidèles ont intégré ce signe de lumière dans nombre d'actes de piété. Ils en ont fait le véhicule privilégié de leur dialogue avec le Ciel. Ainsi, lors d'une prière devant un autel ou une statue, ou lors d'un service liturgique, des cierges sont offerts, qui jouent un rôle de substitution et permettent de prolonger la prière, même si le fidèle n'est plus physiquement présent (fig. 75 a). Les cierges et autres luminaires jouent aussi un rôle important dans les processions et les pèlerinages. La lumière comme symbole de la communion (non pas avec le Christ, mais avec Bouddha par exemple) est aussi présente dans les traditions spirituelles orientales comme le bouddhisme (fig. 75 b).

Aujourd'hui, ce symbolisme de la lumière de la communion se retrouve dans un tout autre contexte, dépourvu de sa signification religieuse originelle mais concernant un événement laïque de dimension mondiale : tous les quatre ans, le feu olympique est porté de bras en bras depuis la Grèce, terre natale de l'olympisme, jusqu'au pays hôte, et cette flamme, allumée au début des Jeux, veille pendant tout leur déroulement, symbolisant la communion de la jeunesse sportive du monde entier. Dans un tout autre contexte encore, dans plusieurs pays, en France par exemple, les plus hauts dignitaires de l'État viennent honorer la tombe d'un soldat inconnu et, à travers lui, tous ceux tombés pour la patrie, en ranimant une flamme perpétuelle qui symbolise la communion du pays avec ses soldats[34].

34. *Ibid.*

Fig. 75 : La symbolique spirituelle de la lumière. (a) Des bougies allumées à Lyon, dans la basilique Notre-Dame-de-Fourvière, dédiée à Marie. Pour le christianisme, la lumière symbolise la communion avec Dieu (« Dieu est lumière »), le Christ et la Vierge Marie. Les cierges, les bougies et autres luminaires jouent un rôle de substitution qui permettent de prolonger la prière, même si le fidèle n'est plus physiquement présent. (b) Des bougies dans un temple bouddhique. Dans le bouddhisme, la lumière symbolise la communion avec l'esprit lumineux de Bouddha (« lumineux » signifie ici « qui a accès à la vérité absolue »).

Le gothique, art de la lumière

C'est l'intérêt porté par la pensée médiévale à la lumière divine qui est à l'origine de l'essor de l'art gothique. Depuis l'an mil, l'Occident est couvert d'« un blanc manteau d'églises » de style roman. L'art roman est caractérisé par l'utilisation de voûtes de pierre en berceau qui exercent une pression considérable sur les murs. Ceux-ci doivent être épais, soutenus par des contreforts massifs à l'extérieur. Pour ne pas les fragiliser, le nombre et la dimension des fenêtres sont strictement limités. Ce qui fait que les églises romanes sont des bâtiments trapus et sombres. Vers le milieu du XIIe siècle, la volonté d'avoir plus de lumière à l'intérieur des églises donne naissance à l'art gothique. Suger, nommé abbé de Saint-Denis en 1122, décide vers 1137 de reconstruire l'abbaye bénédictine selon une architecture plus ouverte à la lumière, afin que les esprits « aillent, à travers de vraies lumières, vers la vraie lumière où le Christ est la vraie porte ». En 1144, la consécration du chœur de la basilique en présence du roi Louis XII inaugure l'avènement d'une nouvelle architecture. Au lieu de la voûte en berceau, Suger recourt pour la première fois à tous les procédés architecturaux du gothique. Il innove en utilisant la technique de la voûte sur croisée d'ogives, qui dirige les poussées de la voûte sur des piliers et non plus sur des murs. Les arcs-boutants appuyés sur des contreforts servent de soutien extérieur aux piliers[35]. Entre les piliers, les murs qui ne soutiennent plus la voûte peuvent être percés de larges fenêtres en forme d'arc brisé qui laissent entrer à flots la lumière. L'édifice gothique semble jaillir du sol pour s'élancer vers le haut, près de la lumière de Dieu. « Une œuvre magnifique qu'inonde une lumière nouvelle », dira l'abbé Suger.

En effet, l'art gothique est avant tout un art de la lumière. La conquête de la lumière passe par l'agrandissement progressif des fenêtres. Les murs s'évident de plus en plus pour laisser place à des

---

35. Les constructeurs des cathédrales gothiques n'avaient qu'une connaissance empirique de la répartition des forces. Les concepts physiques sur lesquels s'appuie l'architecture gothique ne seront connus qu'à partir du XVIIe siècle avec la théorie de la gravité et des forces de Newton.

ouvertures de plus en plus larges. À l'apogée du style gothique, vers le milieu du XIIIe siècle, celles-ci l'emportent sur les pleins, et la lumière inonde les édifices, mettant en valeur leurs innombrables sculptures, rosaces et autres décorations.

Mais la conquête de la lumière, c'est aussi l'emploi de plus en plus fréquent du verre plat, blanc ou coloré, et le développement des vitraux dans les églises. Découpés au fer rouge, des morceaux de verre de couleurs différentes sont sertis dans un maillage de plomb. Exposés à la lumière du jour, ces morceaux de verre colorés juxtaposés forment une mosaïque lumineuse de toute beauté. Les maîtres verriers du Moyen Âge utilisent la capacité du verre à absorber et réfracter les rayons pour faire apparaître des lumières insoupçonnées et enchanter les yeux par une gamme de couleurs de plus en plus subtile. Selon l'historien français Georges Duby (1919-1996), afin de réaliser les vitraux de Saint-Denis, Suger « avait recherché avec beaucoup de soin les faiseurs de vitraux et les compositeurs de verres de matières très exquises, à savoir de saphirs en très grande abondance, qu'ils ont pulvérisés et fondus parmi le verre pour lui donner la couleur d'azur, ce qui le ravissait véritablement en admiration » (fig. 35 cahier couleur). Avec ses 160 baies vitrées, ses 2 600 mètres carrés de verrières représentant quelque 5 000 personnages, la cathédrale de Chartres (fig. 76), construite en 1194, possède l'un des plus beaux ensembles de vitraux au monde. D'une grande richesse de couleurs où dominent les bleus (le fameux « bleu de Chartres ») et les rouges au XIIe siècle, puis les verts et les ors au XIIIe, les vitraux de Chartres diffusent une lumière colorée d'une extraordinaire qualité de douceur, de paix et de sérénité.

La conquête de la lumière par les vitraux revêt une signification métaphysique. Ceux-ci rappellent que « Dieu est lumière » et ont pour fonction de transformer la lumière naturelle (*lumen*) en lumière divine (*lux*), c'est-à-dire de faire entrer la présence divine dans la cathédrale et d'en chasser l'obscurité associée au Malin. Cette préoccupation métaphysique est bien décrite par Georges Duby : « [L'art du vitrail aboutit] aux grandes roses qui rayonnent au milieu

Fig. 76 : La cathédrale de Chartres. Le gothique est avant tout un art de la lumière. Les flèches des cathédrales gothiques s'élancent vers le ciel comme pour recueillir la lumière divine. La conquête de la lumière s'effectue aussi par des ouvertures de plus en plus grandes et par le développement des vitraux. Cette cathédrale possède l'un des plus beaux ensembles de vitraux au monde. © AKG-Images.

du XIIIe siècle sur les nouveaux transepts. Elles portent à la fois signification des cycles du cosmos, du temps se résumant dans l'éternel, et du mystère de Dieu, Dieu lumière, Christ soleil. » Alors que la sculpture romane a généralement pour thème le Jugement dernier et le sort des malheureux voués à l'enfer afin d'impressionner les fidèles et de les garder dans le droit chemin, le gothique veut exprimer l'idée d'un Dieu de lumière plus miséricordieux et plus proche de l'homme, d'une religion plus apaisée et indulgente.

Née en Île-de-France dans la seconde moitié du XIIe siècle, l'architecture gothique va se propager comme un feu de forêt qu'on ne peut endiguer, d'abord en France, au nord de la Loire (les principaux édifices sont à Bourges, Chartres, Laon, Noyon, Paris et Sens), puis à travers l'Europe entière. Aujourd'hui, des cathédrales gothiques se dressent aussi bien à Salisbury, au Royaume-Uni, qu'à Assise, en Italie, en passant par Uppsala, en Suède, ou Prague, en République tchèque. L'ère de l'architecture de lumière ne se termine qu'au milieu du XVIe siècle, quand celle de la Renaissance prend le relais.

La luminosité fondamentale de l'esprit

À l'encontre des religions monothéistes, le bouddhisme n'accepte pas la notion d'un Dieu créateur. Pour lui, le monde des phénomènes n'est pas créé, au sens où il serait passé de l'inexistence à l'existence ; le monde existe seulement selon une « vérité relative » qui correspond à notre expérience empirique et qui consiste à attribuer aux choses une réalité objective, comme si elles existaient de leur propre chef et possédaient une identité intrinsèque. Selon le bouddhisme, la « vérité absolue » correspond à un monde dépourvu d'une réalité ultime, en ce sens que les phénomènes ne sont pas une collection d'entités autonomes existant intrinsèquement par elles-mêmes. Le grand philosophe indien bouddhiste du IIe siècle, Nagarjuna, a dit : « Les phénomènes tirent leur nature d'une mutuelle dépendance et ne sont rien en eux-mêmes. » C'est la grande loi de l'interdépendance, idée fondamentale du bouddhisme : l'évolution des phénomènes n'est ni arbitraire ni déterminée par une instance divine, mais suit les lois de cause à effet au sein d'une interdépendance globale et d'une causalité réciproque.

L'interdépendance est nécessaire à la manifestation des phénomènes. « Ceci surgit parce que cela est », ce qui revient à dire que rien n'existe en soi, et « ceci, ayant été produit, produit cela », ce qui signifie que rien ne peut être sa propre cause. Sans l'interdépendance des choses, le monde ne pourrait pas fonctionner. Un phénomène quel qu'il soit ne peut survenir que s'il est relié et connecté aux autres. Tout est relation, rien n'existe en soi et par soi. Une entité qui existerait indépendamment de toutes les autres serait immuable et autonome : elle ne pourrait agir sur rien, et rien ne pourrait agir sur elle. Le bouddhisme envisage ainsi le monde comme un vaste flux d'événements reliés les uns aux autres et participant tous les uns des autres. La façon dont nous percevons ce flux cristallise certains aspects de cette globalité de manière purement illusoire et nous fait croire que nous avons devant nous des entités autonomes dont nous serions entièrement séparés. Le bouddhisme prône la voie du Juste Milieu : il ne dit pas que l'objet n'existe pas, puisque nous en faisons l'expérience. Il évite ainsi la position nihiliste qui lui est souvent attribuée à tort. Mais il affirme aussi que cette existence n'est pas autonome, mais purement interdépendante, évitant ainsi la position réaliste matérialiste. Le concept d'interdépendance réfute tout aussi bien la notion de particules élémentaires autonomes qui seraient le fondement du monde matériel que celle d'une entité créatrice toute-puissante et permanente qui n'aurait d'autre cause qu'elle-même. Le concept d'un « Dieu de lumière » qui aurait créé *ex nihilo* l'univers est donc absent du bouddhisme. Or, s'il n'y a pas de Créateur, l'univers ne peut être créé. Il n'a donc ni commencement ni fin. L'univers scientifique compatible avec le point de vue bouddhiste serait un univers cyclique, en proie à une série sans fin de big-bang et de big-crunch.

Mais si le concept d'un Dieu de lumière n'existe pas dans le bouddhisme, la métaphore lumineuse y est présente pour désigner la connaissance de la vérité absolue (ou ultime) et la dissipation de l'ignorance. Par « connaissance », le bouddhisme désigne non pas l'acquisition d'une masse de savoirs et d'informations, mais la compréhension de la véritable nature des choses. Habituellement, nous attribuons aux choses une existence autonome et intrinsèque, mais nous ne discernons pas leur nature interdépendante. Nous pensons que le « moi » ou l'« ego » qui perçoit ces entités est tout aussi concret et réel. Ce faisant, nous nous égarons, nous avons une idée erronée de la réalité ultime qui est la « vacuité » (ou absence d'existence propre des phénomènes, qu'ils soient animés ou inanimés). Cette méprise, que le bouddhisme appelle « ignorance » ou *samsara*, engendre des sentiments d'attachement ou d'aversion qui sont souvent causes de souffrance. C'est seulement en acquérant la « connaissance », c'est-à-dire une juste compréhension de la nature des choses et des êtres, que nous pouvons éliminer progressivement notre aveuglement mental et les souffrances qui en résultent, et trouver la sérénité dans notre esprit. Le bouddhisme appelle cette prise de conscience la « luminosité fondamentale de l'esprit ». Elle correspond à une connaissance pure qui ne fonctionne pas sur le mode dual sujet-objet ni ne connaît de pensées discursives. Ce mode de connaissance est aussi appelé « luminosité naturelle » ou « présence éveillée ».

Les enfants de la lumière

Nous sommes les enfants de la lumière. Nous naissons, vivons et mourons dans un bain de lumière naturelle ou artificielle. Le rythme de l'apparition de la lumière et de sa disparition nous conditionne physiologiquement et psychologiquement. La lumière du Soleil est notre source de vie. Celle du feu est à la base de notre civilisation. La puissance et la beauté de la lumière sont au fondement de notre existence. La lumière donne « à voir ». Elle fait que les choses et les formes nous apparaissent. Sans elle, le monde est « détruit », il n'existe plus ; l'homme est retranché de l'univers parce qu'il ne peut plus le percevoir. L'homme sans lumière n'est rien, parce qu'il ne peut plus appréhender le monde qui l'entoure. Il est comme paralysé, car plus aucune action n'est possible dans un univers de ténèbres. À cet univers plongé dans le noir s'oppose un univers rendu visible par la lumière, source infinie d'intelligibilité et de créativité. Si le noir est lié à la mort, la lumière est associée à la vie.

Mais la lumière ne donne pas seulement à voir, elle donne aussi à penser. L'information qui nous vient du monde extérieur est transmise par nos yeux à notre cerveau. La vision, reine des sens, nous fournit dix fois plus d'informations que l'ouïe, car les ondes lumineuses transportent bien plus de « bits » d'information que les ondes sonores. La lumière se trouve ainsi liée à l'esprit. Les physiciens se sont penchés sur sa nature. Ils ont été étonnés de découvrir sa double personnalité, à la fois onde et particule. Ils ont percé les mystères du ciel bleu et de l'arc-en-ciel. Parce que sa propagation n'est pas instantanée et que voir loin, c'est voir tôt, la lumière connecte l'homme à tout l'univers. Les astronomes ont pu l'utiliser pour reconstituer l'histoire de nos origines, magnifique épopée qui s'est déployée sur un intervalle de temps de quelque 14 milliards d'années. Les astrophysiciens ont pu nous raconter la grandiose fresque cosmique depuis l'instant de la lumière originelle, lors du big-bang, jusqu'au lointain futur où, faute de carburant, toutes les étoiles se seront éteintes et où l'univers sera plongé dans une longue nuit d'un noir d'encre. Biologistes et chimistes nous ont montré comment les plantes vertes ont transformé la lumière solaire en matière vivante par la magie de la photosynthèse, et comment cette énergie de l'astre de vie peut être récupérée pour nos propres besoins en énergie. Les inventeurs, ingénieurs et techniciens ont su dompter la lumière pour nous faire don de l'éclairage artificiel. De l'éclairage dispensé par les flammes des torches, des bougies et autres lampes à huile, ils sont passés à l'ampoule électrique et aux enseignes de néon. En amplifiant la lumière, ils ont donné naissance au laser qui a envahi nos laboratoires, nos usines, nos hôpitaux, nos supermarchés et nos salons. Grâce au laser et à des réseaux de fibres optiques qui sillonnent la planète entière, la lumière a permis de connecter les hommes et de transformer la planète en un village global par le truchement d'un immense réseau de communication baptisé Internet. Les physiciens entendent utiliser les étranges propriétés quantiques de la lumière pour fabriquer des ordinateurs quantiques qui calculeraient infiniment plus vite que n'importe quel ordinateur classique. Ils veulent se servir de la lumière pour déjouer la piraterie informatique et « téléporter » de l'information d'un endroit à un autre.

Mais il convient de ne pas oublier que la lumière est plus que matière : elle relève aussi du spirituel. En explorant à l'infini les reflets, les éclats, les formes lumineuses de l'environnement et des monuments que l'homme a érigés, Turner, Monet et Cézanne donnent à la nature une âme. En s'affranchissant des formes pour laisser la prépondérance aux couleurs, Kandinsky invoque la nécessité intérieure de l'artiste pour utiliser l'art aux fins de faire la synthèse des mondes intérieur et extérieur et d'aboutir à la grande loi cosmique. Cet intérêt spirituel pour la lumière, les traditions religieuses du monde entier l'ont porté au plus haut point : le christianisme parle d'un « Dieu de lumière », tandis que le bouddhisme associe la dissipation de l'ignorance, source de souffrances, à la « luminosité de l'esprit ». L'homme se définit par la représentation qu'il se fait de la lumière. Qu'elle soit d'ordre scientifique, technique, artistique ou spirituel, c'est cette approche de la lumière qui nous permet d'être humains.

Remerciements

Comme toujours, mes remerciements chaleureux vont à Claude Durand pour sa lecture détaillée du texte et ses conseils éclairés. Ma gratitude va à Hélène Guillaume, qui m'a aidé à mettre le livre en forme. Nguyen Phuong Linh, Jeanne Gruson, Françoise Grandgirard, Hélène Cornu, Laurence et Bruno Bardèche, Le Thien Nga, Dominique Raoul-Duval ainsi que Jean Staune m'ont soutenu dans mon écriture par leur amitié, et ma famille m'a encouragé par son affection. Je les en remercie tous. Une grande partie de ce livre a été écrite pendant un séjour sabbatique en France, au cours de l'année académique 2005-2006. Je suis reconnaissant à l'université de Virginie de m'avoir libéré de ma charge d'enseignement pendant cette année. Je tiens aussi à exprimer ma gratitude à Pierre-Olivier Lagage et Marc Sauvage pour m'avoir accueilli au Service d'astrophysique du Centre d'études de Saclay, et à Laurent Vigroux, Alfred Vidal-Madjar et Alain Lecavelier pour m'avoir invité à l'Institut d'astrophysique de Paris pendant mon année sabbatique.

Index thématique

Index des noms de personnes

Table des matières

III

L'INSOUTENABLE ÉTRANGETÉ DE LA LUMIÈRE : LE DOUBLE VISAGE ONDE/PARTICULE

V
LUMIÈRE DE VIE : SOLEIL, ÉNERGIE, CIEL BLEU ET ARC-EN-CIEL

VI

La lumière domptée : du feu de Prométhée aux enseignes de néon, des lasers et fibres optiques à la téléportation et à l'ordinateur quantiques

Aubin Imprimeur
LIGUGÉ, POITIERS

35-60-2847-8/01
Achevé d'imprimer en février 2007
N° d'édition : 66726 / N° d'impression L 70660
Dépôt légal février 2007

Imprimé en France